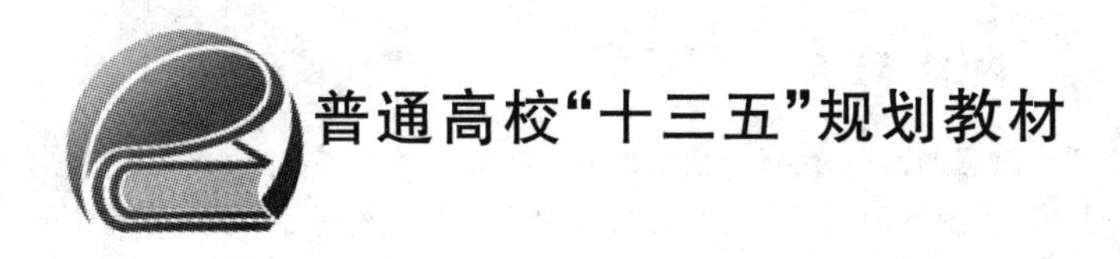

工 程 力 学

（第二版）

冯锡兰　等编著

北京航空航天大学出版社

内容简介

本书是根据“工程力学”课程教学基本要求编写的面向21世纪的工程力学教材。全书在妥善处理传统经典内容的继承，知识的传授和能力、素质的培养，重视基础与工程应用等方面进行了积极的探索，是一部理论严谨、逻辑清晰且宜于教学的教材。全书共两篇18章。第一篇为静力学，主要包括物体的受力分析、力系的简化与平衡、摩擦、物体的重心与形心；第二篇为材料力学，主要包括材料力学的基本概念，构件在拉伸与压缩、剪切、扭转、弯曲四种基本变形形式下的强度和刚度计算，应力状态和强度理论，组合变形，压杆稳定，交变应力和动载荷。各章均附有思考题和习题。

本书可作为高等院校机械工程、工业工程、管理工程以及相关专业的本科生或研究生的专业基础课教材，也可供有关工程技术人员参考。

图书在版编目(CIP)数据

工程力学 / 冯锡兰等编著. -- 2版. -- 北京 ：北京航空航天大学出版社，2017.11

ISBN 978-7-5124-1571-3

Ⅰ. ①工… Ⅱ. ①冯… Ⅲ. ①工程力学 Ⅳ. ①TB12

中国版本图书馆CIP数据核字(2014)第170808号

工程力学

(第二版)

冯锡兰　等编著

责任编辑　金友泉

*

北京航空航天大学出版社出版发行

北京市海淀区学院路37号(邮编100191)　http://www.buaapress.com.cn

发行部电话:(010)82317024　传真:(010)82328026

读者信箱:emsbook@gmail.com　邮购电话:(010)82316936

北京宏伟双华印刷有限公司印装　各地书店经销

*

开本:787 mm×1092 mm　1/16　印张:23　字数:589千字

2017年11月第2版　2017年11月第1次印刷　印数:3 000册

ISBN 978-7-5124-1571-3　定价:48.00元

前　言

本书是根据教育部最新颁布的力学类课程的基本要求，结合编著者多年来的教学经验，并参考该学科发展的最新相关文献撰写而成的。

全书分两篇，共计18章。第一篇为静力学，主要包括物体的受力分析、力系的简化与平衡、摩擦、物体重心与形心的求解方法；第二篇为材料力学，主要包括材料力学的基本概念，构件在拉伸与压缩、剪切、扭转、弯曲四种基本变形形式下的强度计算和刚度计算，应力、应变分析和强度理论，组合变形构件的强度计算，压杆的稳定性计算，交变应力和动载荷。各章均附有思考题和习题。

这次改版基本上保留了第一版的内容和风格，但对全书内容文字的表述进行了斟酌和修改，使内容更准确，表述更清楚。

本书由冯锡兰、蒋志强等编著，徐文秀、陈小霞、韩光平、赵超凡、刘浩天、李玲、张丹承担了相应的修订工作。

本书得到了国家自然科学基金(70971120)、航空科学基金(2009ZF55008)、河南省科技创新杰出人才(114200510003)、河南省重点科技攻关计划(092102210023、102102110130、112400450389)、河南省基础与前沿技术研究计划(092300410162、102300410131)、郑州市科技创新团队(112PCXTD350)、河南省高校科技创新团队支持计划(2012IRTSTHN014)、河南省创新型科技团队、河南省教育厅自然科学研究计划(2011A460013)等的资助，在此表示衷心而诚挚的感谢！

限于编者的水平，修订后的教材难免还有疏漏和不妥之处，希望广大教师和读者批评和指正，使本书今后能不断得到改进。

编著者

2017年11月

主要符号表

符号	含义
$\boldsymbol{F}$	力(含方向)
F	力的大小
$\boldsymbol{P}$	重　力
$\boldsymbol{F}_{s}$	静滑动摩擦力
$\boldsymbol{F}_{R}$	合　力
$\boldsymbol{F}_{N}$	法向约束力、轴力
q	载荷集度
f	动滑动摩擦因数
f_{s}	静滑动摩擦因数
φ_{f}	摩擦角
$M_{O}(\boldsymbol{F})$	力 $\boldsymbol{F}$ 对 O 点之矩
$M_{z}(\boldsymbol{F})$	力 $\boldsymbol{F}$ 对 z 轴之矩
M	力偶矩、弯矩
P_{k}	功　率
F_{Q}	剪　力
T	扭　矩
σ	正应力
τ	切应力
ε	线应变
γ	切应变
ϕ	扭转角
w	挠　度
θ	转　角
σ_{e}	弹性极限
σ_{p}	比例极限
σ_{s}	屈服极限
σ_{b}、σ_{c}	强度极限
$[\sigma]$、$[\tau]$	许用应力
n	安全系数
δ	延伸率
ψ	断面收缩率
k	应力集中系数
I_{P}	极惯性矩
W_{t}	抗扭截面系数
I	惯性矩
W	抗弯截面系数、功
i	惯性半径
λ	压杆的柔度
σ_{r}	相当应力
σ_{cr}	临界应力
F_{cr}	临界压力
α_{k}	冲击韧性

目　录

第二篇 材料力学

绪 论

工程力学是人类在认识自然、改造自然的过程中，对客观自然规律的认识不断地积累、应用和完善逐渐形成和发展起来的。

20世纪以前，推动近代科学技术与社会进步的蒸汽机车（见图0-1）、内燃机车（见图0-2）、铁路、船舶（见图0-3）、兵器等，无一不是在力学知识的累积、应用和完善的基础之上逐渐形成和发展起来的。

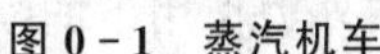

图0-1 蒸汽机车

图0-2 内燃机车

图0-3 船舶

20世纪产生的诸多高新技术，如高层建筑（见图0-4）、大跨度桥梁（见图0-5）、高速公路（见图0-6）、海洋平台（见图0-7）、大型水利工程（见图0-8）、精密仪器、航空航天器（见图0-9）、机器人以及高速列车（见图0-10）等许多重要工程更是在工程力学的指导下得以实现并不断发展完善的。

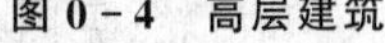

图0-4 高层建筑

(a) 上海杨浦大桥

(b) 南京长江大桥

图0-5 大跨度桥梁

图0-6 高速公路

图0-7 海洋石油钻井平台

图0-8 长江三峡工程

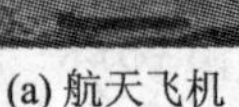

(a) 航天飞机 (b) “和平号”空间站

图 0-9 航空航天器

图 0-10 高速列车(和谐号 D 车)

因此,我国著名科学家钱学森先生说:“力学走过了从工程设计的辅助手段到中心主要手段,不是唱配角而是唱主角了。”

1. 工程力学的研究对象及主要内容

工程力学是研究物体机械运动规律和构件承载能力的一门学科。所谓机械运动,是指物体在空间的位置随时间而变化的规律;而构件承载能力则是指机械零件和结构部件在正常使用情况下安全可靠地承担外载荷的能力。工程力学包含的内容极其广泛,本书所论述的工程力学只包含静力学和材料力学两部分。静力学主要研究物体的受力分析、力系的简化和物体在力系作用下的平衡规律;材料力学主要研究材料的力学性能和构件在外力作用下的强度、刚度和稳定性的计算理论。

工程力学从研究物体的受力分析入手,通过分析物体在力作用下的变形和破坏规律,为工程构件的设计、制造、安装和施工提供可靠的理论依据和科学的计算方法,以确保工程构件安全、适用、经济、合理。

2. 工程力学的研究方法

工程力学和其他任何一门学科一样,就其研究方法而言,都离不开认识过程的客观规律。工程力学的研究方法是:从实践出发,通过实验观察,经过抽象、综合、归纳建立公理或提出基本假设,再用数学演绎和逻辑推理得到定理和结论,然后再通过实践来验证理论的正确性。

(1) 观察和实验是理论发展的基础

人们通过观察生活和生产实践中的各种现象,进行多次的科学实验,经过分析、综合和归纳,才能总结出力学的基本规律。

在远古时代,人们为了满足生活和农作物灌溉的需要,制造了辘轳、舂米器(见图 0-11)和水车(见图 0-12);为了满足建筑上搬运重物的需要,使用了杠杆、斜面和滑轮(见图 0-13);为了满足长距离运输的需要,制造了车(见图 0-14),等等。制造和使用这些生产和生活工具,使人类对机械运动有了初步的认识,逐渐形成了“力”和“力矩”的概念,总结出“二力平衡”“杠杆原理”和“力的平行四边形法则”等力学基本规律。

人们在生产和生活中除了进行观察和分析之外,实验也是必不可少的。实验可以从复杂的自然现象中,人为创造一些条件来突出事物发展的主要因素,并且能够定量测定各个因素之间的关系。因此,实验是形成理论的重要基础。伽利略对自由落体和物体在斜面上的运动做了多次实验,提出了加速度的概念。摩擦定律、材料力学中的平面假设也都是以实验为基础的;特别是从近代力学的研究和发展来看,实验更是重要的研究方法之一。

(a) 提水辘轳

(b) 脚踏锥舂米

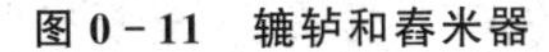

图 0－11　辘轳和舂米器

图 0－12　水车(牛转翻车汲水)

图 0－13　杠杆和滑轮

图 0－14　车(“雷诺”牌汽车)

(2) 在观察和实验的基础上,用抽象化的方法建立力学模型

抽象化的方法就是在客观事物的复杂现象中,抓住起决定性作用的主要因素,忽略次要的、局部的和偶然性的因素,深入现象的本质,明确事物间的内在联系。例如,在研究物体的平衡问题时,忽略受力产生的变形,得到了刚体的模型。但是,抽象化的方法是有条件的、相对的,当研究问题的条件改变时,原来的模型就不一定适用。例如,在研究物体的内力和变形时,刚体的模型就不再适用。总之,抽象化的方法一方面使研究的问题简化,另一方面也更深刻地反映了事物的本质。

(3) 建立模型,得出定理和结论

在建立力学模型的基础上,根据公理、定律和基本假设,借助数学工具,通过演绎、推理的方法,结合问题的具体条件,得到正确的定理和结论。

工程力学是前人经过无数次“实践—理论—实践”的反复过程,使认识不断提高和深化,逐步总结和归纳出的物体机械运动的一般规律及构件强度、刚度和稳定性计算的合理方法。

3. 工程力学的地位与作用

工程力学的理论、计算方法广泛应用于各类工程技术之中,是工科类各专业必不可少的一门重要技术基础课,在基础课和专业课中起着承前启后的作用。

① 工程力学的理论和计算方法广泛地应用于冶金、煤矿、石油、机械、纺织及交通等领域。工程力学的知识,是解决工程实际问题的重要基础。

② 工程力学研究力学中最普遍、最基本的规律,很多课程(如:机械原理、机械设计、结构力学、弹性力学、流体力学、空气动力学,以及许多专业课程)都要以工程力学为基础。因此,工程力学是学习一系列后续课程的重要基础。

③ 工程力学的研究方法与其他学科的研究方法有很多相同之处,因此充分理解工程力学的研究方法,不仅可以深入地掌握这门学科,而且有助于学习其他科学技术理论,有助于培养辩证唯物主义的世界观,培养正确的分析问题和解决问题的能力,为今后解决工程实际问题,从事科学研究工作打下良好的基础。

4. 学习工程力学的基本要求

工程力学有较强的系统性,各部分内容之间联系紧密,学习中要循序渐进,要认真理解基本概念、基本理论和基本方法。要注意掌握所学概念的来源、含义、力学意义及其应用;要注意有关公式的依据、适用条件;要注意分析问题的思路,解决问题的方法。在学习中,一定要认真思考、独立完成一定数量的思考题和习题,以巩固和加深对所学概念、理论、公式的记忆、理解和应用。另外,由于工程力学来源于实践又服务于实践,故在学习本课程时,应注意观察工程实际和生活中的力学现象,学会用力学的基本知识去解释这些现象,并通过实验来验证理论的正确性。

第一篇　静力学

静力学是研究刚体在力系作用下的平衡规律的科学。静力学中的平衡是指物体相对于惯性参考系处于静止或匀速直线运动状态。对于工程中的大多数问题,可以把固结在地球表面的参考系作为惯性参考系来研究物体相对于地球的平衡问题。

本篇着重研究下列三个方面的问题。

1. 物体的受力分析

受力分析是指将所研究的物体从周围的物体中分离出来作为受力体,进而分析它所受的力。所受的力分为两类:一类是主动力,另一类是约束力。关键在于对约束力的分析。

2. 力系的简化

力系是指作用在某物体上的若干力组成的系统。若作用在某物体上的力系可用另一个力系来代替,而不改变它对物体的作用效应,则称这两个力系为等效力系。用简单力系等效地代替复杂力系的过程称为力系简化。

3. 物体在力系作用下的平衡条件

平衡条件是指物体处于平衡状态时作用于物体上的力系应满足的条件。根据平衡条件可求出作用在物体上的未知力。

第1章　静力学的基本概念与物体的受力分析

本章首先将介绍静力学中的一些基本概念和公理,这些概念和公理是静力学的基础;最后,介绍物体的受力分析和受力图。

1.1　力的概念

力的概念是人们在生活和生产实践中,通过长期的观察和分析而形成的。例如:抬物体的时候,物体压在肩上,由于肌肉紧张而感受到力的作用;用手推小车,小车就由静止开始运动;受地球引力作用自高空落下的物体,速度越来越大;挑担时扁担发生弯曲;落锤锻压工件时,工件就产生变形,等等。人们就是从这样大量的实践中,从感性到理性,逐步地建立起力的概念。所以,力是物体间相互的机械作用,这种作用使物体的机械运动状态发生变化,或者使物体发生变形。

因此,力不能脱离物体而存在。力虽然看不见,但它的作用效应完全可以直接观察,或用仪器测量出来。人们也正是从力的作用效应来认识力本身的。

力使物体的运动状态发生变化的效应,叫做力的外效应;而力使物体发生变形的效应,则叫做力的内效应。静力学只研究力的外效应,而材料力学将研究力的内效应。

由经验可知,力对于物体的作用效应,取决于力的大小、方向和作用点,通常称为力的三要素。当这三个要素中任何一个改变时,力的作用效应也就不同。

力是一个既有大小又有方向的量,因此,力是矢量。在力学中,矢量可用一具有方向的线段来表示,如图1-1所示。用线段的起点表示拉力的作用点,用线段的终点表示压力的作用点;用线段的方位和箭头指向表示力的方向;用线段的长度(按一定的比例尺)表示力的大小。通过力的作用点沿力的方向的直线,称为力的作用线。本书中,力的矢量用黑斜体字母 $\boldsymbol{F}$ 表示,而力的大小则用普通字母 F 表示。

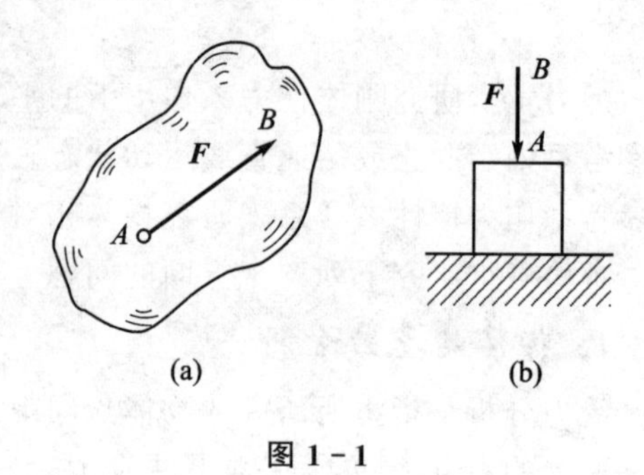

图 1-1

力的单位是 N 或 kN,$1\ \text{N}=1\ \text{kg}\cdot\text{m/s}^2$。

1.2 刚体的概念

任何物体在力的作用下,或多或少要产生变形。而工程实际中构件的变形,通常都非常微小,在许多情形下,可以忽略不计。例如图1-2所示的桥式起重机,工作时由于起重物体与它自身的重量,使桥架产生微小的变形。这个微小的变形对于应用平衡条件求支座约束力,几乎毫无影响。因此,就可把起重机桥架看成是不变形的物体。

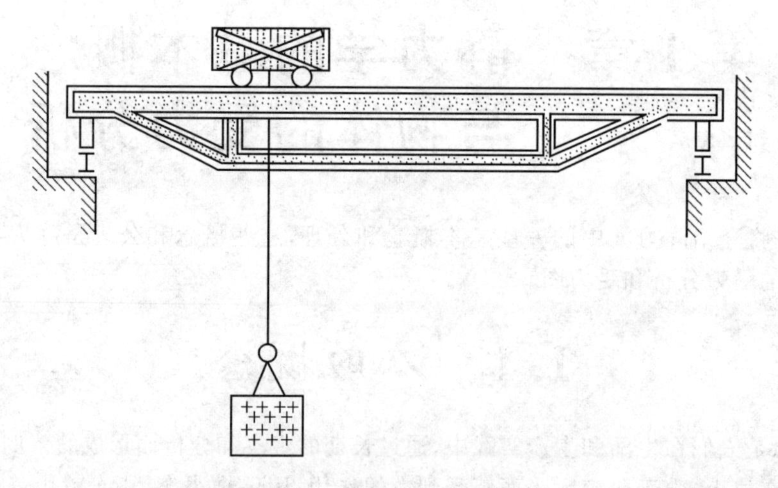

图 1-2

刚体是指在任何情况下都不发生变形的物体。显然,这是一个抽象化的模型,实际上并不存在这样的物体。这种抽象化的方法,在研究问题时是非常必要的。因为只有忽略一些次要的、非本质的因素,才能充分揭露事物的本质。

将物体抽象为刚体是有条件的,这与所研究问题的性质有关。如果在所研究的问题中,物体的变形成为主要因素时,就不能再把物体看成是刚体,而要看成为变形体。

在静力学中，所研究的物体只限于刚体。因此，静力学又称为刚体静力学。以后将会看到，当研究一切变形体的平衡问题时，都是以刚体静力学的理论为基础的，不过再加上某些补充条件而已。

1.3　静力学公理

静力学公理是人们在长期的生活和生产实践中总结概括出来的。这些公理简单而明显，也无须证明而为大家所公认。它们是静力学的基础。

公理一　二力平衡公理　作用于刚体上的两个力平衡的必要和充分条件是：这两力大小相等，指向相反，并作用于同一直线上，如图 1-3 所示。

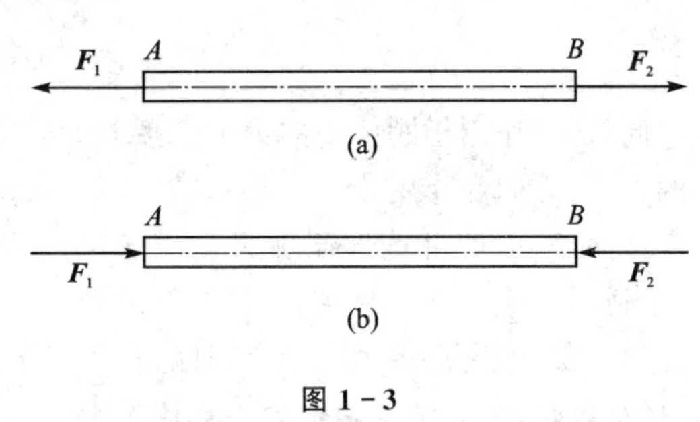

图 1-3

这个公理揭示了作用于物体上最简单的力系平衡时所必须满足的条件。对刚体来说，这个条件是必要与充分的；但是，对于变形体，这个条件是不充分的。例如，图 1-4 所示的软绳受两个等值反向的拉力可以平衡；当受两个等值反向的压力时，就不能平衡了。

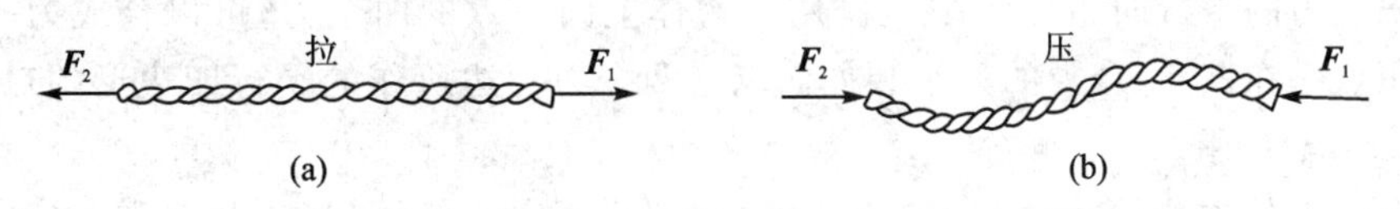

图 1-4

只在两个力作用下处于平衡的构件，称为二力构件（或二力杆）。工程上存在着许多二力构件。二力构件的受力特点是，两个力必沿作用点的连线。例如，矿井巷道支护的三铰拱（见图 1-5），其中 BC 杆重量不计，就可以看成是二力构件。

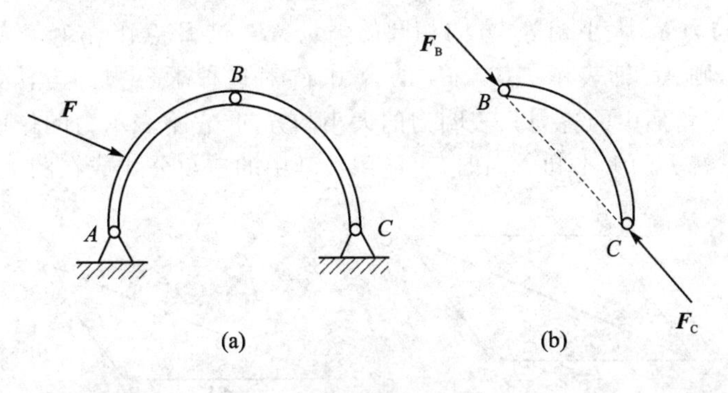

图 1-5

公理二　加减平衡力系公理　在作用于刚体上的任何一个力系上，加上或减去任一平衡力系，并不改变原力系对刚体的作用效应。

这是显而易见的，因为平衡力系对于刚体的平衡或运动状态没有影响。这个公理常被用来简化某一已知力系。

推论 力的可传性原理 作用于刚体上的力，可以沿其作用线移至刚体内任意一点，而不改变它对刚体的作用效应。

这个原理也是所熟知的。例如，人们在车后 A 点推车，与在车前 B 点拉车，效果是一样的(见图 1-6)。当然这个原理也可从公理二来推证，此处就不论述了。

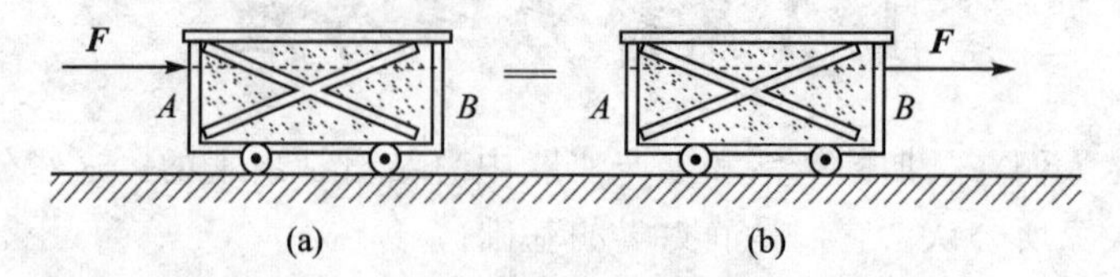

图 1-6

由此可知，作用于刚体上的力的三要素，是力的大小、方向和作用线。

应该注意，力的可传性原理只适用于刚体，而不适用于变形体。例如，图 1-7(a)所示的变形杆 AB，受到等值共线反向的拉力作用，杆被拉长；如果把这两个力沿作用线分别移到杆的另一端，如图 1-7(b)所示，此时杆就被压短了。

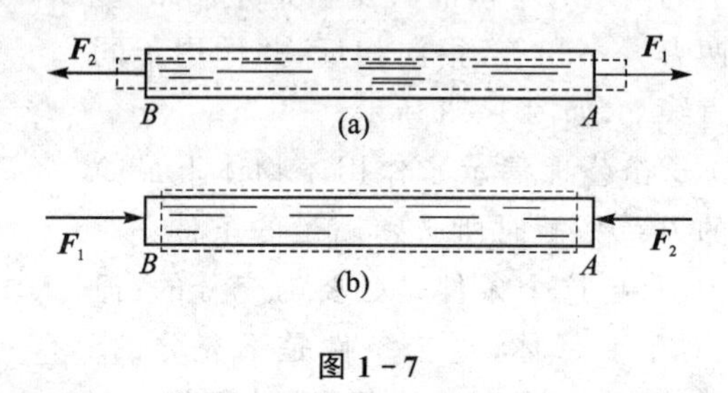

图 1-7

公理三 力的平行四边形法则 作用于物体上同一点的两个力，可以合成为一个合力。合力的作用点仍在该点，合力的大小和方向以这两个力为边所作的平行四边形的对角线来表示，如图 1-8(a)所示。

这种合成力的方法，称为矢量加法，合力称为这两力的矢量和(或几何和)。可用公式表示为

$$\boldsymbol{F}_{R} = \boldsymbol{F}_{1} + \boldsymbol{F}_{2} \tag{1-1}$$

应该指出，式(1-1)是矢量等式，它与代数等式 $F_R = F_1 + F_2$ 的意义完全不同，不能混淆。

为了方便，在用矢量加法求合力时，往往不必画出整个平行四边形。如图 1-8(b)所示，可从 A 点作一个与力 $\boldsymbol{F}_1$ 大小相等、方向相同的矢量 $\boldsymbol{AB}$，过 B 点作一个与力 $\boldsymbol{F}_2$ 大小相等、方向相同的矢量 $\boldsymbol{BC}$，则 $\boldsymbol{AC}$ 即表示力 $\boldsymbol{F}_1$、$\boldsymbol{F}_2$ 的合力 $\boldsymbol{F}_R$。这种求合力的方法，称为力三角形法则。但应注意，力三角形中的各力只表明力的大小和方向，它不表示力的作用点或作用线。应用力三角形法则求解力的大小和方向时，可应用数学中的三角公式或在图上量测。

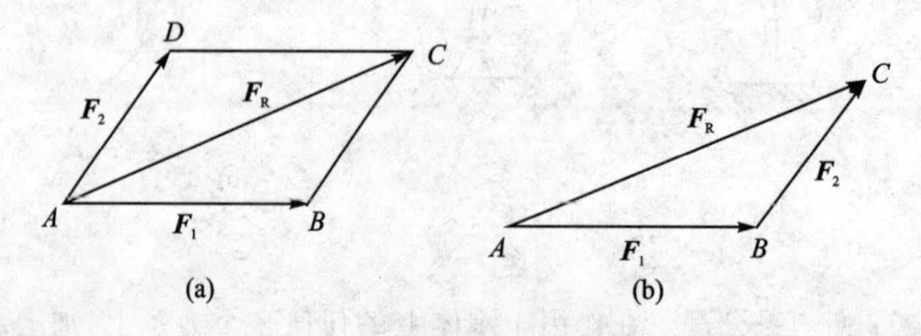

图 1-8

例 1-1 在安装胶带时，需有一定的预紧力，这样轴上将受到压力。设胶带的预紧力为 $\boldsymbol{F}_1$ 和 $\boldsymbol{F}_2$，$F_1 = F_2 = F_0$，包角为 α，求胶带作用在轴 O 上的压力。

解　将胶带的预紧力沿它们的作用线移到 A 点(见图1-9),以这两个力为边作平行四边形,它的对角线即表示这两个预紧力的合力 $\boldsymbol{F}_R$,它的大小为

$$F_R = 2F_0 \sin \frac{\alpha}{2}$$

也就是胶带作用在轴 O 上的压力。三角胶带的预紧力大小 F_0,一般可按胶带轮的大小和型号在设计手册中查出。

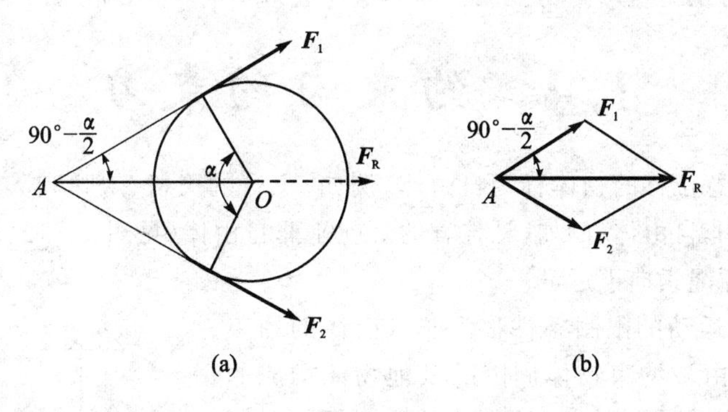

图1-9

平行四边形法则既是力合成的法则,也是力分解的法则。例如,沿斜面下滑的物体(见图1-10),有时就把重力 $\boldsymbol{P}$ 分解为两个分力,一个是与斜面平行的分力 $\boldsymbol{F}$,这个力使物体沿斜面下滑;另一个是与斜面垂直的分力 $\boldsymbol{F}_N$,这个力使物体下滑时紧贴斜面。这两个分力的大小分别为

$$F = P\sin\alpha, \quad F_N = P\cos\alpha$$

推论　三力平衡汇交定理

定理　刚体受不平行的三力作用而平衡,则三力作用线必汇交于一点且位于同一平面内,如图1-11所示。

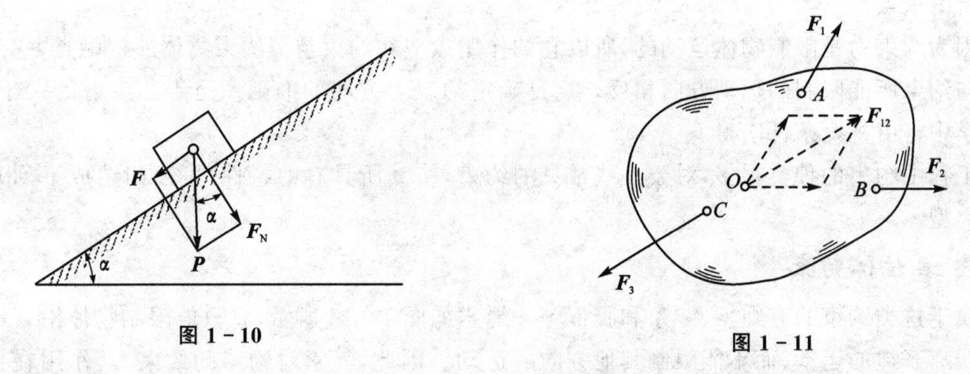

图1-10

图1-11

证明　设有不平行的三个力 $\boldsymbol{F}_1$、$\boldsymbol{F}_2$ 和 $\boldsymbol{F}_3$,分别作用于刚体上的 A、B、C 三点,使刚体处于平衡。

根据力的可传性原理,将力 $\boldsymbol{F}_1$、$\boldsymbol{F}_2$ 沿其作用线移到 O 点,并按力的平行四边形法则,合成一合力 $\boldsymbol{F}_{12}$,则力 $\boldsymbol{F}_3$ 应与 $\boldsymbol{F}_{12}$ 平衡。根据二力平衡条件,力 $\boldsymbol{F}_3$ 必定与 $\boldsymbol{F}_{12}$ 共线,所以力 $\boldsymbol{F}_3$ 必通过力 $\boldsymbol{F}_1$ 与 $\boldsymbol{F}_2$ 的交点 O,且 $\boldsymbol{F}_3$ 必与 $\boldsymbol{F}_1$ 和 $\boldsymbol{F}_2$ 在同一平面内。

此定理的逆定理不成立。用此定理可确定某些未知力的作用线。

公理四 作用与反作用定律 两物体间相互作用的力,总是大小相等、作用线相同而指向相反,分别作用在这两个物体上。

这个定律概括了自然界中物体之间相互作用力的关系,表明一切力总是成对出现的。有作用力就必有反作用力。

必须强调指出,虽然作用力与反作用力大小相等、方向相反,但分别作用在两个不同的物体上。因此,决不可认为这两个力互成平衡。这与公理一有本质的区别,不能混同。

1.4 约束与约束力

能在空间做任意位移的物体称为自由体,例如,飞行的飞机、炮弹和火箭等。位移受到某些限制的物体称为非自由体,例如,悬挂着的灯就是非自由体(见图 1-12(a)),在重力 $\boldsymbol{P}$ 的作用下,灯却不能离开绳索向下运动。

阻碍非自由体运动的限制条件称为非自由体的约束。这些限制条件总是由被约束物体周围的其他物体构成的,因此,将构成约束的周围物体本身也称为约束。例如,绳索就是灯的约束。既然约束能限制物体的运动,也就能改变物体的运动状态。因此,约束对物体的作用力称为约束力。例如,图 1-12(b)中的力 $\boldsymbol{F}$ 就是绳索对灯的约束力。

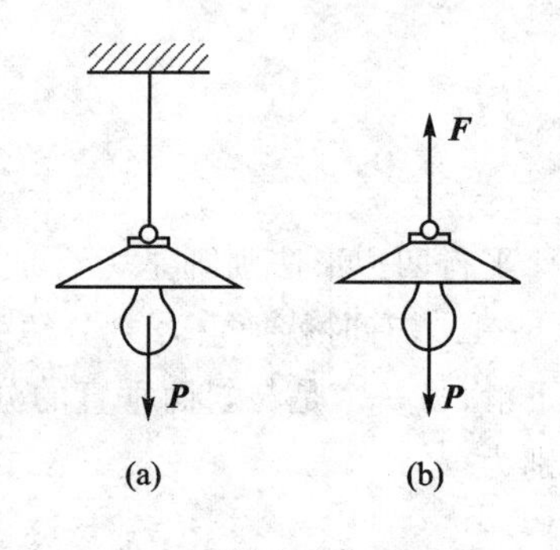

图 1-12

能使物体运动或有运动趋势的力,称为主动力,如重力、电磁力、流体压力等。

在一般情况下,约束力是由主动力的作用所引起的,所以约束力也称为“被动力”,它随主动力的改变而变化。

在静力学中,主动力往往是给定的,而约束力是未知的。因此,对约束力的分析,就成为受力分析的重点。

因为约束力是限制物体运动的,所以它的作用点应在约束与被约束物体的接触点,它的方向应与约束所能限制的运动方向相反。这是确定约束力方向的准则。至于约束力的大小,在静力学中将由平衡条件求得。

工程中约束的种类很多,对于一些常见的约束,按其所具有的特性,可以归纳成下列几种基本类型。

1. 柔性体约束

属于这类约束的有绳索、链条和胶带等。绳索如图 1-13 所示,它只能限制物体沿着绳的中心线离开绳的运动,而不能限制其他方向的运动。因此,绳索对物体的约束力,作用在接触点,方向沿着绳的中心线,而背离物体。

2. 光滑面约束

当两物体接触面上的摩擦力比起其他作用力小很多时,摩擦力就成了次要因素,可以忽略不计。这样的接触面就认为是光滑的。此时,不论接触面是平面还是曲面,都不能限制物体沿接触面切线方向运动,而只能限制物体沿接触面的公法线方向的运动。因此,光滑面约束力的方向,应沿接触面在接触点处的公法线且指向物体,如图 1-14 和 1-15 所示。这种约束力也

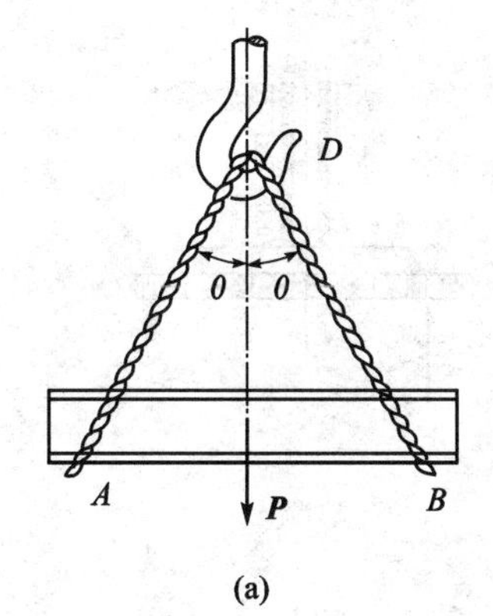

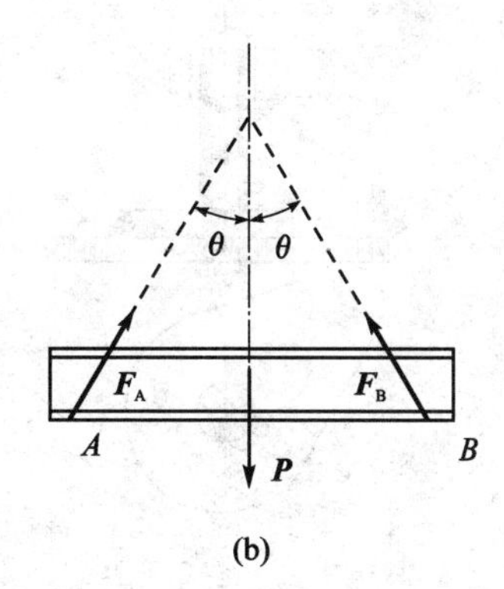

图 1-13

称为法向反力。

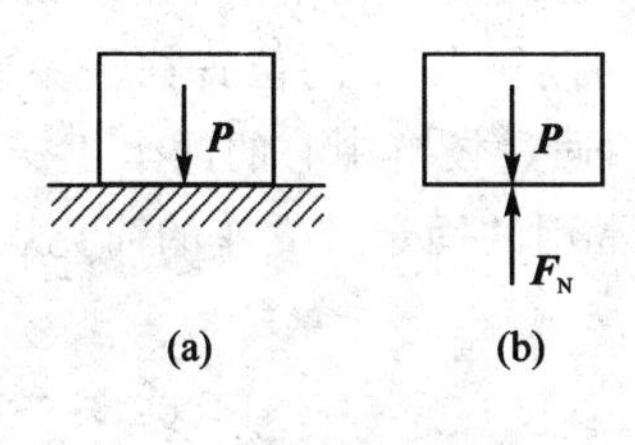

图 1-14

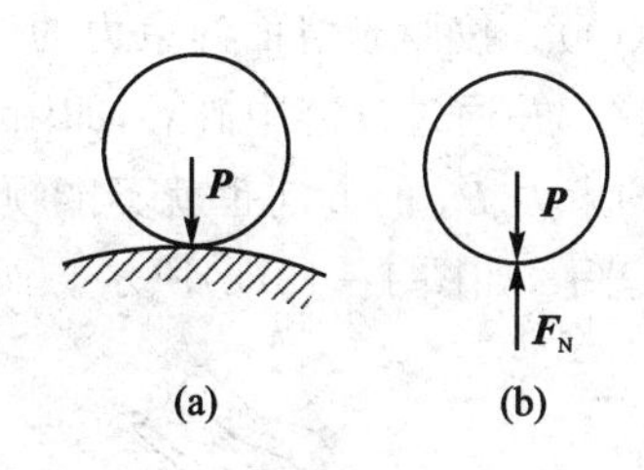

图 1-15

光滑面约束在工程上是常见的，如啮合齿轮的齿面约束（见图 1-16）、凸轮曲面对顶杆的约束（见图 1-17）等。

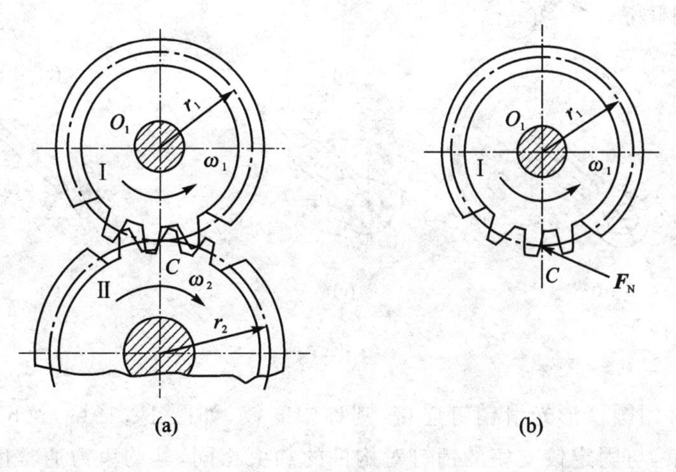

图 1-16

3. 固定铰链约束

铰链是工程上常见的一种约束。铰链约束的典型构造是将构件和固定支座在连接处钻上圆孔，再用圆柱形销子（又称销钉）串联起来，使构件只能绕销钉的轴线转动。这种约束称为固定铰链约束，或称固定铰支座，如图 1-18(a)、(b)所示。

设接触面的摩擦可略去不计，则销钉与构件圆孔间的接触是两个光滑圆柱面的接触（见

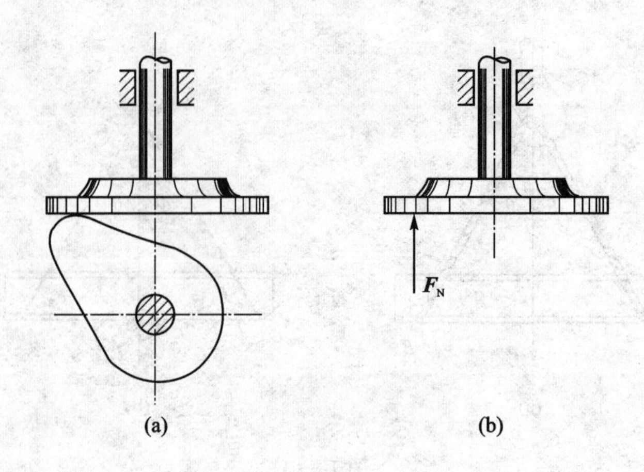

图 1－17

图 1－18(c))。按照光滑面约束力的性质,可知销钉给构件的约束力 $\boldsymbol{F}_A$ 应沿圆柱面在接触点 K 的公法线,并通过铰链中心 O,如图 1－18(d)所示。但因接触点 K 的位置往往不能预先确定,所以约束力 $\boldsymbol{F}_A$ 的方向也就不能预先确定;因此,通常用通过铰链中心的两个正交分力 $\boldsymbol{F}_{Ax}$ 和 $\boldsymbol{F}_{Ay}$ 来表示,如图 1－18(e)所示。而图 1－18(f)所示是常用的固定铰支座的简化表示法。

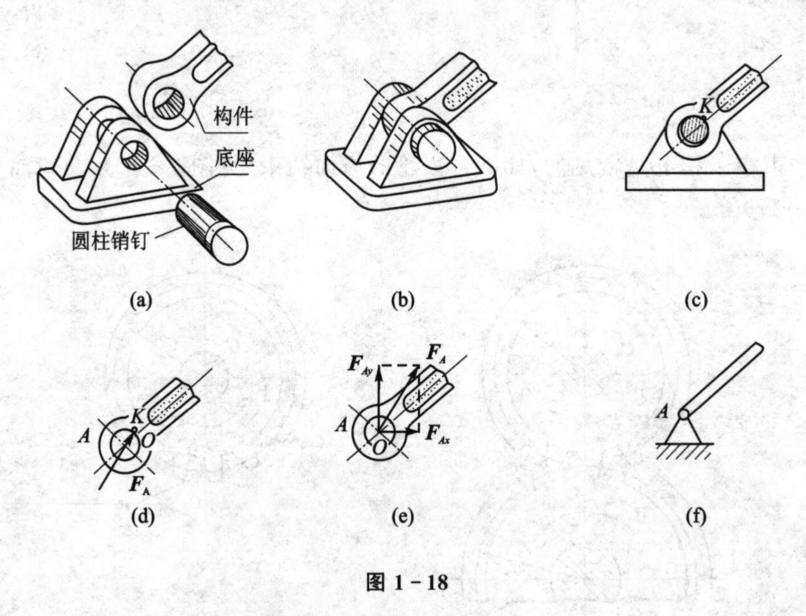

图 1－18

如果两个构件用圆柱形光滑销钉连接,则称中间铰,如图 1－19(a)、(b)所示。中间铰的销钉对构件的约束,与固定铰支座的销钉对构件的约束相同,其约束力通常也表示为两个正交分力,如图 1－19(c)所示。

4. 辊轴约束

构件的铰链支座用几个辊轴支承在光滑平面上,就成为辊轴支座(见图 1－20(a)),也称为活动铰支座或可动铰支座。

这种约束只能限制物体在与支座接触处向着支承面或离开支承面的运动,而不能阻止沿着支承面的运动和绕着销钉的转动。因此,辊轴约束的约束力通过销钉中心,垂直于支承面,

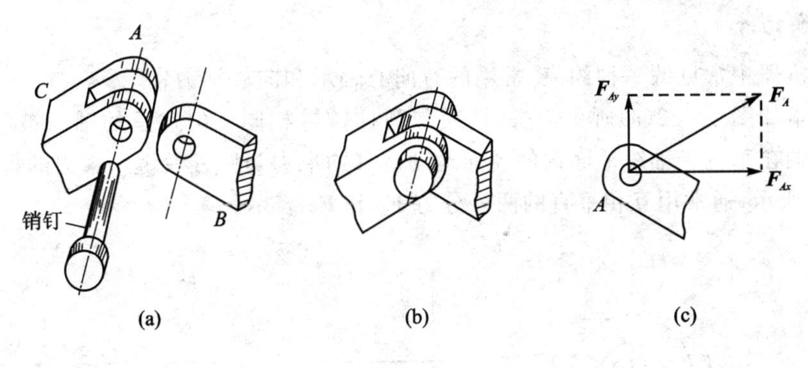

图 1-19

它的指向待定。图 1-20(b)所示是辊轴支座的简化表示法,图 1-20(c)所示是辊轴支座约束力的表示法。

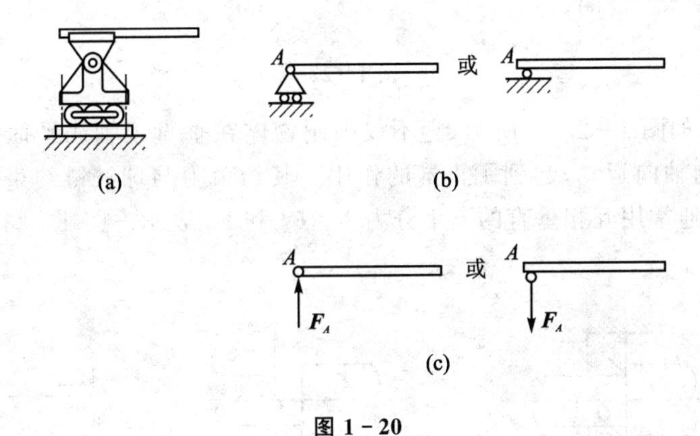

图 1-20

5. 球形铰链约束

这是一种空间约束,简称球铰。如图 1-21(a)所示的杆端为球形,它被约束在一固定的球槽中,球和球槽半径近似相等,球心固定不动,杆只能绕此点转动,不能在空间任意方向移动。与圆柱铰链的约束类似,球和球槽的接触点位置不能由约束性质来决定,而取决于被约束物体的受力。但可以肯定,在光滑接触情形下,约束力的作用线必通过球心。通常将其沿坐标轴分解为 $\boldsymbol{F}_x$、$\boldsymbol{F}_y$、$\boldsymbol{F}_z$ 三个分力,如图 1-21(b)所示。图 1-21(c)所示为这种约束的简化符号。

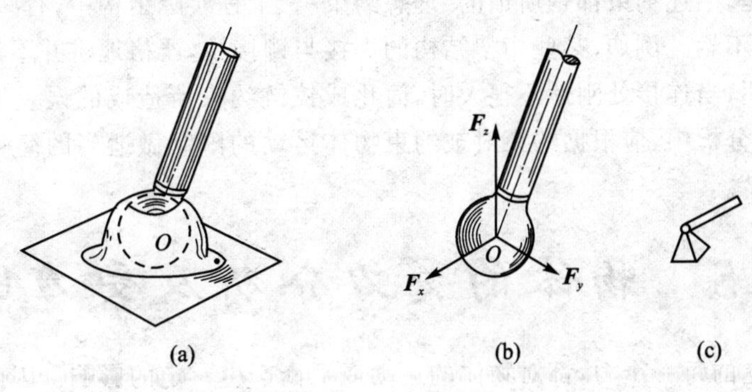

图 1-21

6. 轴承约束

轴承是机器中常见的一种约束,常用的有向心轴承和向心推力轴承。

向心轴承如图 1-22(a)所示,它的性质与圆柱铰链相同。但这里的轴为被约束的物体,轴承限制了轴在垂直于轴线平面内的径向运动。其约束力与圆柱铰链约束力的特点相同。如图 1-22(b)所示,通常用互相垂直的两个分力 $\boldsymbol{F}_x$ 和 $\boldsymbol{F}_z$ 表示。

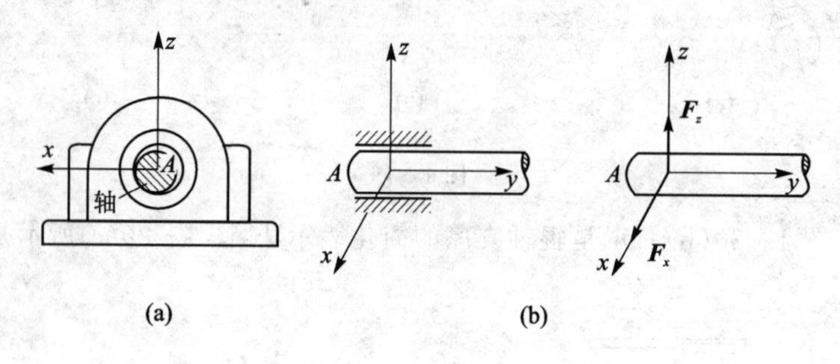

图 1-22

向心推力轴承如图 1-23(a)所示,它不仅限制物体在垂直于轴线平面内的径向运动,而且限制了单方向的轴向运动,起到了止推的作用。其约束力与球铰链约束力的特点相同,如图 1-23(b)所示,通常用互相垂直的三个分力 $\boldsymbol{F}_x$、$\boldsymbol{F}_y$ 和 $\boldsymbol{F}_z$ 表示。图 1-23(c)所示为向心推力轴承的简化符号。

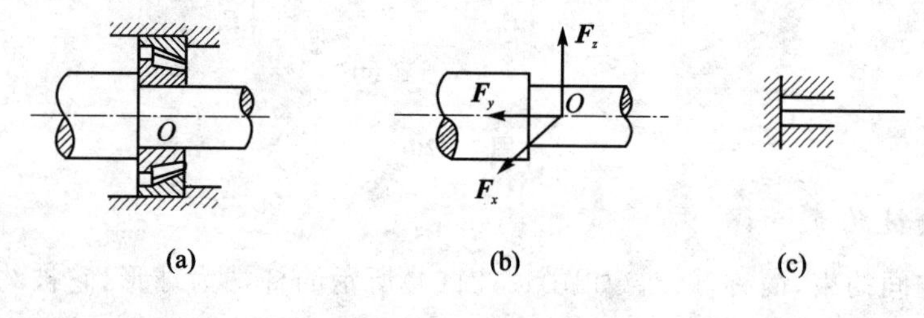

图 1-23

除上述约束外,工程中还有一种常见的约束——固定端约束,这将在平面任意力系中介绍。

需要指出的是,上述约束都是所谓的"理想约束"。工程实际结构中,有些约束与理想约束极为接近,有些则不然。例如,某些桁架结构的焊接与铆接处,严格地讲并不是铰链约束,但精确的计算结果表明,当连接处刚性不很大时,简化成铰链约束所造成的误差很小,可以忽略不计。因此,在实际分析中,应根据约束对被约束物体运动的限制做适当的简化,使之成为与之接近的"理想约束"。

1.5 物体的受力分析及受力图

作用在物体上的每一个力,都对物体的运动或平衡产生一定的影响。因此,在研究某一物体的运动或平衡时,必须考虑作用在该物体上的所有主动力和约束力。为了便于分析,并能清晰地表示物体的受力情况,可将研究的物体(称为研究对象),从周围的物体中分离出来,单独画出这个物体的轮廓图形，并将周围物体对它的作用用相应的力来代替，这一过程称为取分离体。取分离体是显示物体之间相互作用力的一种重要方法。

将分离出来的研究对象视为受力体，在受力体上画上主动力和周围物体对它的约束力，得到分离体的受力图。

确定研究对象，取分离体，分析受力并画受力图，这一全过程称为物体的受力分析。

画受力图是解平衡问题的第一步工作，不能省略，更不能有任何错误；否则，将导致以后的分析计算的结果错误。下面举例说明受力图的画法。

例 1-2　用力 $\boldsymbol{F}$ 拉动碾子压平路面，重力为 $\boldsymbol{P}$ 的碾子受到一石块的阻碍，如图 1-24(a)所示。不计摩擦，试画出碾子的受力图。

解　(1) 取碾子为研究对象，并单独画出其简图。

(2) 画主动力：地球的引力 $\boldsymbol{P}$ 和碾子中心的拉力 $\boldsymbol{F}$。

(3) 画约束力：因碾子在 A、B 两处受到石块和地面的约束，不计摩擦，均为光滑面约束，故在 A 处及 B 处受石块和地面的法向反力 $\boldsymbol{F}_{NA}$ 和 $\boldsymbol{F}_{NB}$ 的作用，它们都沿着碾子上接触点的公法线而指向圆心。碾子的受力图如图 1-24(b)所示。

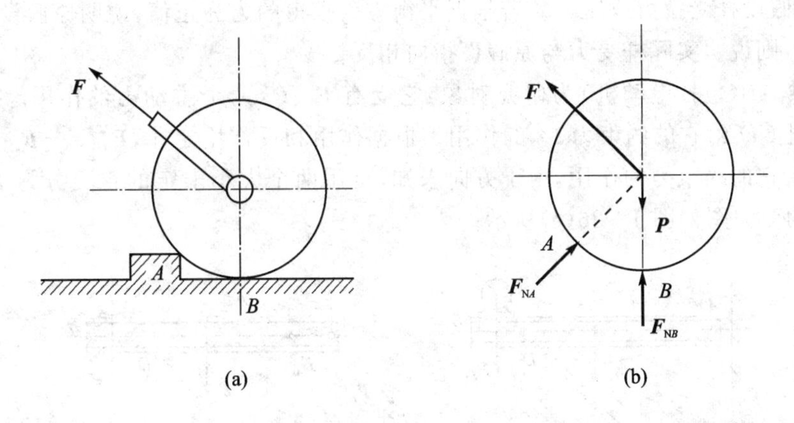

图 1-24

例 1-3　简支梁 AB 的 A 端为固定铰链支座，B 端为活动铰链支座，梁在中点 C 受到主动力 $\boldsymbol{F}$ 的作用(见图 1-25(a))，试分析梁的受力情况，梁重不计。

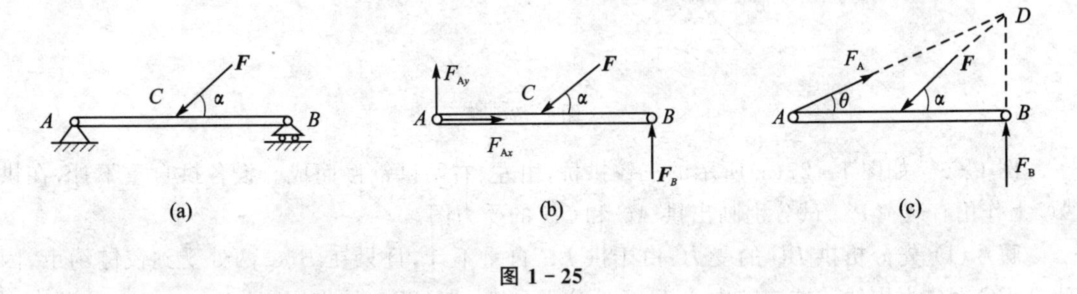

图 1-25

解　(1) 取简支梁 AB 为研究对象，并取分离体。

(2) 画主动力：梁在中点受到的力 $\boldsymbol{F}$。

(3) 画约束力：梁在 A、B 两处受约束，活动铰支座 B 的约束力 $\boldsymbol{F}_B$ 铅直向上且通过铰链中心。固定铰支座 A 的约束力具有两个未知量,可以用大小未知的水平分力 $\boldsymbol{F}_{Ax}$ 和铅直分力 $\boldsymbol{F}_{Ay}$ 来表示,如图 1-25(b)所示。

也可以用一个大小和方向都未知的约束力来表示固定铰支座 A 的约束力。这样一来,梁只受三个力作用而平衡,故可应用三力平衡汇交定理来确定约束力 $\boldsymbol{F}_A$ 的方向角 θ。以 D 表示力 $\boldsymbol{F}$ 和 $\boldsymbol{F}_B$ 的作用线的交点,当平衡时,约束力 $\boldsymbol{F}_A$ 的作用线必定通过这个交点 D,如图 1-25(c)表示。

例 1-4 如图 1-26(a)所示,水平梁 AB 用斜杆 CD 支撑,A、C、D 三处均为光滑铰链连接。均质梁重 $\boldsymbol{P}_1$ 其上放置一重为 $\boldsymbol{P}_2$ 的电动机。如不计杆 CD 的自重,试分别画出杆 CD 和梁 AB(包括电动机)的受力图。

解 (1) 先分析斜杆 CD 的受力:由于斜杆的自重不计,因此杆只在铰链 C、D 处受有两个约束力 $\boldsymbol{F}_C$ 和 $\boldsymbol{F}_D$。根据光滑铰链的特性,这两个约束力必定通过铰链 C、D 的中心,方向暂不确定。考虑到杆 CD 只在 $\boldsymbol{F}_C$、$\boldsymbol{F}_D$ 二力作用下平衡,根据二力平衡公理,这两个力必定沿同一直线,且等值、反向。由此可确定 $\boldsymbol{F}_C$ 和 $\boldsymbol{F}_D$ 的作用线应沿铰链中心 C 与 D 的连线。由经验判断,此处杆 CD 受压力,其受力如图 1-26(b)所示。一般情况下,$\boldsymbol{F}_C$ 与 $\boldsymbol{F}_D$ 的指向不能预先判定,可先任意假设杆受拉力或压力。若根据平衡方程求得的力为正值,说明原假设力的指向正确;若为负值,则说明实际杆受力与原假设指向相反。

(2) 取梁 AB(包括电动机)为研究对象:它受有 $\boldsymbol{P}_1$、$\boldsymbol{P}_2$ 两个主动力的作用。梁在铰链 D 处受有二力杆 CD 给它的约束力 $\boldsymbol{F}'_D$的作用。根据作用和反作用定律,$\boldsymbol{F}'_D=-\boldsymbol{F}_D$。梁在 A 处受固定铰支给它的约束力的作用,由于方向未知,可用两个大小未定的正交分力 $\boldsymbol{F}_{Ax}$ 和 $\boldsymbol{F}_{Ay}$ 表示。梁 AB 的受力图如图 1-26(c)所示。

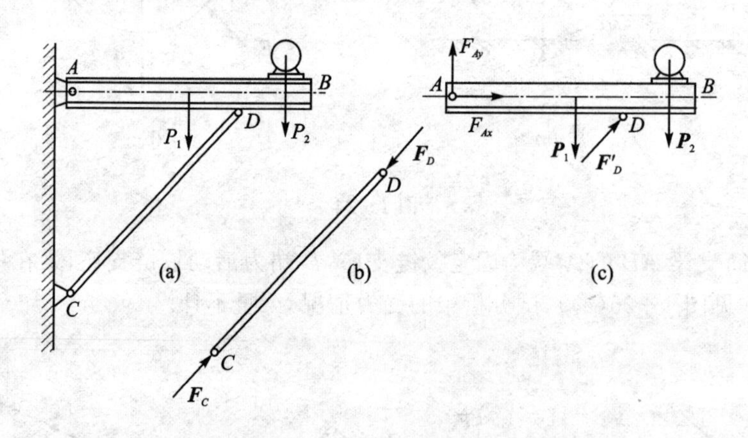

图 1-26

例 1-5 如图 1-27(a)所示的三铰拱桥,由左、右两拱铰接而成。设各拱自重不计,在拱 AC 上作用有载荷 $\boldsymbol{P}$。试分别画出拱 AC 和 CB 的受力图。

解 (1) 先分析拱 BC 的受力:由于拱 BC 自重不计,且只在 B、C 两处受到铰链约束,因此拱 BC 为二力构件。在铰链中心 B、C 处分别受 $\boldsymbol{F}_B$、$\boldsymbol{F}_C$ 两力的作用,且 $\boldsymbol{F}_B=-\boldsymbol{F}_C$,这两个力的方向如图 1-27(b)所示。

(2) 取拱 AC 为研究对象:由于自重不计,因此主动力只有载荷 $\boldsymbol{P}$。拱在铰链 C 处受有拱 BC 给它的约束力 $\boldsymbol{F}'_C$的作用,根据作用和反作用定律,$\boldsymbol{F}'_C=-\boldsymbol{F}_C$。拱在 A 处受有固定铰支给

它的约束力 $\boldsymbol{F}_A$ 的作用，由于方向未定，可用两个大小未知的正交分力 $\boldsymbol{F}_{Ax}$ 和 $\boldsymbol{F}_{Ay}$ 代替。拱 AC 的受力图如图 1-27(c)所示。

再进一步分析可知，由于拱 AC 在 $\boldsymbol{P}$、$\boldsymbol{F}'_C$ 和 $\boldsymbol{F}_A$ 三个力作用下平衡，故可根据三力平衡汇交定理，确定铰链 A 处约束力 $\boldsymbol{F}_A$ 的方向。点 D 为力 $\boldsymbol{P}$ 和 $\boldsymbol{F}'_C$ 作用线的交点，当拱 AC 平衡时，约束力 $\boldsymbol{F}_A$ 的作用线必通过点 D(见图 1-27(d))；至于 $\boldsymbol{F}_A$ 的指向，暂且假定如图 1-27(d)所示，以后由平衡条件确定。

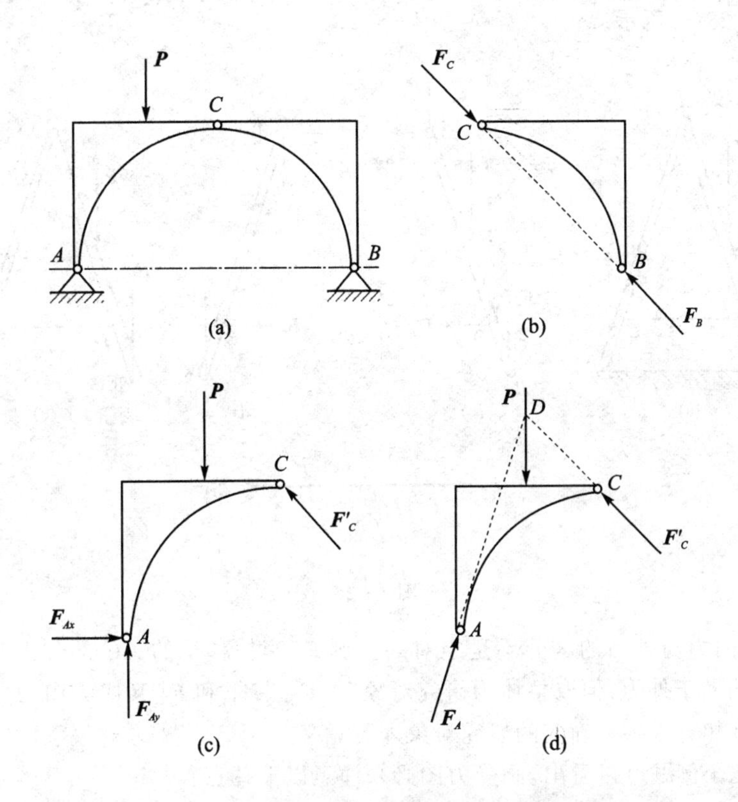

图 1-27

请读者考虑：若左右两拱都计入自重时，各受力图有何不同？

例 1-6　如图 1-28(a)所示，梯子的两部分 AB 和 AC 在点 A 铰接，又在 D、E 两点用水平绳连接。梯子放在光滑水平面上，若其自重不计，但在 AB 的中点 H 处作用一铅直载荷 $\boldsymbol{P}$。试分别画出绳子 DE 和梯子的 AB、AC 部分以及整个系统的受力图。

解　(1) 绳子 DE 的受力分析：绳子两端 D、E 分别受到梯子对它的拉力 $\boldsymbol{F}_D$、$\boldsymbol{F}_E$ 的作用(见图 1-28(b))。

(2) 梯子 AB 部分的受力分析：它在 H 处受载荷 $\boldsymbol{P}$ 的作用，在铰链 A 处受 AC 部分给它的约束力 $\boldsymbol{F}_{Ax}$ 和 $\boldsymbol{F}_{Ay}$ 的作用。在点 D 受绳子对它的拉力 $\boldsymbol{F}'_D$(与 $\boldsymbol{F}_D$ 互为作用力和反作用力)。在点 B 受光滑地面对它的法向反力 $\boldsymbol{F}_B$ 的作用。梯子 AB 部分的受力图如图 1-28(c)所示。

(3) 梯子 AC 部分的受力分析：在铰链 A 处受 AB 部分对它的作用力 $\boldsymbol{F}'_{Ax}$ 和 $\boldsymbol{F}'_{Ay}$(分别与 $\boldsymbol{F}_{Ax}$ 和 $\boldsymbol{F}_{Ay}$ 互为作用力和反作用力)。在点 E 受绳子对它的拉力 $\boldsymbol{F}'_E$(与 $\boldsymbol{F}_E$ 互为作用力和反作用力)。在 C 处受光滑地面对它的法向反力 $\boldsymbol{F}_C$。梯子 AC 部分的受力图如图 1-28(d)所示。

(4) 整个系统的受力分析:当选整个系统为研究对象时,可把平衡的整个结构刚化为刚体。由于铰链 A 处受的力互为作用力与反作用力关系,即 $\boldsymbol{F}_{Ax}=-\boldsymbol{F}'_{Ax}$,$\boldsymbol{F}_{Ay}=-\boldsymbol{F}'_{Ay}$;绳子与梯子连接点 D 和 E 所受的力也分别互为作用力与反作用力关系,即 $\boldsymbol{F}_D=-\boldsymbol{F}'_D$,$\boldsymbol{F}_E=-\boldsymbol{F}'_E$,这些力都成对地作用在整个系统内,称为内力。内力对系统的作用效应相互抵消,因此可以除去,并不影响整个系统的平衡。故内力在受力图上不必画出。在受力图上只需画出系统以外的物体给系统的作用力。这里载荷 $\boldsymbol{P}$ 和约束力 $\boldsymbol{F}_B$、$\boldsymbol{F}_C$ 都是作用于整个系统的外力。整个系统的受力图如图 1-28(e)所示。

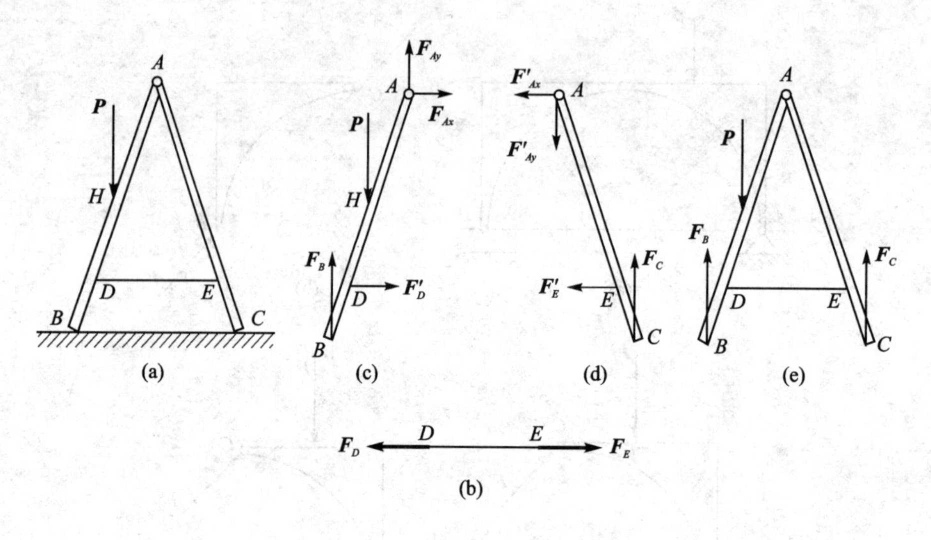

图 1-28

应该指出,内力与外力的区分不是绝对的。例如,当把梯子的 AC 部分作为研究对象时,$\boldsymbol{F}'_{Ax}$、$\boldsymbol{F}'_{Ay}$ 和 $\boldsymbol{F}'_E$ 均属于外力;但取整体为研究对象时,$\boldsymbol{F}'_{Ax}$、$\boldsymbol{F}'_{Ay}$ 和 $\boldsymbol{F}'_E$ 又成为内力。可见,内力与外力的区分只有相对于某一确定的研究对象才有意义。

综合以上几个例题可以看出,画受力图必须注意以下几点:

(1) 必须确定“研究对象”。也就是说,首先必须确定画哪一个物体的受力图。研究对象必须具体而且明确。它可以是单个物体,也可以是由几个物体组成的系统。不同的研究对象的受力图是不同的。

(2) 必须将所确定的“研究对象”从它周围物体的约束中分离出来,单独画出它的轮廓图形。然后,画出周围所有物体对它作用的力。

(3) 画力时,可以先画主动力(重力以及给定的力),然后在与其他物体相联系、相接触的地方,按照约束类型画出约束力。切忌单凭感性判断来画力,否则容易造成错误。

(4) 特别要注意铰链约束力的画法。

① 铰链约束力就是销钉对构件的反作用力。根据铰链约束的构造,通常用两个正交分力表示。

② 按照构件的受力情况,有时可进一步确定铰链约束力的方位。在例 1-5 中,杆 BC 及杆 AC 所受铰链约束力的方位,就是根据二力平衡或三力平衡等平衡条件确定的。

(5) 在分析两物体之间的相互作用力时,要注意作用力与反作用力的关系。作用力的方向一经设定,反作用力的方向就应与之相反,而且两力的大小相等。当画整个系统的受力图时，由于内力成对出现，组成平衡力系，因此不必画出，只需画出全部外力。

(6) 画受力图时，通常应先找出二力构件，画出它的受力图，然后再画出其他物体的受力图。要注意正确运用三力平衡汇交定理。

思　考　题

1-1　说明下列式子的意义和区别：

(1) $\boldsymbol{F}_1=\boldsymbol{F}_2$；(2) $F_1=F_2$；(3) 力 $\boldsymbol{F}_1$ 等效于 $\boldsymbol{F}_2$。

1-2　二力平衡条件与作用和反作用定理都是说二力等值、反向、共线，二者有什么区别？

1-3　“分力一定小于合力”说法对不对？为什么？试举例说明。

1-4　物体受汇交于一点的三力作用而处于平衡，此三力是否一定共面？

1-5　为什么说二力平衡条件、加减平衡力系原理和力的可传性原理等都只能适用于刚体？

1-6　试区别 $\boldsymbol{F}_R=\boldsymbol{F}_1+\boldsymbol{F}_2$ 和 $F_R=F_1+F_2$ 两个等式代表的意义。

1-7　什么叫二力构件？分析二力构件受力时与构件的形状有无关系。

1-8　图 1-29 至图 1-34 中各物体的受力图是否有错误？如何改正？

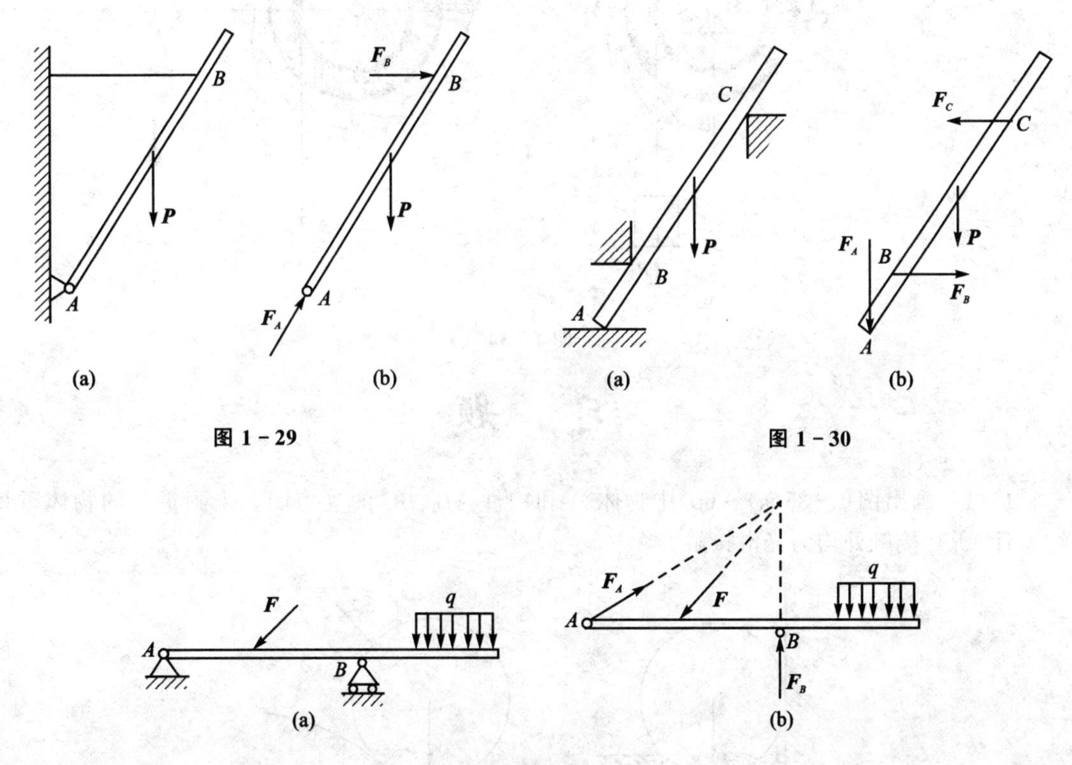

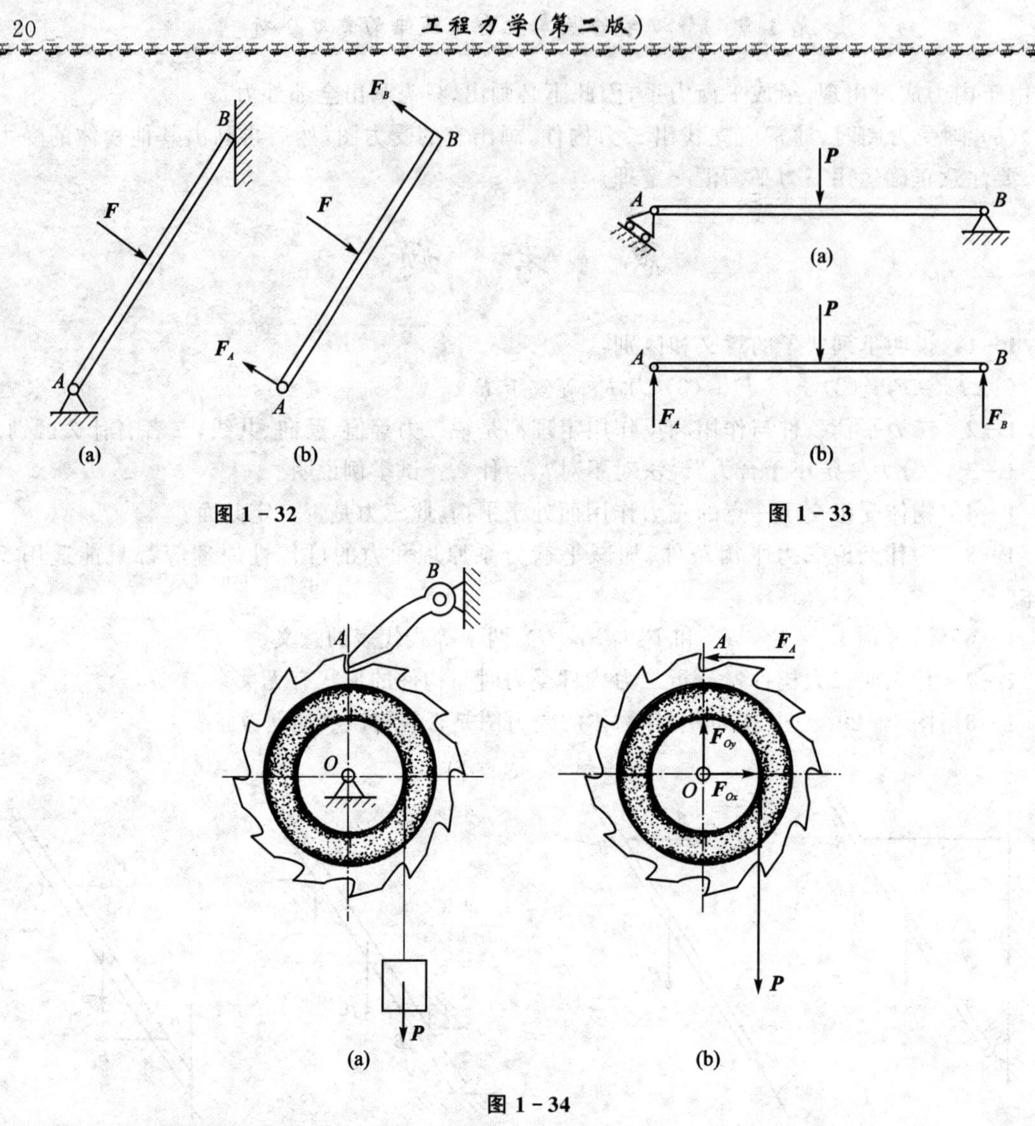

图 1-32

图 1-33

图 1-34

习　题

1-1　画出图 1-35(a)～(p)中物体 A 和构件 AB、BC 的受力图。未画重力的物体重量均不计,所有接触处均为光滑接触。

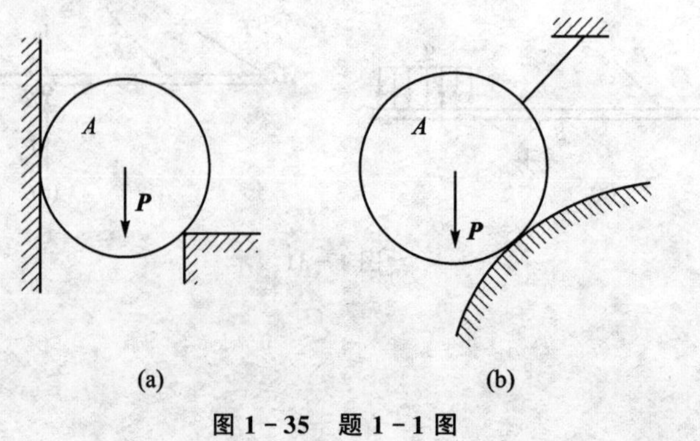

图 1-35　题 1-1 图

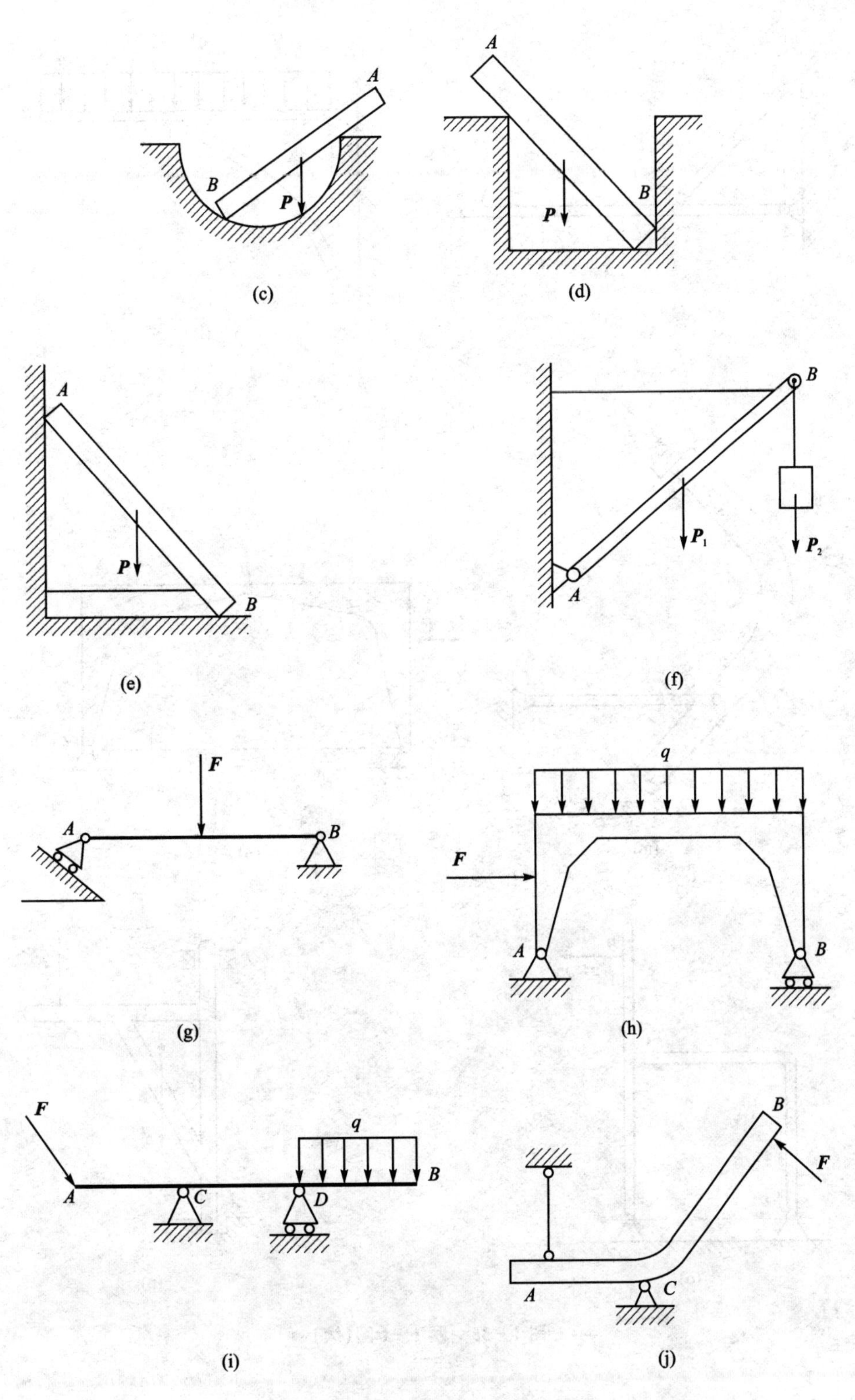

图 1-35　题 1-1 图(续)

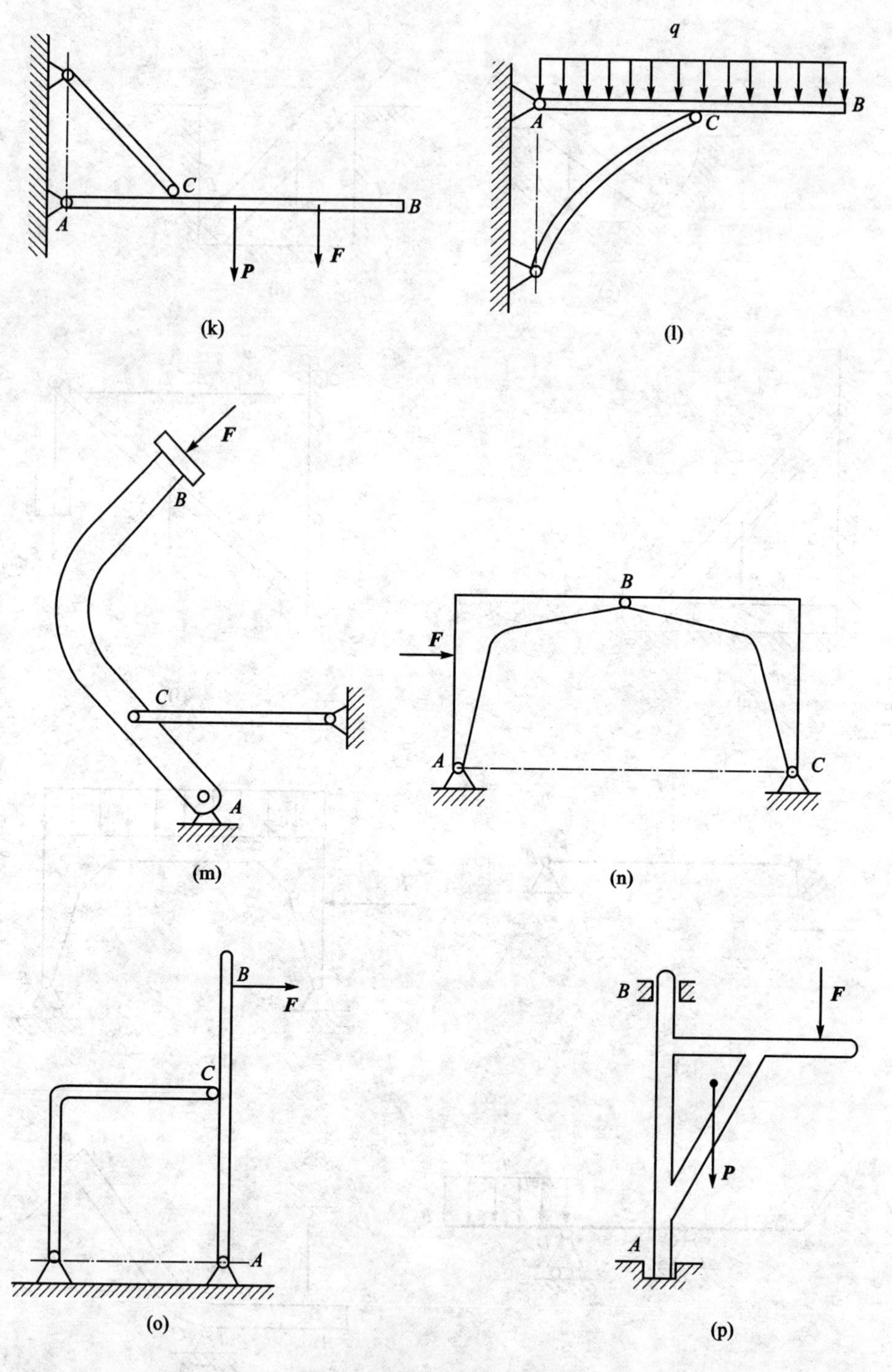

图 1-35　题 1-1 图(续)

1-2　画出图 1-36(a)～(o)中的每个标注字符的物体的受力图，未画重力的物体的重量均不计，所有接触处均为光滑接触。

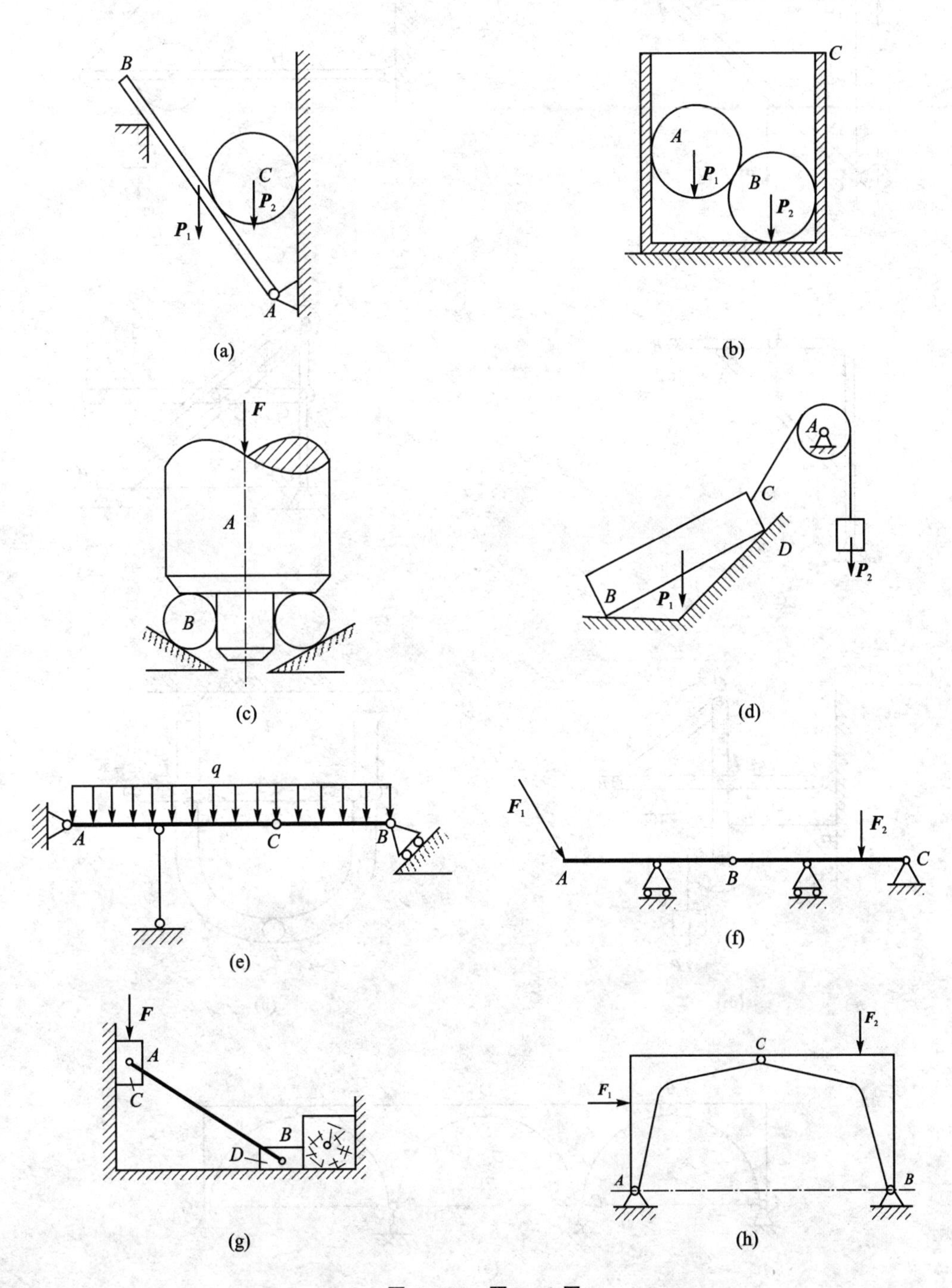

图 1-36　题 1-2 图

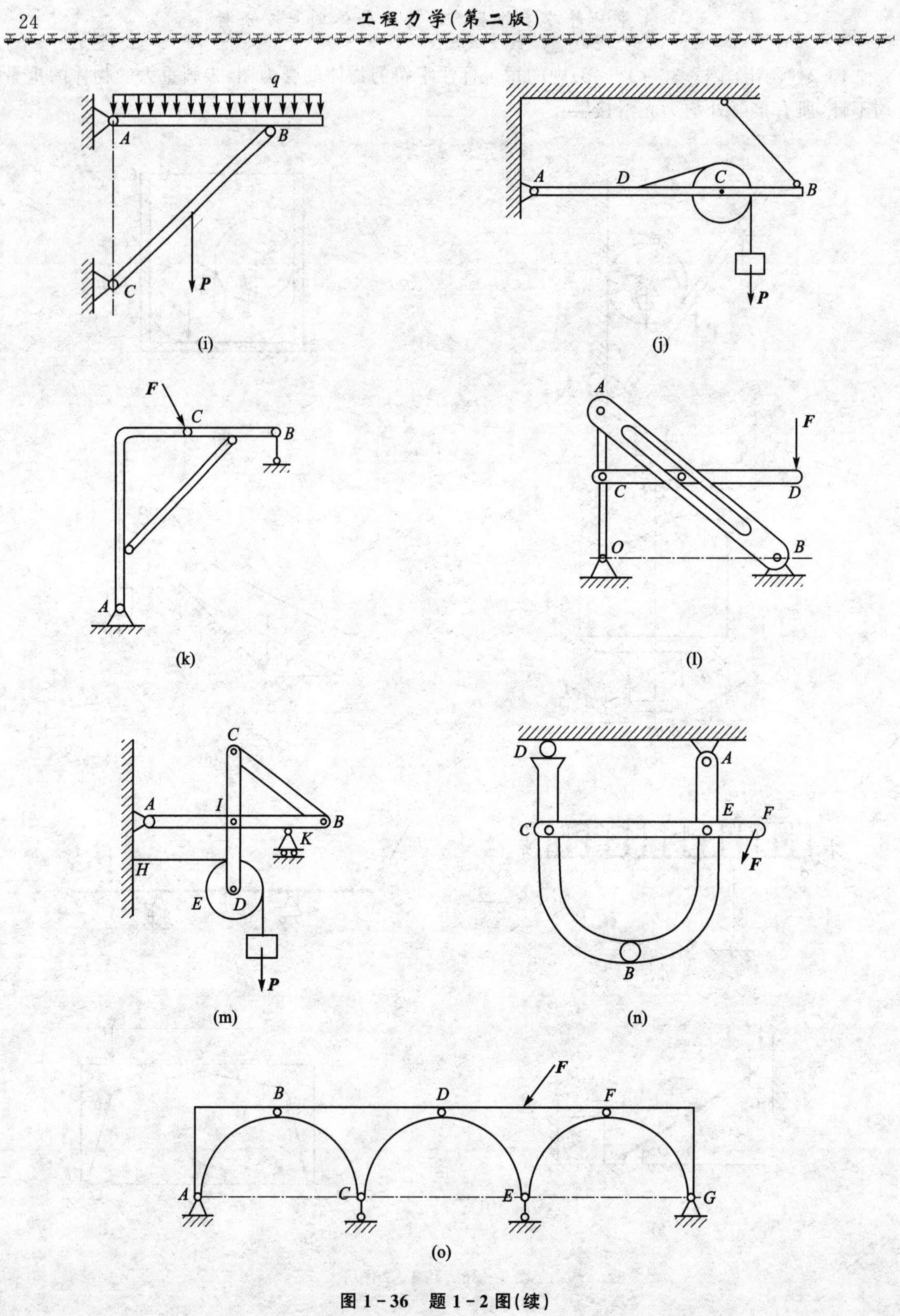
q
A
B
C
P
(i)
A
D
C
B
P
(j)
F
C
B
A
(k)
A
F
C
D
O
B
(l)
C
A
I
B
K
H
E
D
P
(m)
D
A
E
F
C
F
B
(n)
F
B
D
F
A
C
E
G
(o)

图 1-36 题 1-2 图(续)

第 2 章　平面汇交力系

本章将研究平面汇交力系的合成和平衡问题。它是研究平面任意力系的基础。

2.1　工程中的平面汇交力系问题

工程中经常遇到平面汇交力系问题。例如型钢 MN 上焊接三根角钢，受力情况如图 2-1 所示。$\boldsymbol{F}_1$、$\boldsymbol{F}_2$ 和 $\boldsymbol{F}_3$ 三个力的作用线均通过 O 点，且在同一个平面内。这是一个平面汇交力系。又如吊车起吊重为 $\boldsymbol{P}$ 的钢梁时（见图 2-2），钢梁受 $\boldsymbol{F}_A$、$\boldsymbol{F}_B$ 和 $\boldsymbol{P}$ 三个力的作用，这三个力在同一平面内，且交于 D 点，也是平面汇交力系。所谓平面汇交力系，就是各力的作用线都在同一平面内，且汇交于一点的力系。

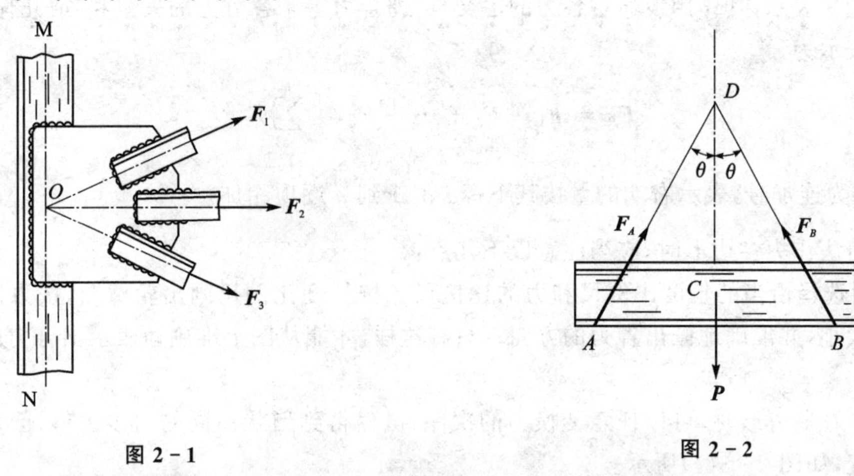

图 2-1　　图 2-2

下面将采用几何法和解析法来研究平面汇交力系的合成和平衡问题。

2.2　平面汇交力系合成与平衡的几何法

1. 平面汇交力系合成的几何法、力多边形规则

设一刚体受到平面汇交力系 $\boldsymbol{F}_1$、$\boldsymbol{F}_2$、$\boldsymbol{F}_3$、$\boldsymbol{F}_4$ 的作用，各力作用线汇交于点 A，根据刚体内部力的可传性，可将各力沿其作用线移至汇交点 A，如图 2-3(a)所示。

平面汇交力系可根据力的平行四边形规则，逐步两两合成各力，最后求得一个通过汇交点 A 的合力 $\boldsymbol{F}_{\mathrm{R}}$；还可以用更简便的方法求此合力 $\boldsymbol{F}_{\mathrm{R}}$ 的大小与方向。任取一点 a，先作力三角形求出 $\boldsymbol{F}_1$ 与 $\boldsymbol{F}_2$ 的合力大小与方向 $\boldsymbol{F}_{\mathrm{R1}}$，再作力三角形合成 $\boldsymbol{F}_{\mathrm{R1}}$ 与 $\boldsymbol{F}_3$ 得 $\boldsymbol{F}_{\mathrm{R2}}$，最后合成 $\boldsymbol{F}_{\mathrm{R2}}$ 与 $\boldsymbol{F}_4$ 得 $\boldsymbol{F}_{\mathrm{R}}$，如图 2-3(b)所示。多边形 $abcde$ 称为此平面汇交力系的力多边形，$\boldsymbol{ae}$ 称为此力多边形的封闭边。封闭边矢量 $\boldsymbol{ae}$ 就表示此平面汇交力系合力 $\boldsymbol{F}_{\mathrm{R}}$ 的大小与方向（合力矢），而合力的作用线仍通过原汇交点 A，如图 2-3(a)所示的 $\boldsymbol{F}_{\mathrm{R}}$。这种以力多边形求合力的作图规则，称为

力多边形法则，这种合成力的方法称为几何法。

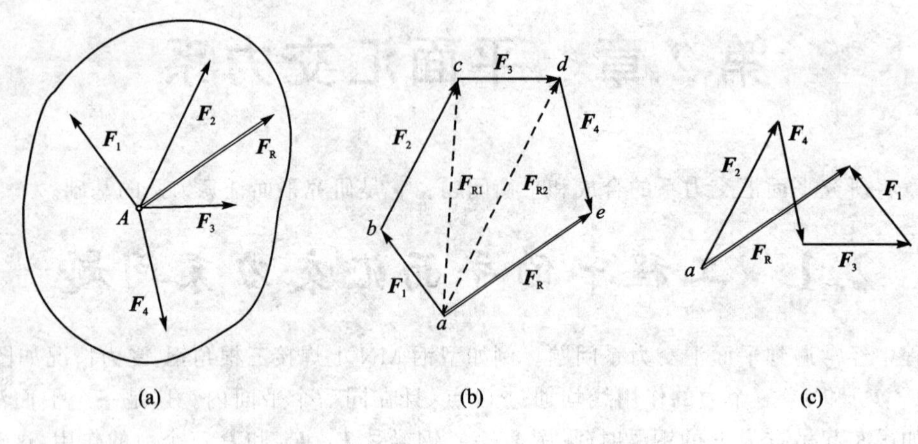

图 2-3

综上所述，可得结论如下：平面汇交力系合成的结果是一个合力，其大小和方向由力多边形的封闭边来表示，其作用线通过各力的汇交点，即合力等于各分力的矢量和(或几何和)。可用矢量式表示为

$$\boldsymbol{F}_{\mathrm{R}} = \boldsymbol{F}_1 + \boldsymbol{F}_2 + \cdots + \boldsymbol{F}_n = \sum_{i=1}^{n} \boldsymbol{F}_i \tag{2-1}$$

符号 $\sum\limits_{i=1}^{n}$ 称为连加号，表示右端的量按其下标 i 由 1 到 n 逐项相加。

用几何法作力多边形时，应当注意以下几点：

(1) 要选择恰当的长度比例尺和力的比例尺。按长度比例尺画出轮廓图，按力比例尺画出各力的大小，并准确地画出各力的方向。只有这样，才能从图上准确地表示出合力的大小和方向。

(2) 作力多边形时，可以任意变换力的次序，虽然得到形状不同的力多边形，但合成的结果并不改变，如图 2-3(c)所示。

(3) 力多边形中诸力应首尾相连，合力的方向则是从第一个力的起点指向最后一个力的终点。

2. 平面汇交力系平衡的几何条件

由于平面汇交力系可用其合力来代替，显然，平面汇交力系平衡的必要和充分条件是：该力系的合力等于零。如用矢量等式表示，即

$$\sum_{i=1}^{n} \boldsymbol{F}_i = 0 \tag{2-2}$$

在平衡的情况下，力多边形中最后一个力的终点与第一个力的起点重合，此时的力多边形称为封闭的力多边形。于是，可得如下结论：平面汇交力系平衡的必要和充分条件是：该力系的力多边形自行封闭。这就是平面汇交力系平衡的几何条件。

求解平面汇交力系的平衡问题时可用图解法，即按比例先画出封闭的力多边形，然后用尺和量角器在图上量得所要求的未知量；也可根据图形的几何关系，用三角公式计算出所要求的未知量。这种解题方法称为几何法。

例 2-1　如图 2-4(a)所示的压路碾子，自重 $P=20$ kN，半径 $R=0.6$ m，障碍物高 $h=0.08$ m。碾子中心 O 处作用一水平拉力 $\boldsymbol{F}$。试求：

(1) 当水平拉力 $F=5$ kN 时，碾子对地面及障碍物的压力；

(2) 欲将碾子拉过障碍物，水平拉力至少应为多大；

(3) 力 $\boldsymbol{F}$ 沿什么方向拉动碾子最省力，此时力 $\boldsymbol{F}$ 为多大。

解　(1) 选碾子为研究对象，其受力如图 2-4(b)所示，各力组成平面汇交力系。根据平衡的几何条件，力 $\boldsymbol{P}$、$\boldsymbol{F}$、$\boldsymbol{F}_A$ 与 $\boldsymbol{F}_B$ 应组成封闭的力多边形。按比例先画已知力矢 $\boldsymbol{P}$ 与 $\boldsymbol{F}$(见图 2-4(c))，再从 a、c 两点分别作平行于 $\boldsymbol{F}_B$、$\boldsymbol{F}_A$ 的平行线，相交于点 d。将各力矢首尾相接，组成封闭的力多边形，则图 2-4(c)中的矢量 $\boldsymbol{cd}$ 和 $\boldsymbol{da}$ 即为 A、B 两点约束力 $\boldsymbol{F}_A$、$\boldsymbol{F}_B$ 的大小与方向。

从图 2-4(c)中按比例量得

$$F_A = 11.34\ \text{kN},\quad F_B = 10\ \text{kN}$$

由图 2-4(c)的几何关系，也可以计算 $\boldsymbol{F}_A$、$\boldsymbol{F}_B$ 的数值。由图 2-4(a)，按已知条件可求得

$$\cos\alpha = \frac{R-h}{R} = 0.866$$

故

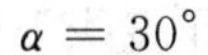

$$\alpha = 30^\circ$$

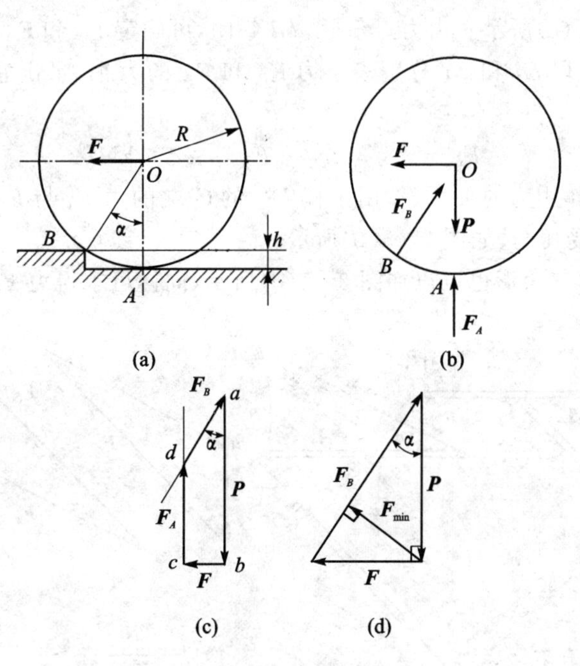

图 2-4

再由图 2-4(c)中各矢量的几何关系，可得

$$F_B\sin\alpha = F,\quad F_A + F_B\cos\alpha = P$$

解得

$$F_B = \frac{F}{\sin\alpha} = 10\ \text{kN},\quad F_A = P - F_B\cos\alpha = 11.34\ \text{kN}$$

根据作用与反作用关系，碾子对地面及障碍物的压力分别等于 11.34 kN 和 10 kN。

(2) 碾子能越过障碍物的力学条件是 $F_A=0$，因此，碾子刚刚离开地面时，其封闭的力三

角形如图 2-4(d)所示。由几何关系,此时水平拉力

$$F = P\tan\alpha = 11.55\ \text{kN}$$

此时 B 处的约束力

$$F_B = \frac{P}{\cos\alpha} = 23.09\ \text{kN}$$

(3) 从图 2-4(d)中可以清楚地看到,当拉力与 $\boldsymbol{F}_B$ 垂直时,拉动碾子的力为最小,即

$$F_{\min} = P\sin\alpha = 10\ \text{kN}$$

由此例可以看出,用几何法解题时,各力之间的关系很清楚,一目了然。

例 2-2　支架的横梁 AB 与斜杆 DC 彼此以铰链 C 相连接,并各以铰链 A、D 连接于铅直墙上,如图 2-5(a)所示。已知 $AC=CB$,杆 DC 与水平线成 45°角;载荷 $P=10$ kN,作用于 B 处。设梁和杆的重量忽略不计,求铰链 A 的约束力和杆 DC 所受的力。

解　选取横梁 AB 为研究对象,横梁在 B 处受载荷 $\boldsymbol{P}$ 作用。DC 为二力杆,它对横梁 C 处的约束力 $\boldsymbol{F}_C$ 的作用线必沿两铰链 D、C 中心的连线。铰链 A 的约束力 $\boldsymbol{F}_A$ 的作用线可根据三力平衡汇交定理确定,即通过另两力的交点 E,如图 2-5(b)所示。

根据平面汇交力系平衡的几何条件,这三个力应组成一封闭的力三角形。按照图中力的比例尺,先画出已知力矢 $\boldsymbol{P}=\boldsymbol{ab}$,再由点 a 作直线平行于 AE,由点 b 作直线平行 CE,这两直线相交于点 d,如图 2-5(c)所示。由力三角形 abd 封闭,可确定 $\boldsymbol{F}_C$ 和 $\boldsymbol{F}_A$ 的指向。

在力三角形中,线段 bd 和 da 分别表示力 $\boldsymbol{F}_C$ 和 $\boldsymbol{F}_A$ 的大小,量出它们的长度,按比例换算得

$$F_C = 28.3\ \text{kN},\quad F_A = 22.4\ \text{kN}$$

根据作用力和反作用力的关系,作用于杆 DC 的 C 端的力 $\boldsymbol{F}'_C$ 与 $\boldsymbol{F}_C$ 的大小相等,方向相反。由此可知杆 DC 受压力,如图 2-5(b)所示。

应该指出,封闭力三角形也可以如图 2-5(d)所示,同样可求得力 $\boldsymbol{F}_C$ 和 $\boldsymbol{F}_A$,且结果相同。

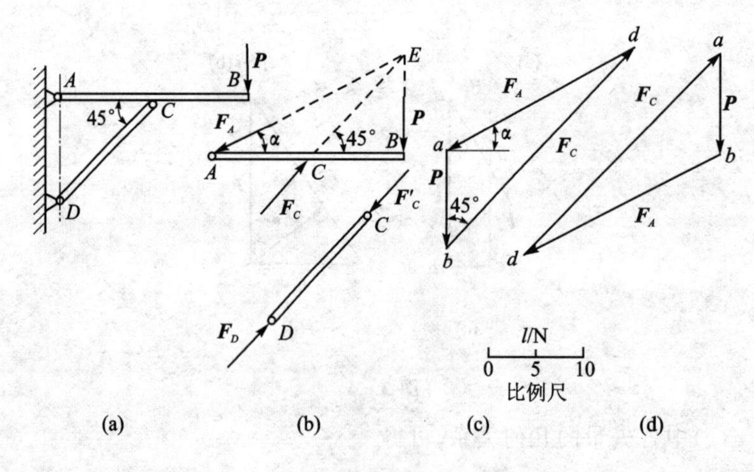

图 2-5

通过以上例题,可总结几何法解题的主要步骤如下:

(1) 选取研究对象　根据题意,选取适当的平衡物体作为研究对象,并画出简图。

(2) 分析受力,画受力图　在研究对象上,画出它所受的全部已知力和未知力。

(3) 作力多边形或力三角形　选择适当的比例尺,作出该力系的封闭力多边形或封闭力

三角形。必须注意，作图时总是从已知力开始。根据矢序规则和封闭特点，就可以确定未知力的指向。

(4) 求出未知量　用比例尺和量角器在图上量出未知量，或者用三角公式计算出来。

2.3　平面汇交力系合成与平衡的解析法

求解平面汇交力系问题，除了应用前面所述的几何法以外，经常应用的是解析法。解析法是以力在坐标轴上的投影为基础的。为此，先介绍力在坐标轴上投影的概念。

1. 力在正交坐标轴上的投影与力的解析表达式

设力 $\boldsymbol{F}=\boldsymbol{AB}$ 在 Oxy 平面内(见图 2-6)。从力 $\boldsymbol{F}$ 的起点 A 和终点 B 作 Ox 轴的垂线 Aa 和 Bb，则线段 ab 称为力 $\boldsymbol{F}$ 在 x 轴上的投影。同理，从力 $\boldsymbol{F}$ 的起点 A 和终点 B 作 Oy 轴的垂线 Aa' 和 Bb'，则 $a'b'$ 称为力 $\boldsymbol{F}$ 在 y 轴上的投影。通常用 F_x、F_y 分别表示力在 x、y 轴上的投影。

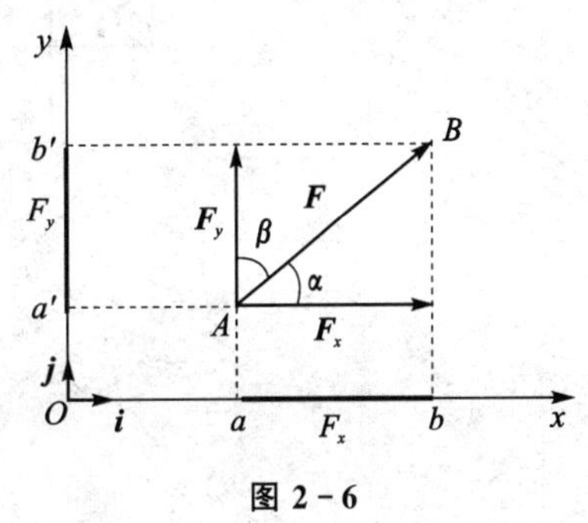

图 2-6

设 α 和 β 表示力 $\boldsymbol{F}$ 与 x 轴和 y 轴正向间的夹角，则由图 2-6 可知

$$\left.\begin{aligned} F_x &= F\cos\alpha \\ F_y &= F\cos\beta \end{aligned}\right\} \tag{2-3}$$

力在坐标轴上的投影为代数量。

如已知力 $\boldsymbol{F}$ 在 x 轴和 y 轴上的投影为 F_x 和 F_y，由几何关系即可求出力 $\boldsymbol{F}$ 的大小和方向余弦为

$$\left.\begin{aligned} &F = \sqrt{F_x^2+F_y^2} \\ &\cos\alpha = \frac{F_x}{\sqrt{F_x^2+F_y^2}},\quad \cos\beta = \frac{F_y}{\sqrt{F_x^2+F_y^2}} \end{aligned}\right\} \tag{2-4}$$

为了便于计算，通常采用力 $\boldsymbol{F}$ 与坐标轴所夹的锐角计算余弦，并且规定：当力的投影，从始端 a 到末端 b 的指向与坐标轴的正向相同时，投影值为正；反之为负。

由图 2-6 可知，力 $\boldsymbol{F}$ 沿正交坐标轴 Ox、Oy 可分解为两个分力 $\boldsymbol{F}_x$ 和 $\boldsymbol{F}_y$，其分力与力的投影之间有下列关系

$$\boldsymbol{F}_x = F_x\boldsymbol{i},\quad \boldsymbol{F}_y = F_y\boldsymbol{j}$$

由此，力的解析表达式为

$$\boldsymbol{F} = F_x\boldsymbol{i} + F_y\boldsymbol{j} \tag{2-5}$$

其中 $\boldsymbol{i}$、$\boldsymbol{j}$ 分别为 x、y 轴方向的单位矢量。

必须注意，力在轴上的投影 F_x、F_y 为代数量，而力沿轴的分量 $\boldsymbol{F}_x=F_x\boldsymbol{i}$ 和 $\boldsymbol{F}_y=F_y\boldsymbol{j}$ 为矢量，二者不可混淆。当 Ox、Oy 两轴不相垂直时，力沿两轴的分力 $\boldsymbol{F}_x$、$\boldsymbol{F}_y$ 在数值上也不等于力在两轴上的投影 F_x、F_y，如图 2-7 所示。

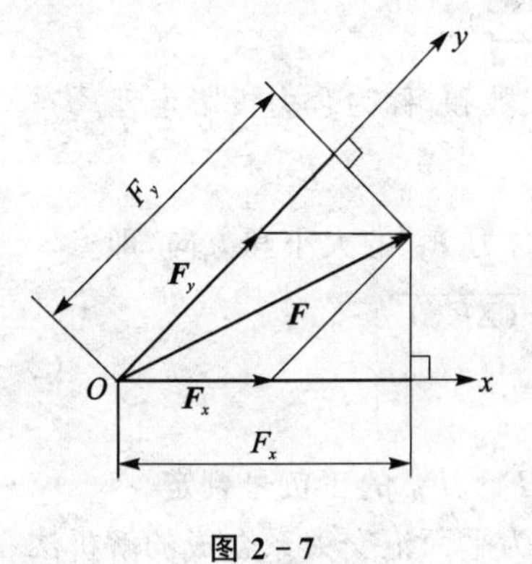

图 2-7

2. 合力投影定理

合力投影定理建立了合力的投影与各分力投影的关系。图 2-8 所示为由平面汇交力系 $\boldsymbol{F}_1$、$\boldsymbol{F}_2$、$\boldsymbol{F}_3$ 所组成的力多边形 $ABCD$，AD 是封闭边，即合力 $\boldsymbol{F}_R$。

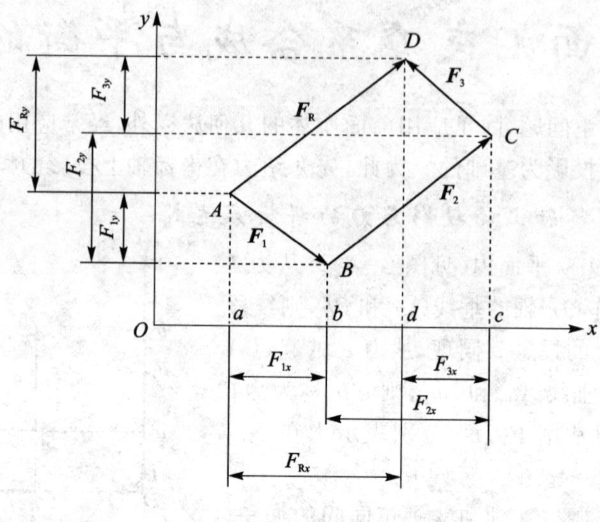

图 2-8

任选坐标系 Oxy，将合力 $\boldsymbol{F}_R$ 和各分力 $\boldsymbol{F}_1$、$\boldsymbol{F}_2$、$\boldsymbol{F}_3$ 分别向 x 轴上投影，得

$$F_{Rx} = ad$$

$$F_{1x} = ab, \quad F_{2x} = bc, \quad F_{3x} = -cd$$

由图 2-8 可见

$$ad = ab + bc - cd$$

故得

$$F_{Rx} = F_{1x} + F_{2x} + F_{3x}$$

同理可得合力 $\boldsymbol{F}_R$ 在 y 轴上的投影为

$$F_{Ry} = F_{1y} + F_{2y} + F_{3y}$$

式中，F_{1y}、F_{2y}、F_{3y} 分别为力 $\boldsymbol{F}_1$、$\boldsymbol{F}_2$、$\boldsymbol{F}_3$ 在 y 轴上的投影。

若将上述合力投影与分力投影的关系式推广到 n 个力组成的平面汇交力系中，可得到

$$\left.\begin{aligned} F_{Rx} &= F_{1x} + F_{2x} + \cdots + F_{nx} = \sum_{i=1}^{n} F_{ix} \\ F_{Ry} &= F_{1y} + F_{2y} + \cdots + F_{ny} = \sum_{i=1}^{n} F_{iy} \end{aligned}\right\} \qquad (2-6)$$

即合力在任意轴上的投影，等于各分力在同一轴上投影的代数和，称为合力投影定理。

3. 平面汇交力系合成的解析法

算出合力的投影 F_{Rx} 和 F_{Ry} 后，就可按公式(2-4)求出合力 $\boldsymbol{F}_R$ 的大小和方向，即

$$\left.\begin{aligned} F_R &= \sqrt{F_{Rx}^2 + F_{Ry}^2} = \sqrt{(\Sigma F_{ix})^2 + (\Sigma F_{iy})^2} \\ \alpha &= \arctan\left|\frac{\Sigma F_y}{\Sigma F_x}\right| \end{aligned}\right\} \qquad (2-7)$$

式中，α 表示合力 $\boldsymbol{F}_R$ 与 x 轴间所夹的锐角。合力的指向由 F_{Rx}、F_{Ry} 的正负号判定。

运用式(2-7)计算合力 $\boldsymbol{F}_R$ 的大小和方向，这种方法称为平面汇交力系合成的解析法。

例 2-3 如图 2-9 所示，作用于吊环螺钉上的四个力 $\boldsymbol{F}_1$、$\boldsymbol{F}_2$、$\boldsymbol{F}_3$ 和 $\boldsymbol{F}_4$ 构成平面汇交力

系。已知各力的大小和方向分别为 $F_1=360\ \text{N}, \alpha_1=60°$；$F_2=550\ \text{N}, \alpha_2=0°$；$F_3=380\ \text{N}, \alpha_3=30°$；$F_4=300\ \text{N}, \alpha_4=70°$。试用解析法求合力的大小和方向。

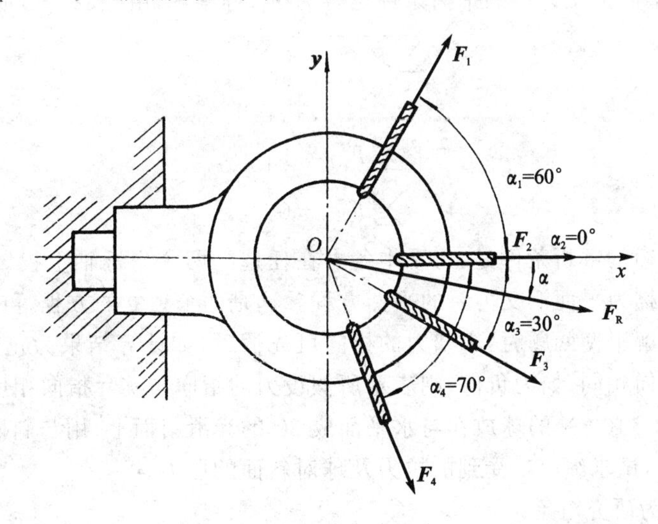

图 2－9

解　选取坐标系 Oxy（见图 2－9），根据式（2－3）可得诸力在 x 轴和 y 轴上的投影如表 2－1 所列。

表 2－1　x 轴与 y 轴的投影

$\boldsymbol{F}$	$\boldsymbol{F}_1$	$\boldsymbol{F}_2$	$\boldsymbol{F}_3$	$\boldsymbol{F}_4$
F_x	$F_1\cos\alpha_1$	$F_2\cos\alpha_2$	$F_3\cos\alpha_3$	$F_4\cos\alpha_4$
F_y	$F_1\sin\alpha_1$	$F_2\sin\alpha_2$	$-F_3\sin\alpha_3$	$-F_4\sin\alpha_4$

从式（2－6）可得

$$\begin{aligned}F_{Rx}&=F_{1x}+F_{2x}+F_{3x}+F_{4x}=\\&F_1\cos\alpha_1+F_2\cos\alpha_2+F_3\cos\alpha_3+F_4\cos\alpha_4=\\&(360\cos 60°+550\cos 0°+380\cos 30°+300\cos 70°)\text{N}=\\&(360\times 0.5+550+380\times 0.866+300\times 0.342)\text{N}=1\ 162\ \text{N}\end{aligned}$$

又

$$\begin{aligned}F_{Ry}&=F_{1y}+F_{2y}+F_{3y}+F_{4y}=\\&F_1\sin\alpha+F_2\sin\alpha_2-F_3\sin\alpha_3-F_4\sin\alpha_4=\\&(360\sin 60°+550\sin 0°-380\sin 30°-300\sin 70°)\text{N}=\\&(360\times 0.866+0-380\times 0.5-300\times 0.94)\text{N}=-160\ \text{N}\end{aligned}$$

根据式（2－7）可得

$$F_R=\sqrt{F_{Rx}^2+F_{Ry}^2}=\sqrt{(1\ 162)^2+(-160)^2}\ \text{N}=1\ 173\ \text{N}$$

$$\tan\alpha=\left|\frac{F_{Ry}}{F_{Rx}}\right|=\left|\frac{-160\ \text{N}}{1\ 162\ \text{N}}\right|=0.133$$

可得

$$\alpha=7°54'$$

因为 F_{Rx} 为正，F_{Ry} 为负，故合力 $\boldsymbol{F}_R$ 在第四象限，指向如图 2－9 所示。

4. 平面汇交力系的平衡方程

从前面知道,平面汇交力系的平衡条件是合力 $\boldsymbol{F}_R$ 等于零,由式(2-7)则有

$$F_R = \sqrt{(\sum F_{ix})^2 + (\sum F_{iy})^2} = 0$$

所以

$$\left.\begin{aligned}\sum F_{ix} &= 0\\ \sum F_{iy} &= 0\end{aligned}\right\} \tag{2-8}$$

即平面汇交力系平衡的解析条件是:力系中各力在任选的两个坐标轴上投影的代数和分别等于零。式(2-8)又称为平面汇交力系的平衡方程。这是两个独立的方程,可求解两个未知数。

当用解析法求解平衡问题时,未知力的指向可先假设,如计算结果为正值,则表示所假设力的指向与实际指向相同;如为负值,则表示所假设力的指向与实际指向相反。

例 2-4 重 $P=100$ N 的球放在与水平面成 30°的光滑斜面上,用与斜面平行的绳 AB 系住(见图 2-10(a)),试求绳 AB 受到的拉力及球对斜面的压力。

解 (1) 取球为研究对象;

(2) 画受力图(见图 2-10(b)),球受重力 $\boldsymbol{P}$,光滑面的约束力 $\boldsymbol{F}_N$,绳的拉力 $\boldsymbol{F}_A$;

(3) 选取坐标系,如图 2-10(b)所示;

(4) 列平衡方程,求解未知量。

$$\sum F_x = 0,\quad F_A\cos 30° - F_N\cos 60° = 0 \tag{a}$$

$$\sum F_y = 0,\quad F_A\sin 30° + F_N\sin 60° - P = 0 \tag{b}$$

解得

$$F_A = \frac{1}{2}P = \frac{1}{2}\times 100\text{ N} = 50\text{ N}$$

$$F_N = \frac{\sqrt{3}}{2}P = \frac{\sqrt{3}}{2}\times 100\text{ N} = 86.6\text{ N}$$

球对斜面的压力与 $\boldsymbol{F}_N$ 互为作用力与反作用力。

本题若在和斜面平行的方向取 x 轴(见图 2-10(c)),则解题比较简便。

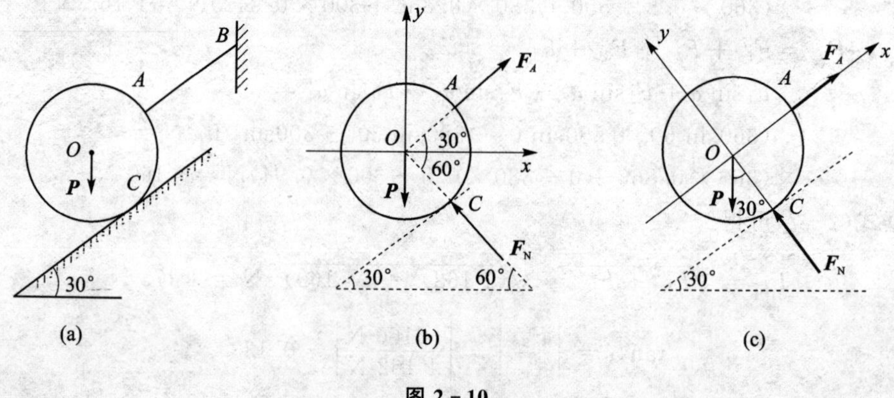

图 2-10

列平衡方程

$\sum F_x = 0 \qquad F_A - P\cos 60° = 0$

$$F_A = P\cos 60° = 100\ \text{N} \times \frac{1}{2} = 50\ \text{N}$$

$\sum F_y = 0 \qquad F_N - P\cos 30° = 0$

$$F_N = P\cos 30° = 100\ \text{N} \times \frac{\sqrt{3}}{2} = 86.6\ \text{N}$$

可见，若解题时将坐标轴选取在与某未知力垂直的方向，则列出的平衡方程式中该未知力将不出现，这样就能直接求出另一未知力。

例 2-5 图 2-11(a)所示支架，已知载荷 $\boldsymbol{P}$(包括 AB 的自身重量)，角 $\alpha=45°$，又长度 $AC=EC=l$，双铰支杆 CD 的自身重量不计。求铰链 A 的约束力和杆 CD 所受的力。

解 (1) 取研究对象：CD 为二力杆，其受力如图 2-11(b)所示。这里假设杆 CD 受压。由于此杆本身的平衡，无法求出它所受的力，因此取杆 AB 为研究对象。

(2) 画受力图：杆 AB 上受到三个力的作用，包括载荷 $\boldsymbol{P}$、杆 CD 的作用力 $\boldsymbol{F}_{CD}$ 和铰链 A 的约束力 $\boldsymbol{F}_A$。注意：$\boldsymbol{F}'_{CD}$ 和 $\boldsymbol{F}_{CD}$ 互为作用力与反作用力。$\boldsymbol{F}_{CD}$ 和 $\boldsymbol{P}$ 相交于 O，根据三力汇交定理，力 $\boldsymbol{F}_A$ 的作用线必定通过点 O。杆 AB 的受力图如图 2-11(c)所示。

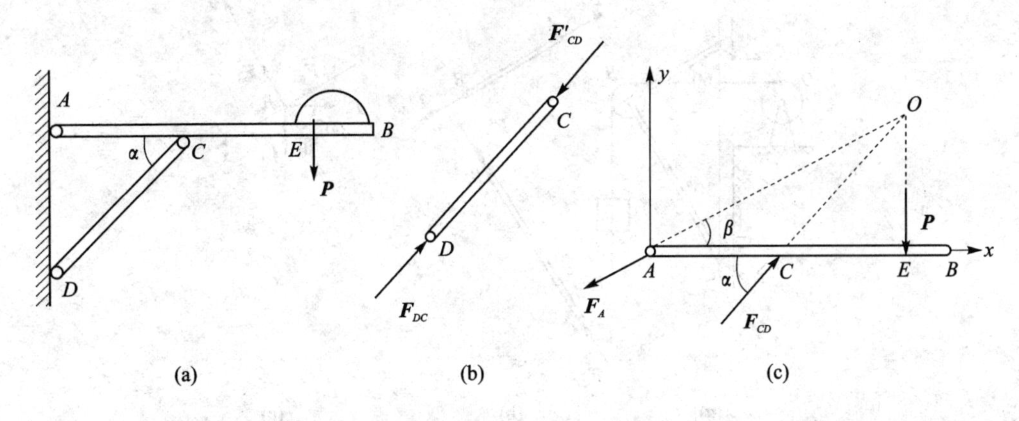

图 2-11

(3) 选取坐标系，列平衡方程

$$\sum F_x = 0, \qquad -F_A\cos\beta + F_{CD}\cos\alpha = 0 \tag{a}$$

$$\sum F_y = 0, \qquad -F_A\sin\beta + F_{CD}\sin\alpha - P = 0 \tag{b}$$

要解出上面的方程，必须先求出 $\sin\beta$ 和 $\cos\beta$。由于 $\alpha=45°$，$OE\perp AB$，故 $\angle COE=\angle OCE=45°$，因此 $OE=CE=l$。于是，在直角三角形 OAE 中有

$$OA = \sqrt{AE^2 + OE^2} = \sqrt{(2l)^2 + l^2} = \sqrt{5}l$$

$$\sin\beta = \frac{OE}{OA} = \frac{l}{\sqrt{5}l} = \frac{1}{\sqrt{5}}, \quad \cos\beta = \frac{AE}{OA} = \frac{2l}{\sqrt{5}l} = \frac{2}{\sqrt{5}}$$

又 $\sin\alpha=\cos\alpha=\frac{\sqrt{2}}{2}$，$\tan\alpha=1$。把各值代入平衡方程(a)和(b)，就可以解得

$$F_A = \frac{P}{-\sin\beta + \tan\alpha\cos\beta} = \frac{P}{-\frac{1}{\sqrt{5}} + \frac{2}{\sqrt{5}}} = \sqrt{5}P = 2.24P$$

$$F_{CD} = \frac{\cos\beta}{\cos\alpha} F_A = \frac{\frac{2}{\sqrt{5}}}{\frac{1}{\sqrt{2}}}(\sqrt{5}P) = 2\sqrt{2}P = 2.83P$$

即杆 CD 所受压力的大小是载荷 $\boldsymbol{P}$ 的 2.83 倍。

例 2-6 如图 2-12(a)所示,重为 $P=20$ kN 的物体,用钢丝绳挂在支架的滑轮 B 上,钢丝绳的另一端缠绕在铰车 D 上。杆 AB 与 BC 铰接,并以铰链 A、C 与墙连接。如两杆和滑轮的自重不计,并忽略摩擦和滑轮的大小,试求平衡时杆 AB 和 BC 所受的力。

解 (1) 取研究对象:由于 AB、BC 两杆都是二力杆,假设杆 AB 受拉力,杆 BC 受压力,如图 2-12(b)所示。为了求出这两个未知力,可通过求两杆对滑轮的约束力来解决。因此选取滑轮 B 为研究对象。

(2) 画受力图:滑轮受到钢丝绳的拉力 $\boldsymbol{F}_1$ 和 $\boldsymbol{F}_2$(已知 $F_1=F_2=P$)。此外杆 AB 和 BC 对滑轮的约束力为 $\boldsymbol{F}_{BA}$ 和 $\boldsymbol{F}_{BC}$。由于滑轮的大小可忽略不计,故这些力可看作是汇交力系,如图 2-12(c)所示。

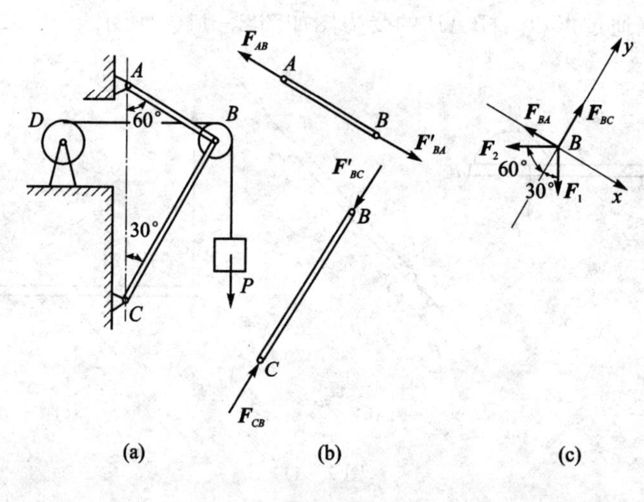

图 2-12

(3) 列平衡方程:选取坐标系如图所示。为使每个未知力只在一个轴上有投影,在另一轴上的投影为零,坐标轴应尽量取在与未知力作用线相垂直的方向。这样在一个平衡方程中只有一个未知数,不必解联立方程,即

$$\sum F_x = 0,\quad -F_{BA} + F_1\cos 60^\circ - F_2\cos 30^\circ = 0 \tag{a}$$

$$\sum F_y = 0,\quad F_{BC} - F_1\cos 30^\circ - F_2\cos 60^\circ = 0 \tag{b}$$

由式(a) 得 $F_{BA} = -0.366P = -7.321$ kN

由式(b) 得 $F_{BC} = 1.366P = 27.32$ kN

所求结果 F_{BC} 为正,表示这力的假设方向与实际方向相同,即 BC 杆受压。F_{BA} 为负值表示这力的假设方向与实际方向相反,即 AB 杆也受压。

通过以上例题,可总结用解析法解题的主要步骤如下:

(1) 选取研究对象:根据题意确定研究对象。对于复杂的问题,要选两个甚至多个研究对象,才能将问题解决。

（2）画受力图：画出所有作用于研究对象上的力（主动力和约束力），特别注意约束力的画法，并正确应用三力汇交定理。

（3）求解：选取坐标系，列平衡方程，然后进行求解。计算力的投影时要注意正负号，最好有一轴与一个未知力垂直。

（4）分析与讨论：必要时应分析或讨论计算结果。

思　考　题

2-1　试指出图2-13所示各力多边形中，哪个是自行封闭的？哪个不是自行封闭的？如果不是自行封闭，哪个力是合力？哪些力是分力？

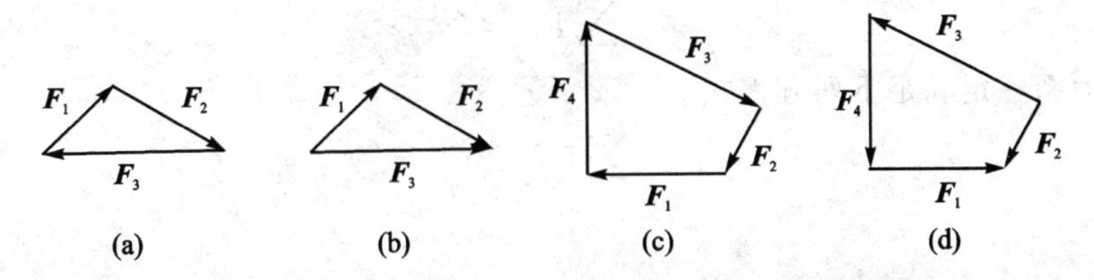

图2-13

2-2　试写出图2-14所示各力在x轴和y轴上投影的计算式。

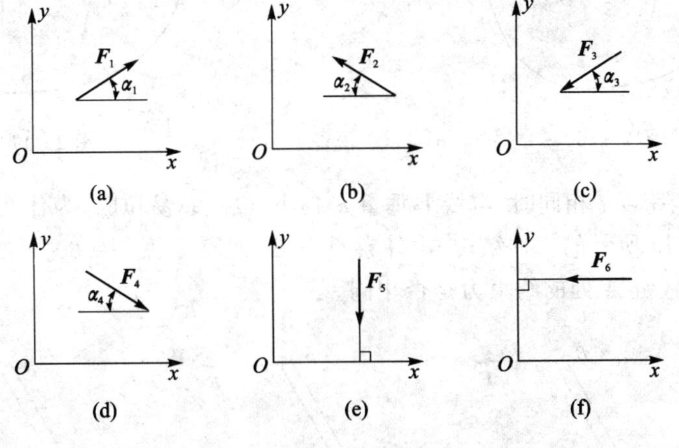

图2-14

2-3　试分别计算图2-15中力$\boldsymbol{F}$在x、y'方向或x、y方向上的分力和投影，并对比其区别。

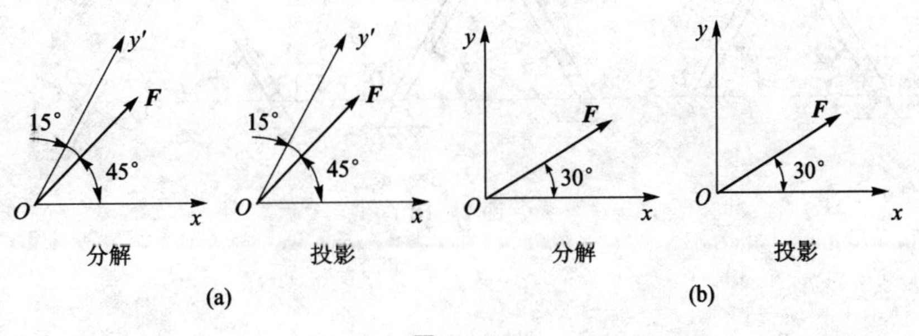

图2-15

2-4 平面内,力的解析表达式 $\boldsymbol{F}=F_x\boldsymbol{i}+F_y\boldsymbol{j}$ 对图 2-15(a)、(b)都成立吗?

2-5 若选择同一平面内既不平行又不垂直的两轴 x 和 y 作为坐标轴(见图 2-16),且作用在物体上的平面汇交力系满足下列方程式

$$\begin{cases}\sum F_x = 0\\ \sum F_y = 0\end{cases}$$

能否说明该物体一定平衡?为什么?

2-6 若选择同一平面内的三个轴 x、y 和 z,其中 x 轴垂直于 y 轴,而 z 轴是任意的(见图 2-17),若作用在物体上的平面汇交力系满足下列方程式

$$\begin{cases}\sum F_x = 0\\ \sum F_y = 0\end{cases}$$

能否说明该力系一定满足下列方程式

$$\sum F_z = 0$$

试说明理由。

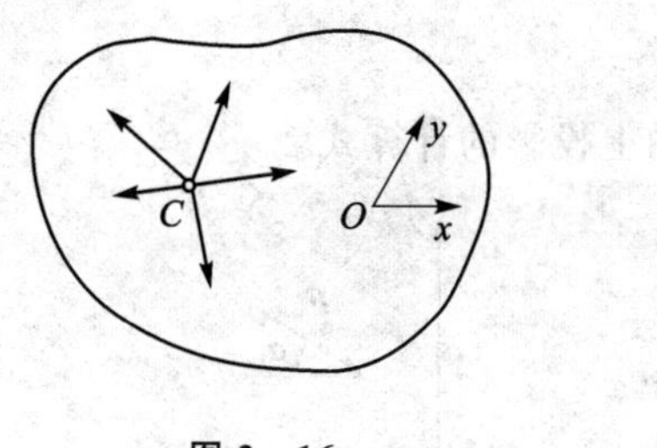

图 2-16

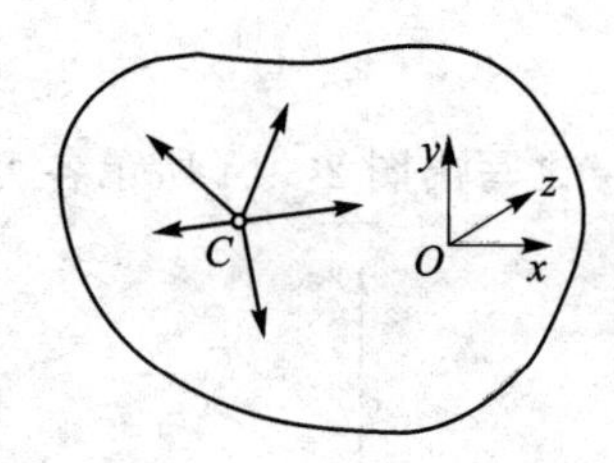

图 2-17

2-7 输电线跨度 l 相同时,电线下垂量 h 越小,电线越易拉断,为什么?

2-8 图 2-18 所示的三种结构,构件自重不计,忽略摩擦,$\alpha=60°$。如 B 处都作用有相同的水平力 $\boldsymbol{F}$,问铰链 A 处的约束力是否相同。

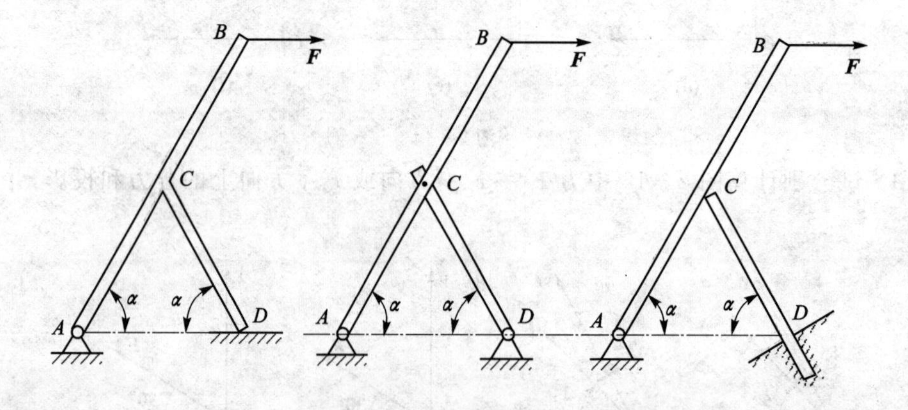

图 2-18

习　题

2-1　铆接钢板在孔 A、B 和 C 处受三个力作用，如图 2-19 所示。已知 $F_1=100$ N，沿铅垂方向；$F_2=50$ N，沿 AB 方向；$F_3=50$ N，沿水平方向。求此力系的合力。

2-2　桁架的连接点如图 2-20 所示，如沿 OA、OB 和 OC 方向之力分别为 $F_1=F_3=1.41$ kN，$F_2=1$ kN。试求钢板 $mnpqrs$ 传给杆 MN 的力是多少？

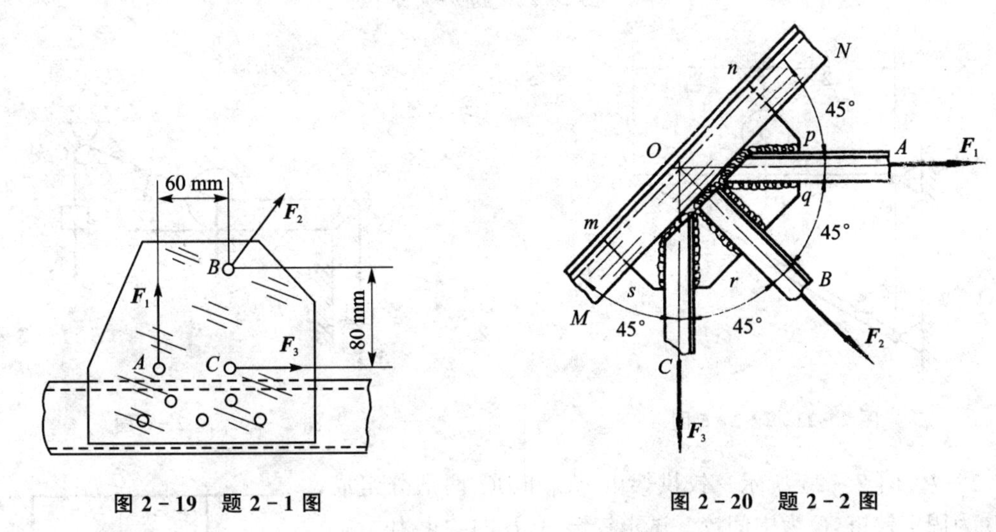

图 2-19　题 2-1 图　　图 2-20　题 2-2 图

2-3　支架如图 2-21 所示，由杆 AB 与 AC 组成，A、B 与 C 均为铰链，在销钉 A 上悬挂重量为 $\boldsymbol{P}$ 的重物。试求图示两种情形下，杆 AB 与杆 AC 所受的力。

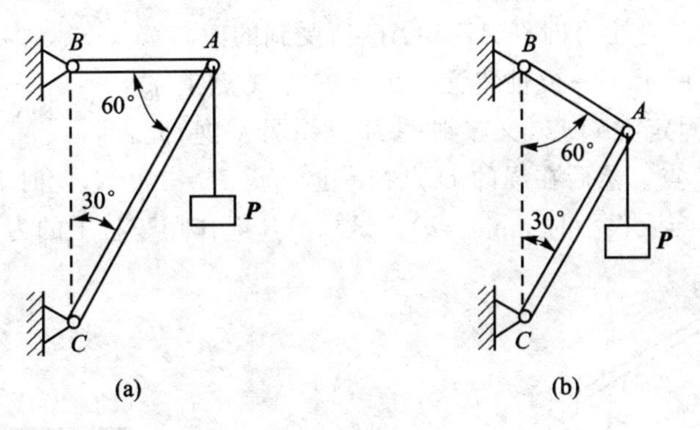

图 2-21　题 2-3 图

2-4　图 2-22 所示梁在 A 端为固定铰支座，B 端为活动铰支座，$F=20$ kN。试求图示两种情形下 A 和 B 处的约束力。

2-5　图 2-23 所示电动机重 $P=5$ kN，放在水平梁 AC 的中间，A 和 B 为固定铰链，C 为中间铰链。若忽略梁和撑杆的重量，试求 A 处的约束力及杆 BC 所受的力。

2-6　图 2-24 所示圆柱体 A 重 P，在其中心系着两绳 AB 和 AC，并分别经过滑轮 B 和 C，两端分别挂重为 P_1 和 P_2 的物体，设 $P_2>P_1$。试求平衡时绳 AC 和水平线所构成的角 α 及 D 处的约束力。

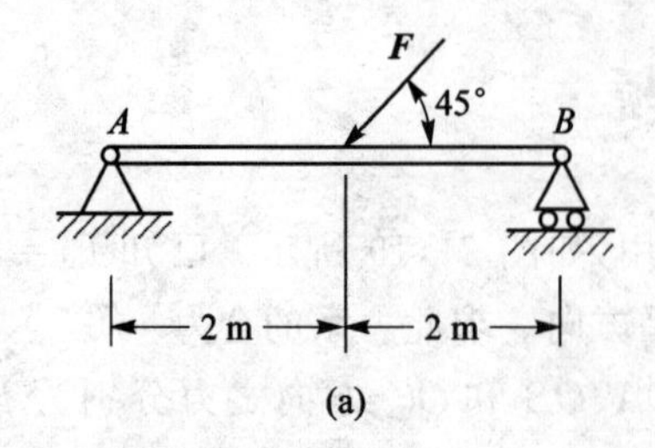

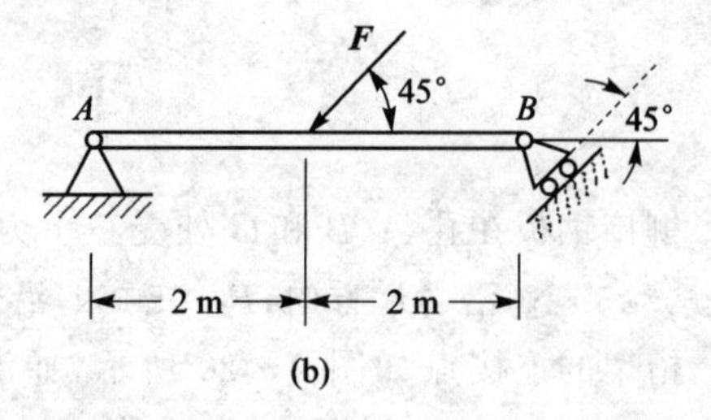

图 2-22 题 2-4 图

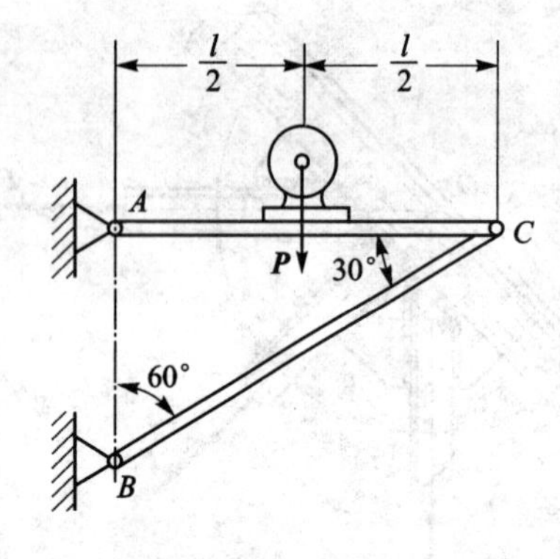

图 2-23 题 2-5 图

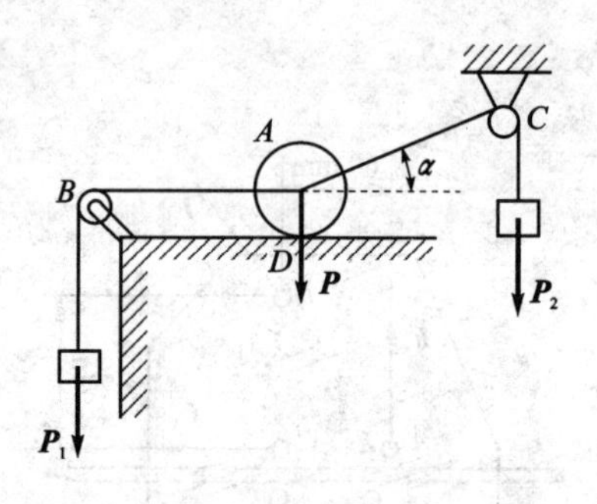

图 2-24 题 2-6 图

2-7 图 2-25 所示三铰拱架由 AC 和 BC 两部分组成，A、B 为固定铰链，C 为中间铰。试求铰链 A、B 的约束力。

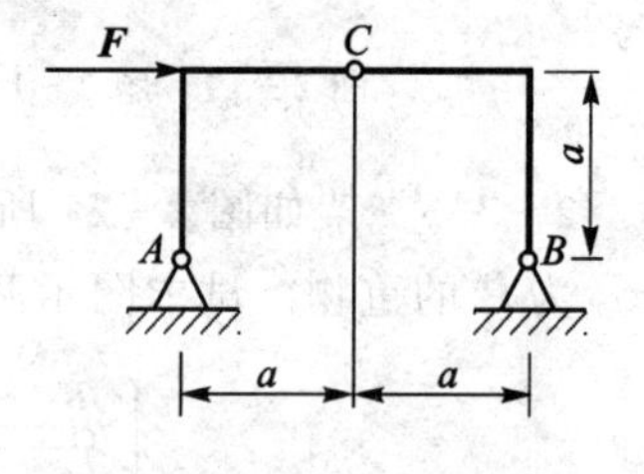

图 2-25 题 2-7 图

2-8 图 2-26 所示，一起重机 BAC 上装一滑轮。重 $P=20$ kN 的载荷由跨过滑轮的绳子用绞车 D 吊起，A、B、C 都是铰链。试求当载荷匀速上升时杆 AB 和 AC 所受到的力。

2-9 图 2-27 所示为一拔桩装置。在木桩的 A 点上系一绳，将绳的另一端固定在 C 点，又在绳的 B 点系另一绳，此绳的另一端固定在 E 点。然后在绳的 D 点挂一重物重 $P=300$ N，此时 BD 段水平，AB 段铅直，已知 $\alpha=0.1$ rad(当 α 很小时 $\tan\alpha\approx\alpha$)。试求 AB 绳作用于桩上的力 F。

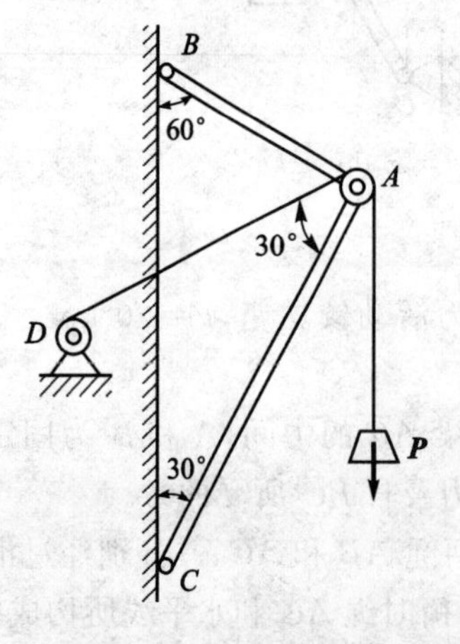

图 2-26 题 2-8 图

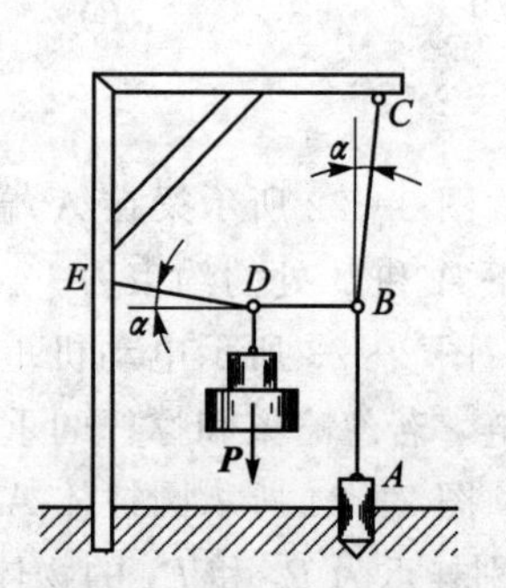

图 2-27 题 2-9 图

2-10　图2-28所示液压式夹紧机构，D为固定铰，B、C、E为中间铰。已知力$\boldsymbol{F}$及几何尺寸，试求平衡时工件H所受的压紧力。

2-11　图2-29中铰链四杆机构$CABD$的CD边固定，在铰链A、B处有力$\boldsymbol{F}_1$、$\boldsymbol{F}_2$作用。该机构在图示位置平衡，杆重略去不计。求力$\boldsymbol{F}_1$与$\boldsymbol{F}_2$的关系。

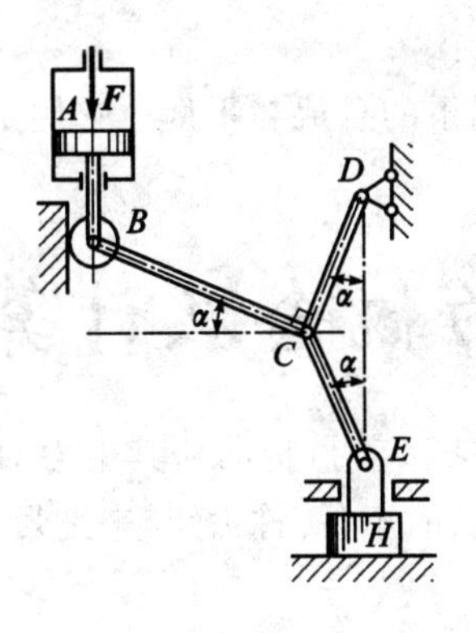

图2-28　题2-10图

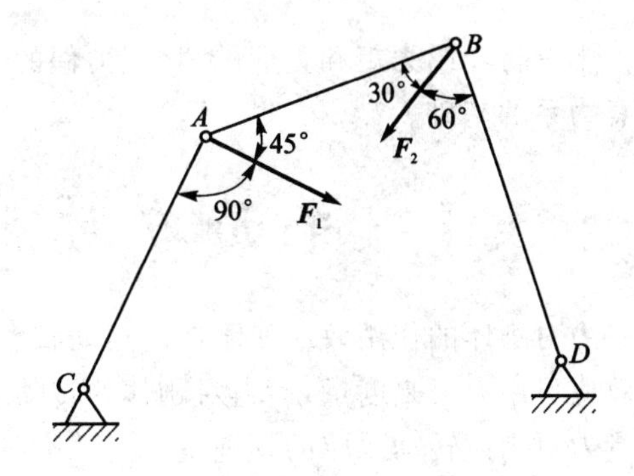

图2-29　题2-11图

第3章　力矩和平面力偶系

本章将介绍力矩和力偶的概念、力偶的性质、平面力偶系的合成与平衡。它们是研究平面任意力系的基础。

3.1　平面力对点之矩的概念及计算

力对刚体的作用效应使刚体的运动状态发生改变(包括移动与转动),其中力对刚体的移动效应可用力矢来度量;而力对刚体的转动效应可用力对点的矩(简称力矩)来度量,即力矩是度量力对刚体转动效应的物理量。

1. 力对点之矩

经验证明:用扳手转动螺母时(见图3-1),作用于扳手一端的力$\boldsymbol{F}$使扳手绕O点转动的效应,不仅与力$\boldsymbol{F}$的大小有关,而且与O点到力$\boldsymbol{F}$作用线的垂直距离d有关。因此,在力学上以乘积$F \cdot d$作为量度力$\boldsymbol{F}$使物体绕O点转动效应的物理量,这个量称为力$\boldsymbol{F}$对O点之矩,简称力矩,以符号$M_O(\boldsymbol{F})$表示,即

$$M_O(\boldsymbol{F}) = \pm Fd \tag{3-1}$$

O点称为力矩中心(简称矩心);O点到力$\boldsymbol{F}$作用线的垂直距离d称为力臂。通常规定:力使物体绕矩心作逆时针方向转动时,力矩取正号;作顺时针方向转动时,取负号。根据以上情况,平面内力对点之矩,只取决于力矩的大小及旋转方向,因此平面内力对点之矩是一个代数量。

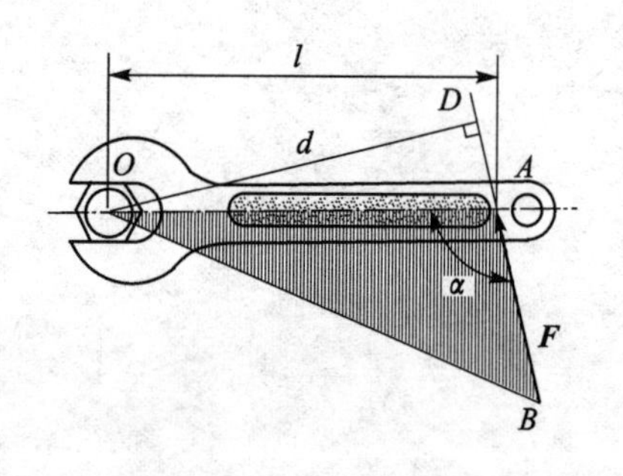

图3-1

在图3-1中,力$\boldsymbol{F}$对O点之矩的大小可由三角形OAB面积的两倍来表示,即

$$M_O(\boldsymbol{F}) = \pm 2\triangle OAB \tag{3-2}$$

力矩的单位是N·m或kN·m。

综上所述可知:

(1) 力$\boldsymbol{F}$对O点之矩不仅取决于力$\boldsymbol{F}$的大小,同时还与矩心的位置有关;

(2) 力$\boldsymbol{F}$对任一点之矩,不会因该力沿其作用线移动而改变,因为此时力和力臂的大小均未改变;

(3) 力的作用线通过矩心时,力矩等于零;

(4) 互成平衡的二力对同一点之矩的代数和等于零。

最后再指出一点:前面是由力对于物体上固定点的作用引出力矩的概念。实际上,作用于物体上的力可以对任意点取矩。

例3-1　图3-1中扳手所受的力$F=200$ kN,$l=0.4$ m,$\alpha=120°$,试求力$\boldsymbol{F}$对O点之矩。

解 根据式(3-1)

$$M_O(\boldsymbol{F}) = F \cdot d = Fl\sin\alpha =$$

$$200\ \text{kN} \times 0.4\ \text{m} \times \sin 120° = 69.2\ \text{kN} \cdot \text{m}$$

正号表示扳手绕 O 点作逆时针方向转动。应该注意,力臂是 OD(自矩心 O 至力作用线的垂直距离),而不是 OA。

例 3-2 设电线杆上端两根钢丝绳的拉力为 $F_1=120$ N,$F_2=100$ N,如图 3-2 所示。试计算 $\boldsymbol{F}_1$ 与 $\boldsymbol{F}_2$ 对电线杆下端 O 点之矩。

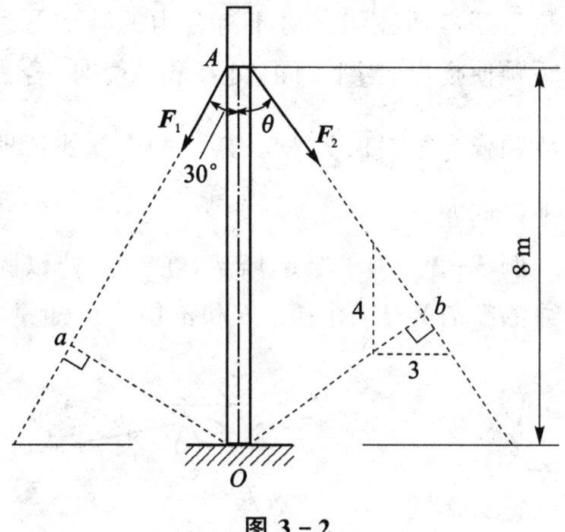

图 3-2

解 从矩心 O 点向力 $\boldsymbol{F}_1$ 和 $\boldsymbol{F}_2$ 的作用线分别作垂线,得 $\boldsymbol{F}_1$ 的力臂 Oa 和 $\boldsymbol{F}_2$ 的力臂 Ob。由式(3-1)得

$$M_O(\boldsymbol{F}_1) = F_1 \times Oa = F_1 \times OA\sin 30° = \left(120 \times 8 \times \frac{1}{2}\right)\ \text{N} \cdot \text{m} = 480\ \text{N} \cdot \text{m}$$

$$M_O(\boldsymbol{F}_2) = -(F_2 \times Ob) = -(F_2 \times OA\sin\theta) = -\left(100 \times 8 \times \frac{3}{5}\right)\ \text{N} \cdot \text{m} = -480\ \text{N} \cdot \text{m}$$

2. 合力矩定理

在力矩的计算中,有时力臂的计算较烦琐,所以常利用分力对某点之矩和合力对该点之矩的关系来计算。这就是下面要讨论的合力矩定理。

定理 平面汇交力系的合力对平面内任一点之矩,等于其所有分力对于同一点的力矩的代数和,即

$$M_O(\boldsymbol{F}_\text{R}) = \sum_{i=1}^{n} M_O(\boldsymbol{F}_i) \qquad (3-3)$$

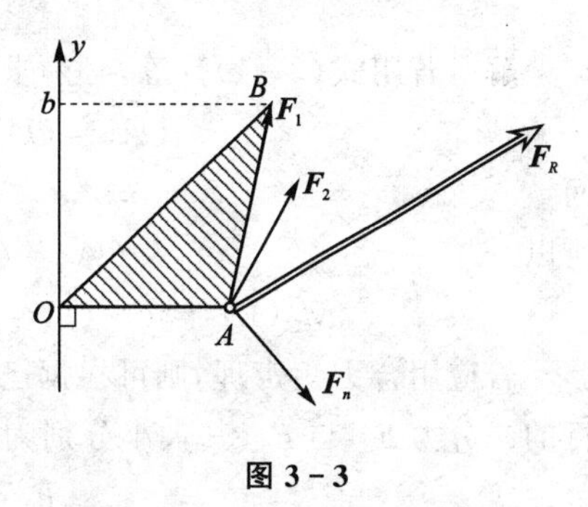

图 3-3

证明 设有平面汇交力系 $\boldsymbol{F}_1$、$\boldsymbol{F}_2$、…、$\boldsymbol{F}_n$(见图 3-3),它们的合力 $\boldsymbol{F}_\text{R}$,可以由力多边形法则得出。任选一点 O 作为矩心,作 Oy 轴垂直于 O 点与力系汇交点 A 的连线 OA,由式(3-2)可知 $\boldsymbol{F}_1$(它在 Oy 轴上的投影 $F_{1y}=Ob$)对 O 点的矩为

$$M_O(\boldsymbol{F}_1) = 2\Delta OAB = Ob \cdot OA = F_{1y} \cdot OA$$

同理可得

$$M_O(\boldsymbol{F}_2) = F_{2y} \cdot OA$$

$$\vdots$$

$$M_O(\boldsymbol{F}_n) = F_{ny} \cdot OA$$

$$M_O(\boldsymbol{F}_R) = F_{\text{R}y} \cdot OA$$

因
$$F_{\text{R}y} = F_{1y} + F_{2y} + \cdots + F_{ny}$$

故
$$M_O(\boldsymbol{F}_\text{R}) = F_{\text{R}y} \cdot OA = F_{1y} \cdot OA + F_{2y} \cdot OA + \cdots + F_{ny} \cdot OA$$

即
$$M_O(\boldsymbol{F}_\text{R}) = M_O(\boldsymbol{F}_1) + M_O(\boldsymbol{F}_2) + \cdots + M_O(\boldsymbol{F}_n)$$

或
$$M_O(\boldsymbol{F}_\text{R}) = \sum_{i=1}^{n} M_O(\boldsymbol{F}_i)$$

于是定理得到证明。对于有合力的其他各种力系,合力矩定理也是成立的。

顺便指出,当平面汇交力系平衡时,合力为零。由式(3-3)可得,各力对任一点O之矩的代数和皆为零,即$\sum_{i=1}^{n} M_O(\boldsymbol{F}_i)=0$。此式说明可用力矩方程式代替投影方程求解平面汇交力系的平衡问题。

例 3-3 为了竖起塔架,在O点处以固定铰链支座与塔架相连接,如图 3-4 所示。设钢丝绳的拉力为$\boldsymbol{F}$,图中a、b和α均为已知量,计算力$\boldsymbol{F}$对O点之矩。

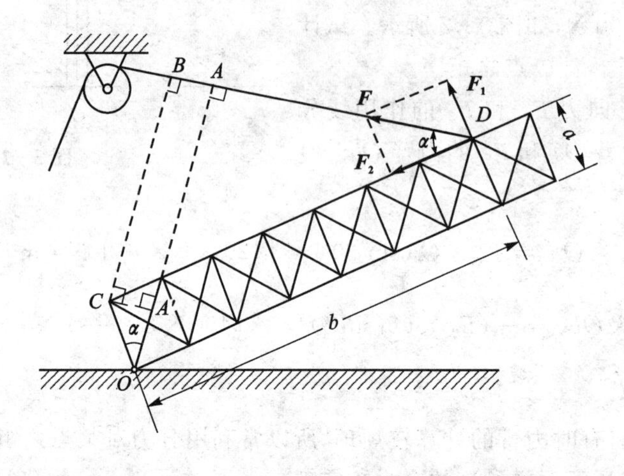

图 3-4

解 若用式(3-1)计算,必须求出力臂OA。

$$OA=OA'+A'A,\quad A'A=CB=b\sin\alpha$$

而
$$OA'=a\cos\alpha$$

所以
$$OA=OA'+A'A=a\cos\alpha+b\sin\alpha$$

$$M_O(\boldsymbol{F})=F\cdot OA=F(a\cos\alpha+b\sin\alpha)=Fa\cos\alpha+Fb\sin\alpha$$

若应用合力矩定理,则可根据已知条件直接进行计算。先把力$\boldsymbol{F}$分解为与塔架两边相平行的二分力$\boldsymbol{F}_1$与$\boldsymbol{F}_2$,其大小分别为

$$F_1=F\sin\alpha,\quad F_2=F\cos\alpha$$

由合力矩定理得

$$M_O(\boldsymbol{F})=M_O(\boldsymbol{F}_1)+M_O(\boldsymbol{F}_2)=F_1b+F_2a=Fb\sin\alpha+Fa\cos\alpha$$

显然,用合力矩定理计算比较简便。

3.2 力偶与力偶矩

在生产实践中,常看到物体同时受到大小相等、方向相反、作用线互相平行的两个力的作用。例如,拧水龙头时人手作用在开关上的两个力$\boldsymbol{F}$和$\boldsymbol{F}'$,如图 3-5 所示。这两个力由于不满足二力平衡条件,显然不会平衡。在力学上把大小相等、方向相反、作用线互相平行的两个力叫做力偶,并记为$(\boldsymbol{F},\boldsymbol{F}')$。力偶中两力所在的平面叫力偶作用面。如作用面不同,力偶的作用效应也不一样。两力作用线间的垂直距离叫力偶臂,以d表示,如图 3-6 所示。

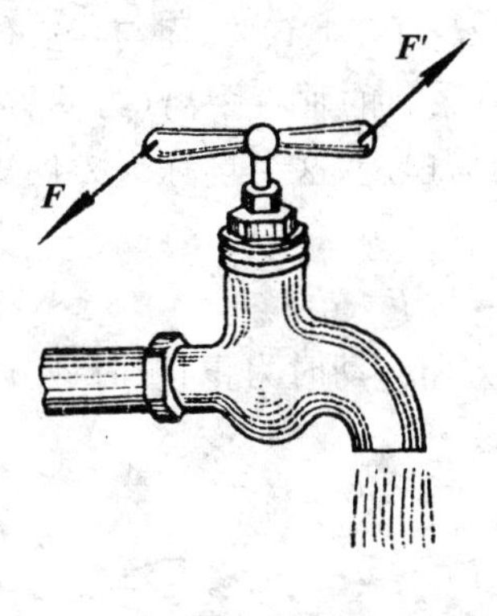

图 3 - 5

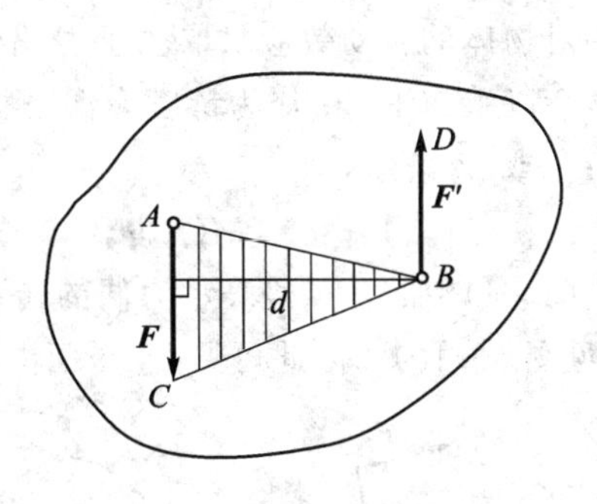

图 3 - 6

物体受力偶作用的实例还很多，如用丝锥攻丝时，两手作用于丝锥扳手上的两个力($\boldsymbol{F}, \boldsymbol{F}'$)(见图 3 - 7(a))；汽车司机在旋转方向盘时，两手作用在方向盘上的两个力($\boldsymbol{F}, \boldsymbol{F}'$)(见图 3 - 7(b))等。

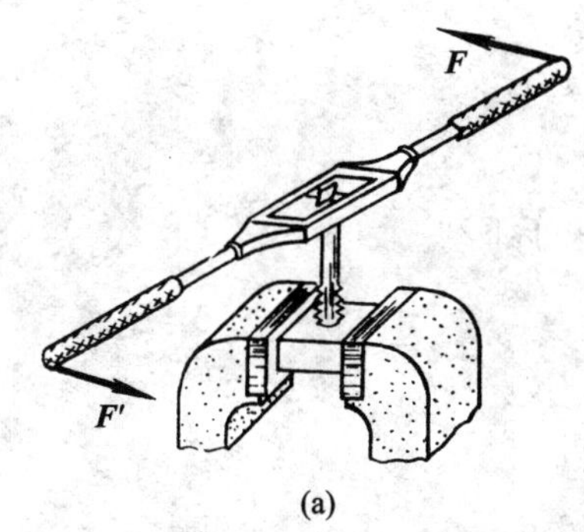

(a)

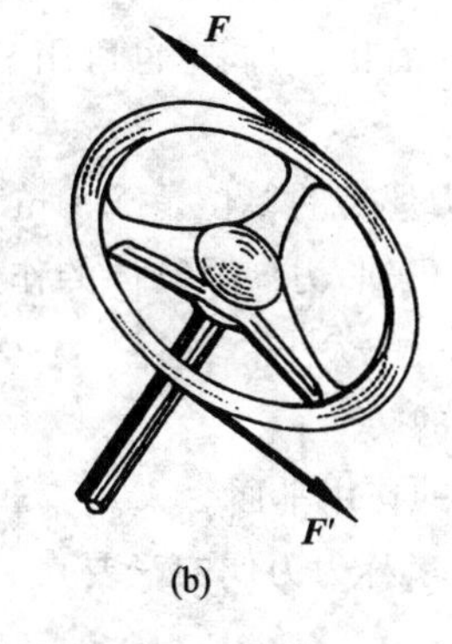

(b)

图 3 - 7

力偶对物体的作用效应是怎样的呢？由于力偶中的两个力大小相等、方向相反、作用线平行，因此这两个力在任何坐标轴上投影之和等于零，如图 3 - 8 所示。可见，**力偶无合力**，即力偶对物体不产生移动效应。实践证明力偶只能使物体产生转动效应。如何度量力偶对物体的转动效应呢？显然可用力偶中两个力对矩心的力矩之和来度量。如图 3 - 9 所示，在力偶平面内任取一点 O 为矩心，设 O 点与力 $\boldsymbol{F}$ 作用线的距离为 x，则力偶的两个力对于 O 点之矩的和为

$$M_O(\boldsymbol{F}) + M_O(\boldsymbol{F}') = -Fx + F'(x+d) = -Fx + F'x + F'd = F'd = Fd$$

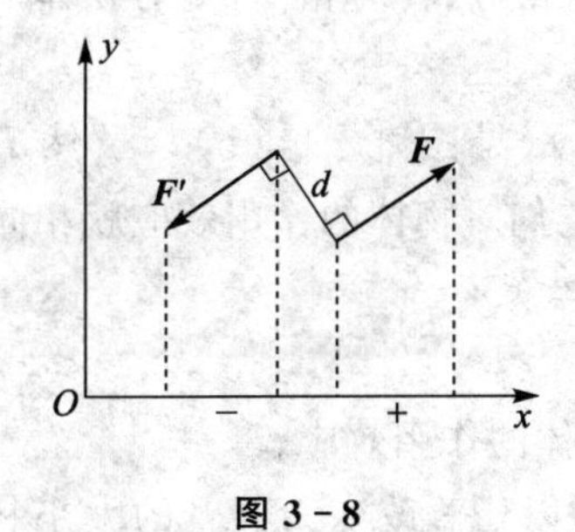

图 3 - 8

图 3 - 9

由此可见,力偶对矩心 O 点的力矩只与力 $\boldsymbol{F}$ 和力偶臂 d 的大小有关,而与矩心位置无关,即力偶对物体的转动效应只取决于力偶中力的大小和二力之间的垂直距离(力偶臂)。因此,在力学上以乘积 $F \cdot d$ 作为量度力偶对物体的转动效应的物理量,这个量称为力偶矩,以符号 $M(\boldsymbol{F},\boldsymbol{F}')$ 或 M 表示,即

$$M(\boldsymbol{F},\boldsymbol{F}') = \pm F \cdot d \quad 或 \quad M = \pm F \cdot d \tag{3-4}$$

式(3-4)中的正负号表示力偶的转动方向,即逆时针方向转动时为正;顺时针方向转动时为负(见图3-10)。由此可见,在平面内,力偶矩是代数量。

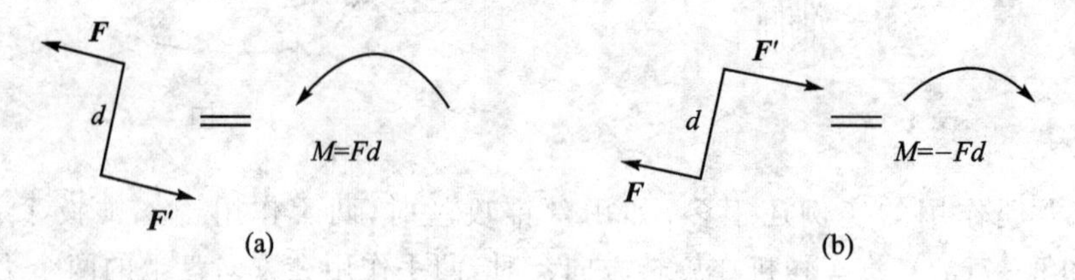

图3-10

从图3-6看出:力偶矩也可用三角形面积表示

$$M = \pm 2\triangle ABC \tag{3-5}$$

与力矩一样,力偶矩的单位是 N·m 或 kN·m。

综上所述可知,力偶对物体的作用效应,取决于下列三因素:

(1) 力偶矩的大小;

(2) 力偶的转向;

(3) 力偶的作用平面。

以上三因素称为力偶的三要素。

3.3 力偶的等效

力偶无合力,本身又不平衡,是一个基本的力学量。力偶只能与另一力偶相平衡。即力偶不能与力等效,只能与另一个力偶等效。所以,力偶和力是组成力系的两个基本物理量。而力偶对物体的转动效应又完全取决于力偶矩,且与矩心的位置无关。所以,在同一平面内的两个力偶,只要它们的力偶矩大小相等、转动方向相同,则两力偶必等效。这就是平面力偶的等效定理。

上述结论可直接由经验证实。例如图3-11(a)中作用在方向盘上的力偶$(\boldsymbol{F}_1,\boldsymbol{F}'_1)$或$(\boldsymbol{F}_2,\boldsymbol{F}'_2)$,虽然它们的作用位置不同,但如果它们的力偶矩大小相等、转向相同,则对物体的作用效应就相同。

又如作用在丝锥扳手上的力偶$(\boldsymbol{F}_1,\boldsymbol{F}'_1)$或$(\boldsymbol{F}_2$、$\boldsymbol{F}'_2)$(见图3-11(b)),虽然 $F_1 \neq F_2$,$d_1 \neq d_2$,但如果两个力偶矩相等,即 $F_1 \cdot d_1 = F_2 \cdot d_2$,则它们对物体的作用效应就相同。

力偶的等效性可以形象地表示为图3-11(c)。

综上所述,可以得出下列两个重要推论:

(1) 力偶可以在作用面内任意转移,而不影响它对物体的作用效应。

(2) 在保持力偶矩的大小和转向不改变的条件下,可以任意改变力偶臂的大小和力的大

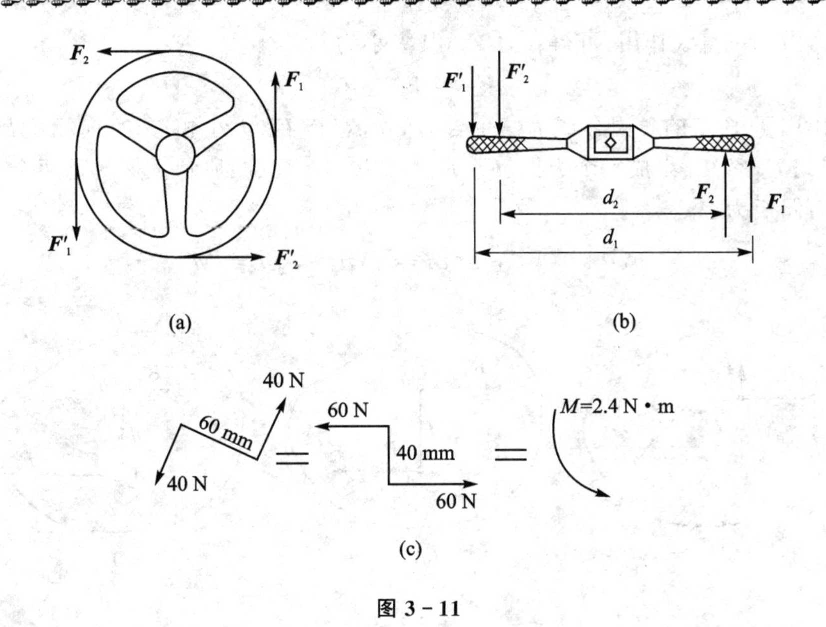

图 3 - 11

小而不影响它对物体的作用。

由上述推论可知，在同一平面内研究有关力偶的问题时，只须考虑力偶矩，而不必研究其中力的大小和力偶臂的长短。

应当指出，以上结论不适用于变形效应的研究。例如图 3 - 12(a)中的力偶($\boldsymbol{F}_1$，$\boldsymbol{F}'_1$)，如变换成为力偶矩相等的力偶($\boldsymbol{F}_2$，$\boldsymbol{F}'_2$)(见图 3 - 12(b))，尽管对梁的平衡没有影响，但对梁的变形效应却不一样。

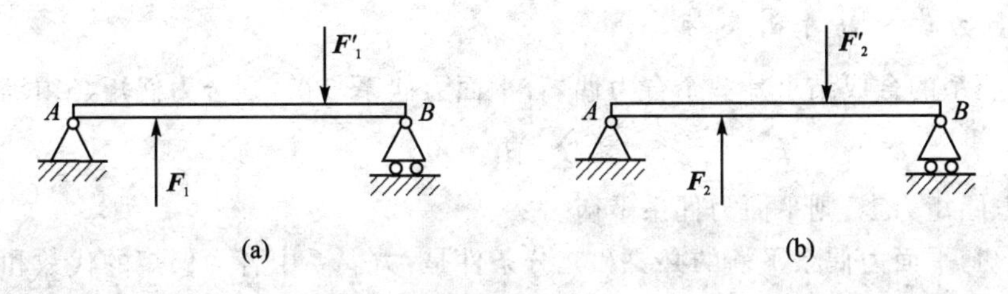

图 3 - 12

3.4　平面力偶系的合成与平衡

1. 平面力偶系的合成

设有在同一平面内的两个力偶($\boldsymbol{F}_1$，$\boldsymbol{F}'_1$)和($\boldsymbol{F}_2$，$\boldsymbol{F}'_2$)，它们的力偶臂各为 d_1 和 d_2(见图 3 - 13(a))，其力偶矩分别为 M_1 和 M_2，求其合成结果。

在力偶的作用面内任取一线段 $AB=d$，在不改变力偶矩的条件下将各力偶的臂都化为 d，于是得到与原力偶等效的两个力偶($\boldsymbol{F}_3$，$\boldsymbol{F}'_3$)和($\boldsymbol{F}_4$，$\boldsymbol{F}'_4$)，$\boldsymbol{F}_3$ 和 $\boldsymbol{F}_4$ 的大小可由

$$M_1 = F_3 \cdot d, \quad M_2 - F_4 \cdot d$$

等式算出。

然后转移各力偶使它们的臂都与 AB 重合，如图 3 - 13(b)所示。再将作用于 A 点的各力

合成,这些力沿同一直线作用,可得合力 $\boldsymbol{F}_R$,其大小为

$$F_R = F_3 + F_4$$

同样,可将作用于 B 点的各力合成为一个合力 $\boldsymbol{F}'_R$,它与 $\boldsymbol{F}_R$ 大小相等,方向相反,且不在同一直线上。因此 $\boldsymbol{F}_R$ 和 $\boldsymbol{F}'_R$组成一个力偶($\boldsymbol{F}_R$,F'_R),如图 3-13(c)所示。这就是两个已知力偶的合力偶,其力偶矩为

$$M = F_R d = (F_3 + F_4)d = F_3 d + F_4 d = M_1 + M_2$$

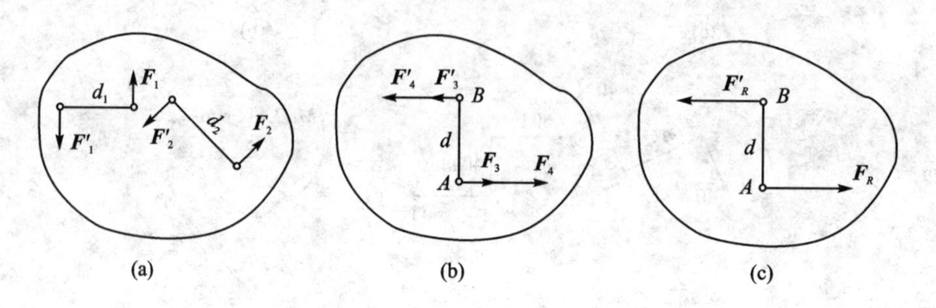

图 3-13

若在同一平面内有 n 个力偶作用,则其合力偶矩应为

$$M = M_1 + M_2 + \cdots + M_n$$

或写成

$$M = \sum M_i \tag{3-6}$$

由上述可知,平面力偶系的合成结果为一合力偶,合力偶矩等于各已知力偶矩的代数和。

2. 平面力偶系的平衡条件

平面力偶系的合成结果是一个合力偶,若平面力偶系平衡,则合力偶矩必须等于零,即

$$\sum M_i = 0 \tag{3-7}$$

反之,若合力偶矩为零,则平面力偶系平衡。

由此可知,平面力偶系平衡的必要和充分条件是:力偶系中各力偶矩的代数和等于零。

式(3-7)是解平面力偶系平衡问题的基本方程,运用这个平衡方程,可以求出一个未知量。

例 3-4 要在汽缸盖上钻四个相同的孔(见图 3-14),现估计钻每个孔的切削力偶矩 $M_1 = M_2 = M_3 = M_4 = M = 15\ \mathrm{N \cdot m}$,转向如图所示,当用多轴钻床同时钻这四个孔时,问工件受到的总切削力偶矩是多大?

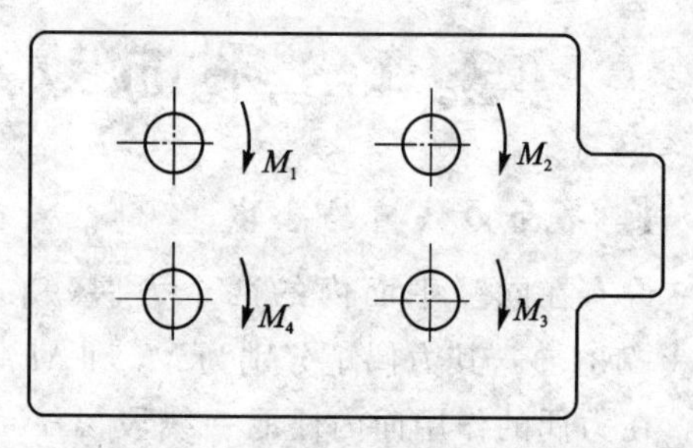

图 3-14

解 作用在汽缸盖上的力偶有四个,各力偶矩的大小相等,转向相同,又在同一平面内,因此这四个力偶的合力偶矩为

$$M = \sum M_i = -M_1 - M_2 - M_3 - M_4 = -4M = -4 \times 15\ \mathrm{N \cdot m} = -60\ \mathrm{N \cdot m}$$

负号表示合力偶为顺时针方向转动。知道总切削力偶矩之后,就可考虑夹紧措施,设计

夹具。

例3-5 如图3-15所示，电动机轴通过联轴器与工作轴相连接，联轴器上四个螺栓A、B、C、D的孔心均匀地分布在同一圆周上，此圆的直径$AC=BD=150$ mm，电动机轴传给联轴器的力偶矩$M=2.5$ kN·m，试求每个螺栓所受的力为多少？

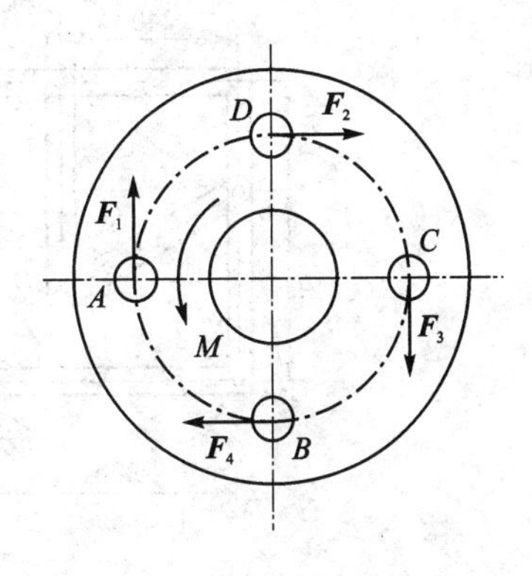

图3-15

解 取联轴器为研究对象。作用于联轴器上的力有电动机传给联轴器的力偶、每个螺栓的反力，受力图如图3-15所示。假设四个螺栓的受力均匀，即$F_1=F_2=F_3=F_4=F$，则组成两个力偶并与电动机传给联轴器的力偶平衡。于是由$\sum M_i=0$，有

$$M-F\times AC-F\times BD=0$$

而

$$AC=BD$$

故

$$F=\frac{M}{2AC}=\frac{2.5}{2\times 0.15}\text{ kN}=8.33\text{ kN}$$

例3-6 在框架的CD杆上作用有一力偶，其力偶矩M大小为40 N·m，转向如图3-16所示。A为固定铰链，C、D和E均为中间铰链，B为光滑面。不计各杆重量，图中长度单位为mm。试求平衡时，A、B、C、D和E处的约束力。

解 这是物体系统的平衡问题，应先选取整个系统为研究对象，求出A和B处的约束力。再选杆CD为研究对象，求出C和D处的约束力。

(1) 选取整个系统为研究对象，它受有力偶、光滑面B处的约束力$\boldsymbol{F}_B$和铰链A的约束力$\boldsymbol{F}_A$的作用(见图3-16(b))，按照平面力偶系的平衡条件，$\boldsymbol{F}_A$必定与$\boldsymbol{F}_B$构成一力偶，故$\boldsymbol{F}_A$与$\boldsymbol{F}_B$平行且反向。

列出平面力偶系的平衡方程式

$$\sum M_i=0,\qquad -M+F_A\cdot AB\cos 30^\circ=0 \tag{a}$$

得

$$F_A=\frac{M}{AB\cos 30^\circ}=\frac{40}{0.32\times 0.866}\text{ N}=144\text{ N}$$

故

$$F_B=F_A=144\text{ N}$$

(2) 选杆CD为研究对象，它所受的力有力偶、C和D处铰链的约束力。DE为二力直杆，故$\boldsymbol{F}_D$沿ED方向。按照平面力偶系平衡条件，$\boldsymbol{F}_C$必与$\boldsymbol{F}_D$平行且反向(见图3-16(c))。

列出平面力偶系平衡方程式得

$$\sum M_i=0,\qquad -M+F_C\times\frac{0.24}{\sqrt{(0.18)^2+(0.24)^2}}\times 0.32=0 \tag{b}$$

得

$$F_C=\frac{5M}{4\times 0.32}=\frac{5\times 40}{4\times 0.32}\text{ N}=156\text{ N}$$

故

$$F_D=F_E=F_C=156\text{ N}$$

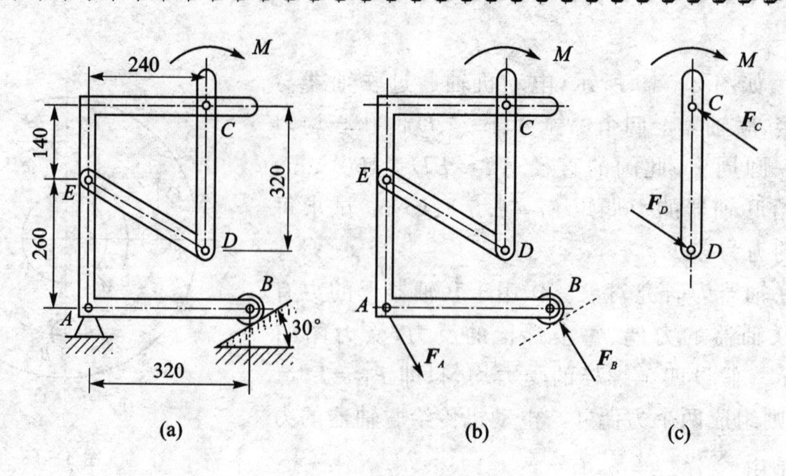

图 3-16

思 考 题

3-1 图 3-17 中设 $AB=l$,在 A 点受四个大小均等于 F 的力 $\boldsymbol{F}_1$、$\boldsymbol{F}_2$、$\boldsymbol{F}_3$ 和 $\boldsymbol{F}_4$ 作用。试分别计算每个力对 B 点之矩。

3-2 图 3-18 中的胶带传动,若仅包角 α 变化而其他条件均保持不变,试问使胶带轮转动的力矩是否改变?为什么?

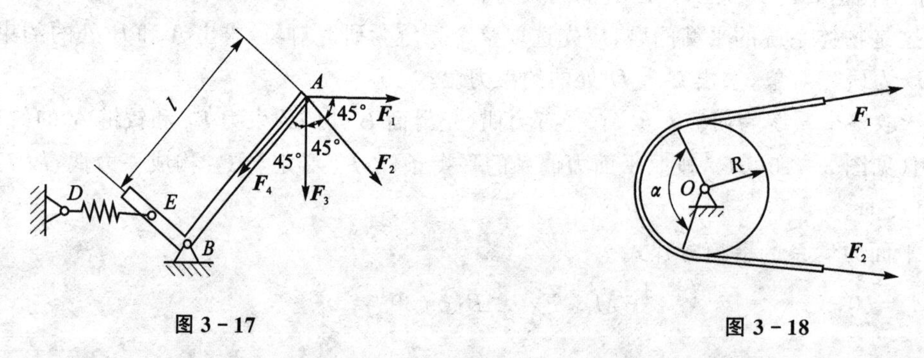

图 3-17　　图 3-18

3-3 图 3-19 中力的单位为 N,长度单位为 mm。试分析图示 4 个力偶,哪些是等效的?哪些是不等效的?

3-4 一力偶($\boldsymbol{F}_1$,$\boldsymbol{F}'_1$)作用在 Oxy 平面内,另一力偶($\boldsymbol{F}_2$,$\boldsymbol{F}'_2$)作用在 Oyz 平面内,力偶矩之绝对值相等(见图 3-20),试问这两个力偶是否等效?为什么?

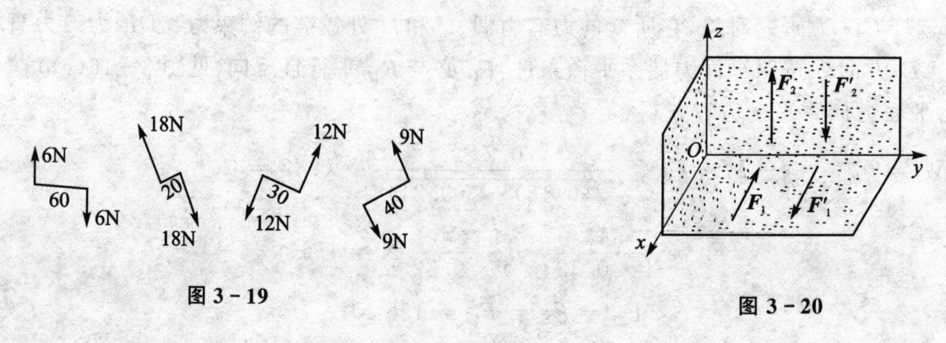

图 3-19　　图 3-20

3-5　图 3-21(a)中刚体受同一平面内二力偶($\boldsymbol{F}_1$,$\boldsymbol{F}_3$)和($\boldsymbol{F}_2$,$\boldsymbol{F}_4$)的作用,其力多边形封闭,如图 3-21(b)所示,问该物体是否处于平衡?为什么?

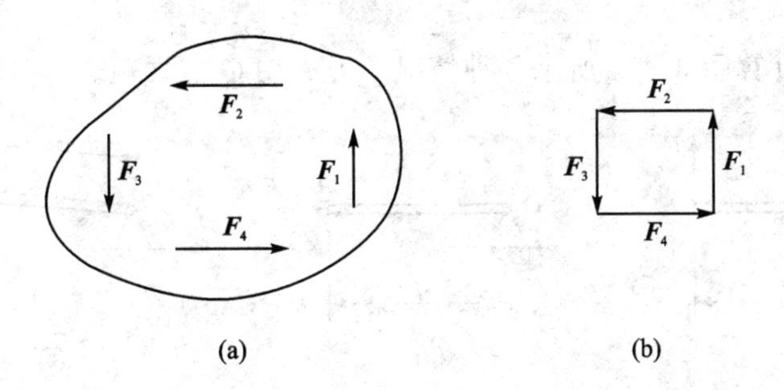

图 3-21

3-6　从力偶理论知道,一力不能与力偶平衡。但是为什么螺旋压榨机上,力偶却似乎可以用被压榨物体的反抗力 $\boldsymbol{F}_N$ 来平衡(见图 2-22(a))?为什么图 3-22(b)所示的轮子上的力偶 M 似乎与重物的重力 $\boldsymbol{P}$ 相平衡呢?这种说法错在哪里?

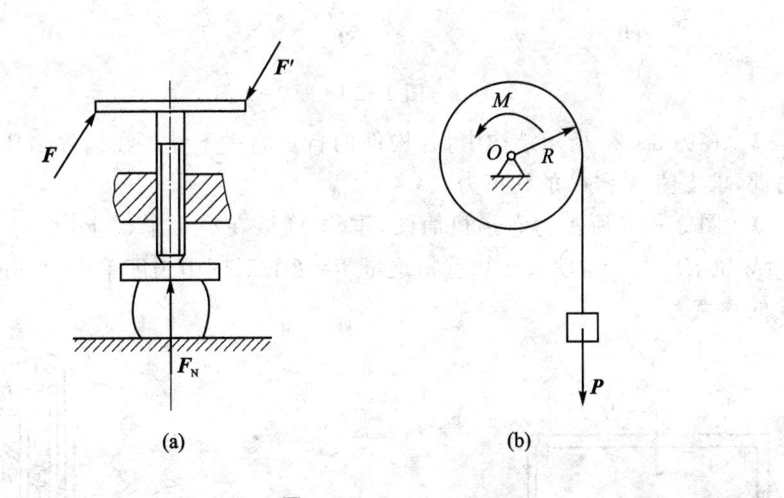

图 3-22

3-7　图 3-23 中力的单位为 N,长度单位为 mm,物体处于平衡,试确定铰链 A 处约束力的方向。

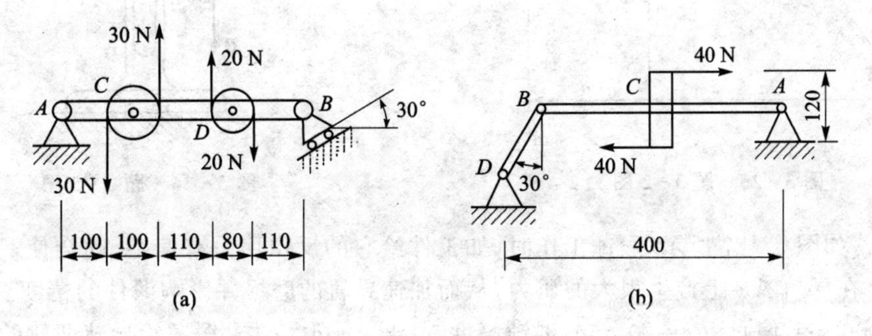

图 3-23

习 题

3-1 试分别计算图 3-24 所示各种情况下力 $\boldsymbol{F}$ 对 O 点之矩。

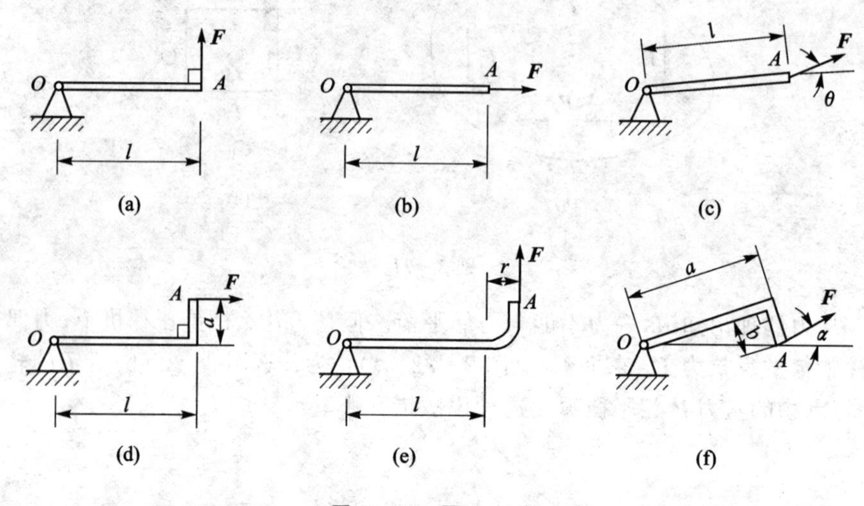

图 3-24 题 3-1 图

3-2 在图 3-25 所示结构中,各构件的自重略去不计。在构件 AB 上作用一力偶矩为 M 的力偶,求支座 A 和 C 的约束力。

3-3 图 3-26 所示为卷扬机简图,重物 M 放在小台车 C 上,小台车上装有 A 轮和 B 轮,可沿导轨 ED 上下运动。已知重物重量 $P=2$ kN,图中长度单位为 mm,试求导轨对 A 轮和 B 轮的约束力。

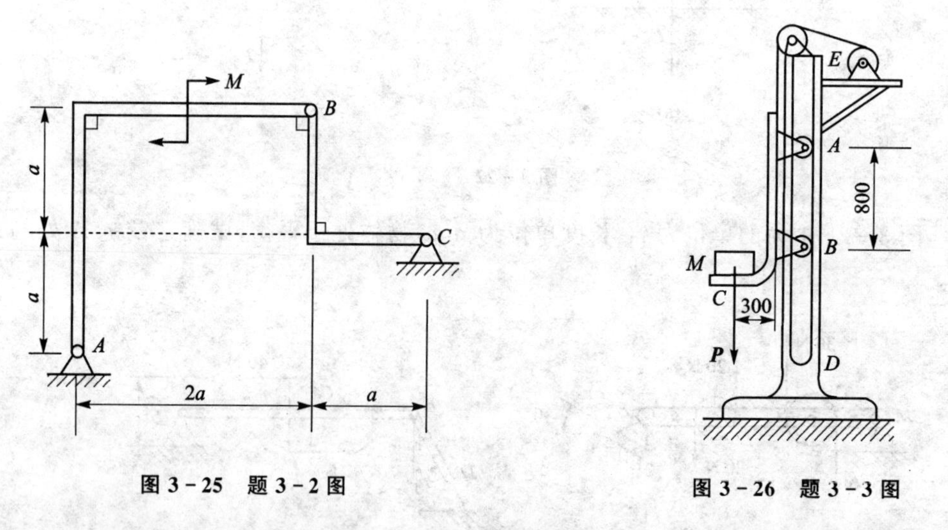

图 3-25 题 3-2 图　　**图 3-26 题 3-3 图**

3-4 如图 3-27 所示,锻锤工作时,如工件给它的反作用力有偏心,则会使锻锤 C 发生偏斜,这将在导轨 AB 上产生很大的压力,从而加速导轨的磨损并影响锻件的精度。已知打击力 $F=1\ 000$ kN,偏心距 $e=20$ mm,锻锤高度 $h=200$ mm。试求锻锤给导轨两侧的压力。

3-5 炼钢用的电炉上,有一电极提升装置,如图 3-28 所示。设电极 HI 和支架共重 $\boldsymbol{P}$,

重心在 C 点。支架上 A、B 和 E 三个导轮可沿固定立柱 JK 滚动，钢丝绳系在 D 点。求电极等速直线上升时钢丝绳的拉力及 A、B、E 三处的约束力。

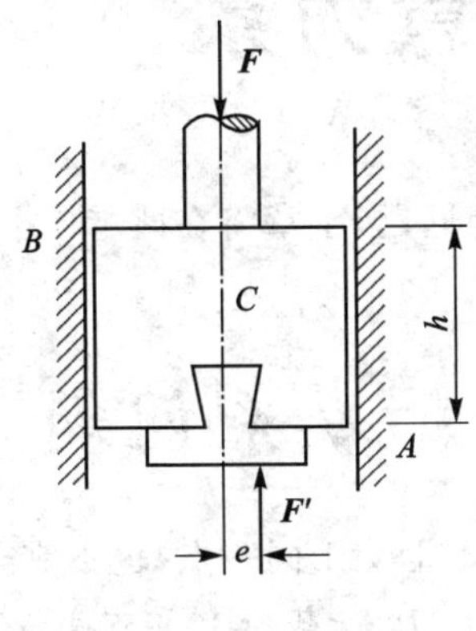

图 3-27 题 3-4 图

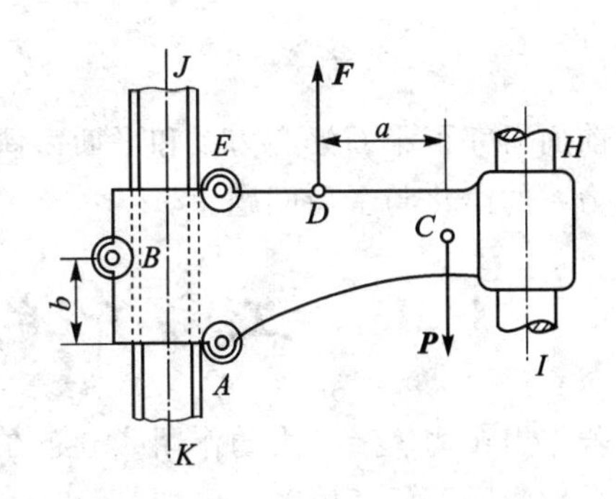

图 3-28 题 3-5 图

3-6 已知 $M_1=3\ \text{kN}\cdot\text{m}$，$M_2=1\ \text{kN}\cdot\text{m}$，转向如图 3-29 所示。$a=1\ \text{m}$，试求图示刚架 A 和 B 处的约束力。

3-7 四连杆机构在图 3-30 所示位置时平衡，$\alpha=30°$，$\beta=90°$。试求平衡时 M_1/M_2 的值。

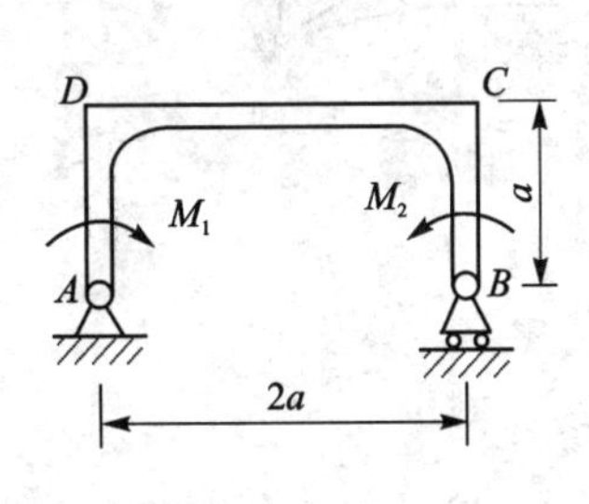

图 3-29 题 3-6 图

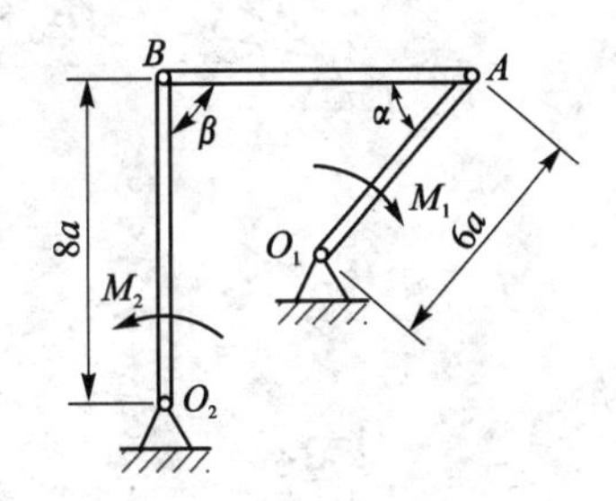

图 3-30 题 3-7 图

3-8 图 3-31 所示曲柄滑道机构中，杆 AE 上有一导槽，套在杆 BD 的销子 C 上，销子 C 可在光滑导槽内滑动。已知 $M_1=4\ \text{kN}\cdot\text{m}$，转向如图所示，$AB=2\ \text{m}$，在图示位置处于平衡，$\theta=30°$。试求 M_2 及铰链 A 和 B 的约束力。

3-9 在图 3-32 所示结构中，各构件的自重略去不计，在构件 BC 上作用一力偶矩为 M 的力偶。求支座 A 的约束力。

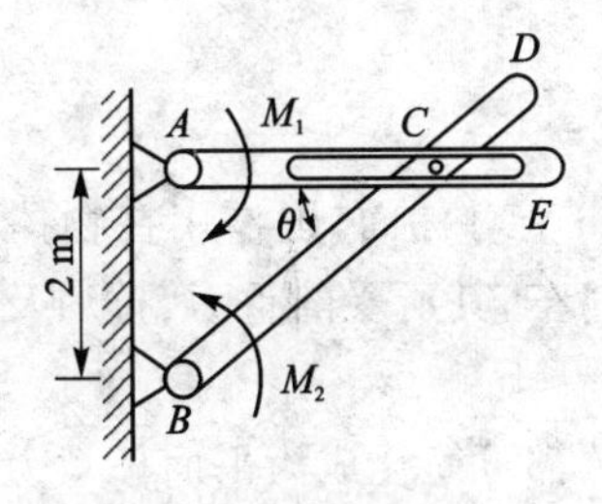

图 3-31 题 3-8 图

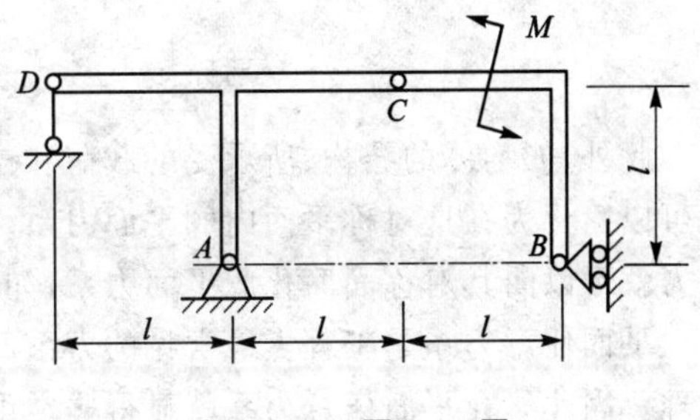

图 3-32 题 3-9 图

第4章　平面任意力系

前面研究了平面汇交力系和平面力偶系的合成与平衡问题，本章将在此基础上研究平面任意力系的简化与平衡问题。

4.1　工程中的平面任意力系问题

若作用在物体上各力的作用线分布在同一平面内，既不汇交于同一点，也不完全平行，这种力系称为平面任意力系。例如，图 4－1 所示的房架，受风力 $\boldsymbol{F}$、载荷 $\boldsymbol{P}$ 和支座约束力 $\boldsymbol{F}_{Ax}$、$\boldsymbol{F}_{Ay}$、$\boldsymbol{F}_{B}$ 的作用，显然这是一个平面任意力系。又如图 4－2 所示的悬臂吊车的横梁，受载荷 $\boldsymbol{F}$、重力 $\boldsymbol{P}$、支座约束力 $\boldsymbol{F}_{Ax}$、$\boldsymbol{F}_{Ay}$ 和拉杆拉力 $\boldsymbol{F}_{DC}$ 的作用，也是一个平面任意力系的问题。

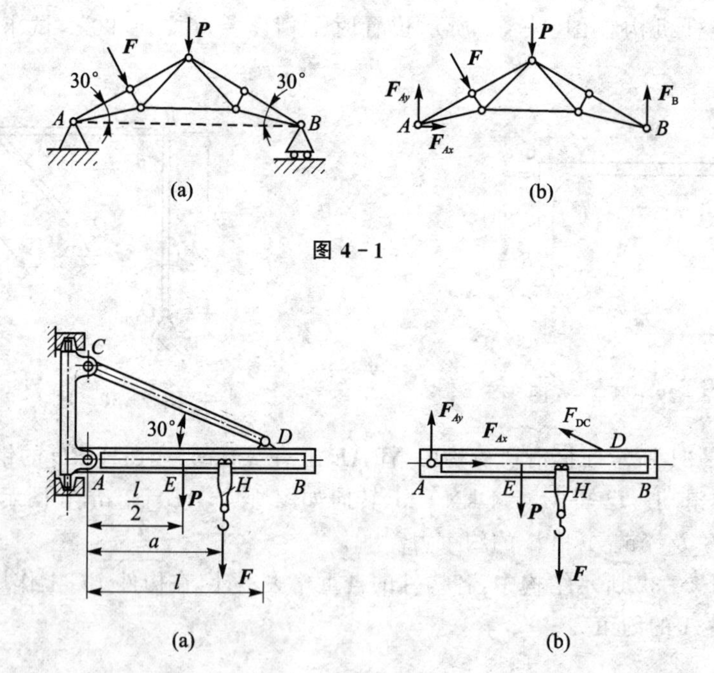

图 4－2

此外，如物体的结构、所承受的载荷和支承都具有同一个对称面，则作用在物体上的力系就可以简化为在这对称平面内的平面力系。例如高炉上料车，其所受的重力、拉力及前后轮的反力就可以向其对称面简化成平面力系，如图 4－3 所示。

平面任意力系是工程上最常见的力系。很多实际问题都可简化成为平面任意力系问题来处理。因此研究平面任意力系就显得非常重要。

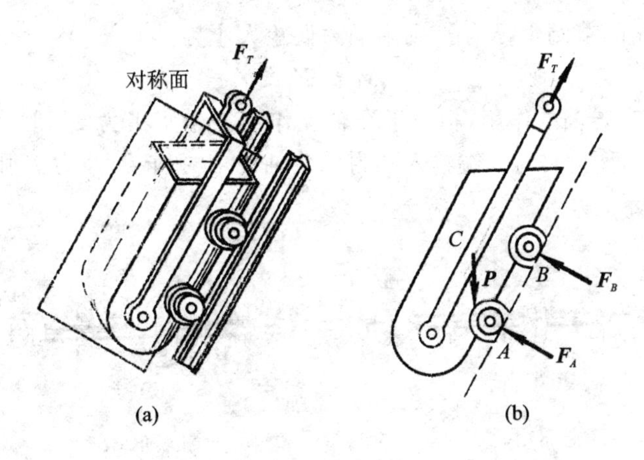

图 4-3

4.2 力线平移定理

力线平移定理是平面任意力系向一点简化的依据，在本节中首先介绍这个定理。

定理　作用在刚体上的力 $\boldsymbol{F}$ 可以平行移动到刚体内任一点，但必须同时附加一个力偶，其力偶矩等于原力 $\boldsymbol{F}$ 对平移点之矩。

证明　设一力 $\boldsymbol{F}$ 作用于 A 点，如图 4-4(a)所示。在刚体上任取一点 B，在 B 点加上大小相等，方向相反且与力 $\boldsymbol{F}$ 平行的两个力 $\boldsymbol{F}'$ 和 $\boldsymbol{F}''$，并使 $F'=F''=F$(见图 4-4(b))。显然，力系($\boldsymbol{F}$、$\boldsymbol{F}'$、$\boldsymbol{F}''$)与力 $\boldsymbol{F}$ 是等效的。但力系($\boldsymbol{F}$、$\boldsymbol{F}'$、$\boldsymbol{F}''$)可看做是一个作用在 B 点的力 $\boldsymbol{F}'$ 和一个力偶($\boldsymbol{F}$,$\boldsymbol{F}''$)。于是，原来作用在 A 点的力 $\boldsymbol{F}$，现在被一个作用在 B 点的力 $\boldsymbol{F}'$ 和一个力偶($\boldsymbol{F}$,$\boldsymbol{F}''$)所代替(见图 4-4(c))。也就是说，可以把作用于 A 点的力 $\boldsymbol{F}$ 的作用线平移到 B 点，但必须同时附加一力偶。此附加力偶矩大小为

$$M = Fd$$

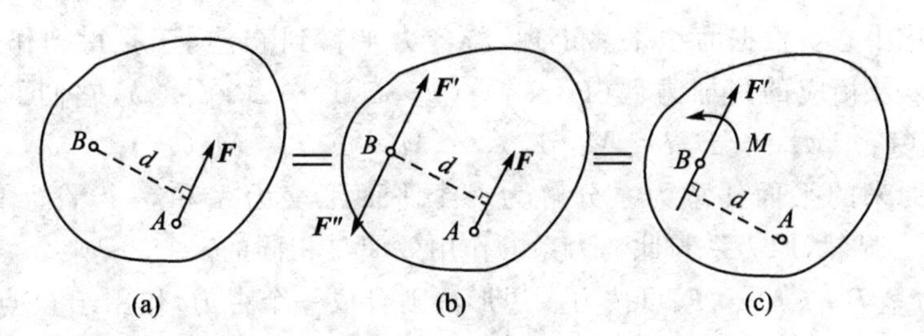

图 4-4

而乘积 Fd 又是原力 $\boldsymbol{F}$ 对于 B 点之矩的大小，即

$$M_B(\boldsymbol{F}) = Fd$$

因此得

$$M = M_B(\boldsymbol{F})$$

即力线向一点平移时所得附加力偶矩等于原力对平移点之矩。

力线平移定理不仅是力系简化的依据，而且也是分析力对物体作用效应的一个重要方法。例如，图 4-5(a)中转轴上大齿轮受到圆周力 $\boldsymbol{F}$ 的作用。为了观察力 $\boldsymbol{F}$ 对转轴的效应，需将力 $\boldsymbol{F}$ 向轴心 O 点平移。根据力线平移定理，力 $\boldsymbol{F}$ 平移到轴心 O 点时，要附加一个力偶(见

图 4-5(b))。设齿轮的节圆半径为 r,则附加力偶矩大小为

$$M = Fr$$

由此可见,力 $\boldsymbol{F}$ 对转轴的作用,相当于在轴上作用一个水平力 $\boldsymbol{F}'$ 和一个力偶。这力偶作用在垂直于轴线的平面内,它与轴端输入的力偶使轴产生“扭转”,而力 $\boldsymbol{F}'$ 则使轴产生“弯曲”,如图 4-5(c)、(d)所示。

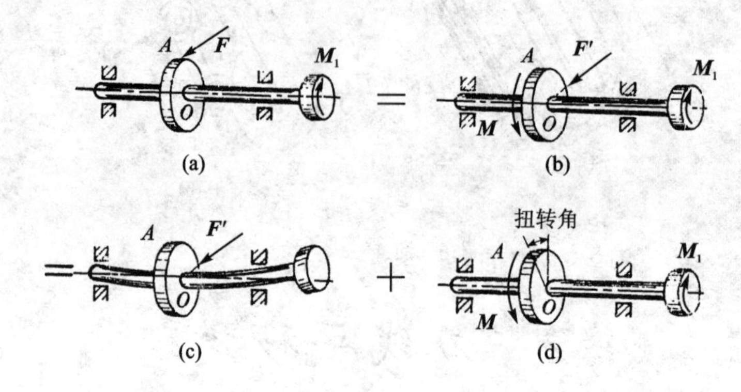

图 4-5

4.3 平面任意力系向作用面内一点简化

研究平面任意力系的简化时,可以连续应用力的平行四边形法则,将力依次合成。但是应用这种方法,极为烦琐,实际意义不大。为此,采用另一种方法,即根据力线平移定理,将力系向某点简化。这个方法的实质在于将一个平面任意力系分解为平面汇交力系和平面力偶系两个力系,然后,再将这两个力系进行合成。

1. 主矢和主矩

设刚体上作用一平面任意力系 $\boldsymbol{F}_1$、$\boldsymbol{F}_2$、…、$\boldsymbol{F}_n$,如图 4-6(a)所示。在力系所在平面内任选一点 O,称为简化中心。根据力线平移定理,将各力平移到 O 点,于是得到作用于 O 点的力 $\boldsymbol{F}'_1$、$\boldsymbol{F}'_2$、…、$\boldsymbol{F}'_n$,以及相应的附加力偶($\boldsymbol{F}_1$、$\boldsymbol{F}''_1$)、($\boldsymbol{F}_2$、$\boldsymbol{F}''_2$)、…、($\boldsymbol{F}_n$、$\boldsymbol{F}''_n$),它们的力偶矩分别是 $M_1=F_1d_1=M_O(\boldsymbol{F}_1)$、$M_2=-F_2d_2=M_O(\boldsymbol{F}_2)$、…、$M_n=F_nd_n=M_O(\boldsymbol{F}_n)$。

这样,就把原来的平面任意力系分解为一个平面汇交力系和一个平面附加力偶系,如图 4-6(b)所示。显然,原力系与此二力系的作用效应是相同的。

平面汇交力系 $\boldsymbol{F}'_1$、$\boldsymbol{F}'_2$、…、$\boldsymbol{F}'_n$ 可按力多边形法则合成一个合力,作用于 O 点,其矢量 $\boldsymbol{F}'_R$ 等于各力 $\boldsymbol{F}'_1$、$\boldsymbol{F}'_2$、…、$\boldsymbol{F}'_n$ 的矢量和。因为 $\boldsymbol{F}'_1$、$\boldsymbol{F}'_2$、…、$\boldsymbol{F}'_n$ 各力分别与 $\boldsymbol{F}_1$、$\boldsymbol{F}_2$、…、$\boldsymbol{F}_n$ 各力大小相等、方向相同,所以

$$\boldsymbol{F}'_R = \boldsymbol{F}_1 + \boldsymbol{F}_2 + \cdots + \boldsymbol{F}_n = \sum \boldsymbol{F}_i \tag{4-1}$$

矢量 $\boldsymbol{F}'_R$ 称为原力系的主矢,如图 4-6(c)所示。

平面附加力偶系($\boldsymbol{F}_1$、$\boldsymbol{F}''_1$)、($\boldsymbol{F}_2$,$\boldsymbol{F}''_2$)、…、($\boldsymbol{F}_n$,$\boldsymbol{F}''_n$)可以合成一个合力偶,这个合力偶矩 M_O 等于各附加力偶矩的代数和,即

$$M_O = M_1 + M_2 + \cdots + M_n = M_O(\boldsymbol{F}_1) + M_O(\boldsymbol{F}_2) + \cdots + M_O(\boldsymbol{F}_n) = \sum M_O(\boldsymbol{F}_i) \tag{4-2}$$

M_O 称为原力系的主矩,如图 4-6(c)所示。它等于原力系中各力对 O 点之矩的代数和。

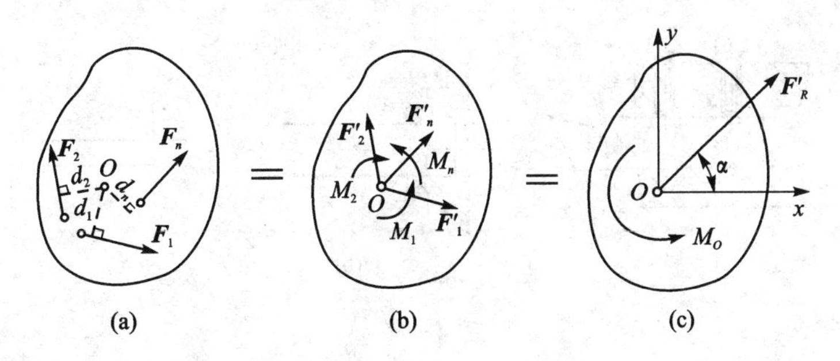

图 4-6

综上所述，可得出如下结论：平面任意力系向作用面内任一点 O 简化，可得到一个力和一个力偶。这个力作用于简化中心，其矢量等于该力系的主矢

$$\boldsymbol{F}'_{\mathrm{R}}=\sum \boldsymbol{F}_i$$

这个力偶的力偶矩等于该力系对 O 点的主矩

$$M_O=\sum M_O(\boldsymbol{F}_i)$$

应该注意，力系的主矢 $\boldsymbol{F}'_{\mathrm{R}}$ 只是原力系中各力的矢量和，所以它与简化中心的选择无关。而力系对于简化中心的主矩 M_O 显然与简化中心的选择有关，选择不同的点为简化中心时，各力的力臂一般将要改变，因而各力对简化中心之矩也将随之改变。

现在讨论主矢 $\boldsymbol{F}'_{\mathrm{R}}$ 的解析求法。通过 O 点作直角坐标系 Oxy，如图 4-6(c)所示。根据合力投影定理，得到

$$F'_{\mathrm{R}x}=F_{1x}+F_{2x}+\cdots+F_{nx}=\sum F_{ix}$$

$$F'_{\mathrm{R}y}=F_{1y}+F_{2y}+\cdots+F_{ny}=\sum F_{iy}$$

于是主矢 $\boldsymbol{F}'_{\mathrm{R}}$ 的大小和方向可表示为

$$\left.\begin{aligned}F'_{\mathrm{R}}&=\sqrt{F'^2_{\mathrm{R}x}+F'^2_{\mathrm{R}y}}=\sqrt{(\sum F_{ix})^2+(\sum F_{iy})^2}\\ \alpha&=\arctan\left|\frac{F'_{\mathrm{R}y}}{F'_{\mathrm{R}x}}\right|=\arctan\left|\frac{\sum F_{iy}}{\sum F_{ix}}\right|\end{aligned}\right\}\tag{4-3}$$

式中，α 为 $\boldsymbol{F}'_{\mathrm{R}}$ 与 x 轴所夹的锐角。$\boldsymbol{F}'_{\mathrm{R}}$ 的指向由 $F'_{\mathrm{R}x}$、$F'_{\mathrm{R}y}$ 的正负判定。

2. 固定端约束

工程中，固定端支座是一种常见的约束，物体受约束的一端既不能向任何方向移动，也不能转动。现利用力系向一点简化的方法，分析固定端支座的约束力。

如图 4-7(a)和(b)所示，车刀和工件分别夹持在刀架和卡盘上固定不动，其约束均属于固定端约束，其简图如图 4-7(c)所示。除此之外，还有插入地基中的电线杆以及悬臂梁等。

固定端支座对物体的作用，是在接触面上作用了一群约束力。在平面问题中，这些力为一平面任意力系，如图 4-8(a)所示。将这群力向作用平面内点 A 简化得到一个力和一个力偶，如图 4-8(b)所示。一般情况下，这个力的大小和方向均为未知量，可用两个未知分力来代替。因此，在平面力系情况下，固定端 A 处的约束作用可简化为两个约束力 $\boldsymbol{F}_{Ax}$、$\boldsymbol{F}_{Ay}$ 和一个力偶矩为 M_A 的约束力偶，如图 4-8(c)所示。

比较固定端支座与固定铰链支座的约束性质可见，固定端支座除了限制物体在水平方向

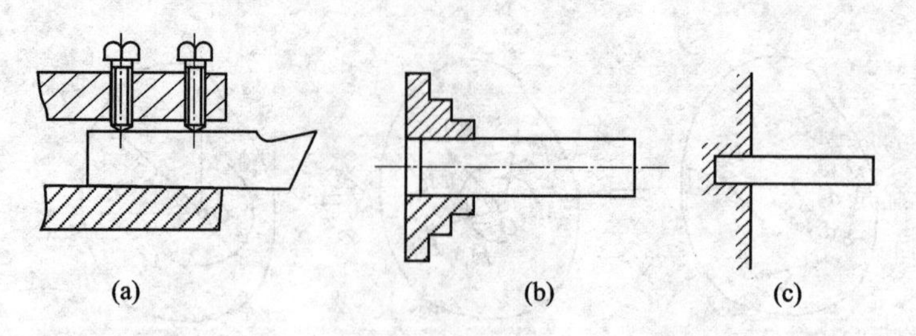

图 4-7

和铅直方向移动外，还能限制物体在平面内转动，因此，除了约束力 $\boldsymbol{F}_{Ax}$、$\boldsymbol{F}_{Ay}$ 外，还有约束力偶；而固定铰链支座没有约束力偶，因此它不能限制物体在平面内转动。

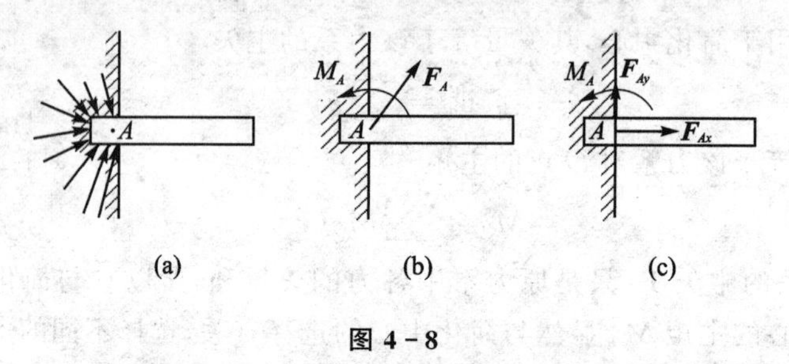

图 4-8

4.4 平面任意力系的简化结果分析

平面任意力系向作用面内一点简化的结果，可能有四种情况，即：(1) $\boldsymbol{F}'_R=0, M_O\neq0$；(2) $\boldsymbol{F}'_R\neq0, M_O=0$；(3) $\boldsymbol{F}'_R\neq0, M_O\neq0$；(4) $\boldsymbol{F}'_R=0, M_O=0$。下面对这几种情况作进一步的分析讨论。

1. 平面任意力系简化为一个力偶的情形

如果力系的主矢等于零，而力系对于简化中心的主矩 M_O 不等于零，即

$$F'_R=0,\quad M_O\neq0$$

在这种情形下，作用于简化中心 O 的力 $\boldsymbol{F}'_1$、$\boldsymbol{F}'_2$、…、$\boldsymbol{F}'_n$ 相互平衡。但是，附加的力偶系并不平衡，可合成为一个力偶，即与原力系等效的合力偶。合力偶矩为

$$M_O=\sum_{i=1}^{n}M_O(\boldsymbol{F}_i)$$

因为力偶对于平面内任意一点的矩都相同，因此当力系合成为一个力偶时，主矩与简化中心的选择无关。

2. 平面任意力系简化为一个合力的情形·合力矩定理

如果平面任意力系向点 O 简化的结果为主矩等于零，主矢不等于零，即

$$\boldsymbol{F}'_R\neq0,\quad M_O=0$$

此时附加力偶系互相平衡，只有一个与原力系等效的力 $\boldsymbol{F}'_R$。显然，$\boldsymbol{F}'_R$ 就是原力系的合力，而合力的作用线恰好通过选定的简化中心 O。

如果平面任意力系向点 O 简化的结果是主矢和主矩都不等于零，如图 4-9(a)所示，即

$$\boldsymbol{F}'_R\neq0,\quad M_O\neq0$$

现将矩为 M_O 的力偶用两个力 $\boldsymbol{F}_R$ 和 $\boldsymbol{F}''_R$ 表示，并令 $\boldsymbol{F}'_R=\boldsymbol{F}_R=-\boldsymbol{F}''_R$（见图 4-9(b)）。再去掉平衡力系（$\boldsymbol{F}'_R$、$\boldsymbol{F}''_R$），于是就将作用于点 O 的力 $\boldsymbol{F}'_R$ 和力偶（$\boldsymbol{F}_R$，$\boldsymbol{F}''_R$）合成为一个作用在点 O' 的力 $\boldsymbol{F}_R$，如图 4-9(c)所示。

这个力 $\boldsymbol{F}_R$ 就是原力系的合力。合力矢等于主矢；合力的作用线在点 O 的哪一侧，需根据主矢和主矩的方向确定；合力作用线到点 O 的距离 d，可按下式算得，即

$$d=\frac{M_O}{F_R}$$

下面证明，平面任意力系的合力矩定理。由图 4-9(b)易见，合力 $\boldsymbol{F}_R$ 对点 O 的矩为

$$M_O(\boldsymbol{F}_R)=F_R d=M_O$$

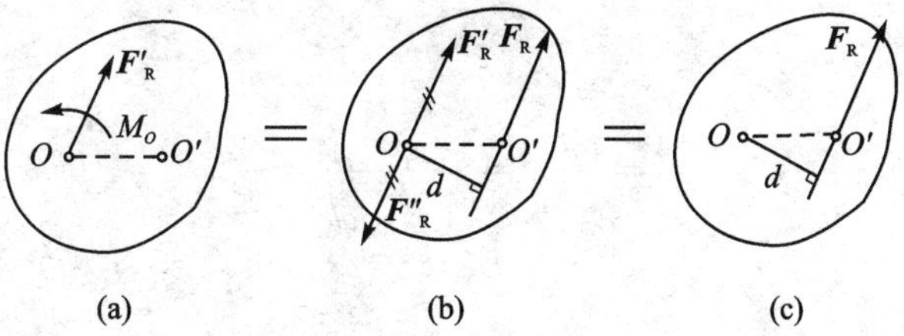

(a)　(b)　(c)

图 4-9

由式(4-2)有

$$M_O=\sum M_O(\boldsymbol{F}_i)$$

所以得证

$$M_O(\boldsymbol{F}_R)=\sum M_O(\boldsymbol{F}_i) \tag{4-4}$$

由于简化中心 O 是任意选取的，故上式有普遍意义，可叙述如下：平面任意力系的合力对作用面内任一点的矩等于力系中各力对同一点的矩的代数和。这就是合力矩定理。

3. 平面任意力系平衡的情形

如果力系的主矢、主矩均等于零，即

$$F'_R=0,\quad M_O=0$$

则原力系平衡，这种情形将在下节详细讨论。

例 4-1　水平梁 AB 受三角形分布载荷作用如图 4-10 所示，分布载荷的最大值为 q，单位为 N/m，梁长 l。试求合力的大小及其作用线位置。

解　此问题属于平面平行力系合成问题。由于是同向平行力，所以其合力 $\boldsymbol{F}_R$ 的方向与诸分力相同。

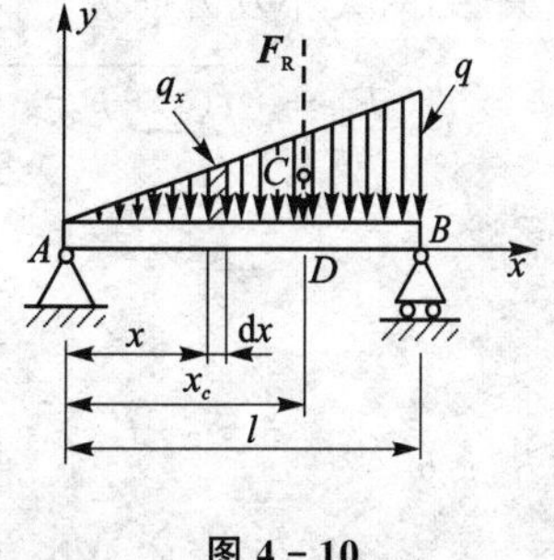

图 4-10

取梁的 A 端为原点，在 x 处取微分小段 $\mathrm{d}x$，作用在此段的分布力为 q_x，根据几何关系 $q_x=\dfrac{x}{l}q$，在 $\mathrm{d}x$ 长度上的合力的大小为 $q_x\mathrm{d}x$。故此分布力的合力 $\boldsymbol{F}_R$ 的大小，可用以下积分求出，即

$$F_R=\int_0^l q_x\mathrm{d}x=\int_0^l\frac{q}{l}x\,\mathrm{d}x=\frac{q}{l}\left[\frac{x^2}{2}\right]_0^l=\frac{ql}{2}$$

设合力 $\boldsymbol{F}_R$ 的作用线距 A 端的距离为 x_C，则合力 $\boldsymbol{F}_R$ 对 A 点之矩为

$$M_A(\boldsymbol{F}_R) = F_R\, x_C$$

作用在微分小段 dx 上的合力对 A 点的力矩为 $x \cdot q_x dx$。全部分布力对 A 点之矩的代数和可用如下积分求出，即

$$\int_0^l q_x \cdot x \cdot dx = \int_0^l \frac{q}{l} x^2 dx = \frac{q}{l}\left[\frac{x^3}{3}\right]_0^l = \frac{1}{3}ql^2$$

根据合力矩定理得

$$F_R x_C = \frac{1}{3}ql^2$$

故

$$x_C = \frac{ql^2}{3F_R}$$

以 $F_R = \dfrac{1}{2}ql$ 代入上式，则

$$x_C = \frac{ql^2}{3F_R} = \frac{ql^2}{3 \cdot \frac{1}{2}ql} = \frac{2}{3}l$$

由此可知：

(1) 合力 $\boldsymbol{F}_R$ 的方向与分布力相同；

(2) 合力 $\boldsymbol{F}_R$ 的大小等于由分布载荷组成的几何图形的面积；

(3) 合力 $\boldsymbol{F}_R$ 的作用线通过由分布载荷组成的几何图形的形状中心(形心)。

例 4-2 作用在物体上的力系如图 4-11(a)所示。已知 $F_1 = 1$ kN，$F_2 = 1$ kN，$F_3 = 2$ kN，$M = 4$ kN·m，$\alpha = 30°$，图中长度单位为 m。试求力系向 O 点简化的初步结果以及力系最终的简化结果。

解 此问题属于平面任意力系问题。

(1) 求力系向 O 点简化的初步结果

$$\sum F_x = F_3 \cos\alpha + F_2 = \left(2 \times \frac{\sqrt{3}}{2} + 1\right) \text{kN} = 2.73 \text{ kN}$$

$$\sum F_y = -F_1 - F_3 \sin\alpha = \left(-1 - 2 \times \frac{1}{2}\right) \text{kN} = -2 \text{ kN}$$

故主矢 $\boldsymbol{F}'_R$ 的大小及方向为

$$F'_R = \sqrt{(\sum F_x)^2 + (\sum F_y)^2} = \sqrt{(2.73)^2 + (-2)^2} \text{ kN} = 3.39 \text{ kN}$$

$$\tan\alpha' = \frac{\sum F_y}{\sum F_x} = \frac{-2}{2.73} = -0.732$$

$$\alpha' = -36.2°$$

又主矩 M_O 为

$$M_O = \sum M_O(\boldsymbol{F}_i) = -1 \cdot F_1 - 3 \cdot F_2 + 2\sin 30° \cdot F_3 + M =$$

$$\left(-1 \times 1 - 3 \times 1 + 2 \times \frac{1}{2} \times 2 + 4\right) \text{kN} \cdot \text{m} = 2 \text{ kN} \cdot \text{m}$$

结果如图 4-11(b)所示。

(2) 求力系的最终简化结果

由于主矢 $\boldsymbol{F}'_R \neq 0$，$M_O \neq 0$，故力系的最终简化结果为一合力 $\boldsymbol{F}_R$。$\boldsymbol{F}_R$ 的大小和方向与主矢

F'_{R} 相同，其作用线距 O 点的距离为 d，即

$$d = \frac{M_O}{F_R} = \frac{2}{3.39}\ \text{m} = 0.59\ \text{m}$$

M_O 为正值，表示主矩为逆时针转向，合力 $\boldsymbol{F}_R$ 的作用线如图 4－11(c)所示。

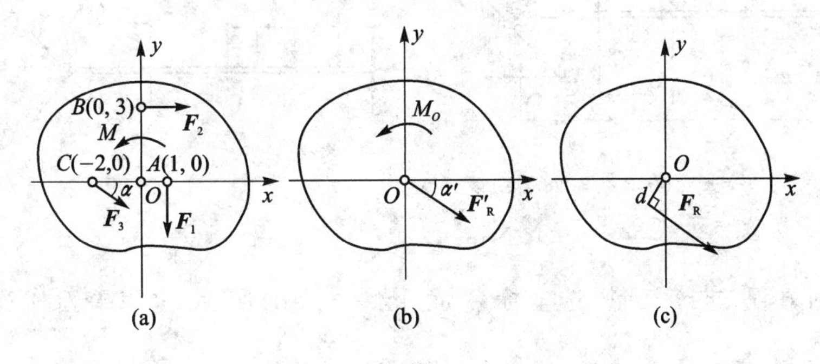

图 4－11

4.5　平面任意力系的平衡条件和平衡方程

现在讨论静力学中最重要的情形，即平面任意力系的主矢和主矩都等于零的情形，即

$$\left.\begin{aligned} \boldsymbol{F}'_R &= 0 \\ M_O &= 0 \end{aligned}\right\} \tag{4-5}$$

显然，主矢等于零，表明作用于简化中心的汇交力系为平衡力系；主矩等于零，表明附加力偶系也是平衡力系，所以原力系必为平衡力系。因此，式(4－5)为平面任意力系平衡的充分条件。

由 4.4 节分析结果可知：若主矢和主矩有一个不等于零，则力系应简化为合力或合力偶；若主矢与主矩都不等于零，可进一步简化为一个合力。上述情况下力系都不能平衡，只有当主矢和主矩都等于零时，力系才能平衡，因此式(4－5)又是平面任意力系平衡的必要条件。

平面任意力系平衡的必要与充分条件是：力系的主矢和对任一点的主矩都等于零，即

$$F'_R = \sqrt{(\sum F_{ix})^2 + (\sum F_{iy})^2} = 0$$

$$M_O = \sum M_O(\boldsymbol{F}_i) = 0$$

故

$$\left.\begin{aligned} \sum F_{ix} &= 0 \\ \sum F_{iy} &= 0 \\ \sum M_O(\boldsymbol{F}_i) &= 0 \end{aligned}\right\} \tag{4-6}$$

由此可得结论，平面任意力系平衡的解析条件是：力系中各力在两个任选的坐标轴上投影的代数和分别等于零，以及各力对于任意一点的矩的代数和也等于零。式(4－6)称为平面任意力系的平衡方程（为便于书写，下标 i 可略去不写）。

例 4－3　在水平梁 AB 上作用有力偶矩为 M 的力偶和载荷集度为 q 的均布载荷（见图 4－12(a)）。求支座 A、B 处的约束力。

解　(1) 取梁 AB 为研究对象。

(2) 受力分析,画受力图:作用于梁上的主动力有均布载荷 q 和力偶矩为 M 的力偶,约束力有铰链 A 处的约束力 $\boldsymbol{F}_{Ax}$、$\boldsymbol{F}_{Ay}$ 和可动铰支座 B 处的约束力 $\boldsymbol{F}_B$,如图 4-12(b)所示。

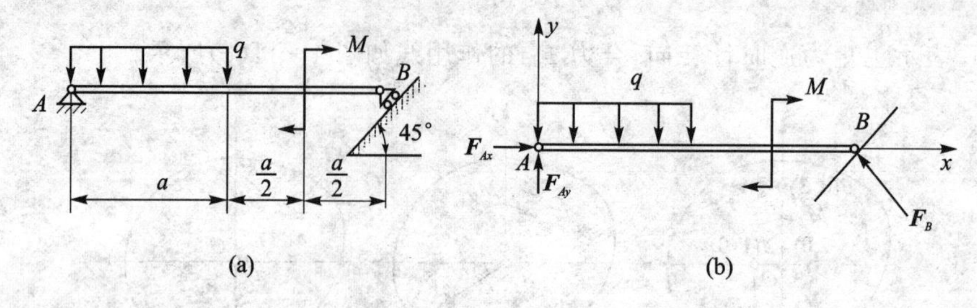

图 4-12

(3) 列平衡方程,求未知量:选坐标系如图 4-12(b)所示,运用平面任意力系的平衡方程,得

$$\sum M_A(\boldsymbol{F})=0 \qquad 2aF_B\sin 45°-M-qa\cdot\frac{1}{2}a=0 \tag{a}$$

$$\sum F_x=0 \qquad F_{Ax}-F_B\cos 45°=0 \tag{b}$$

$$\sum F_y=0 \qquad F_{Ay}-qa+F_B\sin 45°=0 \tag{c}$$

由式(a)得

$$F_B=\frac{M+\frac{1}{2}qa^2}{2a\sin 45°}=\frac{2M+qa^2}{2\sqrt{2}a}$$

将 F_B 代入式(b)、(c)得

$$F_{Ax}=\frac{2M+qa^2}{4a}$$

$$F_{Ay}=qa-\frac{2M+qa^2}{2\sqrt{2}a}\sin 45°=\frac{3qa^2-2M}{4a}$$

例 4-4 起重机重 $P_1=10$ kN,可绕铅直轴 AB 转动;起重机的挂钩上挂一重为 $P_2=40$ kN 的重物,如图 4-13 所示。起重机的重心 C 到转动轴的距离为 1.5 m,其他尺寸如图 4-13 所示。求在止推轴承 A 和轴承 B 处的约束力。

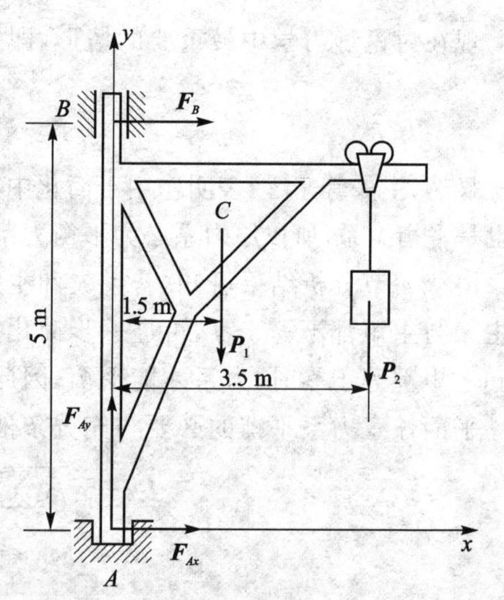

图 4-13

解 (1) 取起重机为研究对象。

(2) 受力分析,画受力图:它受的主动力有 P_1 和 P_2。由于对称性,约束力和主动力都位于同一平面之内。止推轴承 A 处有两个约束力 $\boldsymbol{F}_{Ax}$、$\boldsymbol{F}_{Ay}$,轴承 B 处只有一个与转轴垂直的约束力 $\boldsymbol{F}_B$,约束力的方向如图 4-13 所示。

(3) 列平衡方程,求未知数。取图示坐标系,得

$$\sum F_x=0 \qquad F_{Ax}+F_B=0 \tag{a}$$

$$\sum F_y=0 \qquad F_{Ay}-P_1-P_2=0 \tag{b}$$

$$\sum M_A(\boldsymbol{F})=0 \qquad -F_B\cdot 5-P_1\cdot 1.5-P_2\cdot 3.5=0 \tag{c}$$

求解上述方程得

$$F_{Ay}=P_1+P_2=50\ \text{kN}$$

$$F_B = -0.3P_1 - 0.7P_2 = -31\ \text{kN}, \quad F_{Ax} = -F_B = 31\ \text{kN}$$

$\boldsymbol{F}_B$ 为负值，说明它的方向与假设方向相反，即指向左。

例 4-5　自重为 $P=100$ kN 的 T 字形刚架 ABD，置于铅垂面内，载荷如图 4-14(a)所示。其中 $M=20$ kN·m，$F=400$ kN，$q=20$ kN/m，$l=1$ m。试求固定端 A 处的约束力。

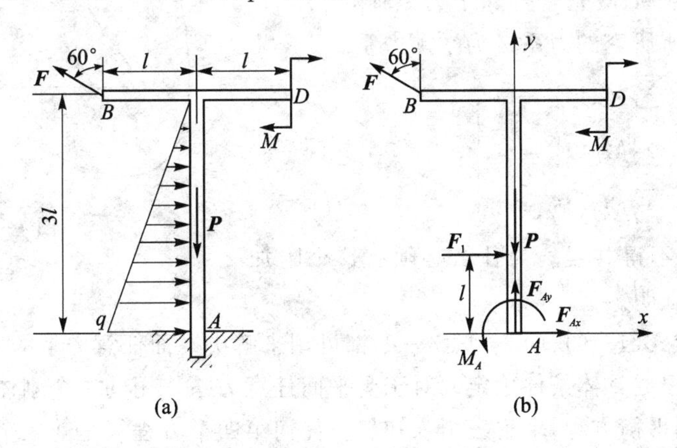

图 4-14

解　(1) 取 T 字形刚架为研究对象。

(2) 受力分析，画受力图：T 字形刚架上除受主动力外，还受有固定端 A 处的约束力 $\boldsymbol{F}_{Ax}$、$\boldsymbol{F}_{Ay}$ 和约束力偶 M_A。线性分布载荷可用一集中力 $\boldsymbol{F}_1$ 等效代替，其大小为 $F_1=\frac{1}{2}q\times 3l=30$ kN，作用于三角形分布载荷的几何中心，即距 A 点为 l 处，如图 4-14(b)所示。

(3) 列平衡方程，求未知力。取图示坐标系，得

$$\sum F_x = 0 \qquad F_{Ax} + F_1 - F\sin 60^\circ = 0 \tag{a}$$

$$\sum F_y = 0 \qquad F_{Ay} - P + F\cos 60^\circ = 0 \tag{b}$$

$$\sum M_A(\boldsymbol{F}) = 0 \qquad M_A - M - F_1 l - F\cos 60^\circ \cdot l + F\sin 60^\circ \cdot 3l = 0 \tag{c}$$

解方程，求得

$$F_{Ax} = F\sin 60^\circ - F_1 = 316.4\ \text{kN}$$

$$F_{Ay} = P - F\cos 60^\circ = -100\ \text{kN}$$

$$M_A = M + F_1 l + Fl\cos 60^\circ - 3Fl\sin 60^\circ = -789.2\ \text{kN}\cdot\text{m}$$

负号说明图中所假设方向与实际情况相反，即 F_{Ay} 向下，M_A 为顺时针转向。

平面任意力系的平衡方程除了前面所表示的基本形式外，还有其他形式，即还有二力矩式和三力矩式，其形式为

$$\left.\begin{aligned} &\sum F_x = 0 (\text{或} \sum F_y = 0) \\ &\sum M_A(\boldsymbol{F}) = 0 \\ &\sum M_B(\boldsymbol{F}) = 0 \end{aligned}\right\} \tag{4-7}$$

其中 A、B 两点的连线不能与 x 轴(或 y 轴)垂直。

为什么上述形式的平衡方程也能满足力系平衡的必要和充分条件呢？这是因为，如果力系对点 A 的主矩等于零，则这个力系不可能简化为一个力偶，但可能有两种情形：这个力系或者是简化为经过点 A 的一个力，或者平衡。如果力系对另一点 B 的主矩也同时为零，则这个

力系或有一合力沿 A、B 两点的连线，或者平衡(见图 4-15)。如果再加上 $\sum F_x = 0$，那么力系如有合力，则此合力必与 x 轴垂直。式(4-7)的附加条件(x 轴不得垂直连线 AB)完全排除了力系简化为一个合力的可能性，故所研究的力系必为平衡力系。

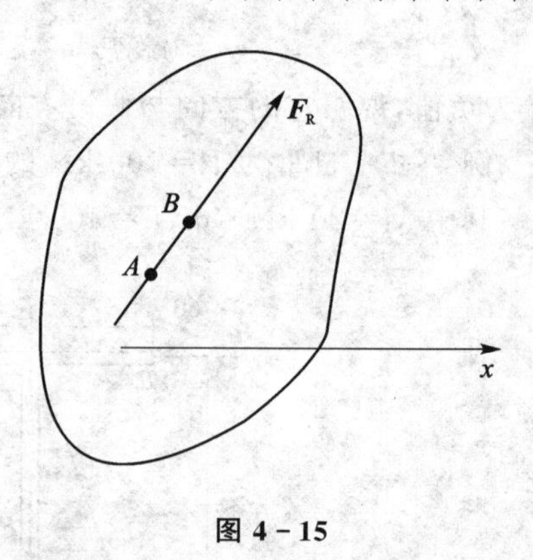

图 4-15

$$\left.\begin{aligned}\sum M_A(\boldsymbol{F}) = 0\\ \sum M_B(\boldsymbol{F}) = 0\\ \sum M_C(\boldsymbol{F}) = 0\end{aligned}\right\} \qquad (4-8)$$

其中 A、B、C 三点不得共线。为什么必须有这个附加条件，读者可自行证明。

上述三组方程式(4-6)、(4-7)、(4-8)都可用来解决平面任意力系的平衡问题。究竟选用哪一组方程，应根据具体条件确定。对于受平面任意力系作用的单个刚体的平衡问题，只可以写出三个独立的平衡方程，求解三个未知量。任何第四个方程只是前三个方程的线性组合，因而不是独立的。我们可以利用这个方程来校核计算的结果。

4.6　平面平行力系的平衡方程

平面平行力系是平面任意力系的一种特殊情形。

如图 4-16 所示，设物体受平面平行力系 $\boldsymbol{F}_1$、$\boldsymbol{F}_2$、…、$\boldsymbol{F}_n$ 的作用。如选取 x 轴与各力作用线垂直，则不论力系是否平衡，每一个力在 x 轴上的投影恒等于零，即 $\sum F_x \equiv 0$。于是，平行力系的独立平衡方程的数目只有两个，即

$$\left.\begin{aligned}\sum F_y = 0\\ \sum M_O(\boldsymbol{F}) = 0\end{aligned}\right\} \qquad (4-9)$$

平面平行力系的平衡方程，也可用两个力矩方程的形式，即

$$\left.\begin{aligned}\sum M_A(\boldsymbol{F}) = 0\\ \sum M_B(\boldsymbol{F}) = 0\end{aligned}\right\} \qquad (4-10)$$

其中 A、B 两点的连线不得与各力作用线平行。

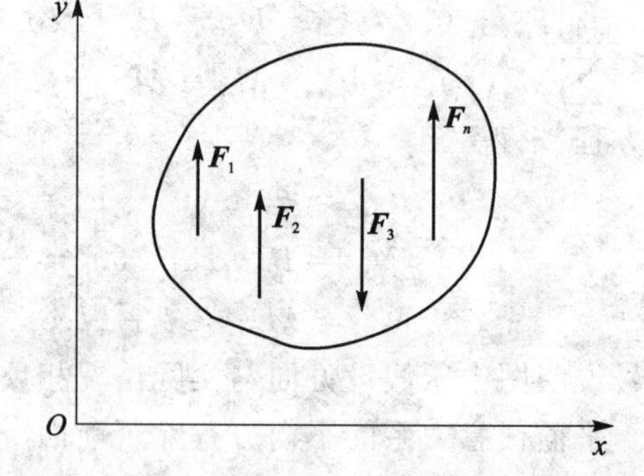

图 4-16

例 4-6　塔式起重机如图 4-17 所示。机架重 $P_1 = 700$ kN，作用线通过塔架的中心。最大起重量 $P_2 = 200$ kN，最大悬臂长为 12 m，轨道 AB 的间距为 4 m。平衡荷重 P_3 到机身中心线的距离为 6 m。试问：

(1) 保证起重机在满载和空载时都不致翻倒，求平衡荷重 P_3 应为多少？

(2) 当平衡荷重 $P_3 = 180$ kN 时，求满载时轨道 A、B 给起重机轮子的约束力？

解　(1) 要使起重机不翻倒，应使作用在起重机上的所有力满足平衡条件。起重机所受的力有起重物的重力 $\boldsymbol{P}_2$，机架的重力 $\boldsymbol{P}_1$，平衡荷重 $\boldsymbol{P}_3$，以及轨道的约束力 $\boldsymbol{F}_A$ 和 $\boldsymbol{F}_B$。

当满载时，为使起重机不绕点 B 翻倒，这些力必须满足平衡方程 $\sum M_B(\boldsymbol{F}) = 0$。在临界

情况下，$F_A=0$。这时求出的 P_3 值是所允许的最小值。

$$\sum M_B(\boldsymbol{F})=0,\quad P_{3,\min}(6+2)+2P_1-P_2(12-2)=0$$

$$P_{3,\min}=\frac{1}{8}(10P_2-2P_1)=75\ \text{kN}$$

当空载时，$P_2=0$。为使起重机不绕点 A 翻倒，所受的力必须满足平衡方程 $\sum M_A(\boldsymbol{F})=0$。在临界情况下，$F_B=0$。这时求出的 P_3 值是所允许的最大值。

$$\sum M_A(\boldsymbol{F})=0,\quad P_{3,\max}(6-2)-2P_1=0$$

$$P_{3,\max}=\frac{2P_1}{4}=350\ \text{kN}$$

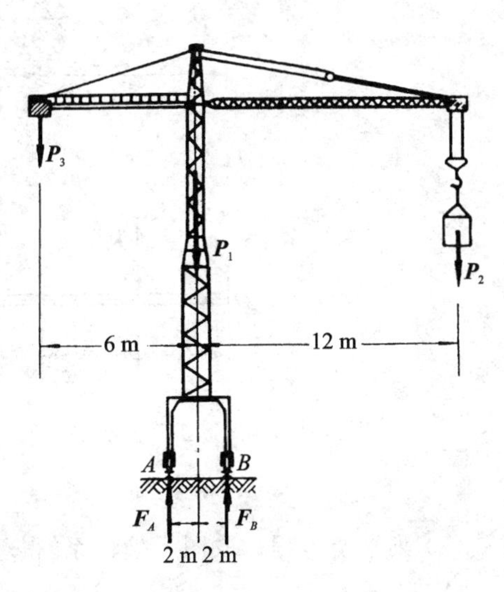

图 4-17

起重机实际工作时不允许处于极限状态，要使起重机不会翻倒，平衡荷重应在这两者之间，即

$$75\ \text{kN}<P_3<350\ \text{kN}$$

(2) 取 $P_3=180$ kN，求满载时，作用于轮子的约束力 F_A 和 F_B。此时，起重机在力 $\boldsymbol{P}_2$、$\boldsymbol{P}_3$、$\boldsymbol{P}_1$ 以及 $\boldsymbol{F}_A$、$\boldsymbol{F}_B$ 的作用下平衡。根据平面平行力系的平衡方程，有

$$\sum M_A(\boldsymbol{F})=0,\quad P_3(6-2)-P_1\cdot 2-P_2(12+2)+F_B\cdot 4=0 \tag{a}$$

$$\sum F_y=0,\quad -P_3-P_1-P_2+F_A+F_B=0 \tag{b}$$

由式(a)解得

$$F_B=\frac{14P_2+2P_1-4P_3}{4}=870\ \text{kN}$$

代入式(b)得

$$F_A=210\ \text{kN}$$

利用多余的不独立方程 $\sum M_B(\boldsymbol{F})=0$，来校验以上计算结果是否正确。

$$\sum M_B(\boldsymbol{F})=0,\quad P_3(6+2)+P_1\cdot 2-P_2(12-2)-F_A\cdot 4=0$$

求得

$$F_A=\frac{8P_3+2P_1-10P_2}{4}=210\ \text{kN}$$

结果相同，说明计算无误。

例 4-7　水平外伸梁如图 4-18(a)所示。若均布载荷 $q=20$ kN/m，$F=20$ kN，力偶矩 $M=16$ kN·m，$a=0.8$ m，求 A、B 处的约束力。

解　(1) 取梁为研究对象。

(2) 受力分析，画受力图(见图 4-18(b))：作用于梁上的力有 $\boldsymbol{F}$，均布载荷 q 的合力 $\boldsymbol{F}_1$($F_1=qa$，作用在分布载荷区段的中点)，以及矩为 M 的力偶和支座约束力 $\boldsymbol{F}_A$、$\boldsymbol{F}_B$。显然它

们是一个平面平行力系。

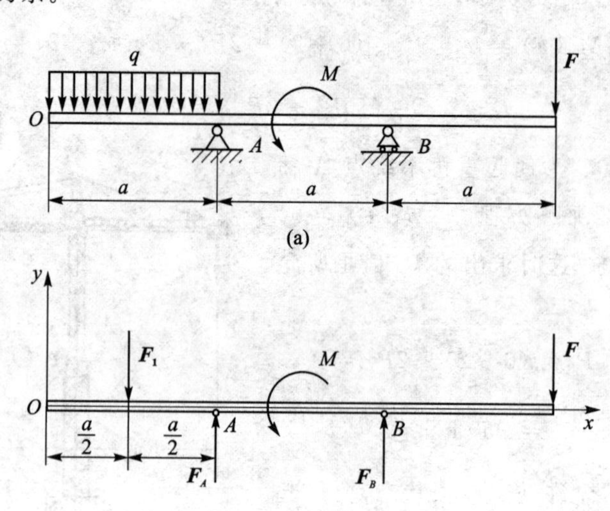

图 4-18

(3) 列平衡方程。取图示坐标系,得

$$\sum F_y = 0 \qquad -q \cdot a - F + F_A + F_B = 0 \tag{a}$$

$$\sum M_A(F) = 0 \qquad M + qa \cdot \frac{a}{2} - F \cdot 2a + F_B \cdot a = 0 \tag{b}$$

由式(b)得

$$F_B = -\frac{M}{a} - \frac{qa}{2} + 2F = \left(-\frac{16}{0.8} - \frac{20}{2} \times 0.8 + 2 \times 20\right) \text{kN} = 12 \text{ kN}$$

将 F_B 值代入式(a)得

$$F_A = q \cdot a + F - F_B = (20 \times 0.8 + 20 - 12) \text{ kN} = 24 \text{ kN}$$

例 4-8 梁 AB 一端固定、一端自由,如图 4-19(a)所示。梁上作用有均布载荷,载荷集度为 q,在梁的自由端还受集中力 $\boldsymbol{F}$ 和力偶矩为 M 的力偶作用,梁的长度为 l。试求固定端 A 处的约束力。

解 (1) 取梁 AB 为研究对象并画受力图(见图 4-19(b))

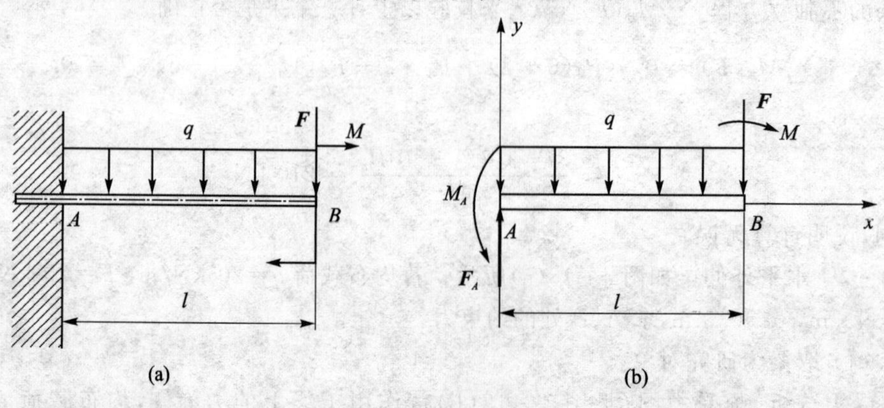

图 4-19

(2) 列平衡方程并求解

$$\sum F_y = 0,\quad F_A - ql - F = 0$$

$$F_A = ql + F \tag{a}$$

$$\sum M_A(\boldsymbol{F}) = 0,\quad M_A - ql \cdot \frac{l}{2} - Fl - M = 0$$

$$M_A = \frac{1}{2}ql^2 + Fl + M \tag{b}$$

4.7 刚体系统的平衡问题

由多个刚体通过一定的约束方式连接起来的系统称为刚体系统。前几章中,实际上已经遇到过一些简单刚体系统的问题,只不过由于其约束与受力都比较简单,比较容易分析和处理。分析刚体系统平衡问题的基本原则与处理单个刚体的平衡问题是一致的;但也有其特点,其中很重要的是要正确判断刚体系统的静定性质,并选择合适的研究对象。现分述如下。

1. 刚体系统静定性质的判断

前面讨论了几种力系的简化与平衡问题。可见,每种力系独立平衡方程的总数都是一定的(平面任意力系三个,平面汇交力系和平面平行力系各有两个,平面力偶系只有一个)。因此,对每一种力系来说,能求解的未知量的数目也是有限制的。如果所研究的问题的未知量的数目等于对应的独立平衡方程的数目,则可由平衡方程求得全部未知量。这类问题称为静定问题。例如图4-20所示的简支梁中,未知的约束力有三个,因此,根据平面任意力系的三个平衡方程就能全部解出,这是静定问题。

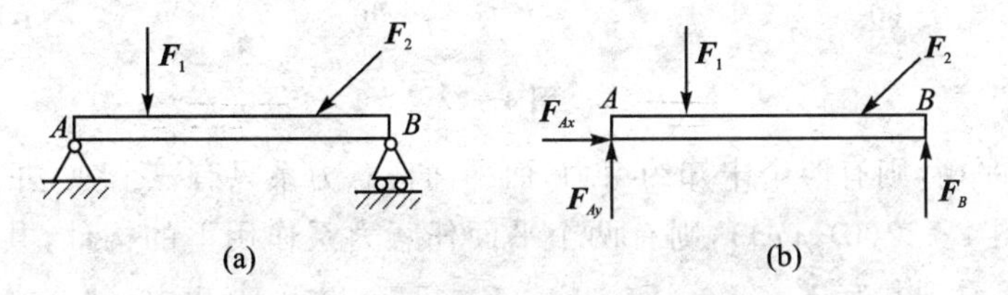

图4-20

如果所研究的问题中,未知量的数目多于对应的独立平衡方程的数目,仅仅用平衡方程不能求出全部未知量,这类问题称为静不定问题或超静定问题。而未知量的数目超过独立平衡方程数目的个数,称为静不定次数或超静定次数。例如,如图4-21所示的梁中,有四个未知量,却只有三个独立的平衡方程,因此是一次静不定问题。

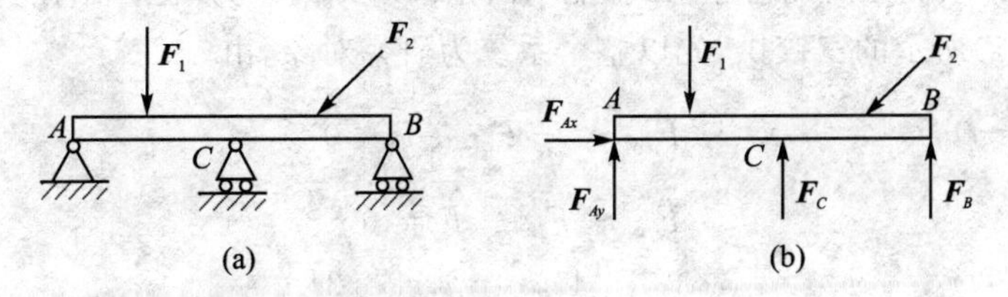

图4-21

工程中常常增添多余约束,采用静不定结构,以提高构件承受载荷的能力。

对于静不定问题,必须考虑物体因受力作用而产生的变形,加列补充方程后,才能使方程的数目等于未知量的数目。静不定问题已超出刚体静力学的范围,需在材料力学中研究。

某些刚体系统的平衡问题中,若仅考虑总体平衡,其未知约束力的数目多于平衡方程的数目;但若将刚体系统中的构件分开,依次考虑每个构件的平衡,就可以求出全部的未知约束力。这种情形下的刚体系统依然是静定的,但不是所有的刚体系统都如此。那么如何判断刚体系统是静定的还是静不定的呢?

当刚体系统处于平衡时,其中每一个刚体均处于平衡。整个系统中,若有 n_1 个刚体受二力或平面力偶系作用,有 n_2 个刚体受平面汇交力系或平面平行力系作用,有 n_3 个刚体受平面任意力系作用,分别考虑每个刚体的平衡,便有 $m=n_1+2n_2+3n_3$ 个独立平衡方程。若各个刚体上未知约束力的总数为 k,则当 $k=m$ 时,刚体系统是静定的;当 $k>m$ 时,刚体系统是静不定的。例如,如图 4-22(a)所示之三铰拱,A、B、C 三处均为铰链,受载荷 $\boldsymbol{F}$ 作用。

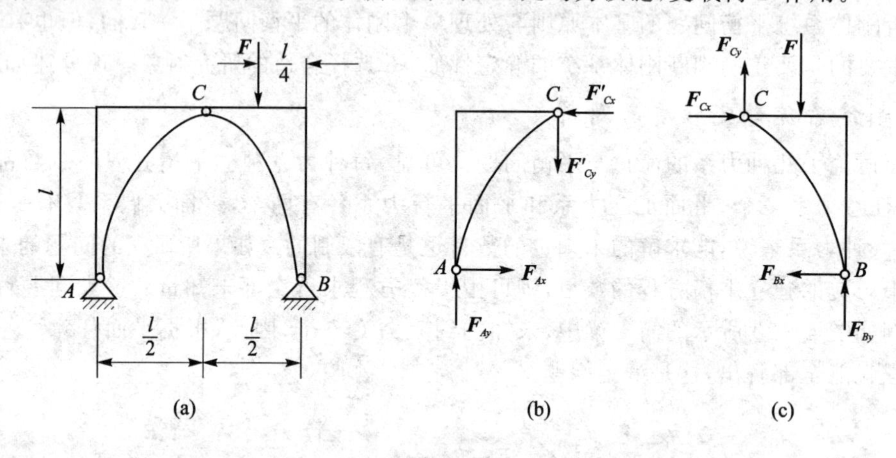

图 4-22

若考虑总体平衡,则有四个未知约束力,而平面任意力系只有三个独立的平衡方程。但若将结构拆开(见图 4-22(b)、(c)),则有两个平面任意力系作用下的构件,共有六个独立的平衡方程,由图中可看到共有 $\boldsymbol{F}_{Ax}$、$\boldsymbol{F}_{Ay}$、$\boldsymbol{F}_{Bx}$、$\boldsymbol{F}_{By}$、$\boldsymbol{F}_{Cx}$ 和 $\boldsymbol{F}_{Cy}$ 六个未知力,独立平衡方程数等于未知力数。因此,系统是静定的。

2. 研究对象的选择

由于刚体系统是由多个刚体组成的,因此,研究对象的选择对于能不能求解以及求解过程的繁简关系密切。

一般先以整个系统为研究对象,虽不能求出全部未知约束力,但可求出其中的一部分。例如对于图 4-22(a)所示的三铰拱,先以整个系统为研究对象,由

$$\sum M_A(\boldsymbol{F})=0 \qquad F_{By}\cdot l-F\cdot\frac{3}{4}l=0 \tag{a}$$

$$\sum F_y=0 \qquad F_{Ay}+F_{By}-F=0 \tag{b}$$

求得

$$F_{Ay}=\frac{1}{4}F,\quad F_{By}=\frac{3}{4}F$$

由 $\sum F_x=0$ 求得

$$F_{Ax} = F_{Bx} \tag{c}$$

F_{Ax} 和 F_{Bx} 的数值尚不能确定。因此需要以某个(或某些)刚体为研究对象，而且以选择已知力和未知力共同作用的刚体作为研究对象为好。在上面的例子中，半拱 AC 或 BC 作为研究对象均可解出未知约束力，但以 AC 为研究对象计算过程要简单些。于是根据图 4-22(b)，由平衡方程得

$$\sum M_C(\boldsymbol{F}) = 0 \qquad F_{Ax} \cdot l - F_{Ay} \cdot \frac{l}{2} = 0$$

$$F_{Ax} = \frac{1}{2}F_{Ay} = \frac{1}{8}F$$

将 F_{Ax} 代入式(c)后，得

$$F_{Bx} = F_{Ax} = \frac{1}{8}F$$

有时也可以不以整个系统为研究对象，直接由各个刚体为研究对象求得全部未知力。建议读者以上例中的刚体 AC 和 BC 作为研究对象，进行分析和计算与以上分析比较。总之，选择研究对象时要尽量使计算过程简单，尽可能避免解联立方程。

3. 刚体系统受力分析的特点

对刚体系统作受力分析时，要分清内力和外力。内力和外力是相对的，视选择的研究对象而定。研究对象以外的物体作用于研究对象上的力称为外力，研究对象内部各部分间的相互作用力称为内力。内力总是成对出现，其大小相等，方向相反，作用线一致。考虑以整体为研究对象的平衡时，由于内力在任意轴上的投影之和以及对任意点的力矩之和均为零，因而不必考虑。例如，图 4-22(a)所示之刚体系统，当以整个系统作为研究对象时，$\boldsymbol{F}_{Cx}$ 与 $\boldsymbol{F}'_{Cx}$、$\boldsymbol{F}_{Cy}$ 与 $\boldsymbol{F}'_{Cy}$ 均为内力，在建立总体平衡方程时不必考虑。但是当以半拱 AC 或 BC 为研究对象时，$\boldsymbol{F}'_{Cx}$ 与 $\boldsymbol{F}'_{Cy}$ 或 $\boldsymbol{F}_{Cx}$ 与 $\boldsymbol{F}_{Cy}$ 都变成了外力，在建立这两部分的平衡方程时必须考虑这些力。

例 4-9　图 4-23 所示的钢结构拱架，拱架由两个相同的钢架 AC 和 BC 铰接，吊车梁支承在钢架的 D、E 上。设两钢架各重为 $P=60$ kN；吊车梁重为 $P_1=20$ kN，其作用线通过点 C；载荷为 $P_2=10$ kN；风力 $F=10$ kN。尺寸如图中所示。D、E 两点在力 $\boldsymbol{P}$ 的作用线上。求固定铰支座 A 和 B 的约束力。

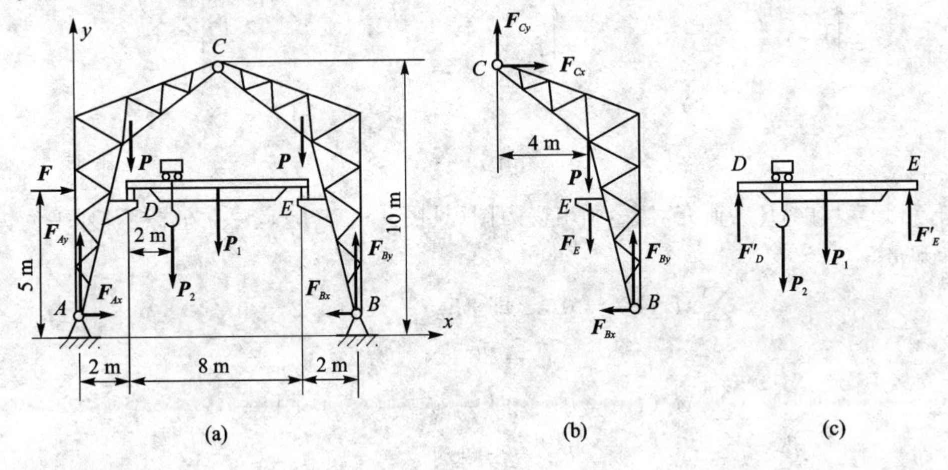

图 4-23

解 (1) 选整个拱架为研究对象。拱架在主动力 $\boldsymbol{P}$、$\boldsymbol{P}_1$、$\boldsymbol{P}_2$、$\boldsymbol{F}$ 和铰链 A、B 的约束力 $\boldsymbol{F}_{Ax}$、$\boldsymbol{F}_{Ay}$、$\boldsymbol{F}_{Bx}$、$\boldsymbol{F}_{By}$ 作用下平衡,受力如图 4-23(a)所示。列出平衡方程

$$\sum M_A(\boldsymbol{F})=0,\text{即 } 12\times F_{By}-5\times F-2\times P-10\times P-4\times P_2-6\times P_1=0 \qquad \text{(a)}$$

$$\sum F_x=0,\text{即 } F+F_{Ax}-F_{Bx}=0 \qquad \text{(b)}$$

$$\sum F_y=0,\text{即 } F_{Ay}+F_{By}-P_2-P_1-2P=0 \qquad \text{(c)}$$

以上三个方程包含四个未知数,欲求得全部未知数,必须再补充方程。

(2) 选右边钢架为研究对象,其受力如图 4-23(b)所示。为了减少方程中的未知量数目,采用力矩方程,即

$$\sum M_C(\boldsymbol{F})=0,\quad \text{即 } 6\times F_{By}-10\times F_{Bx}-4\times(P+F_E)=0 \qquad \text{(d)}$$

这时又出现了一个未知数 F_E。为求得该力的大小,可再考虑吊车梁的平衡。

(3) 选吊车梁为研究对象,其受力如图 4-23(c)所示。为求得 F'_E可列方程式

$$\sum M_D(\boldsymbol{F})=0,\quad 8\times F'_E-4\times P_1-2\times P_2=0 \qquad \text{(e)}$$

由式(e)解得 $F'_E=12.5\ \text{kN}$

由式(a)求得 $F_{By}=77.5\ \text{kN}$

将 F_{By} 和 F_E 的值代入式(d)得 $F_{Bx}=17.5\ \text{kN}$

代入式(b)得 $F_{Ax}=7.5\ \text{kN}$

代入式(c)得 $F_{Ay}=72.5\ \text{kN}$

例 4-10 已知杆 AB 和 BC 在 B 点铰接,C 为固定端,如图 4-24(a)所示。若 $M=20\ \text{kN}\cdot\text{m}$,$q=15\ \text{kN/m}$,试求 A、B、C 三处的约束力。

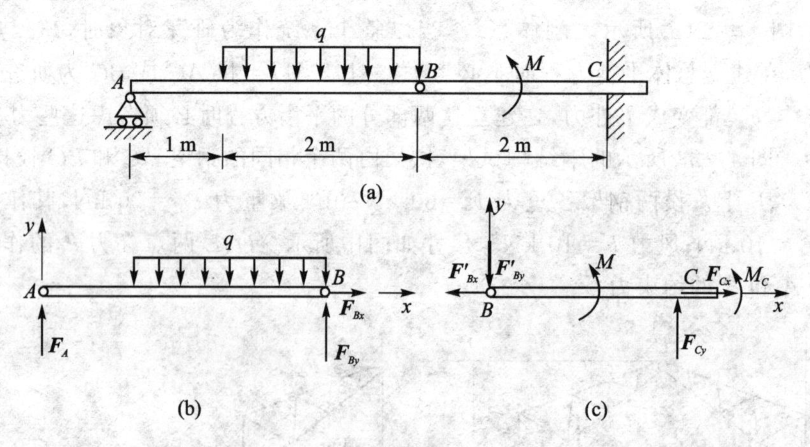

图 4-24

解 (1) 以杆 AB 为研究对象,画出受力图(见图 4-24(b)),建立坐标系,列平衡方程并求出未知量。

$$\sum M_A(\boldsymbol{F})=0,\quad \text{即 } 3F_{By}-(2q)\times 2=0$$

$$F_{By}=20\ \text{kN}$$

$$\sum M_B(\boldsymbol{F})=0,\quad \text{即 } -3F_A+(2q)\times 1=0$$

$$F_A=10\ \text{kN}$$

$$\sum F_x = 0,\quad F_{Bx} = 0$$

(2) 以梁 BC 为研究对象并画受力图(见图 4-24(c))。建立坐标系,列平衡方程并求出未知量。

$$\sum M_C(\boldsymbol{F}) = 0,\quad 2F'_{By} + M + M_C = 0$$

$$M_C = -2F'_{By} - M = -2\times 20 - 20 = -60\ \text{kN}\cdot\text{m}$$

$$\sum F_y = 0,\quad -F'_{By} + F_{Cy} = 0$$

$$F_{Cy} = F'_{By} = F_{By} = 20\ \text{kN}$$

$$\sum F_x = 0,\quad -F'_{Bx} + F_{Cx} = 0$$

$$F_{Cx} = F'_{Bx} = F_{Bx} = 0$$

式中,负号表示假设方向与实际方向相反,即 M_C 为顺时针。

例 4-11　曲柄连杆式压榨机中的曲柄 OA 上作用一力偶,其力偶矩 $M=500\ \text{N}\cdot\text{m}$(见图 4-25(a))。已知 $OA=r=0.1\ \text{m}$,$BD=DC=ED=a=0.3\ \text{m}$,机构在水平面内,在图示位置平衡,此时 $\angle OAB=90^\circ$,$\angle DEC=\theta=30^\circ$,求水平压榨力 F。

解　本题属于求机构平衡时主动力之间的关系问题,不必求出许多约束力。通常按传动顺序将机构拆开,分别选为研究对象,通过求连接点的力,逐步求得主动力之间应满足的关系式。

(1) 选杆 OA 为研究对象,画受力图:它受有力偶作用,杆 AB 是二力直杆,销钉 A 对杆 OA 的力 $\boldsymbol{F}_A$ 沿 BA 方向,根据平面力偶系平衡条件,铰链 O 的约束力 $\boldsymbol{F}_O$ 必与 $\boldsymbol{F}_A$ 反向(见图 4-25(b))。

列平面力偶系的平衡方程

$$\sum M_i = 0,\quad 即\ M - rF_A = 0,\quad F_A = \frac{M}{r}$$

(2) 选杆 BC(包括滑块 C)为研究对象,画受力图:它所受的力有水平压榨力 $\boldsymbol{F}$、销钉 B 的约束力 $\boldsymbol{F}_B$、光滑面 C 的约束力 $\boldsymbol{F}_C$ 以及销钉 D 的约束力 $\boldsymbol{F}_D$,因杆 ED 是二力杆,故 $\boldsymbol{F}_D$ 沿 ED 方向(见图 4-25(c))。

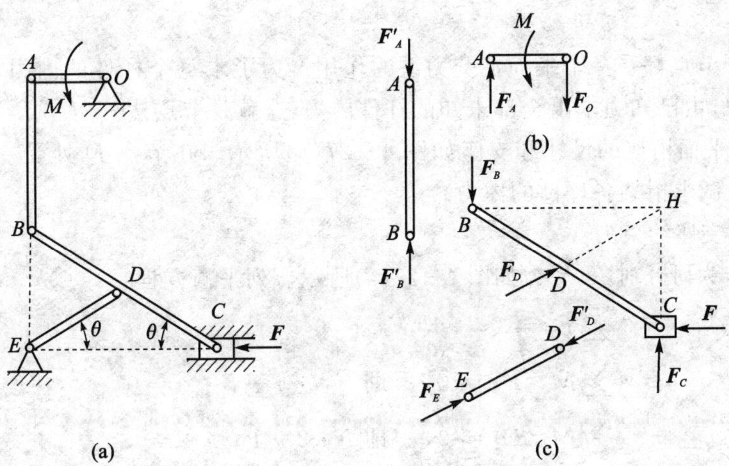

图 4-25

为了使方程中只出现一个未知力,选择其余两个未知力的交点 H 为矩心,列平衡方程

$$\sum M_H(\boldsymbol{F}) = 0, \quad 2a\cos\theta \cdot F_B - 2a\sin\theta \cdot F = 0, \quad F = F_B\cot\theta$$

而
$$F_B = F_A$$

故
$$F = F_A\cot\theta = \frac{M}{r}\cot\theta$$

这就说明,适当地选用力矩方程和恰当选择矩心,可以使计算简便。

4.8 平面简单桁架的内力计算

工程中,房屋建筑、桥梁、起重机、电视塔等结构物常用桁架结构。桁架是一种由杆件彼此在两端连接而成的结构,它在受力后几何形状不变。桁架中杆件与杆件的连接点称为节点。

桁架的优点是:杆件主要承受拉力或压力,可以充分发挥材料的作用,节约材料,减轻结构的重量。为了简化桁架的计算,工程实际中采用以下几个假设:

(1) 桁架的杆件都是直的;

(2) 杆件用光滑的铰链连接;

(3) 桁架所受的力(载荷)都作用在节点上,而且在桁架的平面内;

(4) 桁架杆件的重量略去不计,或平均分配在杆件两端的节点上。

这样的桁架,称为**理想桁架**。

实际的桁架,当然与上述假设是有差别的,如桁架的节点不是铰接的,杆件的中心线也不可能是绝对直的。但上述假设能够简化计算,而且所得的结果符合工程实际的需要。根据这些假设,桁架中的杆件都可看成为二力杆件。

本节只研究平面桁架中的静定桁架,如图 4-26 所示。此桁架以三角形框架为基础,每增加一个节点需增加两根杆件,这样构成的桁架又称为**平面简单桁架**。容易证明,平面简单桁架是静定的。

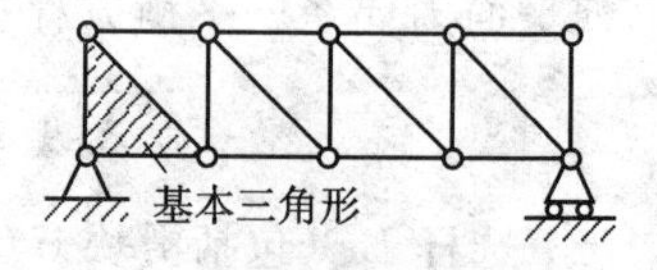

图 4-26

下面介绍两种计算桁架杆件内力的方法:节点法和截面法。

1. 节点法

桁架的每个节点都受一个平面汇交力系的作用。为了求每个杆件的内力,可以逐个地取节点为研究对象,由已知力求出全部未知的杆件内力,这就是节点法。

例 4-12 平面桁架的尺寸和支座如图 4-27(a)所示。在节点 D 处受一集中载荷 $F=10$ kN 的作用。试求桁架各杆件的内力。

解 (1) 求支座约束力

以桁架整体为研究对象,受力如图 4-27(a)所示。列平衡方程:

$$\sum F_x = 0, \quad 即\ F_{Bx} = 0$$

$$\sum M_A(\boldsymbol{F}) = 0, \quad 即\ F_{By}\cdot 4 - F\cdot 2 = 0$$

$$\sum M_B(\boldsymbol{F}) = 0, \quad 即\ F\cdot 2 - F_{Ay}\cdot 4 = 0$$

解得
$$F_{Bx} = 0, \quad F_{Ay} = F_{By} = 5\ \text{kN}$$

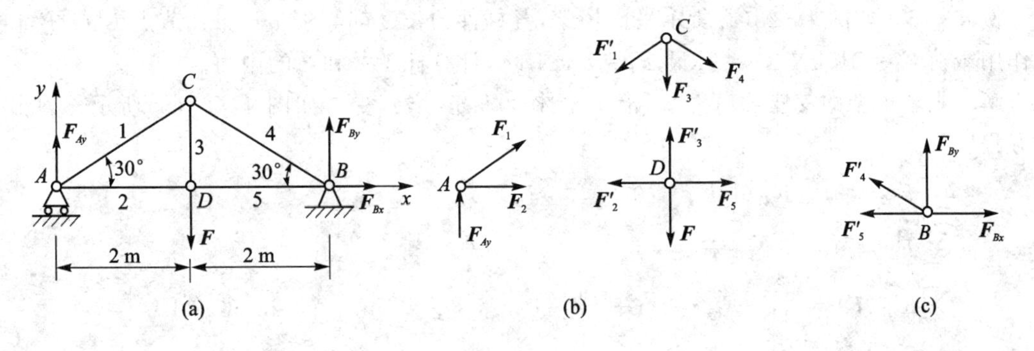

图 4-27

(2) 依次取一个节点为研究对象,计算各杆内力

假定各杆均受拉力,各节点受力如图 4-27(b)所示。为计算方便,最好逐次列出只含两个未知力的节点的平衡方程。

先取节点 A 为研究对象,杆的内力 F_1 和 F_2 未知,列平衡方程

$$\sum F_x = 0,\quad 即\ F_2 + F_1\cos 30^\circ = 0$$

$$\sum F_y = 0,\quad F_{Ay} + F_1\sin 30^\circ = 0$$

代入 F_{Ay} 的值后,解得

$$F_1 = -10\ \text{kN},\quad F_2 = 8.66\ \text{kN}$$

依次取节点 C,杆的内力 F_3 和 F_4 未知,列平衡方程

$$\sum F_x = 0,\quad 即\ F_4\cos 30^\circ - F'_1\cos 30^\circ = 0$$

$$\sum F_y = 0,\quad 即 -F_3 - (F'_1 + F_4)\sin 30^\circ = 0$$

代入 $F'_1 = F_1 = -10$ kN,解得

$$F_4 = -10\ \text{kN},\quad F_3 = 10\ \text{kN}$$

再取节点 D,只有一个杆的内力 F_5 未知,列平衡方程

$$\sum F_x = 0,\quad F_5 - F'_2 = 0$$

代入 $F'_2 = F_2$ 值后,得

$$F_5 = 8.66\ \text{kN}$$

(3) 判断各杆受拉力或受压力

原假定各杆均受拉力,计算结果 F_2、F_5、F_3 为正值,表明杆 2、5、3 确受拉力;内力 F_1 和 F_4 的结果为负值,表明杆 1 和杆 4 承受压力。

(4) 校核计算结果

解出各杆内力之后,可用尚余节点的平衡方程校核已得的结果。例如,对节点 B 列出平衡方程(见图 4-27(c)),将 $F'_4 = -10$ kN,$F'_5 = 8.66$ kN 代入,若平衡方程

$$\sum F_x = 0,\quad \sum F_y = 0$$

得到满足,则计算正确。

2. 截面法

如只要求计算桁架内某几个杆件所受的内力,可以适当地选取一截面,假想地把桁架截开,再考虑其中任一部分的平衡,求出这些被截杆件的内力,这就是截面法。

例 4-13 如图 4-28(a)所示平面桁架,各杆件的长度都等于 1 m。在节点 E、G、F 上分别作用载荷 $F_E=10$ kN,$F_G=7$kN,$F_F=5$ kN。试计算杆 1、2 和 3 的内力。

解 先求桁架的支座约束力,以桁架整体为研究对象,受力如图 4-28(a)所示。列出平衡方程

$$\sum F_x = 0,\quad F_{Ax} + F_F = 0$$

$$\sum F_y = 0,\quad F_{Ay} + F_{By} - F_E - F_G = 0$$

$$\sum M_B(\boldsymbol{F}) = 0,\quad F_E \cdot 2\ \text{m} + F_G \cdot 1\ \text{m} - F_{Ay} \cdot 3\ \text{m} - F_F \sin 60° \cdot 1\ \text{m} = 0$$

解得 $$F_{Ax} = -5\ \text{kN},\quad F_{Ay} = 7.557\ \text{kN},\quad F_{By} = 9.44\ \text{kN}$$

为求杆 1、2 和 3 的内力,可作一截面 $m-n$ 将三杆截断。选取桁架左半部分为研究对象。假定所截断的三杆都受拉力,受力如图 4-28(b)所示,为一平面任意力系。列平衡方程

$$\sum M_E(\boldsymbol{F}) = 0,\text{即} -F_1 \sin 60° \cdot 1\ \text{m} - F_{Ay} \cdot 1\ \text{m} = 0$$

$$\sum F_y = 0,\text{即}\ F_{Ay} + F_2 \sin 60° - F_E = 0$$

$$\sum M_D(\boldsymbol{F}) = 0,\text{即}\ F_E \cdot \frac{1}{2}\text{m} + F_3 \cdot \sin 60° \cdot 1\ \text{m} - F_{Ay} \cdot 1.5\ \text{m} + F_{Ax} \sin 60° \cdot 1\ \text{m} = 0$$

解得

$$F_1 = -8.726\ \text{kN(压力)},\quad F_2 = 2.821\ \text{kN(拉力)},\quad F_3 = 12.32\ \text{kN(拉力)}$$

如选取桁架的右半部为研究对象,可得同样的结果。

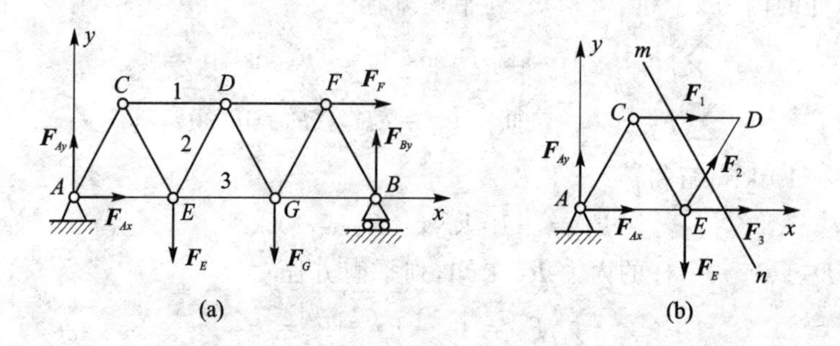

图 4-28

同样,可以用截面截断另外三根杆件,计算其他各杆的内力,或用以校核已求得的结果。

由上例可见,采用截面法时,选择适当的力矩方程,常可较快地求得某些指定杆件的内力。当然,应注意到,平面任意力系只有三个独立的平衡方程,因而,作截面时每次最好只截断三根内力未知的杆件。

思 考 题

4-1 某平面任意力系向 A、B 两点简化的主矩皆为零,此力系简化的最终结果可能是一个力吗?可能是一个力偶吗?可能平衡吗?

4-2 平面汇交力系向汇交点以外一点简化,其结果可能是一个力吗?可能是一个力偶吗?可能是一个力和一个力偶吗?

4-3　某平面任意力系向同平面内任一点简化的结果都相同，此力系简化的最终结果可能是什么？

4-4　用力系向一点简化的分析方法，证明图示二同向平行力简化的最终结果为一合力 $\boldsymbol{F}_R$（见图 4-29），且有

$$F_R = F_1 + F_2, \quad \frac{F_1}{F_2} = \frac{CB}{AC}$$

若 $F_1 > F_2$，且二者方向相反，简化结果又如何？

4-5　在刚体上 A、B、C 三点分别作用三个力 $\boldsymbol{F}_1$、$\boldsymbol{F}_2$、$\boldsymbol{F}_3$，各力的方向如图 4-30 所示，大小恰好与△ABC 的边长成比例。问该力系是否平衡？为什么？

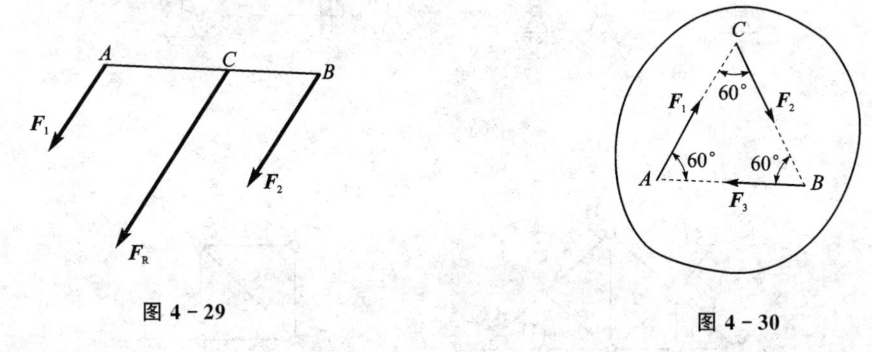

图 4-29　　图 4-30

4-6　力系如图 4-31 所示，且 $F_1 = F_2 = F_3 = F_4$。问力系向点 A 和 B 简化的结果是什么？两者是否等效？

4-7　平面汇交力系的平衡方程中，可否取两个力矩方程，或一个力矩方程和一个投影方程？这时，其矩心和投影轴的选择有什么限制？

4-8　图 4-32 所示三铰拱，在构件 CB 上分别作用一力偶，其力偶矩为 M（见图 4-32(a)）或力 $\boldsymbol{F}$（见图 4-32(b)）。当求铰链 A、B、C 的约束力时，能否将力偶 M 或力 $\boldsymbol{F}$ 分别移到构件 AC 上？为什么？

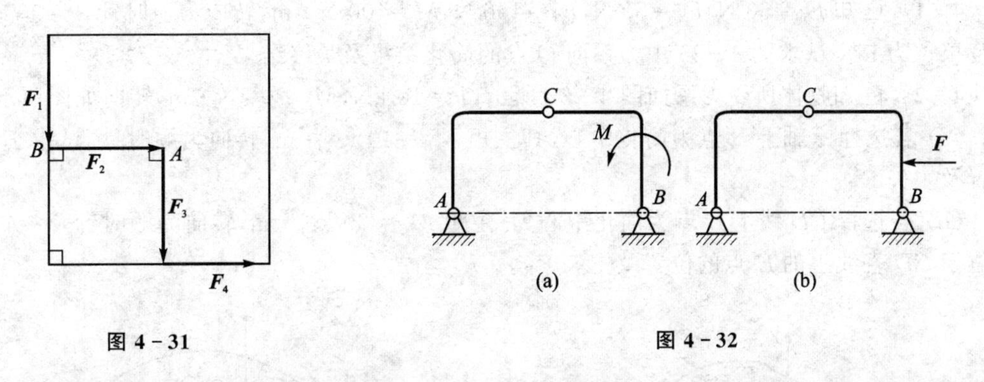

图 4-31　　图 4-32

4-9　怎样判断静定和超静定问题？图 4-33 所示的 6 种情形中哪些是静定问题，哪些是超静定问题？

4-10　能否直接找出图 4-34 所示桁架中内力为零的杆件？

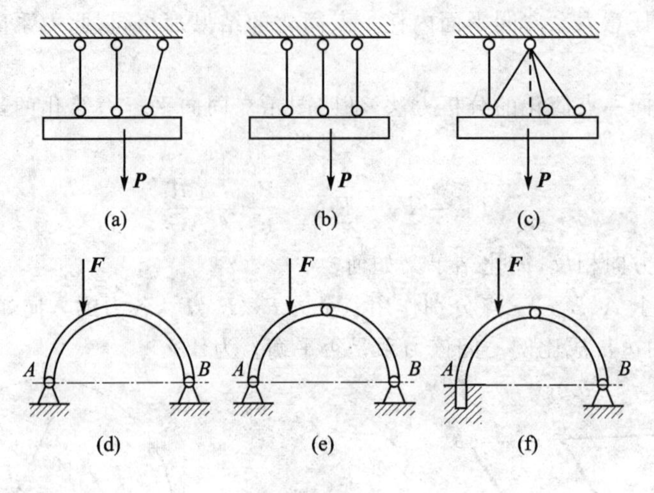

图 4-33

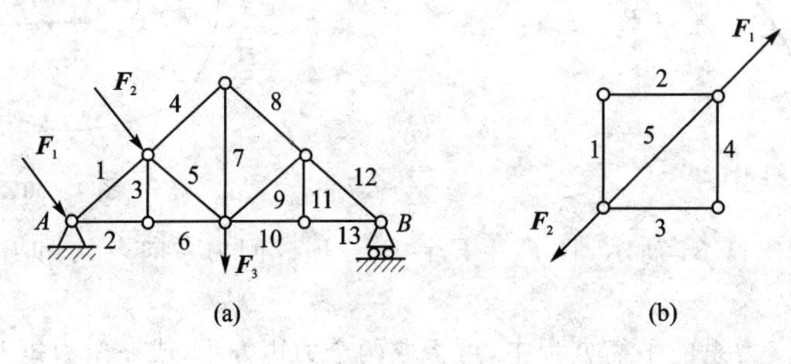

图 4-34

习 题

4-1 已知 $F_1=60$ N,$F_2=80$ N,$F_3=150$ N,$M=100$ N·m,转向为逆时针,$\theta=30°$,图中长度单位为 m。试求图 4-35 中力系向 O 点的简化结果及最终结果。

4-2 已知物体所受力系如图 4-36 所示,$F=10$ kN,$M=20$ kN·m,转向如图所示。

(a) 若选择 x 轴上 B 点为简化中心,其主矩 $M_B=10$ kN·m,转向为顺时针,试求 B 点的位置及主矢 $\boldsymbol{F}'_{\mathrm{R}}$。

(b) 若选择 CD 线上 E 点为简化中心,其主矩 $M_E=30$ kN·m,转向为顺时针,$\alpha=45°$,试求位于 CD 直线上的 E 点的位置及主矢 $\boldsymbol{F}'_{\mathrm{R}}$。

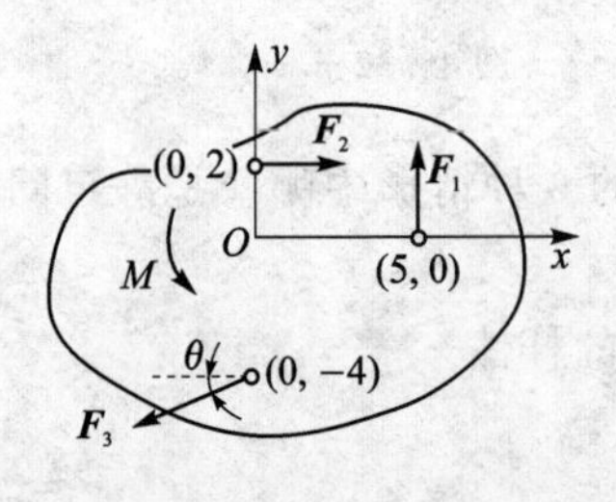

图 4-35 题 4-1 图

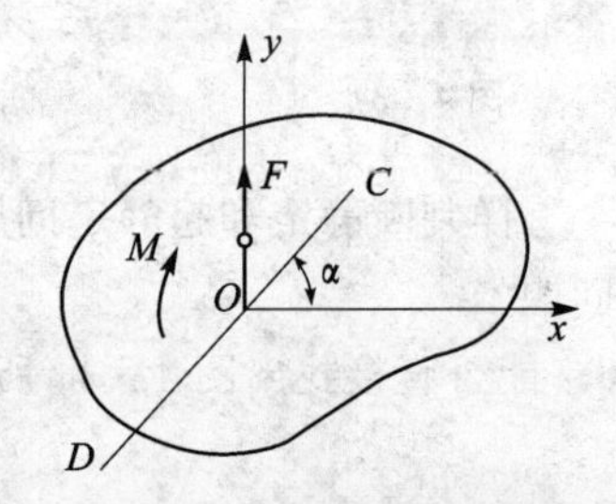

图 4-36 题 4-2 图

4－3　试求图 4－37 各梁或刚架的支座约束力。

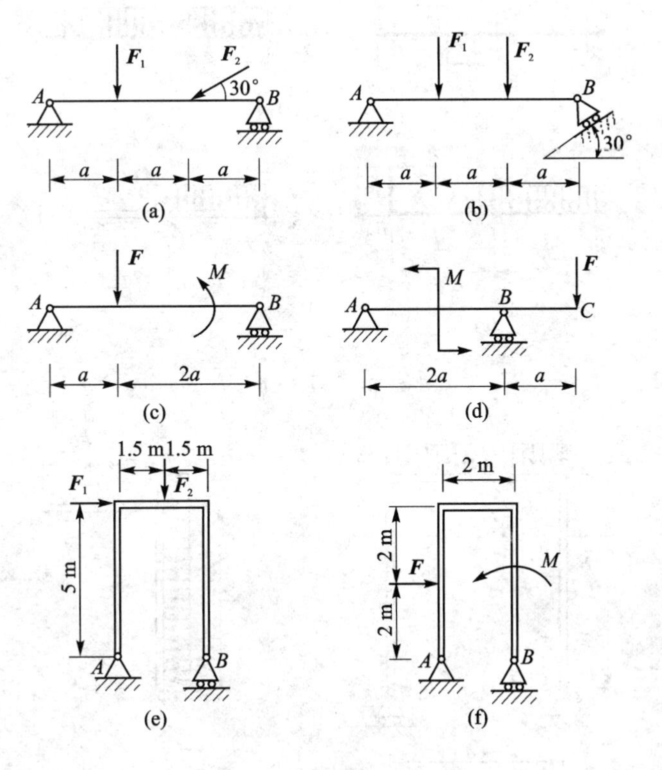

图 4－37　题 4－3 图

4－4　高炉上料的斜桥，其支承情况可简化为如图 4－38 所示，设 A 和 B 为固定铰，D 为中间铰，料车对斜桥的总压力为 $\boldsymbol{F}$，斜桥（连同轨道）重为 $\boldsymbol{P}$，立柱 BD 重量不计，几何尺寸如图 4－38 所示，试求 A 和 B 的支座约束力。

4－5　齿轮减速箱重 $P=500$ N，输入轴受一力偶作用，其力偶矩 $M_1=600$ N·m，输出轴受另一力偶作用，其力偶矩 $M_2=900$ N·m，转向如图 4－39 所示。试计算齿轮减速箱的 A、B 两端螺栓和地面间的作用力。

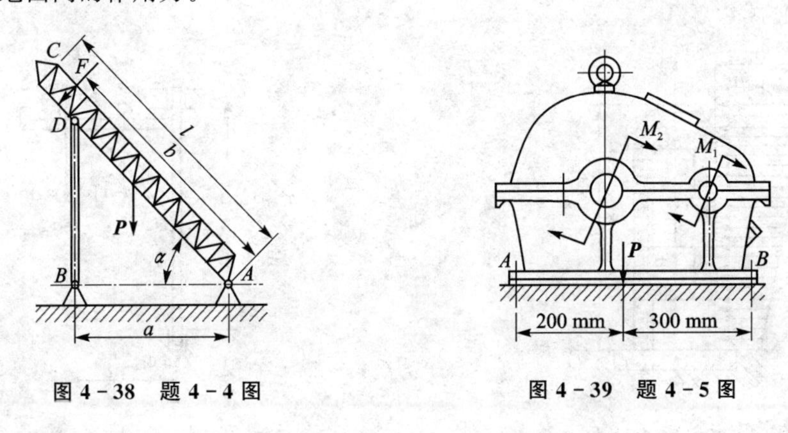

图 4－38　题 4－4 图　　　图 4－39　题 4－5 图

4－6　试求图 4－40 所示各梁的支座约束力。

4－7　各刚架的载荷和尺寸如图 4－41 所示，试求刚架的各支座约束力。

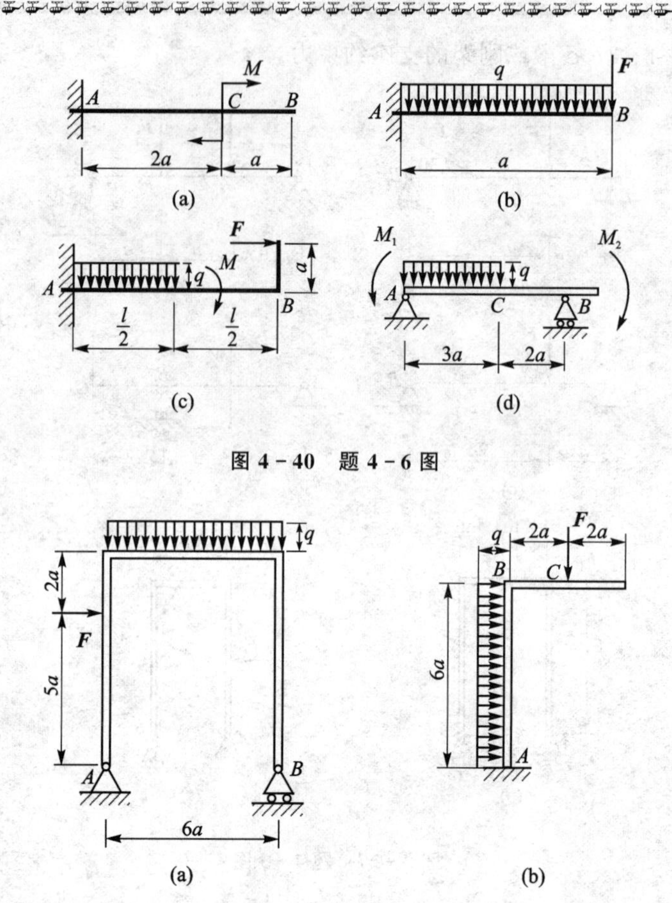

图 4-40 题 4-6 图

图 4-41 题 4-7 图

4-8 图 4-42 所示热风炉高 $h=40$ m,重 $P=4\ 000$ kN,所受风压力可以简化为梯形分布力,图中 $q_1=500$ N/m,$q_2=2.5$ kN/m。可将地基抽象化为固定端约束,试求地基对热风炉的约束力。

4-9 起重机简图如图 4-43 所示,已知 P_1、P_2、a、b 及 c,求向心轴承 A 及向心推力轴承 B 的约束力。

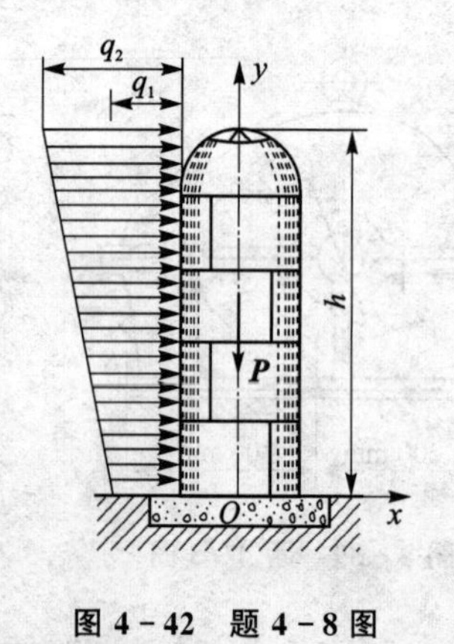

图 4-42 题 4-8 图

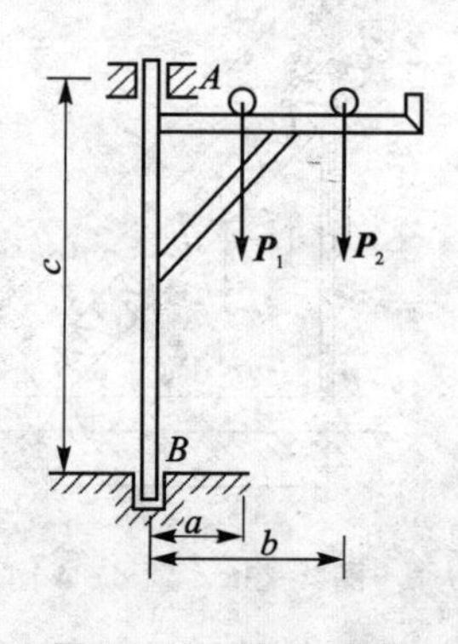

图 4-43 题 4-9 图

4-10 悬臂式吊车的结构简图如图4-44所示。由DE、AC二杆组成，A、B、C为铰链连接。已知钢板重$P_1=5$ kN，配重$P_2=1$ kN，不计杆重。试求杆AC所受的力和B点的约束力。

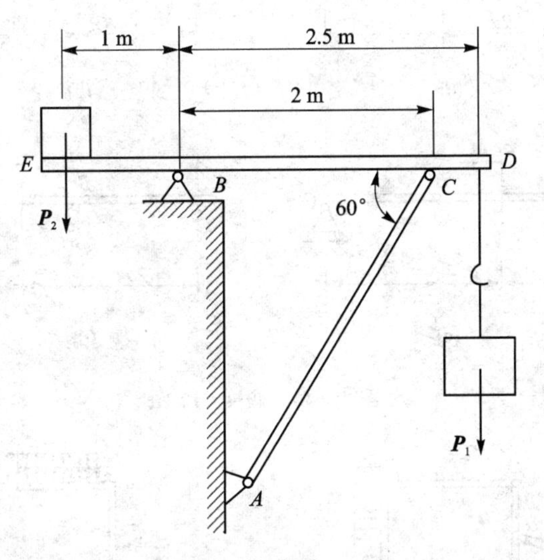

图4-44 题4-10图

4-11 平炉的送料机由跑车A及走动的桥B所组成，跑车装有轮子，可沿桥移动。跑车下部装有一倾覆操纵柱D，其上装有料箱C。料箱中的载荷$P_1=15$ kN，力$\boldsymbol{P}_1$与跑车轴线OA的距离为5 m，几何尺寸如图4-45所示。如欲保证跑车不致翻倒，试问小车连同操纵柱的重量P最小应为多少?

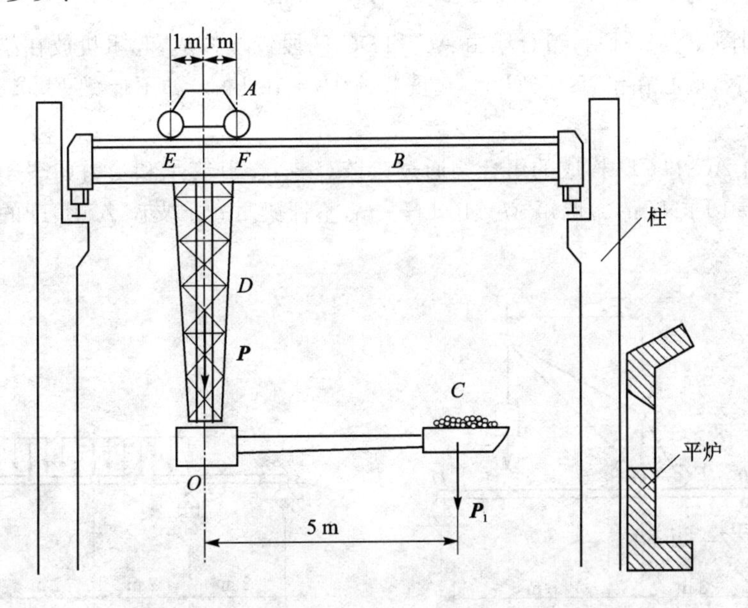

图4-45 题4-11图

4-12 已知a、q和M，不计梁重。试求图4-46所示各连续梁在A、B和C处的约束力。

4-13 各刚架的载荷和尺寸如图4-47所示，不计刚架自重，试求刚架上各支座的约束力。

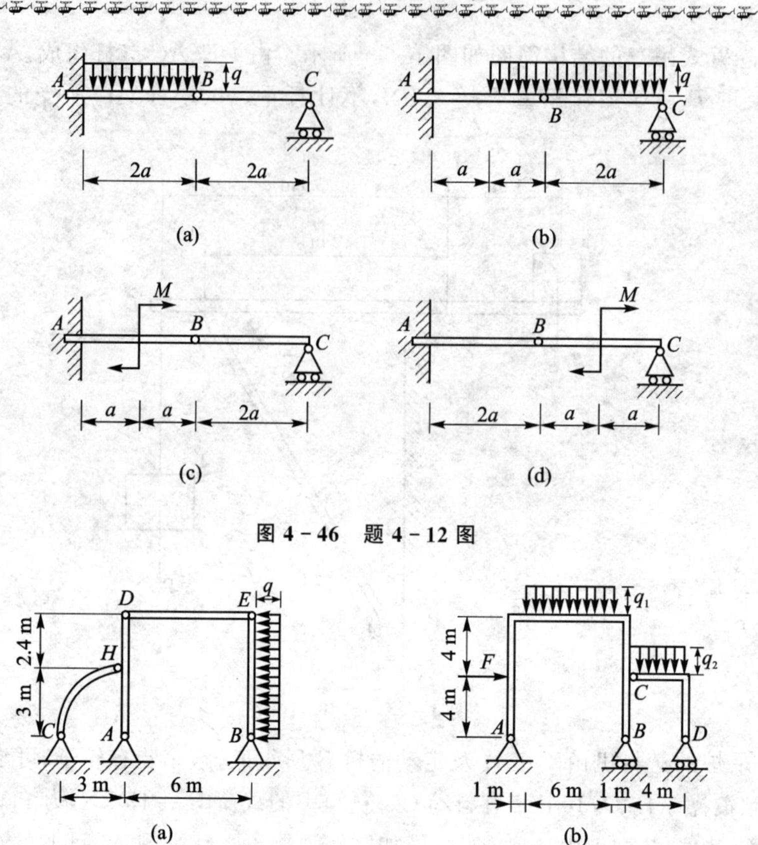

图 4-46 题 4-12 图

图 4-47 题 4-13 图

4-14 如图 4-48 所示,组合梁由 AC 和 DC 两段铰接构成,起重机放在梁上。已知起重机重 $P_1=50$ kN,重心在铅直线 EC 上,起重载荷 $P_2=10$ kN。如不计梁重,求支座 A、B 和 D 三处的约束力。

4-15 由 AC 和 CD 构成的组合梁通过铰链 C 连接,其支承和受力如图 4-49 所示。已知均布载荷 $q=10$ kN/m,力偶矩 $M=40$ kN·m,不计梁重。求支座 A、B、D 的约束力和铰链 C 处所受的力。

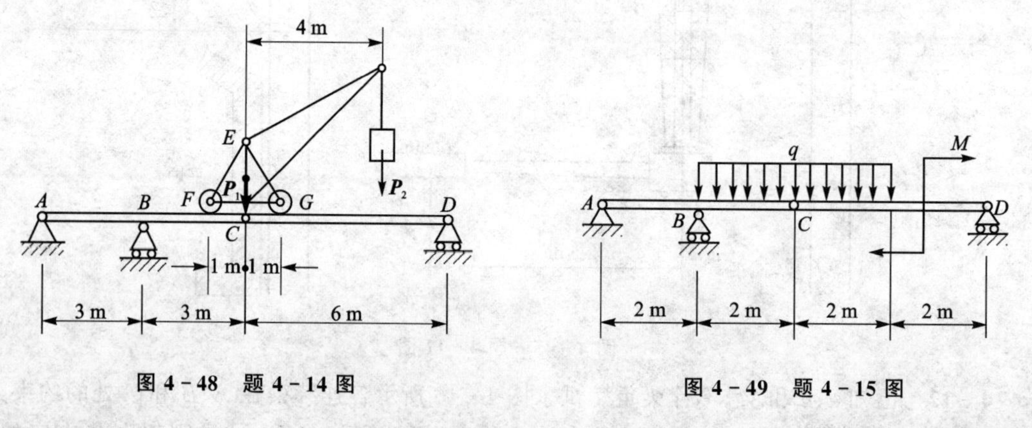

图 4-48 题 4-14 图

图 4-49 题 4-15 图

4-16 如图 4-50 所示,三铰拱由两半拱和三个铰链 A、B、C 构成,已知每半拱重 $P=$

300 kN，l=32 m，h=10 m。求支座 A、B 的约束力。

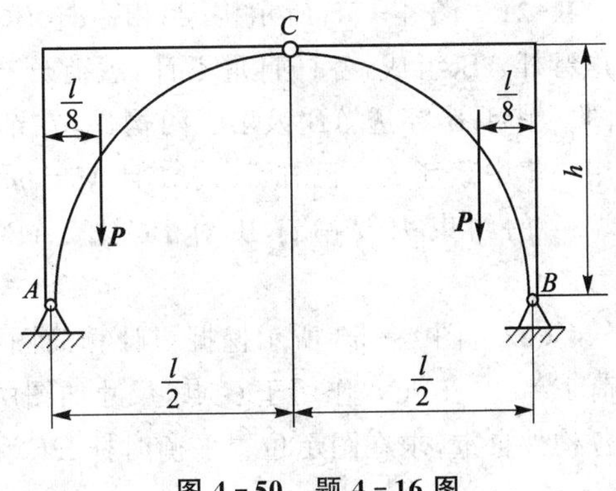

图 4－50　题 4－16 图

4－17　梯子的两部分 AB 和 AC 在点 A 铰接，又在 D、E 两点用水平绳连接，如图 4－51 所示。梯子放在光滑的水平面上，其一边作用有铅直力 $\boldsymbol{F}$，尺寸如图所示。如不计梯重，求绳的拉力 $\boldsymbol{F}_T$。

4－18　构架由杆 AB，AC 和 DF 铰接而成，如图 4－52 所示，在 DEF 杆上作用一力偶矩为 M 的力偶。不计各杆的重量，求 AB 杆上铰链 A、D 和 B 所受的力。

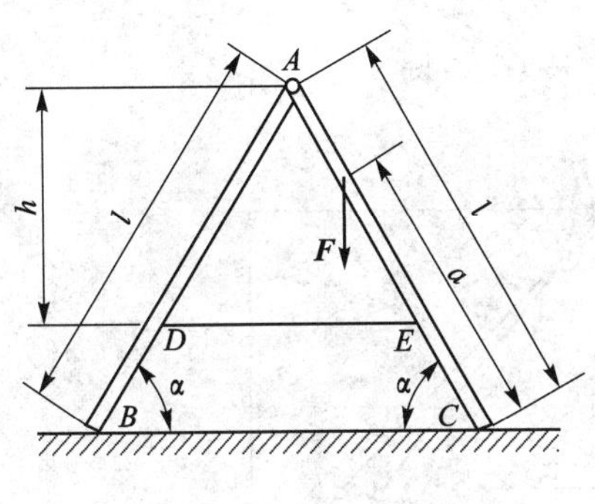

图 4－51　题 4－17 图

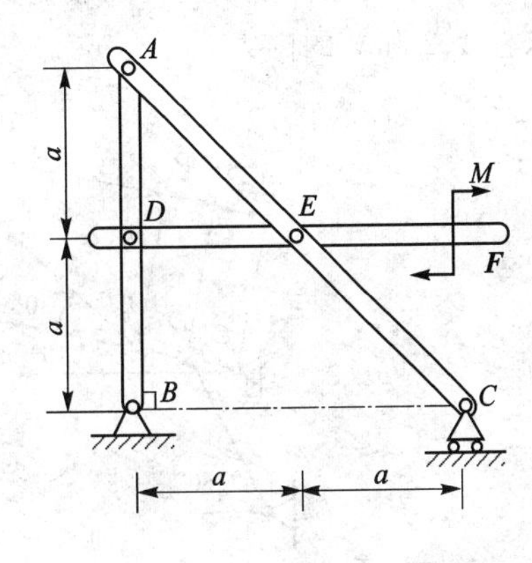

图 4－52　题 4－18 图

4－19　构架由杆 AB、AC 和 DF 组成，如图 4－53 所示。杆 DF 上的销子 E 可在杆 AC 的光滑槽内滑动，不计各杆的重量。在水平杆 DF 的一端作用铅直力 $\boldsymbol{F}$，求铅直杆 AB 上的铰链 A、D 和 B 所受的力。

4－20　图 4－54 所示结构由直角弯杆 DAB 与直杆 BC、CD 铰接而成，并在 A 处与 B 处用固定铰支座和可动铰支座固定。杆 DC 受均布载荷 q 的作用，杆 BC 受矩为 $M=qa^2$ 的力偶作用。不计各构件的自重，求铰链 D 受的力。

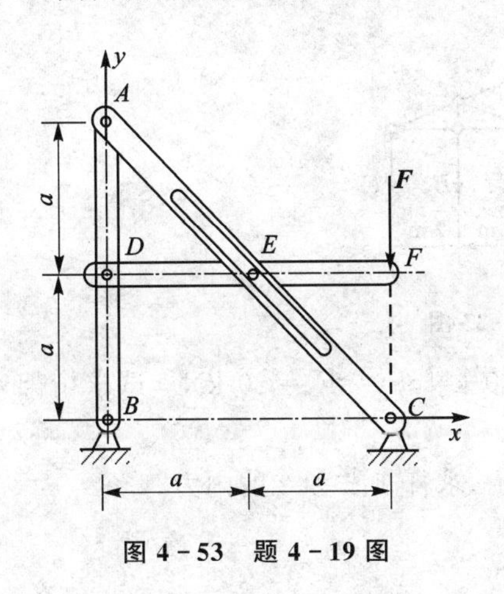

图 4－53　题 4－19 图

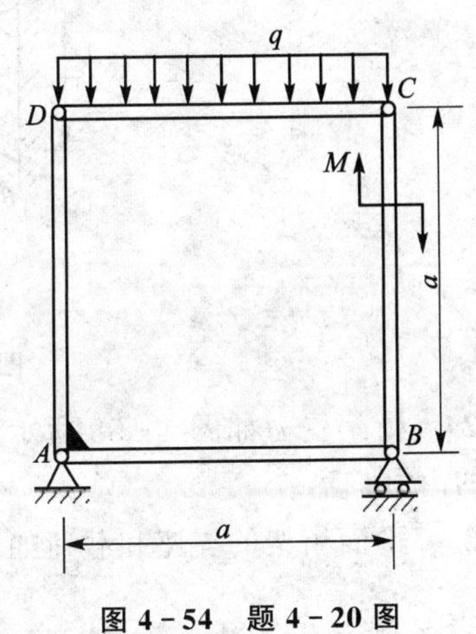

图 4－54　题 4－20 图

4－21　图 4－55 所示构架，由直杆 BC、CD 及直角弯杆 AB 组成，各杆自重不计，载荷分布及尺寸如图。销钉 B 穿透 AB 及 BC 两构件，在销钉 B 上作用一集中载荷 $\boldsymbol{F}$。已知 q、a、M 且 $M=qa^2$。求固定端 A 的约束力及销钉 B 对 BC 杆、AB 杆的作用力。

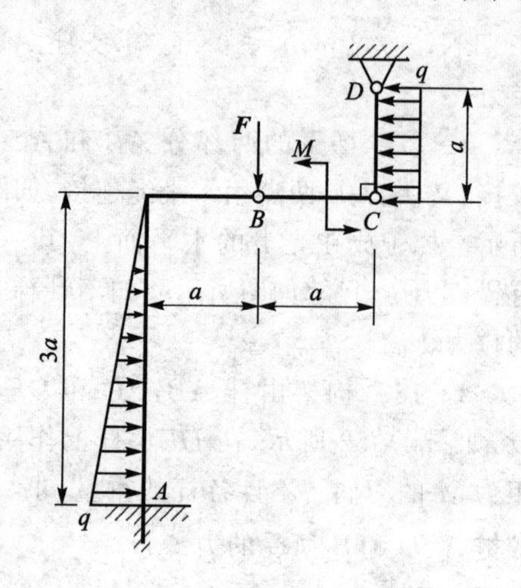

图 4－55　题 4－21 图

4－22　图 4－56 所示挖掘机计算简图中，挖斗载荷 $P=12.25$ kN，作用于 G 点，尺寸如图所示。不计各构件自重，求在图示位置平衡时杆 EF 和 AD 所受的力。

4－23　平面悬臂桁架所受的载荷如图 4－57 所示。求杆 1、2 和 3 的内力。

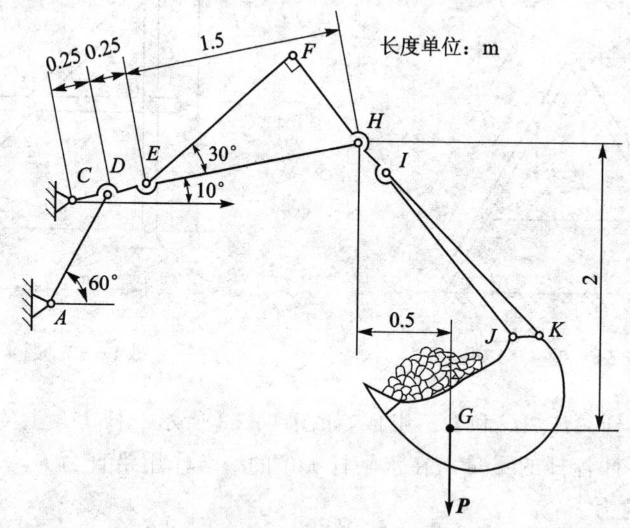

图 4－56　题 4－22 图

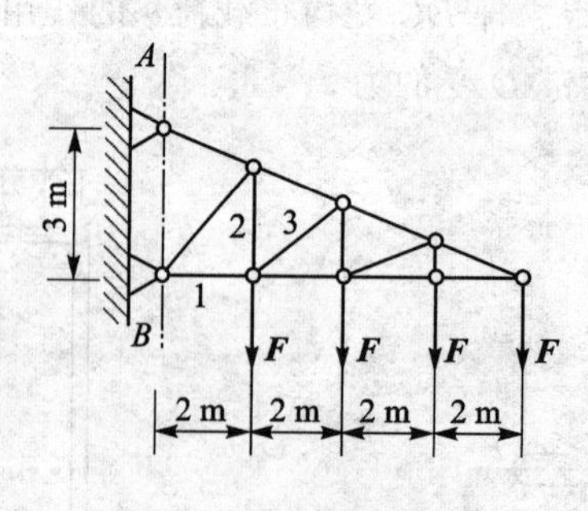

图 4－57　题 4－23 图

4－24　桁架受力如图 4－58 所示，已知 $F_1=10$ kN，$F_2=F_3=20$ kN。试求桁架 4、5、7、10 各杆的内力。

4－25　平面桁架的支座和载荷如图 4－59 所示，求杆 1、2 和 3 的内力。

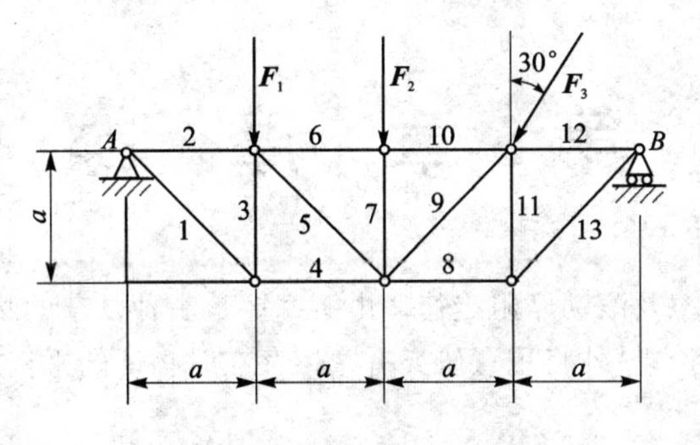

图 4-58　题 4-24 图

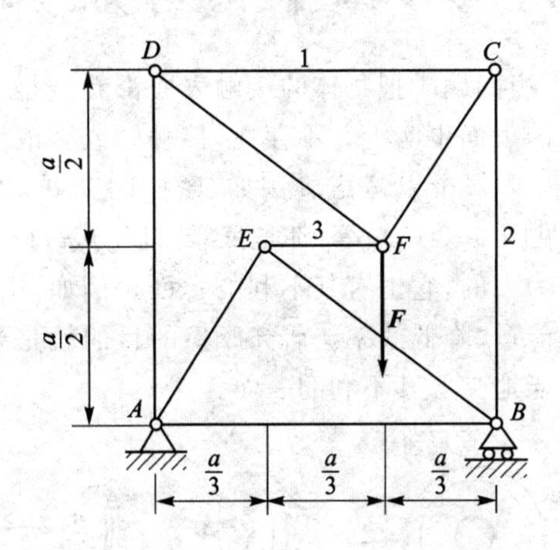

图 4-59　题 4-25 图

第5章 摩 擦

本章将介绍滑动摩擦及滚动摩阻定律。由于摩擦是一种复杂的物理-力学现象，这里仅介绍工程中常用的近似理论；另外将重点研究有摩擦存在时物体的平衡问题。

5.1 工程中的摩擦问题

前几章在分析物体的平衡问题时把物体的接触表面都看做是绝对光滑的，忽略了物体之间的摩擦。但是，完全光滑的表面事实上并不存在，接触处或多或少都存在摩擦，有时摩擦还起着主要作用，因此，对摩擦必须予以考虑。例如，摩擦制动器（见图5-1(a)）、带传动（见图5-1(b)）、摩擦轮传动（见图5-1(c)）等，都是依靠摩擦力来进行工作的。这是摩擦有利的一面。但是，事物总是一分为二的，它也有其不利的一面。例如，由于摩擦的存在给各种机械带来多余的阻力，从而消耗能量、降低效率。研究摩擦的目的就是要掌握摩擦的规律，以便充分利用其有利的一面，尽可能地克服其不利的一面。

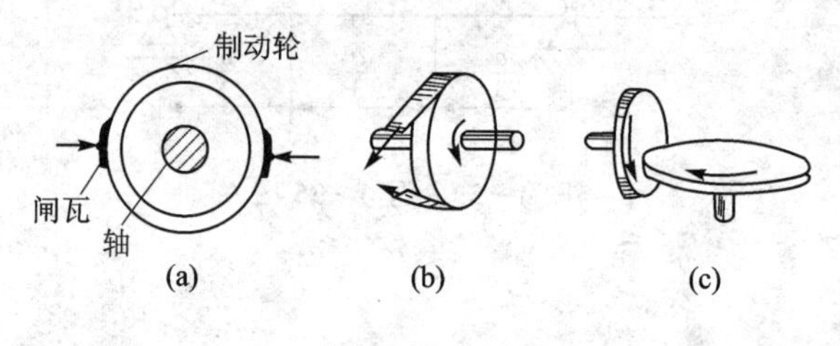

图5-1

按照物体表面相对运动的情况，摩擦可分为滑动摩擦和滚动摩擦两类。滑动摩擦是两物体接触面有相对滑动或具有相对滑动趋势时的摩擦，所以，滑动摩擦又分为动滑动摩擦和静滑动摩擦两种情况。滚动摩擦是一个物体在另一个物体上滚动时的摩擦，例如轮子在轨道上的滚动。滑动摩擦与滚动摩擦之间有较大的差别。

本章主要讨论滑动摩擦中的静滑动摩擦，关于滚动摩擦只介绍基本概念。

5.2 滑动摩擦

两个表面粗糙的物体，当其接触表面之间有相对滑动趋势或相对滑动时，彼此作用有阻碍相对滑动的阻力，即滑动摩擦力。摩擦力作用于相互接触处，其方向与相对滑动的趋势或相对滑动的方向相反，它的大小根据主动力作用的不同，可以分为三种情况，即静滑动摩擦力、最大静滑动摩擦力和动滑动摩擦力。

1. 静滑动摩擦力及最大静滑动摩擦力

在粗糙的水平面上放置一重为 $\boldsymbol{P}$ 的物体，该物体在重力 $\boldsymbol{P}$ 和法向反力 $\boldsymbol{F}_{\mathrm{N}}$ 的作用下处于静止状态（见图5-2(a)）。今在该物体上作用一大小可变化的水平拉力 $\boldsymbol{F}$，当拉力 $\boldsymbol{F}$ 由零逐渐增加但不很大时，物体仅有相对滑动趋势，但仍保持静止。可见支承面对物体除法向约束力 $\boldsymbol{F}_N$ 外，还有一个阻碍物体沿水平面向右滑动的切向约束力，此力即静滑动摩擦力，简称**静摩擦力**，常以 $\boldsymbol{F}_s$ 表示，方向向左，如图 5-2(b)所示。它的大小由平衡条件确定。此时有

$$\sum F_x = 0, \quad F_s = F$$

由上式可知，静摩擦力的大小随主动力 $\boldsymbol{F}$ 的增大而增大，这是静摩擦力和一般约束力共同的性质。

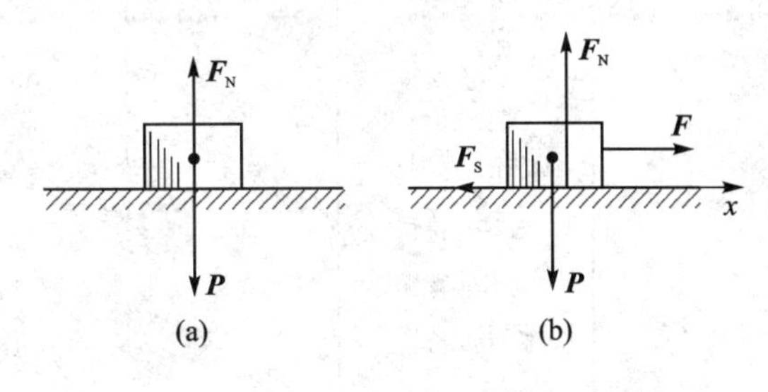

图 5-2

静摩擦力又与一般约束力不同，它并不随主动力 $\boldsymbol{F}$ 的增大而无限度地增大。当主动力 $\boldsymbol{F}$ 的大小达到一定数值时，物体处于平衡的临界状态。这时，静摩擦力达到最大值，即为最大静滑动摩擦力，简称**最大静摩擦力**，以 $\boldsymbol{F}_{max}$ 表示。此后，如果主动力 $\boldsymbol{F}$ 再继续增大，但静摩擦力不能再随之增大，物体将失去平衡而滑动。这就是静摩擦力的特点。

综上所述可知，静摩擦力的大小随主动力的情况而改变，但介于零与最大值之间，即

$$0 \leqslant F_s \leqslant F_{max} \tag{5-1}$$

实验表明：最大静摩擦力的大小与两物体间的正压力（法向约束力）成正比，即

$$F_{max} = f_s F_N \tag{5-2}$$

式中，f_s 是比例常数，称为**静摩擦因数**，它是量纲一的量。

式(5-2)称为静摩擦定律（又称**库仑摩擦定律**），是工程中常用的近似理论。

静摩擦因数的大小需由实验测定。它与接触物体的材料和表面情况（如粗糙度、温度和湿度等）有关，而与接触面积的大小无关。

静摩擦因数的数值可在工程手册中查到，表 5-1 中列出了一部分常用材料的摩擦因数。但影响摩擦因数的因素很复杂，如果需用比较准确的数值，必须在具体条件下进行实验测定。

2. 动滑动摩擦力

当静滑动摩擦力已达到最大值时，若主动力 $\boldsymbol{F}$ 再继续加大，接触面之间将出现相对滑动。此时，接触物体之间仍作用有阻碍相对滑动的阻力，这种阻力称为动滑动摩擦力，简称**动摩擦力**，以 $\boldsymbol{F}'$ 表示。实验表明：动摩擦力的大小与接触物体间的正压力成正比，即

$$F' = fF_N \tag{5-3}$$

式中，f 是**动摩擦因数**，与接触物体的材料和表面情况有关。

一般情况下，动摩擦因数小于静摩擦因数，即 $f < f_s$。

实际上动摩擦因数还与接触物体间相对滑动的速度大小有关。对于不同材料的物体，动摩擦因数随相对滑动速度的变化规律也不同。多数情况下，动摩擦因数随相对滑动速度的增大而稍减小。但当相对滑动速度不大时，动摩擦因数可近似地认为是个常数。在一般工程中，精度要求不高时可近似认为动摩擦因数与静摩擦因数相等。

在机器中，往往用降低接触表面的粗糙度或加入润滑剂等方法，使动摩擦因数 f 降低，以减小摩擦和磨损。

表 5-1 常用材料的滑动摩擦因数

材料名称	静摩擦因数		动摩擦因数	
	无润滑	有润滑	无润滑	有润滑
钢—钢	0.15	0.1～0.12	0.15	0.05～0.1
钢—软钢			0.2	0.1～0.2
钢—铸铁	0.3		0.18	0.05～0.15
钢—青铜	0.15	0.1～0.15	0.15	0.1～0.15
软钢—铸铁	0.2		0.18	0.05～0.15
软钢—青铜	0.2		0.18	0.07～0.15
铸铁—铸铁		0.18	0.15	0.07～0.12
铸铁—青铜			0.15～0.2	0.07～0.15
青铜—青铜		0.1	0.2	0.07～0.1
皮革—铸铁	0.3～0.5	0.15	0.6	0.15
橡皮—铸铁			0.8	0.5
木材—木材	0.4～0.6	0.1	0.2～0.5	0.07～0.15

5.3 摩擦角和自锁现象

1. 摩擦角

当有摩擦时，支承面对平衡物体的约束力包含法向约束力 $\boldsymbol{F}_N$ 和切向约束力 $\boldsymbol{F}_s$（静摩擦力）。这两个分力的几何和 $\boldsymbol{F}_R=\boldsymbol{F}_N+\boldsymbol{F}_s$ 称为支承面的全约束力，它的作用线与接触面的公法线成一偏角 φ，如图 5-3(a)所示。当物块处于平衡的临界状态时，静摩擦力达到由式(5-2)确定的最大值，偏角 φ 也达到最大值 φ_f，如图 5-3(b)所示。全约束力与法线间的夹角的最大值 φ_f 称为摩擦角。由图可得

$$\tan \varphi_f = \frac{F_{max}}{F_N} = \frac{f_s F_N}{F_N} = f_s \tag{5-4}$$

即摩擦角的正切等于静摩擦因数。可见，摩擦角与摩擦因数一样，都是表示材料表面性质的量。

当物块的滑动趋势方向改变时，全约束力作用线的方位也随之改变；在临界状态下，$\boldsymbol{F}_R$ 的作用线将画出一个以接触点 A 为顶点的锥面，如图 5-3(c)所示，称为摩擦锥。设物块与支承面间沿任何方向的摩擦因数都相同，即摩擦角都相等，则摩擦锥将是一个顶角为 $2\varphi_f$ 的圆锥。

2. 自锁现象

物块平衡时，静摩擦力不一定达到最大值，可在零与最大值 F_{max} 之间变化。所以，全约束力与法线间的夹角 φ 也在零与摩擦角 φ_f 之间变化，即

$$0 \leqslant \varphi \leqslant \varphi_f \tag{5-5}$$

由于静摩擦力不可能超过最大值，因此全约束力的作用线也不可能超出摩擦角以外，即全约束力必在摩擦角之内。由此可知：

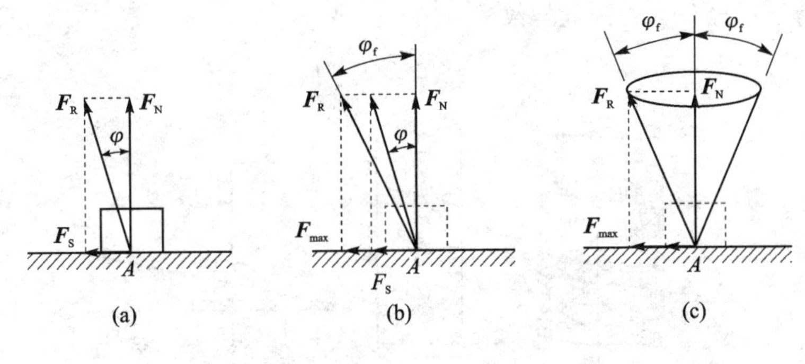

图5-3

(1) 如果作用于物块的全部主动力的合力 $\boldsymbol{F}$ 的作用线在摩擦角 φ_f之内,则无论这个力怎样大,物块必保持静止。这种现象称为自锁现象。因为在这种情况下,主动力的合力 $\boldsymbol{F}$ 与法线间的夹角$\theta<\varphi_f$。因此,$\boldsymbol{F}$ 和全约束力$\boldsymbol{F}_R$ 必能满足二力平衡条件,且$\theta=\varphi<\varphi_f$,如图5-4(a)所示。工程实际中常应用自锁条件设计一些机构或夹具,如千斤顶、压榨机、圆锥销等,使它们始终保持在平衡状态下工作。

(2) 如果全部主动力的合力 $\boldsymbol{F}$ 的作用线在摩擦角 φ_f 之外,则无论这个力怎样小,物块一定会滑动。因为在这种情况下,$\theta>\varphi_f$,而 $\varphi\leqslant\varphi_f$,支承面的全约束力 $\boldsymbol{F}_R$ 和主动力的合力 $\boldsymbol{F}$ 不能满足二力平衡条件,如图 5-4(b)所示。应用这个原理,可以设法避免发生自锁现象。

利用摩擦角的概念,可用简单的试验方法,测定静摩擦因数。如图 5-5 所示,把要测定的两种材料分别做成斜面和物块,把物块放在斜面上,并逐渐从零起增大斜面的倾角 θ,直到物块刚开始下滑时为止。这时的 θ 角就是要测定的摩擦角 φ_f,因为当物块处于临界状态时,$\boldsymbol{P}=-\boldsymbol{F}_R$,$\theta=\varphi_f$。由式(5-4)求得摩擦因数,即

$$f_s = \tan\varphi_f = \tan\theta$$

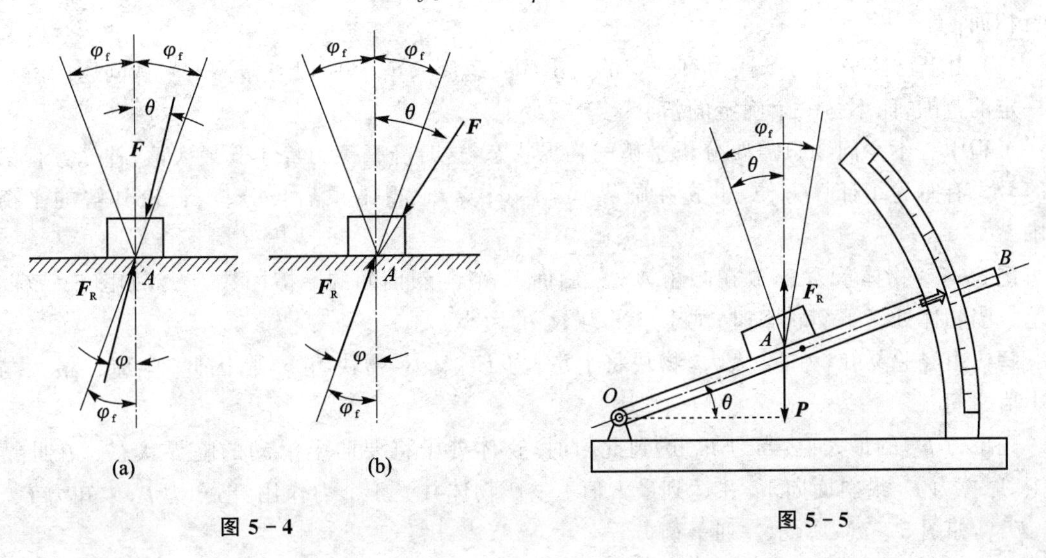

图5-4

图5-5

斜面的自锁条件就是螺纹(见图 5-6(a))的自锁条件。因为螺纹可以看成为绕在一圆柱体上的斜面,如图 5-6(b)所示,螺纹升角 θ 就是斜面的倾角,如图 5-6(c)所示。螺母相当于斜面上的滑块 A,加于螺母的轴向载荷 $\boldsymbol{P}$,相当物块 A 的重力。要使螺纹自锁,必须使螺纹的

升角 θ 小于或等于摩擦角 φ_f。因此螺纹的自锁条件是

$$\theta \leqslant \varphi_f$$

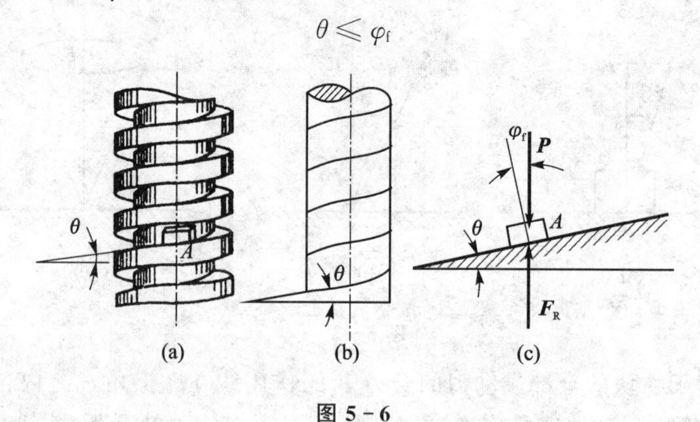

图 5-6

若螺旋千斤顶的螺杆与螺母之间的摩擦因数为 $f_s=0.1$,则

$$\tan\varphi_f = f_s = 0.1$$

得

$$\varphi_f = 5°43'$$

为保证螺旋千斤顶自锁,一般取螺纹升角 $\theta=4°\sim4°30'$。

5.4 考虑摩擦时物体的平衡问题

考虑摩擦时物体的平衡问题,与不考虑摩擦时物体的平衡问题有着共同点,如物体平衡时满足平衡条件,解题方法步骤也基本相同。但摩擦问题也有其特点:

(1) 分析物体受力时,必须考虑接触面间的摩擦力 $\boldsymbol{F}_s$,通常增加了未知量的数目;

(2) 为确定新增加的未知量,还须列出补充方程 $F_s\leqslant f_sF_N$,补充方程的数目与摩擦力的数目相同;

(3) 由于物体平衡时摩擦力有一定的范围($0\leqslant F_s\leqslant f_sF_N$),所以有摩擦时平衡问题的解亦有一定的范围,而不是一个确定的值。

工程中有不少问题只需要分析平衡的临界状态,这时静摩擦力等于其最大值,补充方程只取等号。有时为了计算方便,也先在临界状态下计算,求得结果后再分析、讨论其解的平衡范围。

例 5-1 物体重为 $\boldsymbol{P}$,放在倾角为 θ 的斜面上,它与斜面间的摩擦因数为 f_s,如图 5-7(a)所示。当物体处于平衡状态时,试求水平力 $\boldsymbol{F}_1$ 的大小。

解 由经验易知,力 F_1 太大,物块将上滑;力 F_1 太小,物块将下滑;因此 F_1 应在最大与最小值之间。

先求力 F_1 的最大值:当力 F_1 达到此值时,物体处于将要向上滑动的临界状态。在此情形下,摩擦力 $\boldsymbol{F}_s$ 沿斜面向下,并达到最大值 F_{max}。物体共受 4 个力作用:已知力 $\boldsymbol{P}$,未知力 $\boldsymbol{F}_1$、$\boldsymbol{F}_N$、$\boldsymbol{F}_{max}$,如图 5-7(a)所示。列平衡方程

$$\sum F_x = 0,\quad F_1\cos\theta - P\sin\theta - F_{max} = 0$$

$$\sum F_y = 0,\quad F_N - F_1\sin\theta - P\cos\theta = 0$$

此外,还有 1 个补充方程,即

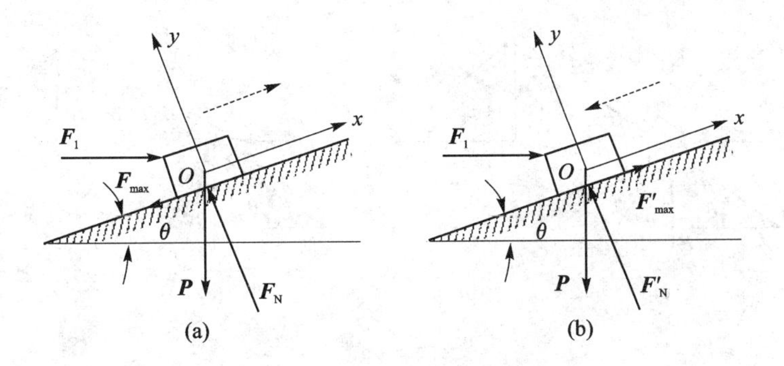

图 5-7

$$F_{max} = f_s F_N$$

三式联立，可解得水平推力 F_1 的最大值为

$$F_{1,max} = P\frac{\sin\theta + f_s\cos\theta}{\cos\theta - f_s\sin\theta}$$

现再求 F_1 的最小值：当力 F_1 达到此值时，物体处于将要向下滑动的临界状态。在此情形下，摩擦力沿斜面向上，并达到另一最大值，用 $\boldsymbol{F}'_{max}$ 表示此力，物体的受力情况如图 5-7(b)所示。列平衡方程

$$\sum F_x = 0,\quad F_1\cos\theta - P\sin\theta + F'_{max} = 0$$

$$\sum F_y = 0,\quad F'_N - F_1\sin\theta - P\cos\theta = 0$$

此外，再列出补充方程

$$F'_{max} = f_s F'_N$$

三式联立，可解得水平推力 F_1 的最小值为

$$F_{1,min} = P\frac{\sin\theta - f_s\cos\theta}{\cos\theta + f_s\sin\theta}$$

综合上述两个结果可知：为使物块静止，力 $\boldsymbol{F}_1$ 必须满足如下条件：

$$P\frac{\sin\theta - f_s\cos\theta}{\cos\theta + f_s\sin\theta} \leqslant F_1 \leqslant P\frac{\sin\theta + f_s\cos\theta}{\cos\theta - f_s\sin\theta}$$

此题如不计摩擦($f_s=0$)，平衡时应有 $F_1=P\tan\theta$，其解答是唯一的。

本题也可以利用摩擦角的概念，使用全约束力来进行求解。

由图 5-8(a)可见，物块在有向上滑动趋势的临界状态时，可将法向反力和最大静摩擦力用全约束反力 $\boldsymbol{F}_R$ 来代替，这时物块在 $\boldsymbol{P}$、$\boldsymbol{F}_R$、$\boldsymbol{F}_{1,max}$ 三个力作用下平衡，受力如图 5-8(a)所示。根据汇交力系平衡的几何条件，可画得如图 5-8(b)所示的封闭的力三角形。求得水平推力 $\boldsymbol{F}_1$ 的最大值为

$$F_{1,max} = P\tan(\theta + \varphi_f)$$

同样可画得，物块在有向下滑动趋势的临界状态时的受力图(见图 5-8(c))。作封闭的力三角形如图 5-8(d)所示。得水平推力 $\boldsymbol{F}_1$ 的最小值为

$$F_{1,min} = P\tan(\theta - \varphi_f)$$

综合上述两个结果，可得力 $\boldsymbol{F}_1$ 的平衡范围，即

$$P\tan(\theta - \varphi_f) \leqslant F_1 \leqslant P\tan(\theta + \varphi_f)$$

按三角公式，展开上式中的 $\tan(\theta-\varphi_f)$ 和 $\tan(\theta+\varphi_f)$，得

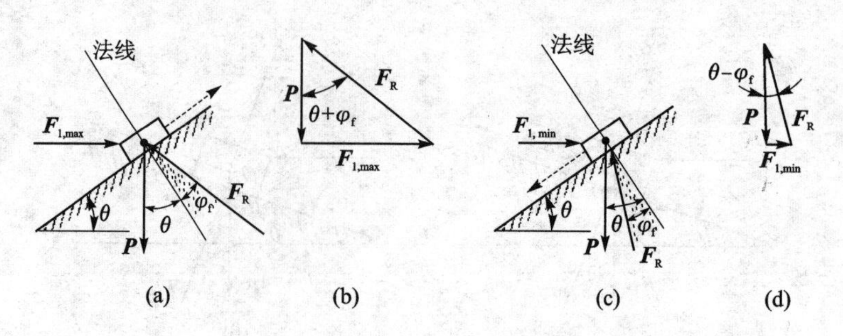

图 5-8

$$P\frac{\tan\theta-\tan\varphi_f}{1+\tan\theta\tan\varphi_f}\leqslant F_1\leqslant P\frac{\tan\theta+\tan\varphi_f}{1-\tan\theta\tan\varphi_f}$$

由摩擦角定义，$\tan\varphi_f=f_s$，又 $\tan\theta=\sin\theta/\cos\theta$，代入上式，得

$$P\frac{\sin\theta-f_s\cos\theta}{\cos\theta+f_s\sin\theta}\leqslant F_1\leqslant P\frac{\sin\theta+f_s\cos\theta}{\cos\theta-f_s\sin\theta}$$

这一结果与用解析法计算的结果是相同的。

在此例题中，如斜面的倾角小于摩擦角，即 $\theta<\varphi_f$ 时，水平推力 $F_{1,min}$ 为负值。这说明，此时物块不需要力 F_1 的支持就能静止于斜面上；而且无论重力 $\boldsymbol{P}$ 值多大，物块也不会下滑，这就是自锁现象。

应该强调指出，在临界状态下求解有摩擦的平衡问题时，必须根据相对滑动的趋势，正确判定摩擦力的方向。这是因为解题中引用了补充方程 $F_{max}=f_sF_N$，由于 f_s 为正值，F_{max} 与 F_N 必须有相同的符号。法向约束力 $\boldsymbol{F}_N$ 的方向总是确定的，F_N 值永为正，因而 F_{max} 也应为正值，即摩擦力 $\boldsymbol{F}_{max}$ 的方向不能假定，必须按真实方向给出。

例 5-2 图 5-9(a)所示为凸轮机构。已知推杆(不计自重)与滑道间的摩擦因数为 f_s，滑道宽度为 b。设凸轮与推杆接触处的摩擦忽略不计。问 a 为多大，推杆才不致被卡住。

解 取推杆为研究对象。其受力如图 5-9(b)所示，推杆除受凸轮推力 $\boldsymbol{F}$ 作用外，在滑道

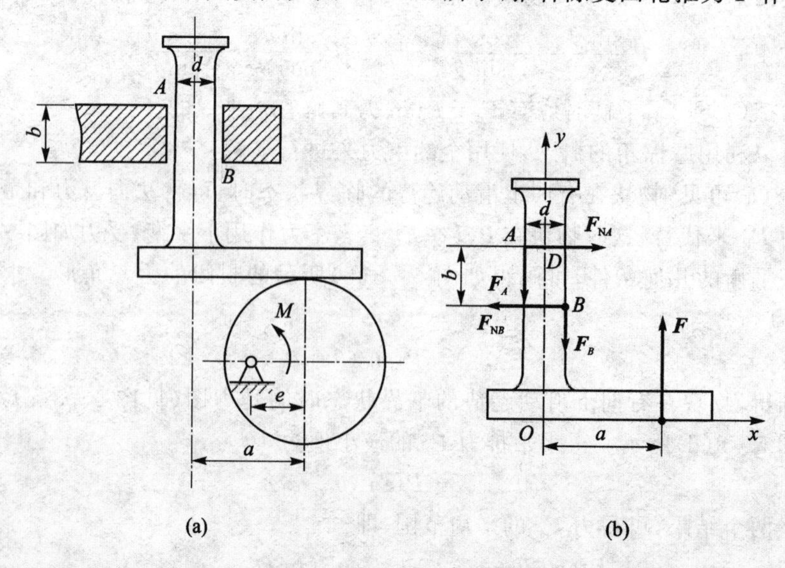

图 5-9

A、B 处还受法向反力 $\boldsymbol{F}_{NA}$ 和 $\boldsymbol{F}_{NB}$ 作用，由于推杆有向上滑动趋势，则摩擦力 $\boldsymbol{F}_A$、$\boldsymbol{F}_B$ 的方向向下。

列平衡方程

$$\sum F_x = 0,\quad F_{NA} - F_{NB} = 0 \tag{a}$$

$$\sum F_y = 0,\quad -F_A - F_B + F = 0 \tag{b}$$

$$\sum M_D(\boldsymbol{F}) = 0,\quad Fa - F_{NB}b - F_B\frac{d}{2} + F_A\frac{d}{2} = 0 \tag{c}$$

考虑平衡的临界情况（推杆将动而尚未动时），摩擦力都达到最大值，可以列出两个补充方程

$$F_A = f_s F_{NA} \tag{d}$$

$$F_B = f_s F_{NB} \tag{e}$$

由式(a)得
$$F_{NA} = F_{NB} = F_N$$
代入式(d)、(e)，得
$$F_A = F_B = F_{max} = f_s F_N$$
代入式(b)，得
$$F = 2F_{max}$$
最后代入式(c)，注意 $F_{NB} = F_{max}/f_s$，解得

$$a_{极限} = \frac{b}{2f_s}$$

保持 F 和 b 不变，由式(c)可见，当 a 减小时，$F_{NB}(=F_{NA})$ 亦减小，因而最大静摩擦力减小，式(b)不能成立，因而当 $a < \dfrac{b}{2f_s}$ 时，推杆不能平衡，即推杆不会被卡住。

本题也可以用摩擦角及全约束力来进行求解。取推杆为研究对象，这时应将 A、B 处的摩擦力和法向约束力分别合成为全约束力 $\boldsymbol{F}_{RA}$ 和 $\boldsymbol{F}_{RB}$。于是，推杆受 $\boldsymbol{F}$、$\boldsymbol{F}_{RA}$ 和 $\boldsymbol{F}_{RB}$ 三个力作用。

用比例尺在图上画出推杆的几何尺寸，并自 A、B 两点各作与法线成夹角 φ_f（摩擦角）的直线，两线交于点 C（见图 5-10），点 C 至推杆中心线的距离即为所求的临界值 $a_{极限}$，可用比例尺从图上量出。或按下式计算

$$a_{极限} = \frac{b}{2}\cot\varphi_f = \frac{b}{2f_s}$$

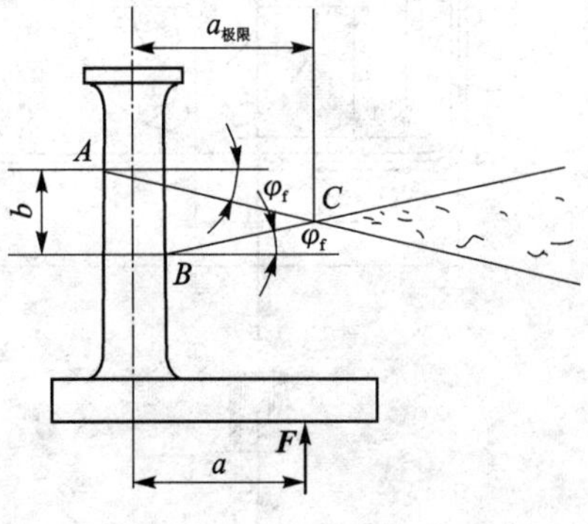

图 5-10

由摩擦力的性质可知，A、B 处的全约束力只能在摩擦角以内，也就是两力的作用线的交点只可能在点 C 或 C 的右侧（阴影部分内）。根据三力平衡的汇交条件可知，只有 $\boldsymbol{F}$、$\boldsymbol{F}_{RA}$ 和 $\boldsymbol{F}_{RB}$ 三个力汇交于一点时推杆才能平衡。由于 $\boldsymbol{F}_{RA}$ 和 $\boldsymbol{F}_{RB}$ 在点 C 左侧不可能相交，因而当 $a < a_{极限}$，或 $a < \dfrac{b}{2f_s}$ 时，三力不可能汇交，即推杆不能被卡住，而当 $a \geqslant \dfrac{b}{2f_s}$ 时，三力将汇交于一点而平衡，此时无论推力 $\boldsymbol{F}$ 多大也不能推动推杆，推杆将被卡住（自锁）。

例 5-3 制动器的构造和主要尺寸如图 5-11(a)所示。制动块与鼓轮表面间的摩擦因数为 f_s，试求制止鼓轮转动所必需的力 $\boldsymbol{F}$。

解 先取鼓轮为研究对象,受力如图 5-11(b)所示。鼓轮在绳拉力 $\boldsymbol{F}_T$($F_T=P$)作用下,有逆时针转动的趋势;因此,闸块除给鼓轮正压力 $\boldsymbol{F}_N$ 外,还有一个向左的摩擦力 $\boldsymbol{F}_s$。列方程

$$\sum M_{O1}(\boldsymbol{F})=0,\quad F_T r-F_s R=0 \tag{a}$$

解得

$$F_s=\frac{r}{R}F_T=\frac{r}{R}P \tag{b}$$

再取杠杆 OAB 为研究对象,其受力如图 5-11(c)所示。列平衡方程

$$\sum M_O(\boldsymbol{F})=0,\quad Fa+F'_s c-F'_N b=0 \tag{c}$$

补充式子

$$F'_s\leqslant f_s F'_N \tag{d}$$

由式(c)、(d)得

$$F'_s\leqslant\frac{f_s aF}{b-f_s c} \tag{e}$$

由 $F_s=F'_s$,解得

$$F\geqslant\frac{rP(b-f_s c)}{f_s Ra}$$

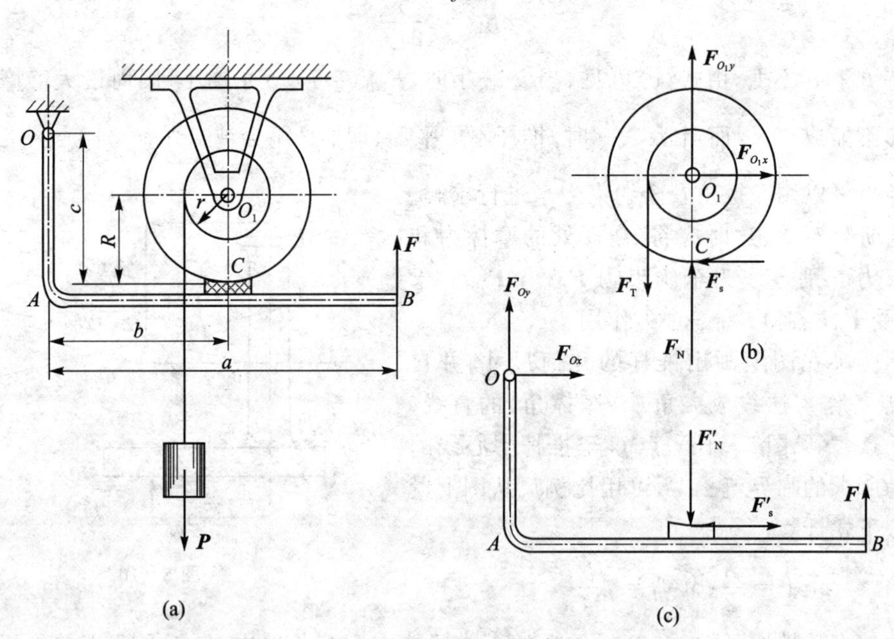

图 5-11

例 5-4 图 5-12 所示的均质木箱重 $P=5$ kN,它与地面间的静摩擦因数 $f_s=0.4$。图中 $h=2a=2$ m,$\theta=30°$。求:(1) 当 D 处的拉力 $F=1$ kN 时,木箱是否平衡?(2) 能保持木箱平衡的最大拉力。

解 欲保持木箱平衡,必须满足两个条件:一是不发生滑动,即要求静摩擦力 $F_s\leqslant F_{max}=f_sF_N$;二是不绕 A 点翻倒,这时法向约束力 $\boldsymbol{F}_N$ 的作用线应在木箱内,即 $d>0$。

(1) 取木箱为研究对象,受力如图 5-12 所示,列平衡方程

$$\sum F_x = 0, \quad F_s - F\cos\theta = 0 \tag{a}$$

$$\sum F_y = 0, \quad F_N - P + F\sin\theta = 0 \tag{b}$$

$$\sum M_A(\boldsymbol{F}) = 0 \qquad hF\cos\theta - P\frac{a}{2} + F_N d = 0 \tag{c}$$

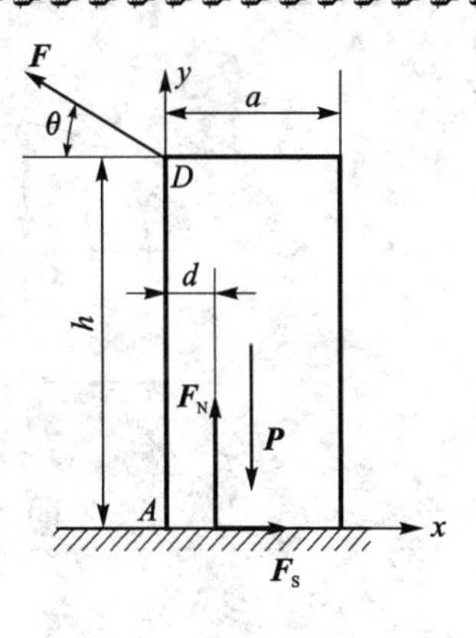

图 5-12

求解以上各方程，得 $F_s = 0.866\ \text{kN}, F_N = 4.5\ \text{kN}, d = 0.171\ \text{m}$，此时木箱与地面间的最大摩擦力 $F_{max} = f_s F_N = 1.8\ \text{kN}$。可见，$F_s < F_{max}$，木箱不滑动；又 $d > 0$，木箱不会翻倒。因此，木箱保持平衡。

(2) 为求保持木箱平衡的最大拉力 F，可分别求出木箱将滑动时的临界拉力 $F_{滑}$ 和木箱将绕 A 点翻倒的临界拉力 $F_{翻}$。两者中取其较小者，即为所求。

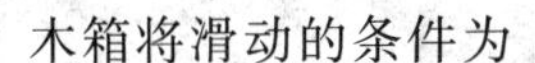

木箱将滑动的条件为

$$F_s = F_{max} = f_s F_N \tag{d}$$

由式(a)、(b)、(d)联立解得

$$F_{滑} = \frac{f_s P}{\cos\theta + f_s \sin\theta} = 1.876\ \text{kN}$$

木箱将绕 A 点翻倒的条件为 $d = 0$，代入式(c)，得

$$F_{翻} = \frac{Pa}{2h\cos\theta} = 1.443\ \text{kN}$$

由于 $F_{翻} < F_{滑}$，所以保持木箱平衡的最大拉力为

$$F = F_{翻} = 1.443\ \text{kN}$$

这说明，当拉力 F 逐渐增大时，木箱将先翻倒而失去平衡。

5.5　滚动摩阻的概念

由实践可知，使滚子滚动比使它滑动省力。所以在工程中，为了提高效率，减轻劳动强度，常利用物体的滚动代替物体的滑动。设在水平面上有一滚子，重量为 $\boldsymbol{P}$，半径为 r，在其中心 O 上作用一水平力 $\boldsymbol{F}$，当力 $\boldsymbol{F}$ 不大时，滚子仍保持静止。若滚子的受力情况如图 5-13 所示，则滚子不可能保持平衡。因为静滑动摩擦力 $\boldsymbol{F}_s$ 与力 $\boldsymbol{F}$ 组成一力偶，将使滚子发生滚动。但是，实际上当力 $\boldsymbol{F}$ 不大时，滚子是可以平衡的。这是因为滚子和平面实际上并不是刚体，它们在力的作用下都会发生变形，有一个接触面，如图 5-14(a)所示。在接触面上，物体受分布力的作用，这些力向点 A 简化，得到一个力 $\boldsymbol{F}_R$ 和一个力偶，力偶的矩为 M_f，如图 5-14(b)所示。这个力 $\boldsymbol{F}_R$ 可分解为摩擦力 $\boldsymbol{F}_s$ 和法向约束力 $\boldsymbol{F}_N$，这个矩为 M_f 的力偶称为滚动摩阻力偶（简称滚阻力偶），它与力偶($\boldsymbol{F}$，$\boldsymbol{F}_s$)平衡，它的转向与滚动的趋向相反，如图 5-14(c)所示。

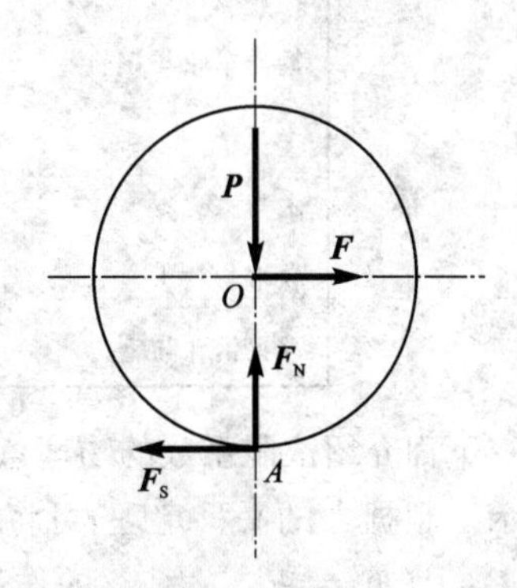

图 5-13

与静滑动摩擦力相似，滚动摩阻力偶矩 M_f 随着主动力的增加而增大，当力 $\boldsymbol{F}$ 增加到某个

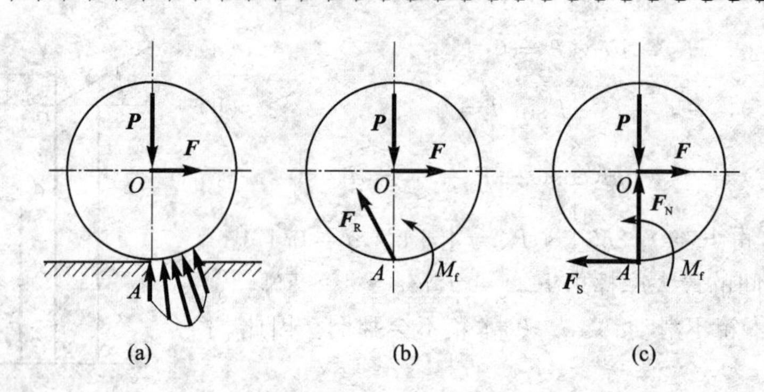

图 5-14

值时,滚子处于将滚未滚的临界平衡状态。这时,滚动摩阻力偶矩达到最大值,称为最大滚动摩阻力偶矩,用 M_{max} 表示。若力 $\boldsymbol{F}$ 再增大一点,轮子就会滚动。在滚动过程中,滚动摩阻力偶矩近似等于 M_{max}。

由此可知,滚动摩阻力偶矩 M_f 的大小介于零与最大值之间,即

$$0 \leqslant M_f \leqslant M_{max} \tag{5-6}$$

由实验表明:最大滚动摩阻力偶矩 M_{max} 与滚子半径无关,而与支承面的正压力(法向约束力) F_N 的大小成正比,即

$$M_{max} = \delta F_N \tag{5-7}$$

这就是滚动摩阻定律,其中 δ 是比例常数,称为滚动摩阻系数,简称滚阻系数。由上式知,滚动摩阻系数具有长度的量纲,单位一般用 mm。

滚动摩阻系数由实验测定,它与滚子和支承面的材料的硬度和湿度等有关,与滚子的半径无关。表 5-2 是几种材料的滚动摩阻系数的值。

表 5-2 滚动摩阻系数 δ

材料名称	δ/mm	材料名称	δ/mm
铸铁与铸铁	0.5	软钢与钢	0.5
钢质车轮与钢轨	0.05	有滚珠轴承的料车与钢轨	0.09
木与钢	0.3~0.4	无滚珠轴承的料车与钢轨	0.21
木与木	0.5~0.8	钢质车轮与木面	1.5~2.5
软木与软木	1.5	轮胎与路面	2~10
淬火钢珠与钢	0.01		

下面介绍滚阻系数的物理意义。滚子在即将滚动的临界平衡状态时,其受力如图 5-15(a)所示。根据力的平移定理,可将其中的法向约束力 $\boldsymbol{F}_N$ 与最大滚动摩阻力偶 M_{max} 合成为一个力 $\boldsymbol{F}'_N$,且 $F'_N = F_N$。力 $\boldsymbol{F}'_N$ 的作用线距中心线的距离为 d,如图 5-15(b)所示,即

$$d = \frac{M_{max}}{F'_N}$$

与式(5-7)比较,得

$$\delta = d$$

因而滚动摩阻系数 δ 可看成在即将滚动时,法向约束力 $\boldsymbol{F}'_N$ 离中心线的最远距离,也就是最大滚动力偶($\boldsymbol{F}'_N$,$\boldsymbol{P}$)的臂。故它具有长度的量纲。

由于滚动摩阻系数较小，因此，在大多数情况下滚动摩阻是可以忽略不计的。

由图 5-15(a)，可以分别计算出使滚子滚动或滑动所需要的水平拉力 $\boldsymbol{F}$。

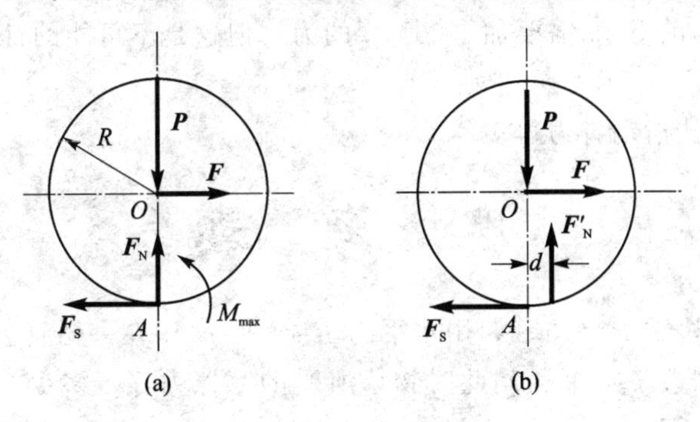

图 5-15

由平衡方程 $\sum M_A(\boldsymbol{F})=0$，可以求得

$$F_{滚}=\frac{M_{\max}}{R}=\frac{\delta F_{\mathrm{N}}}{R}=\frac{\delta}{R}P$$

由平衡方程 $\sum F_x=0$，可以求得 $\qquad F_{滑}=F_{\max}=f_{\mathrm{s}}F_{\mathrm{N}}=f_{\mathrm{s}}P$

一般情况下，有 $\qquad \dfrac{\delta}{R}\ll f_{\mathrm{s}}$

因而使滚子滚动比滑动省力得多。

例 5-5 轮胎半径 $r=40$ cm，载重 $P=2\ 000$ N，轴传来的推力为 $\boldsymbol{F}$，设滑动摩擦因系 $f_{\mathrm{s}}=0.6$，滚动摩阻因数 $\delta=0.24$ cm，试求推动此轮前进的力 $\boldsymbol{F}$ 的大小(见图 5-16)。

解 (1) 选轮子为研究对象，画轮的受力图。轮子受有载重 $\boldsymbol{P}$、推力 $\boldsymbol{F}$、法向反力 $\boldsymbol{F}_{\mathrm{N}}$、滑动摩擦力 $\boldsymbol{F}_{\mathrm{s}}$ 和滚动摩阻力偶矩 M_{f}，这是一个平面任意力系。

(2) 列平衡方程，求未知量。

轮子前进有两种可能：第一种是向前滚动，第二种是向前滑动。下面分别进行研究。

首先分析向前滚动的情况，轮子刚刚开始向前滚动时，滚动摩阻力偶矩为

$$M_{\mathrm{f}}=M_{\max}=\delta F_{\mathrm{N}} \tag{a}$$

列平衡方程得

$$\sum F_x=0,\quad F-F_{\mathrm{s}}=0 \qquad F=F_{\mathrm{s}} \tag{b}$$

$$\sum F_y=0,\quad F_{\mathrm{N}}-P=0 \qquad F_{\mathrm{N}}=P \tag{c}$$

$$\sum M_A=0,\quad M_{\mathrm{f}}-Fr=0 \qquad M_{\mathrm{f}}=Fr \tag{d}$$

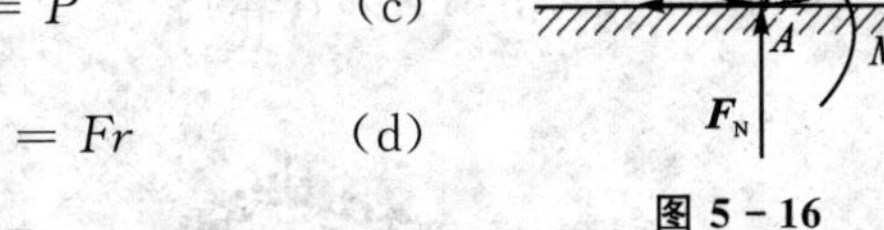

图 5-16

由式(d)和式(a)得到 $\qquad Fr=\delta F_{\mathrm{N}}$

将式(c)代入上式得

$$F=\frac{\delta}{r}P=\frac{0.24}{40}\times 2\ 000\ \mathrm{N}=12\ \mathrm{N}$$

可见只要 12 N 的力就可以使轮力向前滚动。

再分析滑动的情况，若轮子刚开始滑动，则摩擦力 $\boldsymbol{F}_{\mathrm{s}}$ 等于最大静摩擦力，即

$$F_{\mathrm{s}}=F_{\max}=f_{\mathrm{s}}F_{\mathrm{N}} \tag{e}$$

将式(b)中的 F_s 和式(c)中的 F_N 代入式(e)得到

$$F = f_s P = 0.6 \times 2\ 000\ \text{N} = 1\ 200\ \text{N}$$

这就是说,要使轮子向前滑动,需要加 1 200 N 的力。但这是不可能的,因当推力 F 到达 12 N 时,轮力就向前滚动了。

此例说明滚动要比滑动省力得多。

思 考 题

5-1 已知一物块重 $P=100$ N,用水平力 $F=500$ N 压在一铅直表面上,如图 5-17 所示,其接触面的摩擦因数 $f_s=0.3$,问此时物块所受的摩擦力等于多少?若物块重 $P=200$ N 时,物块所受的摩擦力等于多少?

5-2 如图 5-18 所示,试比较用同样材料、在相同的光洁度和相同的胶带压力 $\boldsymbol{F}$ 作用下,平胶带与三角胶带所能传递的最大拉力。

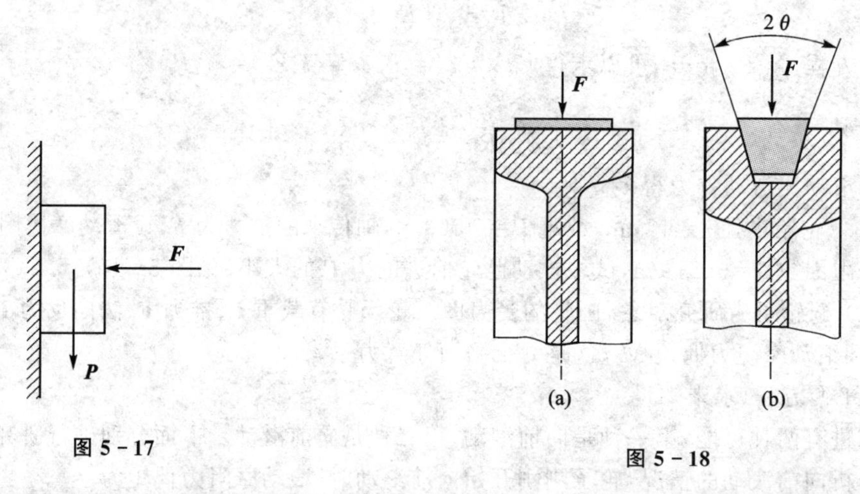

图 5-17　　图 5-18

5-3 为什么传动螺纹多用方牙螺纹(如丝杠)?而锁紧螺纹多用三角螺纹(如螺钉)?

5-4 如图 5-19 所示,砂石与胶带间的静摩擦因数 $f_s=0.5$,试问输送带的最大倾角 θ 为多大?

5-5 物块重 $\boldsymbol{P}$,一力 $\boldsymbol{F}$ 作用在摩擦角之外,如图 5-20 所示。已知 $\theta=25°$,摩擦角 $\varphi_f=20°$,$F=P$。问物块动不动?为什么?

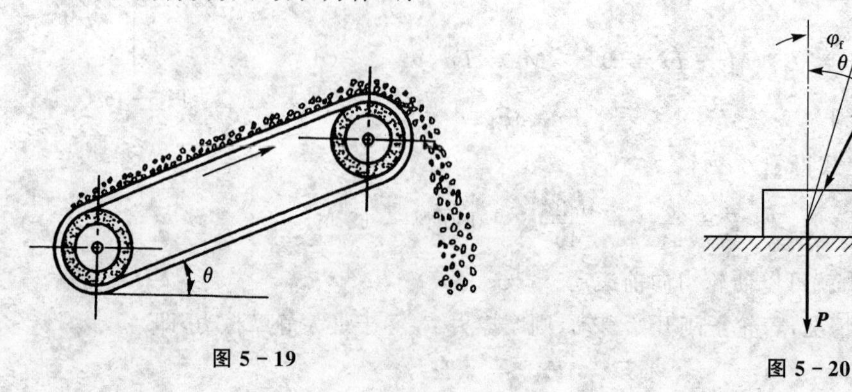

图 5-19　　图 5-20

5－6　如图5－21所示，用钢楔劈物，接触面间的摩擦角为φ_f。劈入后欲使钢楔不滑出，问钢楔两个平面间的夹角θ应该多大？钢楔自重不计。

5－7　已知π形物体重为$\boldsymbol{P}$，尺寸如图5－22所示。现以水平力$\boldsymbol{F}$拉此物体，当刚开始拉动时，A、B两处的摩擦力是否都达到最大值？如A、B两处的静摩擦因数均为f_s，此二处最大静摩擦力是否相等？又如力$\boldsymbol{F}$较小而未能拉动物体时，能否分别求出A、B两处的静摩擦力？

5－8　汽车匀速水平行驶时，地面对车轮有滑动摩擦也有滚动摩阻，而车轮只滚不滑。汽车前轮受车身施加的一个向前推力$\boldsymbol{F}$（见图5－23(a)），而后轮受一驱动力偶M，并受车身向后的反力$\boldsymbol{F}'$（见图5－23(b)）。试画出前、后轮的受力图。在同样摩擦情况下，试画出自行车前、后轮的受力图。又如何求其滑动摩擦力？是否等于其动滑动摩擦力fF_N？是否等于其最大静摩擦力？

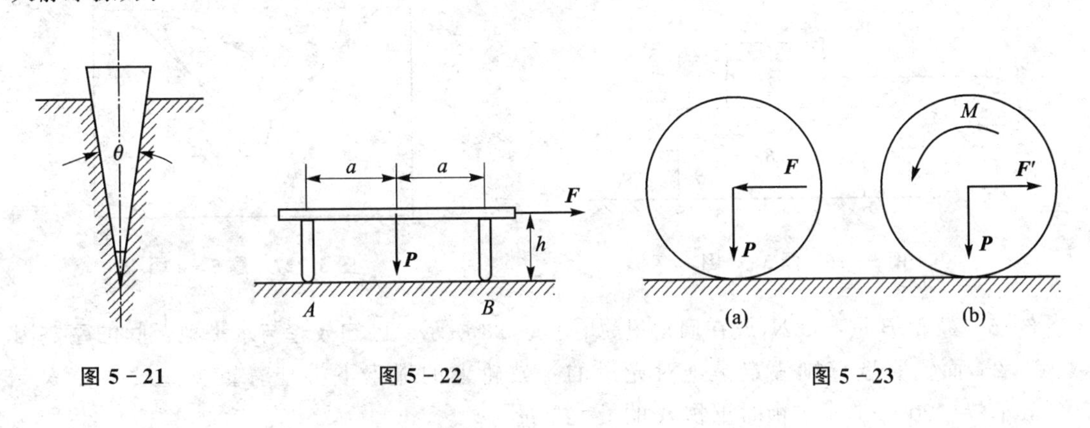

图5－21　　图5－22　　图5－23

习　题

5－1　重$\boldsymbol{P}$的物体放在倾角为α的斜面上，物体与斜面间的摩擦角为φ_f，如图5－24所示。如在物体上作用一力$\boldsymbol{F}$，此力与斜面的夹角为θ，求拉动物体时的F值，并问当角θ为何值时，此力为最小。

5－2　梯子AB靠在墙上，其重为$P=200$ N，如图5－25所示。梯长为l，并与水平面夹角$\theta=60°$。已知接触面间的静摩擦因数均为0.25。今有一重650 N的人沿梯上爬，问人所能到达的最高点C到A点的距离S应为多少？

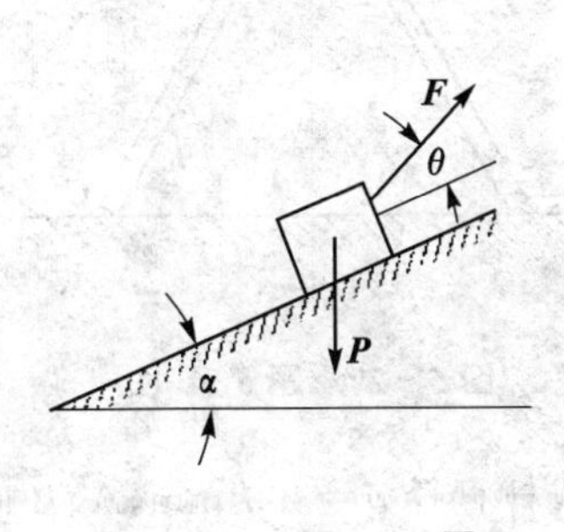

图5－24　题5－1图

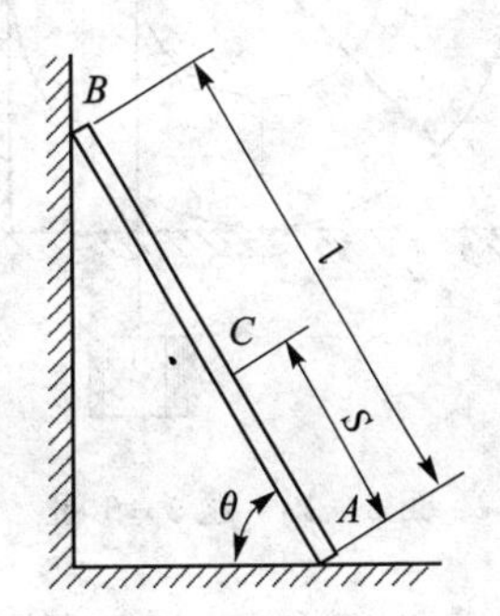

图5－25　题5－2图

5-3 如图 5-26 所示，A 物重 $P_A = 5$ kN，B 物重 $P_B = 6$ kN，A 物与 B 物间的静滑动摩擦因数 $f_{s1} = 0.1$；B 物与地面间的静滑动摩擦因数 $f_{s2} = 0.2$，两物块由绕过一定滑轮的无重水平绳相连。求使系统运动的水平力 $\boldsymbol{F}$ 的最小值。

5-4 如图 5-27 所示，置于 V 型槽中的棒料上作用一力偶，力偶的矩 $M = 15$ N·m 时，刚好能转动此棒料。已知棒料重 $P = 400$ N，直径 $D = 0.25$ m，不计滚动摩阻。试求棒料与 V 形槽间的静摩擦因数 f_s。

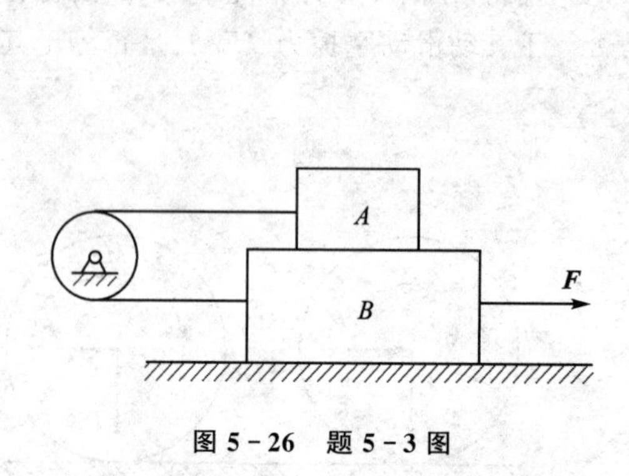

图 5-26　题 5-3 图

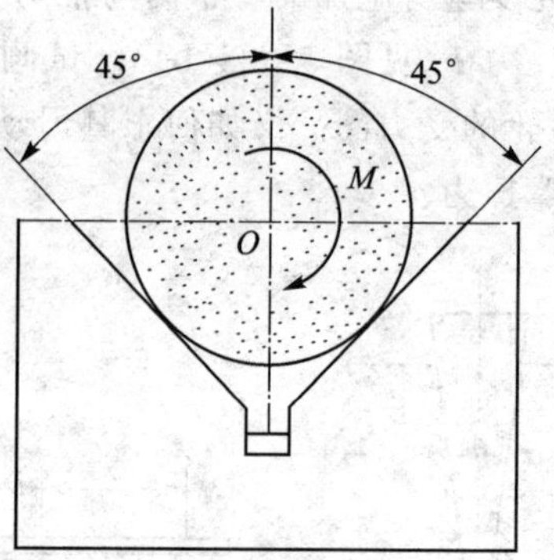

图 5-27　题 5-4 图

5-5 鼓轮 B 重 500 N，放在墙角里，如图 5-28 所示。已知鼓轮与水平地板间的摩擦因数为 0.25，而铅直墙壁则假定是绝对光滑的。鼓轮上的绳索下端挂着重物。设半径 $R = 200$ mm，$r = 100$ mm，求平衡时重物 A 的最大重量。

5-6 两根相同的匀质杆 AB 和 BC，在端点 B 用光滑铰链连接，A、C 端放在不光滑的水平面上，如图 5-29 所示。当 ABC 成等边三角形时，系统在铅直面内处于临界平衡状态。试求杆端与水平面间的摩擦因数。

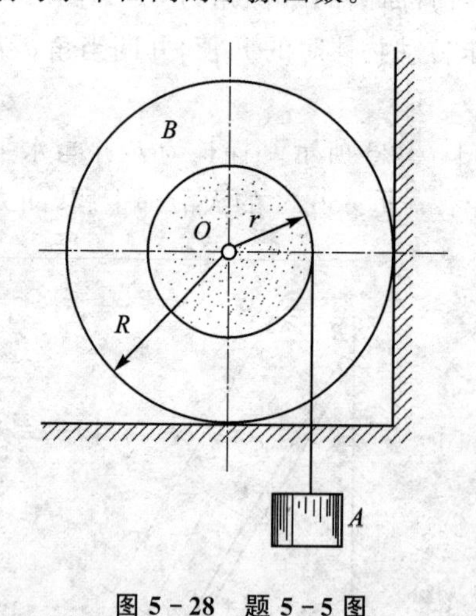

图 5-28　题 5-5 图

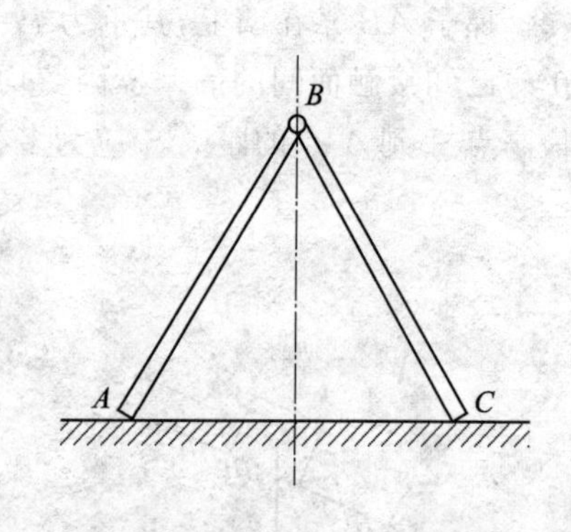

图 5-29　题 5-6 图

5-7 攀登电线杆的脚套钩如图 5-30 所示。设电线杆直径 $d = 300$ mm，A、B 间的铅直距离 $b = 100$ mm。若套钩与电线杆之间摩擦因数 $f_s = 0.5$，求人工操作时，为了安全，站在套钩上的最小距离 l 应为多大。

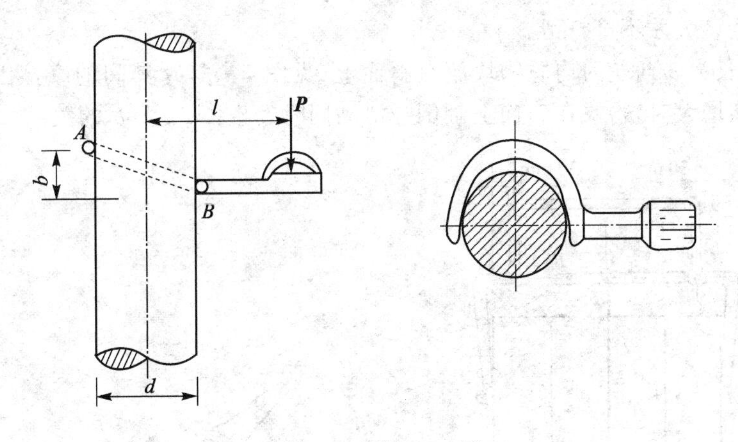

图 5-30　题 5-7 图

5-8　如图 5-31 所示，不计自重的拉门与上下滑道之间的静摩擦因数均为 f_s，门高为 h。若在门上 $\frac{2}{3}h$ 处用水平力 $\boldsymbol{F}$ 拉门而不会卡住，求门宽 b 的最小值。

5-9　如图 5-32 所示，轧压机由两轮构成，两轮的直径均为 $d=500$ mm，轮间的间隙为 $a=5$ mm，两轮反向转动，如图上箭头所示。已知烧红的铁板与铸铁轮间的摩擦因数为 $f_s=0.1$，问能轧压的铁板的厚度 b 是多少？

提示：欲使机器工作，则铁板必须被两转轮带动，亦即作用在铁板 A、B 处的法向反作用力和摩擦力的合力必须水平向右。

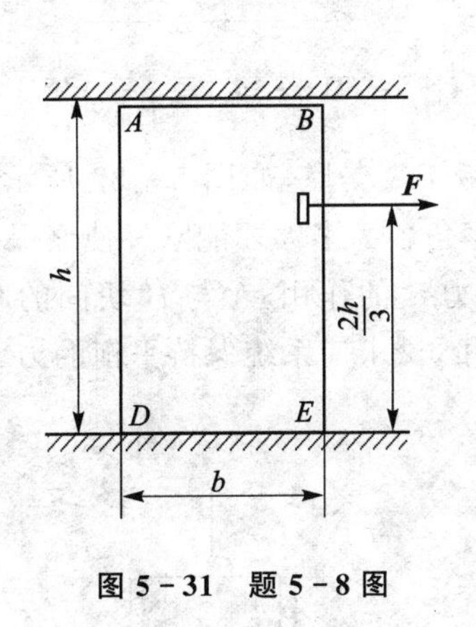

图 5-31　题 5-8 图

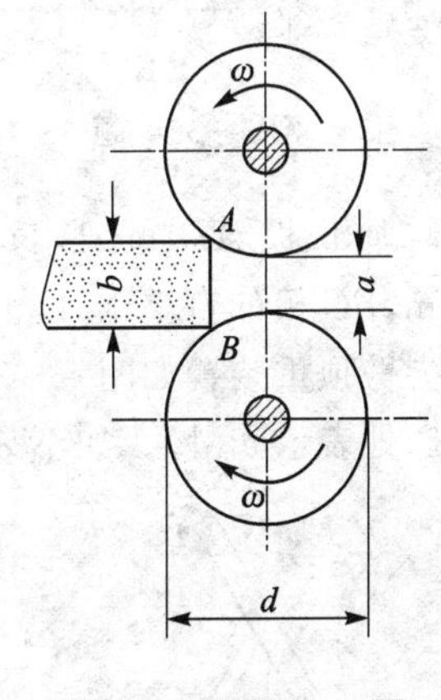

图 5-32　题 5-9 图

5-10　砖夹的宽度为 0.25 m，曲杆 AGB 与 $GCED$ 在 G 点铰接，尺寸如图 5-33 所示。设砖重 $P=120$ N，提起砖的力 $\boldsymbol{F}$ 作用在砖夹的中心线上，砖夹与砖间的摩擦因数 $f_s=0.5$，试求距离 b 为多大才能把砖夹起。

5-11　机床上为了迅速装卸工件，常采用如图 5-34 所示的偏心夹具。已知偏心轮直径为 D，偏心轮与台面间的摩擦因数为 f_s，今欲使偏心轮手柄上的外力去掉后，偏心轮不会自动脱升，试问偏心距 e 应为多少？在临界状态时，O 点在水平线 AB 上。

5-12　如图 5-35 所示，汽车重 $P=15$ kN，车轮的直径为 600 mm，轮自重不计。问发动机应给予后轮多大的力偶矩，方能使前轮越过高为 80 mm 的阻碍物？并问此时后轮与地面的静摩擦因数应为多大才不至打滑？

5-13　边长为 a 与 b 的均质物块放在斜面上(见图 5-36)，其间的摩擦因数为 0.4。当斜面倾角 α 逐渐增大时，物块在斜面上翻倒与滑动同时发生，求 a 与 b 的关系。

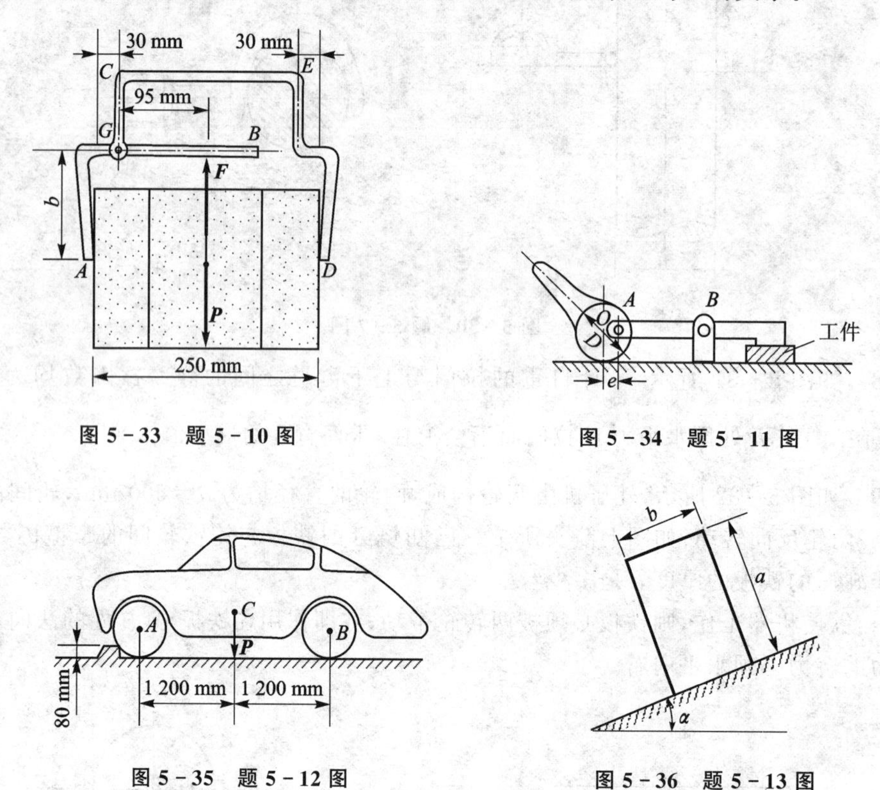

图 5-33　题 5-10 图

图 5-34　题 5-11 图

图 5-35　题 5-12 图

图 5-36　题 5-13 图

5-14　均质长板 AD 重 P，长为 4 m，用一短板 BC 支撑，如图 5-37 所示。若 $AC=BC=AB=3$ m，BC 板的自重不计。求 A、B、C 处摩擦角各为多大才能刚好使之保持平衡。

5-15　尖劈顶重装置如图 5-38 所示。B 块受力 $\boldsymbol{P}$ 的作用，A 与 B 块间的摩擦因数为 f_s(其他有滚珠处表示光滑)。如不计 A 和 B 块的重量，试求使系统保持平衡的力 $\boldsymbol{F}$ 的值。

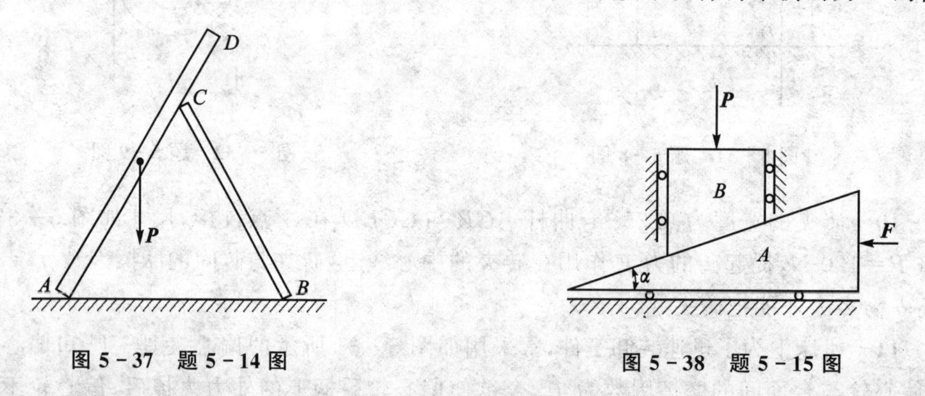

图 5-37　题 5-14 图

图 5-38　题 5-15 图

5-16　如图 5-39 所示，一轮半径为 R，在其铅直直径的上端 B 点作用水平力 $\boldsymbol{F}$，轮与水平面间的滚阻系数为 δ。问水平力 $\boldsymbol{F}$ 使轮只滚动而不滑动时，轮与水平面的滑动摩擦因数 f_s 需要满足什么条件？

5-17 如图 5-40 所示，钢管车间的钢管运转台架，依靠钢管自重缓慢无滑动地滚下，钢管直径为 50 mm。设钢管与台架间的滚动摩阻系数 $\delta=0.5$ mm。试确定台架的最小倾角 α 应为多大？

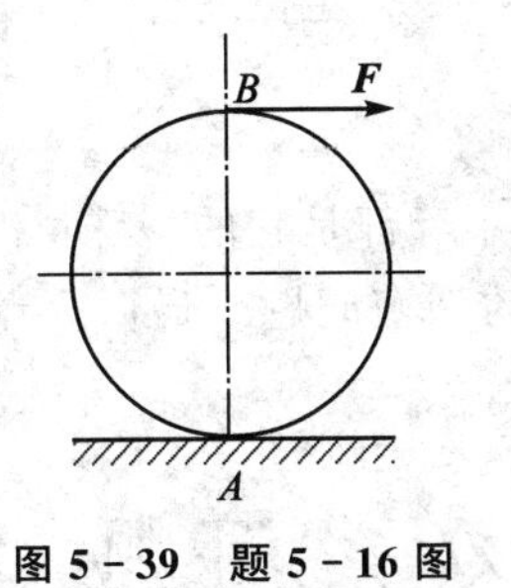

图 5-39 题 5-16 图

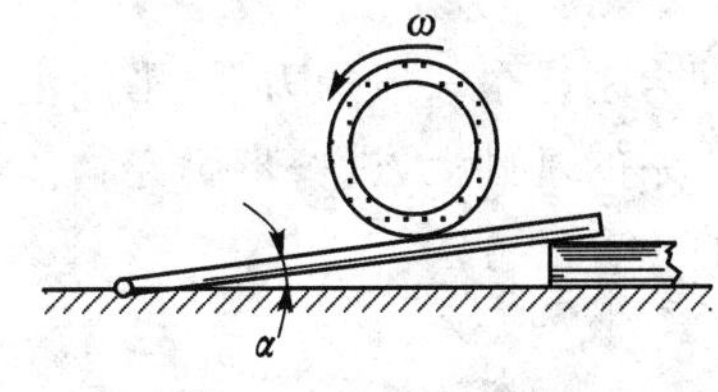

图 5-40 题 5-17 图

第6章　空间力系　重心

空间力系是最一般的力系，平面汇交力系、平面任意力系等都是它的特殊情况。本章在研究平面力系的基础上，进一步研究物体在空间力系作用下的平衡问题。最后介绍重心的概念及求重心位置的方法。

6.1　工程中的空间力系问题

作用在物体上的力系，其作用线分布在空间，而且不能简化到某一平面时，这种力系称为**空间力系**。在工程实际中，常遇到物体在空间力系作用下的情况，如机器上的转轴以及空间桁架结构等均属于空间力系问题。图6-1(a)所示为一转轴，A 为径向止推轴承，其约束力有 $\boldsymbol{F}_{Ax}$、$\boldsymbol{F}_{Ay}$、$\boldsymbol{F}_{Az}$；B 为径向轴承，其约束力有 $\boldsymbol{F}_{Bx}$、$\boldsymbol{F}_{Bz}$；C 为胶带轮，其上作用有柔性体约束力 $\boldsymbol{F}_1$ 和 $\boldsymbol{F}_2$；D 为斜齿轮，受轴向力 $\boldsymbol{F}_{\mathrm{a}}$、径向力 $\boldsymbol{F}_{\mathrm{r}}$ 和圆周力 $\boldsymbol{F}_{\mathrm{t}}$ 的作用。作用在转轴(包括轴上的胶带轮和斜齿轮)的这些力，就构成了空间力系，如图6-1(b)所示。

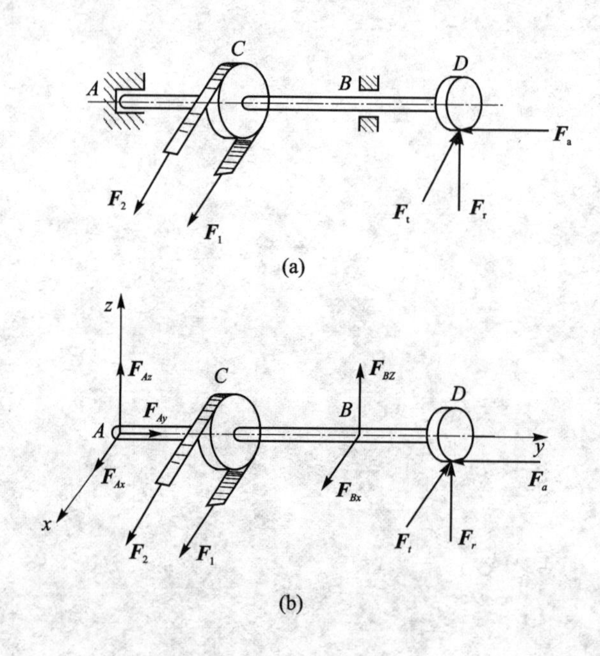

图6-1

与平面力系一样，空间力系也可以分为空间汇交力系、空间平行力系和空间任意力系。本章着重研究空间任意力系的平衡问题。

6.2　力在空间直角坐标轴上的投影和沿坐标轴的分解

1. 力在空间直角坐标轴上的投影

若已知力 **F** 与正交坐标系 $Oxyz$ 三轴间的夹角分别为 α、β、γ，(见图 6-2(a))，则可用直接投影法，求得力 **F** 在三个坐标轴上的投影，即

$$\left.\begin{aligned} F_x &= F\cos\alpha \\ F_y &= F\cos\beta \\ F_z &= F\cos\gamma \end{aligned}\right\} \tag{6-1}$$

当力 **F** 与坐标轴 Ox、Oy 间的夹角不易确定时，可采用二次投影法来计算力在三个坐标轴上的投影，如图 6-2(b)所示。先将力 **F** 投影到坐标平面 Oxy 上，得到力 $\boldsymbol{F}_{xy}$，然后再将力 $\boldsymbol{F}_{xy}$ 投影到 x、y 轴上。则力 **F** 在三个坐标轴上的投影分别为

$$\left.\begin{aligned} F_x &= F\sin\gamma\cos\varphi \\ F_y &= F\sin\gamma\sin\varphi \\ F_z &= F\cos\gamma \end{aligned}\right\} \tag{6-2}$$

必须注意：力在坐标轴上的投影是代数量，而力在平面上的投影是矢量。

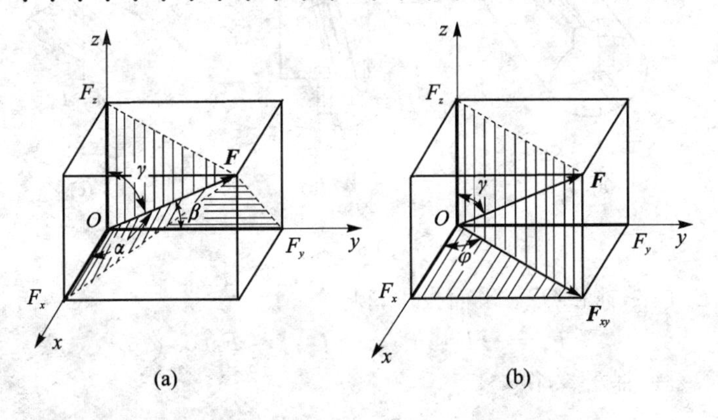

图 6-2

2. 力沿空间直角坐标轴的分解

若以力矢 **F** 为对角线作直平行六面体，其三棱边分别为 x、y、z 轴，如图 6-3 所示，于是可将力 **F** 直接分解为沿坐标轴的三个正交分力 $\boldsymbol{F}_x$、$\boldsymbol{F}_y$、$\boldsymbol{F}_z$。也可连续应用力的平行四边形法则，先把力 **F** 分解为 $\boldsymbol{F}_z$ 和 $\boldsymbol{F}_{xy}$，再把力 $\boldsymbol{F}_{xy}$ 分解为 $\boldsymbol{F}_x$ 和 $\boldsymbol{F}_y$，即将力 **F** 二次分解为沿坐标轴的三个正交分力 $\boldsymbol{F}_x$、$\boldsymbol{F}_y$、$\boldsymbol{F}_z$。

以 $\boldsymbol{i}$、$\boldsymbol{j}$、$\boldsymbol{k}$ 分别表示沿 x、y、z 坐标轴方向的单位矢量，则

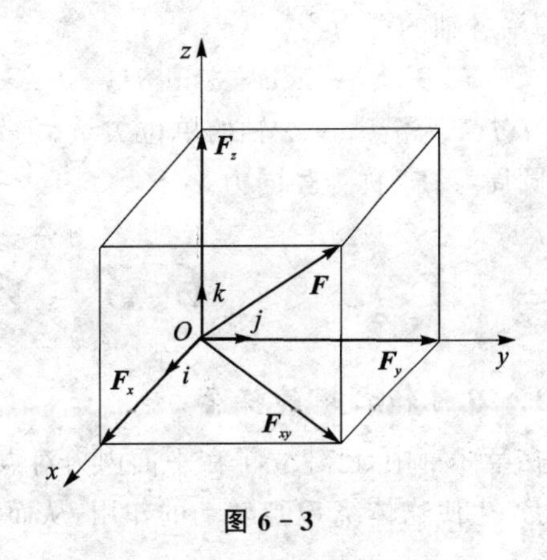

图 6-3

$$\boldsymbol{F}=\boldsymbol{F}_x+\boldsymbol{F}_y+\boldsymbol{F}_z=F_x\boldsymbol{i}+F_y\boldsymbol{j}+F_z\boldsymbol{k} \tag{6-3}$$

由此,力 $\boldsymbol{F}$ 在坐标轴上的投影和力沿坐标轴的正交分矢量间的关系可表示为

$$\boldsymbol{F}_x=F_x\boldsymbol{i},\quad \boldsymbol{F}_y=F_y\boldsymbol{j},\quad \boldsymbol{F}_z=F_z\boldsymbol{k} \tag{6-4}$$

如果已知力 $\boldsymbol{F}$ 在正交轴系 $Oxyz$ 的三个投影,则力 $\boldsymbol{F}$ 的大小和方向为

$$\left.\begin{aligned}
F&=\sqrt{F_x^2+F_y^2+F_z^2}\\
\cos\alpha&=\frac{F_x}{\sqrt{F_x^2+F_y^2+F_z^2}}\\
\cos\beta&=\frac{F_y}{\sqrt{F_x^2+F_y^2+F_z^2}}\\
\cos\gamma&=\frac{F_z}{\sqrt{F_x^2+F_y^2+F_z^2}}
\end{aligned}\right\} \tag{6-5}$$

例 6-1 图 6-4 所示的圆柱斜齿轮,其上受啮合力 $\boldsymbol{F}_{\mathrm{n}}$ 的作用。已知斜齿轮的齿倾角(螺旋角)β 和压力角 α,试求力 $\boldsymbol{F}_{\mathrm{n}}$ 沿 x、y 和 z 轴的分力。

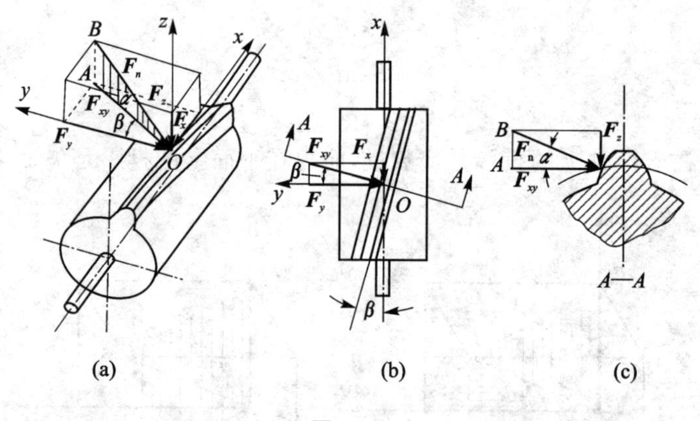

图 6-4

解 先将力 $\boldsymbol{F}_{\mathrm{n}}$ 向 z 轴和 Oxy 平面投影,得

$$F_z=-F_{\mathrm{n}}\sin\alpha,\quad |\boldsymbol{F}_{xy}|=F_{\mathrm{n}}\cos\alpha$$

再将力 $\boldsymbol{F}_{xy}$ 向 x、y 轴投影,得

$$F_x=-|\boldsymbol{F}_{xy}|\sin\beta=-F_{\mathrm{n}}\cos\alpha\sin\beta$$

$$F_y=-|\boldsymbol{F}_{xy}|\cos\beta=-F_{\mathrm{n}}\cos\alpha\cos\beta$$

则 $\boldsymbol{F}_{\mathrm{n}}$ 沿各轴的分力为

$$\boldsymbol{F}_x=-F_{\mathrm{n}}\cos\alpha\sin\beta\boldsymbol{i},\quad \boldsymbol{F}_y=-F_{\mathrm{n}}\cos\alpha\cos\beta\boldsymbol{j},\quad \boldsymbol{F}_z=-F_{\mathrm{n}}\sin\alpha\boldsymbol{k}$$

式中,$\boldsymbol{i}$、$\boldsymbol{j}$、$\boldsymbol{k}$ 为沿 x、y、z 轴的单位矢量,负号表明各分力与轴的正向相反;$\boldsymbol{F}_x$ 称为轴向力;$\boldsymbol{F}_y$ 称为圆周力;$\boldsymbol{F}_z$ 称为径向力。

6.3 力对轴之矩

1. 力对轴之矩的概念

在第 3 章中,已建立了在平面内力对点之矩的概念。如图 6-5(a)所示,力 $\boldsymbol{F}$ 在圆轮平面内,力产生使物体绕 O 点转动的作用,从而建立了在平面内力对点之矩的概念,即

$$M_O(\boldsymbol{F}) = \pm Fd$$

从图 6-5 可以看到，平面内物体绕 O 点的转动，实际上就是空间内物体绕过 O 点且与该平面垂直的轴转动，即物体绕 z 轴转动（见图 6-5(b)）。所以，平面内力对点之矩，实际上就是空间内力对轴之矩。力 $\boldsymbol{F}$ 对 z 轴之矩用符号 $M_z(\boldsymbol{F})$ 表示。

在研究空间力系时，如力 $\boldsymbol{F}$ 不在垂直于轴的平面内，如图 6-5(c) 所示，则仅仅知道上述有关力矩的概念还不够，尚需建立空间力对轴之矩的概念。

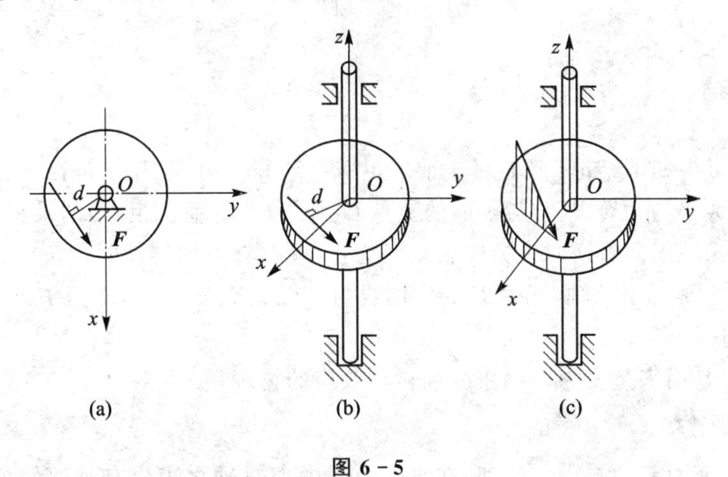

图 6-5

下面以开门动作为例加以说明。设门上作用的力 $\boldsymbol{F}$ 不在垂直于转轴 z 的平面内（见图 6-6(a)），今将力 $\boldsymbol{F}$ 分解为两个分力，如图 6-6(b) 所示。分力 $\boldsymbol{F}_1$ 平行于转轴 z，分力 $\boldsymbol{F}_2$ 在垂直于转轴 z 的平面内。因力 $\boldsymbol{F}_1$ 与 z 轴平行，所以力 $\boldsymbol{F}_1$ 不会使门绕 z 轴转动，只能使门沿 z 轴移动。因此力 $\boldsymbol{F}_1$ 对轴之矩为零。分力 $\boldsymbol{F}_2$ 在垂直于轴的平面内，对 z 轴之矩实际上就是对平面内 O 点（轴与平面的交点）之矩（见图 6-6(c)），故

$$M_z(\boldsymbol{F}) = M_O(\boldsymbol{F}_2) = \pm F_2 d \tag{6-6}$$

式中正负号表示力对轴之矩的转向。通常规定：从 z 轴的正向看去，逆时针方向转动的力矩为正，顺时针方向转动的力矩为负，如图 6-7(a) 所示。或用右手法则来判定：用右手握住 z 轴，使四个指头顺着力矩转动的方向，如果大拇指指向 z 轴的正向则力矩为正；反之，如果大拇指指向 z 轴的负向则力矩为负，如图 6-7(b) 所示。力对轴之矩是一个**代数量**，其单位与力对点之矩相同。

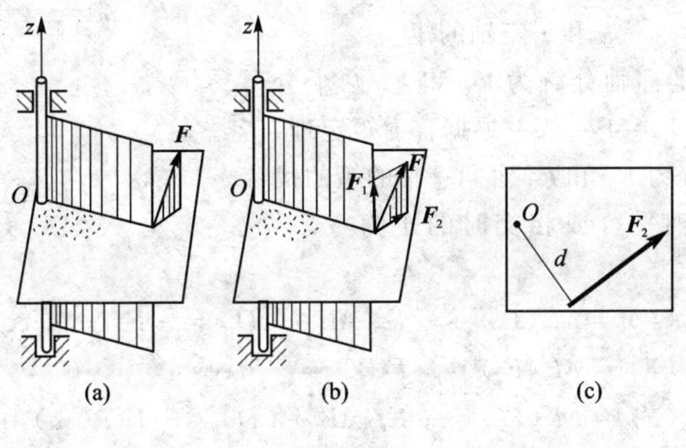

图 6-6

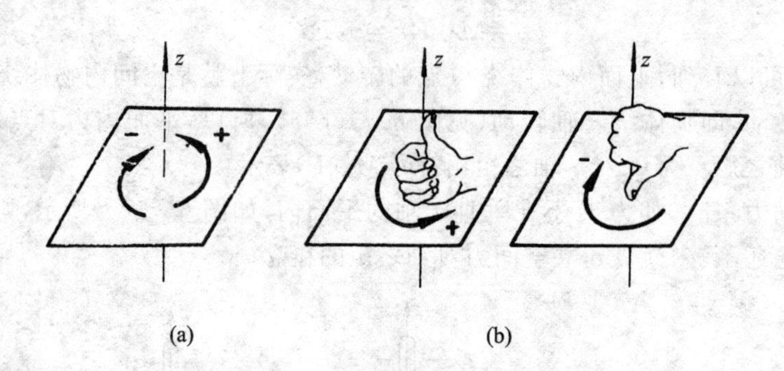

图 6-7

综上所述,可得如下结论:力 $\boldsymbol{F}$ 对 z 轴之矩 $M_z(\boldsymbol{F})$ 的大小等于力 $\boldsymbol{F}$ 在垂直于 z 轴的平面内的投影 $\boldsymbol{F}_2$ 的大小与力臂 d(轴与平面的交点 O 到力 $\boldsymbol{F}_2$ 的垂直距离)的乘积,其正负按右手法则确定,或从 z 轴正向看逆时针方向转动时为正,顺时针方向转动时为负。

显然,当力 $\boldsymbol{F}$ 平行于 z 轴,或力 $\boldsymbol{F}$ 的作用线与 z 轴相交($d=0$),即力 $\boldsymbol{F}$ 与 z 轴共面时,力 $\boldsymbol{F}$ 对该轴之矩均等于零。

力对轴之矩是用来量度力使物体绕轴转动效应的物理量。

2. 合力矩定理

前面讲过平面力系的合力矩定理,在空间力系中力对轴之矩也有类似的关系。下面只叙述结论不作证明,即空间力系的合力对某一轴之矩等于力系中各分力对同一轴之矩的代数和,此即称为空间力系的合力矩定理。用公式表示为

$$M_x(\boldsymbol{F}_\mathrm{R}) = M_x(\boldsymbol{F}_1) + M_x(\boldsymbol{F}_2) + \cdots + M_x(\boldsymbol{F}_n)$$

所以

$$M_x(\boldsymbol{F}_\mathrm{R}) = \sum M_x(\boldsymbol{F}_i) \tag{6-7}$$

空间力系的合力矩定理常常被用来确定物体的重心位置,并且也提供了用分力矩来计算合力矩的方法。

例 6-2 手柄 $ABCE$ 在平面 Axy 内,在 D 处作用一个力 $\boldsymbol{F}$,如图 6-8 所示,它在垂直于 y 轴的平面内,偏离铅直线的角度为 α。如果 $CD=a$,杆 BC 平行于 x 轴,杆 CE 平行于 y 轴,AB 和 BC 的长度都等于 l。试求力 $\boldsymbol{F}$ 对 x、y 和 z 三轴的矩。

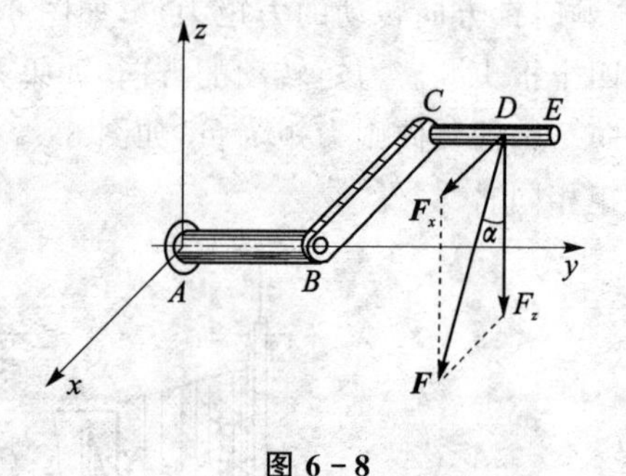

图 6-8

解 将力 $\boldsymbol{F}$ 沿坐标轴分解为 $\boldsymbol{F}_x$ 和 $\boldsymbol{F}_z$ 两个分力,其中 $F_x = F\sin\alpha$,$F_z = F\cos\alpha$。根据合力矩定理,力 $\boldsymbol{F}$ 对轴的矩等于分力 $\boldsymbol{F}_x$ 和 $\boldsymbol{F}_z$ 对同一轴的矩的代数和。注意到力与轴平行或相交时的矩为零,于是有

$$M_x(\boldsymbol{F}) = M_x(\boldsymbol{F}_z) = -F_z(AB + CD) = -F(l+a)\cos\alpha$$
$$M_y(\boldsymbol{F}) = M_y(\boldsymbol{F}_z) = -F_z BC = -Fl\cos\alpha$$
$$M_z(\boldsymbol{F}) = M_z(\boldsymbol{F}_x) = -\boldsymbol{F}_x(AB + CD) = -F(l+a)\sin\alpha$$

6.4　空间力系的平衡方程

1. 空间力系的平衡方程

建立空间力系平衡条件的方法与建立平面力系平衡条件的方法相同，都是通过力系的简化得出的。对于空间力系来说，平衡条件的推导过程比较复杂，这里不作介绍。本节只用比较直观的方法介绍物体在空间力系作用下的平衡，从而得到物体在空间任意力系作用下的平衡方程。

任一物体上作用着一个空间任意力系 $\boldsymbol{F}_1$、$\boldsymbol{F}_2$、…、$\boldsymbol{F}_n$（见图6-9(a)），则力系既能产生使物体沿空间直角坐标 x、y、z 轴方向移动的效应，又能产生使物体绕 x、y、z 轴转动的效应。若物体在空间力系作用下保持平衡，则物体既不能沿 x、y、z 三轴移动，也不能绕 x、y、z 三轴转动，如图6-9(b)所示。

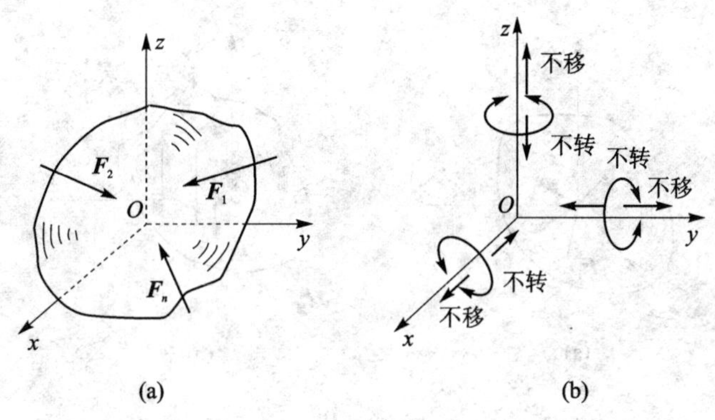

图6-9

由此得到空间任意力系的平衡方程为

$$\left.\begin{array}{l}\sum F_x = 0 \\ \sum F_y = 0 \\ \sum F_z = 0 \\ \sum M_x(\boldsymbol{F}) = 0 \\ \sum M_y(\boldsymbol{F}) = 0 \\ \sum M_z(\boldsymbol{F}) = 0\end{array}\right\} \tag{6-8}$$

于是得出结论，空间任意力系平衡的必要和充分条件是：所有各力在三个坐标轴上投影的代数和以及各力对此三轴之矩的代数和都等于零。

式(6-8)有六个独立的平衡方程，可以求解六个未知量，它是解决空间力系平衡问题的基本方程。

从空间任意力系的平衡方程，很容易导出空间汇交力系和空间平行力系的平衡方程。

如图6-10(a)所示，设物体受一空间汇交力系作用，如选择空间汇交力系的汇交点为坐标系 $Oxyz$ 的原点，则不论此力系是否平衡，各力对三轴之矩恒为零，即

$$\sum M_x(\boldsymbol{F}) \equiv 0$$
$$\sum M_y(\boldsymbol{F}) \equiv 0$$
$$\sum M_z(\boldsymbol{F}) \equiv 0$$

因此,空间汇交力系的平衡方程为

$$\left.\begin{array}{l}\sum F_x = 0 \\ \sum F_y = 0 \\ \sum F_z = 0\end{array}\right\} \tag{6-9}$$

如图 6-10(b)所示,设物体受一空间平行力系作用,令 z 轴与这些力平行,则各力对于 z 轴的矩等于零;又由于 x 轴和 y 轴都与这些力垂直,所以各力在这两轴上的投影也等于零,即

$$\sum M_z(\boldsymbol{F}) \equiv 0, \quad \sum F_x \equiv 0, \quad \sum F_y \equiv 0$$

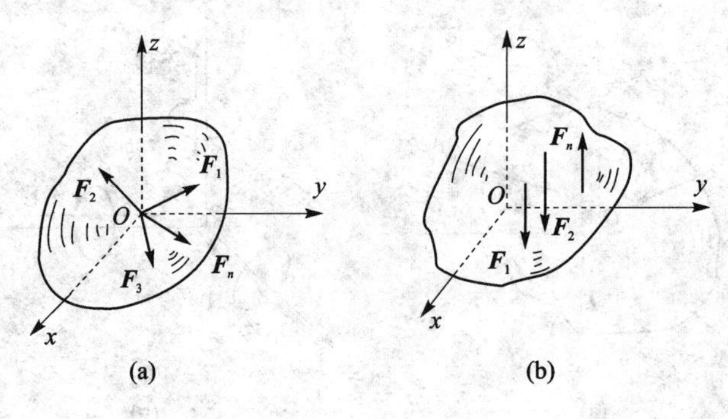

图 6-10

因此,空间平行力系的平衡方程为

$$\left.\begin{array}{l}\sum F_z = 0 \\ \sum M_x(F) = 0 \\ \sum M_y(F) = 0\end{array}\right\} \tag{6-10}$$

求解空间力系的平衡问题时,可以直接运用式(6-8);也可以将空间力系转化为在三个坐标平面内的平面力系来处理。后一种方法比较容易掌握,也便于运用平面力系平衡问题的解题技巧。因此,这种方法在工程实际中运用较多。

例 6-3 如图 6-11(a)所示,用起重杆吊起重物。起重杆的 A 端用球铰链固定在地面上,而 B 端则用绳 CB 和 DB 拉住,两绳分别系在墙上的点 C 和 D,连线 CD 平行于 x 轴。已知:$CE=EB=DE$,$\alpha=30°$,CDB 平面与水平面间的夹角$\angle EBF=30°$(见图 6-11(b)),物重 $P=10$ kN。如起重杆的自重不计,试求起重杆所受的压力和绳子的拉力。

解 取起重杆 AB 与重物为研究对象,其上受有主动力 $\boldsymbol{P}$,B 处受绳拉力 $\boldsymbol{F}_1$ 与 $\boldsymbol{F}_2$;球铰链 A 的约束力方向一般不能预先确定,可用三个正交分力表示。本题中,由于杆重不计,又只在 A、B 两端受力,所以起重杆 AB 为二力构件,球铰 A 对 AB 杆的约束力 $\boldsymbol{F}_A$ 必沿 A、B 连线。$\boldsymbol{P}$、$\boldsymbol{F}_1$、$\boldsymbol{F}_2$ 和 $\boldsymbol{F}_A$ 四个力汇交于点 B,为一空间汇交力系。

取坐标轴如图所示。由已知条件知:$\angle CBE=\angle DBE=45°$,列平衡方程

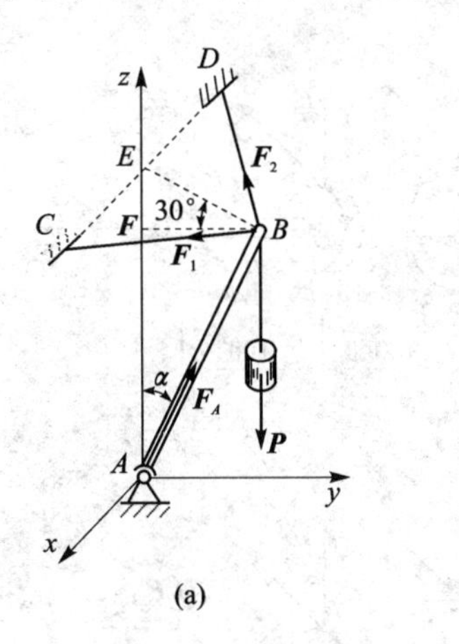

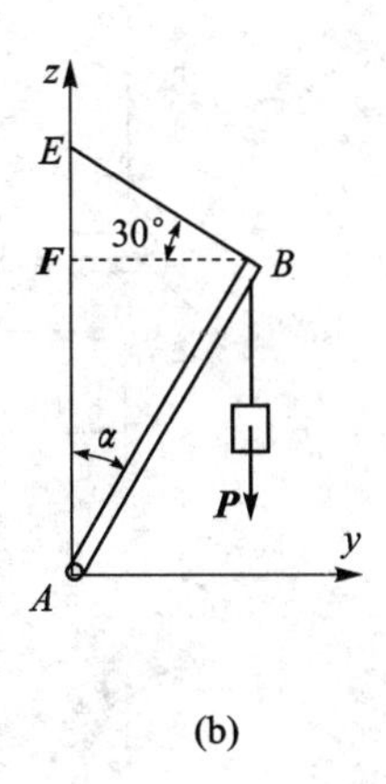

图6-11

$$\sum F_x = 0,\quad F_1 \sin 45^\circ - F_2 \sin 45^\circ = 0$$

$$\sum F_y = 0,\quad F_A \sin 30^\circ - F_1 \cos 45^\circ \cos 30^\circ - F_2 \cos 45^\circ \cos 30^\circ = 0$$

$$\sum F_z = 0,\quad F_1 \cos 45^\circ \sin 30^\circ + F_2 \cos 45^\circ \sin 30^\circ + F_A \cos 30^\circ - P = 0$$

求解上面的三个平衡方程，得

$$F_1 = F_2 = 3.54\ \text{kN},\quad F_A = 8.66\ \text{kN}$$

F_A 为正值，说明图中所设 F_A 的方向正确，杆 AB 受压力。

例6-4 图6-12(a)所示传动轴，已知两齿轮的半径 $r_C = 0.1$ m，$r_D = 0.05$ m，其上受有圆周力 $F_{t1} = 3.58$ kN，径向力 $F_{r1} = 1.3$ kN，$F_{r2} = 2.6$ kN。求 D 轮的圆周力 F_{t2} 及 A、B 两轴承的约束力。

解法一 由空间力系平衡方程直接求解：

(1) 取传动轴 AB 为研究对象，受力如图6-12(b)所示。

(2) 列平衡方程，进而求解

$$\sum M_y(\boldsymbol{F}) = 0,\quad F_{t1} r_C - F_{t2} r_D = 0,$$

$$F_{t2} = 7.16\ \text{kN}$$

$$\sum M_z(\boldsymbol{F}) = 0,\quad -F_{t1} \times AC + F_{t2} \times AD - F_{Bx} \times AB = 0,$$

$$F_{Bx} = 3.58\ \text{kN}$$

$$\sum F_x = 0,\quad F_{Ax} + F_{t1} - F_{t2} + F_{Bx} = 0$$

$$F_{Ax} = -F_{t1} + F_{t2} - F_{Bx} = (-3.58 + 7.16 - 3.58)\ \text{kN} = 0$$

$$\sum M_x(\boldsymbol{F}) = 0,\quad -F_{r1} \times AC - F_{r2} \times AD + F_{Bz} \times AB = 0$$

$$F_{Bz} = \frac{1}{AB}(F_{r1} \times AC + F_{r2} \times AD) =$$

$$\frac{1}{300} \times (1.3 \times 100 + 2.6 \times 200)\text{kN} = 2.17\ \text{kN}$$

$$\sum F_z = 0,\quad F_{Az} - F_{r1} - F_{r2} + F_{Bz} = 0$$

$$F_{Az} = F_{r1} + F_{r2} - F_{Bz} = [1.3 + 2.6 - 2.17]\ \text{kN} = 1.73\ \text{kN}$$

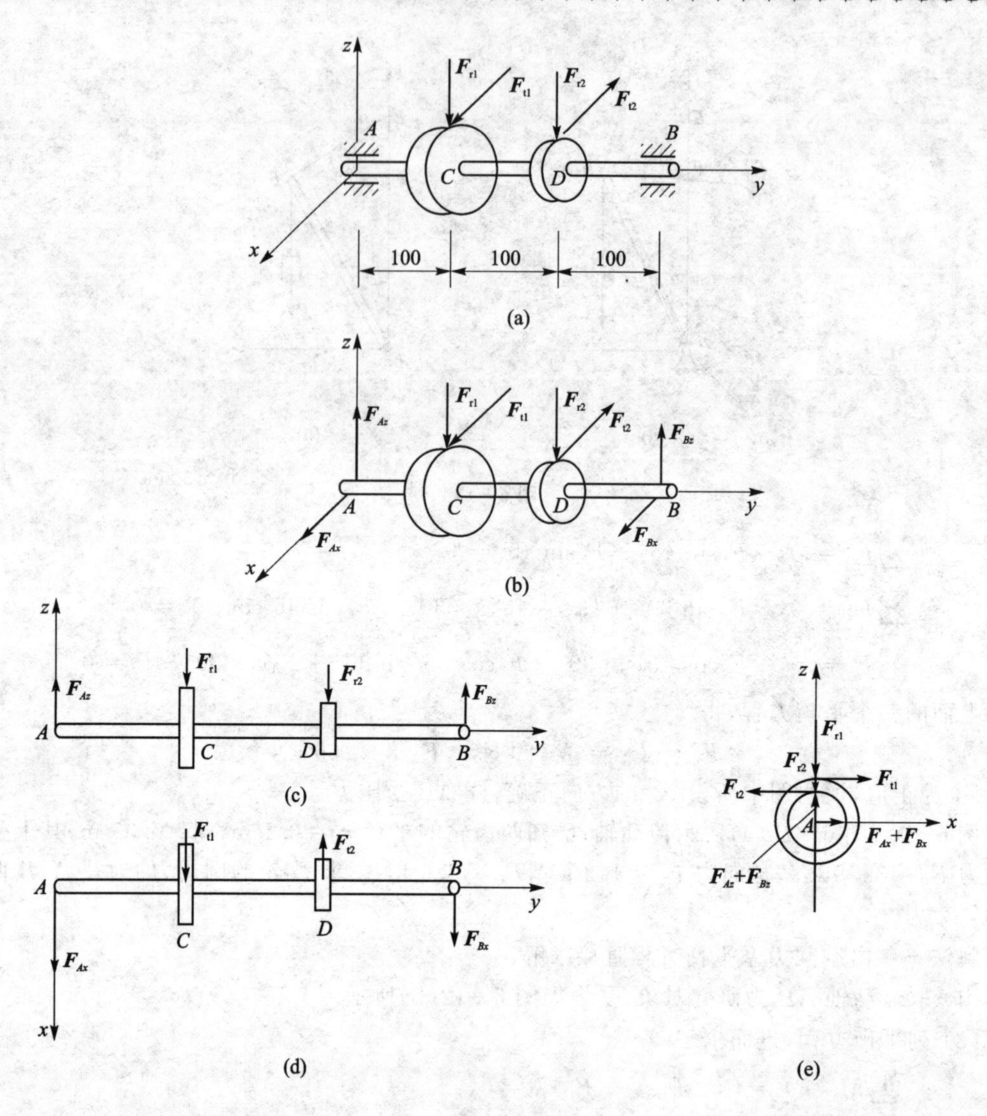

图 6-12

解法二 空间问题的平面解法,将空间力系投影到三个坐标平面上,画出构件受力图的三视图,分别列出它们的平衡方程,同样可解出所求的未知量。这种将空间问题简化为三个平面问题的方法,称为空间问题的平面解法。

(1) 把图 6-12(b)在三个坐标平面投影得出三个平面力系,如图 6-12(c)、(d)、(e)所示。

(2) 对三个平面力系列平衡方程分别进行计算。

xz 平面

$$\sum M_A(\boldsymbol{F}) = 0,\quad F_{t2} r_D - F_{t1} r_C = 0$$

$$F_{t2} = \frac{F_{t1} r_C}{r_D} = \frac{3.58 \times 0.1}{0.05}\ \text{kN} = 7.16\ \text{kN}$$

yz 平面

$$\sum M_A(\boldsymbol{F}) = 0,\quad F_{Bz} \times AB - F_{r2} \times AD - F_{r1} \times AC = 0$$

$$F_{Bz}=\frac{F_{r2}\times AD+F_{r1}\times AC}{AB}=\frac{2.6\times0.2+1.3\times0.1}{0.3}\ \text{kN}=2.17\ \text{kN}$$

$$\sum F_z=0,\quad F_{Az}-F_{r1}-F_{r2}+F_{Bz}=0$$

$$F_{Az}=F_{r1}+F_{r2}-F_{Bz}=[1.3+2.6-2.17]\ \text{kN}=1.73\ \text{kN}$$

xy 平面

$$\sum M_A(\boldsymbol{F})=0,\quad -F_{Bx}\times AB+F_{t2}\times AD-F_{t1}\times AC=0$$

$$F_{Bx}=\frac{F_{t2}\times AD-F_{t1}\times AC}{AB}=\frac{7.16\times0.2-3.58\times0.1}{0.3}\ \text{kN}=3.58\ \text{kN}$$

$$\sum F_x=0,\quad F_{Ax}+F_{t1}-F_{t2}+F_{Bx}=0$$

$$F_{Ax}=-F_{t1}+F_{t2}-F_{Bx}=(-3.58+7.16-3.58)\ \text{kN}=0$$

2. 空间约束的类型举例

前几章已陆续介绍了一些工程中常见的约束及其约束力的分析方法。一般情况下，当刚体受到空间任意力系作用时，在每个约束处，其约束力的未知量可能有1个到6个。确定每种约束的约束力个数的基本方法是：观察被约束物体在空间可能的6种独立的位移中（沿 x、y、z 三轴的移动和绕此三轴的转动），有哪几种位移被约束所阻碍。阻碍移动的是约束力，阻碍转动的是约束力偶。现将几种常见的约束及其相应的约束力综合列于表6-1中。

表6-1　空间约束的类型及其约束力举例

约束力未知量		约束类型
1	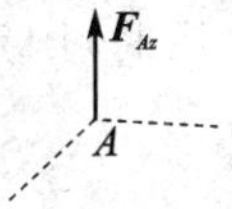 F_{Az}, A	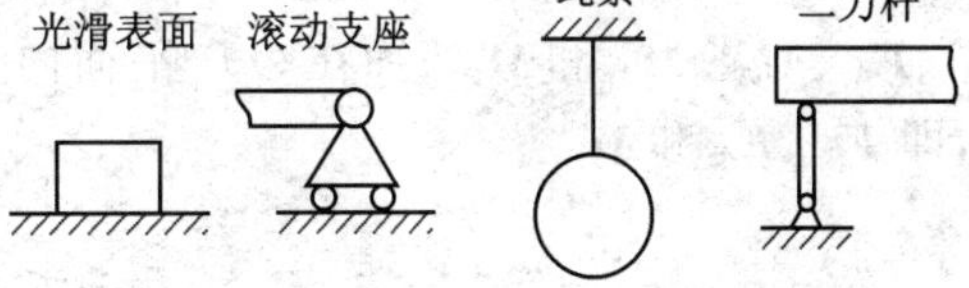 光滑表面　滚动支座　绳索　二力杆
2	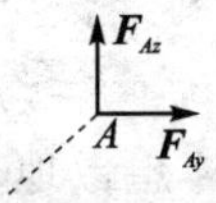 F_{Az}, F_{Ay}, A	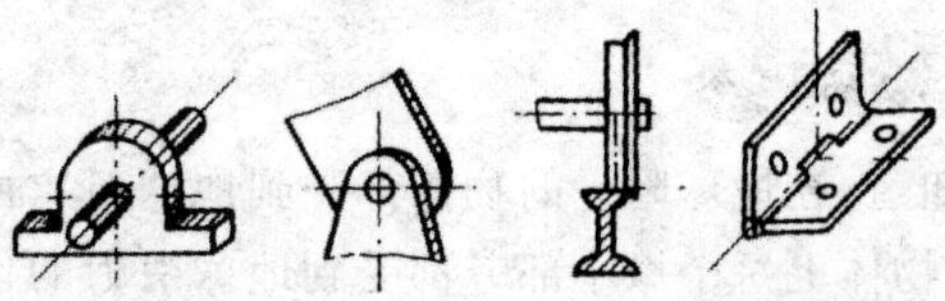 径向轴承　圆柱铰链　铁轨　蝶铰链
3	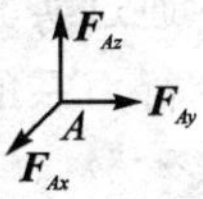 F_{Az}, F_{Ay}, F_{Ax}, A	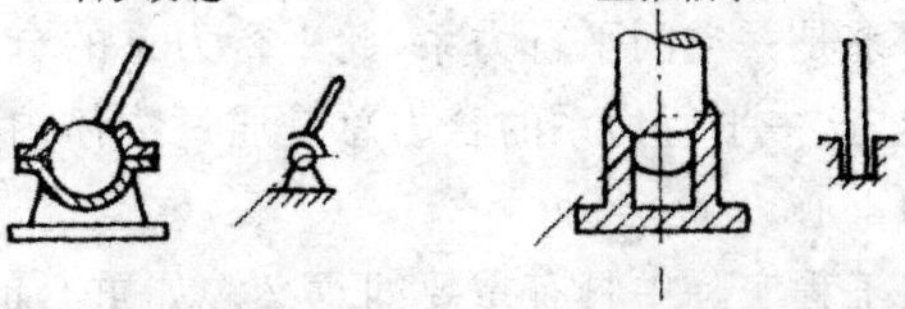 环形铰链　止推轴承
4	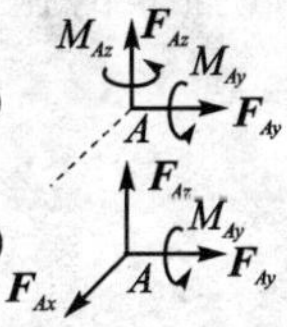 (a) M_{Az}, F_{Az}, M_{Ay}, F_{Ay}, A (b) F_{Az}, M_{Ay}, F_{Ay}, F_{Ax}, A	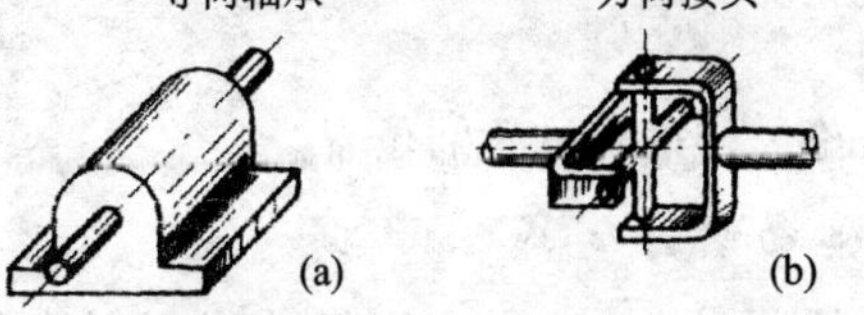 导向轴承 (a)　万向接头 (b)

续表 6-1

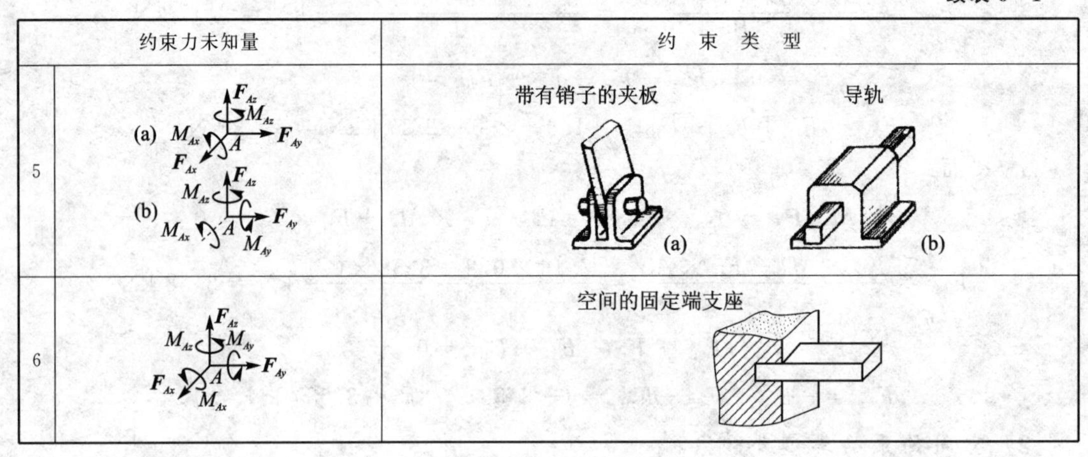

	约束力未知量	约 束 类 型
5	(a) F_{Az}, M_{Az}, M_{Ax}, A, F_{Ay}, F_{Ax} (b) F_{Az}, M_{Az}, F_{Ay}, M_{Ax}, A, M_{Ay}	带有销子的夹板 (a)　　导轨 (b)
6	F_{Az}, M_{Az}, M_{Ay}, F_{Ay}, A, F_{Ax}, M_{Ax}	空间的固定端支座

分析实际的约束时,有时要忽略一些次要因素,抓住主要因素,作一些合理的简化。例如,导向轴承能阻碍轴沿 y 和 z 轴的移动,并能阻碍绕 y 轴和 z 轴的转动,所以有 4 个约束反作用 $\boldsymbol{F}_{Ay}$、$\boldsymbol{F}_{Az}$、$\boldsymbol{M}_{Ay}$ 和 $\boldsymbol{M}_{Az}$;而径向轴承限制轴绕 y 和 z 轴的转动作用很小,故 $\boldsymbol{M}_{Ay}$ 和 $\boldsymbol{M}_{Az}$ 可忽略不计,所以只有两个约束力 $\boldsymbol{F}_{Ay}$ 和 $\boldsymbol{F}_{Az}$。又如,一般小柜门都装有两个合页,形如表 6-1 中的蝶铰链,它主要限制物体沿 y、z 方向的移动,因而有两个约束力 $\boldsymbol{F}_{Ay}$ 和 $\boldsymbol{F}_{Az}$。合页不限制物体绕转轴的转动,单个合页对物体绕 y、z 轴转动的限制作用也很小,因而没有约束力偶。而当物体受到沿合页轴向作用力时,其中一个合页将限制物体轴向移动,应视为止推轴承。

如果刚体只受平面力系的作用,则垂直于该平面的约束力和绕平面内两轴的约束力偶都应为零,相应减少了约束力的数目。例如,在空间任意力系作用下,固定端的约束力共有 6 个,即 $\boldsymbol{F}_{Ax}$、$\boldsymbol{F}_{Ay}$、$\boldsymbol{F}_{Az}$、$\boldsymbol{M}_{Ax}$、$\boldsymbol{M}_{Ay}$ 和 $\boldsymbol{M}_{Az}$;而在 Oyz 平面内受平面任意力系作用时,固定端约束力就只有 3 个,即 $\boldsymbol{F}_{Ay}$、$\boldsymbol{F}_{Az}$ 和 $\boldsymbol{M}_{Ax}$。

6.5 重　心

1. 重心的概念

我们知道,在地球附近的物体都受到地球对它的吸引力。若把物体想像地分割成无数微小部分,则物体上每个微小部分都受到地球引力的作用。严格地说,这些引力组成的力系是一个空间汇交力系(交于地球的中心)。由于物体的尺寸与地球半径相比小得多,因此可近似地认为这个力系是一空间平行力系,此平行力系的合力称为物体的重力。通过实验可知,无论物体怎样放置,这一平行力系的合力总是通过物体内的一个确定点——平行力系的中心,这个点称为物体的**重心**。

重心在工程实际中具有重要的意义。如重心的位置会影响物体的平衡和稳定,对于飞机和船舶尤为重要;高速转动的转子,如果转轴不通过重心,将会引起强烈的振动,甚至引起破坏。

下面讨论怎样确定重心的位置。

2. 重心的坐标公式

如将物体分割成许多微小体积,每小块体积为 ΔV_i,所受重力为 $\boldsymbol{P}_i$。这些重力组成平行力

系，其合力 $\boldsymbol{P}$ 的大小就是整个物体的重量，即

$$\boldsymbol{P}=\sum \boldsymbol{P}_i$$

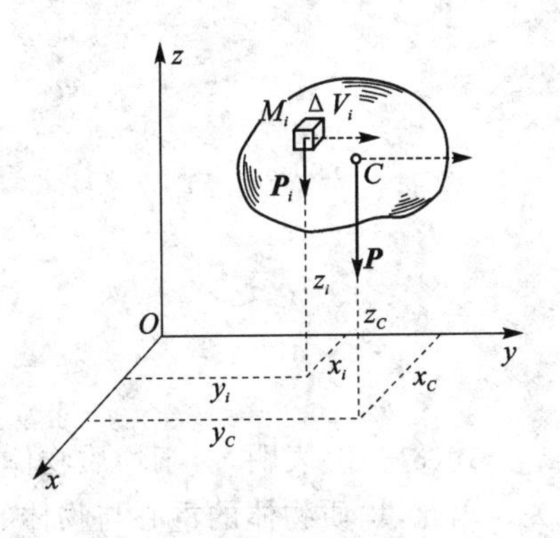

图 6-13

取直角坐标系 $Oxyz$，使各重力及其合力与 z 轴平行，如图 6-13 所示。设任一微体的坐标为 x_i、y_i、z_i，重心 C 的坐标为 x_C、y_C、z_C。根据合力矩定理，对 x 轴取矩，有

$$-Py_C=-(P_1y_1+P_2y_2+\cdots+P_ny_n)=-\sum P_iy_i$$

再对 y 轴取矩，有

$$Px_C=P_1x_1+P_2x_2+\cdots+P_nx_n=\sum P_ix_i$$

为求坐标 z_C，由于重心在物体内占有确定的位置，可将物体连同坐标系 $Oxyz$ 一起绕 x 轴顺时针转 90°，使 y 轴向下，这样各重力 $\boldsymbol{P}_i$ 及其合力 $\boldsymbol{P}$ 都与 y 轴平行。这也相当于将各重力及其合力相对于物体按逆时针方向转 90°，使之与 y 轴平行，如图 6-13 中虚线箭头所示。这时，再对 x 轴取矩，得

$$-Pz_C=-(P_1z_1+P_2z_2+\cdots+P_nz_n)=-\sum P_iz_i$$

由以上三式可得计算重心坐标的公式，即

$$\left.\begin{aligned}x_C&=\frac{\sum P_ix_i}{\sum P_i}\\ y_C&=\frac{\sum P_iy_i}{\sum P_i}\\ z_C&=\frac{\sum P_iz_i}{\sum P_i}\end{aligned}\right\}\tag{6-11}$$

物体分割得越多，即每一小块体积越小，则按上式计算的重心位置越准确。在极限情况下可用积分计算。

在式(6-11)中，如以 $P_i=m_ig$、$P=mg$ 代入，在分子和分母中消去 g，即得公式

$$\left.\begin{aligned}x_C&=\frac{\sum m_ix_i}{m}\\ y_C&=\frac{\sum m_iy_i}{m}\\ z_C&=\frac{\sum m_iz_i}{m}\end{aligned}\right\}\tag{6-12}$$

式(6-12)称为质心(质量中心)坐标公式，在均匀重力场内，质量中心与其重心的位置相重合。

对于均质物体其重量是均匀分布的，如物体单位体积的重量为 γ，以 ΔV_i 表示微小体积，物体总体积 $V=\sum \Delta V_i$，$P_i=\Delta V_i\gamma$ 代入式(6-11)得

$$\left.\begin{aligned}x_C &= \frac{\sum \Delta V_i x_i}{\sum \Delta V_i} = \frac{\sum \Delta V_i x_i}{V}\\ y_C &= \frac{\sum \Delta V_i y_i}{\sum \Delta V_i} = \frac{\sum \Delta V_i y_i}{V}\\ z_C &= \frac{\sum \Delta V_i z_i}{\sum \Delta V_i} = \frac{\sum \Delta V_i z_i}{V}\end{aligned}\right\} \tag{6-13}$$

公式(6-13)表明,对于均质物体来说,物体的重心只与物体的形状有关,而与物体的重量无关。因此,均质物体的重心与物体的几何中心位置相重合。

对于平面薄板,其重心只求两个坐标就可以了,如图6-14所示的 x_C 和 y_C。设板的厚度为 h、面积为 A,将薄板分成若干微小部分,每个微小部分的面积为 ΔA_i,则有 $V=hA$,$\Delta V_i=h\Delta A_i$,将其代入式(6-13)得

$$\left.\begin{aligned}x_C &= \frac{\sum x_i \Delta A_i}{A} = \frac{\int_A x\,\mathrm{d}A}{A}\\ y_C &= \frac{\sum y_i \Delta A_i}{A} = \frac{\int_A y\,\mathrm{d}A}{A}\end{aligned}\right\} \tag{6-14}$$

在式(6-14)中,显然 $\sum y_i \Delta A_i = y_C A$。公式 $\sum y_i \Delta A_i = y_C A$ 称为截面图形对 x 轴的静矩。静矩的概念将在材料力学中用到。

若物体是均质等截面的细长线段,其截面尺寸与其长度 l 相比是很小的,如图6-15所示。

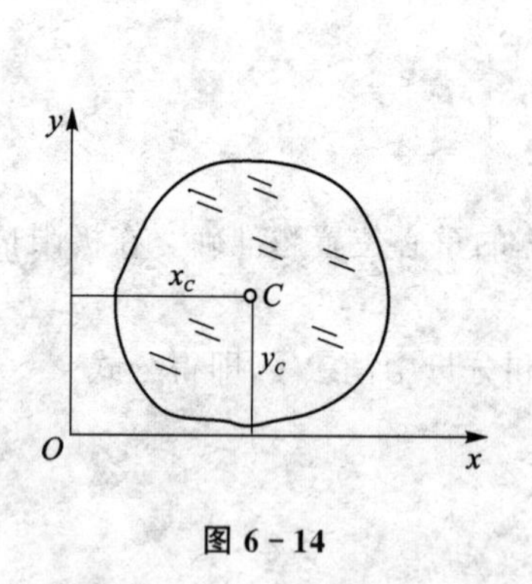

图6-14

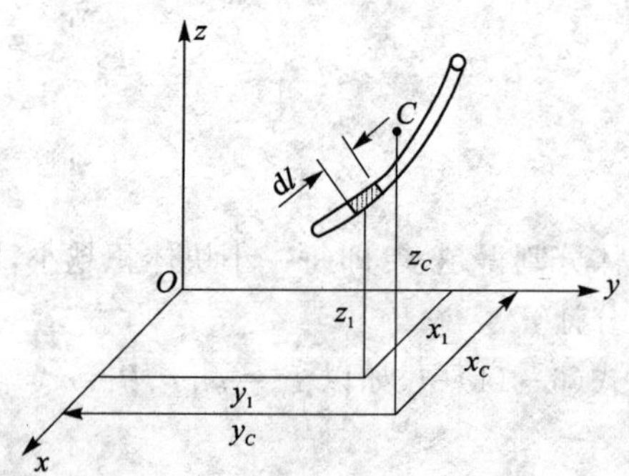

图6-15

其重心坐标公式为

$$\left.\begin{aligned}x_C &= \frac{\sum x_i \Delta l_i}{l} = \frac{\int_l x\,\mathrm{d}l}{l}\\ y_C &= \frac{\sum y_i \Delta l_i}{l} = \frac{\int_l y\,\mathrm{d}l}{l}\\ z_C &= \frac{\sum z_i \Delta l_i}{l} = \frac{\int_l z\,\mathrm{d}l}{l}\end{aligned}\right\} \tag{6-15}$$

这时的重心称为线段的重心，曲线的重心一般不在曲线上。

由式(6-13)、式(6-14)、式(6-15)可知，均质物体的重心就是几何中心，通常称为形心。

3. 确定物体重心的方法

(1) 简单几何形状物体的重心　如均质物体有对称面，或对称轴，或对称中心，不难看出，该物体的重心必相应地在这个对称面，或对称轴，或对称中心上。例如：正圆锥体或正圆锥面、正棱柱体或正棱柱面的重心都在其轴线上；椭球体或椭圆面的重心在其几何中心上；平行四边形的重心在其对角线的交点上，等等。简单形状物体的重心可从工程手册上查到，表6-2列出了常见的几种简单形状物体的重心。工程中常用的型钢(如工字钢、角钢、槽钢等)的截面的形心，也可以从型钢表中查到。

表6-2　简单形体重心表

图　形	重心位置
三角形	在中线的交点 $y_C=\frac{1}{3}h$
梯形	$y_C=\frac{h(2a+b)}{3(a+b)}$
圆弧	$x_C=\frac{r\sin\alpha}{\alpha}$ 对于半圆弧 $\alpha=\frac{\pi}{2}$，则 $x_C=\frac{2r}{\pi}$
弓形	$x_C=\frac{2}{3}\frac{r^3\sin^3\alpha}{A}$ $\left[面积\ A=\frac{r^2(2\alpha-\sin 2\alpha)}{2}\right]$

续表 6-2

图形	重心位置
扇形 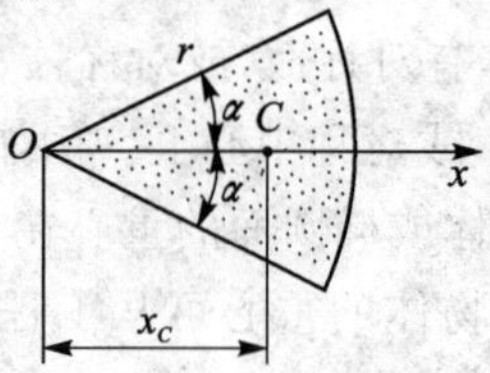	$x_C=\frac{2}{3}\frac{r\sin\alpha}{\alpha}$ 对于半圆 $\alpha=\frac{\pi}{2}$,则 $x_C=\frac{4r}{3\pi}$
部分圆环 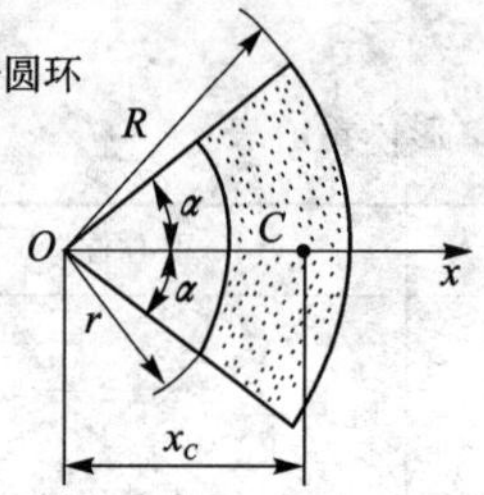	$x_C=\frac{2}{3}\frac{R^3-r^3}{R^2-r^2}\frac{\sin\alpha}{\alpha}$
抛物线面 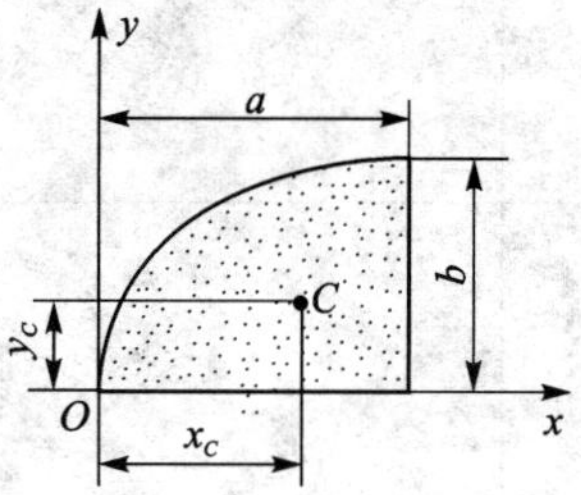	$x_C=\frac{5}{8}a$ $y_C=\frac{2}{5}b$
抛物线面 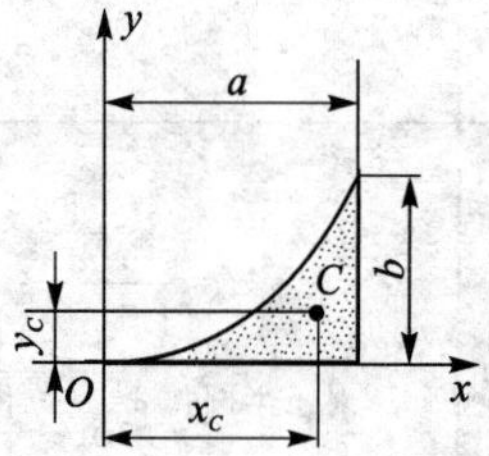	$x_C=\frac{3}{4}a$ $y_C=\frac{3}{10}b$
半圆球 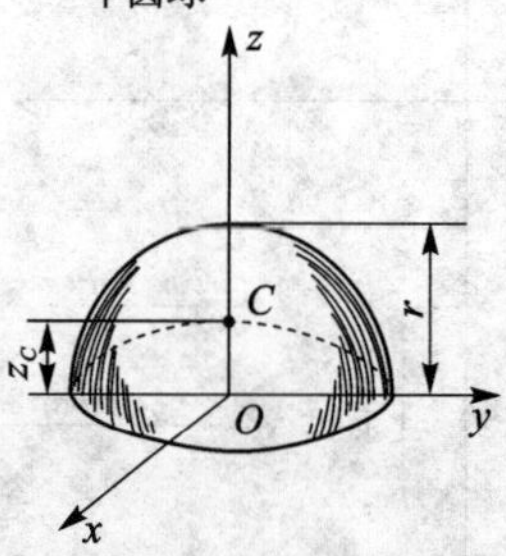	$z_C=\frac{3}{8}r$

续表 6-2

图　形	重心位置
正圆锥体	$z_C=\frac{1}{4}h$
正角锥体	$z_C=\frac{1}{4}h$
锥形筒体	$y_C=\frac{4R_1+2R_2-3t}{6(R_1+R_2-t)}\cdot L$

表 6-2 中列出的重心位置，均可按前述公式积分求得，如下例。

例 6-5　试求图 6-16 所示半径为 R、圆心角为 2α 的扇形面积的重心。

解　取中心角的平分线为 y 轴。由于对称关系，重心必在这个轴上，即 $x_C=0$，现在只需求出 y_C。

把扇形面积分成无数无穷小的面积素（可看作三角形），每个小三角形的重心都在距顶点 O 为 $\frac{2}{3}R$ 处。任一位置 θ 处的微小面积 $\mathrm{d}A=\frac{1}{2}R^2\mathrm{d}\theta$，其重心的 y 坐标为 $y=\frac{2}{3}R\cos\theta$。扇形总面积为

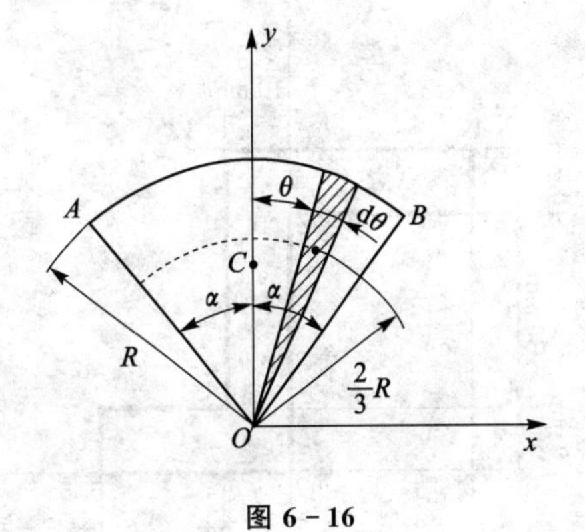

图 6-16

$$A=\int\mathrm{d}A=\int_{-\alpha}^{\alpha}\frac{1}{2}R^2\mathrm{d}\theta=R^2\alpha$$

由形心坐标公式(6-14),可得

$$y_C=\frac{\int y\mathrm{d}A}{A}=\frac{\int_{-\alpha}^{\alpha}\frac{2}{3}R\cos\theta\,\frac{1}{2}R^2\mathrm{d}\theta}{R^2\alpha}=\frac{2}{3}R\,\frac{\sin\alpha}{\alpha}$$

如以 $\alpha=\frac{\pi}{2}$ 代入,即得半圆形的重心

$$y_C=\frac{4R}{3\pi}$$

(2) 用组合法求重心

(a) 分割法:若一个物体由几个简单形状的物体组合而成,而这些物体的重心是已知的,那么整个物体的重心即可用式(6-11)求出。

例 6-6 试求 Z 形截面重心的位置,其尺寸如图 6-17 所示。

解 取坐标轴如图所示,将该图形分割为三个矩形(例如用 ab 和 cd 两线分割)。以 C_1、C_2、C_3 表示这些矩形的重心,而以 A_1、A_2、A_3 表示它们的面积。以 x_1、y_1,x_2、y_2,x_3、y_3 分别表示 C_1、C_2、C_3 的坐标,由图得

$$x_1=-15,\quad y_1=45,\quad A_1=300$$
$$x_2=5,\quad y_2=30,\quad A_2=400$$
$$x_3=15,\quad y_3=5,\quad A_3=300$$

按公式求得该截面重心的坐标 x_C、y_C 为

$$x_C=\frac{x_1A_1+x_2A_2+x_3A_3}{A_1+A_2+A_3}=2\ \mathrm{mm}$$

$$y_C=\frac{y_1A_1+y_2A_2+y_3A_3}{A_1+A_2+A_3}=27\ \mathrm{mm}$$

(b) 负面积法(负体积法):若在物体或薄板内切去一部分(例如有空穴和孔的物体),则这类物体的重心,仍可应用与分割法相同的公式来求得,只是切去部分的体积或面积应取负值。今以下例说明。

例 6-7 试求图 6-18 所示振动沉桩器中的偏心块的重心。已知:$R=100$ mm,$r=17$ mm,$b=13$ mm。

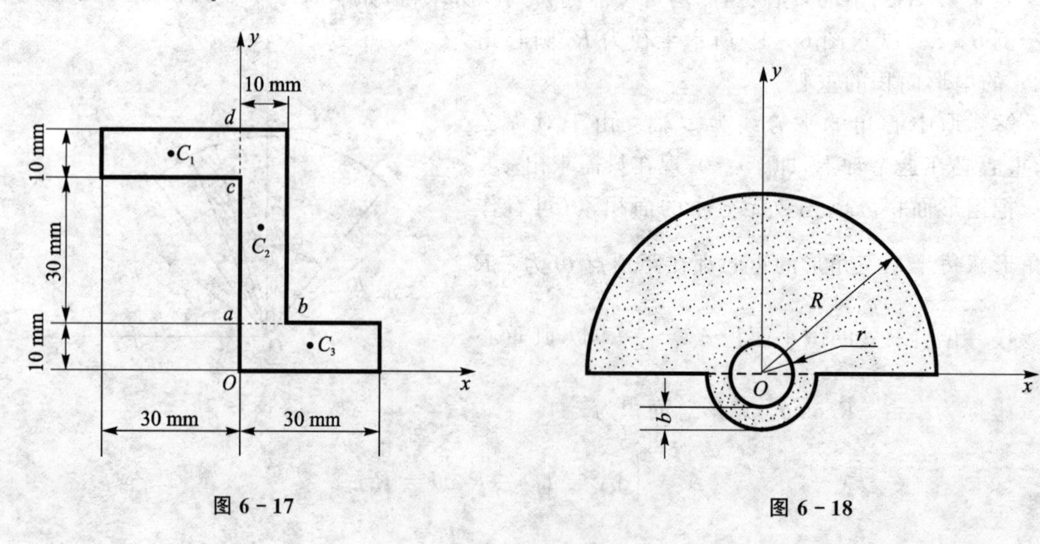

图 6-17　　图 6-18

解　将偏心块看成是由三部分组成，即半径为 R 的半圆 A_1，半径为 $r+b$ 的半圆 A_2 和半径为 r 的小圆 A_3。因 A_3 是切去的部分，所以面积应取负值。今使坐标原点与圆心重合，且偏心块的对称轴为 y 轴，则有 $x_C=0$。设 y_1、y_2、y_3 分别是 A_1、A_2、A_3 重心的坐标，由例 6－5 的结果可知

$$y_1=\frac{4R}{3\pi}=\frac{400}{3\pi},\quad y_2=\frac{-4(r+b)}{3\pi}=-\frac{40}{\pi},\quad y_3=0$$

于是，偏心块重心的坐标为

$$y_C=\frac{A_1y_1+A_2y_2+A_3y_3}{A_1+A_2+A_3}=$$

$$\frac{\frac{\pi}{2}\times 100^2\times\frac{400}{3\pi}+\frac{\pi}{2}\times(17+13)^2\times\left(\frac{-40}{\pi}\right)-(17^2\pi)\times 0}{\frac{\pi}{2}\times 100^2+\frac{\pi}{2}(17+13)^2+(-17^2\pi)}\ \text{mm}=40.01\ \text{mm}$$

(3) 用实验方法测定重心的位置　工程中一些外形复杂或质量分布不均的物体很难用计算方法求其重心，此时可用实验方法测定重心位置。下面介绍两种方法。

(a) 悬挂法：如果需求一薄板的重心，可先将板悬挂于任一点 A，如图 6－19(a)所示。根据二力平衡条件，重心必在过悬挂点的铅直线上，于是可在板上画出此线。然后再将板悬挂于另一点 B，同样可画出另一直线。两直线相交于点 C，这个点就是重心，如图 6－19(b)所示。

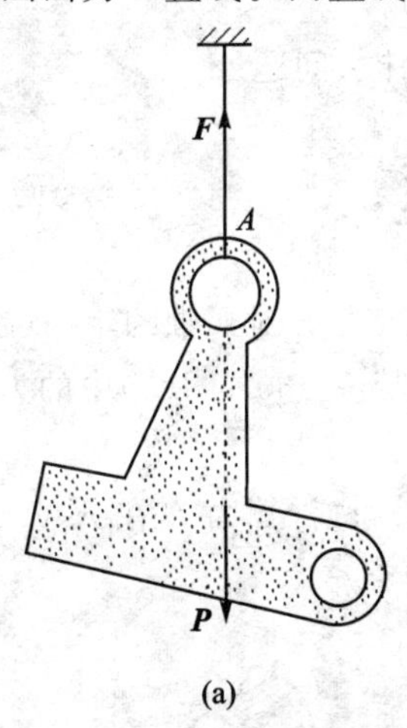

(a)

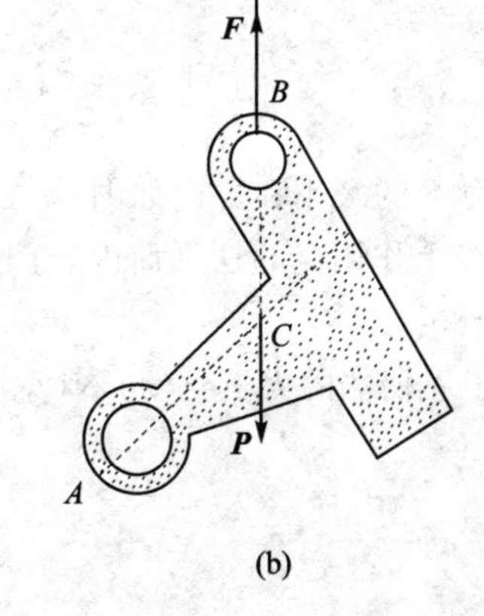

(b)

图 6－19

(b) 称重法：形状复杂或体积较大的物体常用称重法求重心。

例如曲柄滑块机构中的连杆，因为具有对称轴，所以只要确定重心在此轴上的位置 h 即可。将连杆 A 端悬挂不动，B 端放在一磅秤上(见图 6－20)，测得 B 端反力的大小为 $\boldsymbol{F}_B$。因连杆处于平衡状态，所以由力矩方程

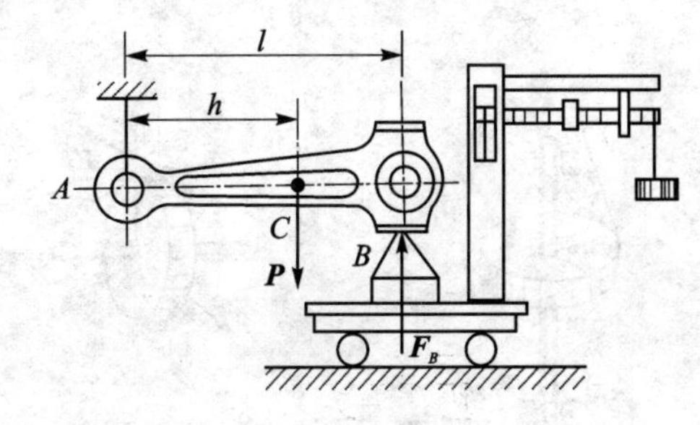

图 6－20

$$\sum M_A=0,\quad F_B\cdot l-Ph=0$$

可得

$$h=\frac{F_B\cdot l}{P}$$

式中,l 及连杆重量 P 均可测出;F_B 就是磅秤上的读数,代入上式,即可求出 h 的数值。

思　考　题

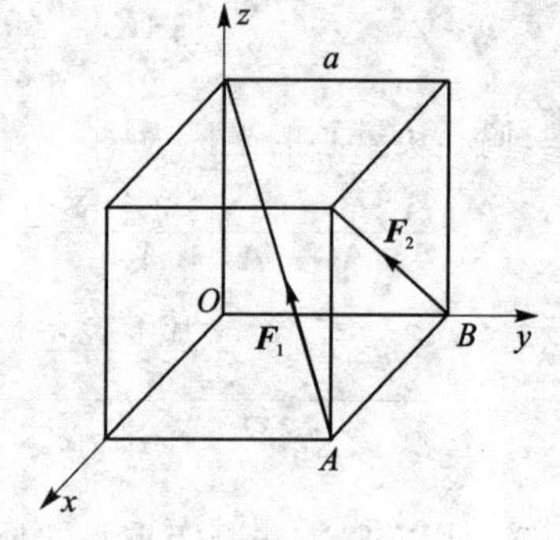

图 6-21

6-1　在正方体的顶角 A 和 B 处,分别作用有力 $\boldsymbol{F}_1$ 和 $\boldsymbol{F}_2$,如图 6-21 所示。求此两力在 x、y、z 轴上的投影和对 x、y、z 轴的矩。

6-2　力 $\boldsymbol{F}$ 在什么情况下能同时满足以下条件

(1) $F_x=0$, $M_x(F)=0$;

(2) $F_y=0$, $M_x(F)=0$;

(3) $F_x=0$, $M_x(F)\neq 0$;

(4) $F_x\neq 0$, $M_x(F)=0$;

(5) $M_x(F)=0$, $M_y(F)=0$。

6-3　二次投影法中,力在平面上的投影是代数量还是矢量?

6-4　物体的重心是否一定在物体上?

6-5　计算物体的重心时,如果选取的坐标系不同,重心的坐标是否改变?物体的重心位置是否改变?

6-6　用负面积法求物体的重心时,应该注意些什么问题 ?

习　题

6-1　已知力 $\boldsymbol{F}$ 的大小和方向如图 6-22 所示,求力 $\boldsymbol{F}$ 对 z 轴的矩。(题 6-1 图(a)中的力 $\boldsymbol{F}$ 位于其过轮缘上作用点的切平面内,且与轮平面成 $\alpha=60°$;图(b)中的力 $\boldsymbol{F}$ 位于轮平面内与轮的法线成 $\beta=60°$)。

6-2　作用于手柄端的力 $F=600$ N(见图 6-23),试计算力 $\boldsymbol{F}$ 在 x、y、z 轴上的投影及对 x、y、z 轴之矩。

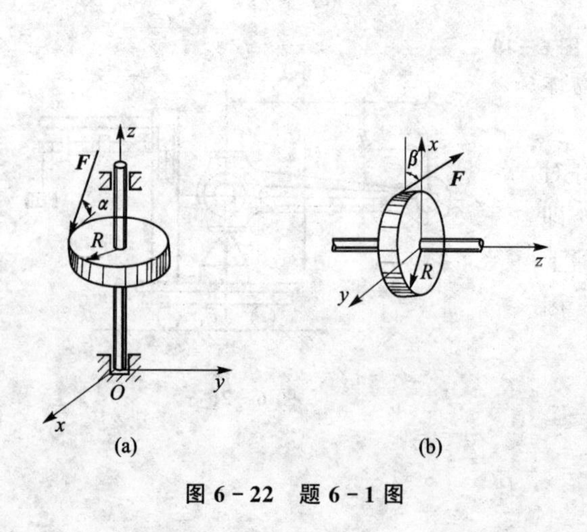

图 6-22　题 6-1 图

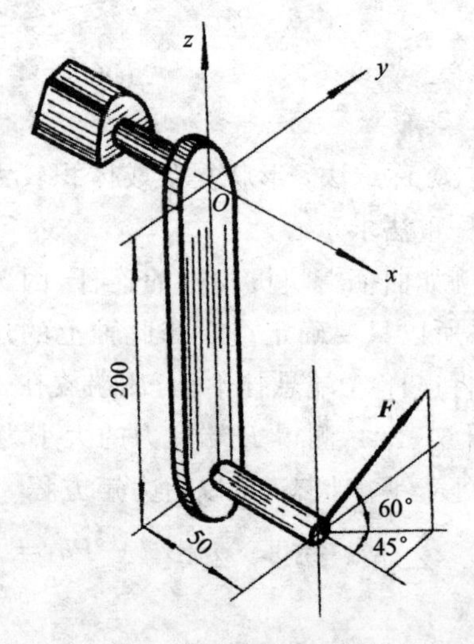

图 6-23　题 6-2 图

6-3　图6-24所示三脚架的三只脚 AD、BD、CD 各与水平面成60°角，且 $AB=BC=AC$，绳索绕过 D 处的滑轮由卷扬机 E 牵引将重物 P 吊起。卷扬机位于 $\angle ACB$ 的等分线上，且 DE 线与水平面成60°。当 $P=30$ kN的重物被等速地提升时，求各脚所受的力。

6-4　重物 $P=10$ kN，由撑杆 AD 及链条 BD 和 CD 所支持。杆的 A 端以铰链固定，又 A、B 和 C 三点在同一铅垂墙上。尺寸如图6-25所示，求撑杆 AD 和链条 BD、CD 所受的力（注：OD 垂直于墙面，$OD=20$ cm）。

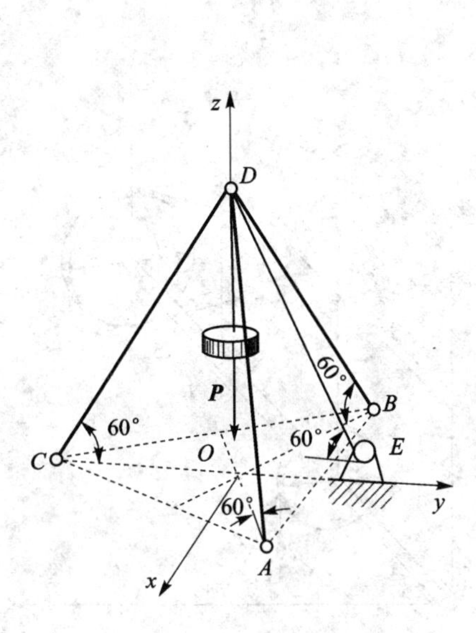

图6-24　题6-3图

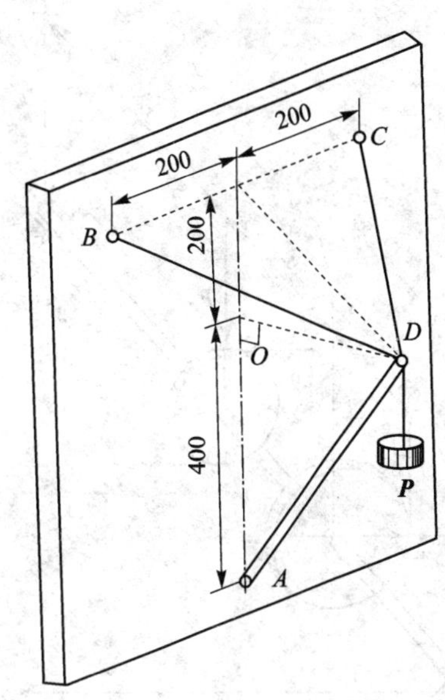

图6-25　题6-4图

6-5　固结在 AB 轴上的三个圆轮（见图6-26），半径各为 r_1、r_2、r_3；水平和铅垂作用力的大小 $F_1=F'_1$、$F_2=F'_2$ 为已知，求平衡时 $\boldsymbol{F}_3$ 和 $\boldsymbol{F}'_3$ 两力的大小。

6-6　平行力系由五个力组成，各力方向如图6-27所示。已知：$F_1=150$ N，$F_2=100$ N，$F_3=200$ N，$F_4=150$ N，$F_5=100$ N。图中坐标的单位为cm。求平行力系的合力。

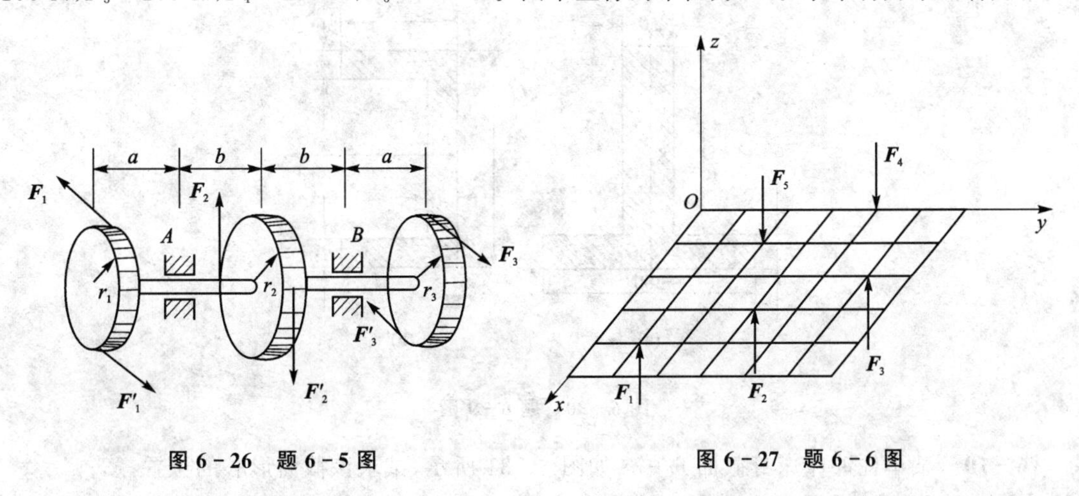

图6-26　题6-5图　　　图6-27　题6-6图

6-7　有一齿轮传动轴如图6-28所示。大齿轮的节圆直径 $D=100$ mm，小齿轮的节圆

直径 $d=50$ mm。如两齿轮都是直齿,压力角均为 $\alpha=20°$,已知作用在大齿轮上的圆周力 $F_{t1}=1\ 950$ N,试求传动轴作匀速转动时,小齿轮所受的圆周力 F_{t2} 的大小及两轴承的约束力。

6-8 传动轴如图 6-29 所示。传送带轮直径 $D=400$ mm,传送带拉力 $F_1=2\ 000$ N,$F_2=1\ 000$ N,传送带拉力与水平线夹角为 15°;圆柱直齿轮的节圆直径 $d=200$ mm,齿轮压力 $\boldsymbol{F}_N$ 与铅垂线成 20°角。试求轴承的约束力和齿轮压力 $\boldsymbol{F}_N$。

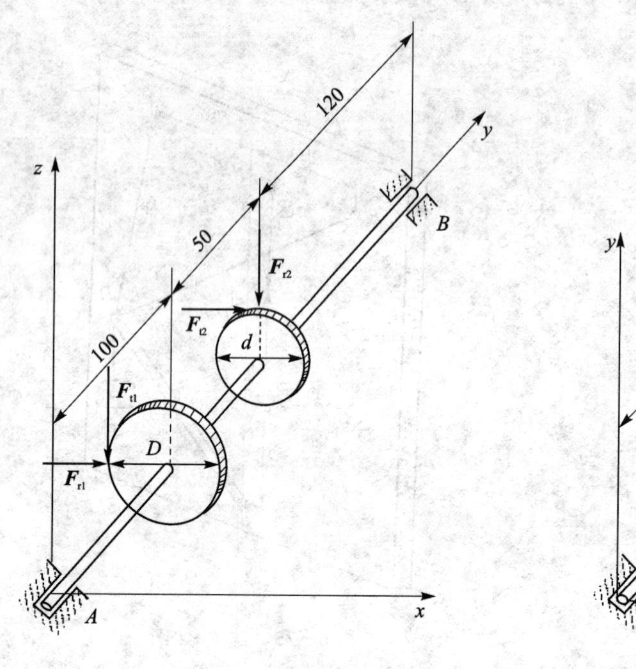

图 6-28 题 6-7 图

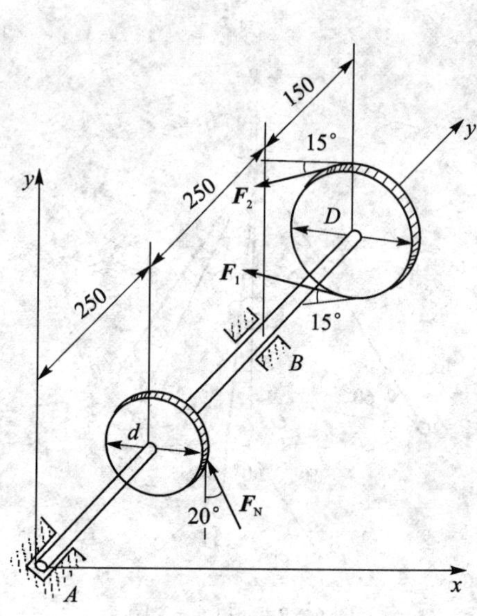

图 6-29 题 6-8 图

6-9 求图 6-30 所示截面重心的位置。

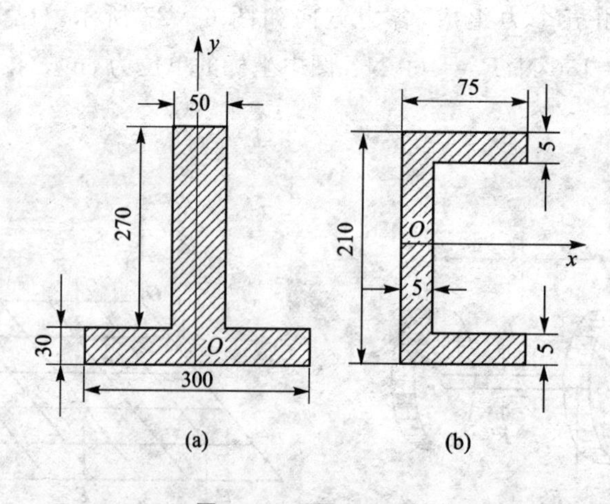

图 6-30 题 6-9 图

6-10 某单柱冲床床身截面 $m-m$ 如图 6-31 所示,试求该截面形心的位置。

6-11 斜井提升中,使用的箕斗侧板的几何尺寸如图 6-32 所示,试求其重心。

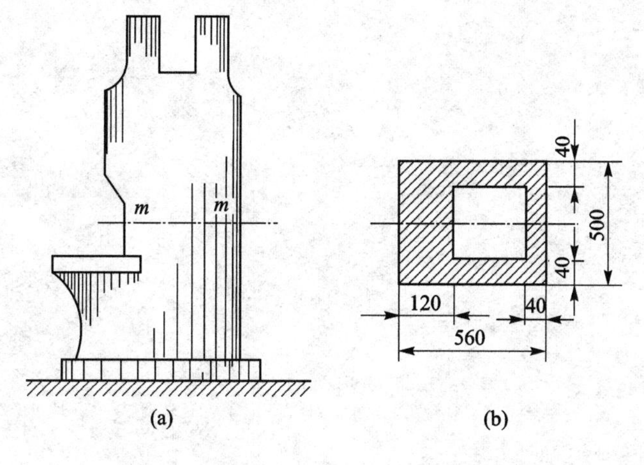

图 6－31　题 6－10 图

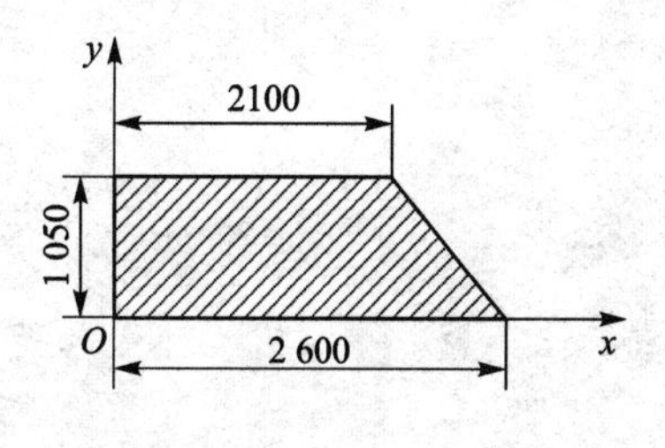

图 6－32　题 6－11 图

6－12　图 6－33 所示为一半径 $R=10$ cm 的均质薄圆板。在距圆心为 $a=4$ cm 处有一半径 $r=3$ cm 的小孔。试计算此薄圆板的重心位置。

6－13　为了测汽车的重心位置(见图 6－34),可将汽车驶到秤上,秤得汽车总重的大小为 P,再将后轮驶到地秤上,秤得后轮的压力 F_N,即可求得重心的位置。今已知 $P=34.3$ kN,$F_N=19.6$ kN,前后两轮之间的距离 $l=3.1$ m,试求重心 C 到后轴的距离 b。

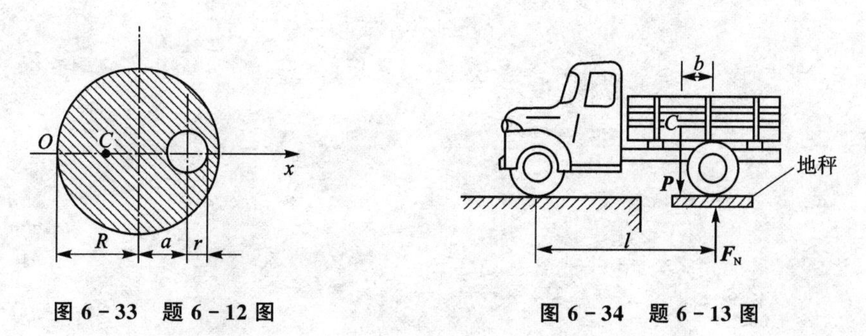

图 6－33　题 6－12 图　　　图 6－34　题 6－13 图

第二篇　材料力学

材料力学主要研究材料的力学性能和构件在外力作用下的强度、刚度和稳定性的计算。

第7章　材料力学的基本概念

本章将介绍材料力学的任务、研究对象，变形固体的基本假设，杆件的基本变形形式及内力、应力等材料力学的一些基本概念。

7.1　材料力学的任务

工程结构或机械的各组成部分，如建筑物的梁和柱、机床的轴等，统称为构件。在静力学中，根据力的平衡关系，已经解决了构件的外力计算问题，然而在外力作用下如何保证构件正常的工作，还是一个有待于进一步解决的问题。

1. 构件正常工作应满足的条件

为保证工程结构或机械的正常工作，组成结构或机械的每一个构件都应有足够的能力担负起应当承受的载荷。因此，它应满足以下要求：

(1) 构件应具备足够的强度(即抵抗破坏的能力)，以保证在规定的使用条件下，不发生意外的破坏。

(2) 构件应具备足够的刚度(即抵抗变形的能力)，以保证在规定的使用条件下，不产生过大的变形。

(3) 构件应具备足够的稳定性(即保持其原有平衡状态的能力)，以保证在规定的使用条件下不产生失稳现象。

以上三项是确保构件正常工作的基本条件。

2. 材料力学的任务

在工程问题中，构件除了应满足正常工作的条件外，还应考虑经济方面的要求。为了安全可靠，往往希望选用优质材料与较大的截面尺寸；但是，由此又可能造成材料浪费与结构笨重。可见，安全与经济、安全与质量之间存在矛盾。因此，如何合理地选用材料，如何恰当地确定构件的截面形状与尺寸，便成为构件设计中十分重要的问题。材料力学的任务就是在满足强度、刚度和稳定性的要求下，为设计既经济又安全的构件，提供必要的理论基础和计算方法。

事物总是一分为二的，有时对某些构件也会提出相反的要求。例如，为保护主要部件而设置的安全装置，在超载时应首先破坏，从而避免主要部件受到损坏。又如为减轻冲击作用而安装的缓冲弹簧，则要求有较大的变形。这类问题，也需要用材料力学提供的理论基础来计算。

3. 材料力学的研究对象

工程实际中的构件,形状多种多样,按照其几何特征,主要分为杆件与板件。

一个方向的尺寸远大于其他两个方向尺寸的构件,称为杆件,简称为杆。杆件是工程中最常见、最基本的构件。根据轴线与横截面的特征,杆件可分为直杆与曲杆、等截面杆与变截面杆。

一个方向的尺寸远小于其他两个方向尺寸的构件称为板件。平分板件厚度的几何面称为中面,中面为平面的板件称为板,中面为曲面的板件称为壳。

材料力学的主要研究对象是杆,以及由若干杆组成的简单杆系;同时也研究一些形状与受力均比较简单的板与壳。至于较复杂的杆系与板壳问题,则属于结构力学与弹性力学的研究范畴。

7.2 变形固体的基本假设

固体因外力作用而变形,故称为变形固体或可变形固体。固体有多方面的属性,研究的角度不同,侧重面各不一样。研究构件的强度、刚度和稳定性时,为抽象出力学模型,掌握与问题有关的主要属性,略去一些次要属性,对变形固体作下列假设:

1. 连续性假设

认为组成固体的物质不留空隙地充满了固体的体积。实际上,组成固体的粒子之间存在着空隙并不连续,但这种空隙的大小与构件的尺寸相比极其微小,可以不计。于是就认为固体在其整个体积内是连续的。这样,当把某些力学量看作是固体的点的坐标的函数时,对这些量就可以进行坐标增量为无限小的极限分析。

2. 均匀性假设

认为在固体内到处有相同的力学性能。就使用最多的金属来说,组成金属的各晶粒的力学性能并不完全相同。但因构件或构件的任一部分中都包含着数量极多的晶粒,而且无规则地排列,固体的力学性能是各晶粒力学性能的统计平均值,所以可以认为各部分的力学性能是均匀的。这样,如从固体中取出一部分,不论大小,也不论从何处取出,力学性能总是相同的。

材料力学研究构件受力后的强度、刚度和稳定性,把它抽象为均匀连续的模型,可以得出满足工程要求的理论。对发生于晶粒那样大小范围内的现象,就不宜再用均匀连续假设。

3. 各向同性假设

认为无论沿任何方向,固体的力学性能都是相同的。就金属的单一晶粒来说,沿不同的方向,力学性能并不一样。但金属构件包含数量极多的晶粒,且又杂乱无章地排列,这样,沿各个方向的力学性能就接近相同了。具有这种属性的材料称为各向同性材料,如钢、铜、玻璃等。

沿不同方向力学性能不同的材料,称为各向异性材料,如木材、胶合板和某些人工合成材料等。

变形固体因外力作用而引起的变形,按不同情况,可能很小也可能相当大。但材料力学所研究的问题,限于变形的大小远小于构件原始尺寸的情况,这种情况称为**小变形**。这样,在研究构件的平衡时,就可略去构件的变形,而按变形前的原始尺寸进行分析计算。

例如,图 7-1 中,简易吊车的各杆因受力而变形,引起支架几何形状和外力位置的变化。

但由于 δ_1 和 δ_2 都远小于吊车的其他尺寸，所以，在计算各杆的受力时，仍然可用变形前的几何形状和尺寸。今后将经常使用小变形的概念以简化分析计算。至于构件变形过大，超出小变形条件，一般不在材料力学中讨论。

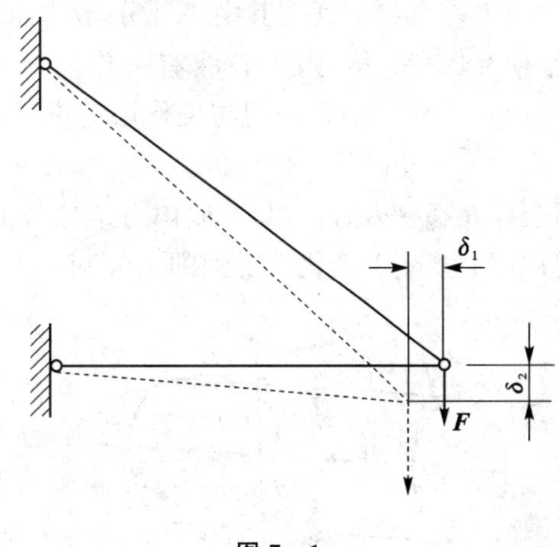

图 7－1

7.3　外力及其分类

当研究某一构件时，可以设想把这一构件从周围物体中单独取出，并用力来代替周围各物体对构件的作用。这些来自构件外部的力就是外力。按外力的作用方式可分为表面力和体积力。表面力是作用于物体表面的力，又可分为分布力和集中力。分布力是连续作用在物体表面的力，如作用于油缸内壁上的油压力，作用于船体上的水压力等。有些分布力是沿杆件的轴线作用的，如楼板对屋梁的作用力。若外力分布面积远小于物体的表面尺寸，或沿杆件轴线分布范围远小于轴线长度，就可看做是作用于一点的集中力，如火车轮对钢轨的压力，滚珠轴承对轴的反作用力等。体积力是连续分布于物体内部各点的力，例如物体的自重和惯性力等。

载荷按随时间变化的情况，又可分为静载荷和动载荷。若载荷缓慢地由零增加到某一定值，以后即保持不变，或变动很不显著，即为静载荷。例如，把机器缓慢地放置在基础上时，机器的重量对基础的作用便是静载荷。若载荷随时间而变化，则为动载荷。按其随时间变化的方式，动载荷又可分为交变载荷和冲击载荷。交变载荷是随时间作周期性变化的载荷，例如当齿轮转动时，作用于每一个齿上的力都是随时间作周期性变化的。冲击载荷则是物体的运动在瞬时内发生突然变化所引起的载荷，例如，急刹车时飞轮的轮轴、锻造时汽锤的锤杆等都受到冲击载荷的作用。

材料在静载荷下和在动载荷下的性能颇不相同，分析方法也颇有差异。因为静载荷问题比较简单，所建立的理论和分析方法又可作为解决动载荷问题的基础，所以首先研究静载荷问题。

7.4　内力、截面法和应力的概念

1. 内力与截面法

物体因受外力作用而变形，其内部各部分之间因相对位置改变而引起的相互作用就是内力。我们知道，即使不受外力作用，物体的各质点之间依然存在着相互作用的力。材料力学中的内力，是指外力作用下，上述相互作用力的变化量，所以是物体内部各部分之间因外力而引起的附加相互作用力，即“附加内力”。这样的内力随外力的增加而加大，达到某一限度时就会引起构件破坏，因而它与构件的强度是密切相关的。

为了显示出构件在外力作用下 $m-m$ 截面上的内力，用平面假想地把构件分成Ⅰ、Ⅱ两部分(见图 7-2(a))。任取其中一部分,例如Ⅱ作为研究对象。在部分Ⅱ上作用的外力有 $\boldsymbol{F}_3$ 和 $\boldsymbol{F}_4$,欲使Ⅱ保持平衡,则Ⅰ必然有力作用于Ⅱ的 $m-m$ 截面上,以与Ⅱ所受的外力平衡,如图 7-2(b)所示。根据作用与反作用定律可知,Ⅱ必然也以大小相等、方向相反的力作用于Ⅰ上。上述Ⅰ与Ⅱ间相互作用的力就是构件在 $m-m$ 截面上的内力。按照连续性假设,在$m-m$ 截面上各处都有内力作用,所以内力是分布于截面上的一个分布力系。今后把这个分布内力系向截面上某一点简化后得到的主矢和主矩,称为截面上的内力。

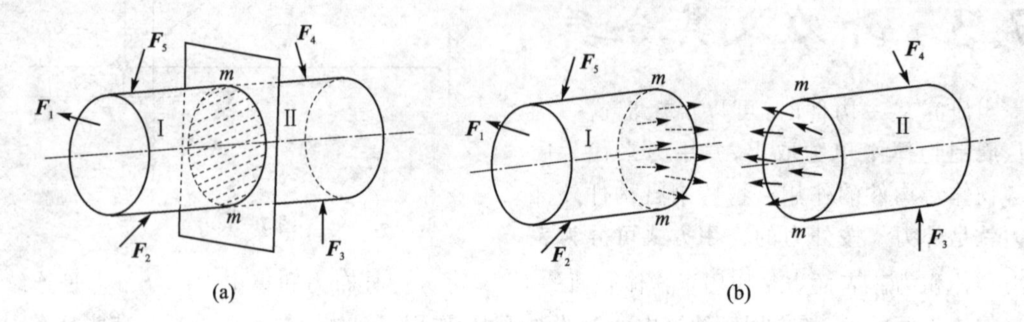

图 7-2

对所研究的部分Ⅱ来说,外力 $\boldsymbol{F}_3$、$\boldsymbol{F}_4$ 和 $m-m$ 截面上的内力保持平衡,根据平衡方程就可以确定 $m-m$ 截面上的内力。

上述用截面假想地把构件分成两部分,以显示并确定内力的方法称为截面法。可将其归纳为以下三个步骤:

(1) 欲求某一截面上的内力时,就沿该截面假想地把构件分成两部分,任意地留下一部分作为研究对象,并弃去另一部分。

(2) 用作用于截面上的内力代替弃去部分对留下部分的作用。

(3) 建立留下部分的平衡方程,确定未知的内力。

2. 应　力

通过截面法,可以求出构件的内力。但是仅仅求出内力还不能解决构件的强度问题,因为同样的内力作用在大小不同的截面上,却会产生不同的结果。这说明构件的危险程度取决于分布内力的聚集程度。

为此,引入一个新的物理量,用应力来度量截面上分布内力的集中程度。内力的分布集度称为应力,以单位面积上的内力来衡量。

图 7-3 所示为从图 7-2 所示的受力构件中取出的分离体。现分析内力在 C 点的集中程度:围绕 C 点取微小面积 ΔA(见图 7-3(a)),ΔA 上分布内力的合力为 ΔF。ΔF 的大小和方向与 C 点的位置和 ΔA 的大小有关。ΔF 与 ΔA 的比值为

$$\boldsymbol{p}_{\mathrm{m}}=\frac{\Delta \boldsymbol{F}}{\Delta A}$$

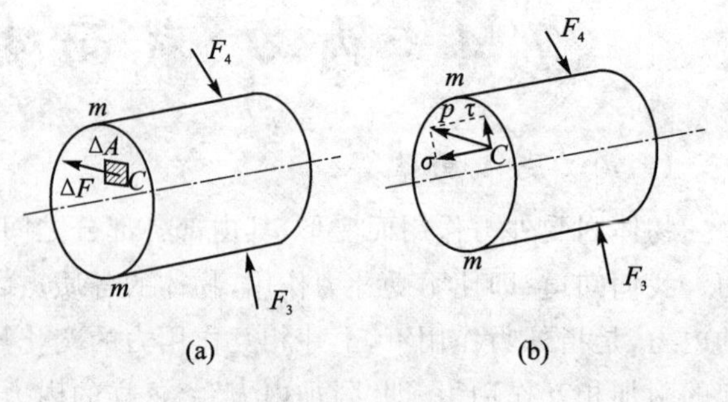

图 7-3

$\boldsymbol{p}_{\mathrm{m}}$ 是一个矢量,代表在 ΔA 范围内,

单位面积上内力的平均集度,称为平均应力。随着 ΔA 的逐渐缩小,$\boldsymbol{p}_{\mathrm{m}}$ 的大小和方向都将逐渐变化。当 ΔA 趋于零时,$\boldsymbol{p}_{\mathrm{m}}$ 的大小和方向都将趋于某一极限。这样得到

$$\boldsymbol{p}=\lim_{\Delta A\to 0}\boldsymbol{p}_{\mathrm{m}}=\lim_{\Delta A\to 0}\frac{\Delta \boldsymbol{F}}{\Delta A}$$

$\boldsymbol{p}$ 称为 C 点的应力。它是分布内力系在 C 点的集度,反映内力系在 C 点的强弱程度。$\boldsymbol{p}$ 是一个矢量,一般说既不与截面垂直,也不与截面相切。通常把应力 $\boldsymbol{p}$ 分解成垂直于截面的分量 σ 和切于截面的分量 τ(见图 7-3(b))。σ 称为正应力,τ 称为切应力。

在我国法定计量单位中,应力的单位是 Pa(帕),称为帕斯卡,1 Pa=1 $\mathrm{N/m^2}$。由于这个单位太小,使用不便,通常使用 MPa,其值为 1 MPa=10^6 Pa。

7.5 杆件变形的基本形式

构件在工作时的受力情况各不相同,受力后所产生的变形也随之而异。对于杆件来说,其受力后所产生的变形有四种基本形式。

1. 拉伸或压缩

图 7-4(a)表示一简易吊车,在载荷 $\boldsymbol{F}$ 作用下,AC 杆受到拉伸(见图 7-4(b)),而 BC 杆受到压缩(见图 7-4(c))。这类变形形式是由大小相等、方向相反、作用线与杆件轴线重合的一对力引起的,表现为杆件的长度发生伸长或缩短。起吊重物的钢索、桁架的杆件、液压油缸的活塞杆等的变形,都属于拉伸或压缩变形。

2. 剪 切

图 7-5(a)表示一铆钉连接,在力 $\boldsymbol{F}$ 作用下,铆钉即受到剪切。这类变形形式是由大小相等、方向相反、相互平行的力引起的,表现为受剪杆件的两部分沿外力作用方向发生相对错动(见图 7-5(b))。机械中常用的连接件,如键、销钉、螺栓等都产生剪切变形。

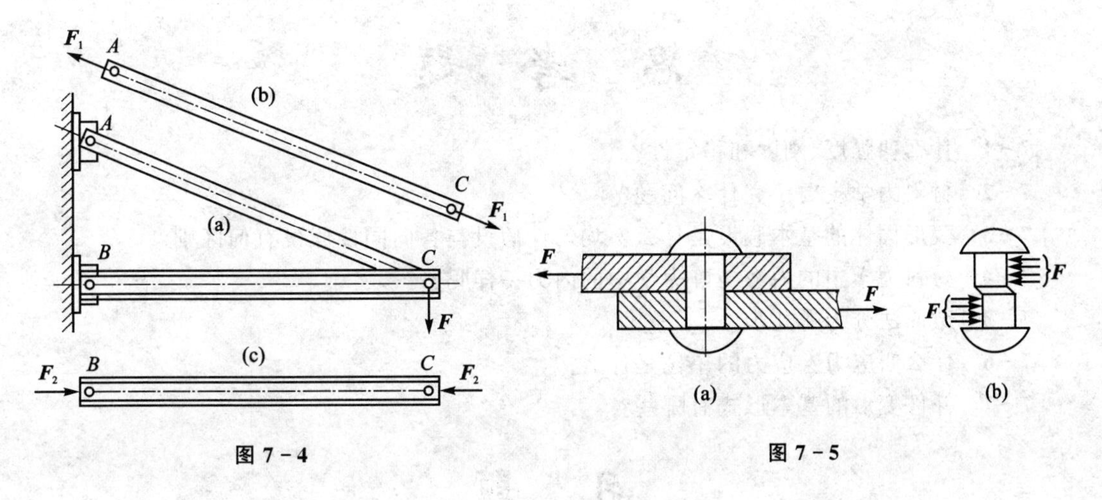

图 7-4　　图 7-5

3. 扭 转

图 7-6(a)所示的汽车转向轴 AB,在工作时发生扭转变形。这类变形形式是由大小相等、转向相反、作用面都垂直于杆轴的两个力偶引起的(见图 7-6(b)),表现为杆件的任意两

个横截面发生绕轴线的相对转动。汽车的传动轴、电动机和水轮机的主轴等,都是受扭杆件。

4. 弯　曲

图 7-7(a)所示的火车轮轴的变形,即为弯曲变形。这类变形形式是由垂直于杆件轴线的横向力,或由作用于包含杆轴的纵向平面内的一对大小相等、转向相反的力偶引起的,表现为杆件轴线由直线变为曲线(见图 7-7(b))。在工程中,受弯杆件是最常遇到的情况之一。桥式起重机的大梁、各种心轴以及车刀等的变形,都属于弯曲变形。

还有一些杆件同时发生几种基本变形,例如车床主轴工作时发生弯曲、扭转和压缩三种基本变形;钻床立柱同时发生拉伸和弯曲两种基本变形。这种情况称为组合变形。在本书中,首先将依次讨论四种基本变形的强度及刚度计算,然后再讨论组合变形。

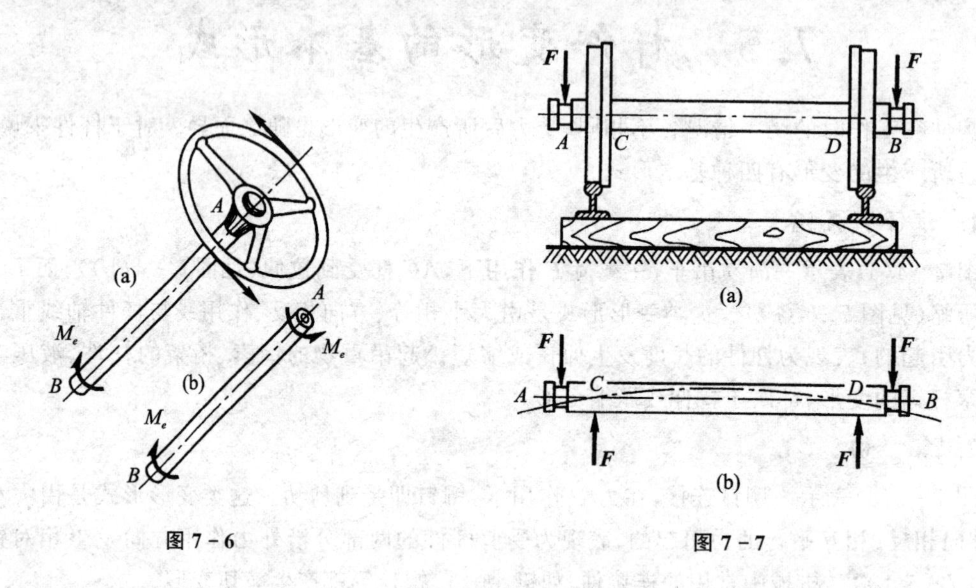

图 7-6　　图 7-7

思 考 题

7-1　什么叫强度、刚度和稳定性?

7-2　材料力学主要研究什么问题?

7-3　变形固体的基本假设是什么?均匀性假设与各向同性假设有何区别?

7-4　材料力学中的内力与静力学中的内力一样吗?

7-5　截面法分为哪几步?

7-6　什么叫应力?应力的单位是什么?

7-7　杆件变形的基本形式有哪些?

习　题

7-1　图 7-8 所示圆截面杆,两端承受一对方向相反、力偶矩矢量沿轴线且大小均为 M_e 的力偶作用。试问在杆件的任一横截面 $m-m$ 上存在何种内力,并确定其大小。

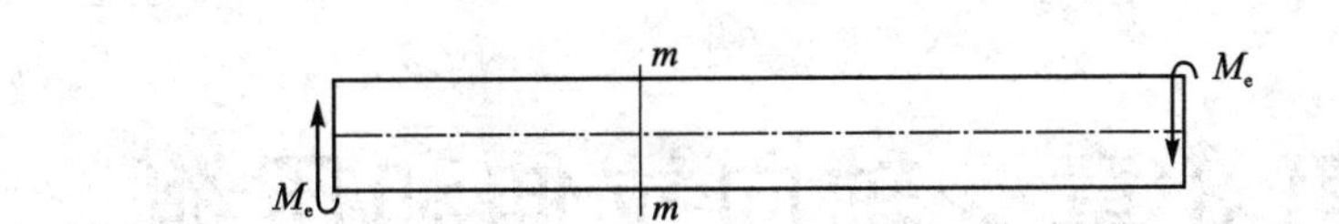

图 7-8　题 7-1 图

7-2　试求图 7-9 所示结构 $m-m$ 和 $n-n$ 两截面上的内力，并指出 AB 和 BC 两杆的变形属于何类基本变形。

7-3　在图 7-10 所示简易吊车的横梁上，力 $\boldsymbol{F}$ 可以左右移动。试求截面 1-1 和 2-2 上的内力及其最大值。

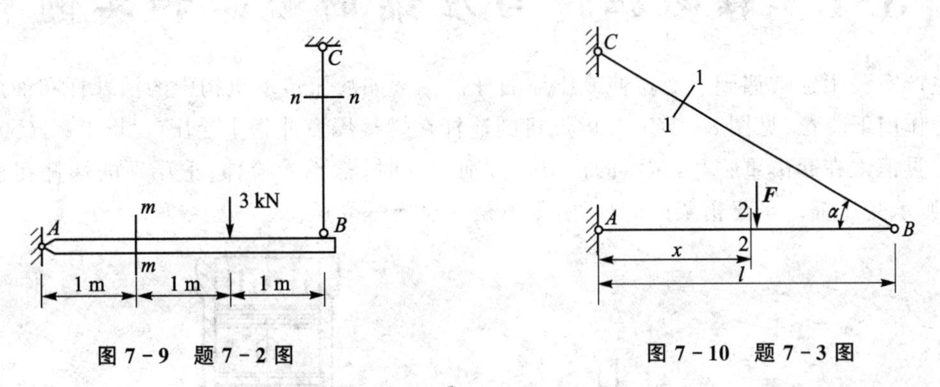

图 7-9　题 7-2 图　　　　图 7-10　题 7-3 图

7-4　图 7-11 所示矩形截面杆，横截面上的正应力沿截面高度线性分布，截面顶边各点处的正应力均为 $\sigma_{max}=100$ MPa，底边各点处的正应力均为零。试问杆件横截面上存在何种内力分量，并确定其大小。图中之 C 点为截面形心。

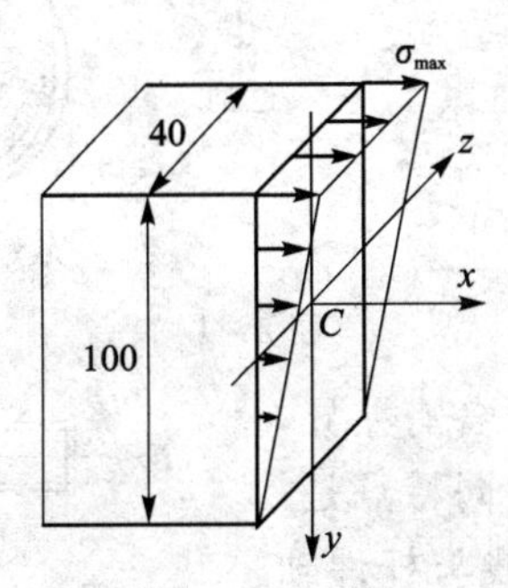

图 7-11　题 7-4 图

第 8 章　轴向拉伸和压缩

本章主要讨论轴向拉、压杆件的内力、应力、变形和胡克定律，材料在拉、压时的力学性能及强度计算，同时简单介绍静不定问题的求解方法以及应变能的概念。

8.1　轴向拉伸与压缩的概念和实例

生产实践中经常遇到承受拉伸或压缩的杆件。例如液压传动机构中的活塞杆在油压和工作阻力作用下受拉（见图 8－1(a)），内燃机的连杆在燃气爆发冲程中受压（见图 8－1(b)）。此外如起重钢索在起吊重物时，拉床的拉刀在拉削工件时，都承受拉伸；千斤顶的螺杆在顶起重物时，则承受压缩。至于桁架中的杆件，则不是受拉便是受压。

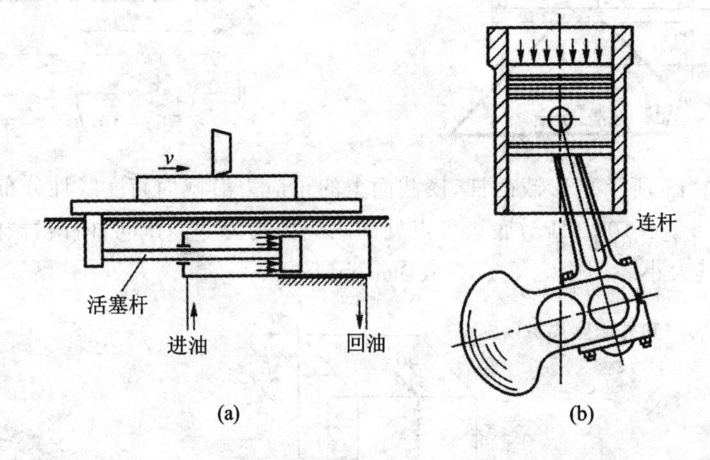

图 8－1

这些受拉或受压的杆件虽外形各有差异，加载方式也并不相同，但它们的共同特点是：作用于杆件上的外力合力的作用线与杆件轴线重合，杆件的变形是沿轴线方向的伸长或缩短。所以，若把这些杆件的形状和受力情况进行简化，都可以简化成图 8－2 所示的受力简图。图中用虚线表示变形后的形状。

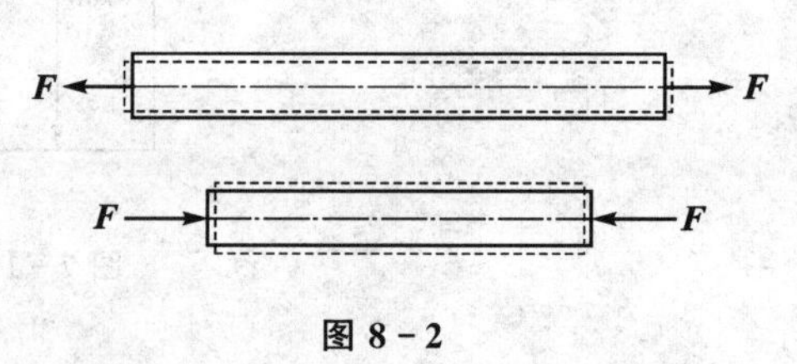

图 8－2

8.2　轴向拉伸或压缩时横截面上的内力和应力

1. 横截面上的内力

为了显示拉（压）杆横截面上的内力，沿横截面 $m-m$ 假想地把杆件分成两部分（见图 8－3(a)）。杆件左右两段在横截面 $m-m$ 上相互作用的内力是一个分布力系（见图 8－3(b)或

(c)),其合力为 $\boldsymbol{F}_N$。由左段的平衡方程 $\sum F_x = 0$,得

$$F_N - F = 0, \quad F_N = F$$

因为外力 $\boldsymbol{F}$ 的作用线与杆件轴线重合,内力的合力 $\boldsymbol{F}_N$ 的作用线也必然与杆件的轴线重合,所以 $\boldsymbol{F}_N$ 称为轴力。习惯上,把拉伸时的轴力规定为正,压缩时的轴力规定为负。

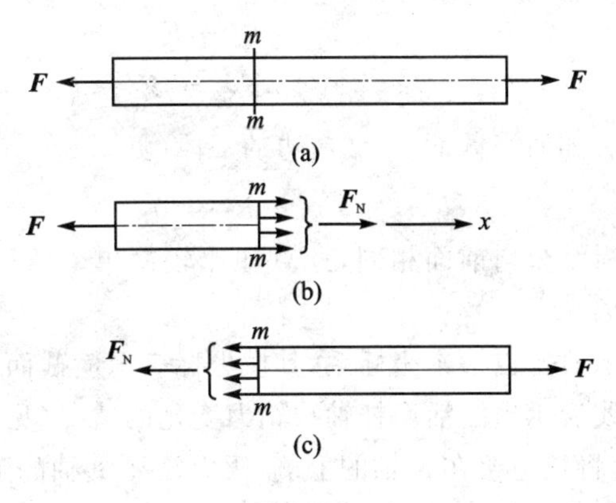

图 8-3

若沿杆件轴线作用的外力多于 2 个,则在杆件各部分的横截面上,轴力不尽相同。这时往往用轴力图表示轴力沿杆件轴线变化的情况。关于轴力图的绘制,下面用例题来说明。

例 8-1　图 8-4(a)为一双压手铆机的示意图。作用于活塞杆上的力分别简化为 $F_1=2.62\ \text{kN}$,$F_2=1.3\ \text{kN}$,$F_3=1.32\ \text{kN}$,计算简图如图 8-4(b)所示。这里 F_2 和 F_3 分别是以压强 p_2 和 p_3 乘以作用面积得出的。试求活塞杆横截面 1-1 和 2-2 上的轴力,并作活塞杆的轴力图。

解　使用截面法,沿截面 1-1 将活塞杆分成两段,取出左段,并画出受力图(见图 8-4(c))。用 $\boldsymbol{F}_{N1}$ 表示右段对左段的作用,为了保持左段的平衡,$\boldsymbol{F}_{N1}$ 和 $\boldsymbol{F}_1$ 大小相等,方向相反,而且共线,故截面 1-1 左边的一段受压,$\boldsymbol{F}_{N1}$ 为负。由左段的平衡方程 $\sum F_x = 0$,得

$$F_1 - F_{N1} = 0$$

由此确定了 F_{N1} 的数值是

$$F_{N1} = F_1 = 2.62\ \text{kN} \qquad (\text{压力})$$

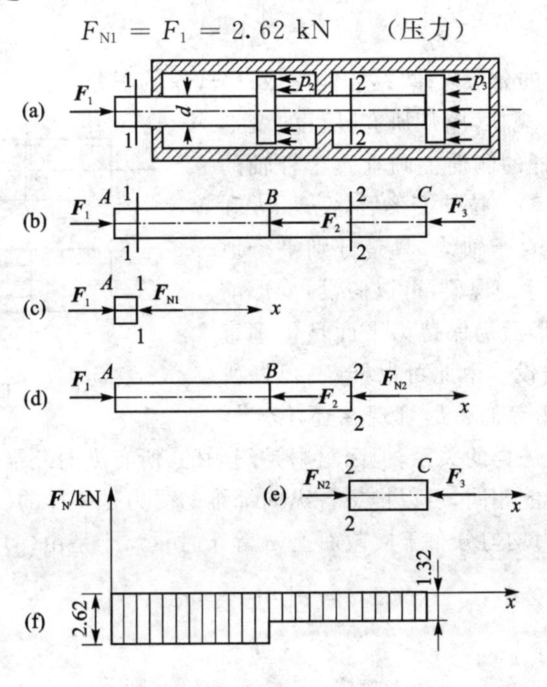

图 8-4

同理,可以计算横截面 2-2 上的轴力 F_{N2}。由截面 2-2 左边一段(见图 8-4(d))的平衡方程 $\sum F_x = 0$,得

$$F_1 - F_2 - F_{N2} = 0$$

$$F_{N2} = F_1 - F_2 = 1.32\ \text{kN} \qquad (压力)$$

如研究截面 2-2 右边的一段(见图 8-4(e)),由平衡方程 $\sum F_x = 0$,得

$$F_{N2} - F_3 = 0,\quad F_{N2} = F_3 = 1.32\ \text{kN} \qquad (压力)$$

所得结果与前面相同,计算却比较简单。所以计算时应选取受力比较简单的一段作为分析对象。

若选取一个坐标系,其横坐标表示横截面的位置,纵坐标表示相应截面上的轴力,便可用图线表示出沿活塞杆轴线轴力变化的情况(见图 8-4(f))。这种图线即为轴力图。在轴力图中,将拉力绘在 x 轴的上侧,压力绘在 x 轴的下侧。这样,轴力图非但显示出杆件各段内轴力的大小,而且还可表示出各段内的变形是拉伸或是压缩。

2. 横截面上的应力

只根据横截面上的轴力并不能判断杆件是否有足够的强度。例如,用同一材料制成粗细不同的两根杆,在相同的拉力下,两杆的轴力自然是相同的。但当拉力逐渐增大时,细杆必定先被拉断。这说明拉杆的强度不仅与轴力的大小有关,而且与横截面面积有关。所以必须用横截面上的应力来度量杆件的受力程度。

在拉(压)杆的横截面上,与轴力 F_N 对应的应力是正应力 σ。根据连续性假设,横截面上到处都存在着内力。若以 A 表示横截面面积,则微分面积 $\mathrm{d}A$ 上的内力元素 $\sigma \mathrm{d}A$ 组成一个垂直于横截面的平行力系,其合力就是轴力 F_N。于是得静力关系

$$F_N = \int_A \sigma \mathrm{d}A \tag{a}$$

只有知道 σ 在横截面上的分布规律后,才能完成(a)式中的积分。

为了求得 σ 的分布规律,应从研究杆件的变形入手。变形前,在等直杆的侧面上画垂直于杆轴的直线 ab 和 cd(见图 8-5)。拉伸变形后,发现 ab 和 cd 仍为直线,且仍然垂直于轴线,只是分别平行地移至 $a'b'$ 和 $c'd'$。根据这一现象,可以假设:变形前原为平面的横截面,变形后仍保持为平面且仍垂直于轴线。这就是平面假设。由此可以推断,拉杆所有纵向纤维的伸长是相等的。尽管现在还不知纤维伸长和应力之间存在怎样的关系,但因材料是均匀的,所有纵向纤维的力学性能相同。由它们的变形相等和力学性能相同,可以推想各纵向纤维的受力是一样的。所以,横截面上各点的正应力 σ 相等,即正应力均匀分布于横截面上,σ 等于常量。于是由(a)式得

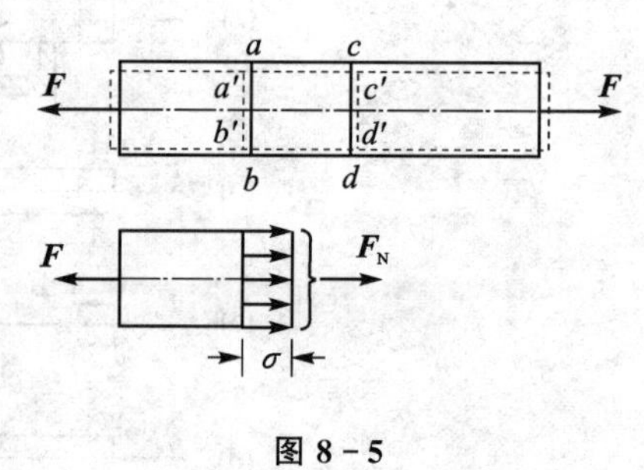

图 8-5

$$F_N = \sigma \int_A \mathrm{d}A = \sigma A$$

$$\sigma = \frac{F_N}{A} \tag{8-1}$$

公式(8-1)同样可用于 F_N 为压力时的压应力计算。不过,细长杆受压时容易被压弯,属

于稳定性问题，将在第 16 章中讨论。这里所指的是受压杆未被压弯的情况。关于正应力的符号，一般规定拉应力为正，压应力为负。

3. 圣维南原理

当作用在杆端的轴向外力，沿横截面非均匀分布时，外力作用点附近各截面的应力，也为非均匀分布。但圣维南(Saint-Venant)原理指出，力作用于杆端的分布方式，只影响杆端局部范围的应力分布，影响区的轴向范围约离杆端 1～2 个杆的横向尺寸。此原理已为大量试验与计算所证实。例如，图 8-6(a)所示承受集中力 $\boldsymbol{F}$ 作用的杆，其截面宽度为 h，在 $x=h/4$ 与 $x=h/2$的横截面 1-1 与 2-2 上，应力虽为非均匀分布(见图 8-6(b))，但在 $x=h$ 的横截面 3-3 上，应力则趋向均匀(见图 8-6(c))。因此，只要外力合力的作用线沿杆件轴线，在离外力作用面稍远处，横截面上的应力分布均可视为均匀的。

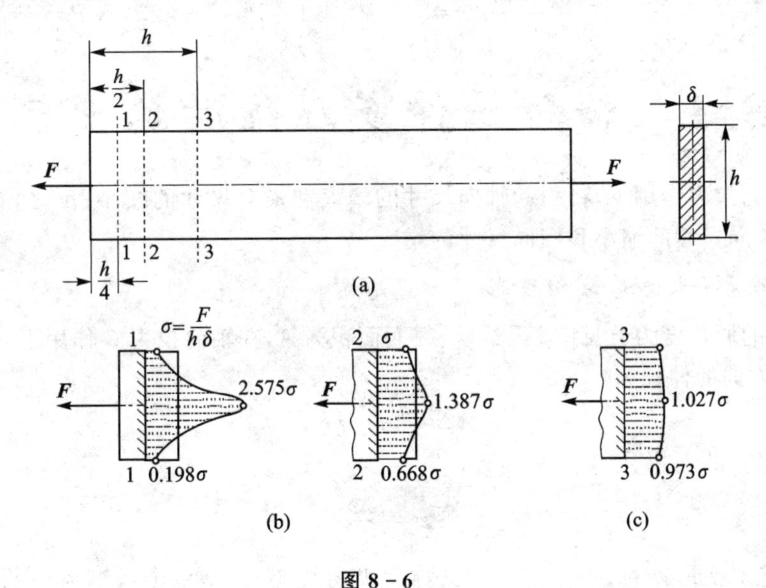

图 8-6

例 8-2　图 8-7(a)所示右端固定的阶梯形圆截面杆，同时承受轴向载荷 $\boldsymbol{F}_1$ 与 $\boldsymbol{F}_2$ 作用。试计算杆的轴力与横截面上的正应力。已知载荷 $F_1=20$ kN，$F_2=50$ kN，杆件 AB 段与 BC 段的直径分别为 $d_1=20$ mm 与 $d_2=30$ mm。

解　(1) 计算约束力　设杆右端的约束力为 $\boldsymbol{F}_{\mathrm{R}}$，则由整个杆的平衡方程 $\sum F_x=0$，得

$$F_{\mathrm{R}}=F_2-F_1=(50\times10^3-20\times10^3)\ \mathrm{N}=3.0\times10^4\ \mathrm{N}$$

(2) 分段计算轴力　由于在横截面 B 处作用有外力，AB 与 BC 段的轴力将不相同，需分段利用截面法进行计算。

设 AB 与 BC 段的轴力均为拉力，并分别用 F_{N1} 与 F_{N2} 表示，则由图 8-7(b)与(c)可知

$$F_{\mathrm{N1}}=F_1=2.0\times10^4\ \mathrm{N}$$

$$F_{\mathrm{N2}}=-F_{\mathrm{R}}=-3.0\times10^4\ \mathrm{N}$$

所得 F_{N2} 为负，说明 BC 段轴力的实际方向与所设方向相反，即应为压力。

(3) 应力计算　由式(8-1)可知，AB 段内任一横截面 1-1 上的正应力为

$$\sigma_1=\frac{F_{\mathrm{N1}}}{A_1}=\frac{4F_{\mathrm{N1}}}{\pi d_1^2}=\frac{4(2.0\times10^4)}{\pi(0.020)^2}\mathrm{Pa}=6.37\times10^7\ \mathrm{Pa}=63.7\ \mathrm{MPa}\ (\text{拉应力})$$

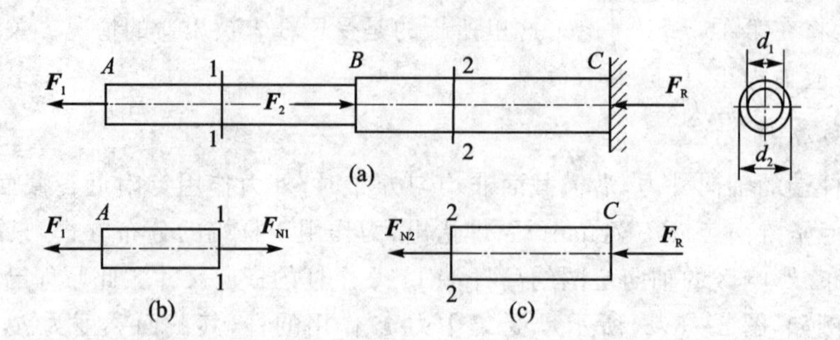

图 8-7

同理,得 BC 段内任一横截面 2-2 上的正应力为

$$\sigma_2=\frac{4F_{N2}}{\pi d_2^2}=\frac{4(-3.0\times10^4)}{\pi(0.030)^2}\text{Pa}=-4.24\times10^7\ \text{Pa}=-42.4\ \text{MPa}\ (\text{压应力})$$

8.3 轴向拉伸或压缩时的变形

杆件在轴向拉力作用下,将引起轴向尺寸的增大和横向尺寸的缩小;反之,在轴向压力作用下,将引起轴向尺寸的缩小和横向尺寸的增大。

1. 纵向变形(又称为轴向变形)

设等直杆的原长度为 l(见图 8-8),横截面面积为 A,在轴向拉力 $\boldsymbol{F}$ 作用下,长度由 l 变为 l_1。杆件轴向方向的伸长为

$$\Delta l=l_1-l \tag{a}$$

将 Δl 除以 l 得

$$\varepsilon=\frac{\Delta l}{l} \tag{b}$$

式中 Δl 称为绝对变形;ε 称为相对变形,又称为纵向线应变,是一个量纲为一的量,伸长时以正号表示,缩短时以负号表示。

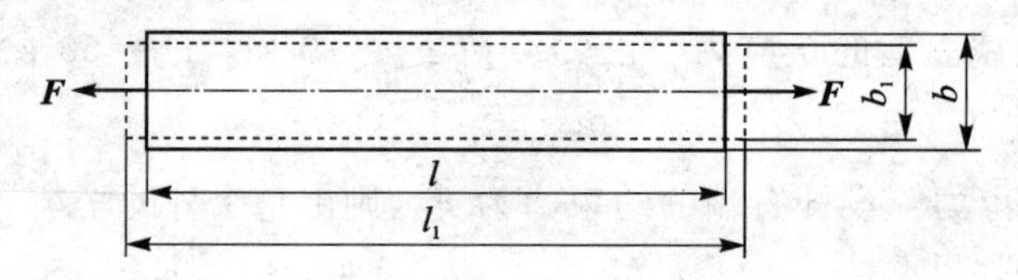

图 8-8

此外,在杆件横截面上的应力为

$$\sigma=\frac{F_N}{A}=\frac{F}{A} \tag{c}$$

大量材料的实验表明:在线弹性范围内,正应力与线应变成正比,这就是胡克定律,可以写成

$$\sigma=E\varepsilon \tag{8-2}$$

式中,E 值与材料的性质有关,称为材料的弹性模量,其单位与应力的单位相同。几种常用材料的

表 8-1 几种常用材料的 E 和 μ 的约值

材料名称	E/GPa	μ
碳　　钢	196～216	0.24～0.28
合 金 钢	186～206	0.25～0.30
灰 铸 铁	78.5～157	0.23～0.27
铜及其合金	72.6～128	0.31～0.42
铝 合 金	70	0.33

E 值已列入表 8－1 中。

若把式(b)、(c)代入式(8－2)，得

$$\Delta l = \frac{F_N l}{EA} = \frac{Fl}{EA} \tag{8-3}$$

这是胡克定律的另一表达形式。

以上结果同样可以用于轴向压缩的情况，只要把轴向拉力改为压力，把伸长改为缩短就可以了。Δl 为伸长时，以正号表示；Δl 为缩短时，以负号表示。

由式(8－3)可以看出，对长度相同，受力相等的杆件，EA 越大则杆的变形越小，所以 EA 代表了杆件抵抗变形的能力，称为杆件的抗拉(或抗压)刚度。

2. 横向变形

设杆件变形前的横向尺寸为 b，变形后为 b_1，则横向变形为

$$\Delta b = b_1 - b$$

横向线应变为

$$\varepsilon' = \frac{\Delta b}{b} = \frac{b_1 - b}{b}$$

试验结果表明，在线弹性范围内，横向应变 ε' 与纵向应变 ε 之比的绝对值是一个常数，即

$$\left|\frac{\varepsilon'}{\varepsilon}\right| = \mu \tag{8-4}$$

μ 称为横向变形系数或泊松比，是一个量纲为一的量。

因为当杆件轴向伸长时横向缩小，而轴向缩短时横向增大，所以 ε' 和 ε 的符号是相反的。这样，ε' 和 ε 的关系可以写成

$$\varepsilon' = -\mu\varepsilon$$

和弹性模量 E 一样，泊松比 μ 也是材料固有的弹性常数。表 8－1 中摘录了几种常用材料的 μ 值。

8.4 材料拉伸时的力学性能

分析构件的强度时，除计算应力外，还应了解材料的力学性能。材料的力学性能也称为机械性质，是指材料在外力作用下表现出的变形、破坏等方面的特性。它要由实验来测定。在室温下，以缓慢平稳的加载方式进行试验，称为常温静载试验，是测定材料力学性能的基本试验。为了便于比较不同材料的试验结果，对试样的形状、加工精度、加载速度、试验环境等，国家标准都有统一规定。在试样上取长为 l 的一段(见图 8－9)作为试验段，l 称为标距。对圆截面试样，标距 l 与直径 d 有两种比例，即

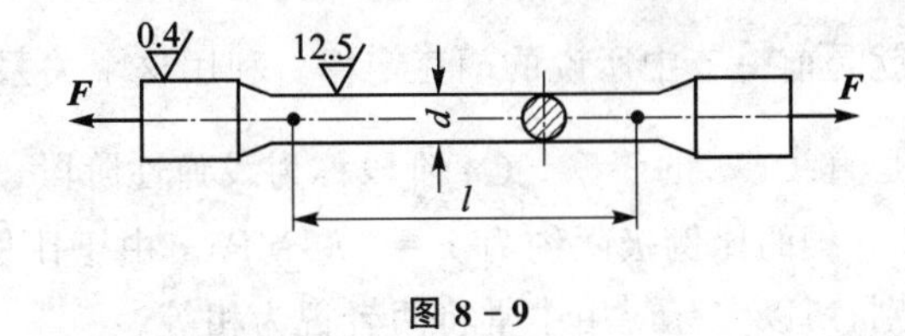

图 8－9

$$l = 5d \quad 和 \quad l = 10d \tag{a}$$

工程上常用的材料品种很多，下面以低碳钢和铸铁为主要代表，介绍材料拉伸时的力学性能。

1. 低碳钢拉伸时的力学性能

低碳钢是指碳质量分数在 0.3％以下的碳素钢。这类钢材在工程中使用较广，在拉伸试

验中表现出的力学性能也最为典型。

试样装在试验机上,受到缓慢增加的拉力作用。对应着每一个拉力 F,试样标距 l 有一个伸长量 Δl。表示 F 和 Δl 的关系的曲线,称为拉伸图或 $F-\Delta l$ 曲线,如图 8-10 所示。

$F-\Delta l$ 曲线与试样的尺寸有关。为了消除试样尺寸的影响,把拉力 F 除以试样横截面的原始面积 A,得出正应力 $\sigma=\dfrac{F}{A}$;同时,把伸长量 Δl 除以标距的原始长度 l,得到应变 $\varepsilon=\dfrac{\Delta l}{l}$。以 σ 为纵坐标,ε 为横坐标,作图表示 σ 与 ε 的关系(见图 8-11)称为应力—应变图或 $\sigma-\varepsilon$ 曲线。

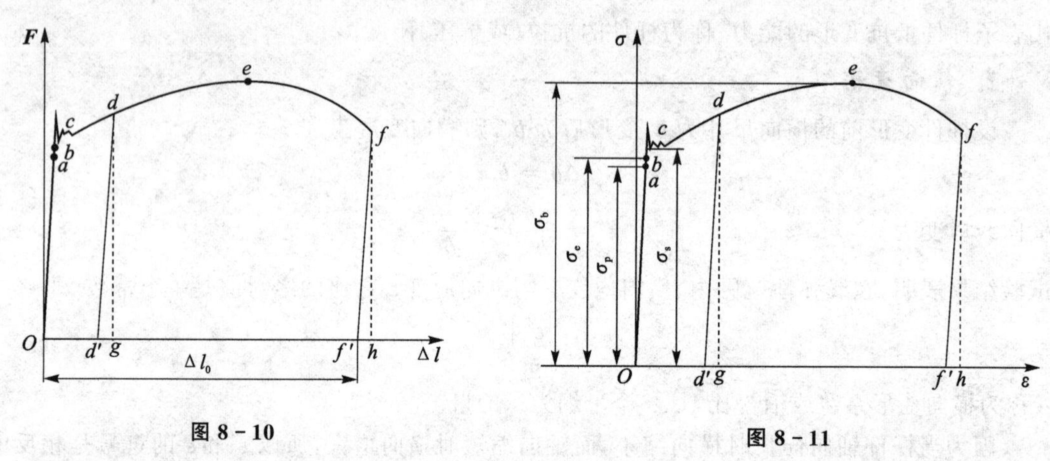

图 8-10　　图 8-11

根据试验结果,低碳钢的力学性能大致如下:

(1) 弹性阶段　对应图 8-11 中的 Ob 段,在此阶段内材料的变形是弹性的。当应力 σ 小于 b 点的应力时,若卸去外力,使应力逐渐减小到零,此时相应的应变 ε 也随之完全消失。材料受外力后变形,卸去外力后变形完全消失的这种性质称为弹性。因此 Ob 阶段称为弹性阶段,相应于 b 点的应力称为弹性极限,以 σ_e 表示。

在拉伸的初始阶段,σ 与 ε 的关系沿直线 Oa 变化,表示在这一阶段内,应力 σ 与应变 ε 成正比,其比例常数就是弹性模量 E,即

$$\sigma=E\varepsilon \quad 或 \quad \varepsilon=\frac{\sigma}{E}$$

这就是前一节中所说的胡克定律。利用这个关系可由试验测出材料的弹性模量 $E=\dfrac{\sigma}{\varepsilon}$,而$\dfrac{\sigma}{\varepsilon}$正是直线 Oa 的斜率。Oa 阶段称为线弹性阶段,对应于 a 点的应力称为比例极限,以 σ_p 表示。Q235 钢的比例极限约为 $\sigma_p=200$ MPa。由于比例极限与弹性极限非常接近,试验中很难加以区别,所以实际应用中常将两者视为相等。

(2) 屈服阶段　当应力超过 b 点增加到某一数值时,应变有非常明显的增加,而应力先是下降,然后作微小的波动,在 $\sigma-\varepsilon$ 曲线上出现接近水平线的小锯齿形线段。这种应力基本保持不变,而应变显著增加的现象,称为屈服或流动。在屈服阶段内的最高应力和最低应力分别称为上屈服极限和下屈服极限。上屈服极限的数值与试样形状、加载速度等因素有关,一般是不稳定的。下屈服极限则有比较稳定的数值,能够反应材料的性能。通常把下屈服极限称为屈服极限或屈服点,用 σ_s 来表示。Q235 钢的屈服极限约为 $\sigma_s=240$ MPa。

表面磨光的试样屈服时，表面将出现与轴线大致成 45°倾角的条纹（见图 8－12）。这是由于材料内部相对滑移形成的，称为滑移线。

材料屈服表现为显著的塑性变形，而零件的塑性变形将影响机器的正常工作，所以屈服极限 σ_s 是衡量材料强度的重要指标。

（3）强化阶段　过屈服阶段后，材料又恢复了抵抗变形的能力，要使它继续变形必须增加拉力。这种现象称为材料的强化。在图 8－11 中，强化阶段中的最高点 e 所对应的应力 σ_b 是材料所能承受的最大应力，称为强度极限或抗拉强度。它是衡量材料强度的另一重要指标。在强化阶段中，试样的横向尺寸有明显的缩小。

（4）局部变形阶段　过 e 点后，在试样的某一局部范围内，横向尺寸突然急剧缩小，形成缩颈现象（见图 8－13）。由于在缩颈部分横截面面积迅速减小，使试样继续伸长所需要的拉力也相应减少。在应力—应变图中，用横截面原始面积 A 算出的应力 $\sigma=\dfrac{F}{A}$ 随之下降，降落到 f 点，试样被拉断。

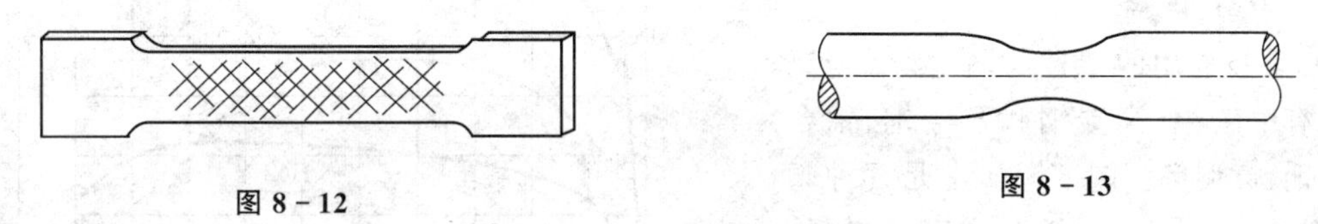

图 8－12　　　　图 8－13

（5）伸长率和断面收缩率　试样拉断后，由于保留了塑性变形，试样长度由原来的 l 变为 l_1。用百分比表示的比值

$$\delta=\frac{l_1-l}{l}\times 100\% \tag{8-5}$$

δ 称为伸长率或延伸率。试样的塑性变形 (l_1-l) 越大，δ 也就越大。因此，伸长率是衡量材料塑性的指标。低碳钢的伸长率很高，其平均值约为 20%～30%，这说明低碳钢的塑性性能很好。

工程上通常按伸长率的大小把材料分成两大类，$\delta>5\%$ 的材料称为塑性材料、如碳钢、黄铜、铝合金等；而把 $\delta<5\%$ 的材料称为脆性材料，如灰铸铁、玻璃、陶瓷等。

原始横截面面积为 A 的试样，拉断后颈缩处的最小截面面积变为 A_1，用百分比表示的比值

$$\psi=\frac{A-A_1}{A}\times 100\% \tag{8-6}$$

ψ 称为断面收缩率，ψ 也是衡量材料塑性的指标。

（6）卸载定律及冷作硬化　如把试样拉到超过屈服极限的 d 点（见图 8－11），然后逐渐卸除拉力，应力和应变关系将沿着斜直线 dd' 回到 d' 点。斜直线 dd' 近似地平行于 Oa。这说明：在卸载过程中，应力和应变按直线规律变化。这就是卸载定律。拉力完全卸除后，应力—应变图中，$d'g$ 表示消失了的弹性变形，而 Od' 表示不再消失的塑性变形。

卸载后，如在短期内再次加载，则应力和应变大致上沿卸载时的斜直线 $d'd$ 变化。直到 d 点后，又沿曲线 def 变化。可见在再次加载时，直到 d 点以前材料的变形是弹性的，过 d 点后才开始出现塑性变形。比较图 8－11 中的 $Oabcdef$ 和 $d'def$ 两条曲线，可见在第二次加载时，其比例极限（亦即弹性阶段）得到了提高，但塑性变形和伸长率却有所降低。这种现象称为冷

作硬化。冷作硬化现象经退火后又可消除。

工程上经常利用冷作硬化来提高材料的弹性阶段。如起重用的钢索和建筑用的钢筋,常用冷拔工艺以提高强度。又如对某些零件进行喷丸处理,使其表面发生塑性变形,形成冷硬层,以提高零件表面层的强度。但另一方面,零件初加工后,由于冷作硬化使材料变脆变硬,给下一步加工造成了困难,且容易产生裂纹,往往就需要在工序之间安排退火,以消除冷作硬化的影响。

2. 其他塑性材料拉伸时的力学性能

工程上常用的塑性材料,除低碳钢外,还有中碳钢、高碳钢和合金钢、铝合金、青铜、黄铜等。图 8-14 中是几种塑性材料的 $\sigma-\varepsilon$ 曲线*。其中有些材料,如 Q345 钢,和低碳钢一样,有明显的弹性阶段、屈服阶段、强化阶段和局部变形阶段。有些材料,如黄铜 H62,没有屈服阶段,但其他三阶段却很明显。还有些材料,如高碳钢 T10A,没有屈服阶段和局部变形阶段,只有弹性阶段和强化阶段。

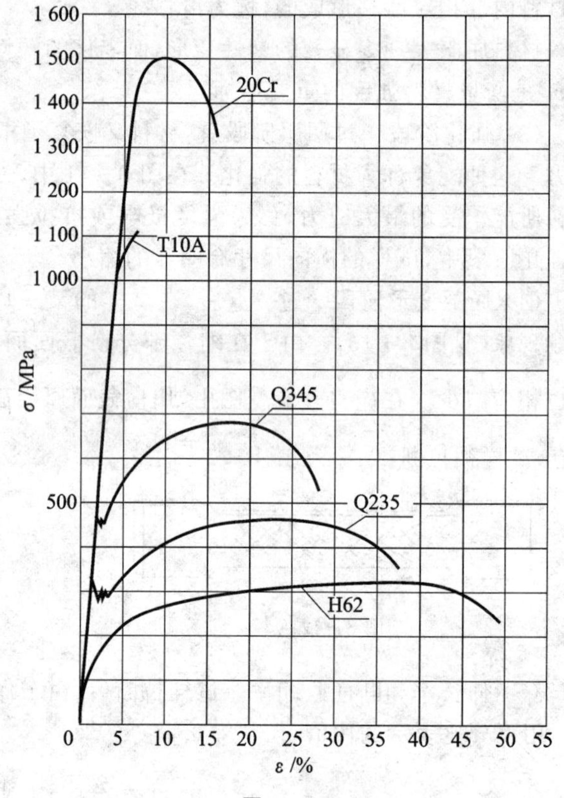

图 8-14

对没有明显屈服阶段的塑性材料,可以将产生 0.2%塑性应变时的应力作为屈服指标,并用 $\sigma_{0.2}$ 来表示,如图 8-15 所示。

各类碳素钢中,随含碳量的增加,屈服极限和强度极限相应提高,但伸长率降低。例如合金钢、工具钢等高强度钢材,屈服极限较高,但塑性性能却较差。

3. 铸铁拉伸时的力学性能

灰口铸铁拉伸时的应力—应变关系是一段微弯曲线(见图 8-16),没有明显的直线部分。它在较小的拉应力下就被拉断,没有屈服和缩颈现象,拉断前的应变很小,伸长率也很小。灰口铸铁是典型的脆性材料。

由于铸铁的 $\sigma-\varepsilon$ 图没有明显的直线部分,弹性模量 E 的数值随应力的大小而变。但在工程中铸铁的拉应力不能很高,而在较低的拉应力下,则可近似地认为服从胡克定律。通常取 $\sigma-\varepsilon$ 曲线的割线代替曲线的开始部分,并以割线的斜率作为弹性模量,称为割线弹性模量。

铸铁拉断时的最大应力即为其强度极限。因为没有屈服现象,强度极限 σ_b 是衡量强度的唯一指标。铸铁等脆性材料的抗拉强度很低,所以不宜作为抗拉零件的材料。

---

* 在图 8-14 中,合金钢 20 Cr,930℃水淬,180℃回火。高碳钢 T10A,790℃水淬,180℃回火。螺纹钢 Q345,普通黄铜 H62,软态。

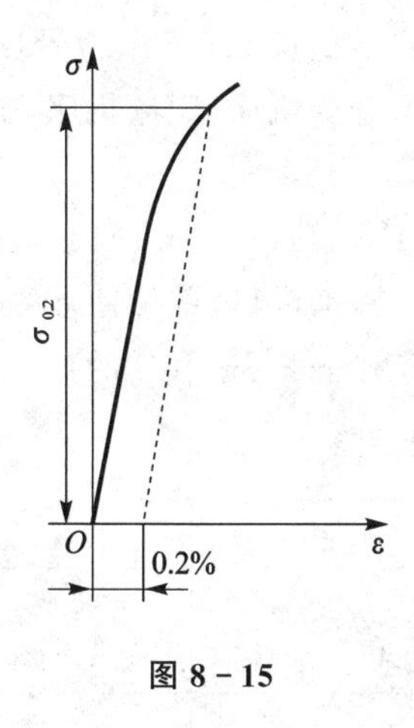

图 8－15

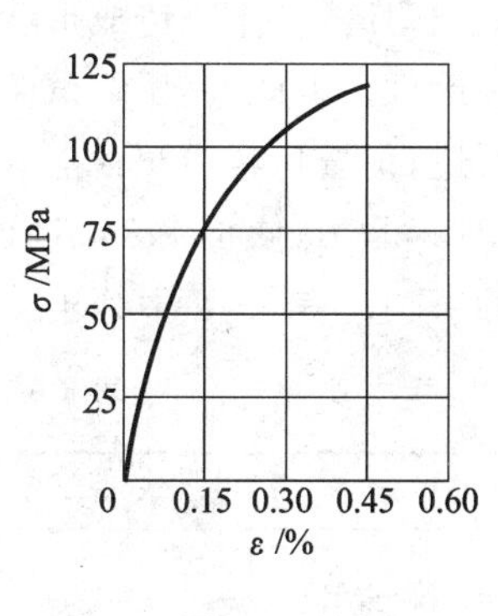

图 8－16

铸铁经球化处理成为球墨铸铁后，力学性能有显著变化，不但有较高的强度，还有较好的塑性性能。国内不少工厂成功地用球墨铸铁代替钢材制造曲轴、齿轮等零件。

8.5　材料压缩时的力学性能

金属材料的压缩试样一般制成很短的圆柱，以免被压弯。圆柱高度约为直径的 1.5～3 倍。混凝土、石料等则制成立方形的试块。

低碳钢压缩时的 $\sigma-\varepsilon$ 曲线如图 8－17 所示。试验表明：低碳钢压缩时的弹性模量 E 和屈服极限 σ_s 都与拉伸时大致相同。屈服阶段以后，试样越压越扁，横截面面积不断增大，试样抗压能力也继续增高，因而得不到压缩时的强度极限。由于可从拉伸试验测定低碳钢压缩时的主要性能，所以不一定要进行压缩试验。

图 8－18 表示铸铁压缩时的 $\sigma-\varepsilon$ 曲线。试样仍然在较小的变形下突然破坏。破坏断面的法线与轴线大致成 45°～55°的倾角*，表明试样沿斜截面因相对错动而破坏。铸铁的抗压强度 σ_c 比它的抗拉强度 σ_b 高 4～5 倍。其他脆性材料，如混凝土、石料等，抗压强度也远高于抗拉强度。

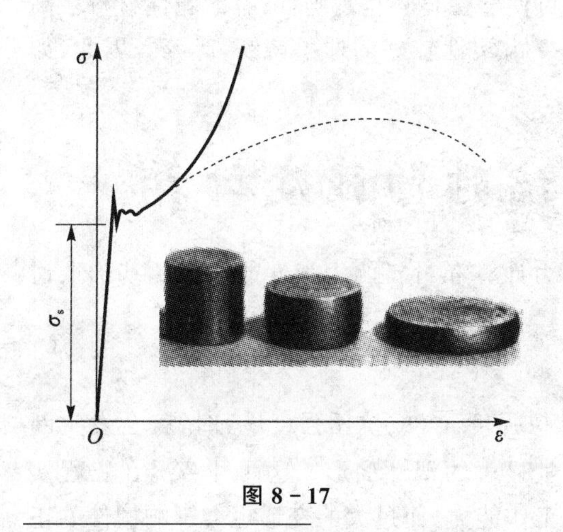

图 8－17

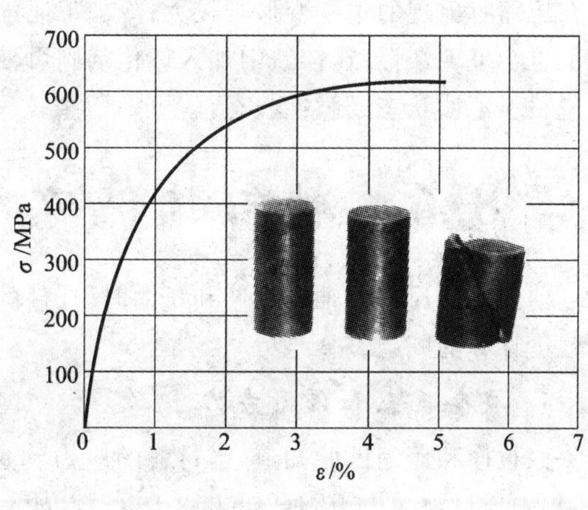

图 8－18

* 某些塑性材料，如铝合金、铝、青铜等，压缩时也是沿斜截面破坏，并非都像低碳钢一样压成扁饼。

脆性材料抗拉强度低,塑性性能差;但抗压能力强,且价格低廉,宜于作为受压构件的材料。铸铁坚硬耐磨,易于浇铸成形状复杂的零部件,广泛用于铸造机床床身、机座、缸体及轴承座等受压零部件。因此,其压缩试验比拉伸试验更为重要。

综上所述,衡量材料力学性能的指标主要有:比例极限(或弹性极限)σ_p、屈服极限 σ_s、强度极限 σ_b、弹性模量 E、伸长率 δ 和断面收缩率 ψ 等。对很多金属来说,这些量往往受温度、热处理等条件的影响。表 8-2 中列出了几种常用材料在常温、静载下 σ_s、σ_b 和 δ 的数值。

表 8-2 几种常用材料的主要力学性能

材料名称	牌号	σ_s/MPa	σ_b/MPa	δ_5/%
普通碳素钢	Q235 Q255	216～235 255～275	373～461 490～608	25～27 19～21
优质碳素结构钢	40 45	333 353	569 598	19 16
普通低合金结构钢	Q345 Q390	274～343 333～412	471～510 490～549	19～21 17～19
合金结构钢	20Cr 40Cr	540 785	835 980	10 9
碳素铸钢	ZG270-500	270	500	18
可锻铸铁	KTZ450-06		450	6(δ_3)
球墨铸铁	QT450-10		450	10(δ)
灰铸铁	HT150		120～175	

注:表中 δ_5 是指 $l=5d$ 的标准试样的伸长率。

应该指出,习惯上所指的塑性材料或脆性材料是根据在常温、静载下由拉伸试验所得的延伸率 δ 的大小来区分的。实际上,材料的塑性和脆性并不是固定不变的,它们会因制造方法、热处理工艺、变形速度、应力情况和温度等条件而变化。例如,铸铁在拉伸时的塑性变形极小,而在压缩时出现的塑性变形则较大;冷加工或淬火可使塑性材料呈现脆性;有的脆性材料在高温下也会呈现塑性;在铸铁中加入球化剂则可使其变为塑性较好的球墨铸铁,等等。因此,如果说材料塑性状态或脆性状态,就更确切些。

8.6 轴向拉伸或压缩时的强度计算

前面分别讨论了轴向拉伸和压缩时,杆件的应力计算和材料的力学性能。在此基础上讨论强度计算的问题。

1. 安全系数和许用应力

由拉伸和压缩试验知道,当材料的应力到达抗拉强度 σ_b(或抗压强度 σ_c)时,就会发生断裂;当塑性材料的应力到达屈服应力 σ_s 时,就会产生显著的塑性变形。这两种情况在工程实际中都是不允许的,因为构件的断裂显然是丧失了工作能力,而过大的变形也会影响构件的正常工作。因此断裂和屈服都属于破坏现象。若要构件能正常地工作,对于低碳钢等塑性材料,通常要求其应力不得超过屈服极限 σ_s（或屈服强度 $\sigma_{0.2}$）；对于铸铁等脆性材料，由于没有屈服点，破坏时无明显变形，则要求其应力不超过抗拉强度 σ_b（或抗压强度 σ_c）。这些不允许超过的应力值统称为极限应力，以 σ_u 表示。

但是，仅仅将构件的工作应力限制在极限应力的范围内还是不够的，这是因为出于以下的考虑：

(1) 主观设定的条件与客观实际之间还存在着差距。例如：材料性质不均匀，由少数试样所测定的力学性能，并不能完全真实地反映构件所用材料的情况；载荷的估计和计算不够精确；对构件的结构、尺寸和受力等情况作了一定程度的简化，计算公式近似；一些加工工艺，如热处理、焊接等对构件强度的影响考虑不全；一些影响构件强度的因素尚不为我们所认识；等等。所有这些，都可能使构件的实际工作条件比设计时所设定的条件更偏于不安全。

(2) 构件需有必要的强度储备。这是为了使构件在工作期间，即使遇到意外的超载情况或其他不利的工作条件时（如温度变化、腐蚀等），也不至于发生破坏。在意外因素相同的条件下，对因破坏而会造成严重后果的构件，或工作条件比较恶劣的构件，强度储备需要大一些；反之，则可以小一些。

因此，为了保证构件能安全地工作，还须将其工作应力限制在比极限应力 σ_u 更低的范围内。也就是将材料的破坏应力 σ_u 打一个折扣，即除以一个大于1的系数 n 以后，作为构件工作应力所不允许超过的数值。这个应力值称为材料的**许用应力**，以 $[\sigma]$ 表示，这个系数 n，称为**安全系数**，它们之间的关系是

$$[\sigma]=\frac{\sigma_u}{n} \tag{8-7}$$

式(8-7)中，如极限应力 σ_u 的依据不同，相应的安全系数也随之而异。对于塑性材料，应取屈服极限 σ_s（或 $\sigma_{0.2}$）为极限应力，其许用应力为

$$[\sigma]=\frac{\sigma_s}{n_s}$$

对于脆性材料，其极限应力为抗拉强度 σ_b（或抗压强度 σ_c），因而

$$[\sigma]=\frac{\sigma_b}{n_b}$$

上二式中的 n_s 和 n_b 分别为对应于屈服极限和抗拉强度的安全系数。由构件的安全程度来看，由于断裂比屈服更为危险，所以 n_b 比 n_s 要大些。

由于一般所指的塑性材料和脆性材料，其划分界线的依据不够确切，因此以材料的屈服极限与抗拉强度之比 σ_s/σ_b 为依据来选取极限应力和安全系数。比值 σ_s/σ_b 称为**屈强比**。对屈强比较低的材料，以屈服极限 σ_s 作为极限应力，其安全系数 n_s 也较低一些，例如在静载荷作用下的一般零部件，轧件和锻件的安全系数取 $n_s=1.2\sim2.2$，铸件取 $n_s=1.6\sim2.5$。对屈强比较高的材料，例如高强度钢，由于其屈服极限 σ_s 已接近于抗拉强度 σ_b，则取 σ_b 作为极限应力，其安全系数 n_b 也较高一些。一般情况下钢材取 $n_b=2.0\sim2.5$；铸件取 $n_b=4$。对脆性材料，取 $n_b=2.0\sim3.5$。

安全系数的确定是一件复杂的工作，它受具体构件的工作条件影响很大，还有经济上的考虑。因此，企图对 种材料规定统一的安全系数，从而得到统一的许用应力，并将它用于设计各种工作条件不同的构件，这是不科学的。目前，在机械设计和建筑结构设计中，均倾向于根据构件的材料和具体工作条件，并结合过去制造同类型构件的实践经验和现实的技术水平，规

定不同的安全系数。对于各种不同构件的安全系数和许用应力,有关设计部门在规范中有具体的规定。

2. 强度条件

在确定了材料的安全系数或许用应力之后,就可以进行强度计算了。前面已述,为保证构件安全可靠地工作,必须使构件的工作应力不超过材料的许用应力。对于轴向拉伸或压缩的杆件,应满足的条件是

$$\sigma = \frac{F_N}{A} \leqslant [\sigma] \tag{8-8}$$

式中:σ——杆件横截面上的工作应力;

F_N——横截面上的轴力;

A——横截面面积;

$[\sigma]$——材料的许用应力。

这就是轴向拉伸或压缩时的强度条件。

对于等截面杆,应选择最大轴力 $F_{N,max}$所在的横截面来计算,其强度条件为

$$\sigma = \frac{F_{N,max}}{A} \leqslant [\sigma]$$

对于变截面杆,应综合考虑轴力和横截面的影响,其强度条件为

$$\sigma = \left(\frac{F_N}{A}\right)_{max} \leqslant [\sigma]$$

根据强度条件,可以解决工程实际中有关构件强度的三个方面的问题:

(1) 强度校核　已知杆件的材料、截面尺寸和承受的载荷,校核杆件是否满足强度条件。若满足,说明杆件的强度足够;否则说明杆件不安全。

(2) 选择截面尺寸　根据杆件所承受的载荷和材料的许用应力,确定杆件的横截面面积和相应的尺寸。这时强度条件可变换为

$$A \geqslant \frac{F_N}{[\sigma]}$$

由此式算出需要的横截面面积,然后确定截面尺寸。

(3) 确定许用载荷　根据杆件的截面尺寸和许用应力,确定杆件或整个工程结构所能承担的最大安全载荷。这时强度条件可变换为

$$F_N \leqslant A[\sigma]$$

然后根据轴力与外力的关系确定许用载荷。

下面举例说明强度计算的方法。

例 8-3　在图 8-19 所示结构中,AC 杆为钢杆,截面面积 $A_1 = 200\ mm^2$,许用应力 $[\sigma]_1 = 160\ MPa$;BC 杆为铜杆,截面面积 $A_2 = 300\ mm^2$,许用应力$[\sigma]_2 = 100\ MPa$;承受外载荷 $F = 40\ kN$。试校核此结构是否安全。

解　(1) 求各杆的内力　取节点 C 分析,并设各杆均受拉,如图 8-19(b)所示,列平衡方程

$$\sum F_x = 0,\quad F_{N2}\sin 30° - F_{N1}\sin 45° = 0$$

$$\sum F_y = 0,\quad F_{N2}\cos 30° + F_{N1}\cos 45° - F = 0$$

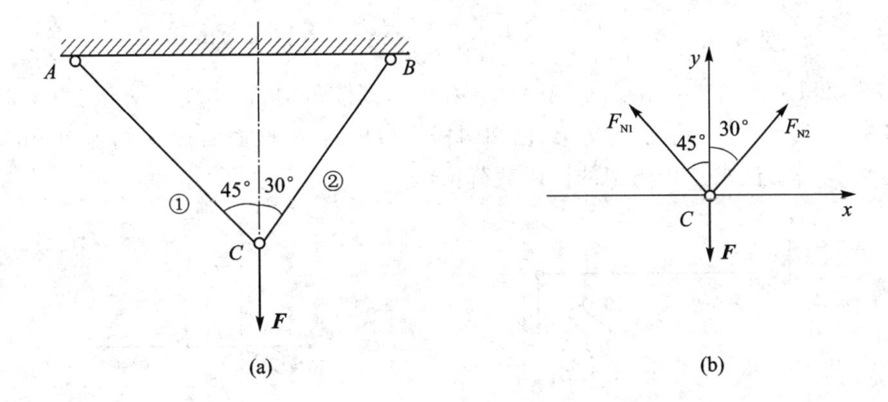

图 8-19

解上述方程组得

$$F_{N1} = 20.71\ \mathrm{kN} \qquad F_{N2} = 29.28\ \mathrm{kN}$$

(2) 校核强度

① 杆 $\sigma_1 = \dfrac{F_{N1}}{A_1} = \dfrac{20.71\times 10^3\ \mathrm{N}}{200\ \mathrm{mm}^2} = 103.6\ \mathrm{MPa} < [\sigma]_1 = 160\ \mathrm{MPa}$

② 杆 $\sigma_2 = \dfrac{F_{N2}}{A_2} = \dfrac{29.28\times 10^3\ \mathrm{N}}{300\ \mathrm{mm}^2} = 97.67\ \mathrm{MPa} < [\sigma]_2 = 100\ \mathrm{MPa}$

结构的强度满足要求,因此结构安全。

例 8-4　悬臂吊车的尺寸和载荷情况如图 8-20(a)所示。斜杆 BC 由两角钢组成,载荷 $P=25\ \mathrm{kN}$。设材料的许用应力$[\sigma]=140\ \mathrm{MPa}$。试选择角钢的型号。

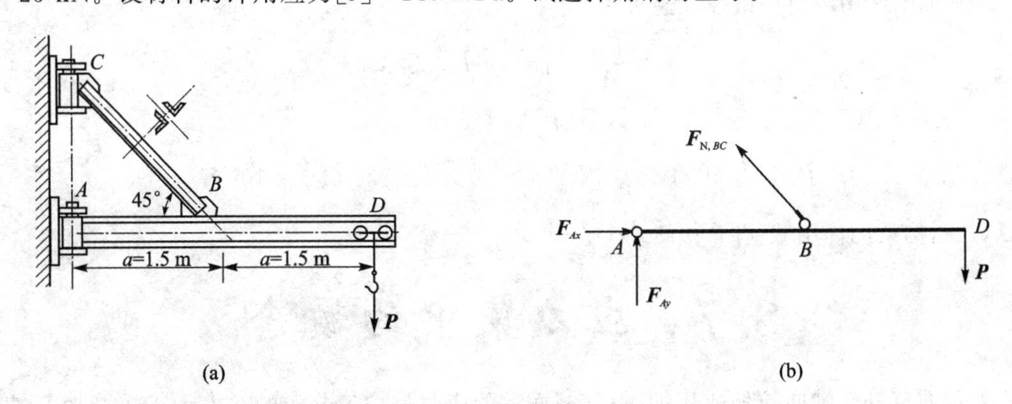

图 8-20

解　(1) 取横梁 AD(以轴线代替)为研究对象,求杆 BC 的内力,列平衡方程

$$\sum M_A = 0,\quad F_{N,BC}\times 1.5\sin 45^\circ - P\times 3 = 0$$

$$F_{N,BC} = \frac{25\times 3}{1.5\times \frac{1}{2}\sqrt{2}}\ \mathrm{kN} = 70.72\ \mathrm{kN}$$

(2) 设计截面,选角钢的型号

由强度条件　$$\sigma = \frac{F_{N,BC}}{A_{BC}} \leqslant [\sigma]$$

$$A_{BC} \geqslant \frac{F_{N,BC}}{[\sigma]} = \frac{70.72 \times 10^3}{140} \text{ mm}^2 = 505.1 \text{ mm}^2$$

每个角钢的面积 $A=252.6\ \text{mm}^2$，选 $A<45\times45\times3$，则该角钢 $A=2.659\ \text{cm}^2=265.9\ \text{mm}^2$。

例 8-5 图 8-21 所示三角构架，已知两杆材料相同，横截面面积 A 均为 $10\ \text{cm}^2$，许用应力$[\sigma]=100$ MPa。试求三角构架的许用载荷。

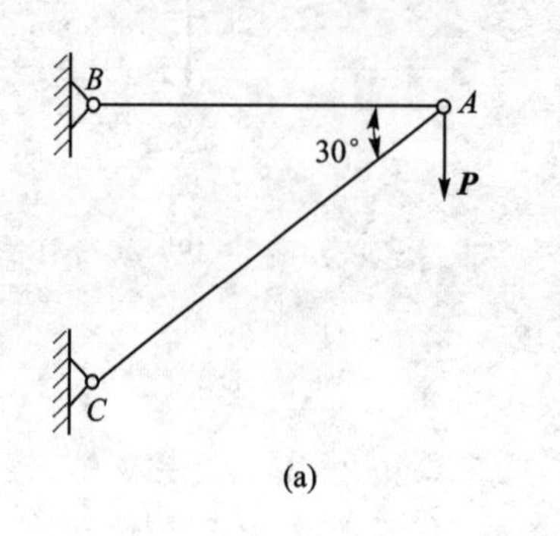

(a)

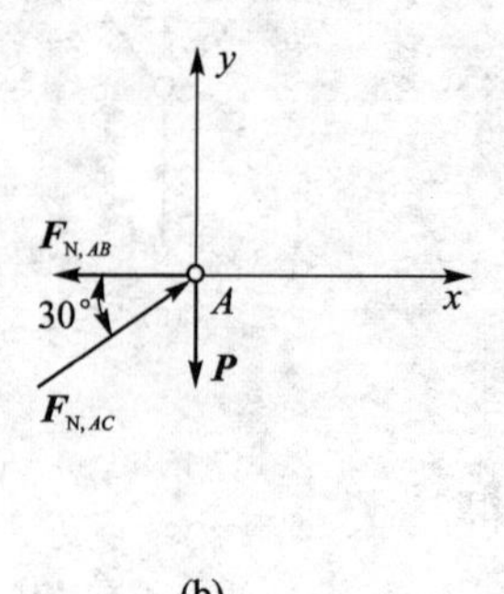

(b)

图 8-21

解 (1) 求杆的轴力 取节点 A 分析。如图 8-21(b)所示，列平衡方程

$\sum F_y = 0$ $\qquad F_{N,AC}\sin 30° - P = 0$

$$F_{N,AC} = 2P$$

$\sum F_x = 0$ $\qquad F_{N,AC}\cos 30° - F_{N,AB} = 0$

$$F_{N,AB} = \sqrt{3}P$$

(2) 确定许用载荷 由强度条件

$$\sigma = \frac{F_N}{A} \leqslant [\sigma],\quad F_N \leqslant A[\sigma]$$

即

$$2P \leqslant A[\sigma]$$

$$P \leqslant \frac{1}{2}A[\sigma] = \frac{1}{2}\times 100 \times 10 \times 10^2\ \text{N} = 50 \times 10^3\ \text{N}$$

所以，三角构架的许用载荷$[P]=50$ kN。

8.7 应力集中的概念

等截面直杆受轴向拉伸或压缩时，横截面上的应力是均匀分布的。由于实际需要，有些零件必须有切口、切槽、油孔、螺纹、轴肩等，以致在这些部位上截面尺寸发生突然变化。实验结果和理论分析表明，在零件尺寸突然改变处的横截面上，应力并不是均匀分布的。例如开有圆孔或切口的板条(见图 8-22)受拉时，在圆孔或切口附近的局部区域内，应力将剧烈增加，但在离开圆孔或切口稍远处，应力就迅速降低而趋于均匀。这种因杆件外形突然变化，而引起局部应力急剧增大的现象，称为应力集中。

设发生应力集中的截面上的最大应力为 σ_{max}，同一截面上的平均应力为 σ，则比值

$$k = \frac{\sigma_{max}}{\sigma} \tag{8-9}$$

称为理论应力集中系数。它反映了应力集中的程度，是一个大于 1 的系数。

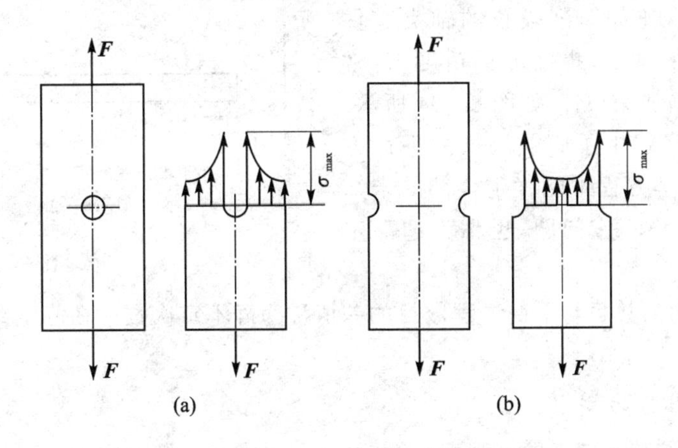

图 8 - 22

实验结果表明：截面尺寸改变得越急剧、角越尖、孔越小，应力集中的程度就越严重。因此，零件上应尽可能地避免带尖角的孔和槽，在阶梯轴的轴肩处要用圆弧过渡，而且应尽量使圆弧半径大一些。

各种材料对应力集中的敏感程度并不相同。塑性材料有屈服阶段，当局部的最大应力 σ_{max} 达到屈服极限 σ_s 时，该处材料的变形可以继续增长，而应力却不再加大。如外力继续增加，增加的力就由截面上尚未屈服的材料来承担，使截面上其他点的应力相继增大到屈服极限，如图 8 - 23 所示。这就使截面上的应力逐渐趋于平均，降低了应力不均匀程度，也限制了最大应力 σ_{max} 的数值。因此，用塑性材料制成的零件在静载作用下，可以不考虑应力集中的影响。脆性材料没有屈服阶段，当载荷增加时，应力集中处的最大应力 σ_{max} 一直领先，首先达到强度极限 σ_b，该处将首先产生裂纹。所以对于脆性材料制成的零件，应力集中的危害性显得严重。这样，即使在静载下，也应考虑应力集中对零件承载能力的削弱。至于灰铸铁，其内部的不均匀性和缺陷往往是产生应力集中的主要因素，而零件外形改变所引起的应力集中就可能成为次要因素，对零件的承载能力不一定造成明显的影响。

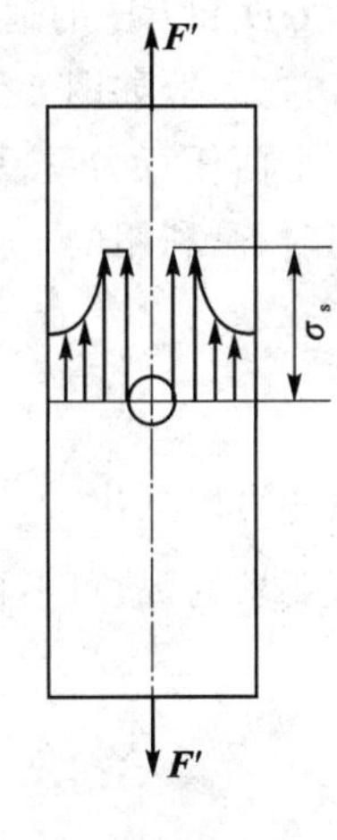

图 8 - 23

当零件受周期性变化的应力或受冲击载荷作用时，不论是塑性材料还是脆性材料，应力集中对零件的强度都有严重影响，往往是零件破坏的根源。

应力集中系数之值主要通过实验的方法来测定，有的可由理论分析求得，在工程设计手册等资料中有图表可查。

8.8　拉伸与压缩的静不定问题

1. 静不定的概念

在前面讨论的问题中，构件的约束力和杆件的内力都可以用静力学平衡方程求得，这类问题称为静定问题。

工程实际中，为了提高结构的强度、刚度或为了满足其他工程技术要求，常常在静定结构中增加一些约束。比如车削较长的轴类零件时为了减小工件的锥度，提高加工精度，常常在工件的另一端增加一顶针，如图 8-24 所示。这时未知力的数目超出了所能提供的平衡方程数目，仅用静力学方程不能确定全部的未知力，这类问题称为静不定问题，也称为超静定问题。

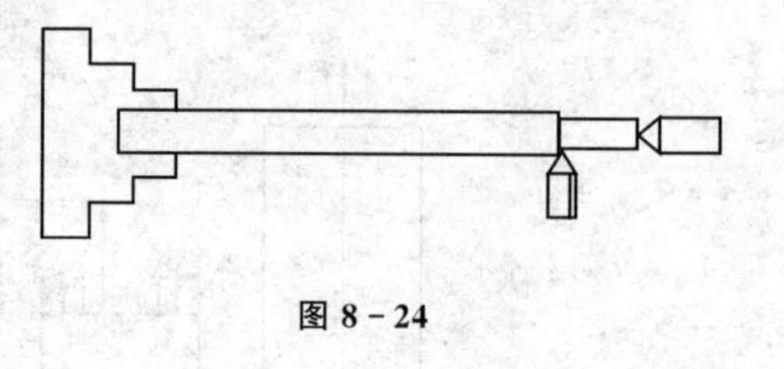
图 8-24

结构中未知力的数目与平衡方程数目的差值称为静不定次数。在静定结构上增加的约束称为“多余约束”。

2. 静不定问题的解法

对于拉伸、压缩静不定问题作强度计算时，必须先求出各杆的内力。下面通过一个例子来说明静不定问题的解法。

图 8-25(a)所示的横梁，其左端铰接于 A，在 B、C 处与两铅直杆 CD 和 BE 连接。设两杆的弹性模量和横截面面积分别为 E_1、E_2 和 A_1、A_2，在 B 端作用一载荷 $\boldsymbol{P}$，横梁的自重不计，求拉杆 CD 和 BE 的轴力。

首先，取如图 8-25(b)所示的研究对象。设两杆的轴力为 $\boldsymbol{F}_{N1}$、$\boldsymbol{F}_{N2}$。由受力图可见，这是一个平面任意力系，可列出三个平衡方程，而未知数却有四个，是一个一次静不定问题。求解此题时，可利用的平衡方程为

$$\sum M_A = 0,\quad aF_{N1} + 2aF_{N2} - 2aP = 0$$

即

$$F_{N1} + 2F_{N2} - 2P = 0 \tag{a}$$

虽然还可以列出 $\sum F_x = 0$ 和 $\sum F_y = 0$ 两个方程；但这时又出现两个未知量 F_{Ax} 和 F_{Ay}，这不是所要求的，故可不再列出。

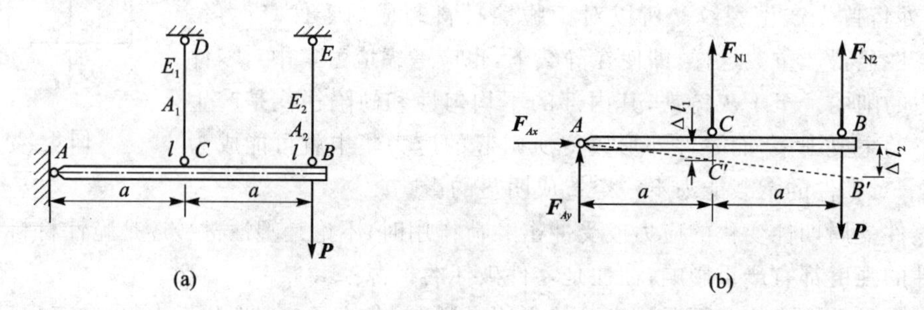

图 8-25

现在的问题是，仅用式(a)还不能解出 F_{N1} 和 F_{N2}，应设法列出一个补充方程。

我们知道，杆件受力后要变形，而在一个静不定结构系统中，各杆的变形是不能任意的，必须与其所受的约束相适应，它们之间必须互相协调，保持一定的几何关系；另一方面，杆件的变形又与其内力有关。因此，如果能找出各杆件变形间的关系，就可以建立各杆件的内力应保持的又一关系，从而得到补充方程。为此，再分析各杆间应满足的变形几何条件。

由于横梁 AB 的刚性比两拉杆大得多，它的弯曲变形可以不计，可以设想在力 P 作用下 AB 仍为一直线，仅倾斜了一个角度，如图 8-25(b)所示。设两拉杆的伸长变形为 Δl_1 和 Δl_2，

由变形后的位置可见，它们之间应保持这样的关系

$$\frac{\Delta l_1}{a} = \frac{\Delta l_2}{2a}$$

即

$$2\Delta l_1 = \Delta l_2 \tag{b}$$

这就是各杆件应满足的变形几何条件。

当应力不超过比例极限时，两杆的伸长与内力间的关系，可由胡克定律得到

$$\Delta l_1 = \frac{F_{N1} l}{E_1 A_1}, \quad \Delta l_2 = \frac{F_{N2} l}{E_2 A_2} \tag{c}$$

这个关系由杆件受力后所产生的物理现象所决定，所以称为物理条件。

将式(c)代入式(b)，得

$$2\frac{F_{N1} l}{E_1 A_1} = \frac{F_{N2} l}{E_2 A_2}$$

即

$$F_{N2} = 2\frac{E_2 A_2}{E_1 A_1} F_{N1} \tag{d}$$

这样，又建立了一个各内力间的关系，得到了所需要的补充方程。

最后，联立求解(a)、(d)两式，得到

$$F_{N1} = \frac{2P}{1 + 4\dfrac{E_2 A_2}{E_1 A_1}}, \quad F_{N2} = \frac{4P}{4 + \dfrac{E_1 A_1}{E_2 A_2}}$$

所得结果说明，在静不定问题中，杆件内力(或构件约束力)不仅与载荷有关，还与杆件的抗拉(压)刚度 EA 有关；而在静定问题中，它们仅与外力有关。这是静不定问题与静定问题的一个区别。

由上述的分析过程可以看出，求解静不定问题须考虑三个方面的关系：一是静力学平衡关系；二是变形几何关系；三是变形与力之间的物理关系。利用这三方面的关系列出有关方程，即可解出所求的内力或约束力。这就是解静不定问题的一种方法。

解出各杆件的内力后，即可进行强度计算。强度计算的方法仍如前节所述，在此不再重复。

3. 温度应力

在工程实际中，许多构件或结构物往往会遇到温度变化的情况，这时杆件会产生伸长或缩短。在静定问题中，由于杆件因温度变化而引起的变形未受到什么限制，所以不会在杆内引起应力；但在静不定问题中，由于约束增加，因温度变化而引起的变形将会受到阻碍，相应地在杆中就会引起应力。这种由于温度变化而引起的应力，称为温度应力。

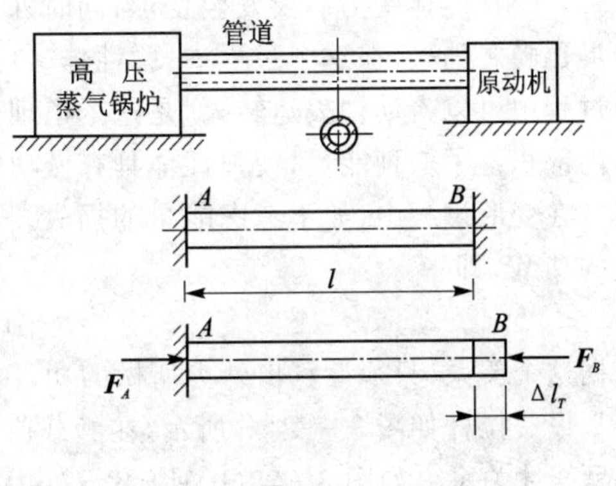

图 8-26

例如在图 8-26 中，AB 杆代表蒸气锅炉与原动机间的管道。与锅炉和原动机相比，管道刚度很小。故可把 A、B 两端简化成固定端。固定于枕木或基础上的钢轨类似于这种情况。当管道中通过高压蒸气，或因季节变化引起钢轨温度变化时，就相当于上述两端固定杆的温度

发生了变化。因为固定端限制杆件的膨胀或收缩,所以势必有约束力 $\boldsymbol{F}_A$ 和 $\boldsymbol{F}_B$ 作用于两端,这将引起杆件内的应力。由平衡方程只能得出

$$F_A = F_B \tag{a}$$

并不能确定约束力的数值,必须补充一个变形协调方程。

设想拆除右端的支座,允许杆件自由胀缩,当温度变化为 ΔT 时,杆件的温度变形(伸长)应为

$$\Delta l_T = \alpha_l \Delta T \cdot l \tag{b}$$

式中 α_l 为材料的线膨胀系数。然后,再在右端作用 $\boldsymbol{F}_B$,杆件因 $\boldsymbol{F}_B$ 而产生的缩短是

$$\Delta l = \frac{F_B l}{EA} \tag{c}$$

实际上,由于两端固定,杆件长度不能变化,必须有

$$\Delta l_T = \Delta l$$

这就是补充的变形协调方程。以式(b)和式(c)代入上式,得

$$\alpha_l \Delta T \cdot l = \frac{F_B l}{EA} \tag{d}$$

由此求出

$$F_B = EA\alpha_l \Delta T$$

温度应力是

$$\sigma_T = \frac{F_B}{A} = \alpha_l E \Delta T$$

碳钢的 $\alpha_l = 12.5\times10^{-6}$ ℃$^{-1}$,$E=200$ GPa。所以

$$\sigma_T = 12.5 \times 10^{-6} \times 200 \times 10^3 \Delta T \text{ MPa} = 2.5\Delta T \text{ MPa}$$

可见当 ΔT 较大时,σ_T 的数值便非常可观。为了避免过高的温度应力,在管道中有时增加伸缩节(见图 8-27),在钢轨各段之间留有伸缩缝,这样就可以削弱对膨胀的约束,降低温度应力。

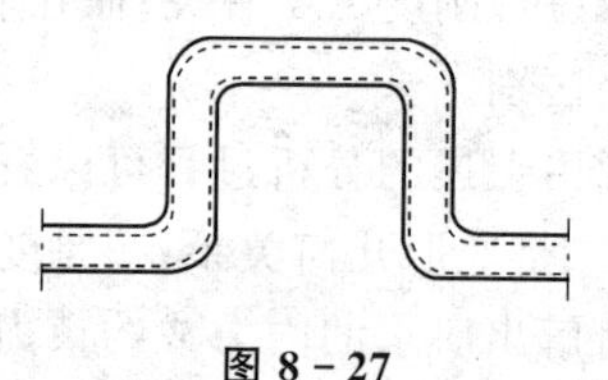

图 8-27

8.9 轴向拉伸或压缩的应变能

一个弹性体受力后要发生变形,同时外力在相应的位移上做了功;而当外力逐渐卸去时,变形也随之消失,在这个过程中,弹性体又可以对外做功。例如,被拧紧了的钟表发条,在放松的过程中可以带动钟表运转,就是这个道理。这说明一个弹性体在受力后发生变形的同时,在其内部积蓄了一种能量,使弹性体具有做功的本领。这种能量称为应变能。

在变形过程中,如不考虑能量的损失,积蓄在弹性体内的应变能 U 在数值上等于外力所做的功 W,即

$$U = W \tag{8-10}$$

根据这个关系,只须计算出外力所做的功,便可知道积蓄在弹性体内的应变能有多少。

设一拉杆如图 8-28(a)所示,在静载荷 $\boldsymbol{F}$ 的作用下,逐渐伸长了 Δl,根据胡克定律,Δl 与 F 呈线性关系。如图 8-28(b)所示,设外力为 F'时,杆件的伸长为 $\Delta l'$。如再增加一个 $\mathrm{d}F$,杆件相应的变形增加了 $\mathrm{d}(\Delta l)$,此时拉力 $\boldsymbol{F}'$因位移 $\mathrm{d}(\Delta l)$所作的功为

$$\mathrm{d}W = F'\mathrm{d}(\Delta l)$$

当外力由零增至 F,即变形由零增至 Δl 时,外力所做的功则为

$$W = \int_0^{\Delta l} F' \mathrm{d}(\Delta l)$$

上式积分的结果即为图 8－28(b)中阴影部分的三角形面积。故

$$W = \frac{1}{2} F \Delta l$$

由式(8－10)知,这就是杆内的应变能,即

$$U = \frac{1}{2} F \Delta l$$

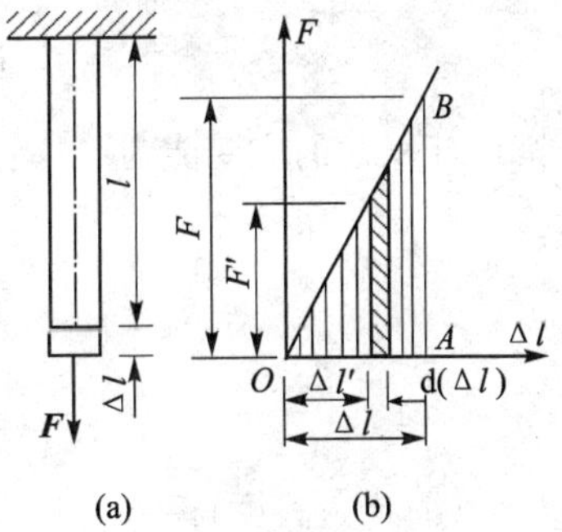

图 8－28

由于此时杆的轴力 $F_N = F$,则上式又可表示为

$$U = \frac{1}{2} F_N \Delta l \tag{8-11}$$

以胡克定律代入,得

$$U = \frac{F_N^2 l}{2EA} \tag{8-12}$$

这就是拉杆应变能的计算式。

由于在轴向拉伸或压缩时,杆各部分的受力和变形都相同,故可将杆的应变能除以杆的体积 Al,得到杆在单位体积内的应变能,称为应变能密度或比能,以 u 表示,其计算式为

$$u = \frac{\frac{1}{2} F_N \Delta l}{Al} = \frac{1}{2} \sigma \varepsilon \tag{8-13}$$

或

$$u = \frac{1}{Al} \cdot \frac{F_N^2 l}{2EA} = \frac{\sigma^2}{2E} \tag{8-14}$$

以上结果,也同样适用于轴向压缩的情况。

在拉伸(压缩)试验中,我们知道,当试样横截面上的应力到达某一极限时,材料将发生屈服或断裂。因而在强度计算中可以通过应力来判断构件是否安全。同样,由能量的观点来看,也可以通过应变能密度来判断。关于这一点在后面的章节中还会谈到。

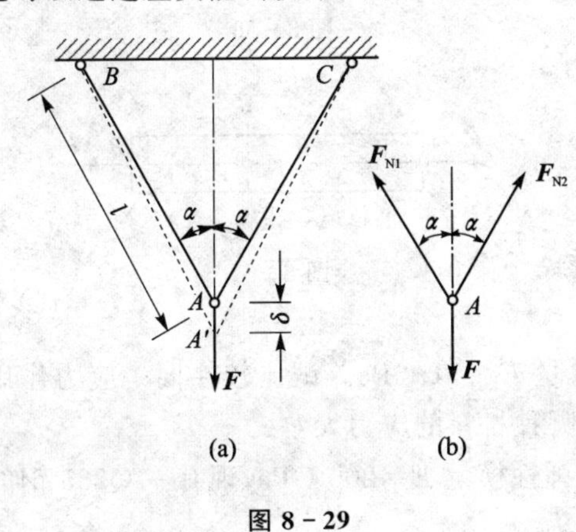

图 8－29

工程实际中常利用应变能计算构件或结构物的变形或位移。下面通过一个例子来说明。

例 8－6　一结构如图 8－29(a)所示,已知两杆长 l,横截面面积为 A,材料的弹性模量为 E。试求在力 $\boldsymbol{F}$ 作用下节点 A 的位移。

解　由式(8－10)知,外力所做的功应等于杆件内所积蓄的应变能,即

$$U = W \tag{a}$$

由对称关系知,A 点只有垂直位移,设为 δ,则力 $\boldsymbol{F}$ 做的功为

$$W = \frac{1}{2} F \delta \tag{b}$$

取节点 A 为研究对象(见图 8－29(b)),由平衡方程 $\sum F_y = 0$,可得

$$F_{N1} = F_{N2} = \frac{F}{2\cos\alpha} = F_N \tag{c}$$

则两杆积蓄的应变能为

$$U = 2 \times \frac{F_N^2 l}{2EA} = \frac{F_N^2 l}{EA}$$

即
$$U = \frac{\left(\frac{F}{2\cos\alpha}\right)^2 l}{EA} = \frac{F^2 l}{4EA\cos^2\alpha} \tag{d}$$

将式(b)、(d)代入式(a)得

$$\frac{1}{2}F\delta = \frac{F^2 l}{4EA\cos^2\alpha}$$

由此得节点 A 的垂直位移为

$$\delta = \frac{Fl}{2EA\cos^2\alpha}$$

思 考 题

8-1 试辨别下列构件(见图 8-30)哪些属于轴向拉伸或轴向压缩。

8-2 根据自己的实践经验,举出工程实际中一些轴向拉伸和压缩的构件。

8-3 指出下列概念的区别:

(1) 内力与应力;

(2) 变形与应变;

(3) 弹性与塑性;

(4) 弹性变形与塑性变形;

(5) 极限应力与许用应力。

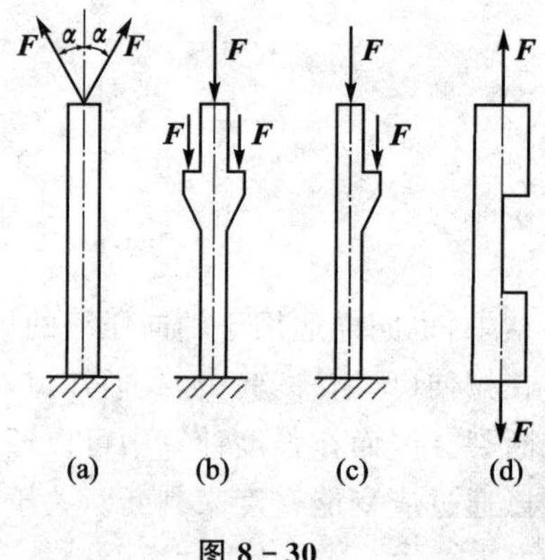

图 8-30

8-4 一杆如图 8-31 所示,用截面法求轴力时,可否将截面恰恰截在着力点 C 上,为什么?

8-5 在静力学中介绍的力的可传性,在材料力学中是否仍然适用?为什么?

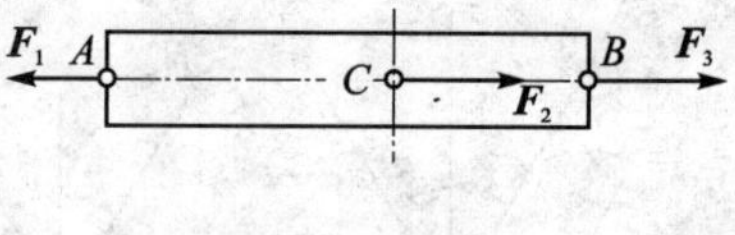

图 8-31

8-6 设两根材料不同、截面面积不同的拉杆,受相同的轴向拉力,它们的内力是否相同?

8-7 轴力和截面面积相等而截面形状和材料不同的拉杆,它们的应力是否相等?

8-8 钢的弹性模量 $E=200$ GPa,铝的弹性模量 $E=71$ GPa。试比较在同一应力作用下,哪种材料的应变大?在产生同一应变的情况下,哪种材料的应力大?

8-9 已知 Q235 钢的比例极限 $\sigma_p=200$ MPa,弹性模量 $E=200$ GPa,现有一 Q235 钢的试样,其应变已被拉到 $\varepsilon=0.002$,是否由此可知其应力为

$$\sigma = E\varepsilon = 200\times10^9\ \text{Pa}\times0.002 = 400\times10^6\ \text{Pa} = 400\ \text{MPa}$$

8-10 在低碳钢的应力—应变曲线上,试样断裂时的应力反而比颈缩时的应力低,为

什么？

8-11 图 8-32 所示的铅垂直杆在自重作用下各处的变形是不同的。这时如在距下端 y 处取一微段 Δy，设其伸长为 Δv，试问在 y 处的应变 ε 应如何定义？

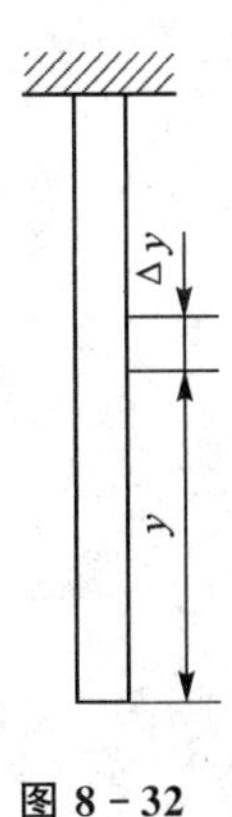

图 8-32

8-12 经冷作硬化(强化)的材料，在性能上有什么变化？在应用上有什么利弊？

8-13 在拉伸和压缩试验中，各种材料试样的破坏形式有哪些？试从宏观上大致分析其破坏的原因。

8-14 静不定问题有什么特点？在工程实际中如何利用这些特点？

8-15 在有输送热气管道的工厂里，其管道不是笔直铺设的，而是每隔一段距离，就将管道弯成一个伸缩节，为什么？

习　题

8-1 试求图 8-33 所示各杆 1-1、2-2、3-3 截面上的轴力，并作轴力图。

8-2 图 8-34 所示阶梯形圆截面杆 AC，承受轴向载荷 $F_1=200$ kN 与 $F_2=100$ kN，AB 段的直径 $d_1=40$ mm。欲使 BC 与 AB 段的正应力相同，试求 BC 段的直径。

8-3 变截面直杆如图 8-35 所示。已知：$A_1=4\ \text{cm}^2$，$A_2=8\ \text{cm}^2$，$E=200$ GPa。求杆的总伸长 Δl。

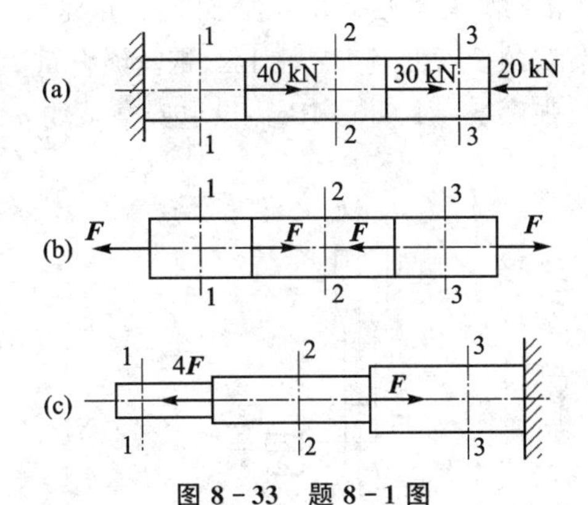

图 8-33　题 8-1 图

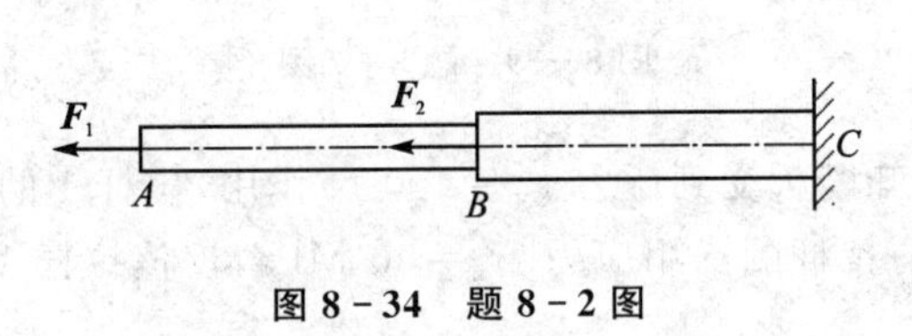

图 8-34　题 8-2 图

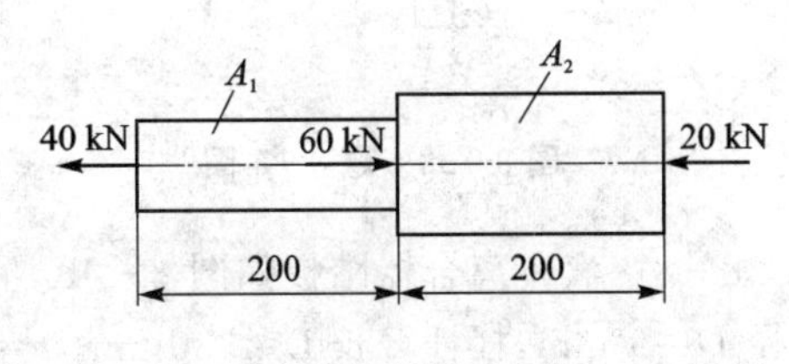

图 8-35　题 8-3 图

8-4 一长为 30 cm 的钢杆，其受力情况如图 8-36 所示。已知杆横截面面积 $A=10\ \text{cm}^2$，材料的弹性模量 $E=200$ GPa，试求：

(1) AC、CD、DB 各段的应力和变形；

(2) AB 杆的总变形。

8-5 如图 8-37 所示，为测定轧钢机的轧制力，在压下螺旋与上轧辊轴承座之间装置一测压力用的压头。压头是一个钢制的圆筒，其外径 $D=50$ mm，内径 $d=40$ mm，在压头的外表面上沿纵向贴有测变形用的电阻丝片。若测得轧辊两端两个压头的纵向应变均为 $\varepsilon=0.9\times10^{-2}$，试求轧机的总轧制力。压头材料的弹性模量 $E=200$ GPa。

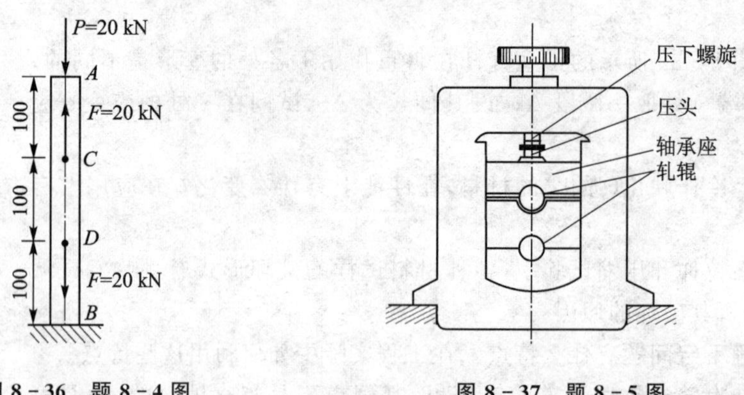

图 8-36 题 8-4 图

图 8-37 题 8-5 图

8-6 如图 8-38 所示,用一板状试样进行拉伸试验,在试样表面贴上纵向和横向的电阻丝片来测定试样的应变。已知 $b=30$ mm,$h=4$ mm;每增加 3 000 N 的拉力时,测得试样的纵向应变 $\varepsilon_1=120\times10^{-6}$,横向应变 $\varepsilon_2=-38\times10^{-6}$。求试样材料的弹性模量 E 和泊松比 μ。

8-7 某金属矿矿井深 200 m,井架高 18 m,其提升系统简图如图 8-39 所示。设罐笼及其装载的矿石共重 $P=45$ kN,钢丝绳自重为 $p=23.8$ N/m;钢丝绳横截面面积 $A=2.51\ \text{cm}^2$,抗拉强度 $\sigma_b=1\ 600$ MPa。设取安全系数 $n=7.5$,试校核钢丝绳的强度。

图 8-38 题 8-6 图

图 8-39 题 8-7 图

8-8 汽车离合器踏板如图 8-40 所示。已知踏板受到压力 $F_1=400$ N 作用,拉杆 1 的直径 $D=9$ mm,杠杆臂长 $L=330$ mm,$l=56$ mm,拉杆的许用应力$[\sigma]=50$ MPa,校核拉杆 1 的强度。

8-9 图 8-41 所示双杠杆夹紧机构,需产生一对 20 kN 的夹紧力,试求水平杆 AB 及二斜杆 BC 和 BD 的横截面直径。已知:该三杆的材料相同,$[\sigma]=100$ MPa,$\alpha=30°$。

8-10 图 8-42 所示卧式拉床的油缸内径 $D=186$ mm,活塞杆直径 $d_1=65$ mm,材料为 20Cr 并经过热处理,$[\sigma]_{杆}=130$ MPa。缸盖由 6 个 M20 的螺栓与缸体连接,M20 螺栓的内径 $d=17.3$ mm,材料为 35 钢,经热处理后$[\sigma]_{螺}=110$ MPa。试按活塞杆和螺栓的强度确定最大油压 p。

8-11 在图 8-43 所示简易吊车中,BC 为钢杆,AB 为木杆。木杆 AB 的横截面面积 $A_1=100\ \text{cm}^2$,许用应力$[\sigma]_1=7$ MPa;钢杆 BC 的横截面面积 $A_2=6\ \text{cm}^2$,许用拉应力$[\sigma]_2=160$ MPa。试求许可吊重 F。

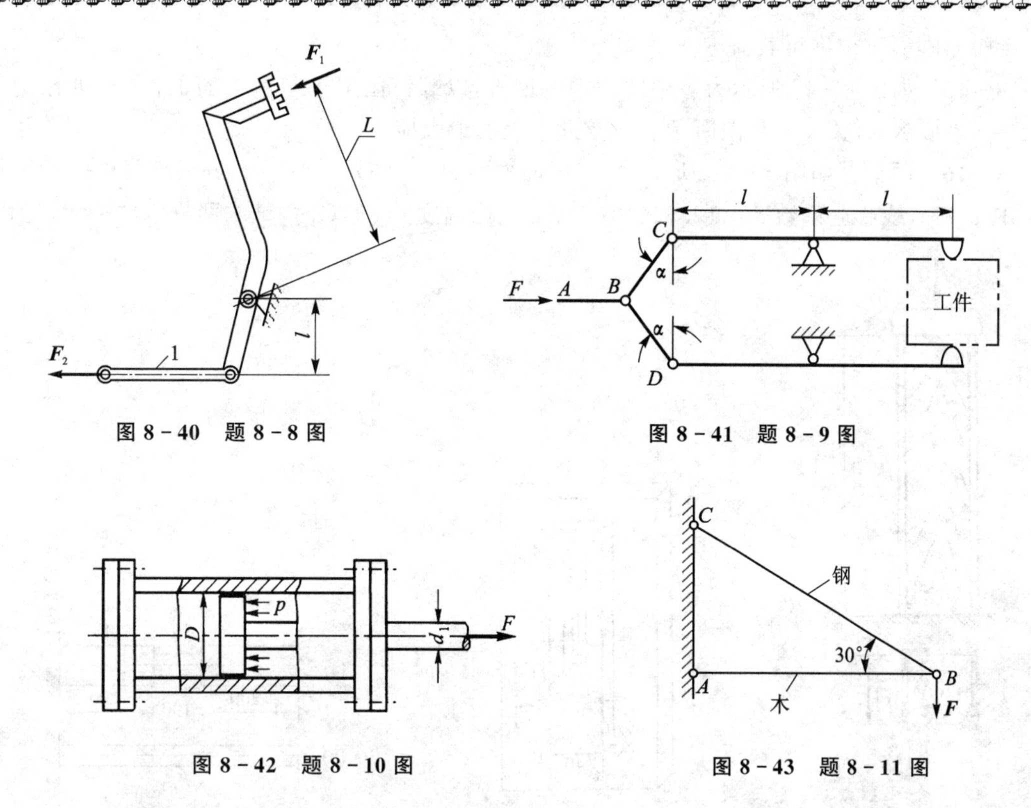

图 8-40 题 8-8 图　　图 8-41 题 8-9 图

图 8-42 题 8-10 图　　图 8-43 题 8-11 图

8-12 某拉伸试验机的结构示意图如图 8-44 所示。设试验机的 CD 杆与试样 AB 材料同为低碳钢，其 $\sigma_p=200$ MPa，$\sigma_s=240$ MPa，$\sigma_b=400$ MPa。试验机最大拉力为 100 kN。问：

(1) 用这一试验机作拉断试验时，试样直径最大可达多大？

(2) 若设计时取试验机的安全因数 $n=2$，则 CD 杆的横截面面积为多少？

(3) 若试样直径 $d=10$ mm，今欲测弹性模量 E，则所加载荷最大不能超过多少？

8-13 起重机如图 8-45 所示，钢丝绳 AB 的横截面面积为 500 mm^2，许用应力 $[\sigma]=40$ MPa。试根据钢丝绳的强度确定起重机的许用起重量 $\boldsymbol{P}$ 的大小。

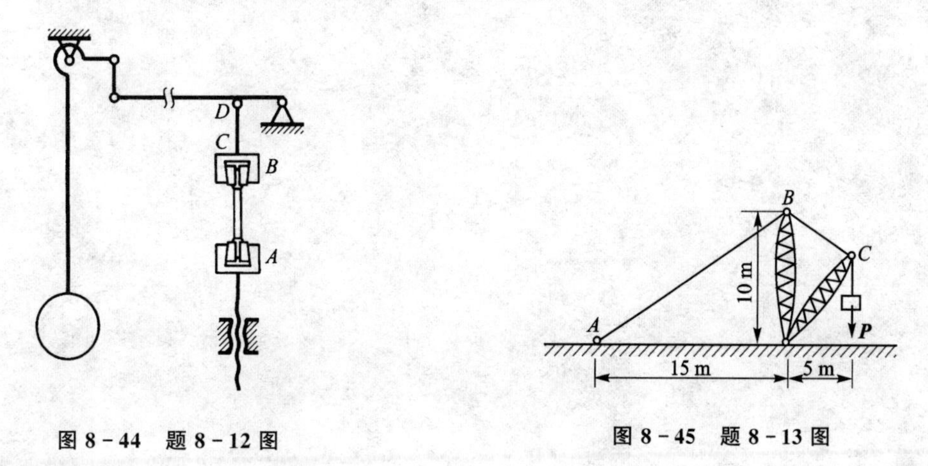

图 8-44 题 8-12 图　　图 8-45 题 8-13 图

8-14 如图 8-46 所示，木制短柱的四角用四个 40 mm×40 mm×4 mm 的等边角钢加固。已知角钢的许用应力 $[\sigma]_{钢}=160$ MPa，$E_{钢}=200$ GPa；木材的许用应力 $[\sigma]_{木}=12$ MPa，

$E_{木}=10$ GPa。试求许可载荷 **F**。

8－15 如图 8－47 所示为一中间切槽的钢板，以螺钉固定于刚性平面上，在 C 处作用一力 $F=5\ 000$ N，有关尺寸如图所示。试求此钢板的最大应力。

8－16 两钢杆如图 8－48 所示，已知截面面积 $A_1=1\ \text{cm}^2$，$A_2=2\ \text{cm}^2$；材料的弹性模量 $E=210$ GPa，线膨胀系数 $\alpha_l=12.5\times10^{-6}$ 1/℃。当温度升 30 ℃时，试求两杆内的最大应力。

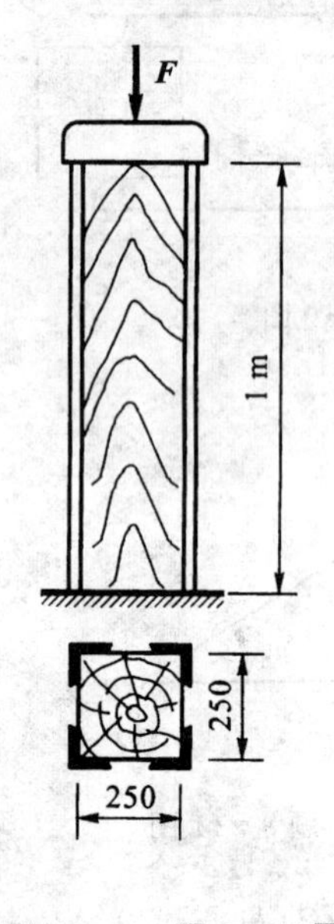

图 8－46 题 8－14 图

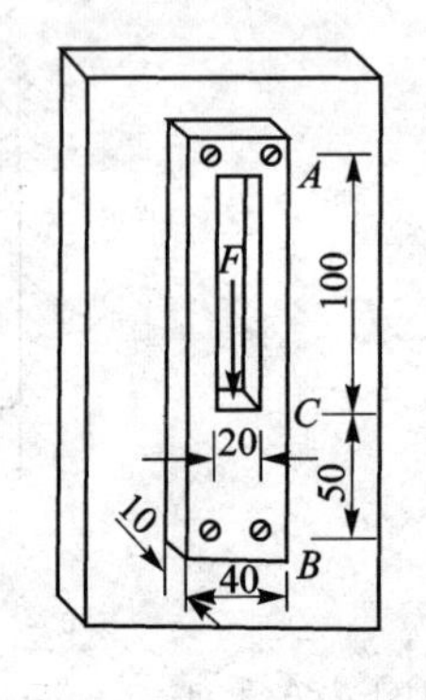

图 8－47 题 8－15 图

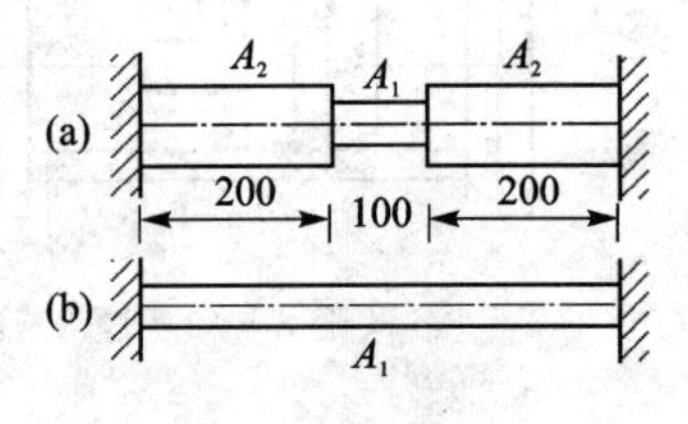

图 8－48 题 8－16 图

第9章　剪　切

本章介绍剪切构件的受力和变形特点，剪切构件可能的破坏形式以及连接件的剪切强度、挤压强度计算。

9.1　剪切的概念和实例

在工程实际中，常遇到剪切问题。在剪切机上剪断钢坯或钢板（见图9-1）就是一例；而常用的销（见图9-2）、螺栓（见图9-3）、平键（见图9-4）等连接件都是主要发生剪切变形的构件，称为剪切构件。

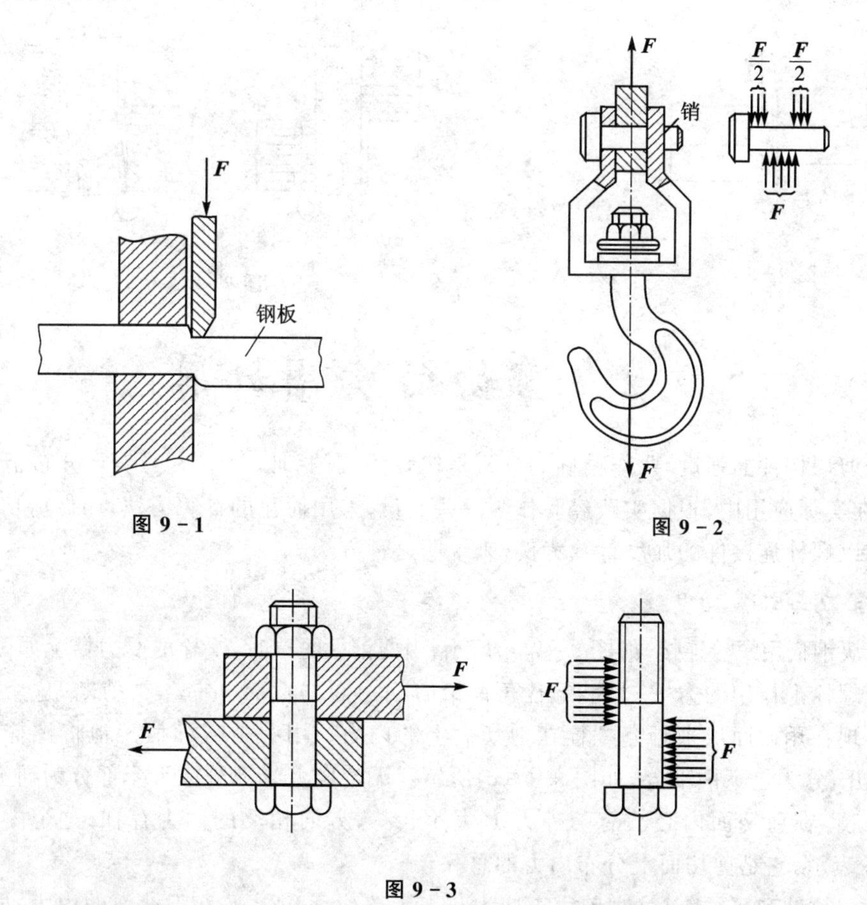

图9-1

图9-2

图9-3

这类构件的受力和变形情况可概括为如图9-5所示的简图，其受力特点是：作用在构件两侧面上的横向外力的合力大小相等，方向相反，作用线相距很近。在这样的外力作用下，其变形特点是：两力间的横截面发生相对错动。这种变形形式叫做剪切。

剪切构件在剪切变形的同时常伴随着其他形式的变形。例如，图9-3所示螺栓上的两个

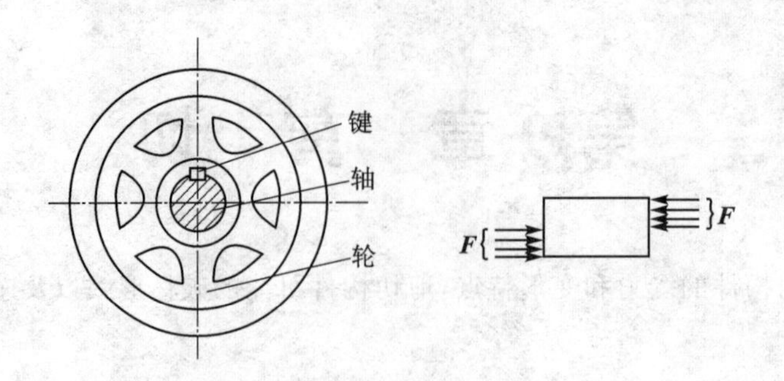

图 9-4

外力 **F** 并不沿同一条直线作用,它们形成一个力偶,要保持螺栓的平衡,必然还有其他的外力作用,如图 9-6 所示。这样就出现了拉伸、弯曲等其他形式的变形。但是,这些附加的变形一般都不是影响剪切构件强度的主要因素,可以不加考虑。

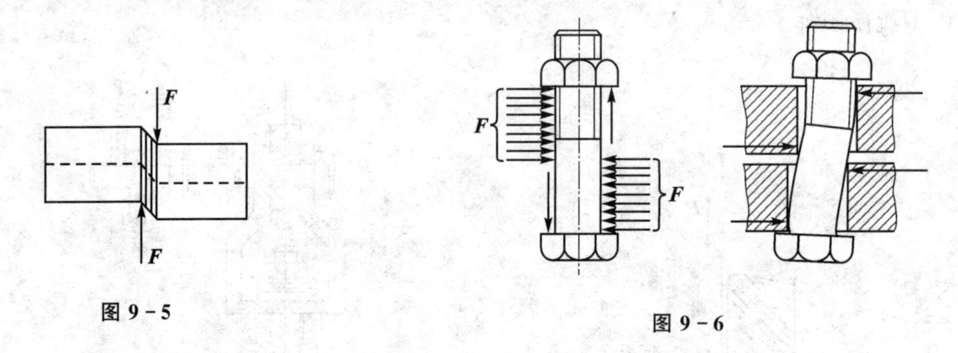

图 9-5

图 9-6

9.2 剪切的实用计算

对于剪切构件的强度,要作精确的分析是比较困难的。因为应力的实际分布情况比较复杂,所以在实际应用中,根据实践经验作了一些假设,采用简化的计算方法,叫做剪切的实用计算。下面以螺栓连接件的强度计算为例,来说明这种方法。

1. 剪力与切应力

设两块钢板用螺栓连接,如图 9-7(a)所示,当两钢板受拉时,螺栓的受力情况如图 9-7(b)所示。若螺栓上作用的力 **F** 过大,螺栓可能沿着两力间的截面 $m-m$ 被剪断,这个截面叫做剪切面。现在用截面法来研究螺栓在剪切面上的内力。用一个截面假想地将螺栓沿剪切面 $m-m$ 截开,分为上下两部分,如图 9-7(c)所示。无论取上半部分或下半部分为研究对象,为了保持平衡,在剪切面内必然有与外力 **F** 大小相等,方向相反的内力存在,这个内力叫做剪力,用 $\boldsymbol{F}_Q$ 表示,它是剪切面上分布内力的总和。

在轴向拉伸和压缩一章中,曾用正应力 σ 表示单位面积上垂直于截面的内力;同样,对于剪切构件,也可以用单位面积上平行于截面的内力来衡量内力的聚集程度,称为切应力,用符号 τ 表示,如图 9-7(d)所示,其单位与正应力一样,在国际单位制中是 Pa(帕)。

在剪切面上,切应力的实际分布情况比较复杂。为了计算上的方便,在剪切实用计算中,假设切应力 τ 均匀地分布在剪切面上。按此假设算出的平均切应力称为名义切应力,一般就

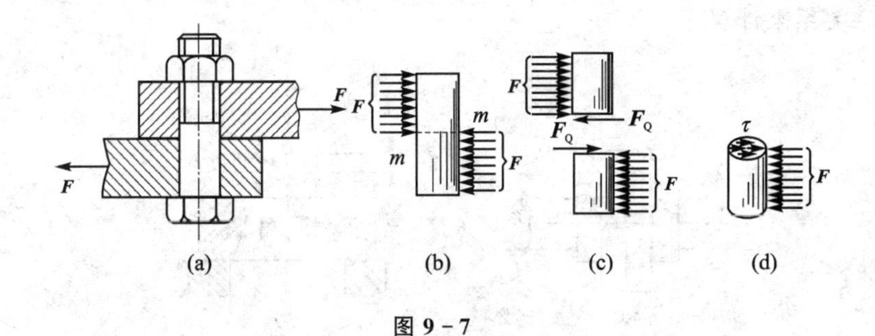

图 9－7

简称为切应力。所以剪切构件的切应力可按下式计算,即

$$\tau = \frac{F_Q}{A} \tag{9-1}$$

式中:F_Q——剪切面上的剪力;

A——剪切面面积。

2. 剪切强度条件

为了保证螺栓安全可靠地工作,要求其工作时的切应力不得超过某一个许用值。因此螺栓的剪切强度条件为

$$\tau = \frac{F_Q}{A} \leqslant [\tau] \tag{9-2}$$

式中:$[\tau]$——材料的许用切应力。

剪切强度条件式(9－2)虽然是结合螺栓的情况得出的,但也适用于其他剪切构件。

在剪切强度条件中所采用的许用切应力,是在与构件的实际受力情况相似的条件下进行试验,并同样按切应力均匀分布的假设计算出来的。考虑到制造工艺和实际工作条件等因素,在设计规范中,对一些剪切构件的许用切应力值作了规定。根据实验,一般情况下,材料的许用切应力$[\tau]$与许用拉应力$[\sigma]$之间有以下的关系

对塑性材料　　$[\tau] = (0.6 \sim 0.8)[\sigma]$

对脆性材料　　$[\tau] = (0.8 \sim 1.0)[\sigma]$

利用这一关系,可根据许用拉应力来估计许用切应力之值。

由上所述,实用计算是一种带有经验性的强度计算。这种计算虽然比较粗略,但由于许用切应力的测定条件与实际构件的情况相似,而且其计算也与名义切应力的计算方法相同,所以它基本上是符合实际情况的。在工程实际中得到广泛的应用。

但有时在工程实际中,也会遇到与上述问题相反的情况,就是剪切破坏的利用。例如车床传动轴上的保险销(见图 9－8(a)),当载荷增加到某一数值时,保险销即被剪断,从而保护车床的重要部件。又如冲床冲模时使工件发生剪切破坏而得到所需要的形状(见图 9－8(b),也是利用剪切破坏的实例。对这类问题所要求的破坏条件为

$$\tau = \frac{F_Q}{A} \geqslant \tau_u \tag{9-3}$$

式中的 τ_u 为剪切强度极限。表 9－1 为常用金属材料剪切强度极限 τ_u 的数值。

对塑性材料,剪切强度极限 τ_u 与抗拉强度 σ_b 之间,有如下的关系

$$\tau_u = (0.6 \sim 0.8)\sigma_b$$

也可根据这一关系来计算 τ_u。

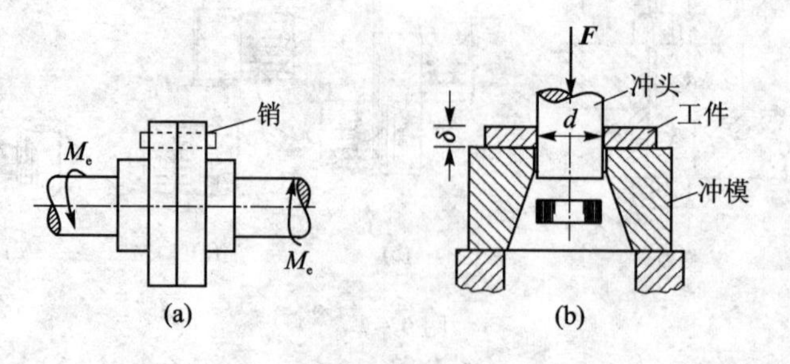

图 9-8

表 9-1 常用金属材料的剪切强度极限 τ_u(MPa)

金属名称	软质(退火的)	硬质(冷作硬化的)
铝	70～110	130～160
硬铝	220	380
紫铜	180～220	250～300
黄铜	220～300	350～400
钢(w_C=0.2%)	320	400
钢(w_C=0.3%)	360	480
钢(w_C=0.4%)	450	560
钢(w_C=0.6%)	560	720
不锈钢	520	560

例 9-1 电瓶车挂钩由插销连接(见图 9-9(a))。插销材料为 20 号钢,$[\tau]=30$ MPa,直径 $d=20$ mm。挂钩及被连接的板件的厚度分别为 $t=8$ mm 和 $1.5t=12$ mm。牵引力 $F=15$ kN。试校核插销的剪切强度。

解 插销受力如图 9-9(b)所示。根据受力情况,插销中段相对于上、下两段,沿 $m-m$ 和 $n-n$ 两个面向左错动。所以有两个剪切面,称为双剪切。由平衡方程容易求出

$$F_Q=\frac{F}{2}$$

插销横截面上的切应力为

$$\tau=\frac{F_Q}{A}=\frac{15\times10^3\ \text{N}}{2\times\dfrac{\pi}{4}\times20^2\ \text{mm}^2}=23.9\ \text{MPa}<[\tau]$$

故插销满足强度要求。

例 9-2 已知钢板厚度 $t=10$ mm,其剪切极限应力为 $\tau_u=300$ MPa。若用冲床将钢板冲出直径 $d=25$ mm 的孔,问需要多大的冲剪力 F?

解 剪切面是钢板内被冲头冲出的圆饼体的柱形侧面,如图 9-10(b)所示。其面积为

$$A=\pi dt=\pi\times25\times10\ \text{mm}^2=785\ \text{mm}^2$$

冲孔所需要的冲剪力应为

$$F\geqslant A\tau_u=785\times10^{-6}\times300\times10^6\ \text{N}=236\times10^3\ \text{N}=236\ \text{kN}$$

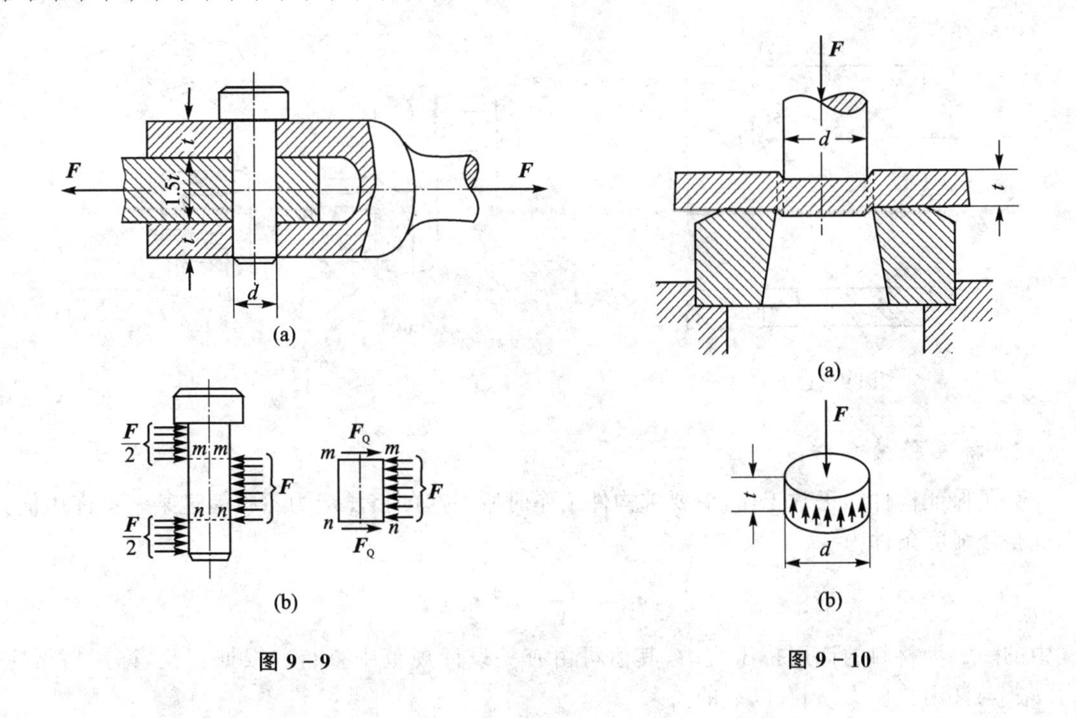

图 9－9

图 9－10

9.3 挤压的实用计算

在外力作用下，连接件和被连接件之间，必将在接触面上相互压紧，这种现象称为挤压。连接件除了可能被剪断外，还可能发生挤压破坏。

1. 挤压破坏的特点

挤压破坏的特点是：构件互相接触的表面上，因承受了较大的压力，使接触处的局部区域发生显著的塑性变形或被压碎。这种作用在接触面上的压力称为挤压力；在接触处产生的变形称为挤压变形。图 9－11 所示为钉孔的挤压破坏现象，钉孔受压的一侧被压溃，材料向两侧隆起，钉孔已不再是圆形。挤压破坏会导致连接松动，影响构件的正常工作。因此对剪切构件还须进行挤压强度计算。

挤压力的作用面叫做挤压面，由于挤压力而引起的应力叫做挤压应力，以 σ_{bs} 表示。在挤压面上，挤压应力的分布情况也比较复杂，在实用计算中假设挤压应力均匀地分布在挤压面上。因此挤压应力可按下式计算

$$\sigma_{bs}=\frac{F_{bs}}{A_{bs}} \tag{9-4}$$

式中：F_{bs}——挤压面上的挤压力；A_{bs}——挤压面面积。

对于螺栓、销等连接件，挤压面为半圆柱面（见图 9－12(a)），根据理论分析，在半圆柱挤压面上挤压应力的分布情况如图 9－12(b)所示，最大挤压应力在半圆弧的中点处。如果用挤压面的正投影作为计算面积，如图 9－12(c)中的直径平面 $ABCD$，以其除挤压力 F_{bs} 而得的计算结果，与按理论分析所得的最大挤压应力值相近。因此在实用计算中一般都采用这个计算方法。

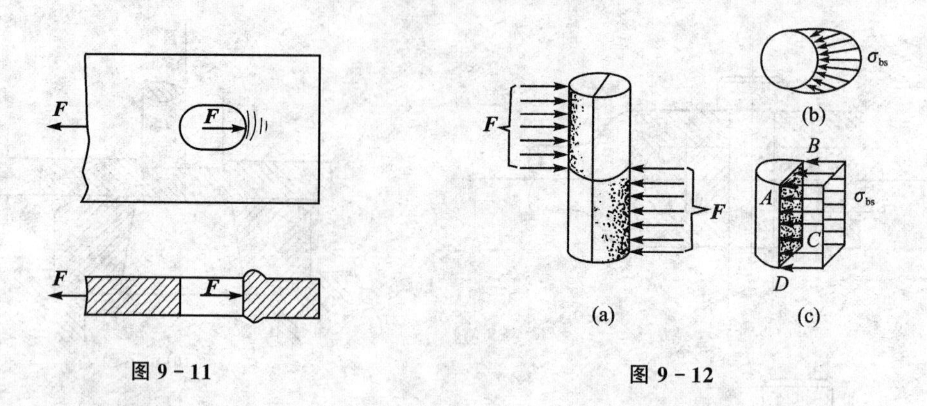

图 9-11　　图 9-12

2. 挤压强度条件

为了保证构件的正常工作,应要求构件工作时所引起的挤压应力不得超过某一个许用值,因此挤压强度条件为

$$\sigma_{bs}=\frac{F_{bs}}{A_{bs}}\leqslant[\sigma_{bs}] \tag{9-5}$$

式中的$[\sigma_{bs}]$为材料的许用挤压应力,其值可由有关设计规范中查得。根据实验,许用挤压应力$[\sigma_{bs}]$与许用拉应力$[\sigma]$有以下的关系

塑性材料　　$[\sigma_{bs}]=(1.5\sim2.5)[\sigma]$

脆性材料　　$[\sigma_{bs}]=(0.9\sim1.5)[\sigma]$

式(9-5)所表示的挤压强度条件,也可适用于其他剪切构件。

如果两个接触构件的材料不同,应以连接中抵抗挤压能力较弱的构件来进行挤压强度计算。

例 9-3　2.5 m^3 挖掘机减速器的一轴上装一齿轮,齿轮与轴通过平键连接,已知键所受的力为 $F=12.1$ kN。平键的尺寸为 $b=28$ mm,$h=16$ mm,$l_2=70$ mm,圆头半径 $R=14$ mm(见图 9-13)。键的许用切应力$[\tau]=87$ MPa,轮毂的许用挤压应力取$[\sigma_{bs}]=100$ MPa,试校核键连接的强度。

解　(1) 校核剪切强度　键的受力情况如图 9-13(c)所示,此时剪切面上的剪力(见图 9-13(d))为

$$F_Q=F=12.1\ \text{kN}=12\ 100\ \text{N}$$

对于圆头平键,其圆头部分略去不计(见图 9-13(e)),故剪切面面积为

$$A=bl_p=b(l_2-2R)=2.8(7-2\times1.4)\ \text{cm}^2=11.76\ \text{cm}^2=11.76\times10^{-4}\ \text{m}^2$$

所以,平键的工作切应力为

$$\tau=\frac{F_Q}{A}=\frac{12\ 100}{11.76\times10^{-4}}\ \text{Pa}=10.3\times10^6\ \text{Pa}=10.3\ \text{MPa}<[\tau]=87\ \text{MPa}$$

满足剪切强度条件。

(2) 校核挤压强度　与轴和键比较,通常轮毂抵抗挤压的能力较弱。轮毂挤压面上的挤压力为

$$F_{bs}=F=12\ 100\ \text{N}$$

挤压面的面积与键的挤压面相同,设键与轮毂的接触高度为$\frac{h}{2}$,则挤压面面积(见图 9-13(f))

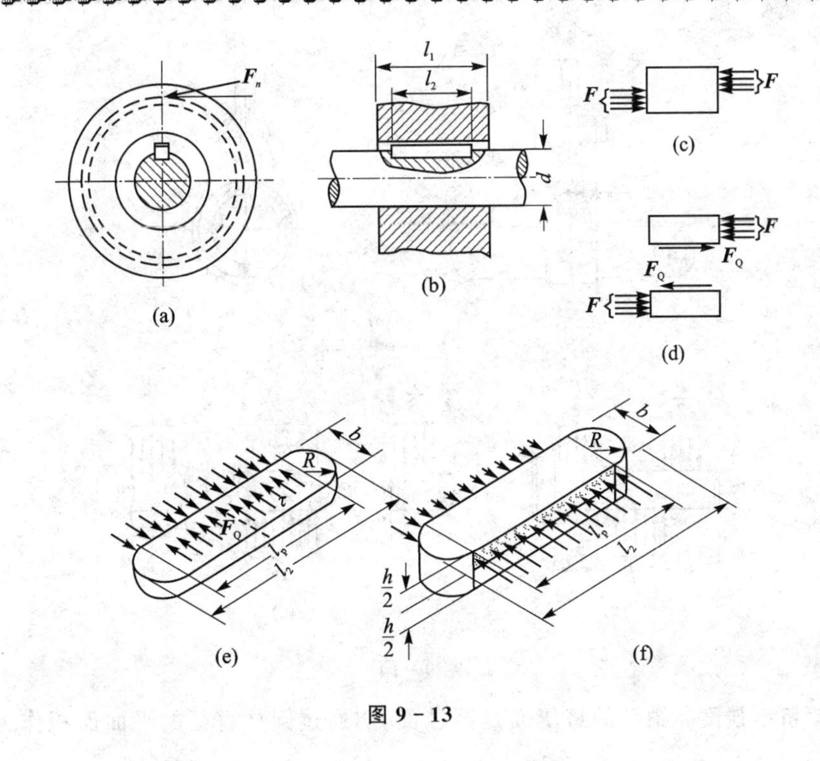

图 9-13

应为

$$A_{bs}=\frac{h}{2}\cdot l_p=\frac{1.6}{2}(7.0-2\times1.4)\ \text{cm}^2=3.36\ \text{cm}^2=3.36\times10^{-4}\ \text{m}^2$$

故轮毂的工作挤压应力为

$$\sigma_{bs}=\frac{F}{A_{bs}}=\frac{12\ 100}{3.36\times10^{-4}}\ \text{Pa}=36\times10^6\ \text{Pa}=36\ \text{MPa}<[\sigma_{bs}]=100\ \text{MPa}$$

也满足挤压强度条件。所以,这一键连接的剪切强度和挤压强度都是足够的。

例 9-4　高炉热风围管套环与吊杆通过销轴连接,如图 9-14(a)所示。每个吊杆上承担的重量 $P=188$ kN,销轴直径 $d=90$ mm,在连接处吊杆端部厚 $\delta_1=110$ mm,套环厚 $\delta_2=75$ mm,吊杆、套环和销轴的材料均为 Q235 钢,许用应力$[\tau]=90$ MPa,$[\sigma_{bs}]=200$ MPa,试校核销轴连接的强度。

解　(1) 校核剪切强度　销轴的受力图如图 9-14(b)所示,$a-a$ 和 $b-b$ 两截面皆为剪切面,变形为双剪。利用截面法以假想的截面沿 $a-a$ 和 $b-b$ 将销轴截开(见图 9-14(c)),由所取研究对象的平衡条件可知,销轴剪切面上的剪力为

$$F_Q=\frac{P}{2}=\frac{188}{2}\ \text{kN}=94\ \text{kN}$$

剪切面面积为

$$A=\frac{\pi d^2}{4}=\frac{\pi\times9^2}{4}=63.6\ \text{cm}^2=63.6\times10^{-4}\ \text{m}^2$$

销轴的工作切应力为

$$\tau=\frac{F_Q}{A}=\frac{94\times10^3}{63.6\times10^{-4}}\ \text{Pa}=14.8\times10^6\ \text{Pa}=14.8\ \text{MPa}<[\tau]=90\ \text{MPa}$$

符合强度条件,所以销轴的剪切强度是足够的。

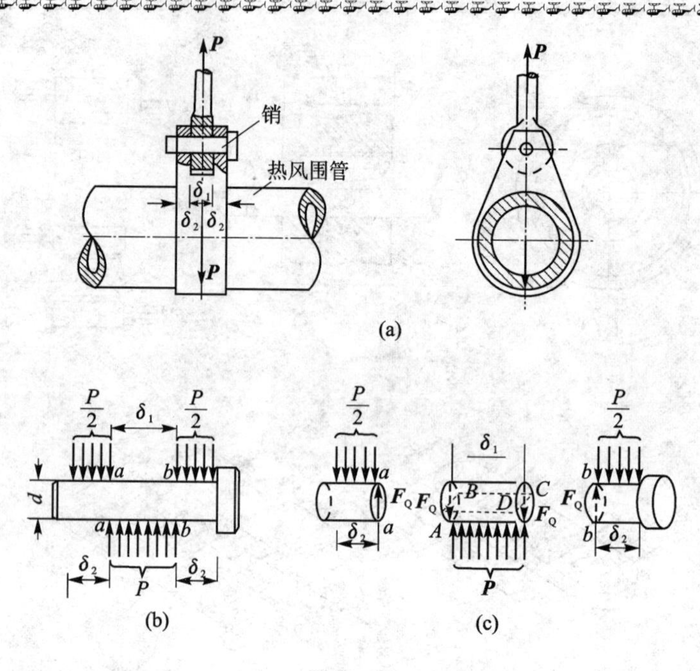

图 9-14

(2) 校核挤压强度　销轴的挤压面是圆柱面,用通过圆柱直径的平面面积作为挤压面的计算面积。

又因长度为 δ_1 的一段销轴所承受的挤压力与两段长度为 δ_2 的销轴所承受的挤压力相同,而前者的挤压面计算面积较后者小,所以应以前者来校核挤压强度。这时,挤压面(见图 9-14(c)的 $ABCD$)上的挤压力为

$$F_{bs} = P = 188\ \text{kN}$$

挤压面的计算面积为

$$A_{bs} = \delta_1 d = 11 \times 9\ \text{cm}^2 = 99\ \text{cm}^2 = 99 \times 10^{-4}\ \text{m}^2$$

所以工作挤压应力为

$$\sigma_{bs} = \frac{P}{A_{bs}} = \frac{188 \times 10^3}{99 \times 10^{-4}}\ \text{Pa} = 19 \times 10^6\ \text{Pa} = 19\ \text{MPa} < [\sigma_{bs}] = 200\ \text{MPa}$$

故挤压强度也是足够的。

思　考　题

9-1　切应力 τ 与正应力 σ 有何区别?

9-2　指出图 9-15 中构件的剪切面和挤压面。

9-3　挤压面与计算挤压面是否相同?试举例说明。

9-4　在材料力学中,为什么说连接件的计算是一种“实用计算”?其中引入了哪些假设?这些假设的根据是什么?

9-5　在工程设计中,对于铆钉、销钉等圆柱形连接件的挤压强度问题,可以采用“直径截面”,而不是用直接受挤压的半圆柱面来计算挤压应力,为什么?

9-6　挤压与压缩有什么区别?

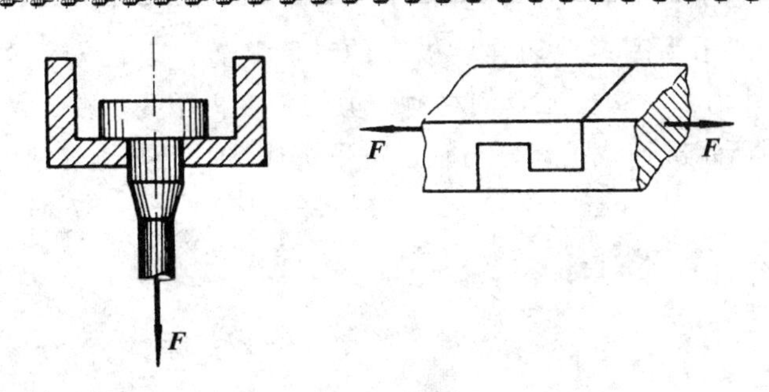

图9-15

习 题

9-1 一螺栓连接如图9-16所示,已知$F=200$ kN,$\delta=2$ cm,螺栓材料的许用切应力$[\tau]=80$ MPa,试求螺栓的直径。

9-2 销钉式安全离合器如图9-17所示,允许传递的外力偶矩$M_e=30$ kN·cm,销钉材料的剪切强度极限$\tau_u=360$ MPa,轴的直径$D=30$ mm,为保证$M_e>30$ kN·cm时销钉被剪断,求销钉的直径d。

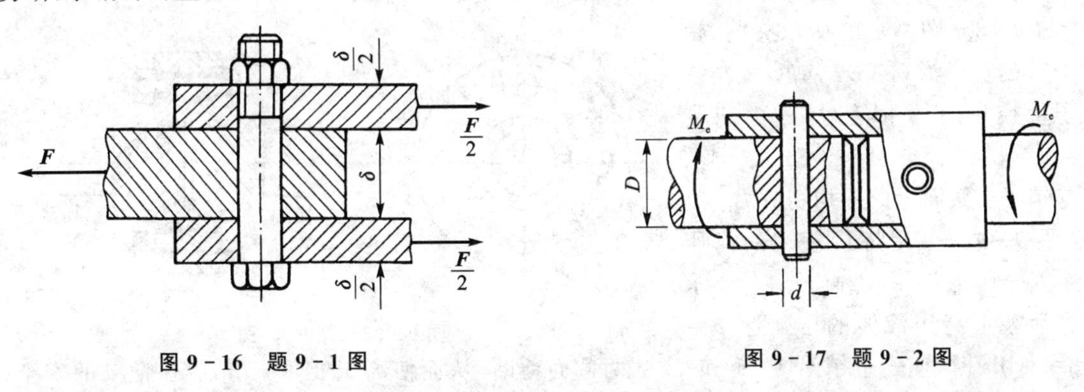

图9-16 题9-1图　　图9-17 题9-2图

9-3 图9-18所示冲床的最大冲力为400 kN,冲头材料的许用应力$[\sigma]=440$ MPa,被冲剪钢板的剪切强度极限$\tau_u=360$ MPa。求在最大冲力作用下所能冲剪圆孔的最小直径d和钢板的最大厚度δ。

9-4 已知图9-19所示铆接钢板的厚度$\delta=10$ mm,铆钉的直径为$d=17$ mm,铆钉的许用切应力$[\tau]=140$ MPa,许用挤压应力$[\sigma_{bs}]=320$ MPa,$F=24$ kN,试校核铆钉的强度。

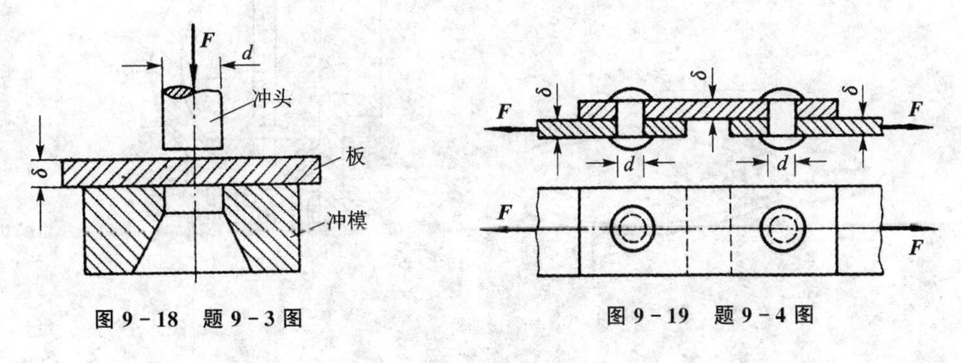

图9-18 题9-3图　　图9-19 题9-4图

9-5 图 9-20 所示为测定剪切强度极限的试验装置。若已知低碳钢试件的直径 $d=1$ cm,剪断试件时的外力 $F=50.2$ kN,问材料的剪切强度极限为多少?

9-6 图 9-21 所示减速机上齿轮与轴通过平键连接。已知键受外力 $F=12$ kN,所用平键的尺寸为$b=28$ mm,$h=16$ mm,$l=60$ mm,键的许用应力$[\tau]=87$ MPa,$[\sigma_{bs}]=100$ MPa。试校核键的强度。

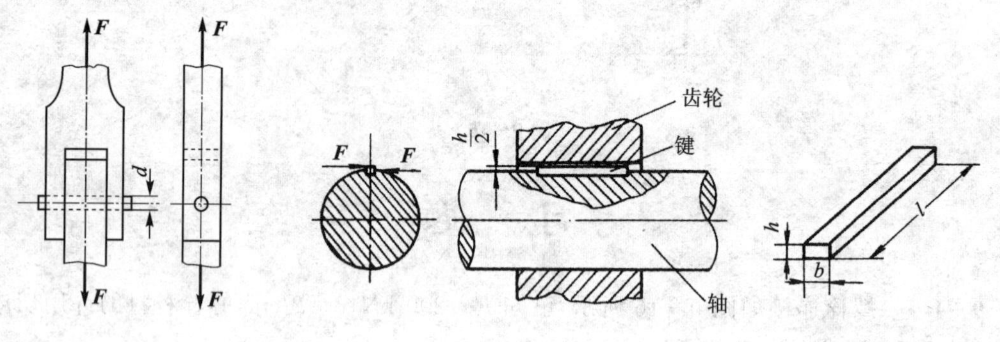

图 9-20 题 9-5 图 **图 9-21 题 9-6 图**

9-7 图 9-22 所示联轴器,用四个螺栓连接,螺栓对称地安排在直径 $D=480$ mm 的圆周上。这个联轴节传递的力偶矩 $M_e=24$ kN·m,求螺栓的直径 d 需要多大?材料的许用切应力$[\tau]=80$ MPa(提示:由于对称,可假设各螺栓所受的剪力相等)。

9-8 图 9-23 所示夹剪,销子 C 的直径为 0.6 cm,剪直径与销子直径相同的铜丝时,若力 $F=200$ N,$a=3$ cm,$b=15$ cm,求铜丝与销子横截面上的平均切应力。

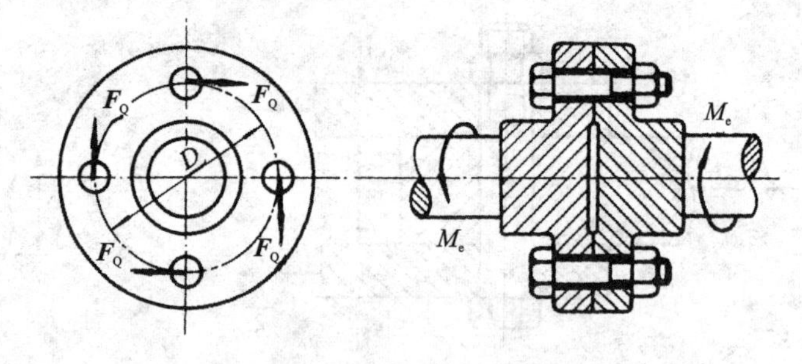

图 9-22 题 9-7 图

9-9 一冶炼厂使用的高压泵安全阀如图 9-24 所示。要求当活塞下高压液体的压强达 $p=3.4$ MPa 时,使安全销沿 1-1 和 2-2 两截面剪断,从而使高压液体流出,以保证泵的安全。已知活塞直径 $D=5.2$ cm,安全销采用 15 号钢,其剪切强度极限 $\tau_u=320$ MPa,试确定安全销的直径 d。

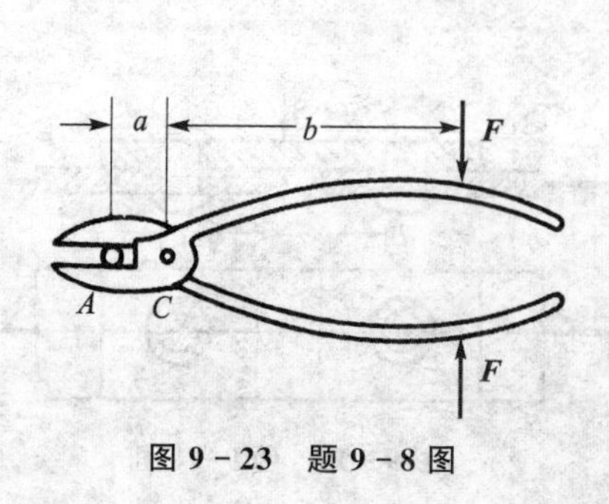

图 9-23 题 9-8 图

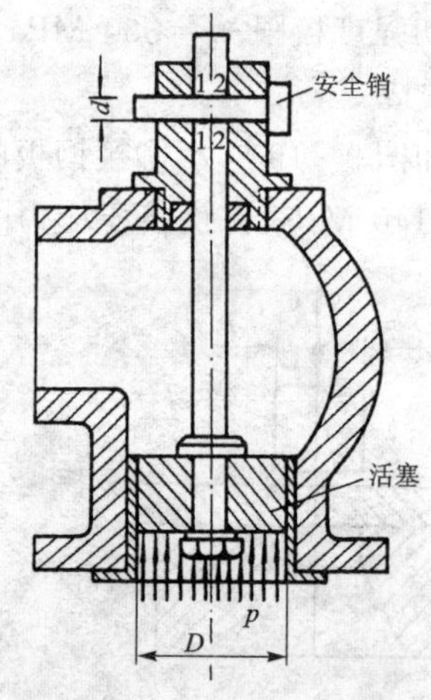

图 9-24 题 9-9 图

第 10 章　扭　转

本章首先讨论圆轴扭转时的内力，通过对薄壁圆筒扭转时的应力分析推导出切应力互等定理，同时介绍圆轴扭转时的应力、变形以及强度计算和刚度计算。

10.1　扭转的概念和实例

为了说明扭转变形，以汽车转向轴为例（见图 10－1），轴的上端受到由方向盘传来的力偶作用，下端则又受到来自转向器的阻抗力偶作用。再以攻丝时丝锥的受力情况为例（见图 10－2），通过绞杠把力偶作用于丝锥的上端，丝锥下端则受到工件的阻抗力偶作用。这些都是扭转变形的实例。

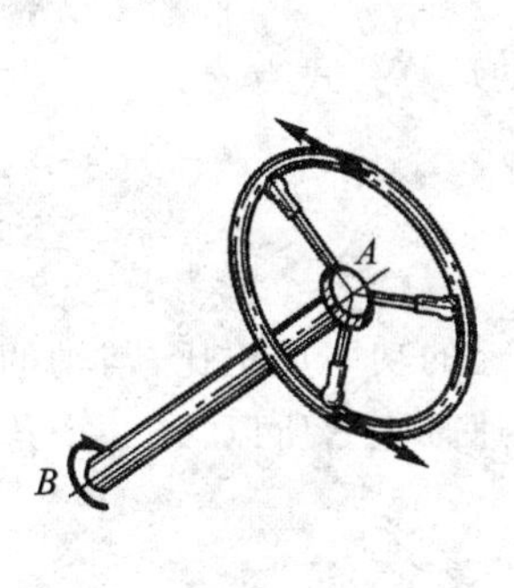

图 10－1

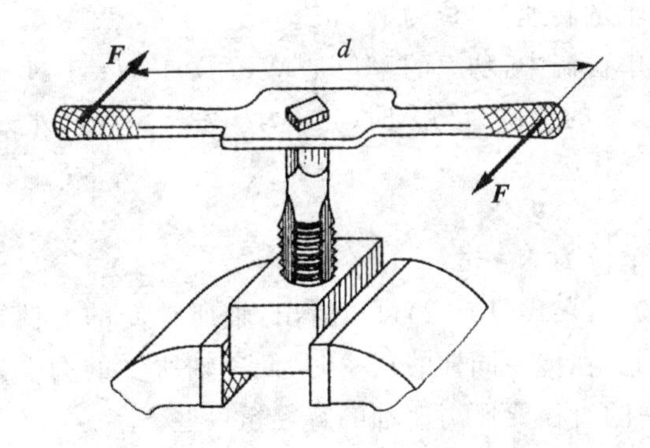

图 10－2

扭转构件上外力的作用方式很多，如电动机转子上的磁力、传送带轮上的传送带张力、齿轮上的切向力等，虽然它们的具体作用方式不同，但总可以将其一部分作用简化为一个在垂直于轴线平面内的力偶。所以，扭转构件的受力特点是，构件两端受到两个在垂直于轴线平面内的力偶作用，两力偶的力偶矩大小相等，转向相反。其简图可表示为如图 10－3 所示的情况。在这样一对力偶作用下，其变形特点是：各横截面绕轴线发生相对转动，这时任意两横截面间有相对的角位移，这种角位移称为扭转角。图 10－3 中的 ϕ_{AB} 就是截面 B 相对于截面 A 的扭转角。

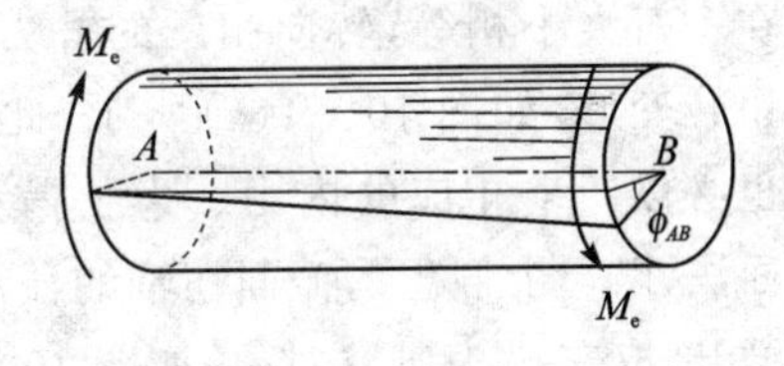

图 10－3

在工程实际中，还有不少构件，如电动机的主轴、钻机的钻杆、鼓风机的主轴等，它们的主要变形是扭转，但同时还可能伴随有弯曲、拉压等变形，不过后者不大时，往往可以忽略，或者在初步设计中，暂不考虑这些因素，将其视为扭转构件。工程上，通常把以扭转变形为主要变形形式的构件称为轴。本章主要讨论圆截面轴的扭转问题。

10.2 扭转时的内力

与拉压、剪切等问题一样,研究扭转构件的强度和刚度问题时,首先必须计算出构件上的外力,分析截面上的内力。

1. 外力偶矩的计算

前面已经提到,扭转时,作用在轴上的外力是一对大小相等,转向相反的力偶。但是,在工程实际中,常常是并不直接给出外力偶矩的大小,而是知道轴所传递的功率和轴的转速。功率、转速和力偶矩之间有一定的关系,利用它们之间的关系,可以求出作用在轴上的外力偶矩。它们之间的关系是

$$M_e = 9\ 550\ \frac{P_k}{n} \tag{10-1}$$

式中:M_e——作用在轴上的外力偶矩,单位为 N·m;

P_k——轴传递的功率,单位为 kW;

n——轴的转速,单位为 r/min。

在国际单位制中,功率的单位是 W(瓦),1 W=1 N·m/s 。

当功率 P_k 的单位为马力时(1 马力=735.5 W),外力偶矩的计算公式为

$$M_e = 7\ 024\ \frac{P_k}{n} \tag{10-2}$$

式中:M_e 的单位为 N·m。

从式(10-1)、式(10-2)可以看出,轴所承受的力偶矩与传递的功率成正比,与轴的转速成反比。因此,在传递同样的功率时,低速轴所受的力偶矩比高速轴大。所以,在一个传动系统中,低速轴的直径要比高速轴的直径粗一些。

2. 扭 矩

现在讨论扭转时轴横截面上的内力。设一轴在一对大小相等,转向相反的外力偶作用下产生扭转变形,如图 10-4(a)所示,此时轴横截面上也必然产生相应的内力。为了揭示内力,仍用截面法,以一个假想的截面在轴的任意处 $n-n$ 将轴截开,取左段为研究对象,如图 10-4(b)所示。由于 A 端作用一个矩为 M_A 的力偶,为了保持平衡,在截面的平面内,必然存在一个内力偶与它平衡。由平衡条件 $\sum M_x = 0$,即可求得这个内力偶矩的大小

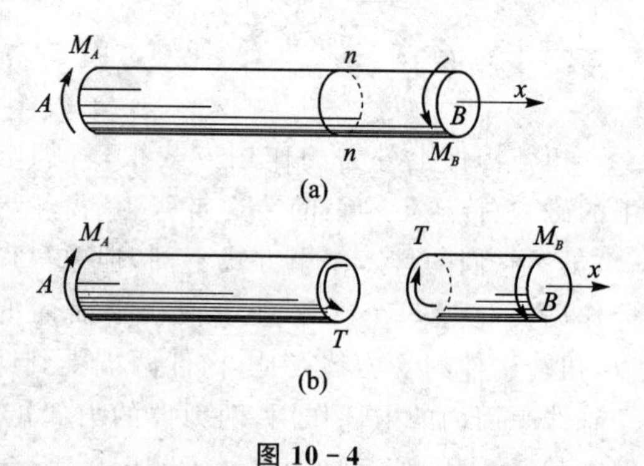

图 10-4

$$T = M_A$$

由此可见,杆扭转时,其横截面上的内力,是一个在截面平面内的力偶,其力偶矩称为扭矩,用 T 表示。

如取轴的右段为研究对象(见图 10-4(b)),也可得到同样的结果。取截面左边部分与取截面右边部分为研究对象所求得扭矩,其数值应相等而转向相反,因为它们是作用与反作用的

关系。为了使从两段杆上求得的同一截面上的扭矩的正负号相同，可将扭矩的符号作如下的规定：若按右手螺旋法则把 $\boldsymbol{T}$ 表示为矢量，当矢量方向与截面的外法线的方向一致时，$\boldsymbol{T}$ 为正，如图 10－5(a)所示；反之，为负，如图 10－5(b)所示。由图中轴的变形情况可以看到，无论扭矩为正或为负，截面左右两段轴扭转变形的转向是一致的。所以，扭矩符号的规定，实际上也是根据轴的变形而来的。

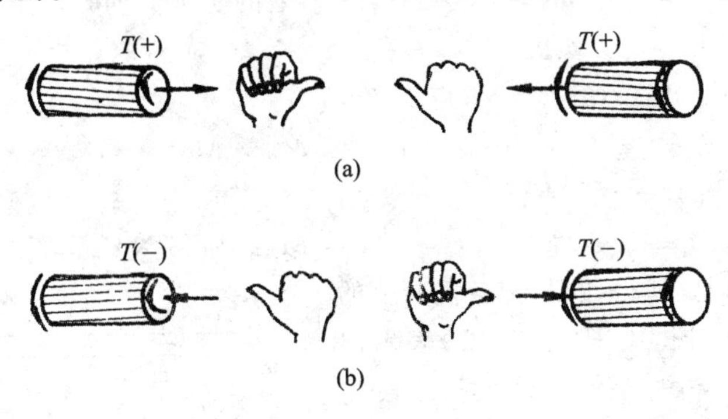

图 10－5

若作用于轴上的外力偶多于两个，也与拉伸(压缩)问题中画轴力图一样，可用图线来表示各横截面上扭矩沿轴线变化的情况。图中以横轴表示横截面的位置，纵轴表示相应截面上的扭矩。这种图线称为扭矩图。下面用例题说明扭矩的计算和扭矩图的绘制。

例 10－1 传动轴如图 10－6(a)所示，主动轮 A 输入功率 $P_A=36$ kW，从动轮 B、C、D 输出功率分别为 $P_B=P_C=11$ kW，$P_D=14$ kW，轴的转速为 $n=300$ r/min。试画出轴的扭矩图。

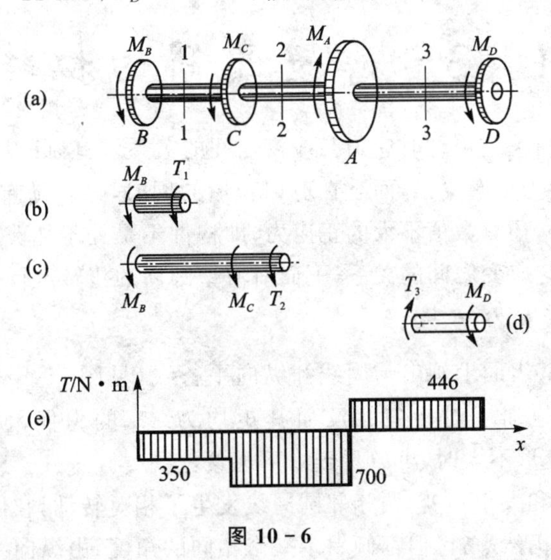

图 10－6

解 (1) 计算外力偶矩

$$M_A = 9\,550\,\frac{P_A}{n} = 9\,550 \times \frac{36}{300}\text{N}\cdot\text{m} = 1\,146\ \text{N}\cdot\text{m}$$

$$M_B = M_C = 9\,550\,\frac{P_B}{n} = 9\,550 \times \frac{11}{300}\ \text{N}\cdot\text{m} = 350\ \text{N}\cdot\text{m}$$

$$M_D = 9\,550\,\frac{P_D}{n} = 9\,550 \times \frac{14}{300}\ \text{N}\cdot\text{m} = 446\ \text{N}\cdot\text{m}$$

(2) 计算扭矩:求 BC 段的扭矩时,可在 BC 段内用截面 1-1 将轴截开,以 T_1 表示截面上的扭矩,设其为正,取左段为研究对象(见图 10-6(b)),由平衡条件

$$\sum M_x = 0 \qquad T_1 + M_B = 0$$

得

$$T_1 = -M_B = -350\ \text{N}\cdot\text{m}$$

T_1 为负值,说明 T_1 所假定的方向与截面 1-1 上的实际方向相反。按扭矩的符号规定,此段轴各横截面上的扭矩应为负值。

同理,在 CA 段内,由图 10-6(c)可得

$$T_2 + M_B + M_C = 0, \qquad T_2 = -M_B - M_C = -700\ \text{N}\cdot\text{m}$$

在 AD 段内,由图 10-6(d)可得

$$T_3 - M_D = 0, \qquad T_3 = M_D = 446\ \text{N}\cdot\text{m}$$

(3) 画扭矩图:根据所得数据,把各截面上的扭矩沿轴线变化的情况,用图 10-6(e)表示出来,这就是扭矩图。从图中看出,最大扭矩发生于 CA 段内,且 $T_{max}=700\ \text{N}\cdot\text{m}$。

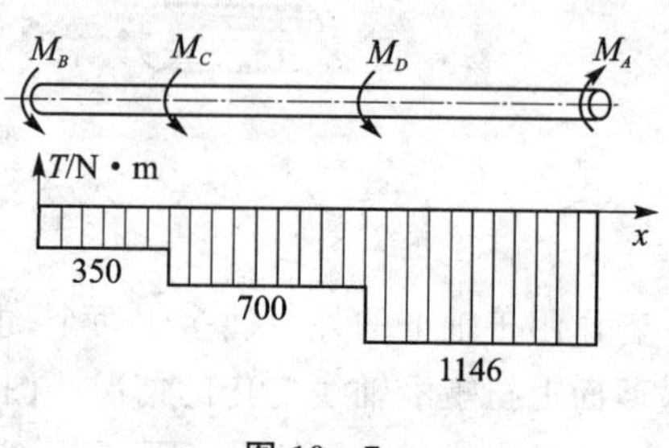

图 10-7

对同一根轴,若把主动轮 A 安置于轴的一端,例如放在右端,则轴各截面上的扭矩如图 10-7 所示。这时,轴的最大扭矩是:$T_{max}=1\ 146\ \text{N}\cdot\text{m}$。可见,传动轴上主动轮和从动轮安置的位置不同,轴所承受的最大扭矩也就不同。两者相比,显然图 10-6 所示布局比较合理。

10.3 薄壁圆筒的扭转

在前面剪切一章中,关于剪切时应力与应变之间的关系没有讨论。因为螺栓、键等连接件不仅在剪切面上的切应力分布复杂,而且在剪切变形的同时,还伴随有其他形式的变形,因此剪切面上除有切应力外,还有数值不大的正应力,即构件不是处于纯剪切的状态。为了实现纯剪切,得到剪切时应力与应变之间的关系,下面对薄壁圆筒的扭转进行一些分析。

1. 薄壁圆筒扭转时的应力

取一薄壁圆筒,在其表面上画出圆周线和纵向平行线(见图 10-8(a)),在圆筒两端垂直于圆筒轴线的平面内施加一对转向相反而其矩均为 M_e 的力偶,使其产生扭转变形,如图 10-8(b)所示。当变形不大时,可以看到以下现象:

(1) 圆周线的形状和大小不变,两相邻圆周线发生了相对转动,它们之间的距离不变;

(2) 各纵向平行线仍然平行,但都倾斜了一个相同的角度,由纵向线与圆周线所组成的矩形变成了菱形。

根据圆周线之间距离不变的实验现象,且圆筒上并无轴向外力,这说明圆筒扭转时没有轴向拉伸或压缩变形,因而可以判断,各横截面上没有正应力。如沿一横截面将圆筒假想地截开,则该截面上必然有一个与外力偶矩平衡的扭矩 T,由于只有内力元素 τdA 才能构成扭矩,因而可以推断,圆筒横截面上必然有切于圆周方向的切应力 τ 存在。而且,根据圆筒扭转后,各纵向线都倾斜了同一个角度 γ 这一现象,说明沿圆周上各点,横截面上的切应力相同;又因

圆筒壁厚 δ 很小，可以认为切应力沿壁厚方向均匀分布（见图 10－8(c)）。

如果以横截面和纵向截面自筒壁上取出一个微小的直六面体，称为单元体（见图 10－8(d)），那么在这个单元体上将只有切应力而无正应力作用，这种受力情况称为纯剪切。

2. 切应力互等定理

在图 10－8(d)所示的单元体上，由于圆筒横截面上有切应力作用，故在垂直于 x 轴的两个平面上有切应力 τ，它们组成一个顺时针转向的力偶，其力偶矩为 $(\tau\delta \mathrm{d}y)\cdot \mathrm{d}x$，这个力偶将使单元体发生顺时针方向的转动。但是，实际上单元体仍处于平衡状态，所以在单元体垂直于 y 轴的两个平面上，必然有切应力 τ' 存在，并由它们组成另一个反时针转向的力偶，其力偶矩为 $(\tau'\delta \mathrm{d}x)\cdot \mathrm{d}y$，以保持单元体的平衡。由平衡方程 $\sum M_z=0$，可得

$$(\tau'\delta \mathrm{d}x)\cdot \mathrm{d}y-(\tau\delta \mathrm{d}y)\cdot \mathrm{d}x=0$$

所以

$$\tau=\tau' \tag{10-3}$$

上式表明，在相互垂直的两个平面上，切应力必然成对存在，且数值相等；两者都垂直于两个平面的交线，方向则共同指向或共同背离这一交线。这就是切应力互等定理，也称为切应力双生定理。这一定理具有普遍的意义，在非纯剪切的情况下也同样适用。

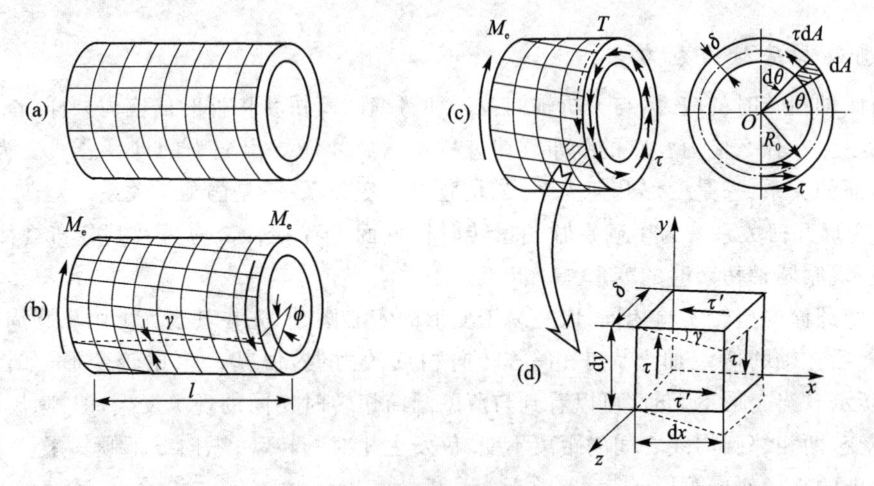

图 10－8

3. 剪切胡克定律

由薄壁圆筒扭转的实验中可以看出，在切应力的作用下，单元体的直角将发生微小的改变，如图 10－8(d)所示。这个直角的改变量 γ 称为切应变，用弧度来度量。在薄壁圆筒的扭转实验中，根据所加的外力偶矩可以计算出切应力 τ；测出圆筒两端面的相对转角 ϕ 后，可以算出相应的切应变 γ。实验表明，正如拉压胡克定律那样，切应力与切应变之间也存在类似的关系，即当切应力不超过材料的剪切比例极限(τ_p)时，切应力与切应变之间成正比关系，如图 10－9所示的直线部分。这个关系，称为剪切胡克定律，可表示为

$$\tau=G\gamma \tag{10-4}$$

式中，G 为材料的剪切弹性模量，单位与弹性模量 E 相同，其数值可通过实验确定，钢材的 G 值约为 80 GPa。表 10－1 列举了几种材料剪切弹性模量的数值，其他材料的 G 值可查有关的手册。

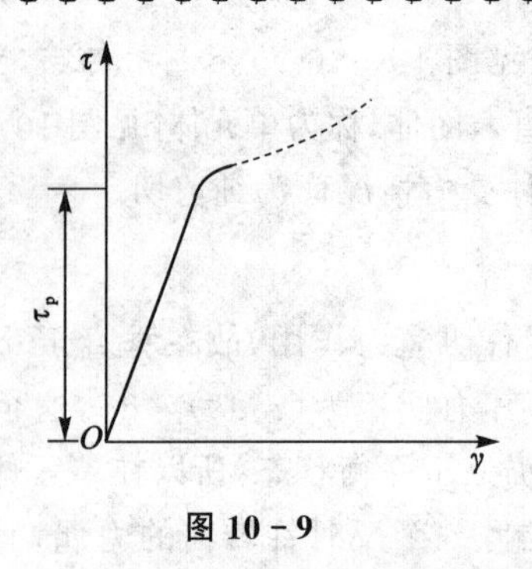

图 10 - 9

表 10 - 1　材料的剪切弹性模量 G

材　料	G/GPa
钢	80～81
铸铁	45
铜	40～46
铝	26～27
木材	0.55

至此,已经引用了三个弹性常数,即弹性模量 E、泊松比 μ 和剪切弹性模量 G。对各向同性材料,可以证明三个弹性常数间存在下列关系

$$G=\frac{E}{2(1+\mu)} \tag{10-5}$$

可见,三个弹性常数中,只要知道任意两个,另一个即可确定。

10.4　圆轴扭转时的应力

1. 圆轴扭转时的应力

分析圆轴扭转时的应力,与分析轴向拉压和薄壁圆筒扭转构件时的应力一样,首先需要明确横截面上存在什么应力?它的分布规律怎样?然后才能导出应力的计算公式。为此,需要考虑三方面的关系:一是变形几何关系;二是应力应变关系;三是静力学关系。

(1) 变形几何关系　为了确定圆轴扭转时横截面上存在什么应力及其分布规律,首先由实验出发,观察圆轴扭转时的变形。

与薄壁圆筒的扭转实验相同,取一易于变形的实心圆轴,先在其表面上画出圆周线和纵向平行线,然后在轴的两端加上大小相等,转向相反的力偶,使其产生扭转变形,如图 10 - 10(a)、(b)所示。当变形不大时,可以看到与薄壁圆筒扭转时相同的现象发生,即:圆周线的形状和大小不变,两相邻圆周线之间的距离不变,仅发生相对的转动;纵向线都倾斜了一个角度 γ,圆轴表面上的矩形变成菱形。

上述现象是圆轴的扭转变形在其表面的反映,根据这些现象可由表及里地推测圆轴内部的变形情况。可以设想,圆轴的扭转是无数层薄壁圆筒扭转的组合,其内部也存在同样的变形规律,如图 10 - 10(c)所示。

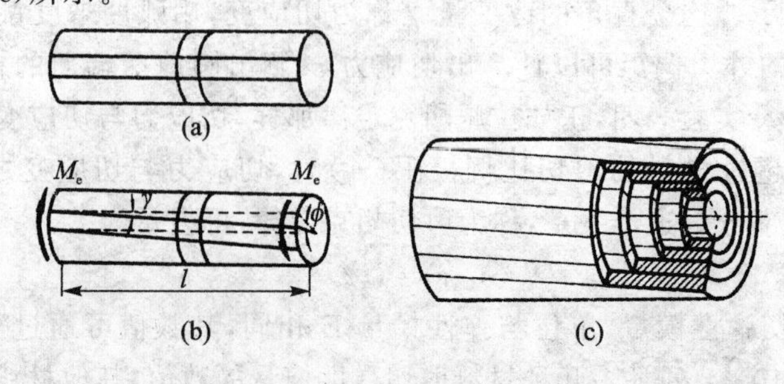

图 10 - 10

根据观察到的现象，作下述基本假设：圆轴扭转变形前原为平面的横截面，变形后仍保持为平面，形状和大小不变，半径仍保持为直线；且相邻两横截面间的距离不变。这就是圆轴扭转的平面假设。按照这一假设，扭转变形中，圆轴的横截面就像刚性平面一样，绕轴线旋转了一个角度。以平面假设为基础导出的应力和变形计算公式，符合试验结果，且与弹性力学一致，这都足以说明假设是正确的。

下面分析切应变在圆轴内的变化规律。如图 10－11(a)所示，用截面 $m-m$ 和 $n-n$ 截取出一段长为 $\mathrm{d}x$ 的轴来观察，变形后截面 $n-n$ 相对于截面 $m-m$ 转动了一个角度。由于截面 $n-n$ 是作刚性转动，因此其上的两个半径 O_2C 和 O_2D 仍保持为一直线，它们都转动了同一角度 $\mathrm{d}\phi$ 而达到新位置 O_2C' 和 O_2D'。这时圆轴表面上矩形 $ABCD$ 的直角发生了变化，其改变量 γ 就是圆轴表面处单元体的切应变。如果再由这一小段轴中取出如图 10－11(b)所示的楔形单元体，则可以得到

$$\gamma=\frac{CC'}{BC}=\frac{R\mathrm{d}\phi}{\mathrm{d}x}$$

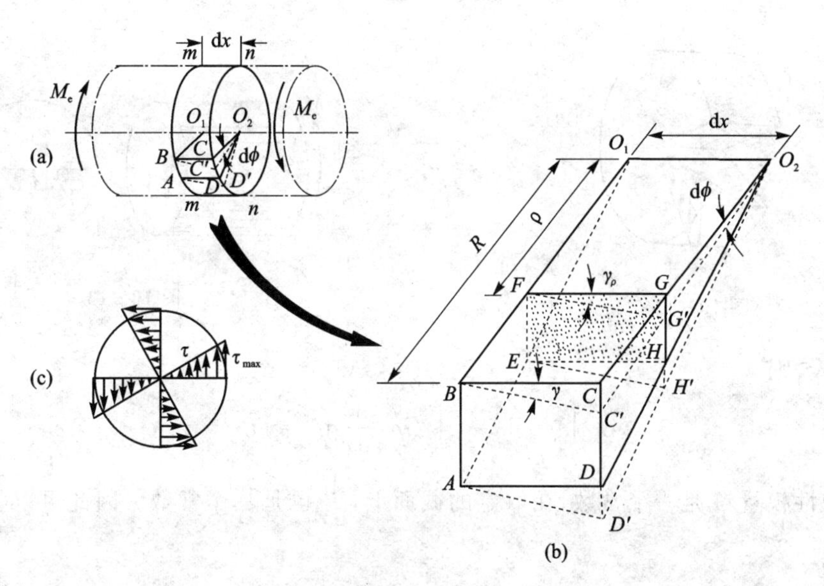

图 10－11

同样，在距离轴线为 ρ 的地方，矩形 $EFGH$ 变形到 $EFG'H'$，则相当于半径为 ρ 的一层薄壁圆筒其切应变为

$$\gamma_\rho=\frac{GG'}{FG}=\frac{\rho\mathrm{d}\phi}{\mathrm{d}x} \tag{a}$$

这就是圆轴扭转时切应变沿半径方向的变化规律。对于所取定的楔形单元体，式中的 $\dfrac{\mathrm{d}\phi}{\mathrm{d}x}$ 为一常数，所以上式表明，切应变 γ_ρ 与该处到轴线的距离 ρ 成正比，距离轴线越远，切应变越大，在圆轴表面处的切应变最大。知道了切应变的变化规律以后，根据应力与应变间的物理关系，便可得到切应力的变化规律。

(2) 应力应变关系　由上一节知道，切应力与切应变之间存在一定的物理关系，当切应力不超过材料的剪切比例极限时，切应力与切应变成正比，即服从剪切胡克定律

$$\tau=G\gamma \tag{b}$$

将式(a)代入式(b)可以求得距轴线为 ρ 处的切应力为

$$\tau_{\rho}=G\gamma_{\rho}=G\rho\frac{\mathrm{d}\phi}{\mathrm{d}x} \tag{c}$$

这就是圆轴扭转时横截面上切应力的分布规律,这说明横截面上任一点处切应力的大小与该点到圆心的距离 ρ 成正比。也就是说,在横截面的圆心处切应力为零,在周边上切应力最大。横截面上切应力的分布如图 10-11(c)所示,其方向垂直于半径。如再考虑到切应力互等定理,则在纵向截面上,沿半径切应力的分布如图 10-12 所示。

因为式(c)中$\frac{\mathrm{d}\phi}{\mathrm{d}x}$尚未求出,所以仍不能用它计算切应力,这就要用静力关系来解决。

(3) 静力学关系　圆轴扭转时,平衡外力偶矩的扭矩,是由横截面上无数的微剪力组成的。如图 10-13 所示,设距圆心 ρ 处的切应力为 τ_{ρ},如在此处取一微面积 $\mathrm{d}A$,则此微面积上的微剪力为 $\tau_{\rho}\mathrm{d}A$。各微剪力对轴线之矩的总和,即为该截面上的扭矩,即

$$\int_{A}\rho\tau_{\rho}\mathrm{d}A=T$$

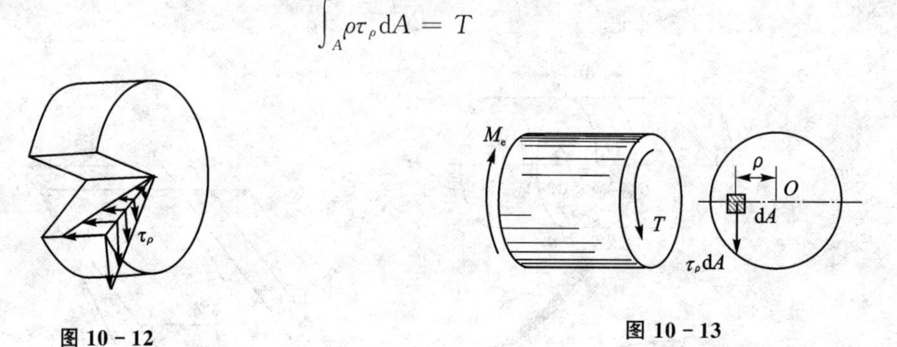

图 10-12　　图 10-13

将式(c)代入,则

$$\int_{A}\rho\tau_{\rho}\mathrm{d}A=\int_{A}G\rho^{2}\frac{\mathrm{d}\phi}{\mathrm{d}x}\mathrm{d}A=T$$

式中剪切弹性模量 G 是一个常数,在取定的截面上,$\frac{\mathrm{d}\phi}{\mathrm{d}x}$也是一个常数。因此可以将其提到积分号外,得

$$G\frac{\mathrm{d}\phi}{\mathrm{d}x}\int_{A}\rho^{2}\mathrm{d}A=T \tag{d}$$

式中的积分$\int_{A}\rho^{2}\mathrm{d}A$是一个只决定于横截面的形状和大小的几何量,称为横截面对形心的**极惯性矩**,可用 I_{p} 来表示,即令

$$I_{\mathrm{p}}=\int_{A}\rho^{2}\mathrm{d}A \tag{10-6}$$

I_{p} 的常用单位是 cm^{4},对于任一已知的截面,I_{p} 是常数,因此式(d)可以写为

$$\frac{\mathrm{d}\phi}{\mathrm{d}x}=\frac{T}{GI_{\mathrm{p}}} \tag{10-7}$$

式中的$\frac{\mathrm{d}\phi}{\mathrm{d}x}$表示圆轴的单位长度扭转角。此式表明扭矩 T 愈大,单位长度的扭转角愈大;在扭矩一定的情况下,GI_{p} 愈大,单位长度的扭转角愈小。GI_{p} 反映了圆轴抵抗扭转变形的能力,称为圆轴的**抗扭刚度**。将式(10-7)代入式(c)后得

$$\tau_\rho = G\rho \frac{d\phi}{dx} = G\rho \frac{T}{GI_p} = \frac{T}{I_p}\rho$$

即横截面上任一点处的切应力为

$$\tau_\rho = \frac{T}{I_p}\rho \tag{10-8}$$

式中：T——横截面上的扭矩；

ρ——横截面上任一点到圆心的距离；

I_p——横截面对形心的极惯性矩。

至此，已经得到了圆轴扭转时切应力的计算公式，剩下的问题是式中的 I_p 如何计算。

2. 计算极惯性矩

极惯性矩 I_p 应根据式(10-6)来计算。

对于圆形截面，可取厚为 $d\rho$ 的圆环为面积元素，如图 10-14(a)所示，令 $dA=2\pi\rho d\rho$，于是

$$I_p = \int_A \rho^2 dA = \int_0^{\frac{D}{2}} \rho^2 \cdot 2\pi\rho d\rho = 2\pi\int_0^{\frac{D}{2}} \rho^3 d\rho = \frac{\pi D^4}{32}$$

即

$$I_p = \frac{\pi D^4}{32} \tag{10-9}$$

对于内径为 d、外径为 D 的空心圆截面，图 10-14(b)所示，它的极惯性矩为

$$I_p = \int_A \rho^2 dA = \int_{d/2}^{D/2} 2\pi\rho^3 d\rho = \frac{\pi}{32}(D^4 - d^4) =$$

$$\frac{\pi D^4}{32}\left[1 - \left(\frac{d}{D}\right)^4\right] = \frac{\pi D^4}{32}(1-\alpha^4)$$

即

$$I_p = \frac{\pi}{32}(D^4 - d^4) = \frac{\pi D^4}{32}(1-\alpha^4) \tag{10-10}$$

式中 $\alpha = d/D$。

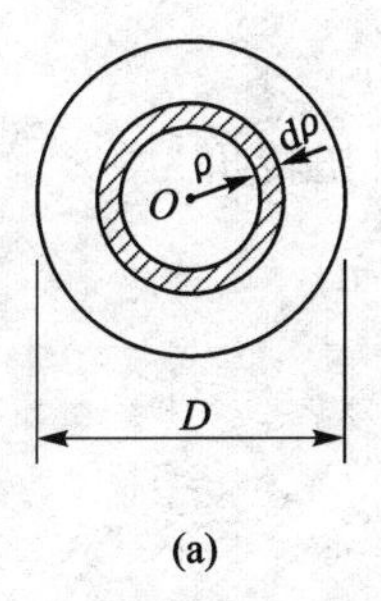

(a)

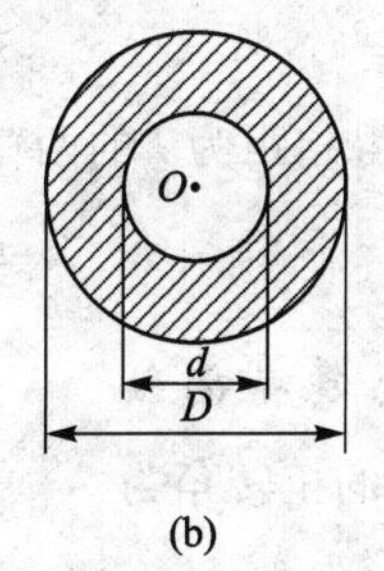

(b)

图 10-14

至此，圆轴扭转时横截面上任一点处的切应力便可以计算了。

例 10-2　一轴 AB 传递的功率为 $P_k=7.5$ kW，转速 $n=360$ r/min。轴的 AC 段为实心圆截面，CB 段为空心圆截面，如图 10-15 所示。已知 $D=3$ cm，$d=2$ cm。试计算 AC 段横截面边缘处的切应力以及 CB 段横截面上外边缘和内边缘处的切应力。

解　(1) 计算扭矩　由式(10-1)，轴所受的外力偶矩为

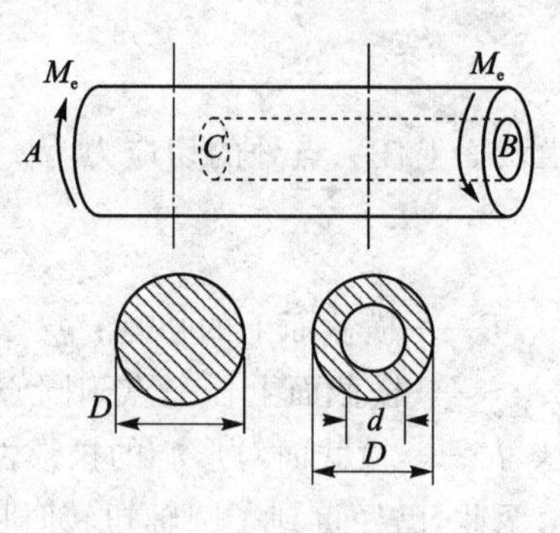

图 10-15

$$M_e = 9\ 550\frac{P_k}{n} = 9\ 550\times\frac{7.5}{360}\ \text{N}\cdot\text{m} = 199\ \text{N}\cdot\text{m}$$

由截面法,各横截面上的扭矩均为

$$T = M_e = 199\ \text{N}\cdot\text{m}$$

(2) 计算极惯性矩　由式(10-9)及(10-10),AC 段和 CB 段轴横截面的极惯性矩分别为

$$I_{p1} = \frac{\pi D^4}{32} = \frac{3.14\times3^4}{32}\ \text{cm}^4 = 7.95\ \text{cm}^4$$

$$I_{p2} = \frac{\pi}{32}(D^4 - d^4) = \frac{3.14}{32}(3^4 - 2^4)\ \text{cm}^4 = 6.38\ \text{cm}^4$$

(3) 计算应力　由式(10-8),AC 段轴在横截面边缘处的切应力为

$$\tau_{外}^{AC} = \frac{T}{I_{p1}}\cdot\frac{D}{2} = \frac{199}{7.95\times10^{-8}}\times0.015\ \text{Pa} = 37.5\times10^6\ \text{Pa} = 37.5\ \text{MPa}$$

CB 段轴横截面内、外边缘处的切应力分别为

$$\tau_{内}^{CB} = \frac{T}{I_{p2}}\cdot\frac{d}{2} = \frac{199}{6.38\times10^{-8}}\times0.01\ \text{Pa} = 31.2\times10^6\ \text{Pa} = 31.2\ \text{MPa}$$

$$\tau_{外}^{CB} = \frac{T}{I_{p2}}\cdot\frac{D}{2} = \frac{199}{6.38\times10^{-8}}\times0.015\ \text{Pa} = 46.8\times10^6\ \text{Pa} = 46.8\ \text{MPa}$$

10.5　圆轴扭转时的变形

前面已述,圆轴扭转时,两横截面间将有相对的角位移,称为扭转角。这就是通常工程实际中要计算的扭转变形。在推导圆轴扭转切应力公式时,扭转角的计算问题,已接近于解决,在此只须稍加推导便可以了。

由式(10-7),可得到相距 dx 的两横截面间的相对扭转角(见图 10-11)为

$$d\phi = \frac{T}{GI_p}dx$$

沿轴线 x 积分,即可求得相距为 l 的两截面之间的相对扭转角为

$$\phi = \int_l d\phi = \int_0^l \frac{T}{GI_p}dx$$

1. 扭矩为常量的等截面轴

相距为 l 的两截面的扭转角为

$$\phi = \frac{Tl}{GI_p} \tag{10-11}$$

式中:T——横截面上的扭矩;

l——两横截面间的距离;

G——材料的剪切弹性模量;

I_p——横截面对圆心的极惯性矩。

2. 扭矩为变量或变截面轴

分段计算各段的扭转角,然后按代数相加,得两端截面的相对扭转角为

$$\phi = \sum_{i=1}^{n} \frac{T_i l_i}{GI_{pi}} \tag{10-12}$$

从上面式子可以看出：扭转角与扭矩和轴的长度成正比，与圆轴的抗扭刚度 GI_p 成反比。

10.6 圆轴扭转时的强度和刚度计算

1. 强度条件

前面已经得到，圆轴扭转时横截面上应力的计算公式为

$$\tau_\rho = \frac{T}{I_p} \cdot \rho$$

显然，在截面的周边上，即当 $\rho = \rho_{max} = R$ 时，有最大切应力

$$\tau_{max} = \frac{T}{I_p} \cdot \rho_{max} = \frac{T}{I_p} \cdot R = \frac{T}{I_p / R}$$

式中，圆半径 R、极惯性矩 I_p 都是与截面有关的几何量，故可用一个量表示

$$W_t = \frac{I_p}{\rho_{max}} = \frac{I_p}{R}$$

W_t 称为抗扭截面模量，或抗扭截面系数，它取决于截面的形状、尺寸。

为保证轴安全地工作，要求轴内的最大切应力必须小于材料的许用扭转切应力[τ]，因此圆轴扭转时的强度条件为

$$\tau_{max} = \frac{T}{W_t} \leqslant [\tau] \tag{10-13}$$

式中的许用扭转切应力[τ]是根据扭转试验，并考虑适当的安全系数确定的，它与许用拉应力[σ]有如下关系

对于塑性材料　　　　$[\tau] = (0.5 \sim 0.6)[\sigma]$

对于脆性材料　　　　$[\tau] = (0.8 \sim 1.0)[\sigma]$

因此也可利用拉伸时的许用应力[σ]来估计许用扭转切应力[τ]。

运用上述强度条件时，还须计算出横截面的抗扭截面模量 W_t。

对于实心圆截面

$$W_t = \frac{I_p}{\rho_{max}} = \frac{\pi D^4}{32} \Big/ \frac{D}{2} = \frac{\pi D^3}{16} \tag{10-14}$$

对于空心圆截面

$$W_t = \frac{I_p}{\rho_{max}} = \frac{\pi(D^4 - d^4)}{32} \Big/ \frac{D}{2} = \frac{\pi(D^4 - d^4)}{16D}$$

$$W_t = \frac{\pi D^3}{16}(1 - \alpha^4) \tag{10-15}$$

式中，$\alpha = \dfrac{d}{D}$。

2. 刚度条件

扭转构件除需满足强度条件外，还需满足刚度方面的要求，否则将不能正常地进行工作。例如机器中的轴若扭转变形过大，就会影响机器的精密度，或者使机器在运转过程中产生较大

的振动。因此对圆轴的扭转变形需要有一定的限制。通常要求单位长度扭转角的最大值不得超过规定的允许值。用 φ 表示轴单位长度的扭转角,由式(10-7)知

$$\varphi=\frac{\mathrm{d}\phi}{\mathrm{d}x}=\frac{T}{GI_{\mathrm{p}}}$$

式中 φ 的单位为弧度/米(rad/m)。

扭转构件的刚度条件为

$$\varphi_{\max}=\frac{T_{\max}}{GI_{\mathrm{p}}}\leqslant[\varphi] \tag{10-16}$$

式中$[\varphi]$是单位长度的许用扭转角,和 φ 的单位相同,即弧度/米(rad/m)。但在工程实际中$[\varphi]$的常用单位为度/米((°)/m)。若使 φ 也采用(°)/m,则上述的刚度条件又可写成

$$\varphi_{\max}=\frac{T_{\max}}{GI_{\mathrm{p}}}\times\frac{180}{\pi}\leqslant[\varphi] \tag{10-17}$$

单位长度的许用扭转角$[\varphi]$,是根据载荷性质和工作条件等因素决定的。在精密、稳定的传动中,$[\varphi]=0.25°/\mathrm{m}\sim0.5°/\mathrm{m}$;在一般传动中,$[\varphi]=0.5°/\mathrm{m}\sim1°/\mathrm{m}$。其具体数值可由有关手册中查到。

例 10-3 由无缝钢管制成的汽车传动轴 AB(见图 10-16),外径 $D=90$ mm,壁厚 $\delta=2.5$ mm,材料为 45 钢。工作时的最大扭矩为 $T=1.5$ kN·m。如材料的$[\tau]=60$ MPa,试校核 AB 轴的扭转强度。

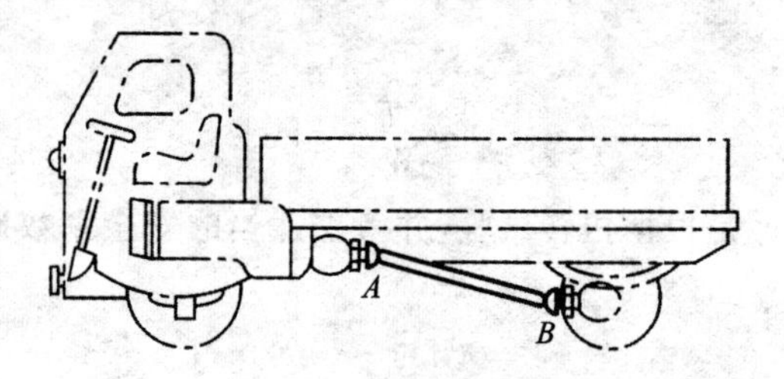

图 10-16

解 由 AB 轴的截面尺寸计算抗扭截面系数,得

$$\alpha=\frac{d}{D}=\frac{90-2\times2.5}{90}=0.944$$

$$W_{\mathrm{t}}=\frac{\pi D^3}{16}(1-\alpha^4)=\frac{\pi\times90^3}{16}(1-0.944^4)\ \mathrm{mm}^3=29\ 400\ \mathrm{mm}^3$$

轴的最大切应力为

$$\tau_{\max}=\frac{T}{W_{\mathrm{t}}}=\frac{1\ 500\ \mathrm{N\cdot m}}{29\ 400\times10^{-9}\ \mathrm{m}^3}=51\times10^6\ \mathrm{Pa}=51\ \mathrm{MPa}<[\tau]$$

所以 AB 轴满足强度条件。

例 10-4 如把上例中的传动轴改为实心轴,要求它与原来的空心轴强度相同,试确定其直径,并比较实心轴和空心轴的重量。

解 因为要求与例 10-3 中的空心轴强度相同,故实心轴的最大切应力也应为 51 MPa,即

$$\tau_{\max}=\frac{T}{W_{\mathrm{t}}}=\frac{1\ 500\ \mathrm{N\cdot m}}{\frac{\pi}{16}D_1^3\ \mathrm{m}^3}=51\times10^6\ \mathrm{Pa}$$

$$D_1 = \sqrt[3]{\frac{1\,500 \times 16}{\pi \times 51 \times 10^6}}\ \text{m} = 0.053\,1\ \text{m}$$

实心轴横截面面积是

$$A_1 = \frac{\pi D_1^2}{4} = \frac{\pi \times 0.053\,1^2}{4}\ \text{m}^2 = 22.2 \times 10^{-4}\ \text{m}^2$$

例 10－3 中空心轴的横截面面积为

$$A_2 = \frac{\pi}{4}(D^2 - d^2) = \frac{\pi}{4}(90^2 - 85^2) \times 10^{-6}\ \text{m}^2 = 6.87 \times 10^{-4}\ \text{m}^2$$

在两轴长度相等，材料相同的情况下，两轴重量之比等于横截面面积之比，即

$$\frac{A_2}{A_1} = \frac{6.87\ \text{m}^2}{22.2\ \text{m}^2} = 0.31$$

可见在载荷相同的条件下，空心轴的重量只为实心轴的 31%，其减轻重量、节约材料是非常明显的。这是因为横截面上的切应力沿半径按线性规律分布，圆心附近的应力很小，材料没有充分发挥作用。若把轴心附近的材料向边缘移置，使其成为空心轴，就会增大 I_p 和 W_t，提高轴的强度。

例 10－5　一传动轴如图 10－17(a)所示，已知轴的直径 d＝4.5 cm，转速 n＝300 r/min。主动轮输入的功率 P_A＝36.7 kW；从动轮 B、C、D 输出的功率分别为 P_B＝14.7 kW、P_C＝P_D＝11 kW。轴的材料为 45 号钢，G＝80×10³ MPa，[τ]＝40 MPa，[φ]＝2°/m，试校核轴的强度和刚度。

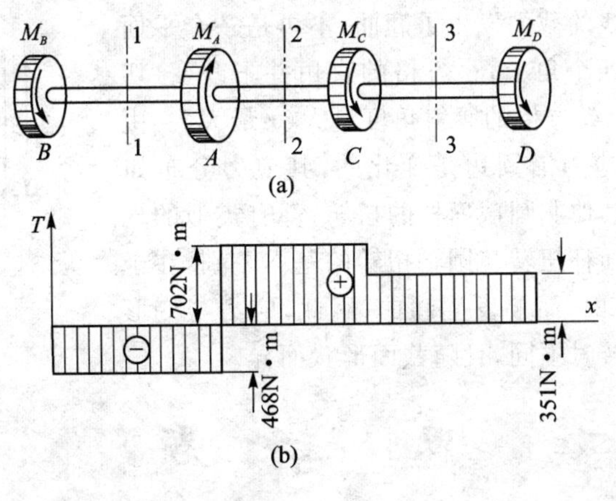

图 10－17

解：(1) 计算外力偶矩　由式(10－1)，得

$$M_A = 9\,550\,\frac{P_A}{n} = 9\,550 \times \frac{36.7}{300}\ \text{N}\cdot\text{m} = 1\,170\ \text{N}\cdot\text{m}$$

$$M_B = 9\,550\,\frac{P_B}{n} = 9\,550 \times \frac{14.7}{300}\text{N}\cdot\text{m} = 468\ \text{N}\cdot\text{m}$$

$$M_C = M_D = 9\,550\,\frac{P_C}{n} = 9\,550 \times \frac{11}{300}\text{N}\cdot\text{m} = 351\ \text{N}\cdot\text{m}$$

(2) 画扭矩图，求最大扭矩　用截面法求得 AB、AC、CD 各段的扭矩分别为

$$T_1 = -M_B = -468\ \text{N}\cdot\text{m}$$

$$T_2 = M_A - M_B = (1\,170 - 468)\ \text{N}\cdot\text{m} = 702\ \text{N}\cdot\text{m}$$

$$T_3 = M_A - M_B - M_C = (1\ 170 - 468 - 351)\ \text{N} \cdot \text{m} = 351\ \text{N} \cdot \text{m}$$

其扭矩图如图 10-17(b)所示。

由图可见,在 AC 段内的扭矩最大,为

$$T_{\max} = 702\ \text{N} \cdot \text{m}$$

因为这是一根等截面轴,故危险截面就在此段轴内。

(3) 强度校核　按强度条件(10-13),得

$$\tau_{\max} = \frac{T_{\max}}{W_t} = \frac{702}{\frac{1}{16} \times 3.14 \times 0.045^3}\ \text{Pa} = 39.26 \times 10^6\ \text{Pa} =$$

$$39.26\ \text{MPa} < [\tau] = 40\ \text{MPa}$$

满足强度条件。

(4) 刚度校核　按刚度条件式(10-17)

$$\varphi_{\max} = \frac{T_{\max}}{GI_p} \times \frac{180}{\pi} = \frac{702}{80 \times 10^9 \times \frac{1}{32} \times 3.14 \times 0.045^4} \times \frac{180}{3.14} = 1.25°/\text{m} < 2°/\text{m} = [\varphi]$$

故满足刚度条件。

最后必须指出,上面导出的扭转切应力公式和扭转变形公式等,仅适用于圆形截面的构件。对于非圆截面杆,则不适用。例如取一矩形截面杆在其表面画上垂直和平行于轴线的直线,然后在两端施加一对力偶使其产生扭转变形。可以看到,变形后,原来垂直于轴线的截面发生了翘曲,不再是一个平面了,而且在矩形截面的四个角上,小方格的直角并不改变(切应变 $\gamma=0$),在长边中点处方格的倾斜角度最大(γ 最大)。由此可见,横截面上的切应力沿周边是变化的,其应力分布如图 10-18 所示。对于其他非圆截面杆的扭转,都有类似的现象。综上所述,非圆截面杆扭转与圆轴扭转的基本差别,在于其横截面不再保持为平面,而要发生翘曲,因此,应力与变形的计算等,均与圆轴扭转时不同,且随截面形状而异。

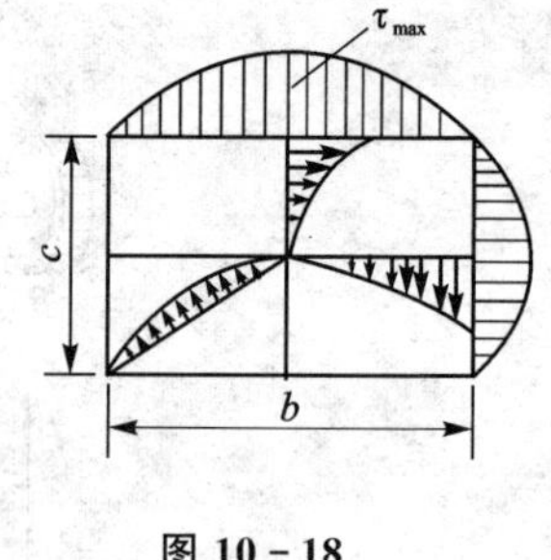

图 10-18

思　考　题

10-1　如图 10-19 所示的单元体,已知一个面上的切应力 τ,问其他几个面上的切应力是否可以确定?怎样确定?

10-2　当单元体上同时存在切应力和正应力时,切应力互等定理是否仍然成立?为什么?

10-3　在切应力作用下单元体将发生怎样的变形?剪切胡克定律说明什么?它在什么条件下才成立?

10-4　如图 10-20 所示的两个传动轴,试问哪一种轮的布置对提高轴的承载能力有利?

10-5　一空心圆轴的截面如图 10-21 所示,它的极惯性矩 I_p 和抗扭截面系数 W_t 是否可以按下式计算

$$I_p = I_{p外} - I_{p内} = \frac{\pi D^4}{32} - \frac{\pi d^4}{32}$$

$$W_t = W_{t外} - W_{t内} = \frac{\pi D^3}{16} - \frac{\pi d^3}{16}$$

为什么?

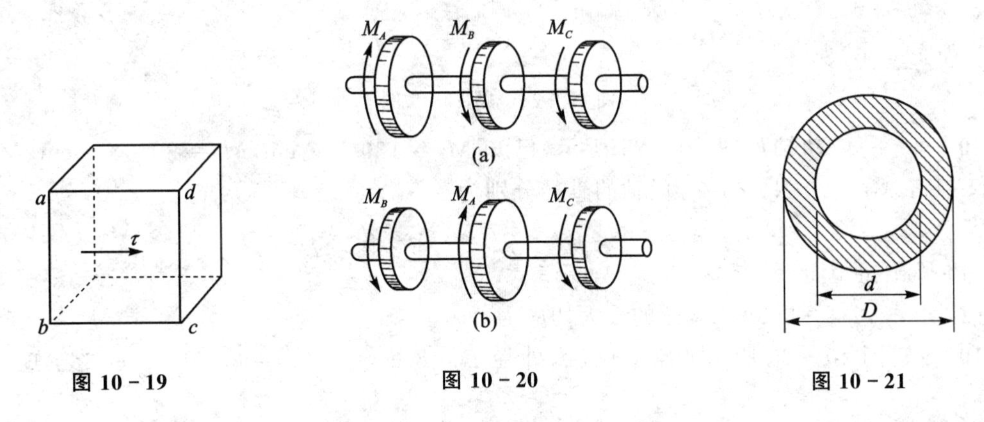

图 10-19　　图 10-20　　图 10-21

10-6　在剪切实用计算中所采用的许用切应力[τ]与许用扭转切应力[τ]是否相同？为什么？

10-7　直径 D 和长度 l 都相同，而材料不同的两根轴，在相同的扭矩作用下，它们的最大切应力 τ_{max} 是否相同？扭转角 ϕ 是否相同？为什么？

习　题

10-1　试求图 10-22 所示各轴在指定横截面 1-1、2-2 和 3-3 上的扭矩，并在各截面上表示出扭矩的转向。

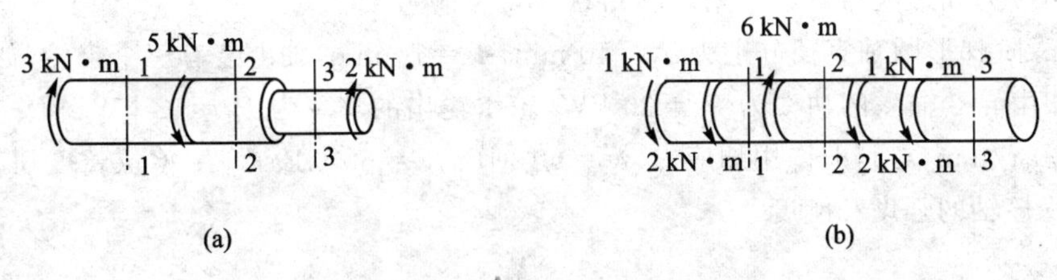

图 10-22　题 10-1 图

10-2　试绘出下列各轴的扭矩图(见图 10-23)，并求$|T|_{max}$。

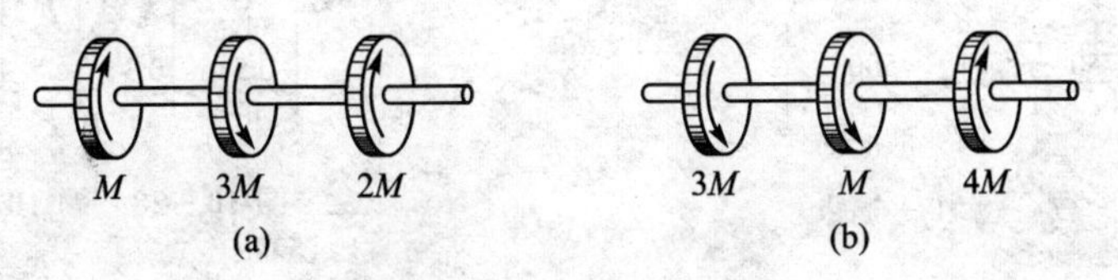

图 10-23　题 10-2 图

10-3　T 为圆杆横截面上(见图 10-24)的扭矩，试画出截面上与 T 对应的切应力分布图。

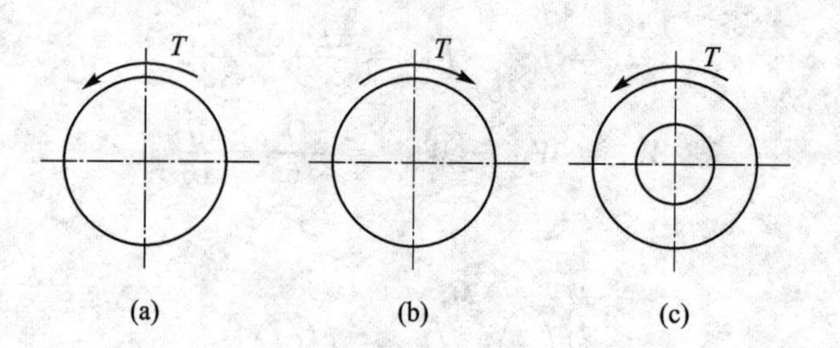

图 10-24 题 10-3 图

10-4 一传动轴如图 10-25 所示,已知 $M_A=130\ \text{N}\cdot\text{cm}$,$M_B=300\ \text{N}\cdot\text{cm}$,$M_C=100\ \text{N}\cdot\text{cm}$,$M_D=70\ \text{N}\cdot\text{cm}$;各段轴的直径分别为

$$d_{AB}=5\ \text{cm},\quad d_{BC}=7.5\ \text{cm},\quad d_{CD}=5\ \text{cm}$$

(1) 画出扭矩图;

(2) 求 1-1、2-2、3-3 截面的最大切应力。

10-5 图 10-26 所示的空心圆轴,外径 $D=8$ cm,内径 $d=6.25$ cm,承受扭矩 $T=1\ 000\ \text{N}\cdot\text{m}$。

(1) 求 $\tau_{\max}$,$\tau_{\min}$;

(2) 求单位长度扭转角,已知 $G=80\times10^3$ MPa。

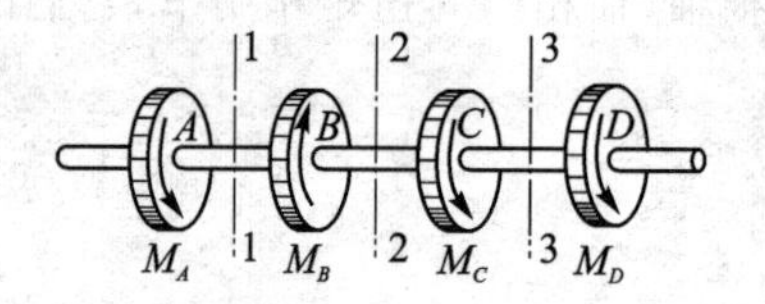

图 10-25 题 10-4 图

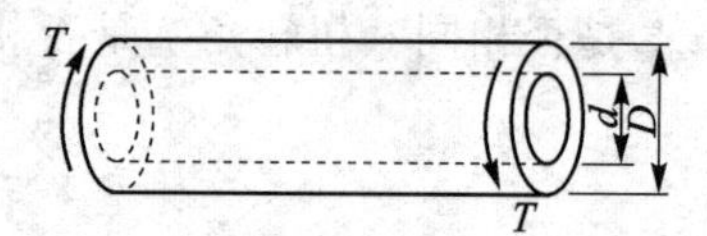

图 10-26 题 10-5 图

10-6 已知变截面钢轴上(见图 10-27)的外力偶矩 $M_B=1\ 800\ \text{N}\cdot\text{m}$,$M_C=1\ 200\ \text{N}\cdot\text{m}$,试求最大切应力和最大相对扭转角。已知 $G=80\times10^9$ Pa。

10-7 阶梯形圆轴直径分别为 $d_1=40$ mm,$d_2=70$ mm,轴上装有三个带轮,如图 10-28 所示。已知由轮 3 输入的功率为 $P_3=30$ kW,轮 1 输出的功率为 $P_1=13$ kW,轴作匀速转动,转速 $n=200$ r/min,材料的许用切应力$[\tau]=60$ MPa,$G=80$ GPa,许用单位长度扭转角$[\varphi]=2°/\text{m}$。试校核轴的强度和刚度。

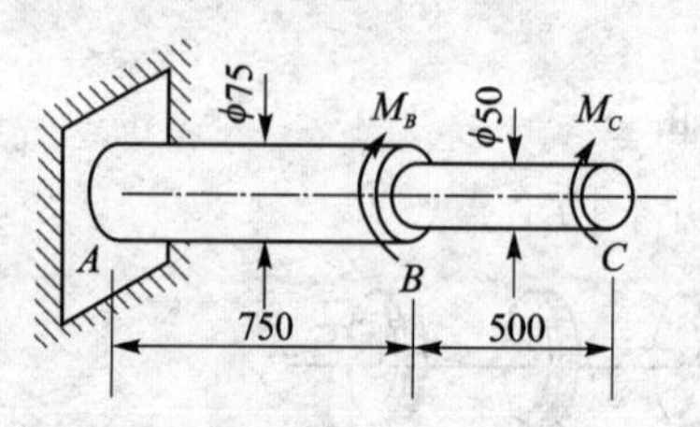

图 10-27 题 10-6 图

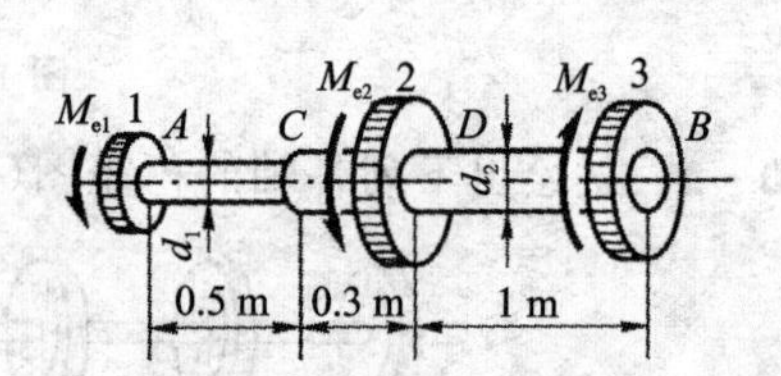

图 10-28 题 10-7 图

10-8 图 10-29 的绞车同时由两人操作,若每人加在手柄上的力都是 $F=200$ N,已知轴的许用切应力$[\tau]=40$ MPa,试按强度条件初步估算 AB 轴的直径,并确定最大起重 P。

10-9 如图 10-30 所示,传动轴的转速为 $n=500$ r/min,主动轮 1 输入功率 $P_1=$

368 kW，从动轮 2 和 3 分别输出功率 $P_2=147$ kW，$P_3=221$ kW。已知$[\tau]=70$ MPa，$[\varphi]=1°/\text{m}$，$G=80$ GPa。

(1) 试确定 AB 段的直径 d_1 和 BC 段的直径 d_2。

(2) 若 AB 和 BC 两段选用同一直径，试确定直径 d。

(3) 主动轮和从动轮应如何安排才比较合理？

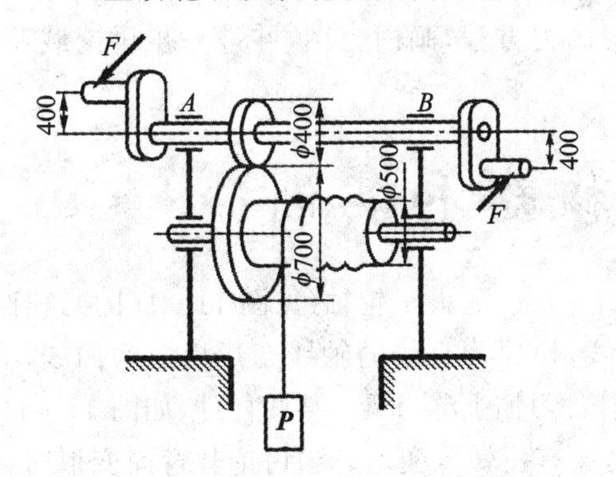

图 10-29 题 10-8 图

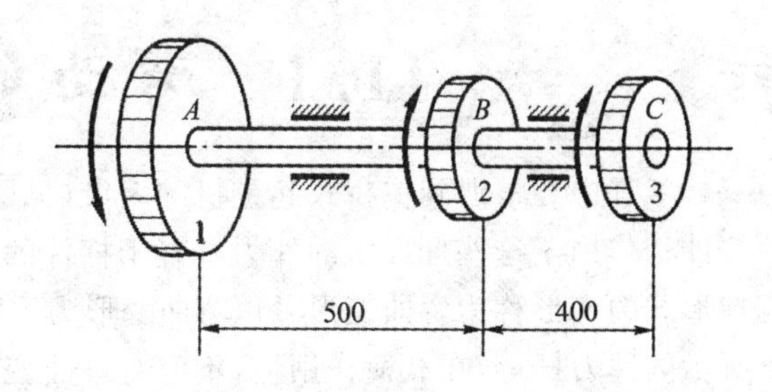

图 10-30 题 10-9 图

10-10 汽车的驾驶盘如图 10-31 所示，驾驶盘的直径 $D_1=52$ cm，驾驶员每只手作用于盘上的最大切向力 $F=200$ N，转向轴材料的许用切应力$[\tau]=50$ MPa，试设计实心转向轴的直径。若改为 $\alpha=\dfrac{d}{D}=0.8$ 的空心轴，则空心轴的内径和外径各多大？并比较两者的重量。

10-11 如图 10-32 所示，已知钻探机钻杆的外径 $D=6$ cm，内径 $d=5$ cm，功率 $P_k=7.36$ kW，转速 $n=180$ r/min，钻杆入土深度 $l=40$ m，$[\tau]=40$ MPa。假设土壤对钻杆的阻力沿钻杆长度均匀分布，试求：

(1) 单位长度上土壤对钻杆的阻力矩 m；

(2) 作钻杆的扭矩图，并进行强度校核。

10-12 四辊轧机的传动机构如图 10-33 所示，已知万向接轴的直径 $d=11$ cm，材料为 40 Cr，其剪切屈服极限 $\tau_s=450$ MPa，转速 $n=16.4$ r/min；轧机电动机的功率 $P_k=60$ kW。试求此轴的安全系数。

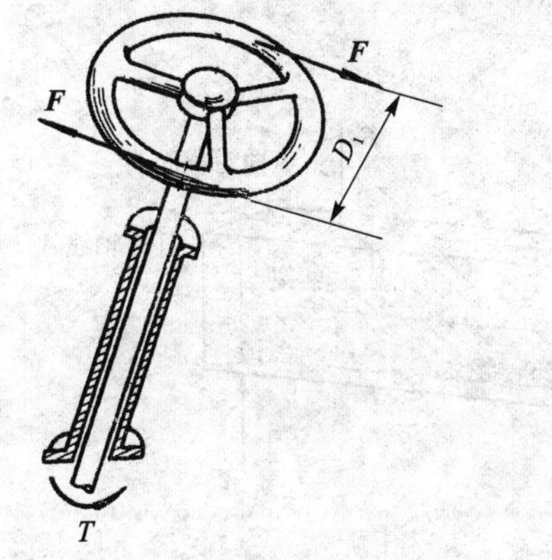

图 10-31 题 10-10 图

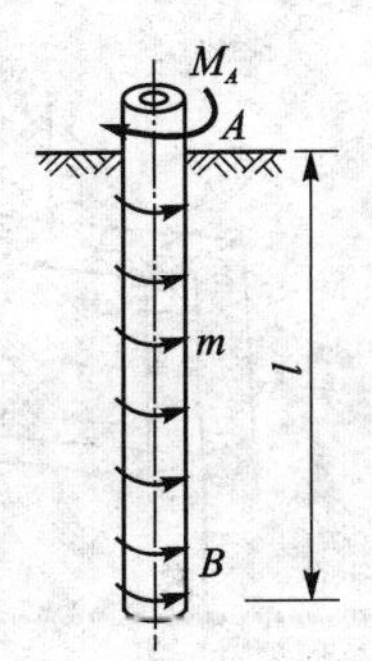

图 10-32 题 10-11 图

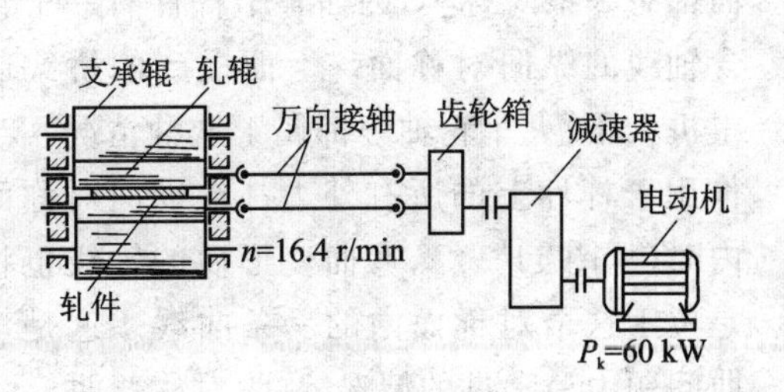

图 10-33 题 10-12 图

第11章　弯曲内力

本章将分析弯曲变形构件横截面上的内力，列内力方程，画内力图，并进一步讨论载荷集度与内力之间的关系。

11.1　弯曲的概念和实例

工程中经常遇到像桥式起重机的大梁（见图11-1(a)）、火车轮轴（见图11-1(b)）这样的杆件。作用于这些杆件上的外力垂直于杆件的轴线，使原为直线的轴线变形后成为曲线。这种形式的变形称为弯曲变形。以弯曲变形为主的杆件习惯上称为梁。某些杆件，如图11-1(c)所示的镗刀杆等，在载荷作用下，不但有弯曲变形，还有扭转等变形。当讨论其弯曲变形时，仍然把它作为梁来处理。

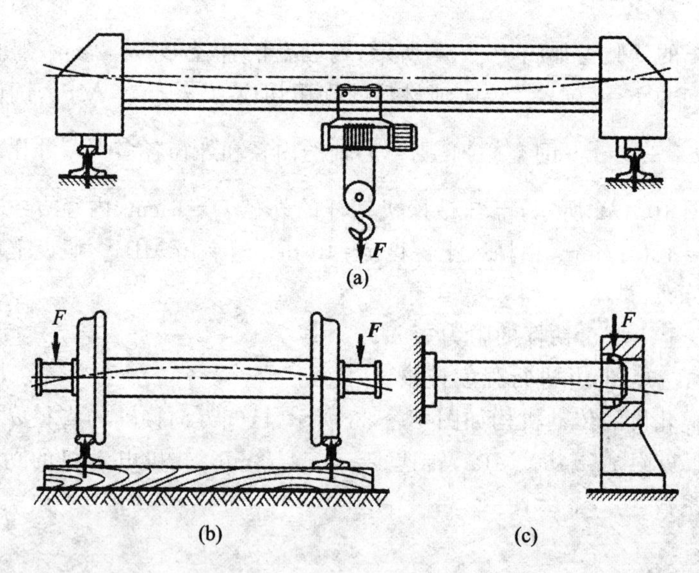

图11-1

工程实际中，绝大部分受弯杆件的横截面都有一根对称轴，因而整个杆件有一个包含轴线的纵向对称面。上面提到的桥式起重机大梁、火车轮轴等都属于这种情况。当作用于杆件上的所有外力都在纵向对称面内时（见图11-2），弯曲变形后的轴线也将是位于这个对称面内的一条曲线。这是弯曲问题中最常见的情况，称为对称弯曲。

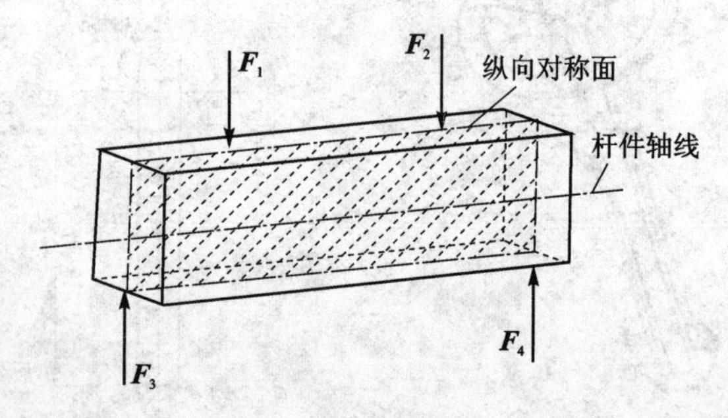

图11-2

11.2　受弯杆件的简化

梁的支座和载荷有各种情况，必须做一些简化才能得出计算简图。下面就对支座及载荷的简化分别进行讨论。

1. 支座的几种基本形式

图 11-3(a)是传动轴的示意图，轴的两端为短滑动轴承。在传动力作用下将引起轴的弯曲变形，这将使两端横截面发生角度很小的偏转。由于支承处的间隙等原因，短滑动轴承并不能约束轴端部横截面绕 z 轴或 y 轴的微小偏转。这样就可把短滑动轴承简化成铰支座。又因轴肩与轴承的接触限制了轴线方向的位移，故可将两轴承中的一个简化成固定铰支座，另一个简化成可动铰支座(见图 11-3(b))。作为另一个例子，图 11-4(a)是车床主轴的示意图，其轴承为滚动轴承。根据短滑动轴承可简化成铰支座的同样理由，可将滚动轴承简化成铰支座。左端向心推力轴承可以约束轴向位移，简化成固定铰支座(图 11-4(b))；中部的滚柱轴承不约束轴线方向的位移，简化为可动铰支座。至于图 11-1(a)和图(b)中的桥式起重机大梁和火车轮轴，都是通过车轮安置于钢轨之上。钢轨不限制车轮平面的轻微偏转，但车轮凸缘与钢轨的接触却可约束轴线方向的位移。所以，也可以把两条钢轨中的一条看做是固定铰支座，而另一条则视为可动铰支座。

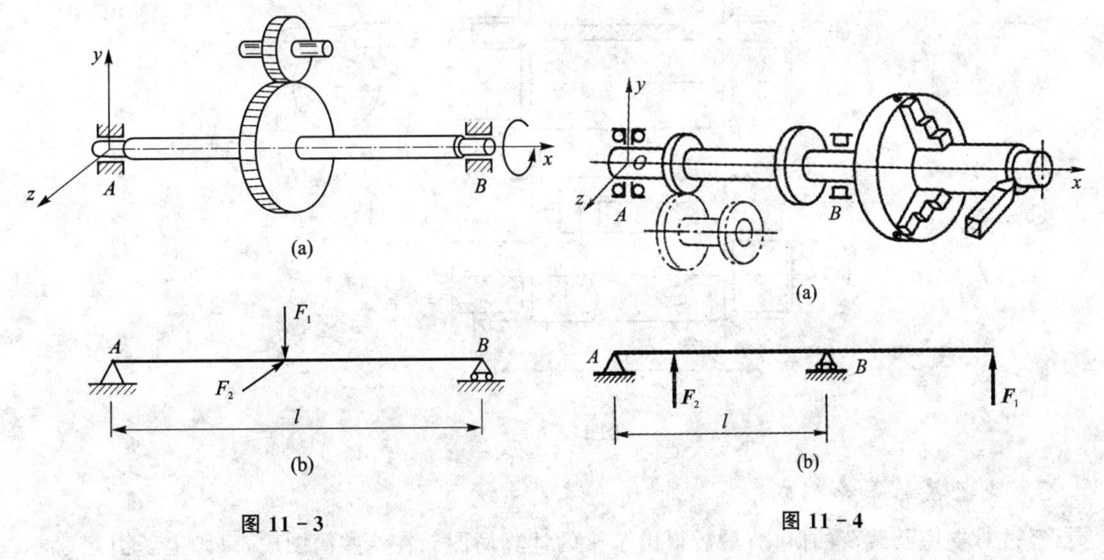

图 11-3　　图 11-4

图 11-5(a)表示车床上的车刀及刀架。车刀的一端用螺钉压紧固定于刀架上，使车刀压紧部分对刀架既不能有相对移动，也不能有相对转动，这种形式的支座称为固定端支座，或简称为固定端。同理，在图 11-1(c)中，镗刀杆的左端也应简化成固定端。

2. 载荷的简化

在前面提到的一些实例中，像作用在传动轴上的传动力、车床主轴上的切削力、车刀上的切削力等，其分布的范围都远小于传动轴、车床主轴和车刀的长度，所以，都可以简化成集中力，吊车梁上的吊重、火车车厢对轮轴的压力等，也都可以简化成集中力。

图 11-6(a)是薄板轧机的示意图。在轧辊与板材的接触长度 l_0 内，可以认为轧辊与板材

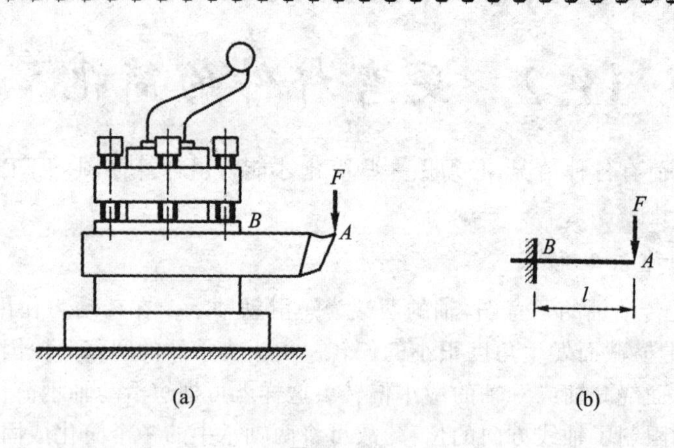

图 11-5

间相互作用的轧制力是均匀分布的,称为均布载荷(见图 11-6(b))。若轧制力为 F,沿轧辊轴线单位长度内的载荷应为 $q=F/l_0$,q 称为载荷集度。在这里均布载荷分布的长度 l_0 与轧辊长度相比,不是一个很小的范围,故不能简化成一个集中力;否则,计算结果将出现较大误差。此外,图 11-1(a)中起重机大梁的自重也是均布载荷。

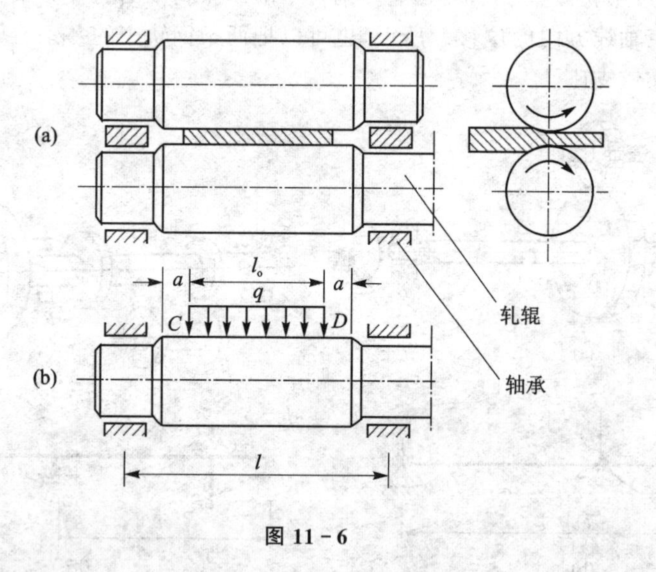

图 11-6

3. 静定梁的基本形式

经过对支座及载荷的简化,最后得出了梁的计算简图。在这些简图中,只画上了引起弯曲变形的载荷。图 11-3(b)为传动轴的计算简图,其一端为固定铰支座,而另一端为可动铰支座,这种梁称为简支梁。其他如桥式起重机的大梁等也简化成简支梁。车床主轴简化成梁的计算简图如图 11-4(b)所示,梁的一端伸出支座之外,这样的梁称为外伸梁。在图 11-1(b)中,火车轮轴的两端皆伸出支座之外,也是外伸梁。车刀简化成一端为固定端而另一端为自由端的梁(见图 11-5(b)),称为悬臂梁。图 11-1(c)中的镗刀杆也是悬臂梁。简支梁或外伸梁的两个铰支座之间的距离称为跨度,用 l 来表示。悬臂梁的跨度是固定端到自由端的距离。

上面得到了三种形式的梁:(1) 简支梁;(2) 外伸梁;(3) 悬臂梁。这些梁的计算简图确定后,支座约束力均可由静力平衡方程完全确定,统称为静定梁。至于支座约束力不能完全由静力平衡方程确定的梁，称为静不定梁或超静定梁，将在后面的章节中讨论。

11.3　剪力和弯矩

为计算梁的应力和变形，必须首先确定梁的内力。下面研究梁横截面上的内力。

设有一简支梁 AB，受集中载荷 $\boldsymbol{F}_1$、$\boldsymbol{F}_2$、$\boldsymbol{F}_3$ 的作用，如图 11-7(a)所示，现求距 A 端 x 处横截面 $m-m$ 上的内力。为此，先求出梁的支座约束力 $\boldsymbol{F}_A$、$\boldsymbol{F}_B$，然后用截面法沿 $m-m$ 假想地将梁截为两部分，取左边部分为研究对象，如图 11-7(b)所示。由于作用于其上的外力 $\boldsymbol{F}_A$ 和 $\boldsymbol{F}_1$ 在垂直于梁轴方向的投影之和不为零，为保持左段梁在垂直于梁轴方向的平衡，在横截面上必然存在一个切于横截面的内力 $\boldsymbol{F}_Q$；由于左段梁上各外力对截面形心 O 之矩一般不能相互抵消，为保持该段梁不发生转动，在横截面上必然存在一个位于载荷平面内的内力偶，其力偶矩用 M 表示。由此可见，梁弯曲时横截面上一般存在两个内力，其中，内力 $\boldsymbol{F}_Q$ 称为剪力，内力偶矩 M 称为弯矩。

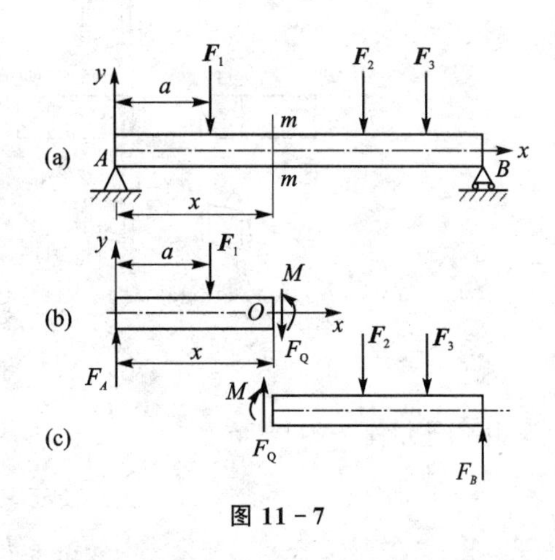

图 11-7

剪力 $\boldsymbol{F}_Q$ 和弯矩 M 的大小、方向或转向，可根据所取研究对象的平衡方程来确定。现仍考虑左段梁的平衡，由 $\sum F_y = 0$，则

$$F_A - F_1 - F_Q = 0$$

$$F_Q = F_A - F_1$$

由 $\sum M_0 = 0$，则　　$-F_A x + F_1(x-a) + M = 0$

$$M = F_A x - F_1(x-a)$$

在力矩式 $\sum M_O = 0$ 中，所取的力矩中心为横截面的形心 O。

若取右段梁为研究对象，用同样的方法也可得到截面 m—m 上的剪力 F_Q 和弯矩 M（见图 11-7(c)）。分别取左段或右段梁为研究对象求得的同一截面上的剪力或弯矩，其值相等，方向或转向则相反，因为它们是作用与反作用的关系。为了使左右两段梁在同一截面上的内力正负号相同，须按梁的变形情况来规定内力的正负号。为此，取紧靠截面的微段梁来观察。规定：使此微段梁两相邻截面发生左上右下的相对错动时，横截面上的剪力为正，反之为负，如图 11-8(a)所示；使该微段梁弯曲成凹形时的弯矩为正，弯曲成凸形时的弯矩为负，如图 11-8(b)所示。

例 11-1　一简支梁 AB，如图 11-9(a)所示，在 C 点处作用一集中力 $F=10$ kN，求距 A 端 0.8 m 处截面 n—n 上的剪力和弯矩。

解　首先取整个梁为研究对象，由平衡方程求出梁的支座约束力为

$$F_A = 6.25\ \text{kN},\quad F_B - 3.75\ \text{kN}$$

再沿截面 $n-n$ 截取左段梁为研究对象，并设截面上的剪力 F_Q 和弯矩 M 均为正，如图 11-9(b)所示。

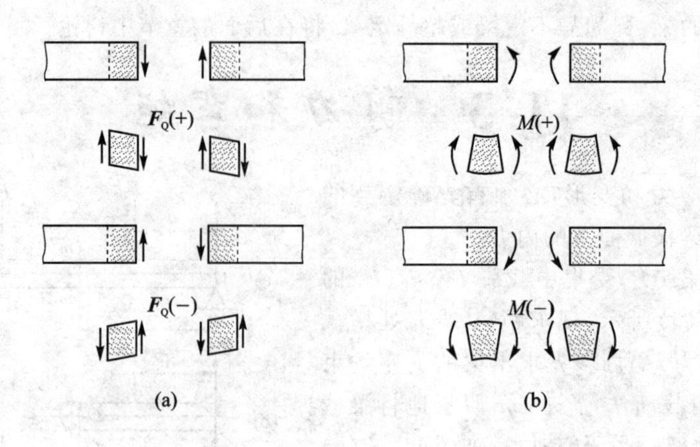

图 11-8

由平衡方程

$$\sum F_y = 0,\quad F_A - F_Q = 0$$

得
$$F_Q = F_A = 6.25\ \text{kN}$$

由
$$\sum M_O = 0,\quad -F_A \times 0.8 + M = 0$$

$$得\ M = F_A \times 0.8 = 6.25\ \text{kN} \times 0.8\ \text{m} = 5\ \text{kN}\cdot\text{m}$$

同样也可截取右段梁为研究对象,并设截面上剪力的方向和弯矩的转向均为正(见图 11-9(c)),由平衡方程

$$\sum F_y = 0,\quad F'_Q - F + F_B = 0$$

得
$$F'_Q = F - F_B = (10 - 3.75)\ \text{kN} = 6.25\ \text{kN}$$

由
$$\sum M_O = 0,\quad -M' - F \times 0.7 + F_B \times 3.2 = 0$$

得 $M' = (F_B \times 3.2 - F \times 0.7)\ \text{kN}\cdot\text{m} = (3.75 \times 3.2 - 10 \times 0.7)\ \text{kN}\cdot\text{m} = 5\ \text{kN}\cdot\text{m}$

结果均为正,F'_Q和M'与原假设方向一致。

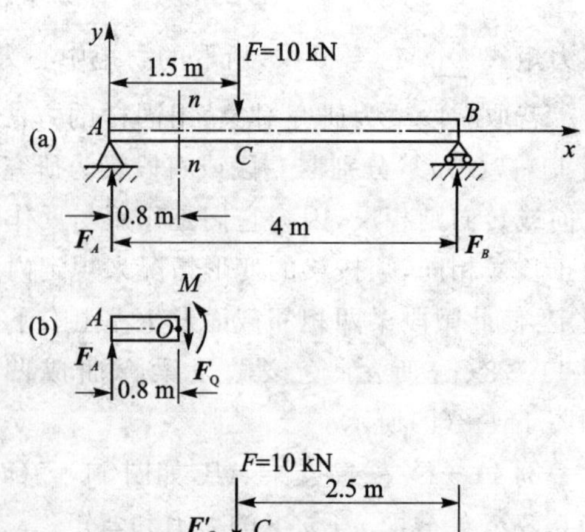

图 11-9

比较以上的计算结果,可以看出 F_Q 与 F'_Q和M与M'的大小相等,方向和转向相反。按上述符号规定,它们都是正方向和正转向。由此可见,无论取截面左边或截面右边部分为研究对象,其计算结果是相同的。至于取哪一边为好,这取决于计算上的方便。

从上述剪力和弯矩的计算过程中,可以看到这样一个规律:

横截面上的剪力在数值上等于此截面左侧(或右侧)梁上外力的代数和。

横截面上的弯矩在数值上等于此截面左侧(或右侧)梁上外力对该截面形心的力矩的代数和。

为了使所求得的剪力和弯矩符合前面的符号

规定，按此规律计算剪力时，截面左侧梁上的外力向上取正值，向下取负值；截面右侧梁上的外力向下取正值，向上取负值。计算弯矩时，截面左侧梁上外力对截面形心的力矩顺时针转向取正值，逆时针转向取负值；截面右侧外力对截面形心的力矩则逆时针转向取正值，顺时针转向取负值。可以将这个规则归纳为一个简单的口诀：“左上右下，剪力为正；左顺右逆，弯矩为正。”

虽然截面法是求剪力和弯矩的基本方法。但在总结出上述规律之后，在实际计算中就可以不再截取研究对象通过平衡方程去求剪力和弯矩了；而可以直接根据截面左侧或右侧梁上的外力来求横截面上的剪力和弯矩。

11.4　剪力方程和弯矩方程、剪力图和弯矩图

梁横截面上的剪力和弯矩是随截面的位置而变化的，在梁的强度和刚度计算中，常常需要知道梁各横截面上的内力随截面位置的变化情况。为了描述其变化规律，可以用坐标 x 表示横截面沿梁轴线的位置，将梁各横截面上的剪力和弯矩表示为坐标 x 的函数，即

$$F_Q = F_Q(x),\quad M = M(x)$$

这两个函数表达式称为剪力方程和弯矩方程。

为了能一目了然地表明梁各横截面上剪力和弯矩沿梁轴线的变化情况，在设计计算中常把各横截面上的剪力和弯矩用图形来表示。即取一平行于梁轴线的横坐标 x，表示横截面的位置，以纵坐标表示各对应横截面上的剪力和弯矩，画出剪力和弯矩与 x 的函数曲线。这样得出的图形叫做梁的剪力图和弯矩图。

利用剪力图和弯矩图易于确定梁的最大剪力和最大弯矩，以及梁危险截面的位置。列剪力方程和弯矩方程，画剪力图和弯矩图是梁的强度和刚度计算中的重要环节。

画剪力图和弯矩图的基本方法是首先列出梁的剪力方程和弯矩方程，然后根据这些方程来作图，下面通过例题来说明这个方法。

例 11-2　一悬臂梁 AB（见图 11-10(a)），右端固定，左端受集中力 $\boldsymbol{F}$ 作用。作此梁的剪力图和弯矩图。

解　(1) 列剪力方程和弯矩方程　以 A 为坐标原点，在距原点 x 处假想地将梁截开，取左段梁为研究对象，并设截面上的剪力 $\boldsymbol{F}_Q$ 和弯矩 M 的方向和转向为正，如图 11-10(b)所示。因为在外力 $\boldsymbol{F}$ 和内力 $\boldsymbol{F}_Q$、M 的作用下，左段梁应保持平衡，故由平衡方程

$$\sum F_y = 0,\quad -F_Q - F = 0$$

得 $$F_Q = -F \qquad (0 < x < l) \qquad \text{(a)}$$

由 $$\sum M_O = 0,\quad Fx + M = 0$$

得 $$M = -Fx \qquad (0 \leqslant x < l) \qquad \text{(b)}$$

因截面的位置是任意的，故式中的 x 是一个变量。以上两式即为图 11-10(a)所示梁的剪力方程和弯矩方程。

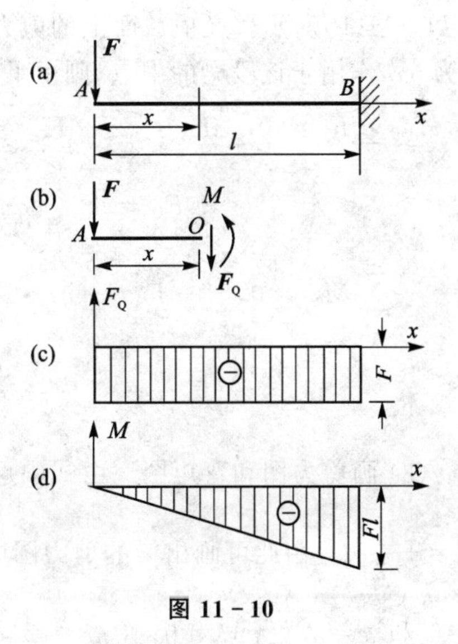

图 11-10

(2) 画剪力图和弯矩图　从式(a)知道，剪力 F_Q 不随截面的位置而变。取直角坐标系 OxF_Q，可画出梁的剪力图为一水平线，如图 11-10(c)所示。因剪力 F_Q 为负值，故画在横坐标下面。此图表明，各横截面上的剪力相同，其绝对值均为 F。

由式(b)知道，弯矩 M 是 x 的一次函数，故弯矩图为一倾斜直线，在 OxM 坐标系中可由两点确定：在 $x=0$ 处，$M=0$；在 $x=l$ 处，$M=-Fl$。由此可作出梁的弯矩图，如图 11-10(d)所示。由于各横截面上的弯矩皆为负值，故画在横坐标下面。由图可见，绝对值最大的弯矩位于 B 端，其绝对值为

$$|M|_{\max} = Fl$$

由于在剪力图和弯矩图中的坐标比较明确，因此习惯上往往可以不再将坐标轴画出，在以下各例中也略去不画。

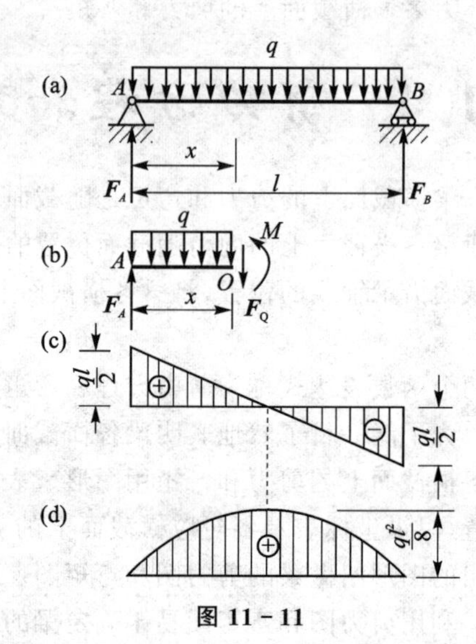

图 11-11

例 11-3　一简支梁 AB 受集度为 q 的均布载荷作用(见图 11-11(a))。作此梁的剪力图和弯矩图。

解　(1) 求支座约束力　在求此梁横截面上的剪力或弯矩时，无论截取哪一边的梁为研究对象，其上的外力都不可避免地包括一个支座约束力，因此须先求出梁的支座约束力。

由于 q 是单位长度上的载荷，所以梁上的总载荷为 ql，又因梁左右对称，可知两个支座约束力相等，由此得

$$F_A = F_B = \frac{1}{2}ql$$

(2) 列剪力方程和弯矩方程　在距 A 点 x 处截取左段梁为研究对象，其受力图如图 11-11(b)所示。设横截面上的剪力和弯矩为正方向和正转向，研究对象上的均布力可合成为 qx，作用于该段梁的中点，则由平衡方程

$$\sum F_y = 0,\quad F_A - qx - F_Q = 0$$

得

$$F_Q = F_A - qx = \frac{ql}{2} - qx \qquad (0 < x < l) \tag{a}$$

由

$$\sum M_O = 0,\quad -F_A x + qx \cdot \frac{x}{2} + M = 0$$

得

$$M = F_A x - qx \cdot \frac{x}{2} = \frac{ql}{2}x - \frac{q}{2}x^2 \qquad (0 \leqslant x \leqslant l) \tag{b}$$

(3) 画剪力图和弯矩图　由式(a)可知剪力图为一直线，且在 $x=0$ 处，$F_Q=\frac{1}{2}ql$；$x=l$ 处，$F_Q=-\frac{1}{2}ql$。由此可画出梁的剪力图(见图 11-11(c))。由式(b)可知弯矩图为一抛物线，在 $x=0$ 和 $x=l$ 处，$M=0$；在 $x=\frac{l}{2}$ 处，$M=\frac{ql^2}{8}$。再适当确定几点后可作出弯矩图，如图 11-11(d)所示。

由剪力图及弯矩图可见，在靠近两支座的横截面上剪力的绝对值最大，为

$$|F_Q|_{max} = \frac{ql}{2}$$

在梁的中点截面上，剪力 $F_Q = 0$，弯矩最大，其值为

$$M_{max} - \frac{ql^2}{8}$$

在以上两例中，都是截取一段梁为研究对象，通过平衡方程，然后列出剪力方程和弯矩方程。下面各例中再进一步简化列剪力方程和弯矩方程的步骤，采用前节中所述的直接根据截面一侧梁上的外力来列出剪力方程和弯矩方程。

例 11-4　图 11-12(a)所示为一简支梁，在 C 点受集中力 $\boldsymbol{F}$ 的作用，作此梁的剪力图和弯矩图。

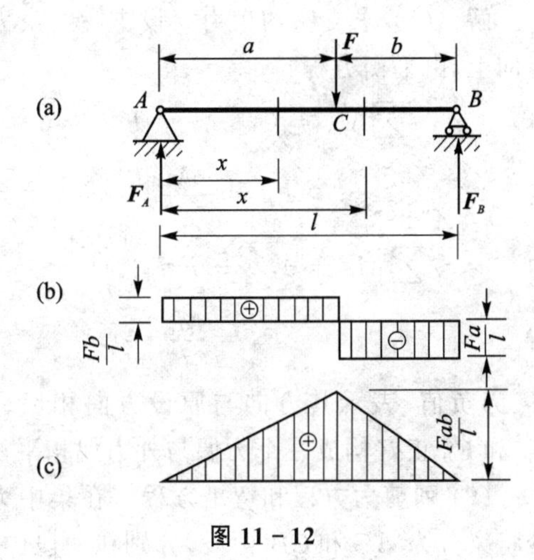

图 11-12

解　(1) 求支座约束力　以整个梁为研究对象，由平衡方程 $\sum F_y = 0$、$\sum M_A = 0$ 可求得

$$F_A = \frac{Fb}{l},\quad F_B = \frac{Fa}{l}$$

(2) 列剪力方程和弯矩方程　此梁在 C 处有集中力 F 作用，故 AC 和 CB 两段梁的剪力方程和弯矩方程不同，必须分别列出。

AC 段：在距 A 端 x 处取一横截面，其左侧梁上的外力只有 F_A，方向向上，按“左上右下”的规则知，由它引起的剪力为正，故剪力方程为

$$F_{Q1} = +F_A = \frac{Fb}{l} \qquad (0 < x < a) \tag{a}$$

F_A 对截面形心之矩为 $F_A x$，顺时针转向，按“左顺右逆”的规则知，由它引起的弯矩为正，可列出弯矩方程为

$$M_1 = +F_A x = \frac{Fb}{l}x \qquad (0 \leqslant x \leqslant a) \tag{b}$$

CB 段：求 CB 段内任一截面上的剪力和弯矩时，取右段梁来计算较简单。在距 A 端 x 处取一横截面，其右侧梁上的外力只有 F_B，按“左上右下”规则，得剪力方程为

$$F_{Q2} = -F_B = -\frac{Fa}{l} \qquad (a < x < l) \tag{c}$$

按“左顺右逆”规则，得弯矩方程为

$$M_2 = +F_B(l - x) = \frac{Fa}{l}(l - x) \qquad (a \leqslant x \leqslant l) \tag{d}$$

(3) 画剪力图和弯矩图　由式(a)、(c)知，AC 和 CB 两段梁的剪力图均为一水平线；由式(b)、(d)知，这两段梁的弯矩图为两条倾斜直线。确定直线两端点的坐标后，可作出梁的剪力图和弯矩图如图 11-12(b)、(c)所示。由图可见，在 $a > b$ 的情况下，在 CB 段剪力的绝对值最大，为

$$|F_Q|_{max} = \frac{Fa}{l}$$

在集中力作用处的横截面上弯矩最大,其值为

$$M_{\max}=\frac{Fab}{l}$$

若载荷 F 位于梁的中点,即 $a=b=\frac{l}{2}$ 时,则

$$F_{Q,\max}=\frac{F}{2},\quad M_{\max}=\frac{Fl}{4}$$

例 11-5 设一简支梁 AB(见图 11-13(a)),在 C 点处有矩为 M_e 的一集中力偶作用,作此梁的剪力图和弯矩图。

解 (1) 求支座约束力 设支座约束力 $\boldsymbol{F}_A$、$\boldsymbol{F}_B$ 皆向上,由平衡方程

$$\sum M_A=0,\quad M_e+F_Bl=0$$

得
$$F_B=-\frac{M_e}{l}$$

由
$$\sum M_B=0,\quad -F_Al+M_e=0$$

得
$$F_A=\frac{M_e}{l}$$

F_B 为负值,表示其方向与原设方向相反。实际上 $\boldsymbol{F}_A$ 和 $\boldsymbol{F}_B$ 正好构成一个力偶与外力偶相平衡。

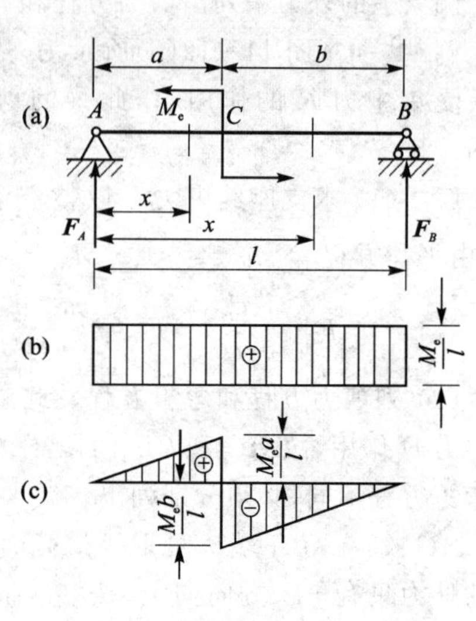

图 11-13

(2) 列剪力方程和弯矩方程 在集中力偶作用处将梁分为 AC 和 CB 两段,分别在两段内取截面,根据截面左侧梁上的外力列出梁的剪力方程和弯矩方程。

AC 段:

$$F_{Q1}=F_A=\frac{M_e}{l}\qquad(0<x\leqslant a)\tag{a}$$

$$M_1=F_Ax=\frac{M_e}{l}x\qquad(0\leqslant x<a)\tag{b}$$

CB 段:

$$F_{Q2}=F_A=\frac{M_e}{l}\qquad(a\leqslant x<l)\tag{c}$$

$$M_2=F_Ax-M_e=\frac{M_e}{l}x-M_e\qquad(a<x\leqslant l)\tag{d}$$

(3) 画剪力图和弯矩图 由式(a)、(c)知道,AC 段和 CB 段各横截面上的剪力相同,两段的剪力图为同一水平线;由式(b)、(d)知道,两段梁的弯矩图为倾斜直线。可作出梁的剪力图和弯矩图如图 11-13(b)、(c)所示。由图可见,全梁各横截面上的剪力均为$\frac{M_e}{l}$;在 $a<b$ 的情况下,绝对值最大的弯矩在 C 点稍右的截面上,其值为

$$|M|_{\max}=\frac{M_eb}{l}$$

从上面的例题中可以总结出剪力图、弯矩图的一些规律:

(1) 在集中力作用截面的左、右两侧，剪力 F_Q 有一突变，突变值即为该集中力之大小；此时弯矩图的斜率也发生突然变化，成为一个转折点，如例 11-4 的截面 C。

(2) 在集中力偶作用截面的左、右两侧，弯矩 M 发生突变，突变值即为该集中力偶的力偶矩之值；但剪力图却无变化，如例 11-5 的截面 C。

前面所举各例都同时画出了剪力图和弯矩图，但在实际计算中，更多的情况是只需画出梁的弯矩图，剪力图可不必画出。

例 11-6　一简支梁 AB(见图 11-14(a))，在中点 C 处作用一集中力 $\boldsymbol{F}$，在 B 端有一矩为 M_e 的集中力偶。作此梁的弯矩图。

解　(1) 求支座约束力　设 $\boldsymbol{F}_A$、$\boldsymbol{F}_B$ 方向向上，由平衡方程 $\sum M_B = 0$ 和 $\sum M_A = 0$ 可得

$$F_A = -\frac{M_e}{l} + \frac{F}{2},\quad F_B = \frac{M_e}{l} + \frac{F}{2}$$

(2) 列弯矩方程　分别在 AC、CB 两段内取截面，由截面左侧梁上的外力，可得

$$AC\text{ 段：}\quad M_1 = F_A x = -\frac{M_e}{l}x + \frac{F}{2}x \quad \left(0 \leqslant x \leqslant \frac{l}{2}\right) \tag{a}$$

$$CB\text{ 段：}\quad M_2 = F_A x - F\left(x - \frac{l}{2}\right) = -\frac{M_e}{l}x + \frac{F}{2}x - Fx + \frac{Fl}{2}$$

即

$$M_2 = -\frac{M_e}{l}x + \frac{F}{2}(l - x) \quad \left(\frac{l}{2} \leqslant x < l\right) \tag{b}$$

(3) 画弯矩图　由式(a)、(b)，两段梁的弯矩图为倾斜直线。确定直线端点的坐标后，作出梁的弯矩图如图 11-14(b)所示。绝对值最大的弯矩可能在梁的中点或 B 端的横截面上，视 F、M_e 的具体数值而定。

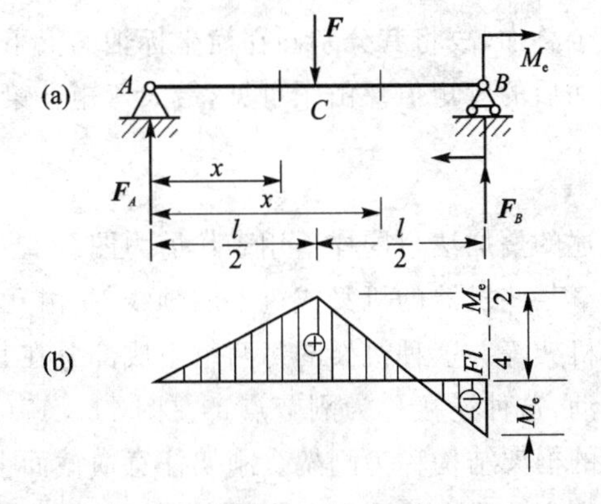

图 11-14

在例 11-6 中，梁上同时作用有集中载荷和集中力偶。由解题过程可见，梁的支座约束力和弯矩都包括有这两个载荷的作用。例如在

$$F_A = -\frac{M_e}{l} + \frac{F}{2},\quad M_1 = -\frac{M_e}{l}x + \frac{F}{2}x$$

两式中都包括两项，分别代表每一种载荷的作用；而且，因某一载荷引起的支座约束力和弯矩，均不受另一载荷的影响。因此，可以先分别求出集中载荷和集中力偶单独作用时的支座约束力或弯矩，然后相加。对于梁上同时作用几个载荷时，同样可以这样处理。分别求出各载荷单独作用下的结果，然后相加，从而得到各载荷同时作用下的结果，这样一种方法，称为**叠加法**。

叠加法在材料力学和工程计算中用途很广，作弯矩图也可采用叠加法。即先分别作出各个载荷单独作用时梁的弯矩图，然后将相应的各个纵坐标进行叠加，从而得到各载荷同时作用时梁的弯矩图。例如在例 11-6 中，集中载荷 $\boldsymbol{F}$ 单独作用时梁的弯矩图如图 11-15(b)所示；集中力偶 M_e 单独作用时梁的弯矩图如图 11-15(c)所示，以图 11-15(c)中的斜线为基线，将两弯矩图各对应的纵坐标叠加所得到的图 11-15(d)，即为两载荷同时作用时梁的弯矩图。图中重叠的部分表示正负相消，最后保留的部分表示各横截面上的弯矩值。如果对梁在各种简单载荷作用下的弯矩图比较熟悉，在很多情况下用叠加法作梁的弯矩图是很方便的。

例 11-7　桥式吊车梁受小车轮压力 F(位于梁的中点)和集度为 q 的自重作用(见图 11-16(a)),用叠加法求出最大弯矩。

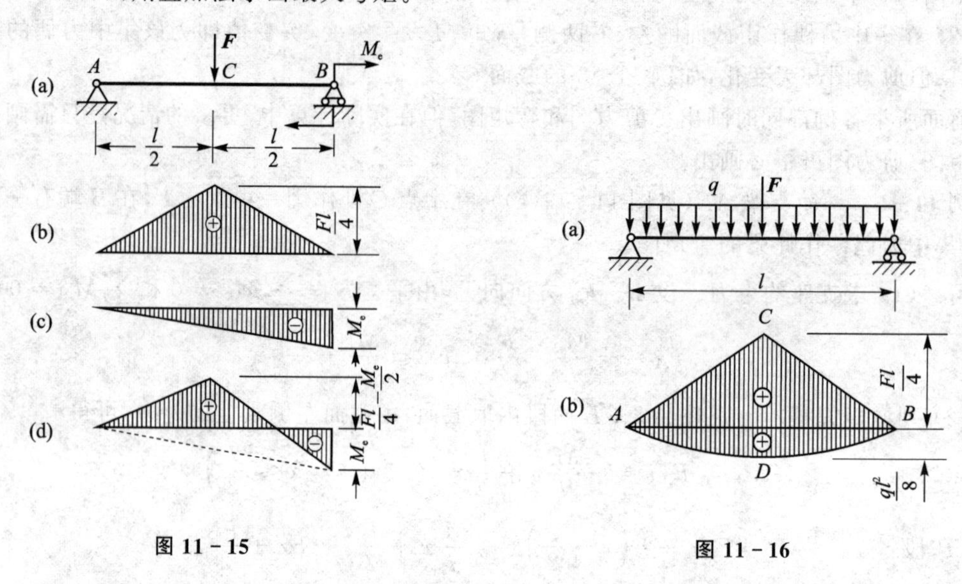

图 11-15　　　　图 11-16

解　作梁在集中载荷作用下的弯矩图,如图 11-16(b) 中的 ACB 部分;再作梁在分布载荷作用下的弯矩图,如图 11-16(b)中的 ADB 部分。这两个弯矩图的纵坐标均为正值,但为便于叠加,故将其分别画在横坐标轴的上下两侧。横坐标轴上下两弯矩图纵坐标之和即代表叠加后的弯矩值。由图可见,最大弯矩在梁中点的截面上,其值为

$$M_{\max} = \frac{ql^2}{8} + \frac{Fl}{4}$$

上述的叠加法也同样适用于作剪力图。

某些机器的机身或机架的轴线,是由几段直线组成的折线,如液压机机身、钻床床架、轧钢机机架等。这种机架的每两个组成部分在其连接处夹角不变,即两部分在连接处不能有相对转动,这种连接称为刚节点。在图 11-17(a)中的节点 C 即为刚节点。各部分由刚节点连接成的框架结构称为刚架。刚架任意横截面上的内力,一般有剪力、弯矩和轴力。内力可由静力平衡方程确定的刚架称为静定刚架。下面用例题说明静定刚架弯矩图的绘制。其他内力图,如轴力图或剪力图,需要时也可按相似的方法绘制。

例 11-8　作图 11-17(a)所示刚架的弯矩图。

解　计算内力时,一般说应先求出刚架的支座约束力。在现在的情况下,由于刚架的 A 端是自由端,无须确定支座约束力就可直接计算弯矩。在横杆 AC 的范围内,把坐标原点取在 A 点,并用截面 1-1 以左的外力来计算弯矩,得

$$M(x_1) = Fx_1$$

在竖杆 BC 的范围内,把原点放在 C 点,求任意截面 2-2 上的弯矩时,用截面 2-2 以上的外力来计算,得

$$M(x_2) = Fa - Fx_2 = F(a - x_2)$$

在绘制刚架的弯矩图时,约定把弯矩图画在杆件弯曲变形凹入的一侧,亦即画在受压的一侧。例如,根据竖杆的变形,在截面 B 处杆件的左侧凹入,即左侧受压,故将截面 B 的弯矩画

在左侧，如图 11－17(b)所示。

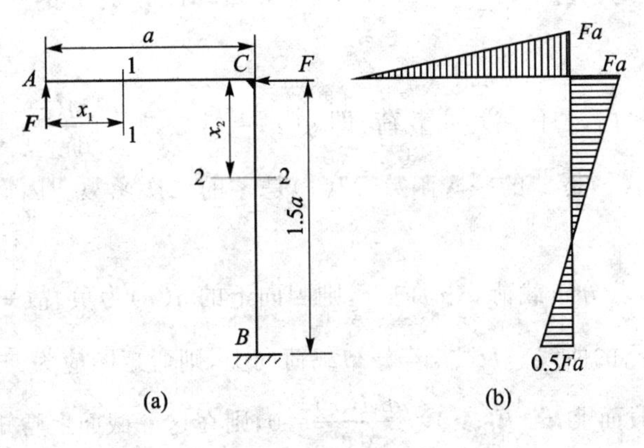

图 11－17

11.5 剪力、弯矩和载荷集度间的关系

轴线为直线的梁如图 11－18(a)所示。以轴线为 x 轴，y 轴向上为正。梁上分布载荷的集度 $q(x)$是 x 的连续函数，且规定 $q(x)$向上(与 y 轴方向一致)为正。从梁中取出长为 $\mathrm{d}x$ 的微段，并放大为图 11－18(b)。微段左边截面上的剪力和弯矩分别是 $F_Q(x)$和 $M(x)$。当坐标 x 有一增量 $\mathrm{d}x$ 时，$F_Q(x)$和 $M(x)$的相应增量是 $\mathrm{d}F_Q(x)$和 $\mathrm{d}M(x)$。所以，微段右边截面上的剪力和弯矩应分别为 $F_Q(x)+\mathrm{d}F_Q(x)$和 $M(x)+\mathrm{d}M(x)$。微段上的这些内力都取正值，且设微段内无集中力和集中力偶。由微段的平衡方程 $\sum F_y=0$ 和 $\sum M_C=0$，得

$$F_Q(x)-[F_Q(x)+\mathrm{d}F_Q(x)]+q(x)\mathrm{d}x=0$$

$$-M(x)+[M(x)+\mathrm{d}M(x)]-F_Q(x)\mathrm{d}x-q(x)\mathrm{d}x\cdot\frac{\mathrm{d}x}{2}=0$$

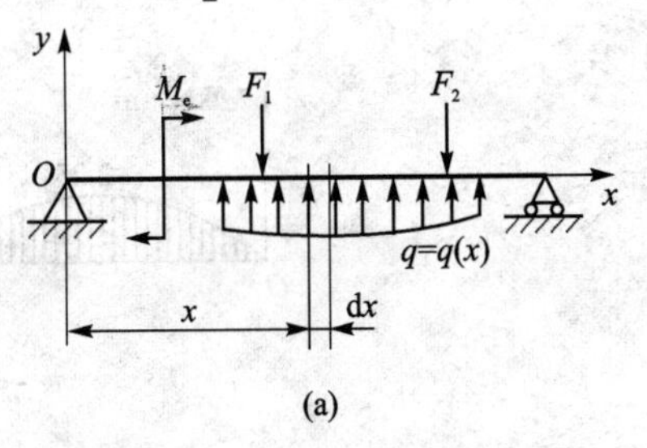

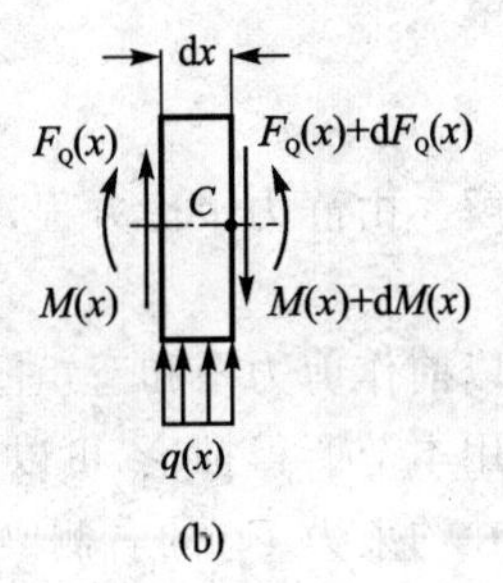

图 11－18

省略第二式中的高阶微量 $q(x)\mathrm{d}x\cdot\frac{\mathrm{d}x}{2}$，整理后得出

$$\frac{\mathrm{d}F_Q(x)}{\mathrm{d}x}=q(x) \qquad (11-1)$$

$$\frac{\mathrm{d}M(x)}{\mathrm{d}x}=F_Q(x) \qquad (11-2)$$

如将式(11－2)对 x 取导数，并利用式(11－1)，又可得出

$$\frac{\mathrm{d}^2M(x)}{\mathrm{d}x^2}=\frac{\mathrm{d}F_Q(x)}{\mathrm{d}x}=q(x) \qquad (11-3)$$

式(11－1)、(11－2)和式(11－3)表示了直梁的 $q(x)$，$F_Q(x)$和 $M(x)$间的导数关系。

根据上述导数关系，容易得出下面一些推论。这些推论对绘制或校核剪力图和弯矩图是很有帮助的。

(1) 在梁的某一段内，若无载荷作用，即 $q(x)=0$，由 $\frac{\mathrm{d}F_Q(x)}{\mathrm{d}x}=q(x)=0$ 可知，在这一段内 $F_Q(x)=$常数，剪力

图是平行于 x 轴的直线。由 $\frac{d^2M(x)}{dx^2}=q(x)=0$ 可知,$M(x)$是 x 的一次函数,弯矩图是斜直线。

(2) 在梁的某一段内,若作用均布载荷,即 $q(x)=$常数,则$\frac{d^2M(x)}{dx^2}=\frac{dF_Q(x)}{dx}=q(x)=$常数。故在这一段内 $F_Q(x)$是 x 的一次函数,$M(x)$是 x 的二次函数。因而剪力图是斜直线,弯矩图是抛物线。

在梁的某一段内,若分布载荷 $q(x)$向下,则因向下的 $q(x)$为负,故$\frac{d^2M(x)}{dx^2}=q(x)<0$,这表明弯矩图应为向上凸的曲线。反之,若分布载荷向上,则弯矩图应为向下凸的曲线。

(3) 在梁的某一截面上,若 $F_Q(x)=\frac{dM(x)}{dx}=0$,则在这一截面上弯矩有一极值(极大或极小),即弯矩的极值发生于剪力为零的截面上。

例 11-9 外伸梁及其所受载荷如图 11-19(a)所示,试作梁的剪力图和弯矩图。

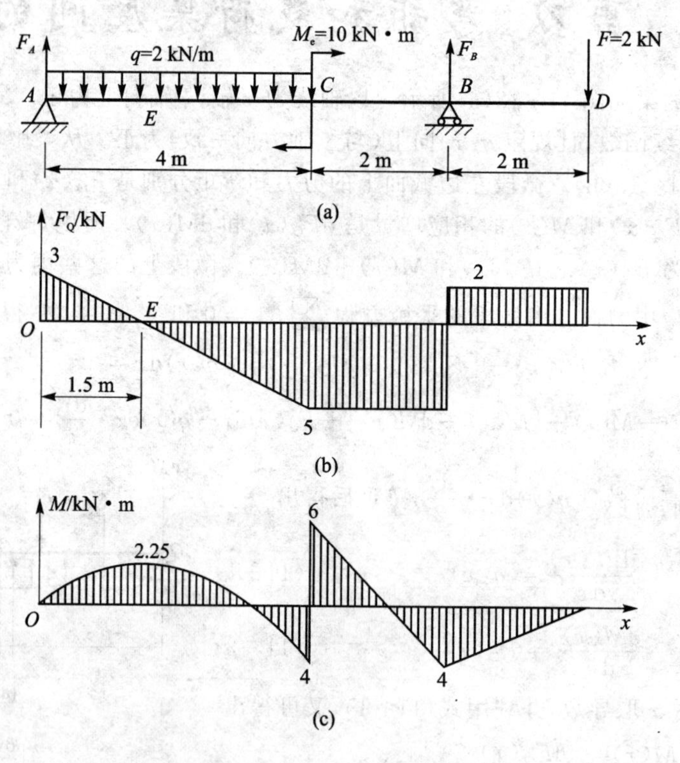

图 11-19

解 由静力平衡方程,求得约束力

$$F_A=3\text{ kN},\quad F_B=7\text{ kN}$$

按照以前作剪力图和弯矩图的方法,应分段列出 F_Q 和 M 的方程式,然后依照方程式作图。现在利用本节所得推论,可以不列方程式直接作图。

在约束力 F_A 的右侧梁截面上,剪力为 3 kN。截面 A 到 C 之间的载荷为均布载荷,剪力图为斜直线。算出截面 C 上的剪力为$(3-2\times4)$ kN$=-5$ kN,即可确定这条斜直线(见图 11-19(b))。截面 C 和 B 之间梁上无载荷,剪力图为水平线。截面 B 上有一集中力 F_B,从

B 的左侧到 B 的右侧，剪力图发生突然变化，变化的数值即等于 F_B。故 F_B 右侧截面上的剪力为$(-5+7)$ kN$=2$ kN。截面 B 和 D 之间无载荷，剪力图又为水平线。

截面 A 上的弯矩 $M_A=0$。从 A 到 C 梁上有均布载荷，弯矩图为抛物线。在这一段内，截面 E 上剪力等于零，弯矩为极值。E 到左端的距离为 1.5 m，求出截面 E 上的极值弯矩为

$$M_E=\left(3\times1.5-\frac{1}{2}\times2\times1.5^2\right)\text{ kN}\cdot\text{m}=2.25\text{ kN}\cdot\text{m}$$

求出集中力偶矩 M_e 左侧截面上的弯矩为 $M_{C左}=-4$ kN·m。由 M_A、M_E 和 $M_{C左}$，便可连成 A 到 C 间的抛物线(见图 11-9(c))。截面 C 上有一集中力偶矩 M_e，从 C 的左侧到 C 的右侧，弯矩图有一突然变化，变化的数值即等于 M_e。所以，在 M_e 的右侧截面上，$M_{C右}=(-4+10)$ kN·m$=6$ kN·m。截面 C 与 B 间梁上无载荷，弯矩图为斜直线。算出截面 B 上 $M_B=-4$ kN·m，于是就确定了这条直线。B 到 D 之间弯矩图也为斜直线，因 $M_D=0$，斜直线是容易画出的。在截面 B 上，剪力突然变化，故弯矩图的斜率也突然变化。

思考题

11-1　用截面法将梁分成两部分，计算梁截面上的内力时，下列说法是否正确？如不正确应如何改正？

(1) 在截面的任一侧，向上的集中力产生正的剪力，向下的集中力产生负的剪力。

(2) 在截面的任一侧，顺时针转向的集中力偶产生正弯矩，逆时针的产生负弯矩。

11-2　对图 11-20 所示简支梁的 $m-m$ 截面，如用截面左侧的外力计算剪力和弯矩，则 F_Q 和 M 便与 q 无关；如用截面右侧的外力计算，则 F_Q 和 M 又与 F 无关。这样的论断正确吗？何故？

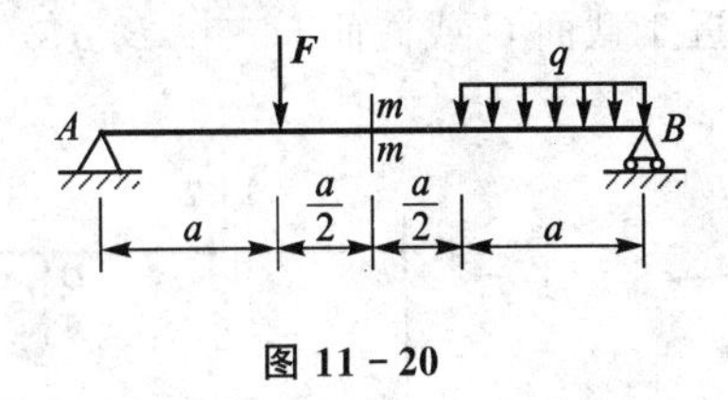

图 11-20

***11-3**　弯矩、剪力与分布载荷集度三者之间的微分关系是如何建立的？其物理意义和几何意义是什么？建立微分关系时分布载荷集度与坐标轴的取向有什么联系？图 11-21 所示的几种情形所推出的微分关系中的符号是否相同？为什么？

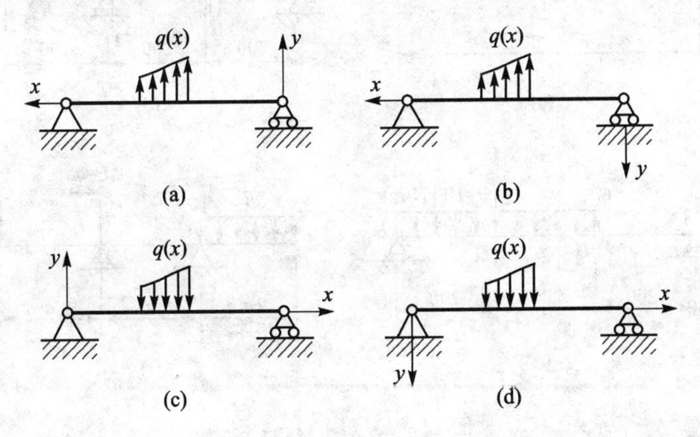

图 11-21

11-4 按照 q、F_Q、M 的微分关系，直观判断如图 11-22 所示的 F_Q、M 图有哪些错误，并予以更正。

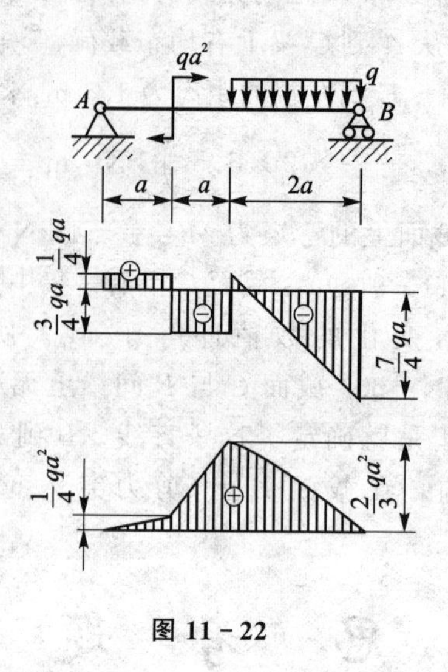

图 11-22

习　题

11-1 试求图 11-23 所示各梁中截面 1-1、2-2、3-3 上的剪力和弯矩，这些截面无限接近于截面 C 或截面 D。设 F、q、a 均为已知。

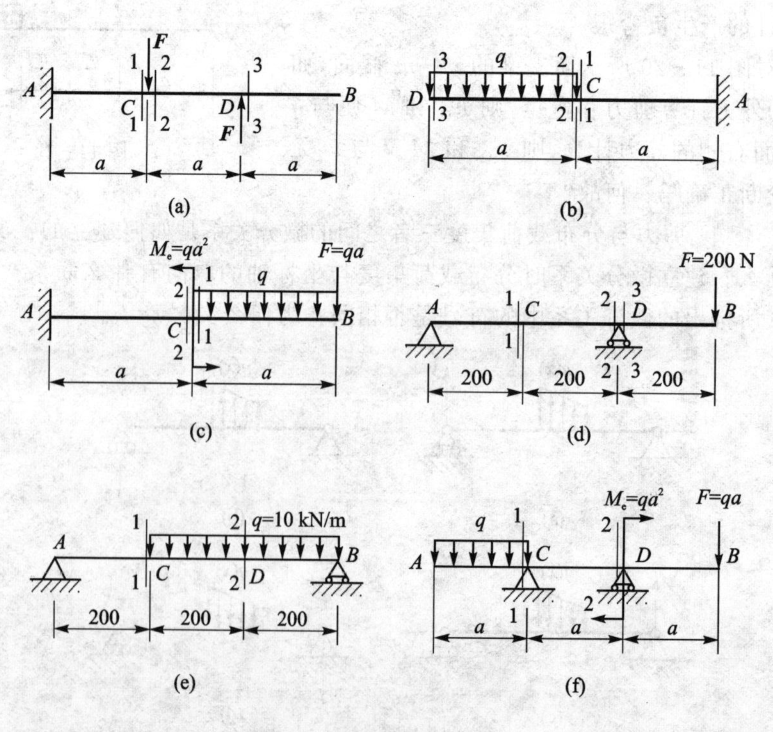

图 11-23 题 11-1 图

11-2　已知图 11-24 所示各梁的载荷 F、q、M_e 和尺寸 a。(1) 列出梁的剪力方程和弯矩方程;(2) 作剪力图和弯矩图;(3) 确定 $|F_Q|_{max}$ 及 $|M|_{max}$。

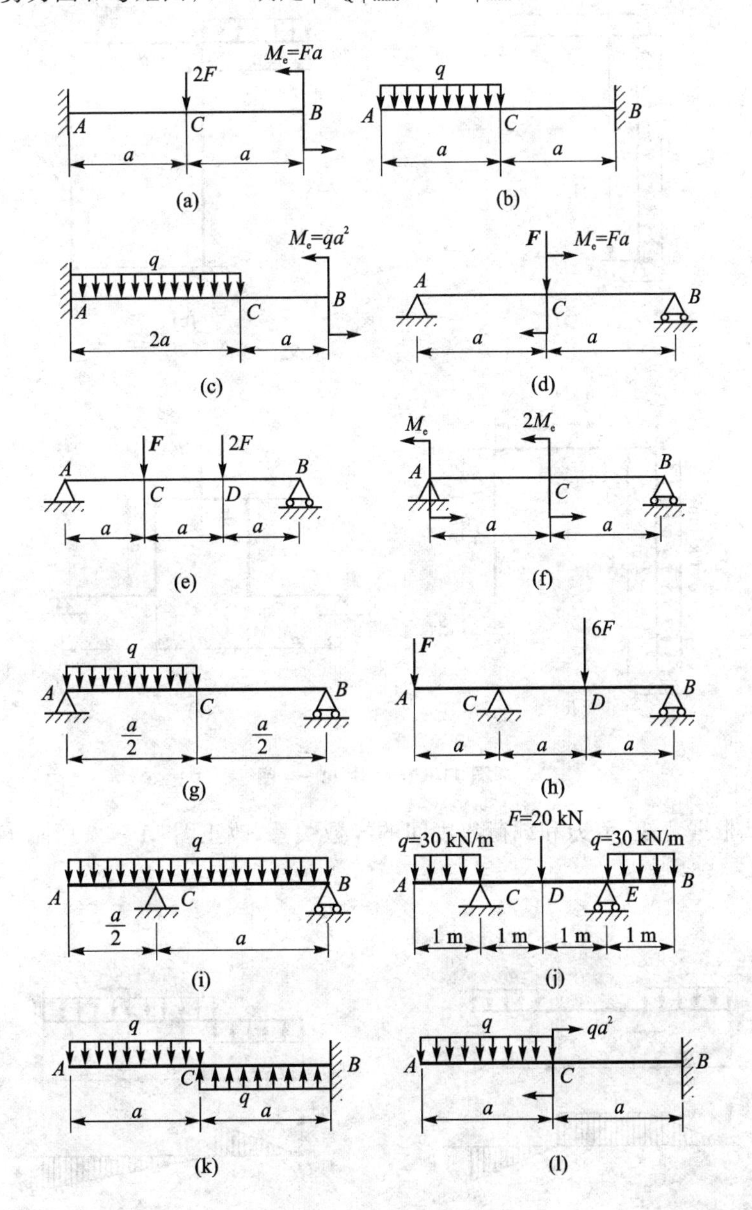

图 11-24　题 11-2 图

11-3　作图 11-25 所示各梁的剪力图和弯矩图,并求出 $|F_Q|_{max}$ 及 $|M|_{max}$。

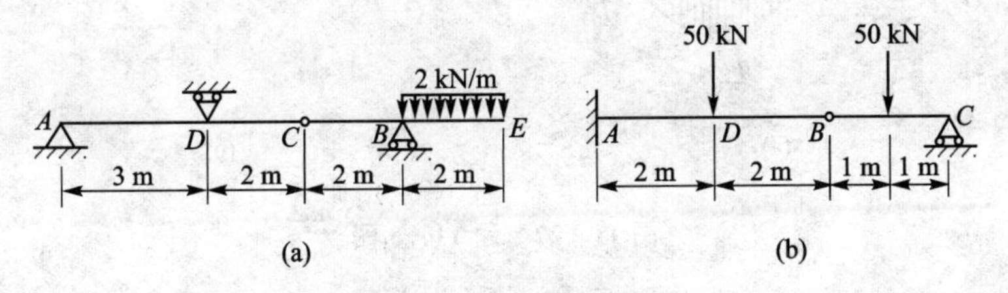

图 11-25　题 11-3 图

11-4 作图 11-26 所示刚架的弯矩图，并求出$|M|_{\max}$。

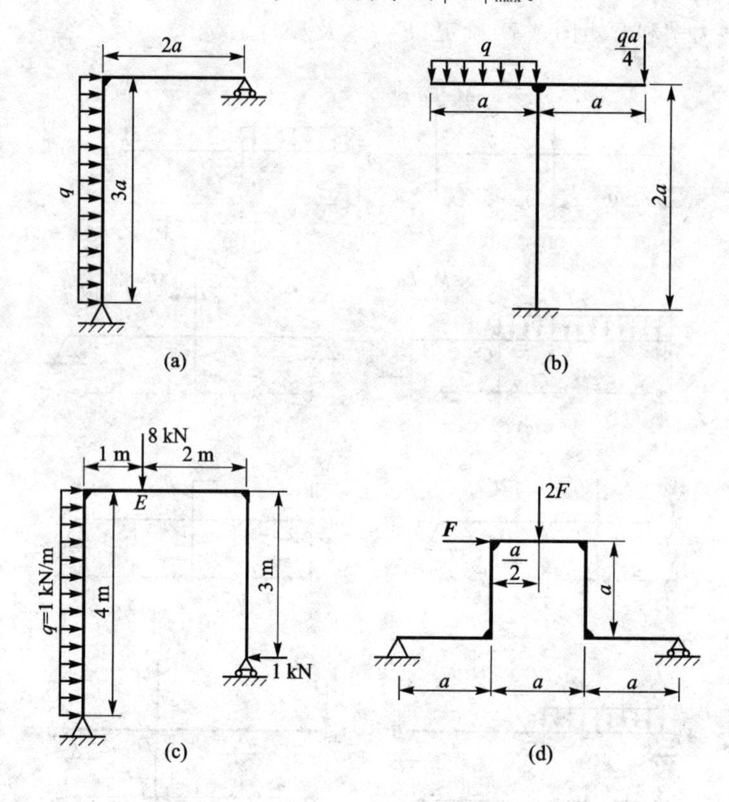

图 11-26 题 11-4 图

11-5 试根据弯矩、剪力和载荷集度间的导数关系，改正图 11-27 所示 F_Q 图和 M 图中的错误。

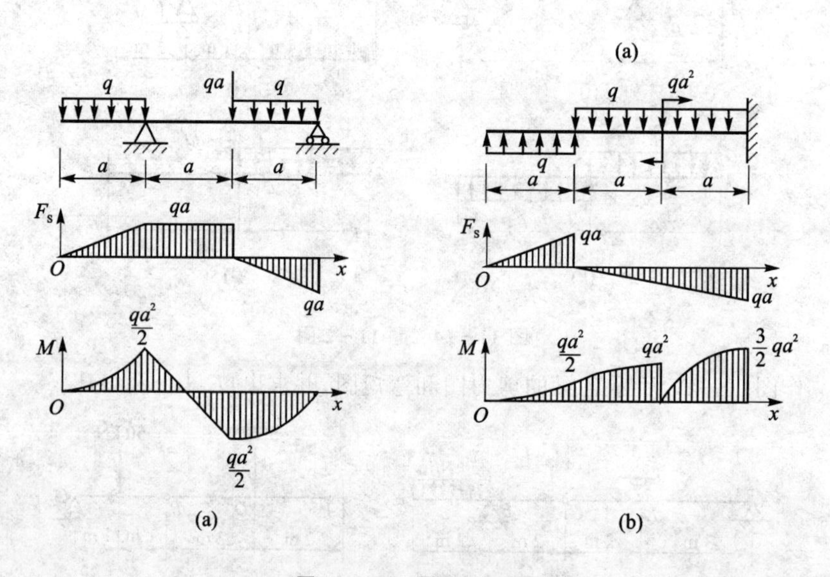

图 11-27 题 11-5 图

11－6　设梁的剪力图如图 11－28 所示，试作弯矩图及载荷图。已知梁上没有作用集中力偶。

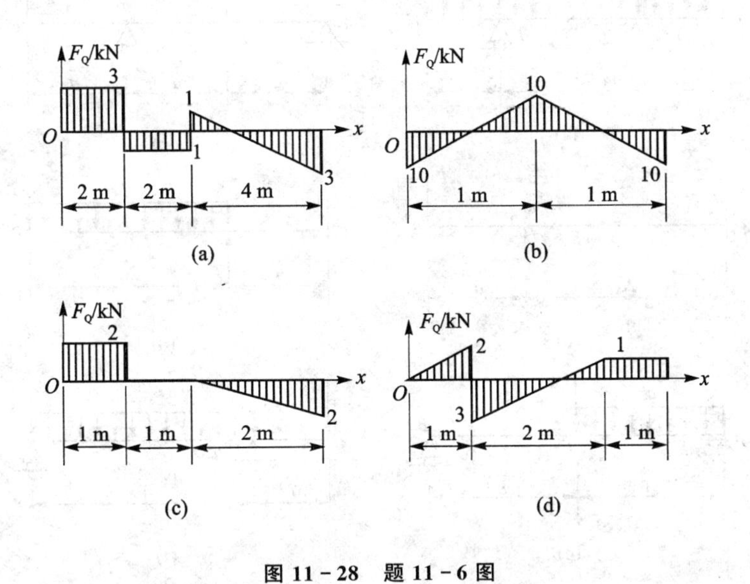

图 11－28　题 11－6 图

11－7　已知梁的弯矩图如图 11－29 所示，试作梁的载荷图和剪力图。

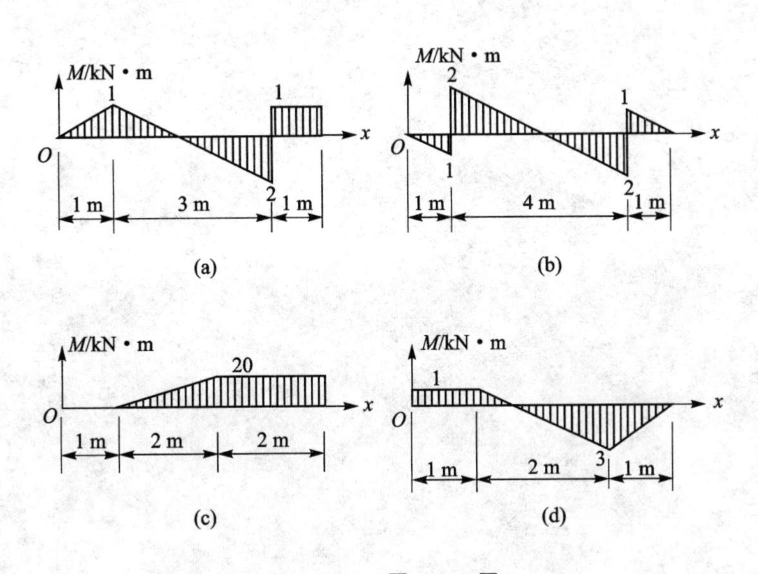

图 11－29　题 11－7 图

11－8　用叠加法绘出图 11－30 所示各梁的弯矩图。

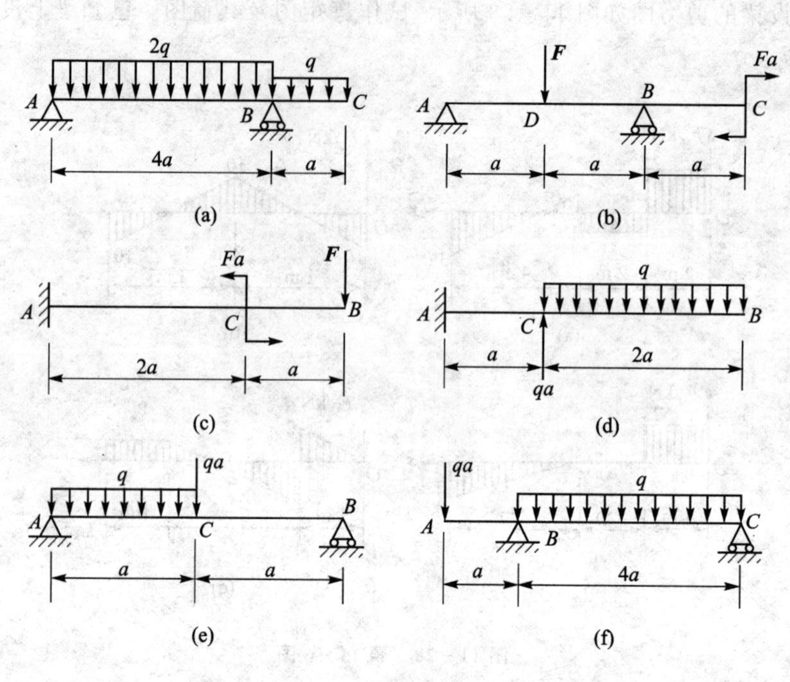
2q
q
A
B
C
4a
a
(a)
F
Fa
A
D
B
C
a
a
a
(b)
Fa
F
A
C
B
2a
a
(c)
q
A
C
B
a
2a
qa
(d)
qa
q
A
C
B
a
a
(e)
qa
q
A
B
C
a
4a
(f)

图 11-30 题 11-8 图

第12章　弯曲应力

本章将分析梁横截面上内力的分布规律及应力的计算公式，在此基础上对梁进行强度计算。

12.1　梁弯曲时的正应力

通过梁弯曲内力的分析，可以确定梁受力后的危险截面；但是还不能进行强度计算，因为横截面上的应力分布情况和最大应力值仍然未知，而构件的破坏往往首先开始于危险截面上应力最大的地方。因此，研究梁弯曲时横截面上的应力分布规律，确定应力的计算公式，是研究梁强度必须解决的问题。

1. 纯弯曲的概念

一般情况下，梁受外力而弯曲时，横截面上同时作用有弯矩和剪力。弯矩是垂直于横截面的内力系的合力矩（见图12-1(a)）；而剪力是切于横截面的内力系的合力（见图12-1(b)）。所以，弯矩 M 只与横截面上的正应力 σ 有关，而剪力 F_Q 只与切应力 τ 相关，现在研究正应力 σ 和切应力 τ 的分布规律。

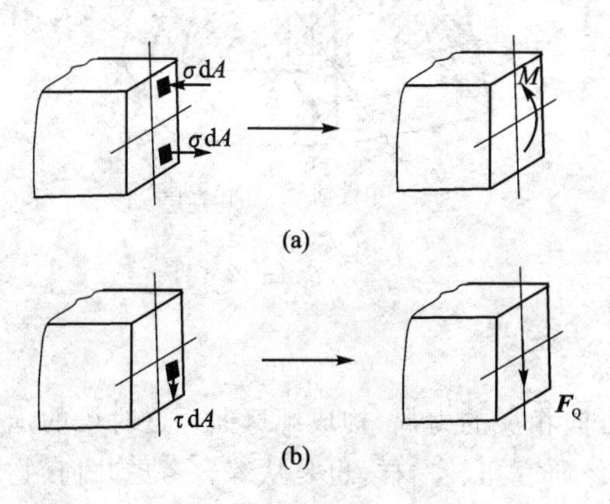

图12-1

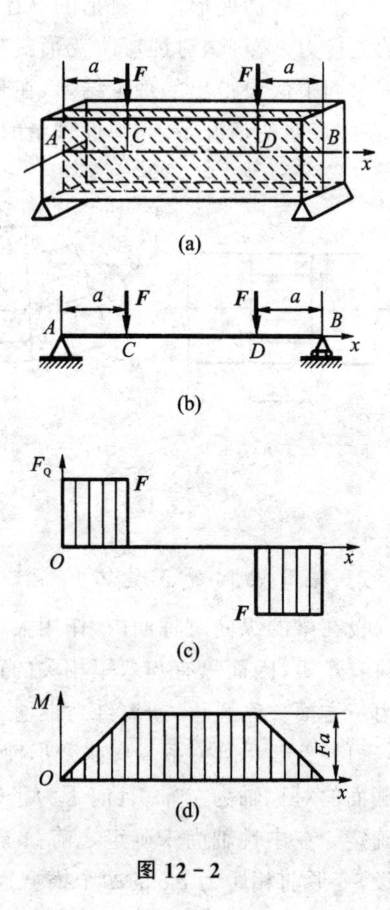

图12-2

在图12-2(a)中，简支梁上的两个外力 $\boldsymbol{F}$ 对称地作用于梁的纵向对称面内。其计算简图、剪力图和弯矩图分别表示于图12-2(b)、(c)和(d)中。从图中看出，在 AC 和 DB 两段内，梁横截面上既有弯矩又有剪力，因而既有正应力又有切应力。这种情况称为横力弯曲或剪切弯曲。在 CD 段内，梁横截面上剪力等于零，而弯矩为常量，于是就只有正应力而无切应力。这种情况称为纯弯曲。例如在图 11-1(b)中,火车轮轴在两个车轮之间的一段就是纯弯曲。

纯弯曲容易在材料试验机上实现,并用以观察变形规律。在变形前的杆件侧面上作纵向线 aa 和 bb,并作与它们垂直的横向线 mm 和 nn(见图 12-3(a)),然后使杆件发生纯弯曲变形。变形后纵向线 aa 和 bb 弯成弧线(见图 12-3(b)),但横向直线 mm 和 nn 仍保持为直线,它们相对旋转一个角度后,仍然垂直于弧线$\overset{\frown}{aa}$和$\overset{\frown}{bb}$。根据这样的实验结果,可以假设,变形前原为平面的梁的横截面变形后仍保持为平面,且仍然垂直于变形后的梁轴线。这就是弯曲变形的平面假设。

设想梁由平行于轴线的众多纵向纤维所组成。发生弯曲变形后,例如发生如图 12-4 所示凸向下的弯曲,必然要引起靠近底面的纤维伸长,靠近顶面的纤维缩短。因为横截面仍保持为平面,所以沿截面高度,应由底面纤维的伸长连续地逐渐变为顶面纤维的缩短,中间必定有一层纤维的长度不变。这一层纤维称为**中性层**。中性层与横截面的交线称为**中性轴**。在中性层上、下两侧的纤维,如一侧伸长则另一侧必为缩短。这就形成横截面绕中性轴的轻微转动。由于梁上的载荷都作用于梁的纵向对称面内,梁的整体变形应对称于纵向对称面,这就要求中性轴与纵向对称面垂直。

以上对弯曲变形作了概括的描述。在纯弯曲变形中,还认为各纵向纤维之间并无相互作用的正应力。至此,对纯弯曲变形提出了两个假设,即(1)平面假设,(2)纵向纤维间无挤压。根据这两个假设得出的理论结果,在长期工程实践中,符合实际情况,经得住实践的检验。而且,在纯弯曲的情况下,与弹性理论的结果也是一致的。

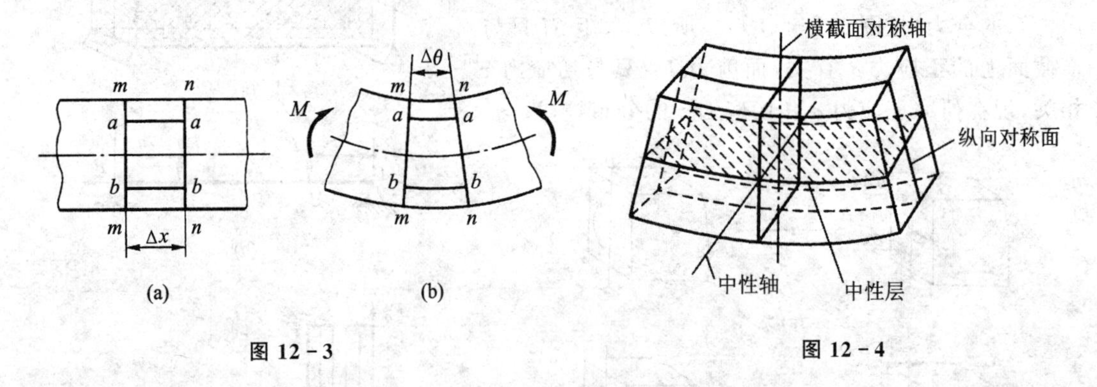

图 12-3　　图 12-4

2. 纯弯曲时的正应力

设在梁的纵向对称面内,作用大小相等、方向相反的力偶,构成纯弯曲。这时梁的横截面上只有弯矩,因而只有与弯矩相关的正应力。像研究扭转一样,也是从综合考虑几何、物理和静力三方面关系入手,研究纯弯曲时的正应力。

(1) 变形几何关系　弯曲变形前和变形后的梁段分别表示于图 12-5(a)和(b)中。以梁横截面的对称轴为 y 轴,且向下为正(见图 12-6(b))。以中性轴为 z 轴,但中性轴的位置尚待确定。在中性轴尚未确定之前,x 轴只能暂时认为是通过原点的横截面的法线。根据平面假设,变形前相距为 $\mathrm{d}x$ 的两个横截面,变形后各自绕中性轴相对旋转了一个角度 $\mathrm{d}\theta$,并仍保持为平面。这就使得距中性层为 y 的纤维 bb 的长度变为

$$\widehat{b'b'}=(\rho+y)\mathrm{d}\theta$$

式中,ρ 为中性层的曲率半径。纤维 bb 的原长度为 $\mathrm{d}x$,且$\overline{bb}=\mathrm{d}x=\overline{OO}$。因为变形前、后中性

层内纤维 OO 的长度不变，故有

$$\overline{bb} = \mathrm{d}x = \overline{OO} = \widehat{O'O'} = \rho\mathrm{d}\theta$$

求得纤维 bb 的应变为

$$\varepsilon = \frac{(\rho + y)\mathrm{d}\theta - \rho\mathrm{d}\theta}{\rho\mathrm{d}\theta} = \frac{y}{\rho} \tag{a}$$

可见，纵向纤维的应变与它到中性层的距离成正比。

(2) 物理关系　因为纵向纤维之间无挤压，每一纤维都是单向拉伸或压缩。当应力小于比例极限时，由胡克定律知

$$\sigma = E\varepsilon$$

将式(a)代入上式，得

$$\sigma = E\frac{y}{\rho} \tag{b}$$

这表明，任意纵向纤维的正应力与它到中性层的距离成正比。在横截面上，任意点的正应力与该点到中性轴的距离成正比，亦即沿截面高度，正应力按直线规律变化，如图 12-6(a)所示。

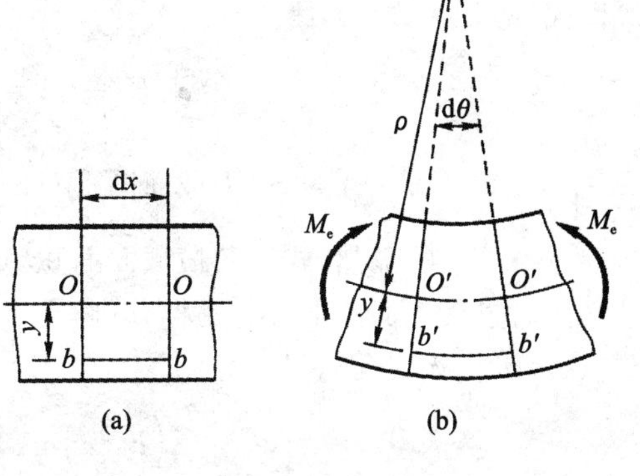

图 12-5

(3) 静力学关系　上面所得到的式(b)只说明了正应力的分布规律，还不能用于正应力的计算；因为中性轴的位置尚未确定，曲率$\frac{1}{\rho}$也还未知。这须考虑横截面上正应力应满足的静力学关系才能解决。

自纯弯曲的梁中截取一个横截面来分析，如图 12-6(b)所示，作用于微面积 dA 上的法向内力元素 σdA。截面上各处的法向内力元素构成了一个空间平行力系，它可能组成三个内力：平行于 x 轴的轴力 F_{N}、对 y 轴和 z 轴的力偶矩 M_y 和 M_z。然而此时梁横截面上的内力仅有一个位于 xy 平面内的弯矩 M，即仅有力偶矩 M_z，而轴力 F_{N} 和力偶矩 M_y 皆为零。因此，横

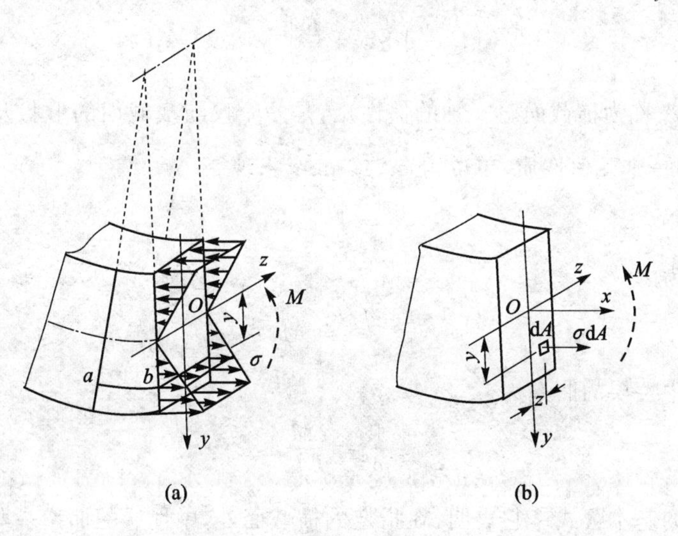

图 12-6

截面上的应力应满足下列三个静力学关系

$$F_N = \int_A \sigma \mathrm{d}A = 0 \tag{c}$$

$$M_y = \int_A z\sigma \mathrm{d}A = 0 \tag{d}$$

$$M_z = \int_A y\sigma \mathrm{d}A = M \tag{e}$$

下面讨论由此三式而得到的结论。

以式(b)代入式(c),得

$$\int_A E\,\frac{y}{\rho}\mathrm{d}A = \frac{E}{\rho}\int_A y\mathrm{d}A = 0$$

式中,$\int_A y\mathrm{d}A = y_C \cdot A = S_z$ 为截面图形对 z 轴的静矩,由于$\frac{E}{\rho}$不可能为零,为满足上式,必须使 $S_z = y_C \cdot A = 0$,显然,式中的横截面面积 $A \neq 0$,故必有截面形心的坐标 $y_C = 0$。这说明,中性轴必然通过横截面的形心。这样,就确定了中性轴的位置。

以式(b)代入式(d),得

$$\int_A z\left(E\,\frac{y}{\rho}\right)\mathrm{d}A = \frac{E}{\rho}\int_A yz\mathrm{d}A = 0$$

这是保证梁为平面弯曲的条件。式中的积分 $\int_A yz\mathrm{d}A$ 称为横截面对 y、z 轴的惯性积,通常以字符 I_{yz} 表示,只要截面图形对称于 y、z 中的任一轴,其值必为零。例如,若图形对称于 y 轴,则总可在 y 轴两侧的对称位置处取两个微面积 $\mathrm{d}A$,其坐标 z 数值相等而符号相反,坐标 y 相同(见图 12-7),因而积分的结果必然为零。由于前已设定横截面的对称轴为 y 轴,故上式自然满足。

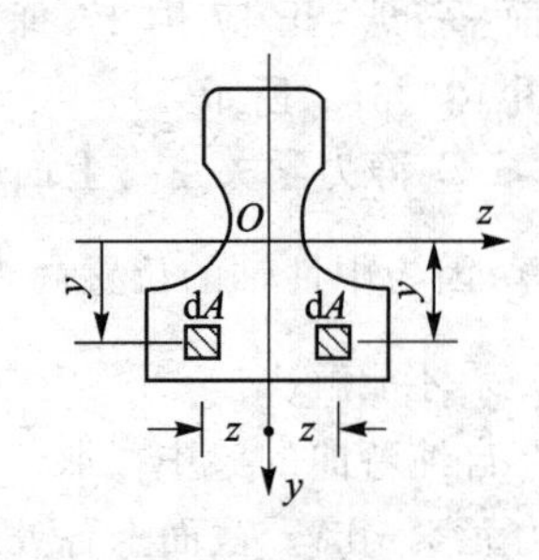

图 12-7

以式(b)代入式(e),得

$$\int_A y\left(E\,\frac{y}{\rho}\right)\mathrm{d}A = \frac{E}{\rho}\int_A y^2\mathrm{d}A = M$$

式中,积分 $\int_A y^2\mathrm{d}A$ 称为横截面对 z 轴的惯性矩,是一个仅与横截面的形状及尺寸有关的几何量,代表横截面的一个几何性质,单位为 m^4 或 mm^4。现令

$$I_z = \int_A y^2\mathrm{d}A \tag{12-1}$$

则上式又可表示为

$$\frac{EI_z}{\rho} = M$$

由此得梁弯曲时中性层的曲率为

$$\frac{1}{\rho} = \frac{M}{EI_z} \tag{12-2}$$

此式为弯曲变形的基本公式。它表明,在指定的横截面处,中性层的曲率$\frac{1}{\rho}$与该截面上的弯矩 M 成正比,与 EI_z 成反比。在同样的弯矩作用下,EI_z 愈大,则曲率愈小,即梁愈不易变形,故

EI_z 称为梁的抗弯刚度。

再将式(12－2)代入式(b)，最后得到

$$\sigma=\frac{My}{I_z} \tag{12-3}$$

式中：σ——横截面上任一点处的正应力；

M——横截面上的弯矩；

y——横截面上任一点到中性轴的垂直距离；

I_z——横截面对中性轴 z 的惯性矩。

式(12－3)即为纯弯曲时梁横截面上任一点处正应力的计算公式。此式表明，横截面上的正应力 σ 与该截面上的弯矩 M 成正比，与横截面的惯性矩 I_z 成反比，正应力沿截面高度方向呈线性分布。在中性轴上，各点处的正应力为零；在中性轴的上下两侧，一侧受拉，另一侧受压；离中性轴愈远处的正应力愈大(见图 12－6(a))。

应用式(12－3)时，M 和 y 应以代数值代入，并以所得结果的正负来辨别应力的拉压。但在实际计算中，可以只用 M 和 y 的绝对值来计算正应力 σ 的数值，再根据梁的变形情况直接判断 σ 是拉应力还是压应力，即以中性轴为界，梁变形后靠凸边的一侧受拉应力，靠凹边的一侧受压应力。也可根据弯矩的正负来判断，当弯矩为正时，中性轴以下部分受拉，以上部分受压；弯矩为负时，则反之。

最后，根据弯曲正应力公式的推导过程，讨论一下式(12－3)的使用条件和范围。

(1) 式(12－3)是以矩形截面梁为例来推导的，但对于具有纵向对称面的其他截面形式的梁，包括不对称于中性轴的截面(例如 T 字形截面)的梁，仍然可以使用。因为这并不影响公式推导的条件。

(2) 式(12－3)是在纯弯曲条件下推导出来的。在非纯弯曲的情况下，由于横截面上还有切应力作用，此时截面将发生翘曲，不再为一平面。但由分析证明，对于跨度与截面高之比 $\frac{l}{h}>5$ 的梁(称为大跨度梁)，按式(12－3)计算结果的误差很小。例如受均布载荷的矩形截面简支梁，当 $\frac{l}{h}=5$ 时，误差仅为 1%。在工程实际中常用的梁，其 $\frac{l}{h}$ 远大于 5，因此，式(12－3)可以足够精确地推广应用于剪切弯曲的情况。

(3) 式(12－3)是在平面弯曲情况下推导出来的，它不适用于非平面弯曲的情况。例如图 12－8 所示的梁，外力不在梁的纵向对称面内，这时梁弯曲后的轴线，已不再位于外力所在的平面内，这种情况的弯曲称为斜弯曲。这时式(12－3)就不能再直接使用了。

(4) 在推导式(12－3)的过程中，使用了胡克定律，因此，当梁的材料不服从胡克定律或正应力超过了材料的比例极限时，此式则不再适用。

(5) 式(12－3)只适用于直梁，而不适用于曲梁；但可近似地用于曲率半径较梁高大得多的曲梁。对变截面梁也可近似的应用。

例 12－1　图 12－9(a)所示为一受均布载荷的悬臂梁，已知梁的跨长 $l=1$ m，均布载荷集度 $q=6$ kN/m；梁由 10 号槽钢制成，截面有关尺寸如图所示，自型钢表查得，横截面的惯性矩 $I_z=25.6\times10^4$ mm^4。试求此梁的最大拉应力和最大压应力。

解　(1) 作弯矩图，求最大弯矩　梁的弯矩图如图 12－9(b)所示，由图知梁在固定端横截面上的弯矩最大，其值为

$$|M|_{\max} = \frac{ql^2}{2} = \frac{6\ 000 \times 1^2}{2}\ \text{N} \cdot \text{m} = 3\ 000\ \text{N} \cdot \text{m}$$

(2) 求最大应力　因危险截面上的弯矩为负，故截面上缘受最大拉应力，由式(12－3)得

$$\sigma_{t,\max} = \frac{M_{\max}}{I_z} \cdot y_1 = \left(\frac{3\ 000}{25.6 \times 10^{-8}} \times 0.015\ 2\right)\ \text{Pa} = 178 \times 10^6\ \text{Pa} = 178\ \text{MPa}$$

在截面的下边缘受最大压应力，其值为

$$\sigma_{c,\max} = \frac{M_{\max}}{I_z} \cdot y_2 = \left(\frac{3\ 000}{25.6 \times 10^{-8}} \times 0.032\ 8\right)\ \text{Pa} = 385 \times 10^6\ \text{Pa} = 385\ \text{MPa}$$

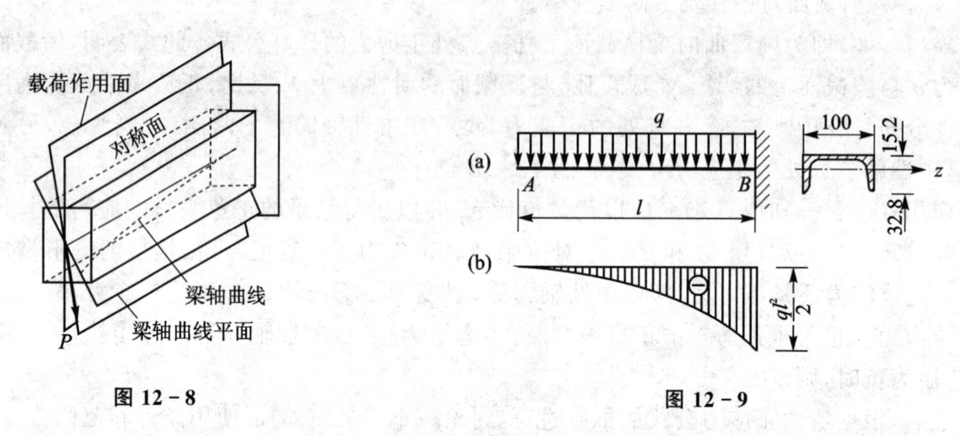

图 12－8　　　　图 12－9

12.2 惯性矩的计算

在上节中，导出了梁的弯曲正应力公式。显然，在应用这个公式计算梁的正应力时，须预先计算出梁横截面的惯性矩 I_z，为此，还有必要讨论惯性矩的一些计算方法。

1. 简单图形截面的惯性矩

对于矩形、圆形等简单图形的截面，其惯性矩可以直接根据式(12－1)的定义，用积分的方法来计算。下面分别计算几种常用简单截面的惯性矩。

(1) 矩形截面　设矩形截面的高和宽分别为 h 和 b，通过其形心 O 作 y 轴和 z 轴，如图 12－10 所示。现求其对 z 轴的惯性矩 I_z。取宽为 b、高为 $\mathrm{d}y$ 的狭长条为微面积，即取 $\mathrm{d}A = b\mathrm{d}y$，则由惯性矩的定义，积分得

$$I_z = \int_A y^2 \mathrm{d}A = \int_{-\frac{h}{2}}^{+\frac{h}{2}} y^2 b \mathrm{d}y = b \left.\frac{y^3}{3}\right|_{-\frac{h}{2}}^{+\frac{h}{2}} = \frac{bh^3}{12} \qquad (12-4a)$$

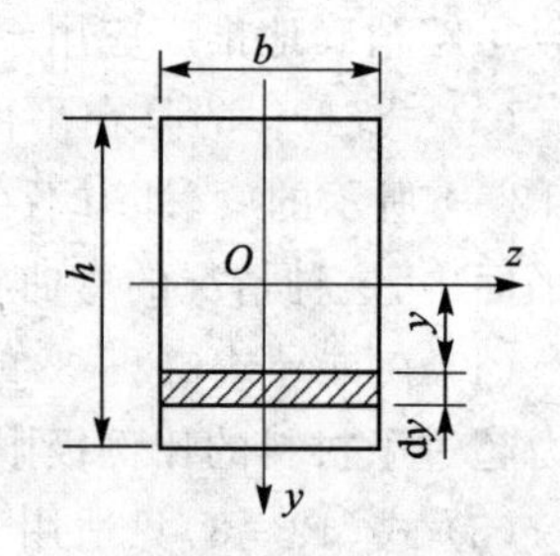

图 12－10

同理可得对 y 轴的惯性矩

$$I_y = \frac{hb^3}{12} \qquad (12-4b)$$

(2) 圆形与圆环形截面　设圆形截面的直径为 D，y 轴和 z 轴通过圆心 O，如图 12－11(a)所示。取微面积 $\mathrm{d}A$，其坐标为 y 和 z，至圆心的距离为 ρ。在 10.4 节中，曾经得到，圆形截面对圆心的极惯性矩为

$$I_p = \int_A \rho^2 dA = \frac{\pi D^4}{32}$$

现在由 $\rho^2 = y^2 + z^2$ 的关系可得

$$I_p = \int_A \rho^2 dA = \int_A (y^2 + z^2) dA = \int_A y^2 dA + \int_A z^2 dA = I_z + I_y$$

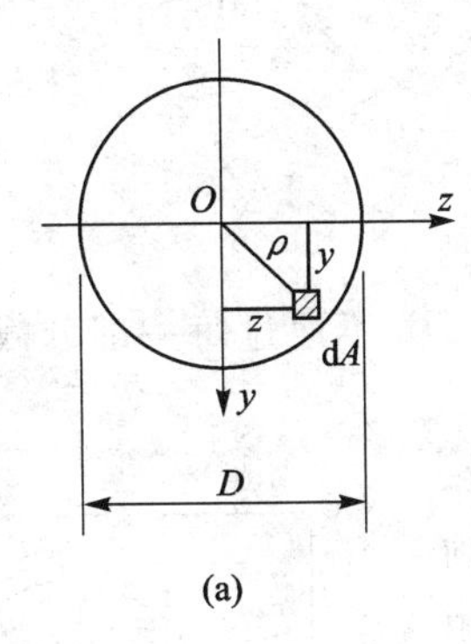

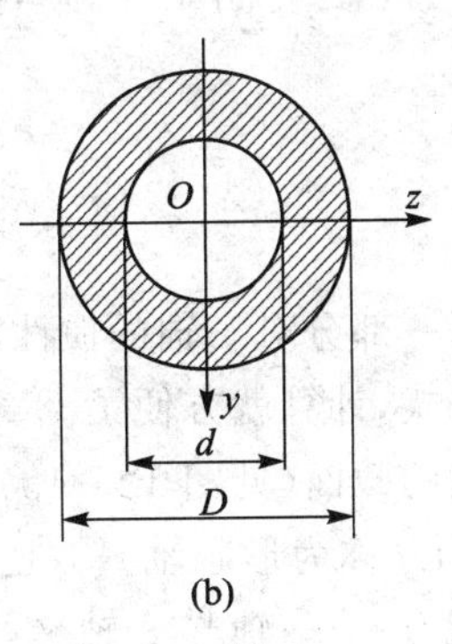

图 12-11

又由于 y 轴和 z 轴皆为通过圆截面直径的轴，故 $I_z = I_y$，因此

$$I_p = 2I_z = 2I_y$$

由此可得圆形截面对 z 轴或 y 轴的惯性矩为

$$I_z = I_y = \frac{I_p}{2} = \frac{\pi D^4}{64} \tag{12-5}$$

对于外径为 D、内径为 d 的圆环形截面(见图 12-11(b))，用同样的方法可以得到

$$I_z = I_y = \frac{I_p}{2} = \frac{\pi}{64}(D^4 - d^4) \tag{12-6a}$$

或

$$I_z = I_y = \frac{\pi D^4}{64}(1 - \alpha^4) \tag{12-6b}$$

式中

$$\alpha = \frac{d}{D}$$

2. 组合截面的惯性矩与平行移轴公式

工程实际中有许多梁的截面形状是比较复杂的，例如由钢板焊成的箱形梁(见图 12-12(a))，由型钢和钢板并成的组合梁(见图 12-12(b)、(c))以及 T 字形梁(图 12-12(d))等，机器的机架，其截面常采用更复杂的形式。所有这些梁的截面形状都是由一些简单图形组成的，所以称之为组合截面梁。

根据惯性矩的定义，组合截面对某一轴的惯性矩可以视为其各个组成部分(即简单图形)对同一轴的惯性矩之和。例如图 12-12(d)所示的 T 字形截面，可将其分为两个矩形部分 Ⅰ 和 Ⅱ，整个截面对 z 轴的惯性矩 I_z 则为这两个矩形部分对 z 轴的惯性矩 $I_{z\text{I}}$ 与 $I_{z\text{II}}$ 之和，即

$$I_z = \int_{A\text{I}} y^2 dA + \int_{A\text{II}} y^2 dA = I_{z\text{I}} + I_{z\text{II}}$$

设组合截面由 n 部分组成，则整个截面对 z 轴的惯性矩为

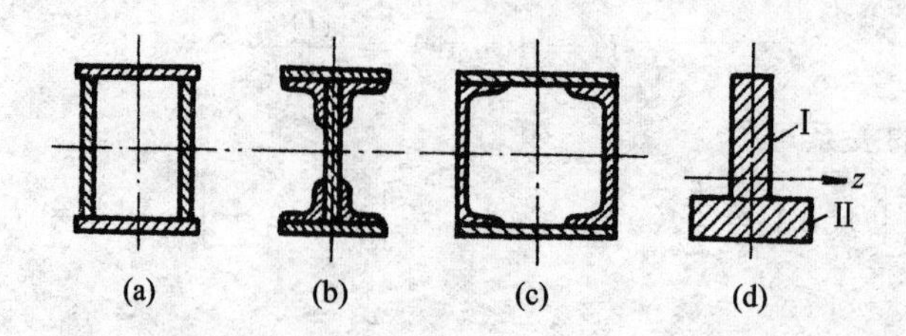

图 12-12

$$I_z = \sum_{i=1}^{n}(I_z)_i \tag{12-7}$$

但是在计算每一部分对 z 轴的惯性矩时,中性轴 z 并不通过每一部分截面的形心,此时,若应用平行移轴公式,计算就方便了。

设一任意形状的截面(见图 12-13),其面积为 A,z 轴通过截面的形心(称为形心轴),并已知截面对 z 轴的惯性矩为 I_z。现有一 z_1 轴与 z 轴平行,两轴间的距离为 a,求截面对 z_1 轴的惯性矩 I_{z_1}。

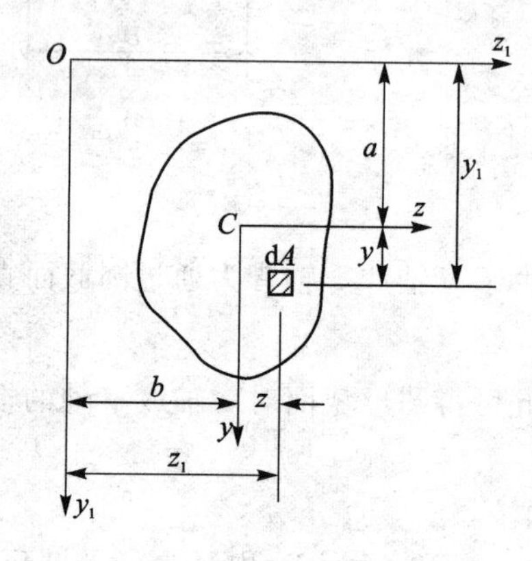

图 12-13

根据惯性矩的定义,由式(12-1)得

$$I_{z_1} = \int_A y_1^2 \mathrm{d}A$$

由图 12-13 中可以看出,$y_1 = y + a$,代入上式得

$$I_{z_1} = \int_A (y+a)^2 \mathrm{d}A = \int_A y^2 \mathrm{d}A + 2a\int_A y\,\mathrm{d}A + a^2\int_A \mathrm{d}A$$

上式中等号右边的第一项是截面对 z 轴的惯性矩 I_z,第二项中的积分为截面对 z 轴的静矩 $S_z = y_C A$,因 z 轴通过截面形心,故 $y_C = 0$,所以第二项为零,第三项中的积分为截面的面积 A。因此,上式可表示为

$$I_{z_1} = I_z + a^2 A \tag{12-8a}$$

同理可得

$$I_{y_1} = I_y + b^2 A \tag{12-8b}$$

式(12-8)说明截面对任一轴的惯性矩,等于它对平行于该轴的形心轴的惯性矩,加上截面面积与两轴间距离平方的乘积。这就是平行移轴公式。下面举例说明这一公式的应用和组合截面惯性矩的计算。

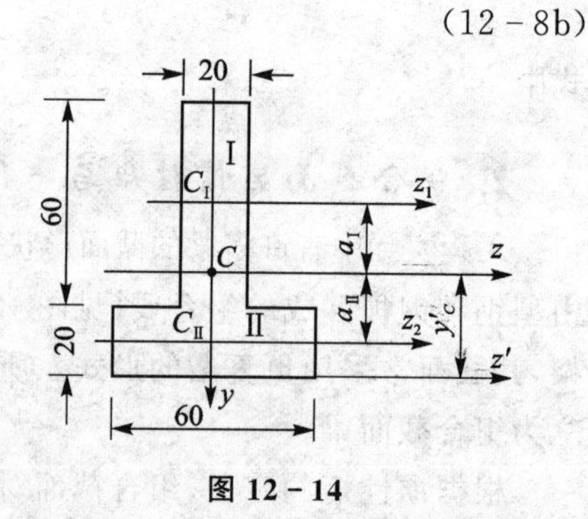

图 12-14

例 12-2 一T字形截面如图 12-14 所示,求其对中性轴 z 的惯性矩。

解 (1)确定形心和中性轴的位置 将截面划分为Ⅰ、Ⅱ两个矩形,取与截面底边相重合的 z' 轴为参考轴,则两矩形的面积及其形心至 z' 轴的距离分别为

$$A_{\mathrm{I}} = 20\ \mathrm{mm} \times 60\ \mathrm{mm} = 1\ 200\ \mathrm{mm}^2$$

$$y'_{\mathrm{I}} = 20\ \mathrm{mm} + \frac{60}{2}\ \mathrm{mm} = 50\ \mathrm{mm}$$

$$A_{\mathrm{II}} = 60\ \mathrm{mm} \times 20\ \mathrm{mm} = 1\ 200\ \mathrm{mm}^2$$

$$y'_{\mathrm{II}} = \frac{20}{2}\ \mathrm{mm} = 10\ \mathrm{mm}$$

整个截面的形心 C 至 z' 轴的距离则为

$$y'_C = \frac{\sum A_i y_i}{A} = \frac{A_{\mathrm{I}} y'_{\mathrm{I}} + A_{\mathrm{II}} y'_{\mathrm{II}}}{A_{\mathrm{I}} + A_{\mathrm{II}}} = \frac{1\,200 \times 50 + 1\,200 \times 10}{1\,200 + 1\,200}\ \mathrm{mm} = 30\ \mathrm{mm}$$

即中性轴 z 与 z' 轴的距离为 30 mm。

(2) 求各组成部分对中性轴 z 的惯性矩　设两矩形的形心轴为 z_1 和 z_2，它们距 z 轴的距离分别为

$$a_{\mathrm{I}} = CC_{\mathrm{I}} = 20\ \mathrm{mm}, \quad a_{\mathrm{II}} = CC_{\mathrm{II}} = 20\ \mathrm{mm}$$

由平行移轴公式，两矩形对中性轴 z 的惯性矩分别为

$$I_{z\mathrm{I}} = I_{z_1\mathrm{I}} + a_{\mathrm{I}}^2 A_{\mathrm{I}} = \left(\frac{20 \times 60^3}{12} + 20^2 \times 1\,200\right)\ \mathrm{mm}^4 = 840 \times 10^3\ \mathrm{mm}^4$$

$$I_{z\mathrm{II}} = I_{z_2\mathrm{II}} + a_{\mathrm{II}}^2 A_{\mathrm{II}} = \left(\frac{60 \times 20^3}{12} + 20^2 \times 1\,200\right)\ \mathrm{mm}^4 = 520 \times 10^3\ \mathrm{mm}^4$$

(3) 求整个截面对中性轴的惯性矩　将两矩形对 z 轴的惯性矩相加，得

$$I_z = I_{z\mathrm{I}} + I_{z\mathrm{II}} = (840 \times 10^3 + 520 \times 10^3)\ \mathrm{mm}^4 = 1\,360 \times 10^3\ \mathrm{mm}^4$$

为便于计算组合截面的惯性矩，表 12-1 中给出了一些简单图形的形心位置及其对形心轴的惯性矩。各种型钢的惯性矩则可直接由型钢规格表[*]中查得。

表 12-1　几种图形的形心位置和惯性矩

图　形	形心位置	惯 性 矩
矩形（b、h，C，z、y 轴，e）	$e=\frac{h}{2}$	$I_z=\frac{bh^3}{12}$ $I_y=\frac{hb^3}{12}$
空心矩形（B、H、b、h，C，z、y 轴，e）	$e=\frac{H}{2}$	$I_z=\frac{BH^3-bh^3}{12}$ $I_y=\frac{HB^3-hb^3}{12}$
工字形（B、H、$\frac{b}{2}$、h，C，z、y 轴，e）	$e=\frac{H}{2}$	$I_z=\frac{BH^3-bh^3}{12}$ $I_y=\frac{(H-h)B^3+h(B-b)^3}{12}$

* 型钢规格表见附录。常用的型钢有工字钢、槽钢和角钢等。工字钢和槽钢的号数以其高度来表示；角钢的号数则根据其边长来表示。

续表 12-1

图　形	形心位置	惯 性 矩
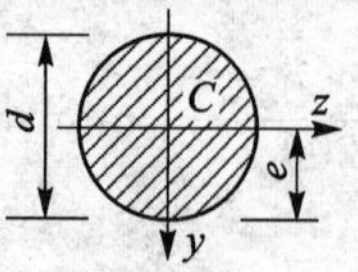 d, C, z, e, y	$e=\dfrac{d}{2}$	$I_z=I_y=\dfrac{\pi d^4}{64}$
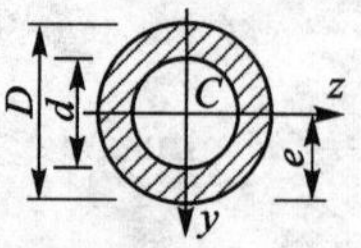 D, d, C, z, e, y	$e=\dfrac{D}{2}$	$I_z=I_y=\dfrac{\pi(D^4-d^4)}{64}$
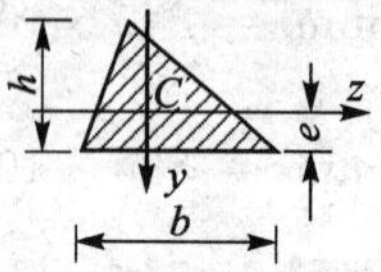 h, C, z, e, y, b	$e=\dfrac{h}{3}$	$I_z=\dfrac{bh^3}{36}$
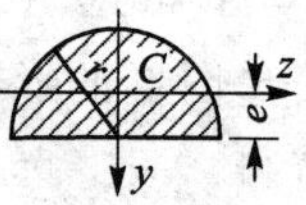 r, C, z, e, y	$e=\dfrac{4r}{3\pi}\approx 0.424r$	$I_z=\left(\dfrac{1}{8}-\dfrac{8}{9\pi^2}\right)\pi r^4\approx 0.110r^4$
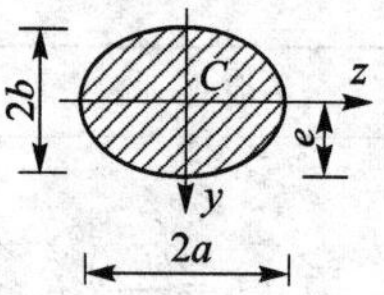 2b, C, z, e, y, 2a	$e=b$	$I_z=\dfrac{\pi ab^3}{4}$ $I_y=\dfrac{\pi ba^3}{4}$

12.3　梁弯曲时的强度计算

由梁的弯曲正应力公式知道，对某一横截面来说，最大正应力在距中性轴最远的地方，即

$$\sigma_{\max}=\frac{M}{I_z}y_{\max}=\frac{M}{I_z/y_{\max}}$$

式中的 I_z 和 $y_{\max}$ 都是与截面的形状、尺寸有关的几何量，可以用一个符号 W_z 来表示，即令

$$\frac{I_z}{y_{\max}}=W_z \tag{12-9}$$

W_z 称为抗弯截面系数，也是衡量横截面抗弯强度的一个几何量，其值与横截面的形状及尺寸有关，单位为 m^3 或 mm^3。

对于矩形截面　　$W_z=\dfrac{I_z}{y_{\max}}=\dfrac{bh^3/12}{h/2}=\dfrac{bh^2}{6}$

对于圆形截面

$$W_z=\frac{I_z}{y_{\max}}=\frac{\dfrac{\pi D^4}{64}}{\dfrac{D}{2}}=\frac{\pi D^3}{32}$$

对于空心圆截面

$$W_z = \frac{I_z}{y_{\max}} = \frac{\frac{\pi D^4}{64}(1-\alpha^4)}{\frac{D}{2}} = \frac{\pi D^3}{32}(1-\alpha^4)$$

这样，梁横截面上最大正应力的计算式可表示为

$$\sigma_{\max} = \frac{M}{W_z} \tag{12-10}$$

如果限制梁的最大工作应力，使其不超过材料的许用弯曲应力，就可以保证梁的安全。对于等截面梁来说，弯矩绝对值最大的截面为危险截面。因此，梁弯曲时的正应力强度条件为

$$\sigma_{\max} = \frac{M_{\max}}{W_z} \leqslant [\sigma] \tag{12-11}$$

式中：$M_{\max}$——梁的最大弯矩；

W_z——横截面的抗弯截面系数；

$[\sigma]$——材料的许用弯曲应力。

对于变截面梁，应综合考虑弯矩和截面尺寸的变化，判断危险截面，其弯曲正应力强度条件为

$$\sigma_{\max} = \left(\frac{M}{W_z}\right)_{\max} \leqslant [\sigma] \tag{12-12}$$

脆性材料的抗拉和抗压性能是不同的（如铸铁），因此，需要对梁内的最大拉应力和最大压应力分别进行校核，其弯曲正应力强度条件为

$$\left.\begin{aligned}\sigma_{t,\max} \leqslant [\sigma_t] \\ \sigma_{c,\max} \leqslant [\sigma_c]\end{aligned}\right\} \tag{12-13}$$

式中$[\sigma_t]$、$[\sigma_c]$分别为材料的许用拉应力和许用压应力。

利用强度条件仍然可以解决工程实际中三方面的问题，下面分别举例。

例 12-3　螺栓压板夹紧装置如图 12-15(a)所示。已知板长 $3a=150$ mm，压板材料的弯曲许用应力$[\sigma]=140$ MPa。试计算压板传给工件的最大允许压紧力 F。

解　压板可简化为图 12-15(b)所示的外伸梁。由梁的外伸部分 BC 可以求得截面 B 上的弯矩为 $M_B=Fa$。此外又知 A、C 两截面上弯矩等于零，从而作弯矩图如图 12-15(c)所示。最大弯矩在截面 B 上，且

$$M_{\max} = M_B = Fa$$

根据截面 B 的尺寸求出

$$I_z = \left(\frac{3\times 2^3}{12} - \frac{1.4\times 2^3}{12}\right)\ \text{cm}^4 = 1.07\ \text{cm}^4$$

$$W_z = \frac{I_z}{y_{\max}} = \frac{1.07}{1}\ \text{cm}^3 = 1.07\ \text{cm}^3$$

把强度条件改写成

$$M_{\max} \leqslant W_z[\sigma]$$

于是有

$$F \leqslant \frac{W_z[\sigma]}{a} = \left(\frac{1.07\times(10^{-2})^3\times 140\times 10^6}{5\times 10^{-2}}\right)\ \text{N} = 3\ 000\ \text{N} = 3\ \text{kN}$$

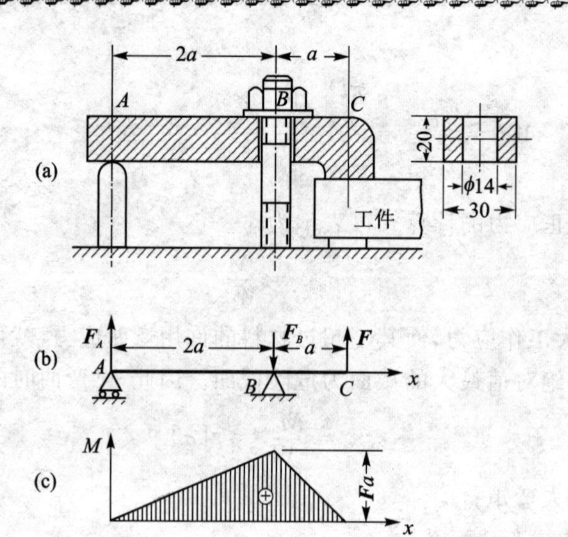

图 12-15

所以,根据压板的强度,最大压紧力为 3 kN。

例 12-4 一矩形截面木梁如图 12-16(a)所示,已知 $F=10$ kN,$a=1.2$ m,木材的许用应力$[\sigma]=10$ MPa。设梁横截面的高宽比为 $h/b=2$,试选梁的截面尺寸。

解 (1) 作弯矩图,求最大弯矩 梁的弯矩图如图 12-16(b)所示,由图知最大弯矩为

$$|M|_{\max}=Fa=10\ \text{kN}\times1.2\ \text{m}=12\ \text{kN}\cdot\text{m}$$

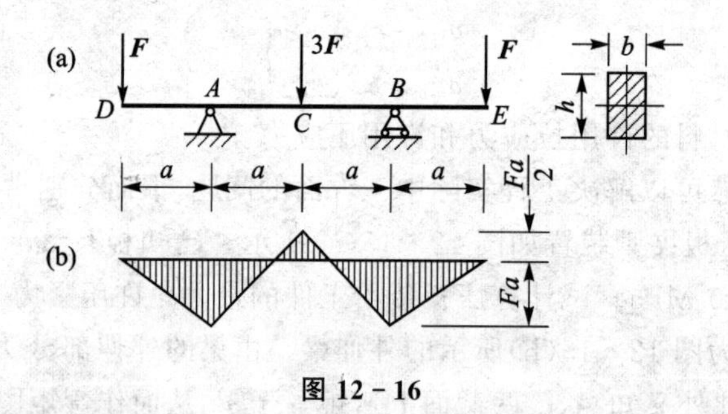

图 12-16

(2) 选择截面尺寸 由强度条件

$$\frac{M_{\max}}{W_z}\leqslant[\sigma]$$

得
$$W_z\geqslant\frac{M_{\max}}{[\sigma]}=\frac{12\times1\,000}{10\times10^6}\ \text{m}^3=1\,200\times10^{-6}\ \text{m}^3$$

截面的抗弯截面系数

$$W_z=\frac{bh^2}{6}=\frac{b(2b)^2}{6}=\frac{2b^3}{3}$$

故
$$\frac{2b^3}{3}\geqslant1\,200\times10^{-6}$$

由此得
$$b\geqslant\sqrt[3]{\frac{3}{2}\times1\,200\times10^{-6}}\ \text{m}=0.121\,6\ \text{m}=121.6\ \text{mm}$$

$$h = 2b = 243\ \text{mm}$$

最后选用$(125\times250)\ \text{mm}^2$的截面。

例12-5　一T型截面铸铁梁如图12-17(a)所示。已知$F_1=8\ \text{kN}$,$F_2=20\ \text{kN}$,$a=0.6\ \text{m}$;横截面的惯性矩$I_z=5.33\times10^6\ \text{mm}^4$;材料的抗拉强度$\sigma_b=240\ \text{MPa}$,抗压强度$\sigma_c=600\ \text{MPa}$。取安全系数$n=4$,试校核梁的强度。

解　(1) 作弯矩图　由静力平衡条件求得梁的支座约束力为

$$F_A = 22\ \text{kN},\quad F_B = 6\ \text{kN}$$

作出梁的弯矩图如图12-17(c)所示。由图知截面A或C可能为危险截面,且

$$M_A = -4.8\ \text{kN}\cdot\text{m},\quad M_C = 3.6\ \text{kN}\cdot\text{m}$$

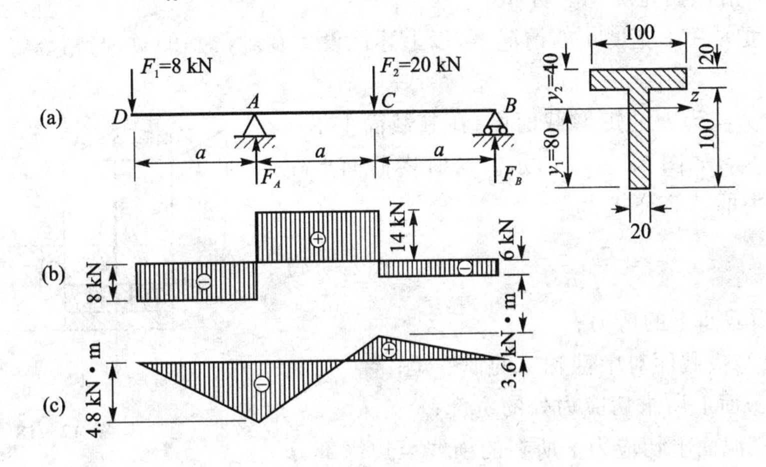

图12-17

(2) 确定许用应力　材料的许用拉应力和许用压应力分别为

$$[\sigma_t] = \frac{\sigma_b}{n} = \frac{240}{4}\ \text{MPa} = 60\ \text{MPa},\quad [\sigma_c] = \frac{\sigma_c}{n} = \frac{600}{4}\ \text{MPa} = 150\ \text{MPa}$$

(3) 校核强度　由弯矩图可以判断,截面A的下边缘及截面C的上边缘处受压,截面A的上边缘及截面C的下边缘受拉。分别比较二截面的最大压应力及最大拉应力。因$|M_A|>|M_C|$,$|y_1|>|y_2|$,故截面A下边缘处的压应力最大。计算截面A上边缘的拉应力时,虽$|M_A|>|M_C|$,但$|y_2|<|y_1|$;计算截面C下边缘的拉应力时,虽$|M_C|<|M_A|$,但$|y_1|>|y_2|$,故需经过计算后,才能判明此二处的拉应力谁大谁小。

由上述的分析知,需校核以下各处的正应力

截面A下边缘处

$$\sigma_c = \frac{M_A y_1}{I_z} = \frac{4.8\times10^3\times80\times10^{-3}}{5.33\times10^6\times10^{-12}}\ \text{Pa} = 72\times10^6\ \text{Pa} = 72\ \text{MPa} < [\sigma_c] = 150\ \text{MPa}$$

截面A上边缘处

$$\sigma_t = \frac{M_A y_2}{I_z} = \frac{4.8\times10^3\times40\times10^{-3}}{5.33\times10^6\times10^{-12}}\ \text{Pa} = 36\times10^6\ \text{Pa} = 36\ \text{MPa} < [\sigma_t] = 60\ \text{MPa}$$

截面C下边缘处

$$\sigma_t = \frac{M_C y_1}{I_z} = \frac{3.6\times10^3\times80\times10^{-3}}{5.33\times10^6\times10^{-12}}\ \text{Pa} = 54\times10^6\ \text{Pa} = 54\ \text{MPa} < [\sigma_t] = 60\ \text{MPa}$$

结果说明,各处皆满足强度条件。

12.4　梁弯曲时的切应力

横力弯曲的梁横截面上既有弯矩又有剪力，因此横截面上既有正应力又有切应力。切应力的分布规律随截面形状的不同而不同，在此只作简单介绍。

1. 矩形截面梁

关于横截面上切应力的分布规律，作以下两个假设：

(1) 横截面上各点的切应力的方向都平行于剪力 F_Q；

(2) 切应力沿截面宽度均匀分布。

在截面高度 h 大于宽度 b 的情况下，以上述假设为基础得到的解，与精确解相比有足够的准确度。

设一宽为 b、高为 h 的矩形截面梁，在其截面上沿 y 轴方向的剪力 F_Q，如图 12-18 所示。这时横截面上任意点处的切应力的计算公式为*

$$\tau=\frac{F_Q S_z^*}{I_z b} \tag{12-14}$$

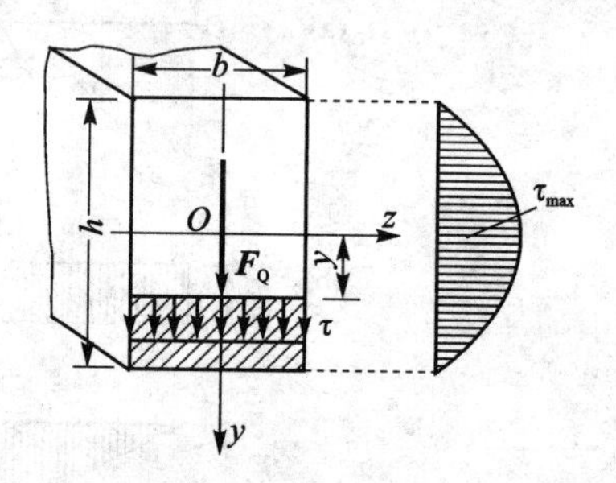

图 12-18

式中：F_Q——横截面上的剪力；

I_z——整个横截面对中性轴 z 的惯性矩；

b——横截面上所求切应力处的宽度；

S_z^*——横截面上切应力 τ 所在的横线至边缘部分的面积(图 12-18 中的阴影部分)对中性轴的静矩。

若求距中性轴 y 处横线上的切应力 τ，此时式(12-14)中的静矩为

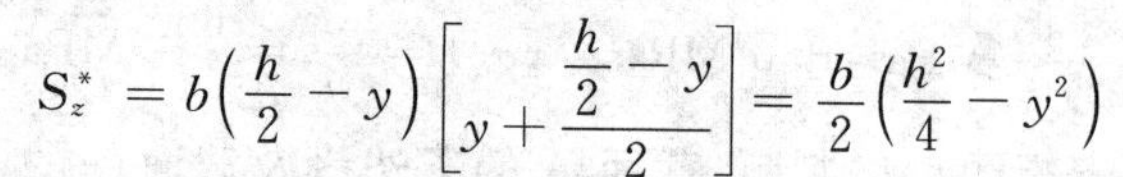

$$S_z^*=b\left(\frac{h}{2}-y\right)\left[y+\frac{\frac{h}{2}-y}{2}\right]=\frac{b}{2}\left(\frac{h^2}{4}-y^2\right)$$

整个截面对中性轴 z 的惯性矩为

$$I_z=\frac{bh^3}{12}$$

将其代入式(12-14)，可得

$$\tau=\frac{6F_Q}{bh^3}\left(\frac{h^2}{4}-y^2\right) \tag{12-15}$$

由此式可见，矩形截面梁的切应力 τ 沿截面高度方向按二次抛物线规律变化(见图 12-18)。当 $y=\pm\frac{h}{2}$时，即在横截面的上、下边缘处，$\tau=0$；当 $y=0$ 时，即在中性轴上，切应力最大，其值为

$$\tau_{max}=\frac{3}{2}\times\frac{F_Q}{bh}=\frac{3}{2}\frac{F_Q}{A} \tag{12-16}$$

式中 $A=bh$ 为矩形截面的面积。此式说明，矩形截面梁横截面上的最大切应力值为平均切应

---

* 参看刘鸿文主编《材料力学》(第四版)，高等教育出版社，2003 年 3 月。

力 F_Q/A 的1.5倍。

2. 工字形截面梁

工字形截面梁由腹板和翼缘组成。其横截面如图12-19(a)所示,中间狭长部分为腹板,上、下扁平部分为翼缘。梁横截面上的切应力主要分布于腹板上,翼缘部分的切应力情况比较复杂,数值很小,可以不予考虑。腹板截面是一个狭长矩形,关于矩形截面上切应力分布的两个假设仍然适用。用相同的方法,必然导出相同的应力计算公式,即

$$\tau = \frac{F_Q S_z^*}{I_z b_0}$$

若需要计算腹板上距中性轴为 y 处的切应力,则 S_z^* 为图12-19(a)中画阴影线部分的面积对中性轴的静矩,即

$$S_z^* = b\left(\frac{h}{2}-\frac{h_0}{2}\right)\left[\frac{h_0}{2}+\frac{1}{2}\left(\frac{h}{2}-\frac{h_0}{2}\right)\right]+b_0\left(\frac{h_0}{2}-y\right)\left[y+\frac{1}{2}\left(\frac{h_0}{2}-y\right)\right]=$$

$$\frac{b}{8}(h^2-h_0^2)+\frac{b_0}{2}\left(\frac{h_0^2}{4}-y^2\right)$$

于是

$$\tau = \frac{F_Q}{I_z b_0}\left[\frac{b}{8}(h^2-h_0^2)+\frac{b_0}{2}\left(\frac{h_0^2}{4}-y^2\right)\right] \qquad (12-17)$$

可见,沿腹板高度,切应力也是按抛物线规律分布的(见图12-19(b))。以 $y=0$ 和 $y=\pm\frac{h_0}{2}$ 分别代入公式(12-17),求出腹板上的最大和最小切应力分别是

$$\tau_{max} = \frac{F_Q}{I_z b_0}\left[\frac{bh^2}{8}-(b-b_0)\frac{h_0^2}{8}\right]$$

$$\tau_{min} = \frac{F_Q}{I_z b_0}\left(\frac{bh^2}{8}-\frac{bh_0^2}{8}\right)$$

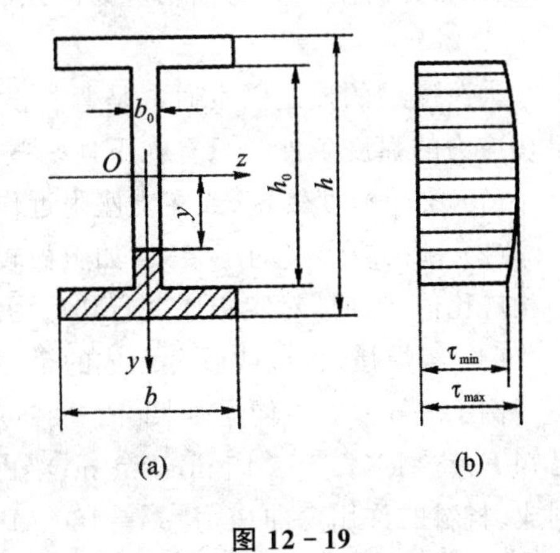

图12-19

从以上两式看出,因为腹板的宽度 b_0 远小于翼缘的宽度 b,τ_{max} 与 τ_{min} 实际上相差不大,所以,可以认为在腹板上切应力大致是均匀分布的。这样,就可以用腹板的截面面积除剪力 F_Q,近似地得出腹板内的切应力为

$$\tau = \frac{F_Q}{b_0 h_0} \qquad (12-18)$$

3. 圆形、圆环形截面梁

圆形、圆环形截面上切应力的分布比较复杂,经分析最大切应力 τ_{max} 也在中性层,且方向与剪力 F_Q 平行,如图12-20、图12-21所示。

圆形截面梁横截面上的最大切应力为平均切应力的 $1\frac{1}{3}$ 倍,即

$$\tau_{max} = \frac{4}{3}\frac{F_Q}{A} \qquad (12-19)$$

圆环形截面梁横截面上的最大切应力为平均应力的两倍,即

$$\tau_{\max}=2\frac{F_{Q}}{A} \tag{12-20}$$

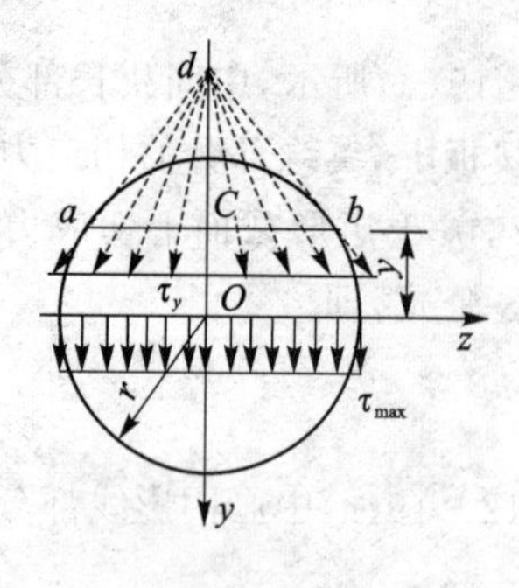

图 12-20

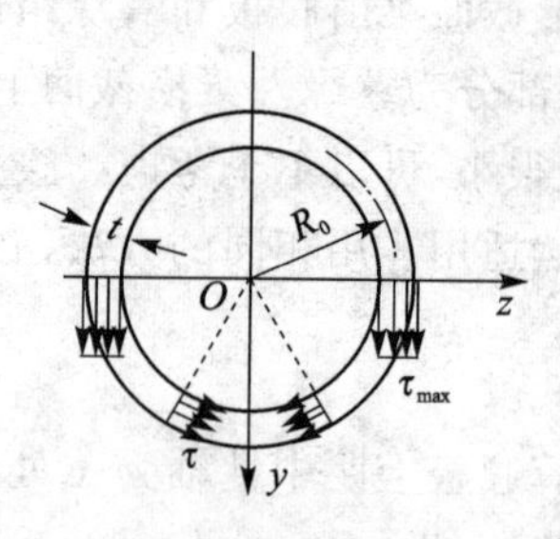

图 12-21

现在讨论弯曲切应力的强度校核。一般说,在剪力为最大值的截面的中性轴上,出现最大切应力,且

$$\tau_{\max}=\frac{F_{Q,\max}S_{z,\max}^{*}}{I_{z}b} \tag{12-21}$$

式中,$S_{z,\max}^{*}$是中性轴以下(或以上)部分截面对中性轴的静矩。中性轴上各点的正应力等于零,所以都是纯剪切。弯曲切应力的强度条件是

$$\tau_{\max}\leqslant[\tau] \tag{12-22}$$

大跨度梁的控制因素通常是弯曲正应力。满足弯曲正应力强度条件的梁,一般说都能满足切应力的强度条件。只有在下述一些情况下,要进行梁的弯曲切应力强度校核:

(1) 梁的跨度较短,或在支座附近作用较大的载荷,以致梁的弯矩较小,而剪力颇大;

(2) 铆接或焊接的工字梁,如腹板较薄而截面高度颇大,以致宽度与高度的比值小于型钢的相应比值,这时,对腹板应进行切应力校核;

(3) 经焊接、铆接或胶合而成的梁,对焊缝、铆钉或胶合面等,一般要进行切应力校核。

例 12-6 一外伸梁如图 12-22(a)所示,已知 $F=50$ kN,$a=0.15$ m,$l=1$ m;梁由工字钢制成,材料的许用弯曲应力$[\sigma]=160$ MPa,许用切应力$[\tau]=100$ MPa,试选择工字钢的型号。

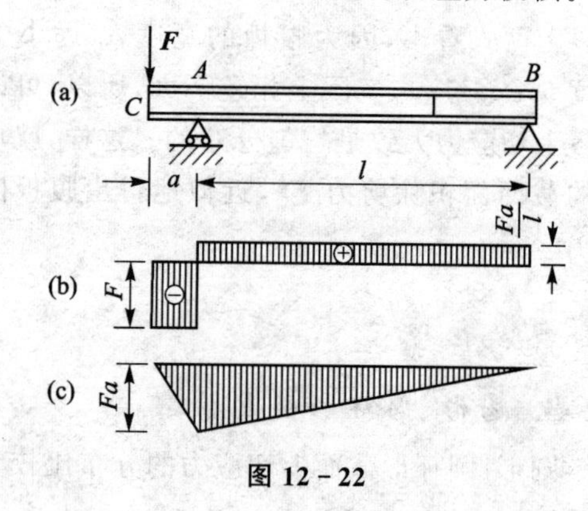

图 12-22

解 此梁的载荷比较靠近支座,故其弯矩较小,剪力则相对较大,且工字钢的腹板比较狭窄,因此,除考虑正应力强度外,还需校核梁的切应力强度。

(1) 作剪力图和弯矩图 梁的剪力图和弯矩图如图 12-22(b)、(c)所示,得

$$|F_{Q}|_{\max}=F=50\ \text{kN}$$

$$|M|_{\max}=Fa=50\ \text{kN}\times 0.15\ \text{m}=7.5\ \text{kN}\cdot\text{m}$$

(2) 选择截面 由正应力强度条件

$$W_{z}\geqslant\frac{M_{\max}}{[\sigma]}=\frac{7.5\times 1\,000}{160\times 10^{6}}\ \text{m}^{3}=46.8\times 10^{-6}\ \text{m}^{3}$$

查型钢规格表,选用 10 号工字钢,其 $W_z=49\times10^{-6}\ \text{m}^3$。

(3) 校核切应力强度 由式(12-14)得

$$\tau_{\max}=\frac{F_{Q\max}S_{z,\max}^*}{I_z d}$$

自型钢表查得

$$\frac{I_z}{S_z^*}=85.9\ \text{mm} \qquad d=4.5\ \text{mm}$$

故

$$\tau_{\max}=\frac{50\times1\,000}{0.085\,9\times0.004\,5}\ \text{Pa}=130\times10^6\ \text{Pa}=130\ \text{MPa}>100\ \text{MPa}=[\tau]$$

不满足切应力强度条件,须重新选择截面。

(4) 重新选择截面 在原计算基础上适当加大截面,改选 12.6 号工字钢,再校核其切应力强度。自型钢表查得

$$\frac{I_z}{S_z^*}=108\ \text{mm},\quad d=5\ \text{mm}$$

则

$$\tau_{\max}=\frac{F_{Q\max}S_z^*}{I_z d}=\frac{50\times1\,000}{0.108\times0.005}\ \text{Pa}=92.7\times10^6\ \text{Pa}=$$
$$92.7\ \text{MPa}<100\ \text{MPa}=[\tau]$$

满足切应力强度条件,最后选用 12.6 号工字钢。

12.5 提高弯曲强度的措施

前面曾经指出,弯曲正应力是控制梁强度的主要因素。所以弯曲正应力的强度条件

$$\sigma_{\max}=\frac{M_{\max}}{W}\leqslant[\sigma] \tag{a}$$

往往是设计梁的主要依据。从这个条件看出,要提高梁的承载能力应从两方面考虑:一方面是合理安排梁的受力情况,以降低 $M_{\max}$ 的数值;另一方面则是采用合理的截面形状,以提高 W 的数值,充分利用材料的性能。下面可分成几点进行讨论。

1. 合理安排梁的受力情况

改善梁的受力情况,尽量降低梁内的最大弯矩,相对地说,也就是提高了梁的强度。为此,首先应合理布置梁的支座。以图 12-23(a)所示均布载荷作用下的简支梁为例

$$M_{\max}=\frac{ql^2}{8}=0.125ql^2$$

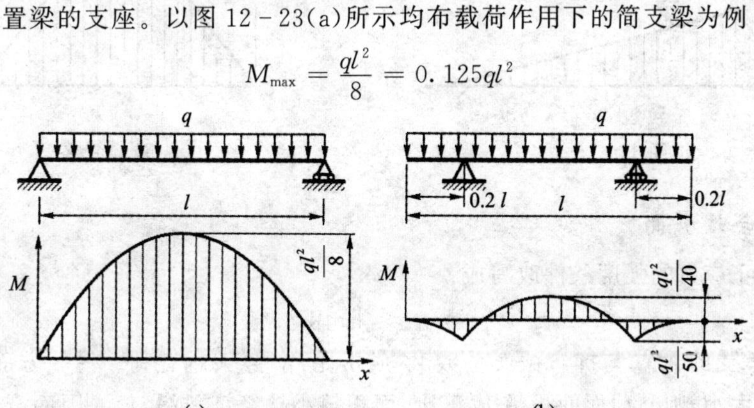

图 12-23

若将两端支座各向里移动 $0.2l$(见图 12-23(b)),则最大弯矩减小为

$$M_{\max}=\frac{ql^2}{40}=0.025\,ql^2$$

只为前者的$\frac{1}{5}$。也就是说按图 12-23(b)布置支座,载荷即可提高 4 倍。图 12-24(a)所示门式起重机的大梁,图 12-24(b)所示柱形容器等,其支撑点略向中间移动,都可以取得降低$M_{\max}$的效果。

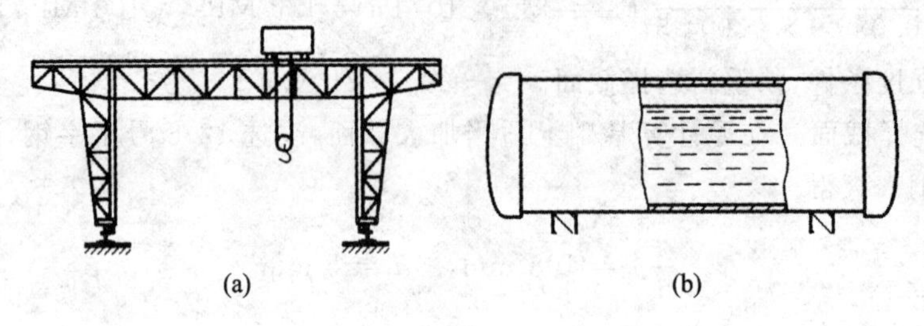

图 12-24

其次,合理布置载荷,也可收到降低最大弯矩的效果。例如将轴上的齿轮安置得紧靠轴承,就会使齿轮传到轴上的力 $\boldsymbol{F}$ 紧靠支座。像图 12-25 所示情况,轴的最大弯矩仅为:$M_{\max}=\frac{5}{36}Fl$;但如把集中力 $\boldsymbol{F}$ 作用于轴的中点,则 $M_{\max}=\frac{1}{4}Fl$。相比之下,前者的最大弯矩就减少很多。此外,在情况允许的条件下,应尽可能把较大的集中力分散成较小的力,或者改变成分布载荷。例如把作用于跨度中点的集中力 $\boldsymbol{F}$ 分散成图 12-26 所示的两个集中力,则最大弯矩将由 $M_{\max}=\frac{Fl}{4}$降低为 $M_{\max}=\frac{Fl}{8}$。

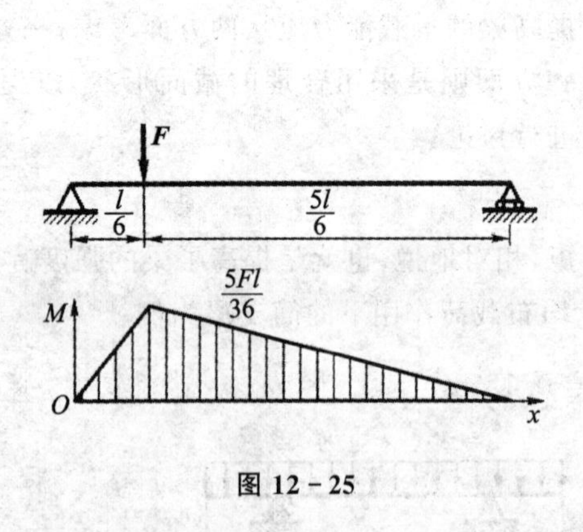

图 12-25

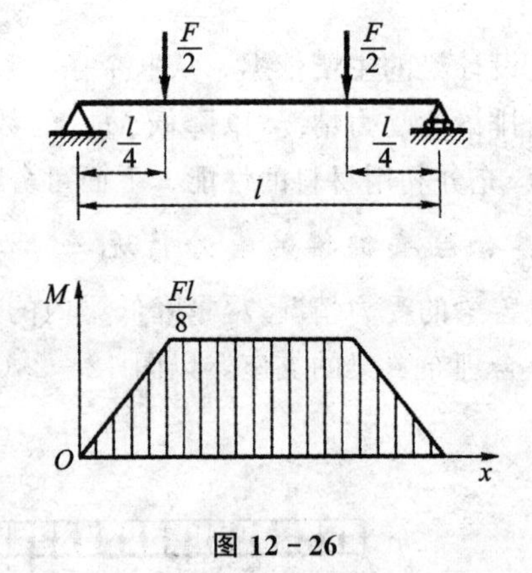

图 12-26

2. 梁的合理截面

若把弯曲正应力的强度条件改写成

$$M_{\max}\leqslant[\sigma]W \tag{b}$$

可见,梁可能承受的 $M_{\max}$与抗弯截面系数 W 成正比,W 越大越有利。另一方面,使用材料的多少和自重的大小,则与截面面积 A 成正比,面积越小越经济,越轻巧。因而合理的截面形状应该是截面面积 A 较小,而抗弯截面系数 W 较大。例如使截面高度 h 大于宽度 b 的矩形截面

梁,抵抗铅垂平面内的弯曲变形时,如把截面竖放(见图 12-27(a)),则 $W_{z1}=\frac{bh^2}{6}$;如把截面平放(见图 12-27(b)),则 $W_{z2}=\frac{b^2h}{6}$。两者之比是

$$\frac{W_{z1}}{W_{z2}}=\frac{h}{b}>1$$

所以竖放比平放有较高的抗弯强度,更为合理。因此,房屋和桥梁等建筑物中的矩形截面梁,一般都是竖放的。

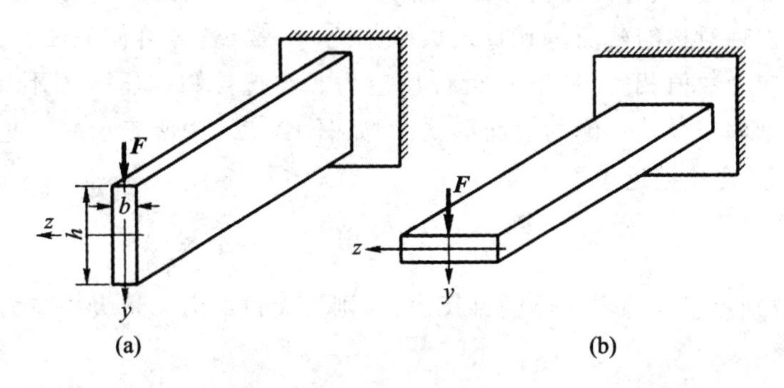

图 12-27

截面的形状不同,其抗弯截面系数 W_z 也就不同。可以用比值$\frac{W_z}{A}$来衡量截面形状的合理性和经济性。比值$\frac{W_z}{A}$较大,则截面的形状就较为经济合理。可以算出矩形截面的比值$\frac{W_z}{A}$为

$$\frac{W_z}{A}=\frac{1}{6}bh^2/bh=0.167h$$

圆形截面的比值$\frac{W_z}{A}$为

$$\frac{W_z}{A}=\frac{\pi d^3}{32}\bigg/\frac{\pi d^2}{4}=0.125d$$

几种常用截面的比值$\frac{W_z}{A}$已列入表 12-2 中。从表中所列数值看出,工字钢或槽钢比矩形截面经济合理,矩形截面比圆形截面经济合理。所以,桥式起重机的大梁以及其他钢结构中的抗弯杆件,经常采用工字形截面、槽形截面或箱形截面等。从正应力的分布规律来看,这也是可以理解的。因为弯曲时梁截面上的点离中性轴越远,正应力越大。为了充分利用材料,应尽可能地把材料置放到离中性轴较远处。圆截面在中性轴附近聚集了较多的材料,使其未能充分发挥作用。为了将材料移置到离中性轴较远处,可将实心圆截面改成空心圆截面。至于矩形截面,如把中性轴附近的材料移置到上、下边缘处(见图 12-28),这就成了工字形截面。采用槽形或箱形截面也是按同样的想法。

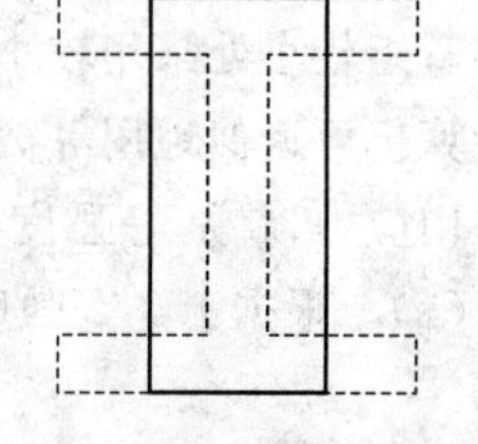

图 12-28

以上是从静载抗弯强度的角度讨论问题。事物是复杂的,不能只从单方面考虑。例如,把一根细长的圆杆加工成空心杆,势必因加工复杂而提高成本。又如轴类零件,虽然也承受弯

曲,但它还承受扭转,还要完成传动任务,对它还有结构和工艺上的要求。考虑到这些方面采用圆轴就比较切合实际了。

表 12-2 几种截面的 W_z 和 A 的比值

截面形状	矩 形	圆 形	槽 钢	工字钢
$\frac{W_z}{A}$	$0.167h$	$0.125d$	$(0.27\sim0.31)h$	$(0.27\sim0.31)h$

在讨论截面的合理形状时,还应考虑到材料的特性。对抗拉和抗压强度相等的材料(如碳钢),宜采用对中性轴对称的截面,如圆形、矩形、工字形等。这样可使截面上、下边缘处的最大拉应力和最大压应力数值相等,同时接近许用应力。对抗拉和抗压强度不相等的材料(如铸铁),宜采用中性轴偏于受拉一侧的截面形状,例如图 12-29 中所表示的一些截面。对这类截面,如能使 y_1 和 y_2 之比接近于下列关系

$$\frac{\sigma_{t,\max}}{\sigma_{c,\max}}=\frac{M_{\max}y_1}{I_z}\Big/\frac{M_{\max}y_2}{I_z}=\frac{y_1}{y_2}=\frac{[\sigma_t]}{[\sigma_c]}$$

式中$[\sigma_t]$和$[\sigma_c]$分别表示拉伸和压缩的许用应力,则最大拉应力和最大压应力便可同时接近许用应力。

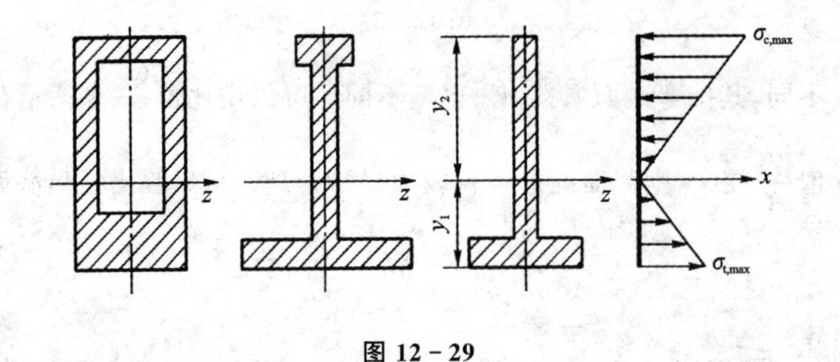

图 12-29

3. 等强度梁的概念

前面讨论的梁都是等截面的,W=常数,但梁在各截面上的弯矩却随截面的位置而变化。由式(a)可知,对于等截面的梁来说,只有在弯矩为最大值 $M_{\max}$的截面上,最大应力才有可能接近许用应力。其余各截面上弯矩较小,应力也就较低,材料没有充分利用。为了节约材料,减轻自重,可改变截面尺寸,使抗弯截面系数随弯矩而变化。在弯矩较大处采用较大截面,而在弯矩较小处采用较小截面。这种截面沿轴线变化的梁,称为变截面梁。变截面梁的正应力计算仍可近似地用等截面梁的公式。如变截面梁各横截面上的最大正应力都相等,且都等于许用应力,就是等强度梁。设梁在任一截面上的弯矩为 $M(x)$,而截面的抗弯截面系数为 $W(x)$。根据上述等强度梁的要求,应有

$$\sigma_{\max}=\frac{M(x)}{W(x)}=[\sigma]$$

或者写成

$$W(x)=\frac{M(x)}{[\sigma]} \tag{12-23}$$

这是等强度梁的 $W(x)$沿梁轴线变化的规律。

若图 12－30(a)所示在集中力 $\boldsymbol{F}$ 作用下的简支梁为等强度梁，截面为矩形，且设截面高度 $h=$ 常数，而宽度 b 为 x 的函数，即 $b=b(x)\left(0\leqslant x\leqslant\dfrac{l}{2}\right)$，则由公式(12－23)，得

$$W(x)=\frac{b(x)h^2}{6}=\frac{M(x)}{[\sigma]}=\frac{\frac{F}{2}x}{[\sigma]}$$

于是

$$b(x)=\frac{3F}{[\sigma]h^2}x \tag{c}$$

截面宽度 $b(x)$ 是 x 的一次函数(见图 12－30(b))。因为载荷对称于跨度中点，因而截面形状也对跨度中点对称。按照式(c)所表示的关系，在梁的左端，$x=0$ 处，$b(x)=0$，即截面宽度等于零。因对称性，梁右端截面的宽度也为零。这显然不能满足剪切强度要求。因而要按切应力强度条件改变支座附近截面的宽度。设所需要的最小截面宽度为 $b_{\min}$(见图 12－30(c))，根据切应力强度条件

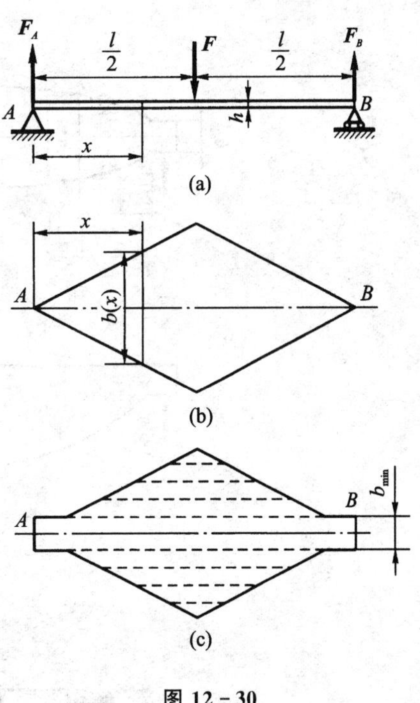

图 12－30

$$\tau_{\max}=\frac{3}{2}\frac{F_{Q,\max}}{A}=\frac{3}{2}\times\frac{\frac{F}{2}}{b_{\min}h}=[\tau]$$

由此求得

$$b_{\min}=\frac{3F}{4h[\tau]} \tag{d}$$

若设想把这一等强度梁分成若干狭条，然后叠置起来，并使其略微拱起，这就成为汽车以及其他车辆上经常使用的叠板弹簧，如图 12－31 所示。

若上述矩形截面等强度梁的截面宽度 b 为常数，而高度 h 为 x 的函数，即 $h=h(x)$，用完全相同的方法可以求得

$$h(x)=\sqrt{\frac{3Fx}{b[\sigma]}} \tag{e}$$

$$h_{\min}=\frac{3F}{4b[\tau]} \tag{f}$$

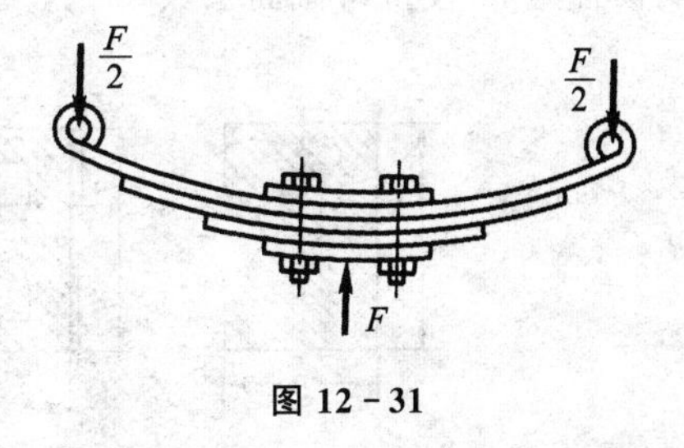

图 12－31

按式(e)和(f)所确定的梁的形状如图 12－32(a)所示。如把梁做成图 12－32(b)所示的形状，就成为在厂房建筑中广泛使用的“鱼腹梁”了。

使用公式(12－23)，也可求得圆截面等强度梁的截面直径沿轴线的变化规律。但考虑到加工的方便及结构上的要求，常用阶梯形状的变截面梁(阶梯轴)来代替理论上的等强度梁，如图 12－33 所示。

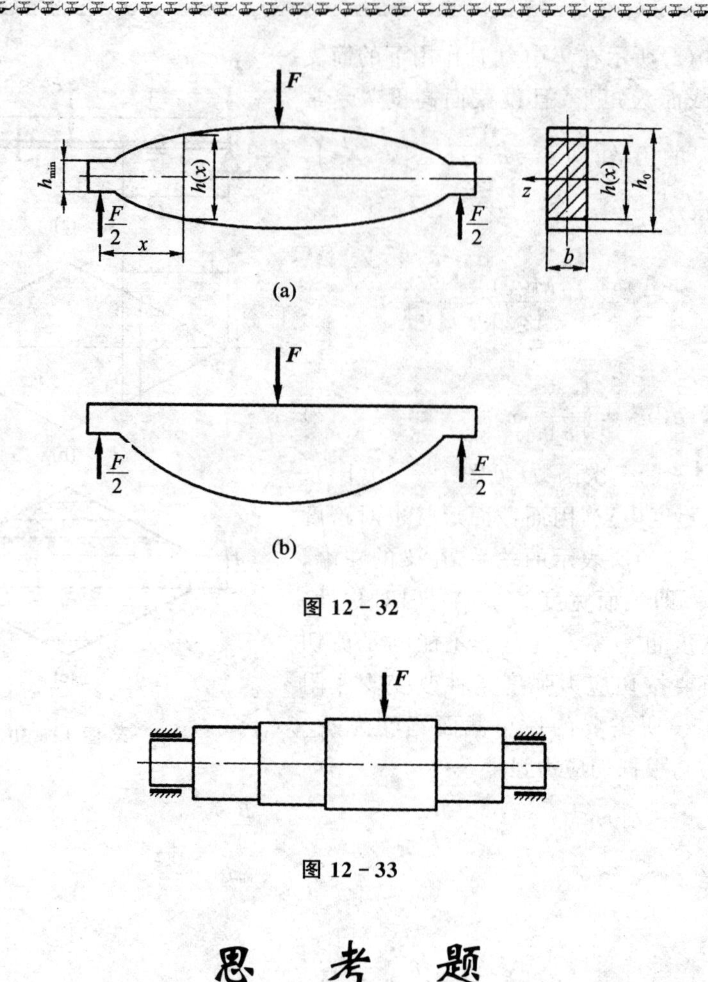

图 12-32

图 12-33

思 考 题

12-1 惯性矩及抗弯截面系数各表示什么特性？试计算图 12-34 所示各截面对中性轴 z 的惯性矩 I_z 及抗弯截面系数 W_z。

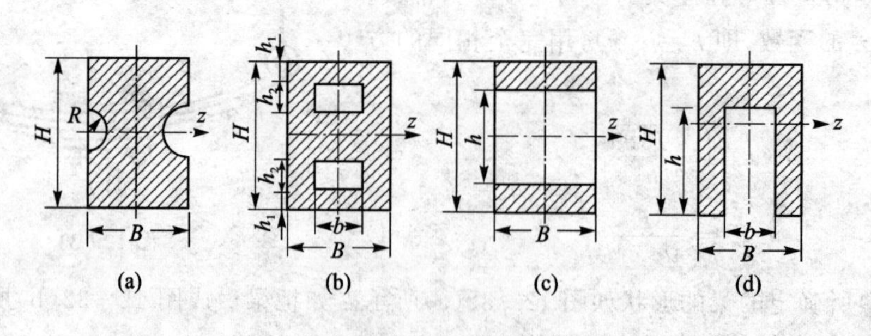

图 12-34

12-2 当梁具有图 12-35 所示几种形状的横截面，若在平面弯曲下，受正弯矩作用，试分别画出各横截面上的正应力沿其高度的变化图。

12-3 试画出图 12-36 所示二梁各截面上弯矩的转向，指明哪部分截面受拉，哪部分截面受压，并画出其正应力分布图。

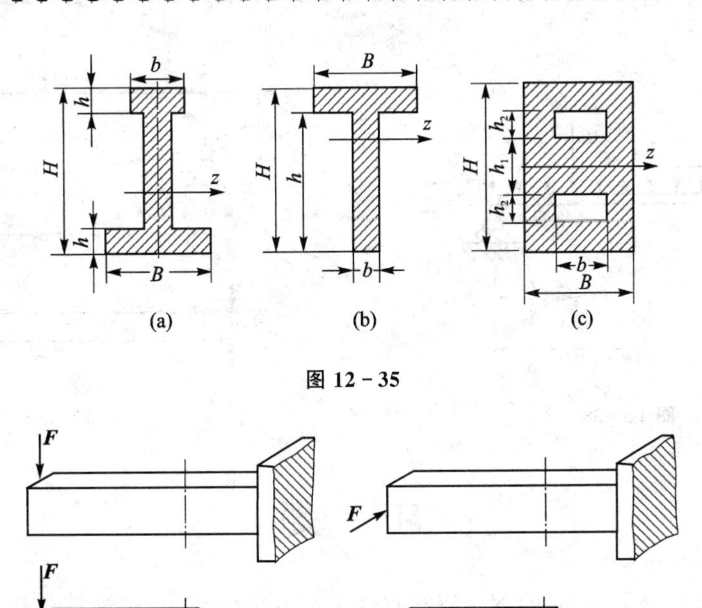

图 12－35

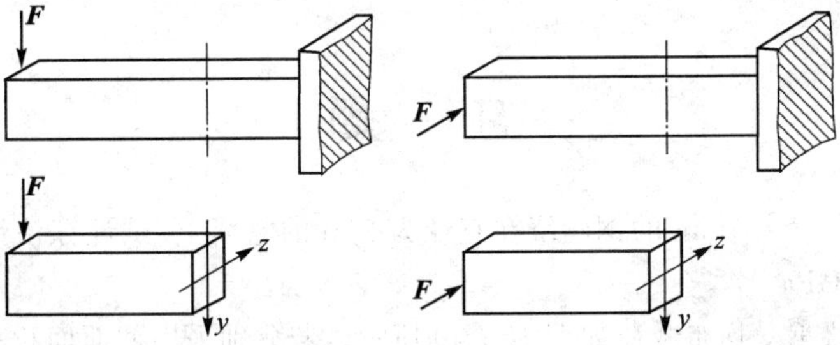

图 12－36

12－4　在下列几种情况下，一 T 字形截面的灰铸铁梁，是正置还是倒置好？并指出危险点的可能位置。

(1) 全梁的弯矩 $M>0$；

(2) 全梁的弯矩 $M<0$；

(3) 全梁有 $M_1>0$ 和 $M_2<0$，且 $|M_2|>M_1$。

12－5　图 12－37 所示矩形截面梁，试写出 A、B、C、D 各点正应力和切应力的计算式。试问哪些点有最大正应力？哪些点有最大切应力？

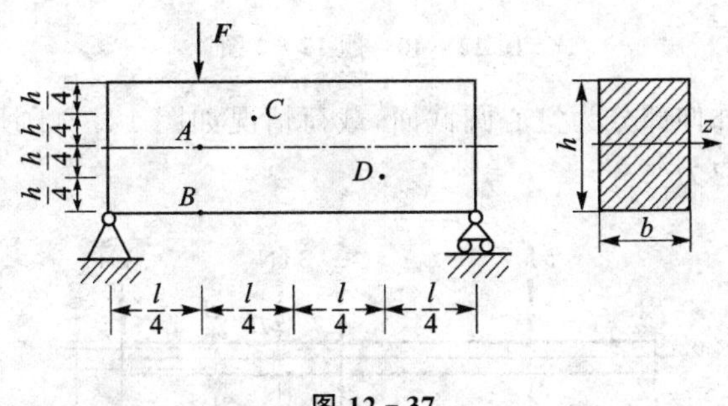

图 12－37

12－6　图 12－38 所示工字形截面梁，应分别在哪些截面上作正应力和切应力强度校核？为什么？

12－7　简支梁在中点 C 处受横向集中力 $\boldsymbol{F}$ 作用，梁的截面为矩形，截面宽度 b 沿梁长不变，截面高度 h 沿梁长线性变化，如图 12－39 所示，试确定梁的危险截面位置。

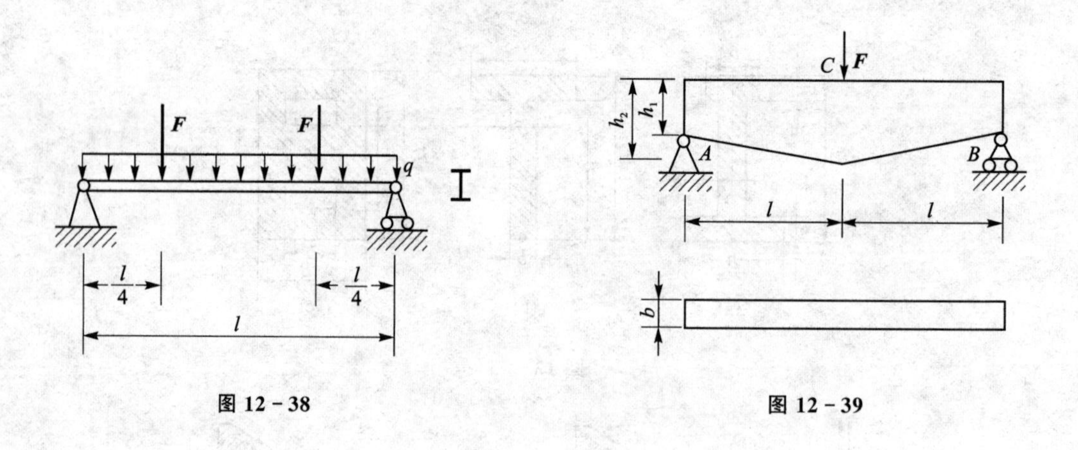

图 12－38　　　　图 12－39

习　题

12－1　把直径 $d=1$ mm 的钢丝绕在直径为 2 m 的卷筒上，试计算该钢丝中产生的最大应力。设 $E=200$ GPa。

12－2　简支梁承受均布载荷如图 12－40 所示。若分别采用截面面积相等的实心和空心圆截面，且 $D_1=40$ mm，$\frac{d_2}{D_2}=\frac{3}{5}$，试分别计算它们的最大正应力。并问空心截面比实心截面的最大正应力减小了百分之几？

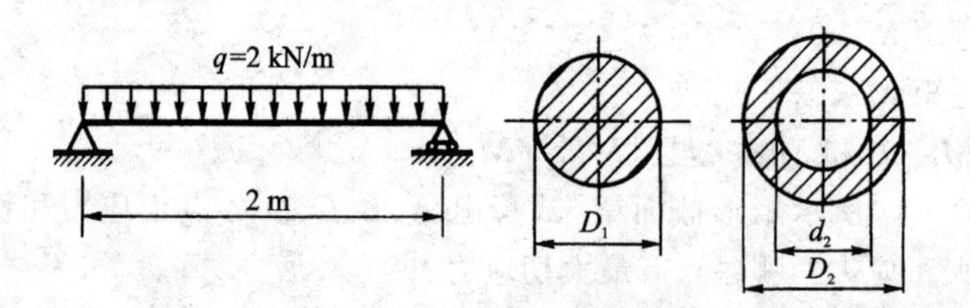

图 12－40　题 12－2 图

12－3　某圆轴的外伸部分为空心圆截面，载荷情况如图 12－41 所示。试作该轴的弯矩图，并求轴内的最大正应力。

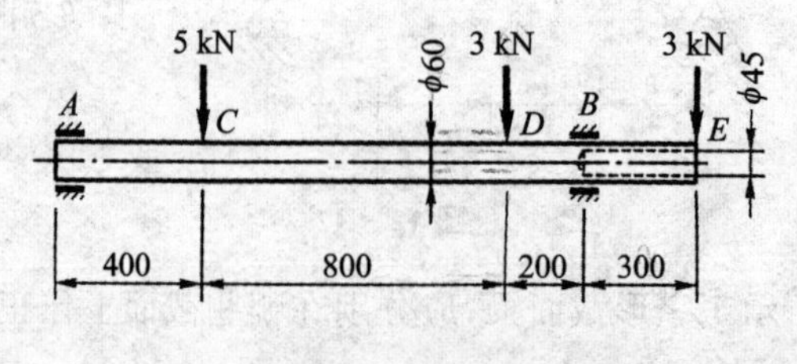

图 12－41　题 12－3 图

12－4　矩形截面悬臂梁如图 12－42 所示，已知 $l=4$ m，$\frac{b}{h}=\frac{2}{3}$，$q=10$ kN/m，$[\sigma]=10$ MPa。试确定此梁横截面的尺寸。

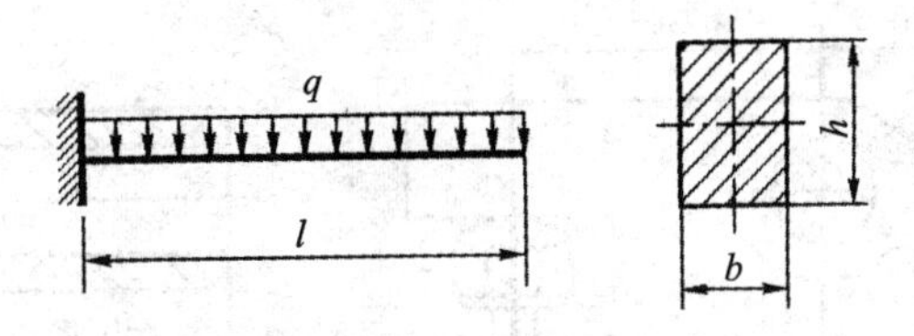

图 12-42　题 12-4 图

12-5　20a 工字钢梁的支承和受力情况如图 12-43 所示。若[σ]=160 MPa,试求许可载荷 F。

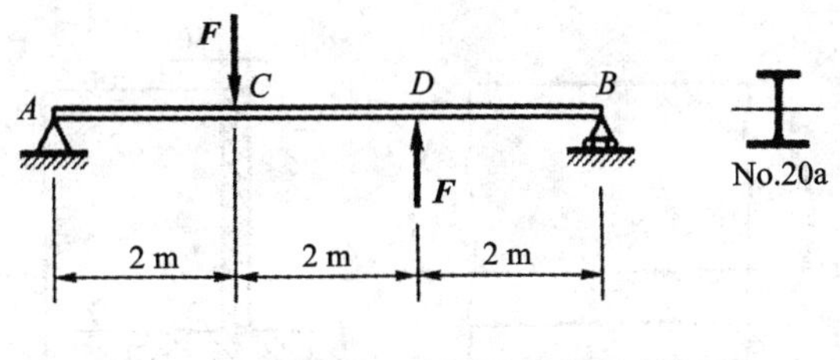

图 12-43　题 12-5 图

12-6　桥式起重机大梁(见图 12-44)AB 的跨度 l=16 m,原设计最大起重量为100 kN。在大梁上距 B 端为 x 的 C 点悬挂一根钢索,绕过装在重物上的滑轮,将另一端再挂在吊车的吊钩上,使吊车驶到 C 的对称位置 D。这样就可吊运 150 kN 的重物。试问 x 的最大值等于多少?设只考虑大梁的正应力强度。

12-7　图 12-45 所示轧辊轴直径 D=280 mm,跨长 L=1 000 mm,l=450 mm,b=100 mm。轧辊材料的弯曲许用应力[σ]=100 MPa。求轧辊允许承受的最大轧制力。

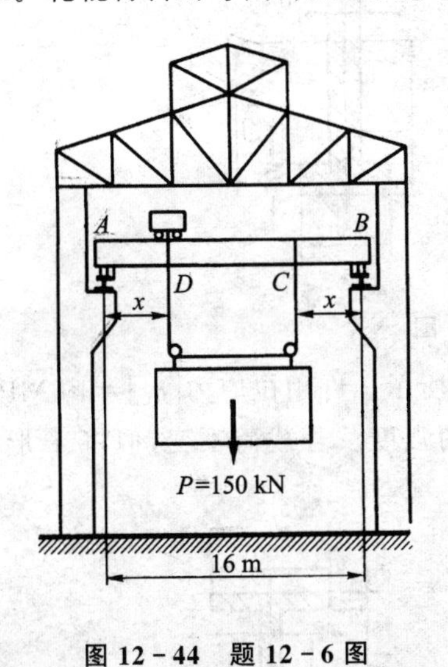

图 12-44　题 12-6 图

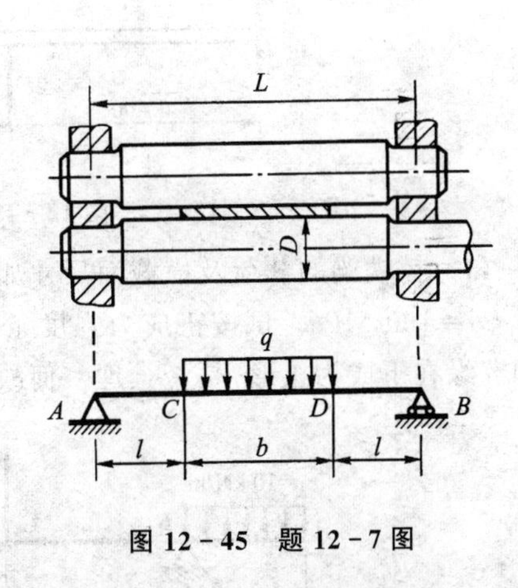

图 12-45　题 12-7 图

12-8　压板的尺寸和载荷情况如图 12-46 所示。材料为 45 钢,σ_s=380 MPa,取安全因数 n=1.5。试校核压板的强度。

12-9　一承受纯弯曲的铸铁梁,其截面形状如图 12-47 所示,材料的拉伸和压缩许用应力之比[σ_t]/[σ_c]=1/4。求水平翼板的合理宽度 b。

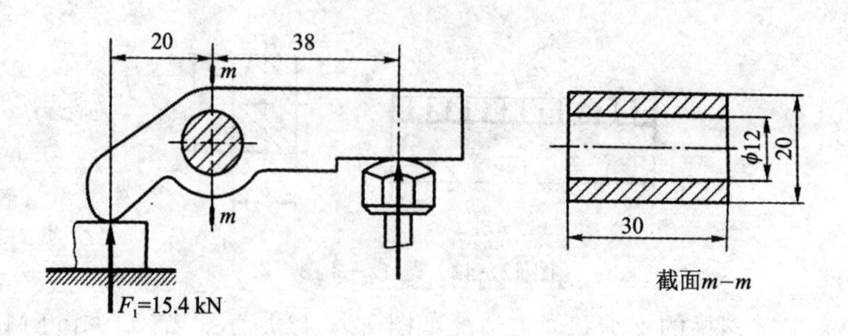

图 12-46　题 12-8 图

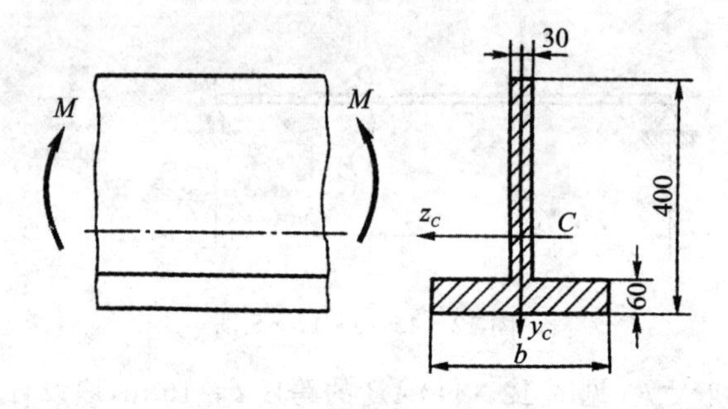

图 12-47　题 12-9 图

12-10　⊥形截面铸铁悬臂梁,尺寸及载荷如图 12-48 所示。若材料的拉伸许用应力$[\sigma_t]=40$ MPa,压缩许用应力$[\sigma_c]=160$ MPa,截面对形心轴 z_C 的惯性矩 $I_{z_C}=10\ 180$ cm^4,$h_1=9.64$ cm,试计算该梁的许可载荷 F。

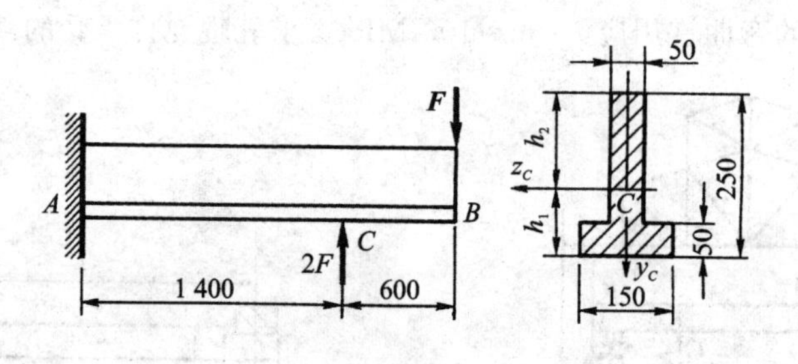

图 12-48　题 12-10 图

12-11　铸铁梁的载荷及横截面尺寸如图 12-49 所示。许用拉应力$[\sigma_t]=40$ MPa,许用压应力$[\sigma_c]=160$ MPa。试按正应力强度条件校核梁的强度。若载荷不变,但将 T 形横截面倒置,即翼缘在下成为⊥形,是否合理?何故?

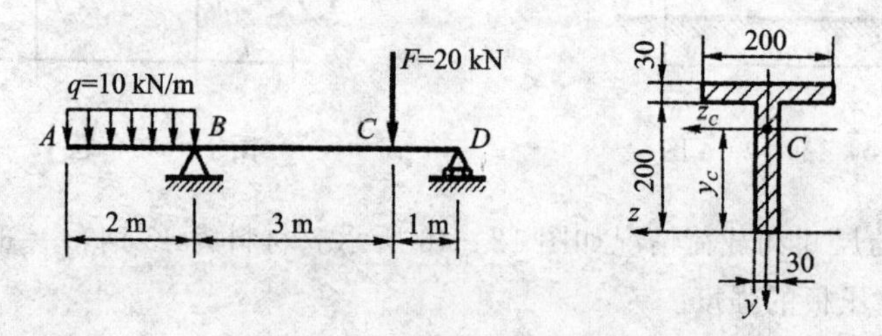

图 12-49　题 12-11 图

12-12　试计算图 12-50 所示矩形截面简支梁的 1-1 截面上 a 点和 b 点的正应力和切应力。

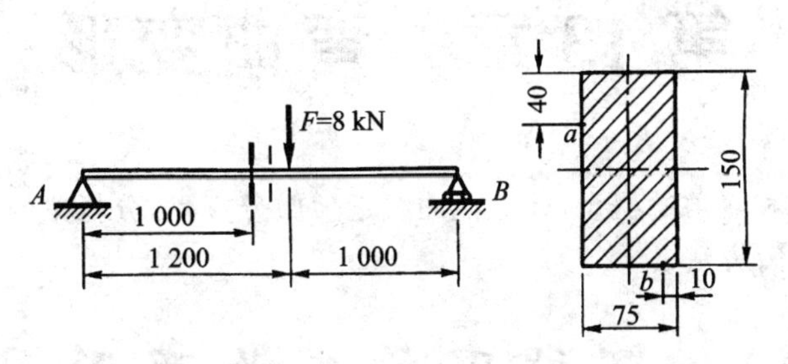

图 12-50　题 12-12 图

12-13　试计算在均布载荷作用下，圆截面简支梁内的最大正应力和最大切应力（见图 12-51），并指出它们发生于何处。

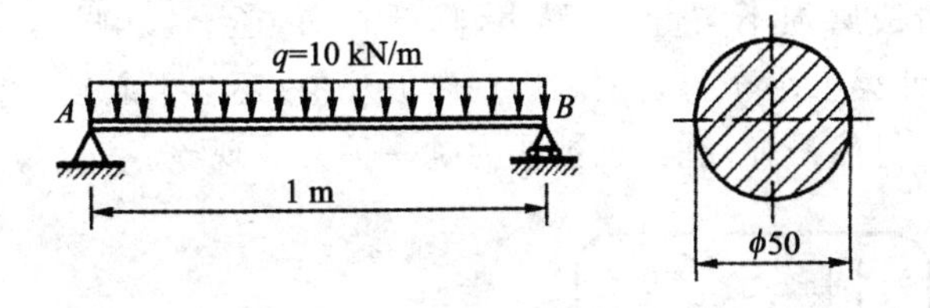

图 12-51　题 12-13 图

12-14　试计算图 12-52 所示工字形截面梁内的最大正应力和最大切应力。

12-15　图 12-53 所示简支梁 AB，若载荷 $\boldsymbol{F}$ 直接作用于梁的中点，梁的最大正应力超过了许可值的 30%。为避免这种过载现象，配置了副梁 CD，试求此副梁所需的长度 a。

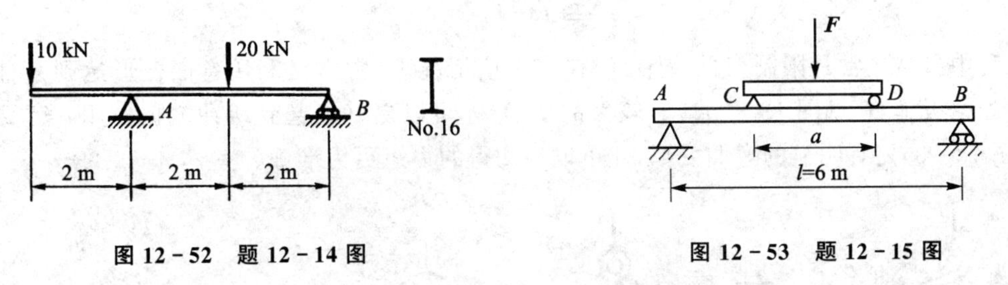

图 12-52　题 12-14 图　　**图 12-53　题 12-15 图**

第13章 弯曲变形

本章将介绍挠度和转角的概念，建立挠曲线近似微分方程，分析梁的变形及刚度。最后介绍简单静不定梁的求解方法。

13.1 工程中的弯曲变形问题

前面一章讨论了梁的强度计算。工程中对某些受弯杆件除强度要求外，往往还有刚度要求，即要求它的变形不能过大。以车床主轴为例，若其变形过大(见图 13-1)，将影响齿轮的啮合和轴承的配合，造成磨损不匀，产生噪声，降低寿命，还会影响加工精度。再以吊车梁为例，当变形过大时，将使梁上小车行走困难出现爬坡现象，还会引起较严重的振动。所以，若变形超过允许数值，即使仍然是弹性的，也被认为是一种失效现象。

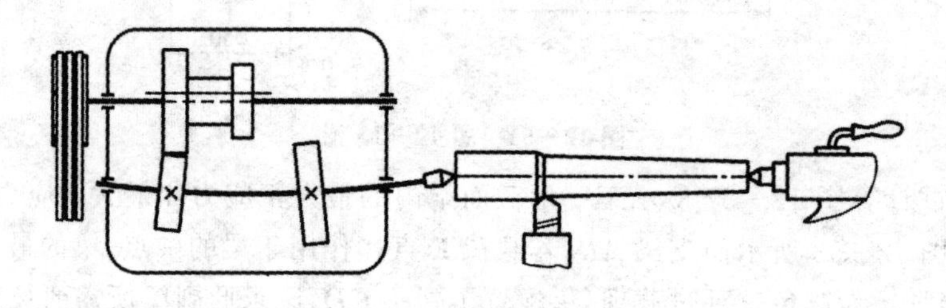

图 13-1

工程中虽然经常是限制弯曲变形，但在另一些情况下，常常又利用弯曲变形达到某种要求。例如叠板弹簧(见图 13-2)应有较大的变形，才可以更好地起到缓冲减振作用。弹簧扳手(见图 13-3)要有明显的弯曲变形，才可以使测得的力矩更为准确。

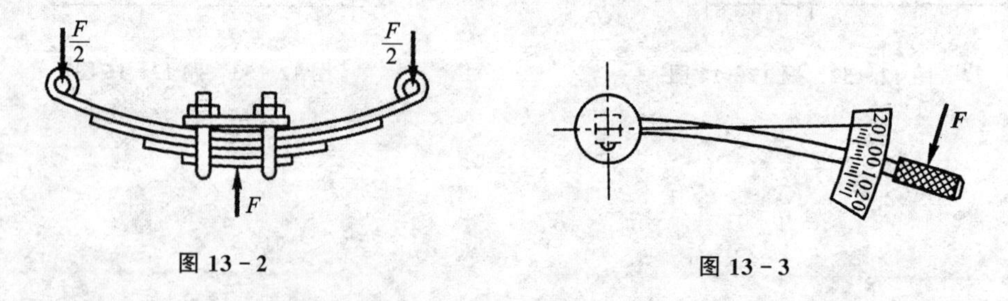

图 13-2　　　　图 13-3

弯曲变形的计算除用于解决弯曲刚度问题外，还用于求解超静定系统和振动计算。

13.2 梁的挠曲线近似微分方程

1. 挠度和转角

为研究梁的变形，首先讨论如何度量和描述弯曲变形的问题。

设有一梁 AB，受载荷作用后其轴线将弯曲成为一条光滑的连续曲线 AB'（见图13-4）。在平面弯曲的情况下，这是一条位于载荷所在平面内的平面曲线。梁弯曲后的轴线称为挠曲线。

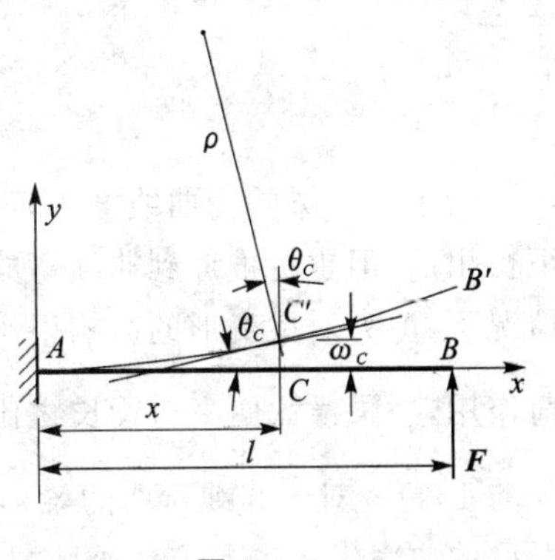

图13-4

与此同时，梁将产生两种形式的位移：

(1) 线位移　梁轴线上的任一点 C（梁横截面的形心）在梁变形后将移至 C'，因而有线位移 CC'。由于梁的变形很小，C 点沿变形前梁轴方向的位移可以忽略，因此可以认为 CC' 垂直于梁变形前的轴线 AB。梁轴线上的一点在垂直于梁变形前轴线方向的线位移称为该点的挠度。例如图13-4中的 ω_C 即为 C 点的挠度。

(2) 角位移　梁变形时，其横截面形心不仅有线位移，而且，整个横截面还将绕其中性轴转动一个角度，因而又有角位移。梁任一横截面绕其中性轴转动的角度称为截面的转角。例如图13-4中的 θ_C 即为截面 C 的转角。

在工程实际中，挠度和转角是度量梁弯曲变形的两个基本量。

为描述梁的变形，取一个直角坐标系，以梁的左端为原点，令 x 轴与梁变形前的轴线重合，方向向右；y 轴与之垂直，方向向上。这样，变形后梁轴线上任一点的挠度就可以用 ω 来表示。由于梁横截面变形后仍垂直于梁的轴线，因此任一横截面的转角 θ，也可用截面形心处挠曲线的切线与 x 轴的夹角来表示。

挠度 ω 和转角 θ 是随截面的位置 x 而变的，即 ω 和 θ 均为 x 的函数。因此，梁的挠曲线可以用函数关系

$$\omega = f(x) \tag{a}$$

来表示。这个函数关系称为梁的挠曲线方程。由微分学可知，过挠曲线上任意点的切线与 x 轴夹角的正切就是挠曲线上该点切线的斜率，即

$$\tan\theta = \frac{d\omega}{dx} = \omega' \tag{b}$$

由于工程实际中常见梁的转角 θ 一般都很小，故

$$\tan\theta \approx \theta$$

由式(b)，因而可以认为

$$\theta = \frac{d\omega}{dx} = \omega' \tag{13-1}$$

可见梁的挠度 ω 与转角 θ 之间存在一定的关系，即梁任一横截面的转角 θ 等于该截面处挠度 ω 的一阶导数。这样，只要能知道梁的挠曲线方程，就可以确定梁轴线上任一点的挠度和任一横截面的转角。

挠度 ω 和转角 θ 的符号，根据所选取的坐标系而定。与 y 轴正方向一致的挠度为正；反之为负。挠曲线上某点处的切线的斜率为正时，则该处横截面的转角为正；反之为负。因此，在图13-4所选定的坐标系中，挠度向上时为正，向下时为负；转角反时针转向时为正，顺时针转向时为负。

2. 挠曲线的近似微分方程

在第12章推导梁的正应力公式时已经得到，梁弯曲后的曲率与弯矩和抗弯刚度之间的关

系为

$$\frac{1}{\rho}=\frac{M}{EI}$$

为了建立梁的挠曲线方程,可由这一关系出发来推导。这个公式是在梁处于纯弯曲状态下得出的,但也可推广到非纯弯曲的情况。因为一般梁的横截面高度 h 远小于其跨度 l,在此情况下,剪力对梁变形的影响很小,可以忽略不计(例如,矩形截面的悬臂梁,自由端受集中载荷作用,当梁横截面高与梁长之比 $h/l=\frac{1}{10}$时,因剪力而产生的挠度不超过因弯矩而产生的挠度的1%)。对于非纯弯曲的梁,其弯矩 M 是随截面的位置而变的,它是 x 的函数;同样梁变形后的曲率半径也是 x 的函数。因此,上式应改为

$$\frac{1}{\rho(x)}=\frac{M(x)}{EI} \tag{c}$$

由此式可建立梁的挠曲线方程,从而可求梁的挠度和转角。

由高等数学知,平面曲线 $\omega=f(x)$ 上任一点处的曲率为

$$\frac{1}{\rho(x)}=\pm\frac{\frac{\mathrm{d}^2\omega}{\mathrm{d}x^2}}{\left[1+\left(\frac{\mathrm{d}\omega}{\mathrm{d}x}\right)^2\right]^{3/2}} \tag{d}$$

将其用于描述梁的挠曲线,代入式(c),得

$$\pm\frac{\frac{\mathrm{d}^2\omega}{\mathrm{d}x^2}}{\left[1+\left(\frac{\mathrm{d}\omega}{\mathrm{d}x}\right)^2\right]^{3/2}}=\frac{M(x)}{EI} \tag{13-2}$$

式(13-2)称为梁的挠曲线微分方程,这是一个二阶非线性常微分方程,求解较难。但因在工程实际中,梁的变形一般都很小,挠曲线为一平坦的曲线,$\mathrm{d}\omega/\mathrm{d}x$ 为一很小的量,故$(\mathrm{d}\omega/\mathrm{d}x)^2$ 与1相比可以忽略不计,因而上式可简化为

$$\pm\frac{\mathrm{d}^2\omega}{\mathrm{d}x^2}=\frac{M(x)}{EI} \tag{e}$$

上式左边的正负号取决于弯矩正负号的规定及坐标系的选取。如弯矩的符号仍按以前的规定,并取 y 轴向上,则应取正号。因为当弯矩 $M(x)$ 为正时,将使梁的挠曲线呈凹形,由微分学知,此时 $\mathrm{d}^2\omega/\mathrm{d}x^2$ 在所选取的坐标系中也为正值(见图13-5(a));同样,当 $M(x)$ 为负时,挠曲

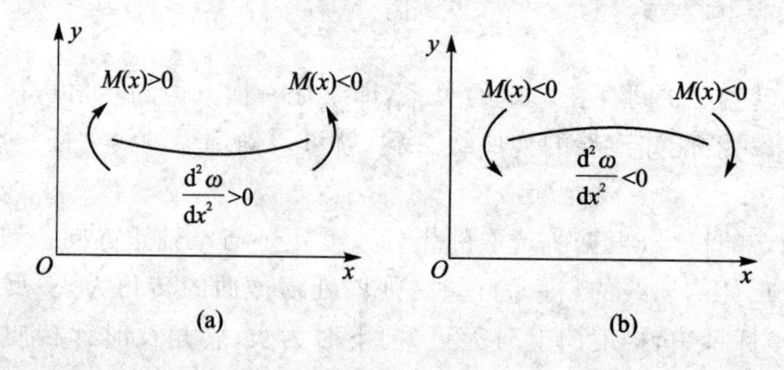

图 13-5

线呈凸形,$\mathrm{d}^2\omega/\mathrm{d}x^2$ 也为负值(见图13-5(b)),二者的符号皆相同,故式(e)可表示为

$$\frac{d^2\omega}{dx^2}=\frac{M(x)}{EI} \tag{13-3}$$

式(13－3)称为梁的挠曲线近似微分方程。之所以说近似，是因为略去了剪力对变形的影响，并在式(13－2)中略去了$(d\omega/dx)^2$。

13.3　用积分法求弯曲变形

将挠曲线近似微分方程(13－3)的两边乘以 dx，积分得转角方程为

$$\theta=\frac{d\omega}{dx}=\int\frac{M(x)}{EI}dx+C \tag{13-4}$$

再乘以 dx，积分得挠曲线的方程

$$\omega=\iint\left(\frac{M(x)}{EI}dx\right)dx+Cx+D \tag{13-5}$$

式中：C，D 为积分常数。等截面梁的 EI 为常量，积分时可提出积分号。

在挠曲线的某些点上，挠度或转角有时是已知的。例如，在固定端，挠度和转角都等于零(见图 13－6(a))；在铰支座上，挠度等于零；在弯曲变形的对称点上，转角应等于零。这类条件统称为边界条件。此外，挠曲线应该是一条连续光滑的曲线，不应有图 13－7(a)和(b)所表示的不连续和不光滑的情况。亦即，在挠曲线的任意点上，有唯一确定的挠度和转角。这就是连续性条件。根据连续性条件和边界条件，就可确定积分常数。

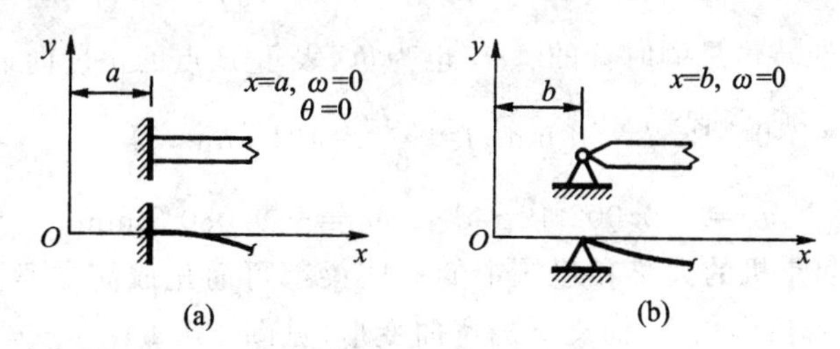

图 13－6

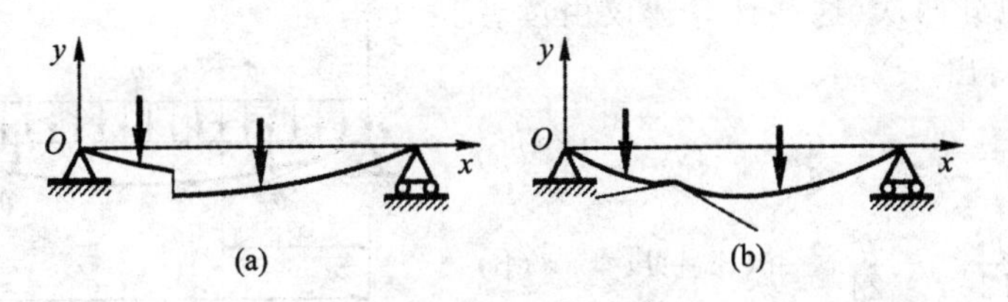

图 13－7

例 13－1　图 13－8(a)为镗刀在工件上镗孔的示意图。为保证镗孔精度，镗刀杆的弯曲变形不能过大。设径向切削力 $F=200$ N，镗刀杆直径 $d=10$ mm，外伸长度 $l=50$ mm。材料的弹性模量 $E=210$ GPa。试求镗刀杆上安装镗刀头的截面 B 的转角和挠度。

解　镗刀杆可简化为悬臂梁(见图 13－8(b))。选取坐标系如图所示，任意横截面上的弯矩为

$$M(x)=-F(l-x)$$

由公式(13－3)，得挠曲线的微分方程为

$$EI\omega'' = M(x) = -F(l-x)$$

积分得

$$EI\omega' = \frac{F}{2}x^2 - Flx + C \quad \text{(a)}$$

$$EI\omega = \frac{F}{6}x^3 - \frac{Fl}{2}x^2 + Cx + D \quad \text{(b)}$$

在固定端 A,转角和挠度均应等于零,即当 $x=0$ 时,

$$\omega'_A = \theta_A = 0 \quad \text{(c)}$$

$$\omega_A = 0 \quad \text{(d)}$$

把边界条件式(c)代入式(a),式(d)代入式(b),得

$$C = EI\theta_A = 0, \quad D = EI\omega_A = 0$$

再将所得积分常数 C 和 D 代回式(a)和(b),得转角方程和挠曲线方程分别为

$$\theta = \omega' = \frac{1}{EI}\left(\frac{F}{2}x^2 - Flx\right)$$

$$\omega = \frac{1}{EI}\left(\frac{F}{6}x^3 - \frac{F}{2}lx^2\right)$$

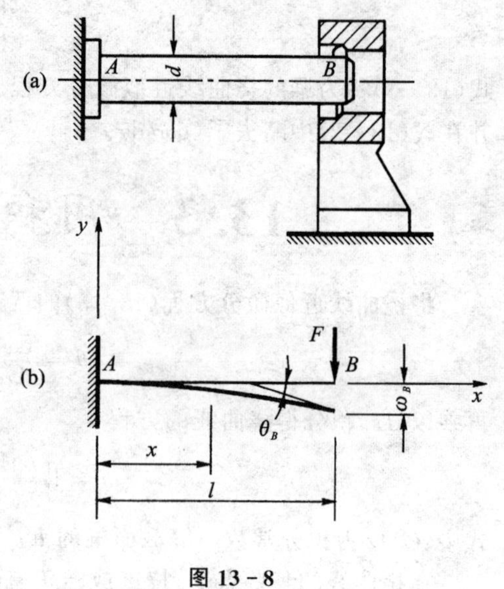

图 13-8

以截面 B 的横坐标 $x=l$ 代入以上两式,得截面 B 的转角和挠度分别为

$$\theta_B = -\frac{Fl^2}{2EI}, \quad \omega_B = -\frac{Fl^3}{3EI}$$

θ_B 为负,表示截面 B 的转角是顺时针的。ω_B 也为负,表示 B 点的挠度向下。

令 $F=200\ \text{N}, E=210\ \text{GPa}, l=50\ \text{mm}, I=\frac{\pi d^4}{64}=491\ \text{mm}^4$,得

$$\theta_B = -0.002\,42\ \text{rad}, \quad \omega_B = -0.080\,8\ \text{mm}$$

例 13-2 桥式起重机的大梁和建筑中的一些梁都可简化成简支梁,梁的自重就是均布载荷。试讨论在均布载荷作用下,简支梁的弯曲变形(见图 13-9)。

解 计算简支梁的约束力,写出弯矩方程,利用式(13-3)积分两次(这些计算建议由读者自行补充),最后得出

$$EI\omega' = \frac{ql}{4}x^2 - \frac{q}{6}x^3 + C \quad \text{(a)}$$

$$EI\omega = \frac{ql}{12}x^3 - \frac{q}{24}x^4 + Cx + D \quad \text{(b)}$$

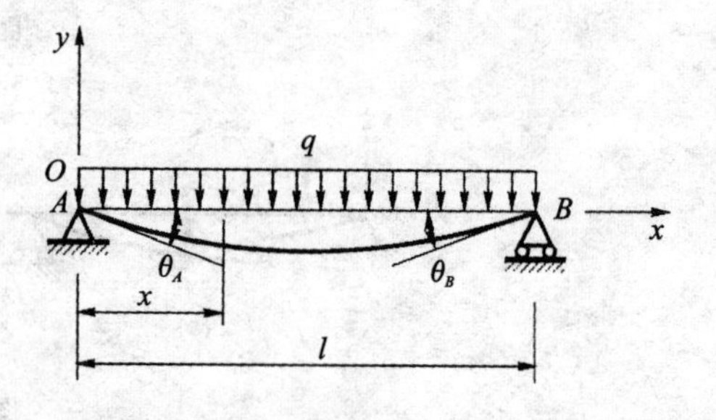

图 13-9

铰支座上的挠度等于零,故

$$x=0 \text{ 时}, \quad \omega = 0$$

因为梁上的外力和边界条件都对跨度中点对称,挠曲线也应对该点对称。因此,在跨度中点,挠曲线切线的斜率 ω' 和截面的转角 θ 都应等于零,即

$$x = \frac{l}{2} \text{ 时}, \quad \omega' = 0$$

把以上两个边界条件分别代入 ω 和 ω' 的表达式,可以求出

$$C=-\frac{ql^3}{24},\quad D=0$$

于是得转角方程及挠曲线方程为

$$\theta=\omega'=\frac{1}{EI}\left(\frac{ql}{4}x^2-\frac{q}{6}x^3-\frac{ql^3}{24}\right) \tag{c}$$

$$\omega=\frac{1}{EI}\left(\frac{ql}{12}x^3-\frac{q}{24}x^4-\frac{ql^3}{24}x\right) \tag{d}$$

在跨度中点，挠曲线切线的斜率等于零，挠度为极值。由式(d)得

$$\omega_{\max}=\omega\mid_{x=\frac{l}{2}}=-\frac{5ql^4}{384EI}$$

在 A、B 两端，截面转角的数值相等，符号相反，且绝对值最大。于是在式(c)中分别令 $x=0$ 和 $x=l$，得

$$\theta_{\max}=-\theta_A=\theta_B=\frac{ql^3}{24EI}$$

例 13－3　内燃机中的凸轮轴或某些齿轮轴，可以简化成在集中力 F 作用下的简支梁，如图 13－10 所示。试讨论这一简支梁的弯曲变形。

解　求出梁在两端的支座约束力

$$F_A=\frac{Fb}{l},\quad F_B=\frac{Fa}{l}$$

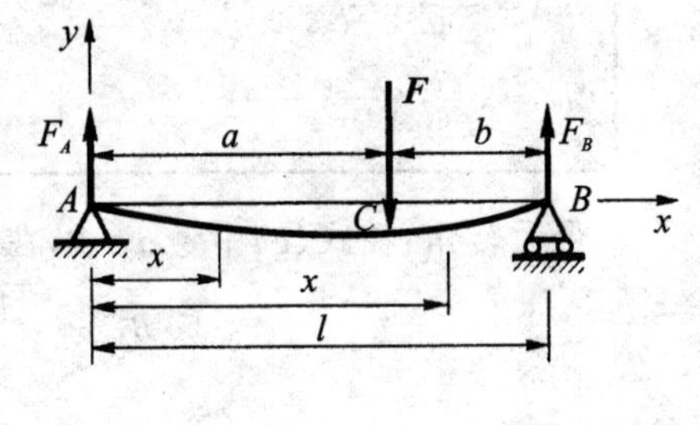

图 13－10

分段列出弯矩方程

AC 段　　$M_1(x)=\frac{Fb}{l}x$　　$(0\leqslant x\leqslant a)$

CB 段　　$M_2(x)=\frac{Fb}{l}x-F(x-a)$　　$(a\leqslant x\leqslant l)$

由于 AC 和 CB 两段内弯矩方程不同，挠曲线的微分方程也就不同，所以应分成两段进行积分。在 CB 段内积分时，对含有 $(x-a)$ 的项就以 $(x-a)$ 为自变量，这可使确定积分常数的运算得到简化。积分结果如下：

AC 段 $(0\leqslant x\leqslant a)$	CB 段 $(a\leqslant x\leqslant l)$
$EI\omega_1''=M_1(x)=\frac{Fb}{l}x$	$EI\omega_2''=M_2(x)=\frac{Fb}{l}x-F(x-a)$
$EI\omega_1'=\frac{Fb}{l}\frac{x^2}{2}+C_1$　　(a)	$EI\omega_2'=\frac{Fb}{l}\frac{x^2}{2}-F\frac{(x-a)^2}{2}+C_2$　　(c)
$EI\omega_1=\frac{Fb}{l}\frac{x^3}{6}+C_1x+D_1$　　(b)	$EI\omega_2=\frac{Fb}{l}\frac{x^3}{6}-\frac{F(x-a)^3}{6}+C_2x+D_2$　　(d)

积分出现的四个积分常数，需要四个条件来确定。由于挠曲线应该是一条光滑连续的曲线，因此，在 AC 和 BC 两段的交界截面 C 处，由式(a)确定的转角应该等于由式(c)确定的转角；而且由式(b)确定的挠度应该等于由式(d)确定的挠度，即

$$x=a\text{ 时},\quad \omega_1'=\omega_2',\quad \omega_1=\omega_2$$

在式(a)、(b)、(c)和(d)中，取 $x=a$，并应用连续性条件得

$$\frac{Fb}{l}\cdot\frac{a^2}{2}+C_1=\frac{Fb}{l}\cdot\frac{a^2}{2}-\frac{F(a-a)^2}{2}+C_2$$

$$\frac{Fb}{l}\cdot\frac{a^3}{6}+C_1a+D_1=\frac{Fb}{l}\cdot\frac{a^3}{6}-\frac{F(a-a)^3}{6}+C_2a+D_2$$

由以上两式即可求得

$$C_1=C_2,\quad D_1=D_2$$

此外,梁在 A、B 两端皆为铰支座,边界条件为

$$x=0\text{ 时},\qquad \omega_1=0 \tag{e}$$

$$x=l\text{ 时},\qquad \omega_2=0 \tag{f}$$

以边界条件式(e)代入式(b),得

$$D_1=D_2=0$$

以边界条件式(f)代入式(d),得

$$C_1=C_2=-\frac{Fb}{6l}(l^2-b^2)$$

把所求得的四个积分常数代回式(a)、(b)、(c)和(d),得转角和挠度方程如下:

AC 段($0\leqslant x\leqslant a$)		CB 段($a\leqslant x\leqslant l$)	
$EI\omega'_1=-\frac{Fb}{6l}(l^2-b^2-3x^2)$	(g)	$EI\omega'_2=-\frac{Fb}{6l}\left[(l^2-b^2-3x^2)+\frac{3l}{b}(x-a)^2\right]$	(i)
$EI\omega_1=-\frac{Fbx}{6l}(l^2-b^2-x^2)$	(h)	$EI\omega_2=-\frac{Fb}{6l}\left[(l^2-b^2-x^2)x+\frac{l}{b}(x-a)^3\right]$	(j)

最大转角:在式(g)中令 $x=0$,在式(i)中令 $x=l$,得梁在 A、B 两端的截面转角分别为

$$\theta_A=-\frac{Fb(l^2-b^2)}{6EIl}=-\frac{Fab(l+b)}{6EIl} \tag{k}$$

$$\theta_B=\frac{Fab(l+a)}{6EIl} \tag{l}$$

当 $a>b$ 时,可以断定 θ_B 为最大转角。

最大挠度:当 $\theta=\frac{d\omega}{dx}=0$ 时,ω 为极值。所以应首先确定转角 θ 为零的截面位置。由式(k)知端截面 A 的转角 θ_A 为负。此外,若在式(i)中令 $x=a$,又可求得截面 C 的转角为

$$\theta_C=\frac{Fab}{3EIl}(a-b)$$

如 $a>b$,则 θ_C 为正。可见从截面 A 到截面 C,转角由负变为正,改变了符号。挠曲线为光滑连续曲线,$\theta=0$ 的截面必然在 AC 段内。令式(g)等于零,得

$$\frac{Fb}{6l}(l^2-b^2-3x_0^2)=0$$

$$x_0=\sqrt{\frac{l^2-b^2}{3}} \tag{m}$$

x_0 即为挠度为最大值的截面的横坐标。以 x_0 代入式(h),求得最大挠度为

$$\omega_{max}=\omega_1\big|_{x=x_0}=-\frac{Fb}{9\sqrt{3}EIl}\sqrt{(l^2-b^2)^3} \tag{n}$$

当集中力 **F** 作用于跨度中点时，$a=b=\dfrac{l}{2}$，由式(m)得 $x_0=\dfrac{l}{2}$，即最大挠度发生于跨度中点。这也可由挠曲线的对称性直接看出。另一种极端情况是集中力 **F** 无限接近于右端支座，以至 b^2 与 l^2 相比可以省略，于是由式(m)及(n)两式得

$$x_0=\frac{l}{\sqrt{3}}=0.577l,\quad \omega_{\max}=-\frac{Fbl^2}{9\sqrt{3}EI}$$

可见即使在这种极端情况下，发生最大挠度的截面仍然在跨度中点附近。也就是说，挠度为最大值的截面总是靠近跨度中点，所以可以用跨度中点的挠度近似地代替最大挠度。在式(h)中令 $x=\dfrac{l}{2}$，求出跨度中点的挠度为

$$\omega_{\frac{l}{2}}=-\frac{Fb}{48EI}(3l^2-4b^2) \tag{o}$$

在上述极端情况下，集中力 **F** 无限靠近支座 B，则

$$\omega_{\frac{l}{2}}\approx-\frac{Fb}{48EI}\cdot 3l^2=-\frac{Fbl^2}{16EI}$$

这时用 $\omega_{\frac{l}{2}}$ 代替 $\omega_{\max}$ 所引起的误差力

$$\frac{\omega_{\max}-\omega_{\frac{l}{2}}}{\omega_{\max}}=2.65\%$$

可见在简支梁中，只要挠曲线上无拐点，总可用跨度中点的挠度代替最大挠度，并且不会引起很大误差。

积分法的优点是可以求得转角和挠度的普遍方程。但当只需确定某些特定截面的转角和挠度，而并不需要求出转角和挠度的普遍方程时，积分法就显得过于累赘。为此，将梁在某些简单载荷作用下的变形列入表 13-1 中，以便直接查用；而且利用这些表格，使用叠加法，还可比较方便地解决一些弯曲变形问题。

13.4　用叠加法求弯曲变形

在弯曲变形很小，且材料服从胡克定律的情况下，挠曲线的微分方程(13-3)是线性的。又因在小变形的前提下，计算弯矩时用梁变形前的位置，结果弯矩与载荷的关系也是线性的。这样，对应于几种不同的载荷，弯矩可以叠加，方程式(13-3)的解也可以叠加。例如，F、q 两种载荷各自单独作用时的弯矩分别为 M_F 和 M_q，叠加 M_F 和 M_q 就是两种载荷共同作用时的弯矩 M，即

$$M=M_F+M_q \tag{a}$$

设 F 和 q 各自单独作用下的挠度分别是 ω_F 和 ω_q，根据(13-3)式

$$EI\frac{d^2\omega_F}{dx^2}=M_F,\quad EI\frac{d^2\omega_q}{dx^2}=M_q \tag{b}$$

若 F 和 q 共同作用下的挠度为 ω，则 ω 与 M 的关系也应该是

$$EI\frac{d^2\omega}{dx^2}=M \tag{c}$$

表 13-1　梁在简单载荷作用下的变形

序号	梁的简图	挠曲线方程	端截面转角	最大挠度
1	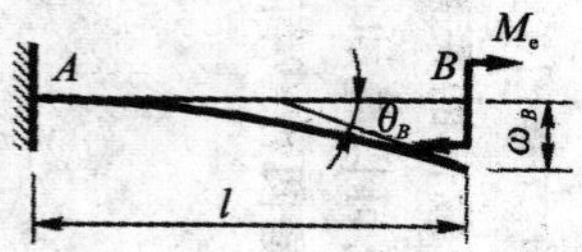	$\omega=-\frac{M_e x^2}{2EI}$	$\theta_B=-\frac{M_e l}{EI}$	$\omega_B=-\frac{M_e l^2}{2EI}$
2	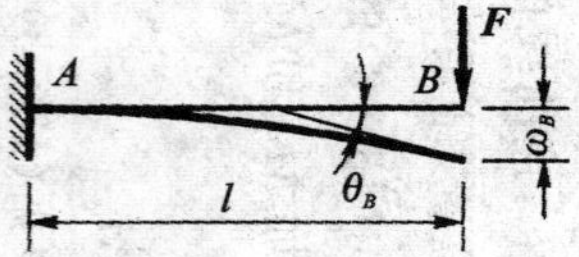	$\omega=-\frac{Fx^2}{6EI}(3l-x)$	$\theta_B=-\frac{Fl^2}{2EI}$	$\omega_B=-\frac{Fl^3}{3EI}$
3	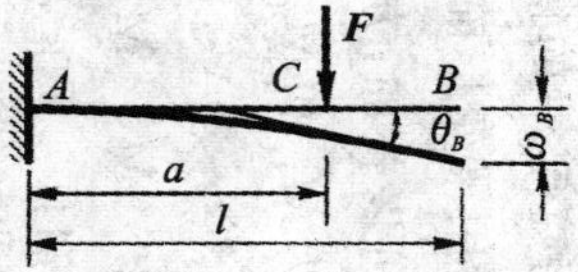	$\omega=-\frac{Fx^2}{6EI}(3a-x)$　$(0\leqslant x\leqslant a)$ $\omega=-\frac{Fa^2}{6EI}(3x-a)$　$(a\leqslant x\leqslant l)$	$\theta_B=-\frac{Fa^2}{2EI}$	$\omega_B=-\frac{Fa^2}{6EI}(3l-a)$
4	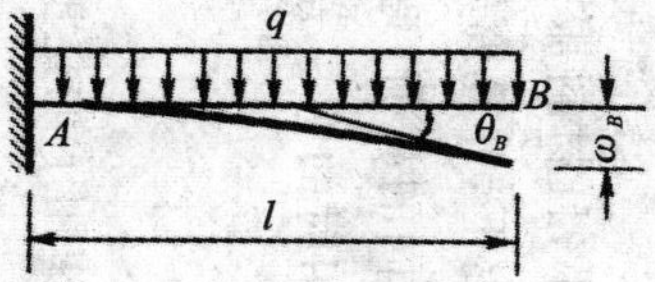	$\omega=-\frac{qx^2}{24EI}(x^2-4lx+6l^2)$	$\theta_B=-\frac{ql^3}{6EI}$	$\omega_B=-\frac{ql^4}{8EI}$
5	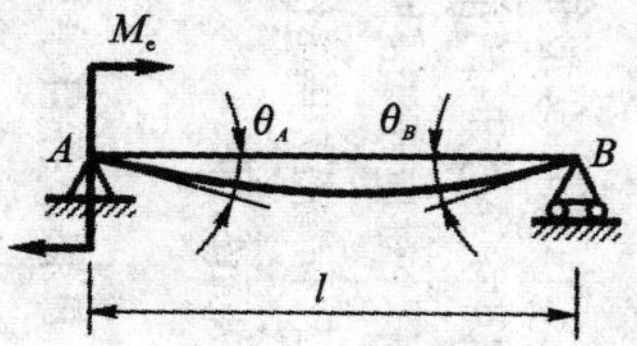	$\omega=-\frac{M_e x}{6EIl}(l-x)(2l-x)$	$\theta_A=-\frac{M_e l}{3EI}$ $\theta_B=\frac{M_e l}{6EI}$	在 $x=\left(1-\frac{1}{\sqrt{3}}\right)l$ 处 $\omega_{max}=-\frac{M_e l^2}{9\sqrt{3}EI}$ 在 $x=\frac{l}{2}$ 处，$\omega_{\frac{l}{2}}=-\frac{M_e l^2}{16EI}$

续表 13-1

序号	梁的简图	挠曲线方程	端截面转角	最大挠度
6	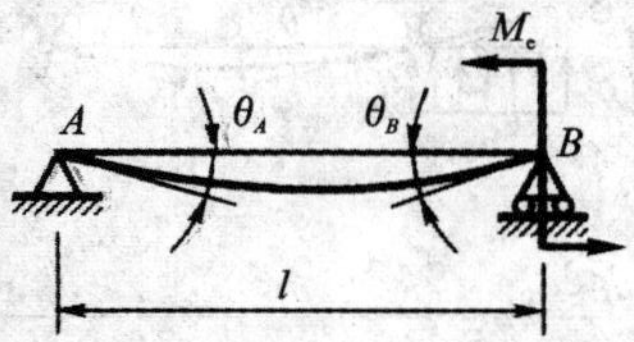 A θ_A θ_B M_e B l	$\omega=-\frac{M_e x}{6EIl}(l^2-x^2)$	$\theta_A=-\frac{M_e l}{6EI}$ $\theta_B=\frac{M_e l}{3EI}$	在 $x=\frac{l}{\sqrt{3}}$处 $\omega_{max}=-\frac{M_e l^2}{9\sqrt{3}EI}$ 在 $x=\frac{l}{2}$处，$\omega_{\frac{l}{2}}=-\frac{M_e l^2}{16EI}$
7	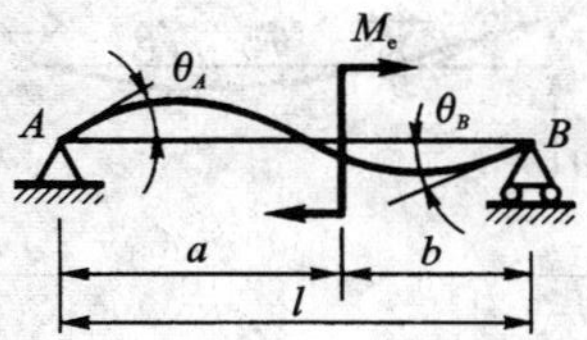 A θ_A M_e θ_B B a b l	$\omega=\frac{M_e x}{6EIl}(l^2-3b^2-x^2)\ (0\leqslant x\leqslant a)$ $\omega=\frac{M_e}{6EIl}[-x^3+3l(x-a)^2+(l^2-3b^2)x]$ $(a\leqslant x\leqslant l)$	$\theta_A=\frac{M_e}{6EIl}(l^2-3b^2)$ $\theta_B=\frac{M_e}{6EIl}(l^2-3a^2)$	在 $x=\sqrt{\frac{l^2-3b^2}{3}}$处 $\omega_1=\frac{M_e(l^2-3b^2)^{3/2}}{9\sqrt{3}lEI}$ 在 $x=\sqrt{\frac{l^2-3a^2}{3}}$处 $\omega_2=-\frac{M_e(l^2-3a^2)^{3/2}}{9\sqrt{3}lEI}$
8	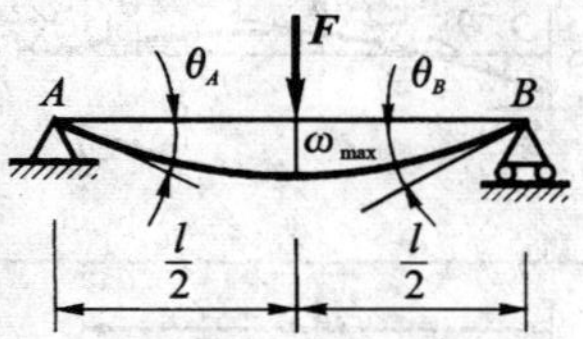 A θ_A F ω_{max} θ_B B $\frac{l}{2}$ $\frac{l}{2}$	$\omega=-\frac{Fx}{48EI}(3l^2-4x^2)\quad (0\leqslant x\leqslant \frac{l}{2})$	$\theta_A=-\theta_B=-\frac{Fl^2}{16EI}$	$\omega_{max}=-\frac{Fl^3}{48EI}$
9	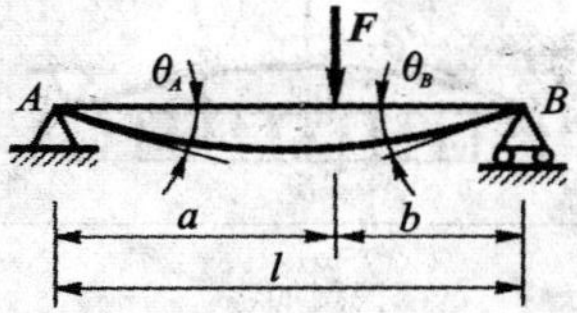 A θ_A F θ_B B a b l	$\omega=-\frac{Fbx}{6EIl}(l^2-x^2-b^2)$ $(0\leqslant x\leqslant a)$ $\omega=-\frac{Fb}{6EIl}\left[\frac{l}{b}(x-a)^3+(l^2-b^2)x-x^3\right]$ $(a\leqslant x\leqslant l)$	$\theta_A=-\frac{Fab(l+b)}{6EIl}$ $\theta_B=\frac{Fab(l+a)}{6EIl}$	设 $a>b$，在 $x=\sqrt{\frac{l^2-b^2}{3}}$处 $\omega_{max}=-\frac{Fb(l^2-b^2)^{3/2}}{9\sqrt{3}EIl}$ 在 $x=\frac{l}{2}$处，$\omega_{\frac{l}{2}}=-\frac{Fb(3l^2-4b^2)}{48EI}$

续表 13-1

序号	梁的简图	挠曲线方程	端截面转角	最大挠度
10	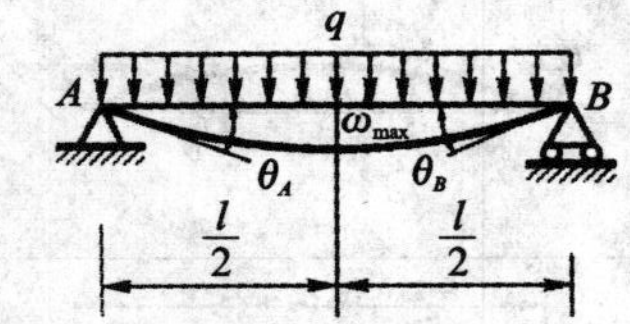	$\omega=-\frac{qx}{24EI}(l^3-2lx^2+x^3)$	$\theta_A=-\theta_B=-\frac{ql^3}{24EI}$	$\omega_{max}=-\frac{5ql^4}{384EI}$
11	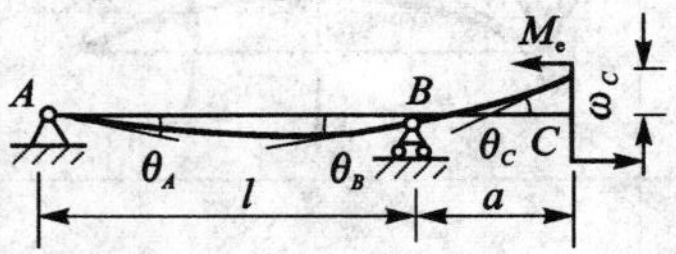	$0\leqslant x\leqslant l$ $\omega=-\frac{M_e x}{6lEI}(l^2-x^2)$ $l\leqslant x\leqslant l+a$ $\omega=\frac{M_e}{6EI}(3x^2-4lx+l^2)$	$\theta_A=-\frac{M_e l}{6EI}$ $\theta_B=\frac{M_e l}{3EI}$ $\theta_C=\frac{Me}{3EI}(l+3a)$	在 $x=\frac{l}{\sqrt{3}}$ 处 $\omega=-\frac{M_e l^2}{9\sqrt{3}EI}$ $x=l+a$ 处 $\omega_C=\frac{M_e a}{6EI}(2l+3a)$
12	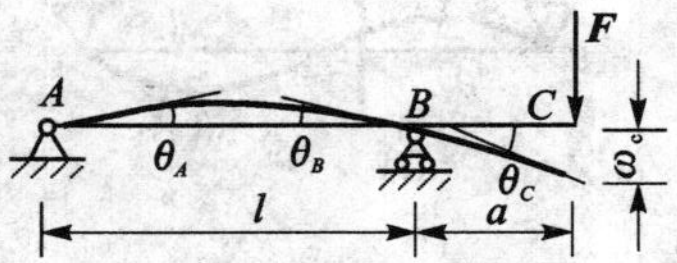	$0\leqslant x\leqslant l$ $\omega=-\frac{Fax}{6lEI}(x^2-l^2)$ $l\leqslant x\leqslant l+a$ $\omega=-\frac{F(x-l)}{6EI}[a(3x-l)-(x-l)^2]$	$\theta_A=\frac{Fal}{6EI}$ $\theta_B=-\frac{Fal}{3EI}$ $\theta_C=-\frac{Fa}{6EI}(2l+3a)$	在 $x=\frac{l}{\sqrt{3}}$ 处 $\omega=\frac{Fal^2}{9\sqrt{3}EI}$ 在 $x=l+a$ 处 $\omega_c=-\frac{Fa^2}{3EI}(l+a)$
13	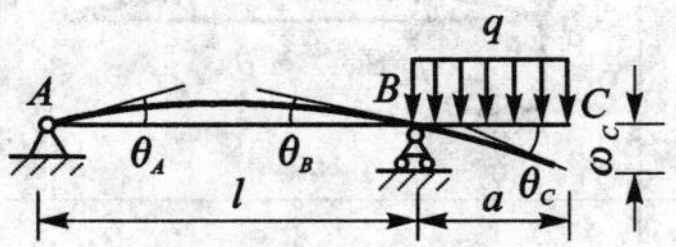	$0\leqslant x\leqslant l$ $\omega=\frac{qa^2}{12EI}\left(lx-\frac{x^3}{l}\right)$ $l\leqslant x\leqslant l+a$ $\omega=-\frac{qa^2}{12EI}\left[\frac{x^3}{l}-\frac{(2l+a)(x-l)^3}{al}+\frac{(x-l)^4}{2a^2}-lx\right]$	$\theta_A=+\frac{qa^2 l}{12EI}$ $\theta_B=-\frac{qa^2 l}{6EI}$ $\theta_C=-\frac{qa^2}{6EI}(l+a)$	在 $x=\frac{l}{\sqrt{3}}$ 处 $\omega=\frac{qa^2 l^2}{18\sqrt{3}EI}$ 在 $x=l+a$ 处 $\omega_C=-\frac{qa^3}{24EI}(3a+4l)$

将式(a)代入式(c)，并利用式(b)，得

$$EI\frac{\mathrm{d}^2\omega}{\mathrm{d}x^2}=M_F+M_q=EI\frac{\mathrm{d}^2\omega_F}{\mathrm{d}x^2}+EI\frac{\mathrm{d}^2\omega_q}{\mathrm{d}x^2}=EI\frac{d^2(\omega_F+\omega_q)}{\mathrm{d}x^2}$$

可见 F 和 q 联合作用下的挠度 ω，就是两个载荷单独作用下的挠度 ω_F 和 ω_q 的代数和。这一结论显然可以推广到载荷多于两个的情况。所以，当梁上同时作用几个载荷时，可分别求出每一载荷单独引起的变形，把所得变形叠加即为这些载荷共同作用时的变形。这就是计算弯曲变形的叠加法。

例 13-4　桥式起重机大梁的自重为均布载荷，集度为 q。作用于跨度中点的吊重为集中力 $\boldsymbol{F}$(见图 13-11)。试求大梁跨度中点的挠度。

解　大梁的变形是均布载荷 q 和集中力 F 共同引起的。在均布载荷 q 单独作用下，大梁跨度中点的挠度由表 13-1 第 10 栏查出为

$$(\omega_C)_q=-\frac{5ql^4}{384EI}$$

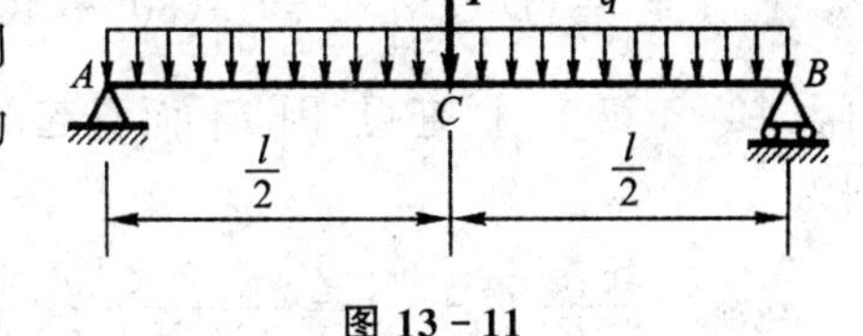

图 13-11

在集中力 $\boldsymbol{F}$ 单独作用下，大梁跨度中点的挠度由表 13-1 第 8 栏查出为

$$(\omega_C)_F=-\frac{Fl^3}{48EI}$$

叠加以上结果，求得在均布载荷和集中力共同作用下，大梁跨度中点的挠度是

$$\omega_C=(\omega_C)_q+(\omega_C)_F=-\frac{5ql^4}{384EI}-\frac{Fl^3}{48EI}$$

13.5　梁的刚度校核

在工程实际中，对弯曲构件的刚度要求是，其最大挠度或转角(或某特定截面的挠度或转角)不得超过某一规定的数值，即

$$\left.\begin{aligned}|\omega|_{\max}\leqslant[\omega]\\|\theta|_{\max}\leqslant[\theta]\end{aligned}\right\}\qquad(13-6)$$

式中$[\omega]$和$[\theta]$为规定的许用挠度和转角。

以上二式称为弯曲构件的刚度条件。式中的许用挠度和许用转角对不同的构件有不同的规定，可以从有关设计手册中查得，例如：

对吊车梁　　$[\omega]=\left(\frac{1}{400}\sim\frac{1}{500}\right)l$

对架空管道　　$[\omega]=\frac{l}{500}$

式中的 l 为梁的跨度。在机械中，轴的许用挠度和许用转角有如下的规定：

一般用途的轴　　$[\omega]=(0.000\,3\sim0.000\,5)l$

刚度要求较高的轴　　$[\omega]=0.0002l$

在滑动轴承处　　$[\theta]=0.001$ rad

在向心轴承处　　$[\theta]=0.005$ rad

在圆柱滚子轴承处　　$[\theta]=0.0025$ rad

在安装齿轮处　　　　　　　$[\theta]=0.001\ \text{rad}$

式中的 l 为支承间的跨距。

例 13-5　车床主轴如图 13-12(a)所示。在图示平面内，已知切削力 $F_1=2\ \text{kN}$，啮合力 $F_2=1\ \text{kN}$；主轴的外径 $D=80\ \text{mm}$，内径 $d=40\ \text{mm}$，$l=400\ \text{mm}$，$a=200\ \text{mm}$；C 处的许用挠度 $[\omega]=0.000\ 1l$，轴承 B 处的许用转角 $[\theta]=0.001\ \text{rad}$；材料的弹性模量 $E=210\ \text{GPa}$。试校核其刚度。

解　将主轴简化为如图 13-12(b)所示的外伸梁，外伸部分的抗弯刚度 EI 近似地视为与主轴相同。

(1) 计算变形　主轴横截面的惯性矩为

$$I=\frac{\pi}{64}(D^4-d^4)=\frac{\pi}{64}(80^4-40^4)\text{mm}^4=1\ 885\ 000\ \text{mm}^4=1\ 885\times10^{-9}\text{m}^4$$

由表 13-1 第 12 栏查得，因 $\boldsymbol{F}_1$ 而引起的 C 端的挠度和截面 B 的转角(见图 13-12(c))分别为

$$\omega_{CF_1}=\frac{F_1a^2}{3EI}(l+a)=\frac{2\times10^3\times200^2\times10^{-6}}{3\times210\times10^9\times1\ 885\times10^{-9}}(400\times10^{-3}+200\times10^{-3})\text{m}=$$
$$0.040\ 4\times10^{-3}\text{m}=0.040\ 4\ \text{mm}$$

$$\theta_{BF_1}=\frac{F_1al}{3EI}=\frac{2\times10^3\times200\times10^{-3}\times400\times10^{-3}}{3\times210\times10^9\times1\ 885\times10^{-9}}\text{rad}=$$
$$0.134\ 7\times10^{-3}\text{rad}$$

由表 13-1 第 8 栏查得，因 F_2 而引起的截面 B 的转角(13-12d)为

$$\theta_{BF_2}=-\frac{F_2l^2}{16EI}=-\frac{1\times10^3\times400^2\times10^{-6}}{16\times210\times10^9\times1\ 885\times10^{-9}}\text{rad}=$$
$$-0.025\ 3\times10^{-3}\ \text{rad}$$

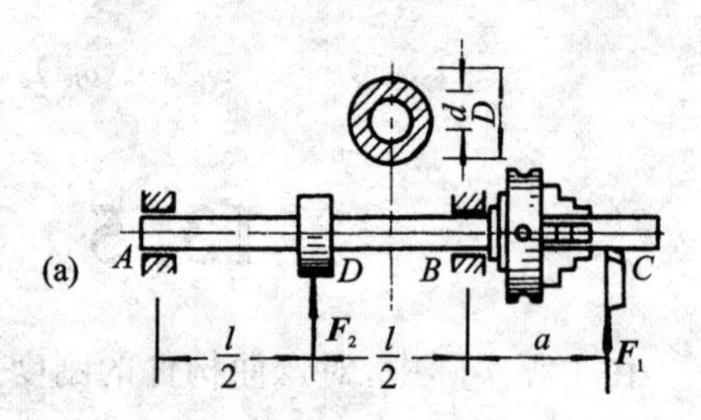

因 F_2 而引起的 C 端的挠度为

$$\omega_{CF_2}=\theta_{BF_2}\cdot a=(-0.025\ 3\times10^{-3}\times200)\text{mm}=$$
$$-0.005\ 06\ \text{mm}$$

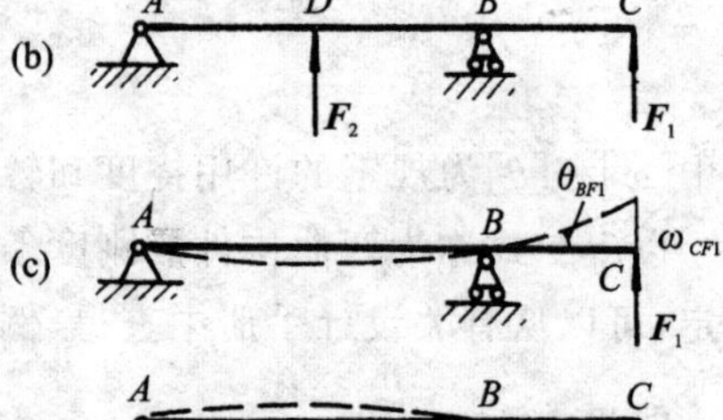

图 13-12

最后由叠加法可得，C 端的总挠度为

$$\omega_C=\omega_{CF1}+\omega_{CF2}=(0.040\ 4-0.005\ 06)\text{mm}=$$
$$0.035\ 3\ \text{mm}$$

B 处截面的总转角为

$$\theta_B=\theta_{BF1}+\theta_{BF2}=(0.134\ 7\times10^{-3}-0.025\ 3\times10^{-3})\text{rad}=$$
$$0.109\ 4\times10^{-3}\text{rad}$$

(2) 校核刚度　主轴的许用挠度和许用转角为

$$[\omega]=0.000\ 1l=0.0001\times400\ \text{mm}=0.04\ \text{mm}$$
$$[\theta]=0.001\ \text{rad}=1\times10^{-3}\text{rad}$$

而

$$\omega_C=0.035\ 3\ \text{mm}<[\omega]=0.04\ \text{mm}$$
$$\theta_B=0.109\ 4\times10^{-3}\text{rad}<[\theta]=1\times10^{-3}\text{rad}$$

故主轴满足刚度条件。

以上讨论了梁的刚度计算，必要时还需采取一些措施，以提高梁的刚度。

由梁的挠曲线近似微分方程可见，梁的弯曲变形与弯矩 $M(x)$ 及抗弯刚度有关，而影响梁弯矩的因素又包括载荷、支承情况及梁的有关长度。因此，为提高梁的刚度，可采取类似10.5节中所述的一些措施：一是选用合理的截面形状，从而增大截面的惯性矩 I；二是调整加载方式，例如合理地安排载荷的作用位置，在可能情况下将一个集中力分散为多点加载等，这都可起到降低弯矩的作用；三是在条件允许的情况下减小构件的跨度或有关长度，如缩小支座距离、增加支座等。其中第三种措施的效果最为显著，因为由表 13－1 可见，梁的跨长或有关长度是以其乘方影响梁的挠度和转角的。

必须指出，梁的变形虽然与材料的弹性模量 E 有关，但就钢材而言，如采用高强度钢来代替强度较低的钢材，并不能起到提高构件刚度的作用，因为各种钢材的弹性模量 E 是非常接近的。

13.6　简单静不定梁

1. 静不定梁的概念

前面所讨论的梁，其约束力都可通过静力平衡方程求得，皆为静定梁。在工程实际中，为提高梁的强度和刚度，或因结构上的需要，往往在静定梁上增加一个或几个约束。这时，未知约束力的数目将多于平衡方程的数目，仅由静力平衡方程不能求解。这种梁称为**静不定梁**或**超静定梁**。

例如，安装在车床卡盘上的工件（见图 13－13(a)）如果比较细长，切削时会产生过大的挠度（见图 13－13(b)），影响加工精度。为减小工件的挠度，常在工件的自由端用尾架上的顶尖顶紧。在不考虑水平方向的支座约束力时，这相当于增加了一个可动铰支座（见图 13－14）。这时工件的约束力有四个：$\boldsymbol{F}_{Ax}$、$\boldsymbol{F}_{Ay}$、M_A 和 $\boldsymbol{F}_B$，而有效的平衡方程只有三个。未知约束力数目比平衡方程数目多出一个，这是一次静不定梁。

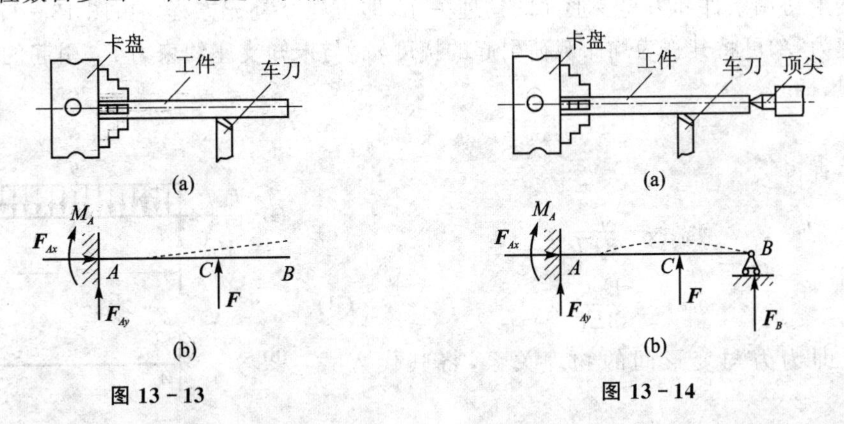

图 13－13　　图 13－14

又如一些机器中的齿轮轴，采用三个轴承支承（见图 13－15）。厂矿中铺设的管道一般需用三个以上的支座支承（见图 13－16），这些都属于静不定梁。

2. 用变形比较法求解静不定梁

解静不定梁的方法与解拉压静不定问题类似，也需要根据梁的变形协调条件和力与变形间的物理关系，建立补充方程，然后与静力平衡方程联立求解。如何建立补充方程，是解静不定梁的关键。

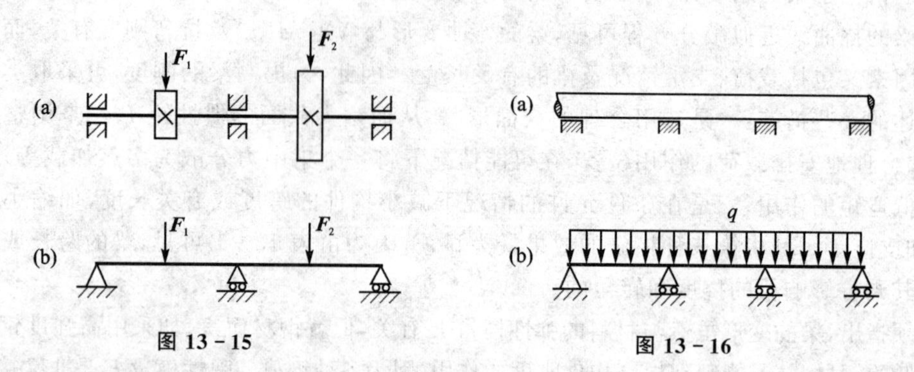

图 13-15　　　　　　　　　　　　　　图 13-16

在静不定梁中,那些超过维持梁平衡所必需的约束,习惯上称为**多余约束**;与其相应的支座约束力称为**多余约束力**或**多余支座约束力**。可以设想,如果撤除静不定梁上的多余约束,则此静不定梁又将变为一个静定梁,这个静定梁称为原静不定梁的**基本静定梁**。例如图 13-17(a)所示的静不定梁,如果以 B 端的可动铰支座为多余约束,将其撤除后而形成的悬臂梁(见图 13-17(b))即为原静不定梁的基本静定梁。

为使基本静定梁的受力和变形情况与原静不定梁完全一致,作用于基本静定梁上的外力除原来的载荷外,还应加上多余支座约束力;同时,还要求基本静定梁满足一定的变形协调条件。例如,上述的基本静定梁的受力情况如图 13-17(c)所示,由于原静不定梁在 B 端有可动铰支座的约束,因此,还要求基本静定梁在 B 端的挠度为零,即

$$\omega_B = 0 \tag{a}$$

此即应满足的变形协调条件(简称变形条件)。这样,就将一个承受均布载荷的静不定梁变换为一个静定梁来处理,这个静定梁在原载荷和未知的多余支座约束力作用下,B 端的挠度为零。

根据变形协调条件和力与变形间的物理关系,即可建立补充方程。由图 13-17(c)可见,B 端的挠度为零,可将其视为均布载荷引起的挠度 ω_{Bq} 与未知支座约束力 $\boldsymbol{F}_B$ 引起的挠度 ω_{BF_B} 的叠加结果,即

$$\omega_B = \omega_{Bq} + \omega_{BF_B} = 0 \tag{b}$$

由表 13-1 查得

$$\omega_{Bq} = -\frac{ql^4}{8EI} \tag{c}$$

$$\omega_{BF_B} = \frac{F_B l^3}{3EI} \tag{d}$$

式(c)、(d)即为力与变形间的物理关系,将其代入式(b),得

$$-\frac{ql^4}{8EI} + \frac{F_B l^3}{3EI} = 0 \tag{e}$$

这就是所需的补充方程。由此可解出多余支座约束力为

$$F_B = \frac{3}{8}ql$$

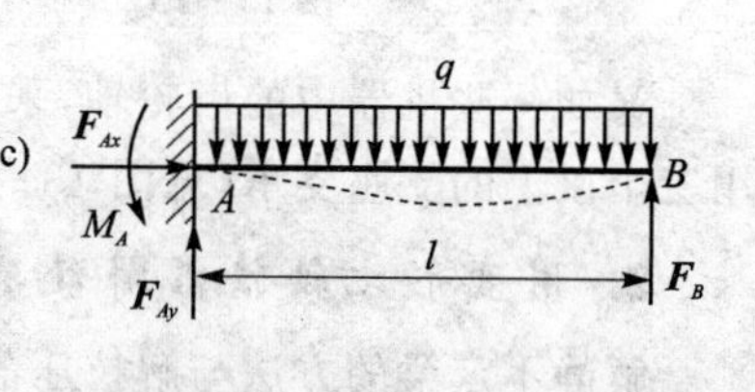

图 13-17

多余支座约束力求得后,再利用平衡方程,其他支座

约束力即可迎刃而解。由图 13－17(c),梁的平衡方程为

$$\sum F_x = 0 \qquad F_{Ax} = 0$$

$$\sum F_y = 0 \qquad F_{Ay} - ql + F_B = 0$$

$$\sum M_A = 0 \qquad M_A + F_B l - \frac{ql^2}{2} = 0$$

以 F_B 之值代入上面各式,解得

$$F_{Ax} = 0, \qquad F_{Ay} = \frac{5}{8}ql, \qquad M_A = \frac{1}{8}ql^2$$

这样,就解出了静不定梁的全部支座约束力。所得结果均为正值,说明各支座约束力的方向和约束力偶的转向与所设的一致。支座约束力求得后,即可进行强度和刚度计算。

由以上的分析可见,解静不定梁的方法是:选取适当的基本静定梁;利用相应的变形协调条件和物理关系建立补充方程;然后与平衡方程联立解出所有的支座约束力。这种解静不定梁的方法,称为变形比较法。

解静不定梁时,选择哪个约束为多余约束并不是固定的,可根据解题时的方便而定。选取的多余约束不同,相应的基本静定梁的形式和变形条件也随之而异。例如上述的静不定梁(见图 13－18(a))也可选择阻止 A 端转动的约束为多余约束,相应的多余支座约束力则为力偶矩 M_A。解除这一多余约束后,固定端 A 将变为固定铰支座;相应的基本静定梁则为一简支梁,其上的载荷如图 13－18(b)所示。这时要求此梁满足的变形条件则是 A 端的转角为零,即

$$\theta_A = \theta_{Aq} + \theta_{AM_A} = 0$$

由表 13－1 查得,因 q 和 M_A 而引起的截面 A 的转角分别为

$$\theta_{Aq} = -\frac{ql^3}{24EI}, \quad \theta_{AM_A} = \frac{M_A l}{3EI}$$

将其代入变形条件后,所得的补充方程为

$$-\frac{ql^3}{24EI} + \frac{M_A l}{3EI} = 0$$

由此解得

$$M_A = \frac{ql^2}{8}$$

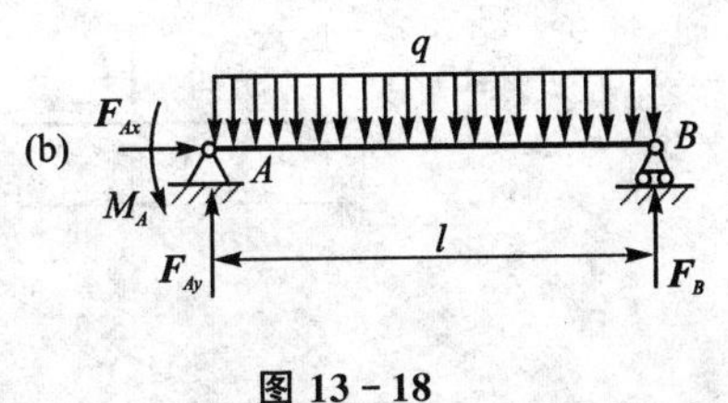

图 13－18

最后利用平衡方程解出其他支座约束力,结果同前。

例 13－6　一悬臂梁 AB,承受集中载荷 $\boldsymbol{F}$ 作用,因其刚度不够,用一短梁加固(见图 13－19(a))。试计算梁 AB 的最大挠度的减少量。设二梁各截面的弯曲刚度均为 EI。

解　(1) 求解静不定梁　梁 AB 与梁 AC 均为静定梁,但由于在截面 C 处用铰链相连即增加一约束,因而由它们组成的结构属于一次静不定,需要建立一个补充方程才能求解。

如果选择铰链 C 为多余约束予以解除,并以相应多余约束力 $\boldsymbol{F}_C$ 代替其作用,则原结构的相当系统如图 13－19(b)所示。

在多余约束力 $\boldsymbol{F}_C$ 作用下,梁 AC 的截面 C 铅垂下移;在载荷 $\boldsymbol{F}$ 与多余约束力 $\boldsymbol{F}'_C$ 作用下,梁 AB 的截面 C 也应铅垂下移。设前一位移为 ω_1,后一位移为 ω_2,则变形协调条件为

$$\omega_1 = \omega_2 \qquad \text{(a)}$$

由梁变形表中查得

$$\omega_1 = \frac{F_C\left(\frac{l}{2}\right)^3}{3EI} = \frac{F_C l^3}{24EI} \qquad \text{(b)}$$

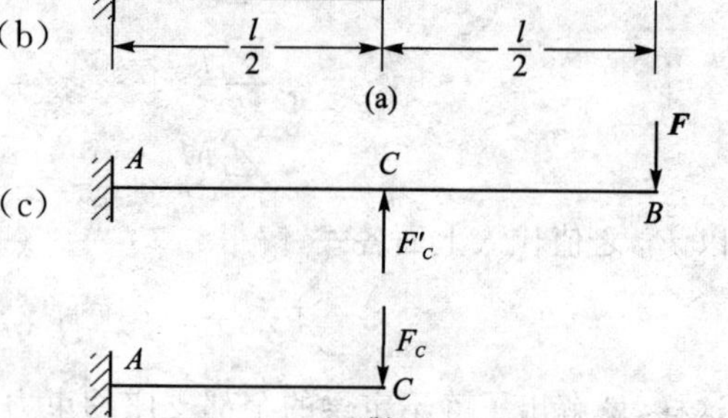

图 13-19

根据梁变形表并利用叠加法,得

$$\omega_2 = \frac{(5F - 2F'_C)l^3}{48EI} \qquad \text{(c)}$$

将式(b)和式(c)代入式(a),得变形补充方程为

$$\frac{F_C l^3}{24EI} = \frac{(5F - 2F'_C)l^3}{48EI}$$

F 与 F'_C互为作用力与反作用力,由此得

$$F_C = F'_C = \frac{5F}{4}$$

(2) 刚度比较　未加固时,梁 AB 端点的挠度即最大挠度为

$$\Delta = \frac{Fl^3}{3EI}$$

加固后,该截面的挠度为

$$\Delta' = \frac{Fl^3}{3EI} - \frac{5F'_C l^3}{48EI} = \frac{13Fl^3}{64EI}$$

仅为前者的 60.9%。由此可见,经加固后,梁 AB 的最大挠度显著减小。

思　考　题

13-1　在图 13-20 中画出了三根梁的弯矩图。试按挠曲线近似微分方程分析挠曲线的大致形状,并分析其原因。

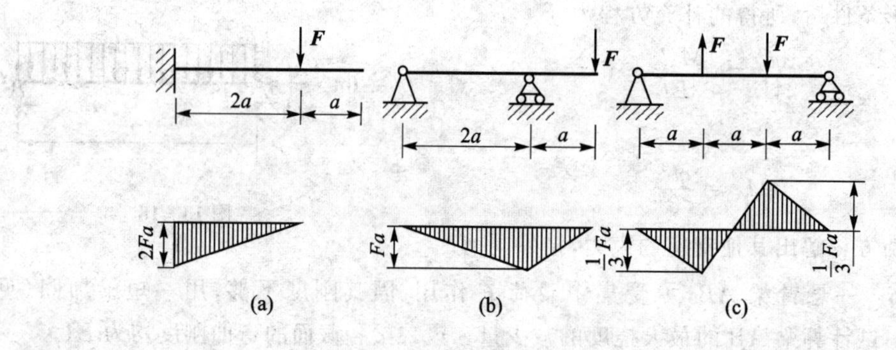

图 13-20

13-2　如图 13-21 所示梁 ACB,试说明中间铰 C 所在截面处挠曲线是否有拐折?

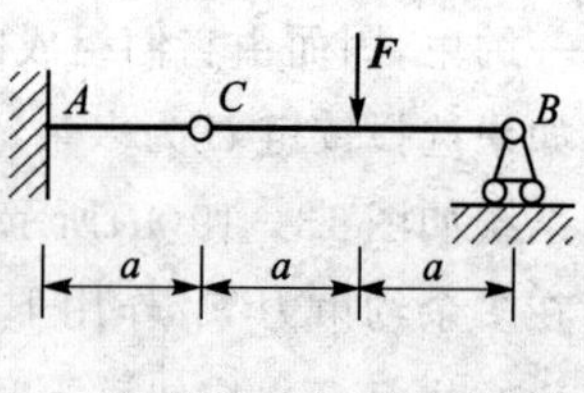

图 13-21

13-3　写出图 13-22 所示各梁的边界条件。在图(d)中支座 B 的弹簧刚度为 k。

13-4　如将坐标系取为 y 轴向下为正(见图 13-23),试证明挠曲线的微分方程(13-3)应改写为

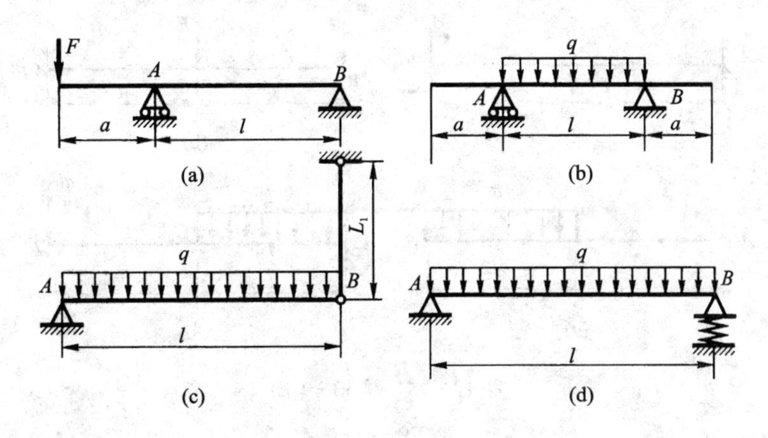

图 13-22

$$\frac{d^2\omega}{dx^2}=-\frac{M(x)}{EI}$$

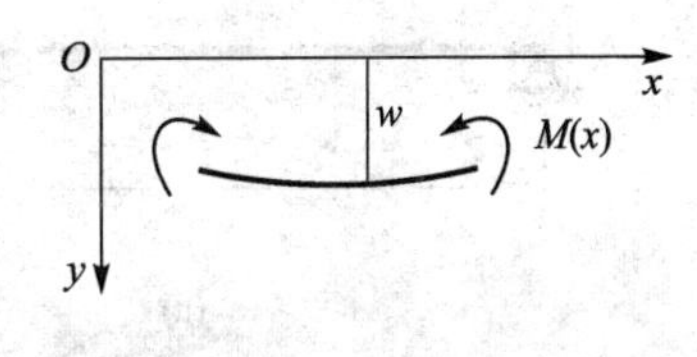

图 13-23

13-5　试判断图 13-24 所示各梁的静不定的次数。

13-6　试从图 13-24(a)、(b)所示的静不定梁中选择几种常见的基本静定梁，分别列出它们的变形条件。就计算工作量而言，哪种基本静定梁较为简便？

13-7　在设计中，一受弯的碳素钢轴刚度不够，为了提高刚度而改用优质合金钢是否合理？为什么？

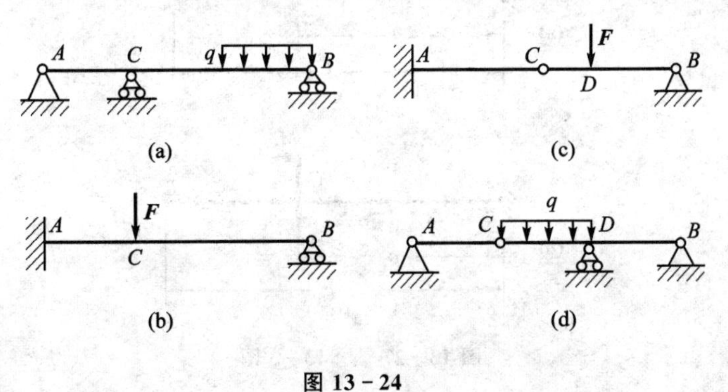

图 13-24

习　题

13-1　用积分法求图 13-25 所示各梁的挠曲线方程及自由端的挠度和转角。设 EI 为常量。

13-2　用积分法求图 13-26 所示各梁的挠曲线方程、端截面转角 θ_A 和 θ_B、跨度中点的挠度和最大挠度。设 EI 为常量。

13-3　求图 13-27 所示悬臂梁的挠曲线方程及自由端的挠度和转角。设 EI＝常量。求解时应注意到梁在 CB 段内无载荷，故 CB 仍为直线。

13-4　用叠加法求图 13-28 所示各梁截面 A 的挠度和截面 B 的转角。EI 为已知常数。

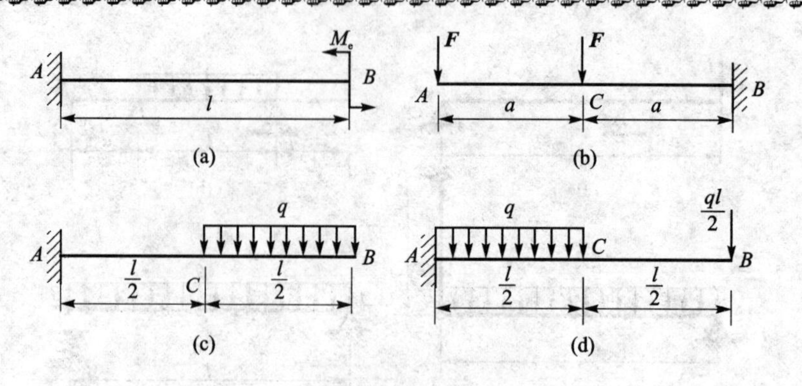

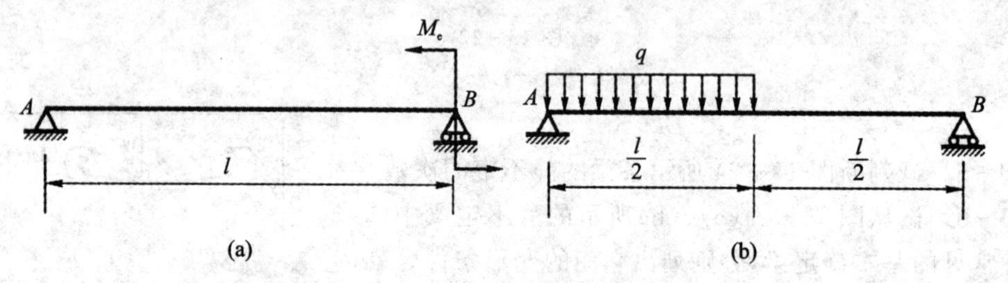

图 13-25 题 13-1 图

图 13-26 题 13-2 图

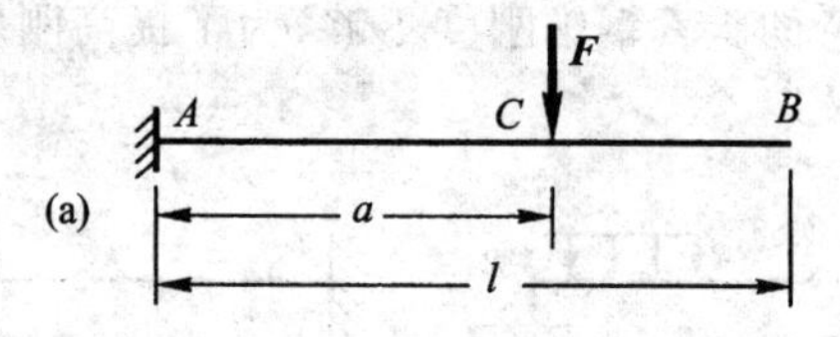

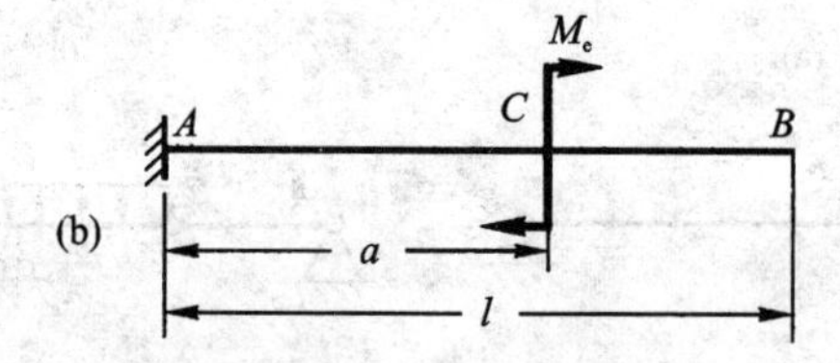

图 13-27 题 13-3 图

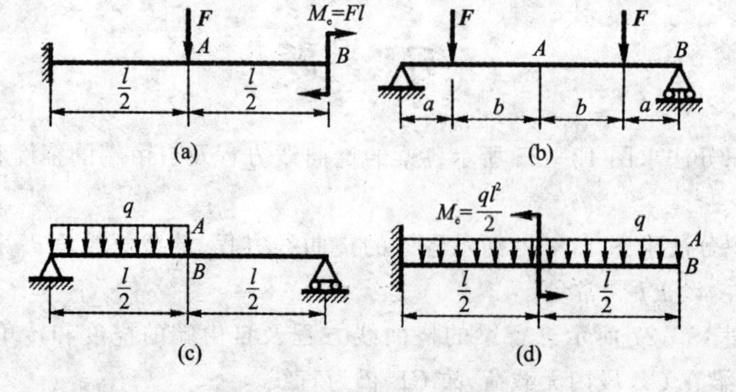

图 13-28 题 13-4 图

13－5　桥式起重机(见图 13－29)的最大载荷为 $P=20\ \text{kN}$。起重机大梁为 32a 工字钢,$E=210\ \text{GPa}$,$l=8.76\ \text{m}$。规定$[\omega]=\dfrac{l}{500}$。校核大梁的刚度。

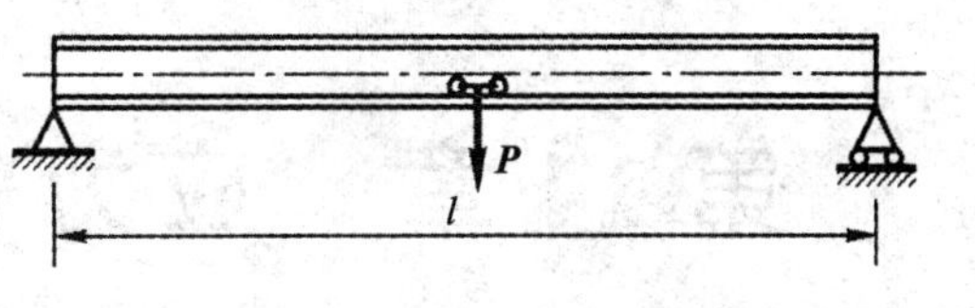

图 13－29　题 13－5 图

13－6　用叠加法求图 13－30 所示外伸梁外伸端的挠度和转角。设 EI 为常数。

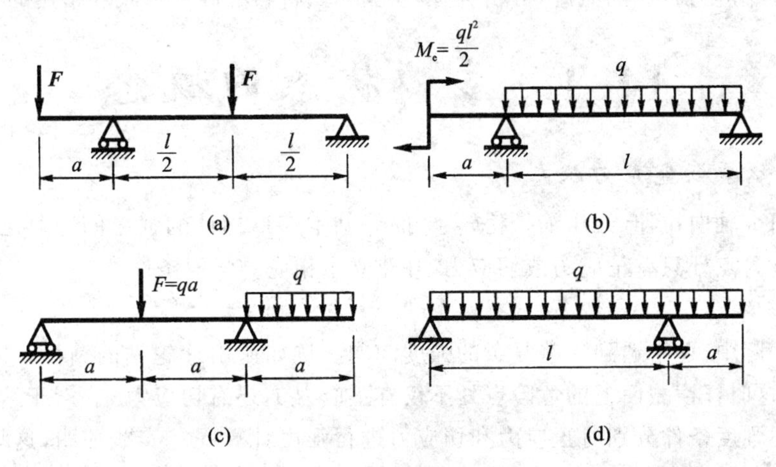

图 13－30　题 13－6 图

13－7　房屋建筑中的某一等截面梁简化成均布载荷作用下的双跨梁(见图 13－31)。试作梁的剪力图和弯矩图。

13－8　图 13－32 所示悬臂梁的抗弯刚度 $EI=30\times10^3\ \text{N}\cdot\text{m}^2$,弹簧的刚度为 $175\times10^3\ \text{N/m}$。若梁与弹簧间的空隙为 1.25 mm,当集中力 $F=450\ \text{N}$ 作用于梁的自由端时,试问弹簧将分担多大的力?

13－9　图 13－33 所示二梁的材料相同,截面惯性矩分别为 I_1 和 I_2。在无外载荷时两梁刚好接触。试求在力 $\boldsymbol{F}$ 作用下,二梁分别负担的载荷。

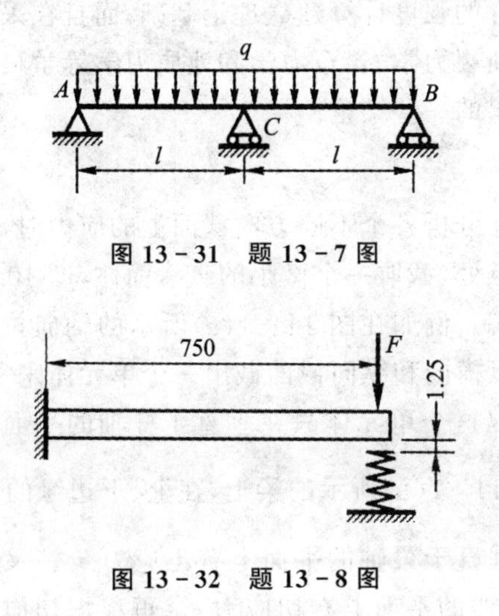

图 13－31　题 13－7 图

图 13－32　题 13－8 图

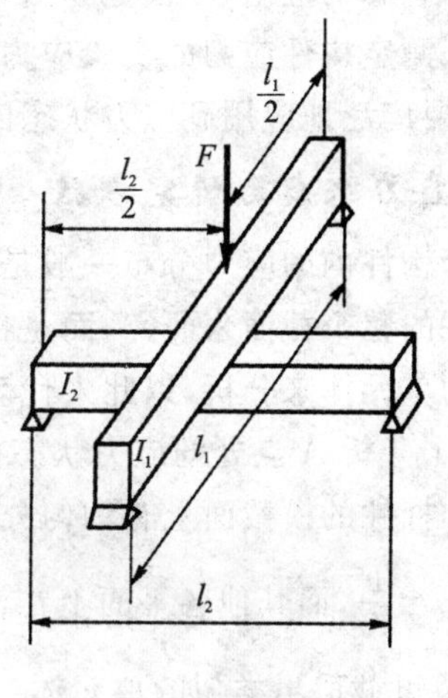

图 13－33　题 13－9 图

第 14 章　应力状态和强度理论

本章将介绍应力状态的概念，分析各种应力状态、材料的破坏形式和常用的强度理论。

14.1　应力状态的概念

1. 为什么要研究应力状态

前面在研究轴向拉伸(或压缩)、扭转、弯曲等基本变形构件的强度问题时已经知道，构件横截面上的危险点处只有正应力或切应力，并建立了相应的强度条件

$$\sigma_{\max} \leqslant [\sigma], \quad \tau_{\max} \leqslant [\tau]$$

但是在工程实际中，还常遇到一些复杂的强度问题。例如矿山牙轮钻的钻杆就同时存在扭转和压缩变形，这时杆横截面上的危险点处不仅有正应力 σ，还有切应力 τ。对于这类构件，是否可以仍用上述强度条件分别对正应力和切应力进行强度计算呢？实践证明，这将导致错误的结果。因为这些截面上的正应力和切应力并不是分别对构件的破坏起作用，而是有所联系的，因而应考虑它们的综合影响。为此，促使人们联系到了构件的破坏现象。

事实上，构件在拉压、扭转、弯曲等基本变形情况下，并不都是沿构件的横截面破坏的。例如，在拉伸试验中，低碳钢屈服时在与试件轴线成 45°的方向出现滑移线；铸铁压缩时，试件却沿着与轴线成接近 45°的斜截面破坏。这表明杆件的破坏还与斜截面上的应力有关。因此，为了分析各种破坏现象，建立组合变形情况下构件的强度条件，还必须研究构件各个不同斜截面上的应力；对于应力非均匀分布的构件，则须研究危险点处的应力状态。所谓一点的应力状态，就是通过受力构件内某一点的各个截面上的应力情况。

应力状态的理论，不仅是为组合变形情况下构件的强度计算建立理论基础；而且在采用实验方法来测定构件应力的实验应力分析中，以及在断裂力学、岩石力学和地质力学等学科的研究中，都要广泛地应用到应力状态的理论和由它得出的一些结论。

2. 应力状态的研究方法

由于构件内的应力分布一般是不均匀的，所以在分析各个不同方向截面上的应力时，不宜截取构件的整个截面来研究，而是在构件中的危险点处，截取一个微小的直六面体，即 10.3 节中所说的单元体来分析，以此来代表一点的应力状态。例如在图 14-1(a)所示的轴向拉伸构件中，为了分析 A 点处的应力状态，可以围绕 A 点以横向和纵向截面截出一个单元体来考虑。由于拉伸杆件的横截面上有均匀分布的正应力，所以这个单元体只在垂直于杆轴的平面上有正应力 $\sigma_x = \dfrac{F}{A}$，而其他各平面上都没有应力。在图 14-1(b)所示的梁上，在上、下边缘的 B 和 B'点处，也可截取出类似的单元体。此单元体只在垂直于梁轴的平面上有正应力 σ_x。又如圆轴扭转时，若在轴表面处截取单元体，则在垂直于轴线的平面上有切应力 τ_x；再根据切应力互等定理，在通过直径的平面上也有大小相等、符号相反的切应力 τ_y，如图 14-1(c)所示。显

然，对于同时产生弯曲和扭转变形的圆杆见图 14-1(d)，若在 D 点处截取单元体，则除有因弯曲而产生的正应力 σ_x 外，还存在因扭转而产生的切应力 τ_x、τ_z。上述这些单元体，都是由受力构件中取出的。因为单元体所截取的边长很小，所以可以认为单元体上的应力是均匀分布的。若令单元体的边长趋于零，则单元体上各截面的应力情况就代表这一点的应力状态。

由上所述，研究一点的应力状态，就是研究该点处单元体各截面上的应力情况。以后将会看到，若已知单元体三对互相垂直面上的应力，则此点的应力状态也就确定。由于在一般工作条件下，构件处于平衡状态，显然从构件中截取的单元体也必须满足平衡条件。因此，可以利用静力平衡条件，来分析单元体各截面上的应力。这就是研究应力状态的基本方法。

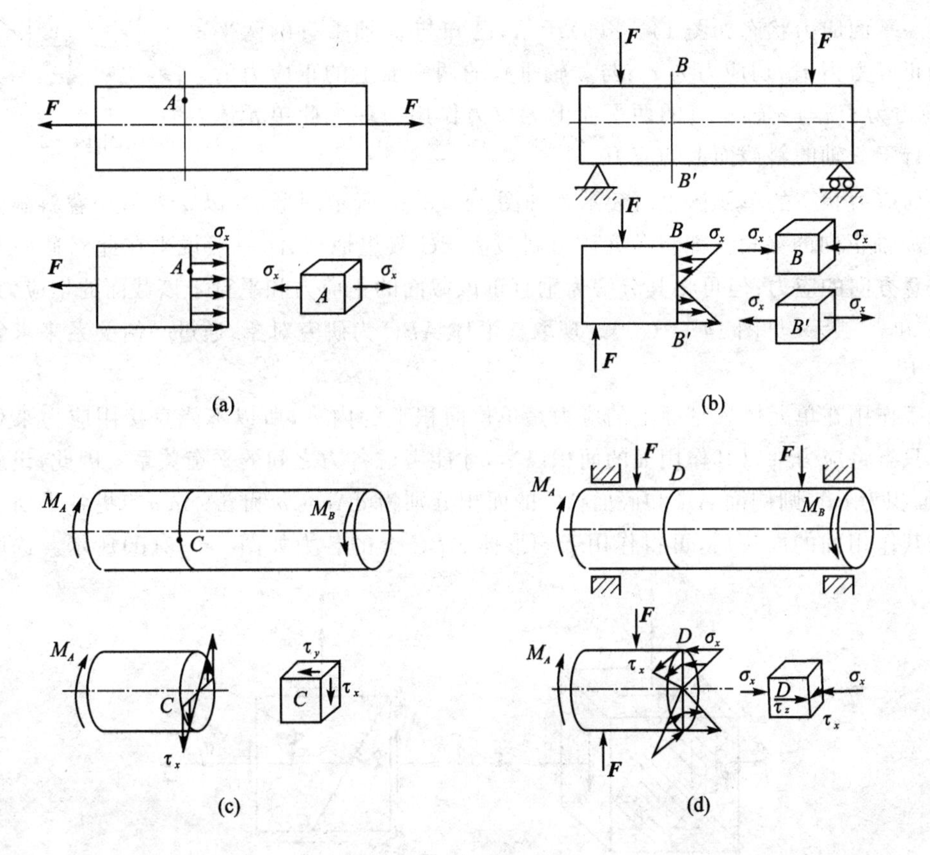

图 14-1

3. 应力状态的分类

在图 14-1(a)、(b)中，单元体的三个相互垂直的面上都无切应力，这种切应力等于零的面称为主平面。主平面上的正应力称为主应力。一般说，通过受力构件的任意点皆可找到三个相互垂直的主平面，因而每一点都有三个主应力。对简单的拉伸(或压缩)，三个主应力中只有一个不等于零，称为单向应力状态；若三个主应力中有两个不等于零，称为二向或平面应力状态；当三个主应力皆不等于零时，称为三向或空间应力状态。单向应力状态也称为简单应力状态，二向和三向应力状态也统称为复杂应力状态。本章着重讨论平面应力状态，而对空间应力状态仅作一般介绍。

14.2 平面应力状态分析

平面应力状态是经常遇到的情况。图 14-2 所示的单元体，为平面应力状态的最一般情况。在构件中截取单元体时，总是选取这样的截面位置，使单元体上所作用的应力均为已知。然后在此基础上，分析任意斜截面上的应力，确定最大正应力和最大切应力。

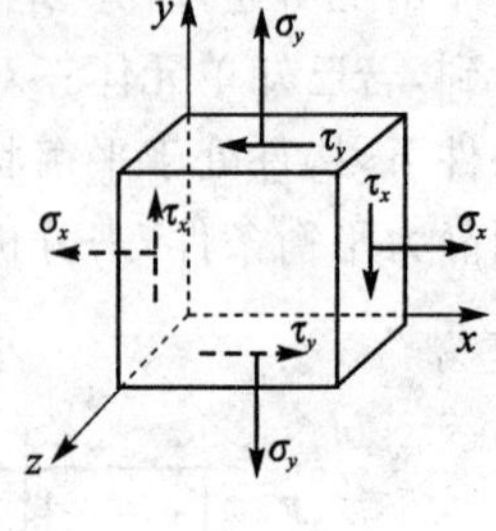

图 14-2

1. 斜截面上的应力

设一平面应力状态如图 14-3(a)所示，已知与 x 轴垂直的两平面上的正应力为 σ_x，切应力为 τ_x；与 y 轴垂直的两平面上的正应力为 σ_y，切应力为 τ_y；与 z 轴垂直的两平面上无应力作用。现求此单元体任意平行于 z 轴的斜截面上的应力。

平面应力状态的单元体也可表示为如图 14-3(b)所示图形，并以 α 表示任意斜截面的外法线与 x 轴正向的夹角。如将单元体沿斜截面 BC 假想地截开，一般说来在此斜截面上将作用有任意方向的应力；但可将其分解为垂直于该截面的正应力和平行于该截面的切应力，并分别以 σ_α 和 τ_α 表示(见图 14-3(c))。现取楔形体 ABC 为研究对象，通过平衡关系来求斜截面上的应力。

由于作用在单元体各平面上的应力是单位面积上的内力，所以不能直接用应力来列平衡方程。只有将应力乘以其作用面的面积以后，才能考虑各力之间的平衡关系。因此，设斜截面 BC 的面积为 $\mathrm{d}A$，则侧面 AB 和底面 AC 的面积分别为 $\mathrm{d}A\cos\alpha$ 和 $\mathrm{d}A\sin\alpha$。将各平面上的应力乘以其作用面的面积后，可得作用于楔形体 ABC 上的各力如图 14-3(d)所示。选取垂直

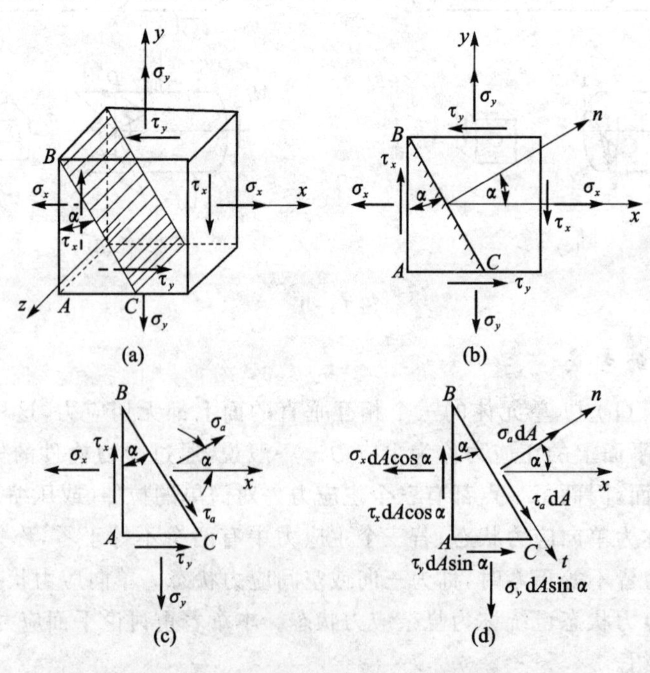

图 14-3

于斜截面的 n 轴和平行于斜截面的 t 轴为参考坐标轴，考虑楔形体 ABC 在 n 方向的平衡，由平衡条件

$$\sum N=0,\sigma_\alpha \mathrm{d}A-(\sigma_x \mathrm{d}A\cos\alpha)\cos\alpha+(\tau_x \mathrm{d}A\cos\alpha)\sin\alpha-(\sigma_y \mathrm{d}A\sin\alpha)\sin\alpha+(\tau_y \mathrm{d}A\sin\alpha)\cos\alpha=0$$

由切应力互等定理，$\tau_x=\tau_y$，则上式可简化为

$$\sigma_\alpha=\sigma_x\cos^2\alpha+\sigma_y\sin^2\alpha-2\tau_x\sin\alpha\cos\alpha$$

又由三角关系

$$\left.\begin{aligned}\cos^2\alpha&=\frac{1+\cos 2\alpha}{2}\\ \sin^2\alpha&=\frac{1-\cos 2\alpha}{2}\\ 2\sin\alpha\cos\alpha&=\sin 2\alpha\end{aligned}\right\}\tag{a}$$

将其代入前式，可得

$$\sigma_\alpha=\frac{\sigma_x+\sigma_y}{2}+\frac{\sigma_x-\sigma_y}{2}\cos 2\alpha-\tau_x\sin 2\alpha\tag{14-1}$$

考虑楔形体在 t 方向的平衡，则由平衡条件

$$\sum T=0,\quad \tau_\alpha \mathrm{d}A-(\sigma_x \mathrm{d}A\cos\alpha)\sin\alpha-(\tau_x \mathrm{d}A\cos\alpha)\cos\alpha+(\sigma_y \mathrm{d}A\sin\alpha)\cos\alpha+(\tau_y \mathrm{d}A\sin\alpha)\sin\alpha=0$$

由切应力互等定理，简化后得

$$\tau_\alpha=(\sigma_x-\sigma_y)\sin\alpha\cos\alpha+\tau_x(\cos^2\alpha-\sin^2\alpha)$$

再由式(a)所列的三角关系，得

$$\tau_\alpha=\frac{\sigma_x-\sigma_y}{2}\sin 2\alpha+\tau_x\cos 2\alpha\tag{14-2}$$

这样，利用公式(14－1)和(14－2)，就可以从单元体上的已知应力 σ_x、σ_y、τ_x 和 τ_y，求得任意斜截面上的正应力 σ_α 和切应力 τ_α。并且由此两式出发，还可求得单元体的极值正应力和极值切应力。所以，这两个方程也称为应力转换方程。

利用公式(14－1)、(14－2)进行计算时，还应注意符号的规定：正应力以拉应力为正，压应力为负；切应力对单元体内任一点的矩为顺时针转向时为正，反之为负。例如在图 14－3 中，σ_x、σ_y、τ_x 和 σ_α、τ_α 均为正方向。而 τ_y 则为负方向。对于夹角 α，则规定从 x 轴正向转到斜截面的外法线 n，逆时针转向时的角度为正，反之为负。例如图 14－3 中的 α 角就是正值。

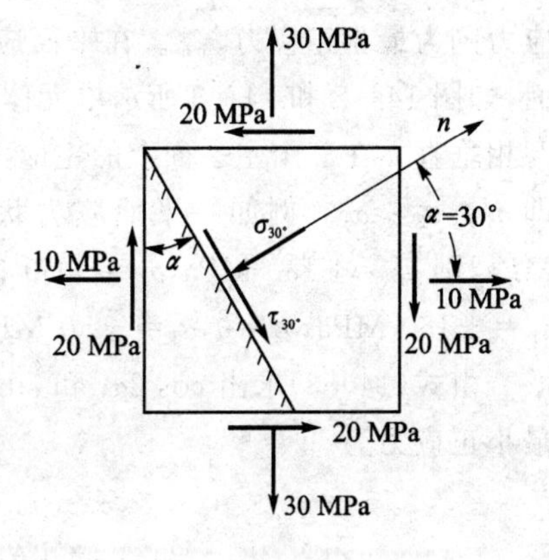

图 14－4

例 14－1　一单元体如图 14－4 所示，试求在 $\alpha=30°$ 的斜截面上的应力。

解　按应力和夹角的符号规定，此题中，$\sigma_x=+10\ \text{MPa}$，$\sigma_y=+30\ \text{MPa}$，$\tau_x=+20\ \text{MPa}$，$\tau_y=-20\ \text{MPa}$，$\alpha=+30°$。将其代入式(14－1)，可得斜截面上的正应力为

$$\sigma_\alpha=\frac{\sigma_x+\sigma_y}{2}+\frac{\sigma_x-\sigma_y}{2}\cos 2\alpha-\tau_x\sin 2\alpha=$$

$$\left(\frac{10+30}{2}+\frac{10-30}{2}\cos 60°-20\sin 60°\right)\text{MPa}=$$

$$(20-10\times0.5-20\times0.866)\text{MPa}=-2.32\ \text{MPa}$$

由式(14-2)可得斜截面上的切应力为

$$\tau_\alpha=\frac{\sigma_x-\sigma_y}{2}\sin 2\alpha+\tau_x\cos 2\alpha=\left(\frac{10-30}{2}\times\sin 60^\circ+20\cos 60^\circ\right)\text{MPa}$$
$$=(-10\times0.866+20\times0.5)\text{MPa}=+1.34\ \text{MPa}$$

所得的正应力 σ_α 为负值,表明它是压应力;切应力 τ_α 为正值,其方向则如图 14-4 所示。

2. 极值正应力和极值切应力

由式(14-1)和(14-2)可以看出,斜截面上的应力 σ_α 和 τ_α 是随角 α 连续变化的。在分析构件的强度时关心的是在哪一个截面上的应力为极值,以及它们的大小。由于 σ_α 和 τ_α 是 α 的连续函数,因此,可以利用高等数学中求极值的方法来确定应力极值及其所在截面的位置。现先求极值正应力。

由式(14-1),令 $\dfrac{d\sigma_\alpha}{d\alpha}=0$,得

$$\frac{d\sigma_\alpha}{d\alpha}=\frac{\sigma_x-\sigma_y}{2}(-2\sin 2\alpha)-\tau_x(2\cos 2\alpha)=0$$

即

$$\frac{\sigma_x-\sigma_y}{2}\sin 2\alpha+\tau_x\cos 2\alpha=0 \tag{b}$$

把式(b)与式(14-2)比较可知,正应力取得极值(极大、极小)的平面,就是切应力为零的平面(主平面),该平面上的应力就是主应力。

若以 α_0 表示主平面的法线 n 与 x 轴正向间的夹角,由式(b)可得

$$\frac{\sin 2\alpha_0}{\cos 2\alpha_0}=-\frac{\tau_x}{\dfrac{\sigma_x-\sigma_y}{2}}$$

即

$$\tan 2\alpha_0=-\frac{2\tau_x}{\sigma_x-\sigma_y} \tag{14-3}$$

上式可确定 α_0 的两个数值,即 α_0 和 $\alpha_0'=\alpha_0+90^\circ$。这表明,两个主平面是相互垂直的;同样,两个主应力也必相互垂直。在一个主平面上的主应力为最大正应力 σ_{max};另一个主平面上的主应力则为最小正应力 σ_{min}。在平面应力状态中,单元体上没有应力作用的平面也是一个主平面,如图 14-2 和 14-3 所示单元体垂直于 z 轴的平面,也是主平面,它与另外两个主平面也互相垂直。在三个主平面上的主应力通常用 σ_1、σ_2 和 σ_3 来表示,并按代数值的大小顺序排列,即 $\sigma_1\geqslant\sigma_2\geqslant\sigma_3$。例如一平面应力状态的单元体,若其上的主应力分别为 +150 MPa,+50 MPa,则 $\sigma_1=+150$ MPa,$\sigma_2=+50$ MPa,$\sigma_3=0$;若两主应力分别为 +150 MPa,−50 MPa,则 $\sigma_1=+150$ MPa,$\sigma_2=0$,$\sigma_3=-50$ MPa。

由式(14-3)求出 $\cos 2\alpha_0$ 和 $\sin 2\alpha_0$ 后代入式(14-1),得到两主平面上的最大正应力和最小正应力为

$$\left.\begin{matrix}\sigma_{max}\\ \sigma_{min}\end{matrix}\right\}=\frac{\sigma_x+\sigma_y}{2}\pm\sqrt{\left(\frac{\sigma_x-\sigma_y}{2}\right)^2+\tau_x^2} \tag{14-4}$$

现再求极值切应力。由公式(14-2),令 $\dfrac{d\tau_\alpha}{d\alpha}=0$,得

$$\frac{d\tau_\alpha}{d\alpha}=(\sigma_x-\sigma_y)\cos 2\alpha-2\tau_x\sin 2\alpha=0 \tag{c}$$

若以 α_1 表示极值切应力所在平面的法线与 x 轴正向间的夹角，则由式(c)可得

$$\tan 2\alpha_1=\frac{\sigma_x-\sigma_y}{2\tau_x} \tag{14-5}$$

上式也可确定互成 90°的两个 α_1 值，即 α_1 和 $\alpha_1'=\alpha_1+90°$。比较式(14-3)与(14-5)可见

$$\tan 2\alpha_1=-\cot 2\alpha_0=\tan(2\alpha_0+90°)$$

$$\alpha_1=\alpha_0+45°$$

即 α_1 与 α_0 相差 45°。这说明极值切应力的所在平面与主平面成 45°角。

极值切应力作用面与极值正应力作用面的关系为：由 σ_{max} 作用面顺时针转 45°至 τ_{min} 作用面，反时针转 45°至 τ_{max} 作用面。τ_{max} 与 τ_{min} 分别作用在相互垂直的平面上，大小相等、转向相反，符合切应力互等定理。

与公式(14-4)的推导过程类似，由式(14-5)求出 $\sin 2\alpha_1$ 及 $\cos 2\alpha_1$ 后，代入式(14-2)可求得最大切应力和最小切应力为

$$\left.\begin{matrix}\tau_{max}\\ \tau_{min}\end{matrix}\right\}=\pm\sqrt{\left(\frac{\sigma_x-\sigma_y}{2}\right)^2+\tau_x^2} \tag{14-6}$$

由式(14-4)知

$$\sigma_{max}-\sigma_{min}=2\sqrt{\left(\frac{\sigma_x-\sigma_y}{2}\right)^2+\tau_x^2}=2\tau_{max}$$

$$\left.\begin{matrix}\tau_{max}\\ \tau_{min}\end{matrix}\right\}=\pm\frac{\sigma_{max}-\sigma_{min}}{2} \tag{14-7}$$

$$\sigma_{max}+\sigma_{min}=\sigma_x+\sigma_y$$

上式说明，单元体的两互相垂直平面上的正应力之和保持不变。

例 14-2　试求例 14-1 中所示单元体(见图 14-5)的主应力和最大切应力。

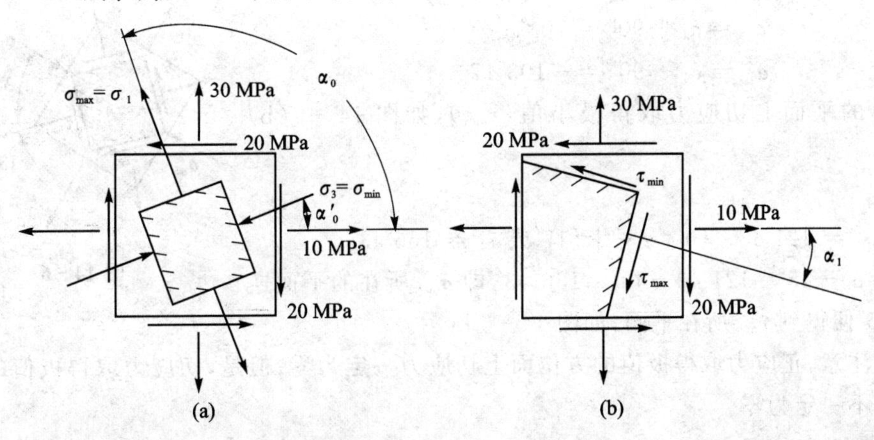

图 14-5

解　(1) 求主应力　已知 $\sigma_x=+10$ MPa，$\sigma_y=+30$ MPa，$\tau_x=+20$ MPa，将其代入公式(14-4)，得主应力之值为

$$\left.\begin{matrix}\sigma_{max}\\ \sigma_{min}\end{matrix}\right\}=\frac{\sigma_x+\sigma_y}{2}\pm\sqrt{\left(\frac{\sigma_x-\sigma_y}{2}\right)^2+\tau_x^2}=\frac{10+30}{2}\text{ MPa}\pm\sqrt{\left(\frac{10-30}{2}\right)^2+20^2}\text{ MPa}$$

$$= \begin{cases} +42.4\ \text{MPa(拉应力)} \\ -2.4\ \text{MPa(压应力)} \end{cases}$$

所以，$\sigma_1=\sigma_{max}=42.4$ MPa，$\sigma_2=0$，$\sigma_3=\sigma_{min}=-2.4$ MPa

不难得到，$\sigma_1+\sigma_3=\sigma_x+\sigma_y=40$ MPa。利用这个关系可以校核计算结果的正确性。

(2) 确定主平面的方位由式(14-3)

$$\tan 2\alpha_0=-\frac{2\tau_x}{\sigma_x-\sigma_y}=\frac{-(2\times20)}{(10-30)}=\frac{-2}{-1}=2$$

故 $2\alpha_0$ 在第三象限，而

$$2\alpha_0=63°26'+180°,\quad \alpha_0=121°43'$$

在 $\alpha_0=121°43'$的平面上正应力取得极大值(σ_{max})

$$\alpha_0'=\alpha-90°=31°43'$$

或

$$\alpha_0'=\alpha_0+90°=211°43'$$

在 α_0'的平面上正应力取得极小值(σ_{min})，如图 14-5(a)所示(主单元体)。

(3) 求值极值切应力

$$\left.\begin{matrix}\tau_{max}\\ \tau_{min}\end{matrix}\right\}=\pm\sqrt{\left(\frac{\sigma_x-\sigma_y}{2}\right)^2+\tau_x^2}=\pm\sqrt{\left(\frac{10-30}{2}\right)^2+20^2}\ \text{MPa}=\pm22.4\ \text{MPa}$$

或

$$\left.\begin{matrix}\tau_{max}\\ \tau_{min}\end{matrix}\right\}=\pm\frac{\sigma_{max}-\sigma_{min}}{2}=\pm\frac{42.4-(-2.4)}{2}\text{MPa}=\pm22.4\ \text{MPa}$$

(4) 确定极值切应力的方位面

$$\tan 2\alpha_1=\frac{\sigma_x-\sigma_y}{2\tau_x}=\frac{10-30}{2\times20}=\frac{-1}{2}=-0.5$$

所以，$2\alpha_1$ 在第四象限。

$$2\alpha_1=-26°34',\quad \alpha_1=-13°17'$$

在 $\alpha_1=-13°17'$的平面上切应力取得极大值(τ_{max})，

$$\alpha'_1=\alpha_1+90°=76°43'$$

或

$$\alpha'_1=\alpha_1-90°=-103°17'$$

在 α_1'的平面上切应力取得极小值(τ_{min})，如图 14-5(b)所示。

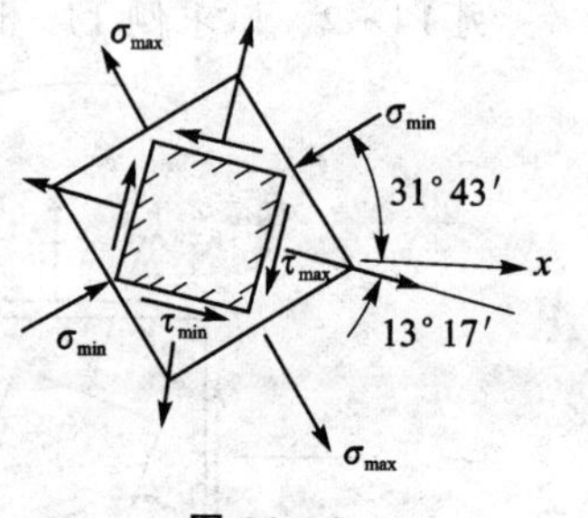

图 14-6

由于

$$\alpha_0=121°43',\quad \alpha_1=-13°17'\text{或}\alpha_1=166°43'$$

所以，$\alpha_1=\alpha_0+45°=121°43'+45°=166°43'$，即 σ_{max}所在的平面逆时针转 45°便得到 τ_{max}所在平面，如图 14-6 所示。

应该注意，正应力取得极值的方位面上切应力一定为零；但是，切应力取得极值的方位面上正应力不一定为零。

3. 纯剪切和单向应力状态

前面已经得到平面应力状态的应力转换方程(14-1)、(14-2)，在此基础上，再来讨论平面应力状态的两种特殊情况：纯剪切和单向应力状态。

(1) 纯剪切应力状态　我们知道，圆轴扭转时在横截面的周边上切应力最大，如在此处按横截面、径向截面和与表面平行的截面截取单元体，则这个单元体处于纯剪切应力状态，如

图 14-7(a)、(b)所示。为了得到此单元体任意斜截面上应力的计算公式,可令式(14-1)、(14-2)中的 $\sigma_x=\sigma_y=0$,从而得到

$$\sigma_\alpha = -\tau_x \sin 2\alpha$$

$$\tau_\alpha = \tau_x \cos 2\alpha$$

由上两式可知,当 $\alpha_0=-45^\circ$ 和 $\alpha'_0=+45^\circ$ 时,σ_α 为极值,且 $\tau_\alpha=0$。即

$\alpha_0=-45^\circ$ 时，　$\sigma_{max}=\sigma_1=\tau_x$，　$\tau_\alpha=0$

$\sigma'_0=+45^\circ$ 时，　$\sigma_{min}=\sigma_3=-\tau_x$，　$\tau'_\alpha=0$

由此可知,当单元体处于纯剪切应力状态时,主平面与纯剪切面成 45°角,其上的主应力值为 $\sigma_1=-\sigma_3=|\tau_x|$,如图 14-7(c)所示。这是平面应力状态中的一个重要的应力变换。

(2) 单向应力状态　如本章开始时所说的那样,在图 14-8(a)所示的拉伸直杆中,若自 A 点处截取一单元体,则其应力状态如图 14-8(b)所示,这是一个单向应力状态。

为求单向应力状态下单元体任意斜截面上的应力,仍可利用式(14-1)和(14-2),令式中的 $\sigma_x=\sigma,\sigma_y=\tau_x=0$,由此可得

$$\sigma_\alpha = \frac{\sigma}{2}(1+\cos 2\alpha)$$

$$\tau_\alpha = \frac{\sigma}{2}\sin 2\alpha$$

此即单向应力状态下任意斜截面上应力的计算公式。

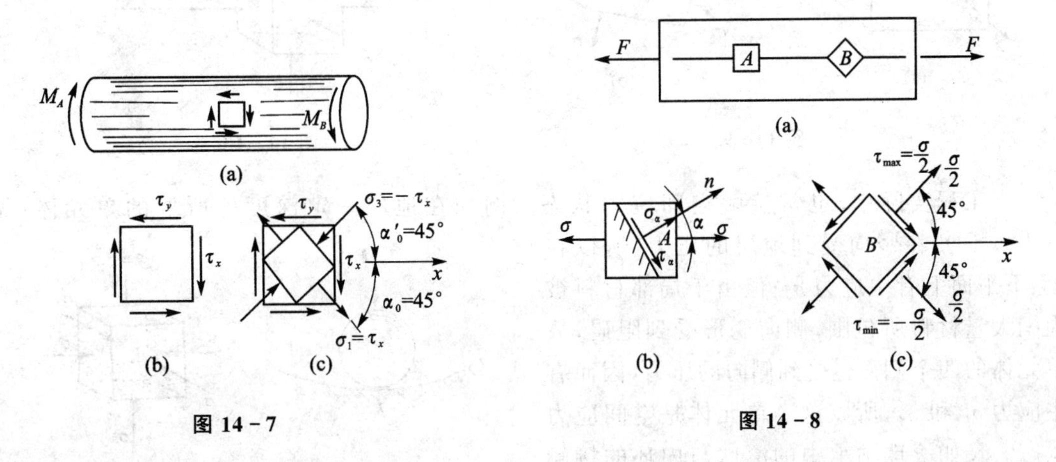

图 14-7　　图 14-8

当 $\alpha=\pm 45^\circ$ 时,可得极值切应力为

$$\left.\begin{matrix}\tau_{max}\\ \tau_{min}\end{matrix}\right\}=\pm\frac{\sigma}{2}$$

此截面上的正应力为

$$\sigma_{45^\circ} = \sigma_{-45^\circ} = \frac{\sigma}{2}$$

由此可知,在轴向拉伸(或压缩)时,杆的最大正应力即为横截面上的正应力;最大切应力则在与杆轴成 45°的斜截面上,其值为横截面上正应力的一半。

应该注意,如果在轴向拉伸(压缩)的杆件中,沿与杆轴成±45°的斜截面截取单元体,则这个单元体的应力状态将如图 14-8(c)所示,其四个斜截面上除最大和最小切应力外还有正应

力,看起来似乎是平面应力状态,但实际上却是单向应力状态。

14.3 空间应力状态

1. 空间应力状态的概念和实例

一般说来,自受力构件中截取出的空间应力状态的单元体,其三个互相垂直平面上的应力可能是任意方向的,但都可以将其分解为垂直于其作用面的正应力和平行于单元体棱边的两个切应力,如图 14-9(a)所示。理论分析证明,与平面应力状态类似,对于这样的单元体,也一定可以找到三对相互垂直的平面,在这些平面上没有切应力,而只有正应力。也就是说,按这三对平面截取的单元体只有三个主应力作用,如图 14-9(b)所示。这是表示空间应力状态的常用方式。

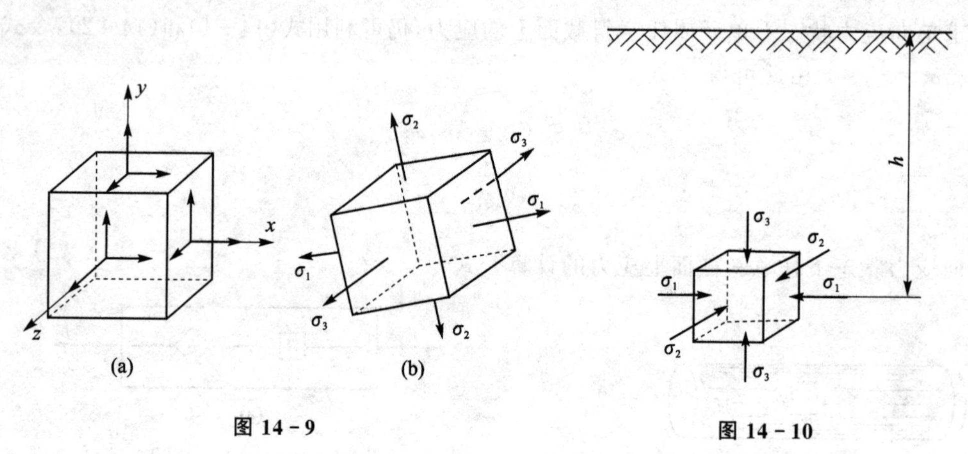

图 14-9

图 14-10

在工程实际中,也常接触空间应力状态。例如在地层一定深度处所取的单元体(见图 14-10),在竖向受到地层的压力,所以在上、下平面上有主应力 σ_3;但由于局部材料被周围大量材料所包围,侧向变形受到阻碍,故单元体的四个侧面也受到侧向的压力,因而有主应力 σ_1 和 σ_2,所以这一单元体是空间应力状态。又如滚珠轴承中的滚球与内环的接触处(见图 14-11),也是三向压缩的应力状态。

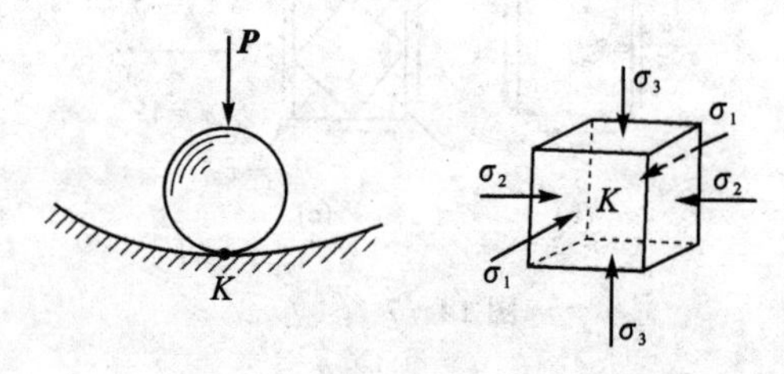

图 14-11

由前述可见,一点的应力状态总可以用三个主平面上的主应力来表示,这种表示方法比较简单明确。

2. 最大正应力和最大切应力

(1) 最大正应力 理论分析证明,对各类应力状态的单元体,第一主应力 σ_1 是各不同方向截面上正应力的最大值,而第三主应力 σ_3 则是各不同方向截面上正应力中的最小值,即

$$\sigma_{\max} = \sigma_1, \quad \sigma_{\min} = \sigma_3 \tag{14-8}$$

(2) 最大切应力 式(14-6)、(14-7)求得的最大切应力,只是垂直于 xy 平面的斜截面上的切应力的最大值,它不一定是过一点的所有方位面上切应力的最大值。

图 14－12(a)为处于三向应力状态的点，其中 $\sigma_1 > \sigma_2 > \sigma_3$，现求最大切应力。

在平行于主应力 σ_1 方向的任意斜截面上，其正应力和切应力均与 σ_1 无关，可视为图 14－12(b)。正应力的最大、最小值分别为

$$\sigma_{max} = \sigma_2, \quad \sigma_{min} = \sigma_3$$

由式(14－7)得

$$\tau_{max} = \frac{\sigma_{max} - \sigma_{min}}{2} = \frac{\sigma_2 - \sigma_3}{2} \tag{a}$$

同理，平行于 σ_2 方向的斜截面可视为图 14－12(c)。正应力的最大、最小值分别为

$$\sigma_{max} = \sigma_1, \quad \sigma_{min} = \sigma_3$$

$$\tau_{max} = \frac{\sigma_{max} - \sigma_{min}}{2} = \frac{\sigma_1 - \sigma_3}{2} \tag{b}$$

平行于 σ_3 方向的斜面可视为图 14－12(d)。

$$\sigma_{max} = \sigma_1, \quad \sigma_{min} = \sigma_2$$

$$\tau_{max} = \frac{\sigma_{max} - \sigma_{min}}{2} = \frac{\sigma_1 - \sigma_2}{2} \tag{c}$$

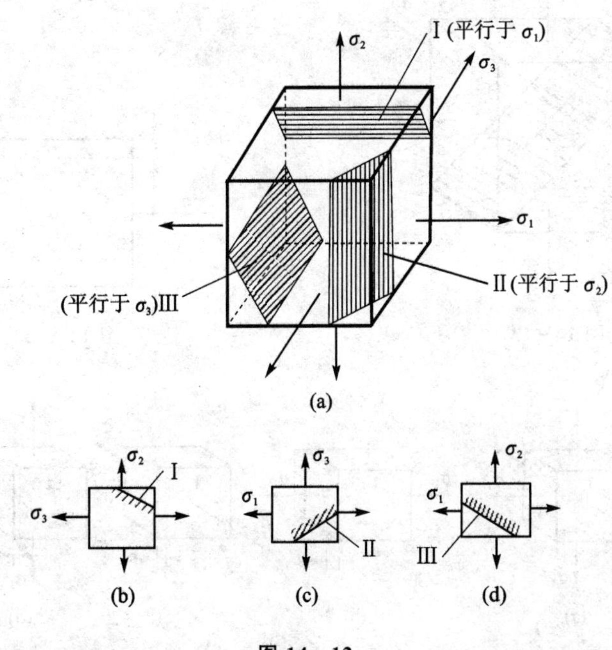

图 14－12

比较(a)、(b)、(c)三式可知，过一点的所有截面上切应力的最大值为

$$\tau_{max} = \frac{\sigma_1 - \sigma_3}{2} \tag{14-9}$$

其作用面与最大主应力 σ_1 和最小主应力 σ_3 的所在平面各成顺时针向和逆时针向的 45°角，且与主应力 σ_2 的作用面垂直，如图 14－13 所示。最大切应力作用面上的正应力值为$\frac{\sigma_1 + \sigma_3}{2}$。

3. 广义胡克定律

现在再来讨论空间应力状态下应力与应变的关系。在 8.3 节中曾介绍过轴向拉伸构件的

变形计算,得到了单向应力状态下应力与应变的关系(见图 14-14),即与应力方向一致的纵向应变为

$$\varepsilon=\frac{\sigma}{E}$$

垂直于应力方向的横向应变为

$$\varepsilon'=-\mu\varepsilon=-\mu\frac{\sigma}{E}$$

在空间应力状态下,单元体同时受到 σ_1、σ_2 和 σ_3 的作用(见图 14-15(a))。此时若计算沿 σ_1 方向的第一棱边的变形,则由 σ_1 引起的应变(见图 14-15(b))为

$$\varepsilon'_1=\frac{\sigma_1}{E}$$

因 σ_2 和 σ_3 而引起的应变(见图 14-15(c)、(d))则为

$$\varepsilon''_1=-\mu\frac{\sigma_2}{E},\quad \varepsilon'''_1=-\mu\frac{\sigma_3}{E}$$

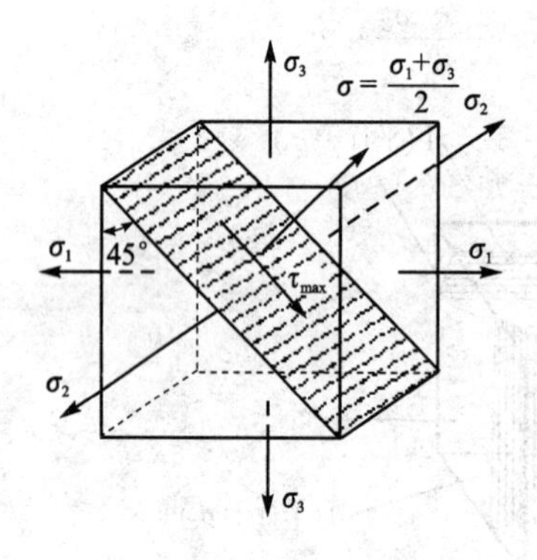

图 14-13

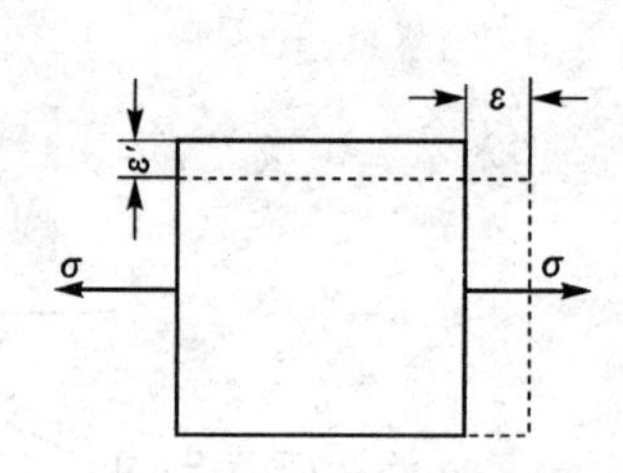

图 14-14

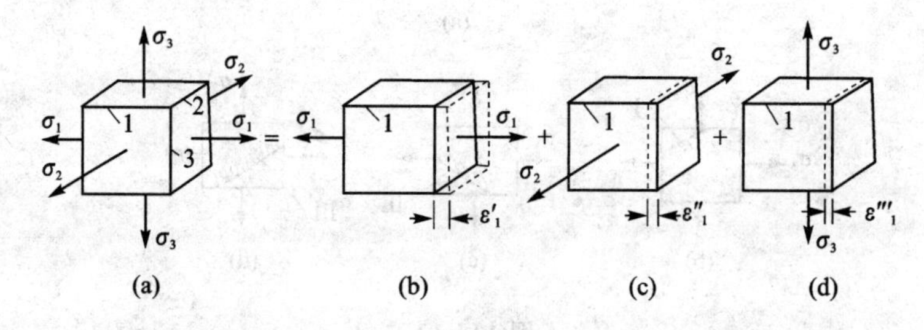

图 14-15

因此,沿主应力 σ_1 的方向的总应变为

$$\varepsilon_1=\varepsilon'_1+\varepsilon''_1+\varepsilon'''_1$$

即

$$\left.\begin{aligned}\varepsilon_1&=\frac{1}{E}[\sigma_1-\mu(\sigma_2+\sigma_3)]\\ \varepsilon_2&=\frac{1}{E}[\sigma_2-\mu(\sigma_3+\sigma_1)]\\ \varepsilon_3&=\frac{1}{E}[\sigma_3-\mu(\sigma_1+\sigma_2)]\end{aligned}\right\}\qquad(14-10)$$

式(14－10)给出了在空间应力状态下，任意一点处沿主应力方向的线应变与主应力之间的关系，通常称之为广义胡克定律。它只有在线弹性条件下才能成立。式中的 σ_1、σ_2、σ_3 均应以代数值代入，求出的 ε_1、ε_2、ε_3，若为正值则表示应变为伸长；负值则表示应变为缩短。与主应力的顺序类似，按代数值排列，这三个线应变的顺序是 $\varepsilon_1 \geqslant \varepsilon_2 \geqslant \varepsilon_3$。并且，沿 σ_1 方向的线应变 ε_1 是所有不同方向线应变中的最大值，即

$$\varepsilon_{max} = \varepsilon_1 \tag{14-11}$$

在线弹性和小变形条件下，切应力不引起线应变。因此，若单元体各面不是主平面，则只需将式(14－10)中各符号下标 1、2、3 相应改为 x、y、z，即得线应变 ε_x、ε_y、ε_z 与正应力 σ_x、σ_y、σ_z 之间的关系式。

14.4　材料的破坏形式

前面，对各种应力状态进行了分析。实践证明，不同的材料在各种应力状态下，可能出现不同的破坏现象。因此，在分析构件在复杂应力状态下的强度时，还须考虑材料的破坏形式，并以此为依据来建立材料在复杂应力状态下的强度条件。为此，本节先讨论材料的破坏形式。

1. 材料破坏的基本形式

在前面的一些章节中，曾接触过一些材料的破坏现象，如果以低碳钢和铸铁两种材料为例，它们在拉伸(压缩)和扭转试验时的破坏现象虽然各有不同，但都可把它归纳为两类基本形式，即脆性断裂和塑性屈服。

例如，铸铁拉伸或扭转时，在未产生明显的塑性变形的情况下就突然断裂，材料的这种破坏形式，叫做脆性断裂。前面章节中提到的石料压缩时的破坏，也是这种破坏形式。又如低碳钢在拉伸、压缩和扭转时，当试件的应力达到屈服点后，发生明显的塑性变形，使其失去正常的工作能力，这是材料破坏的另一种基本形式，叫做塑性屈服。至于铸铁压缩时的破坏，因在试件被剪断前材料已产生了明显的塑性变形，也属于塑性屈服的破坏形式。在通常情况下，脆性材料(例如铸铁、高碳钢等)的破坏形式是脆性断裂；而一般塑性材料(例如低、中碳钢，铝，铜等)的破坏形式是塑性屈服。

试验研究的结果表明，金属材料具有两种极限抵抗能力：一种是抵抗脆性断裂的极限抗力，例如，铸铁拉伸时，用抗拉强度 σ_b 来表示；另一种是抵抗塑性屈服的极限抗力，例如，低碳钢拉伸时，可用屈服时的切应力 τ_s 来表示。一般来说，脆性材料对塑性屈服的极限抗力大于其对脆性断裂的极限抗力；而塑性材料对脆性断裂的极限抗力大于其对塑性屈服的极限抗力。

材料在受力后是否发生破坏，这取决于构件的应力是否超过材料的极限抗力。例如，在低碳钢拉伸试验中，材料屈服时在试件表面上出现与轴线成 45°角的滑移线(见图 14－16(a))，就是由于这个方向的截面上的最大切应力 τ_{max} 达到某一极限值所引起的。同时，铸铁压缩时，试件沿与轴线接近 45°的斜截面上发生破坏(见图 14－16(b))，也是由于此截面上的最大切应力 τ_{max} 的作用。而当铸铁拉伸时，试件沿横截面呈脆性断裂，这是因为在此截面上的最大拉应力达到了极限值所致。而低碳钢扭转时，则是因为横截面上的切应力到达某一极限值，首先使材料屈服而产生较大的塑性变形，在应力不断增加的情况下继而沿横截面将试件剪断(见图 14－17(a))。但铸铁扭转时，则由于在与轴线成 45°的螺旋面上有最大拉应力，因而使试件沿此螺旋面被拉断(见图 14－17(b))。

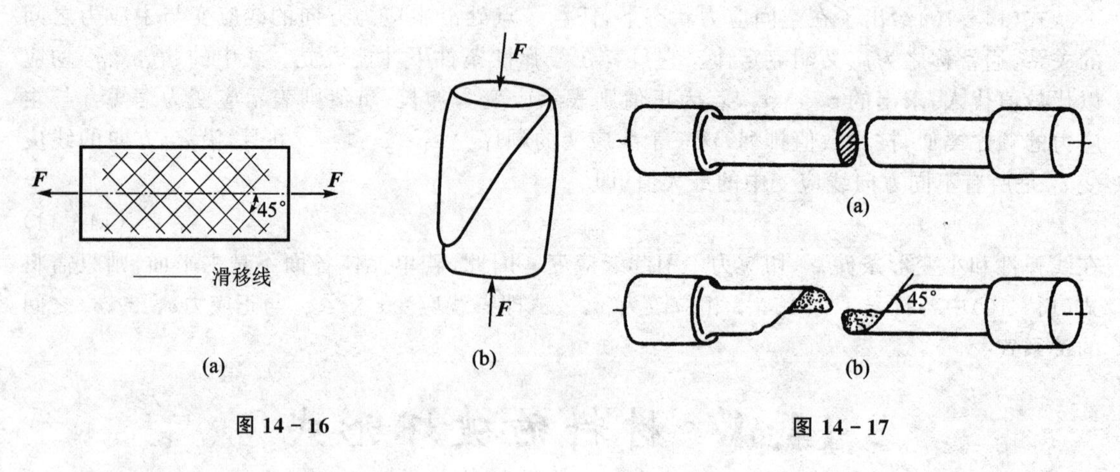

图 14－16　　　　图 14－17

2. 应力状态对材料破坏形式的影响

材料的破坏形式是呈脆性断裂,还是呈塑性屈服,不仅由材料本身的性质所决定,还与材料的应力状态有很大关系。

试验证明,同一种材料在不同的应力状态下,会发生不同形式的破坏。也就是说,不同的应力状态将影响材料的破坏形式。例如,铸铁在拉伸时呈脆性断裂,而在压缩时则有较大的塑性变形,这就是一个明显的例子。又如,有环形凹槽的低碳钢拉杆(见图 14－18(a)),由于凹槽处截面有显著改变,而产生了应力集中。此时轴向变形欲急剧增大,并使其横向变形显著收缩,但是这种横向收缩将受到凹槽周围材料的牵制,所以在凹槽处的单元体,除轴向应力 σ_1 外,其侧面上还同时存在主应力 σ_2 和 σ_3,处于三向拉伸应力状态(见图 14－18(b))。在这种情况下,拉杆在凹槽处将呈脆性断裂。这种现象是普遍存在的。很多试验证明,在三向拉伸应力状态下,即使是塑性材料也会发生脆性断裂。但是,若材料处于三向压缩应力状态(如大理石在各侧面上受压缩),即使是脆性材料,却表现为有较大的塑性。

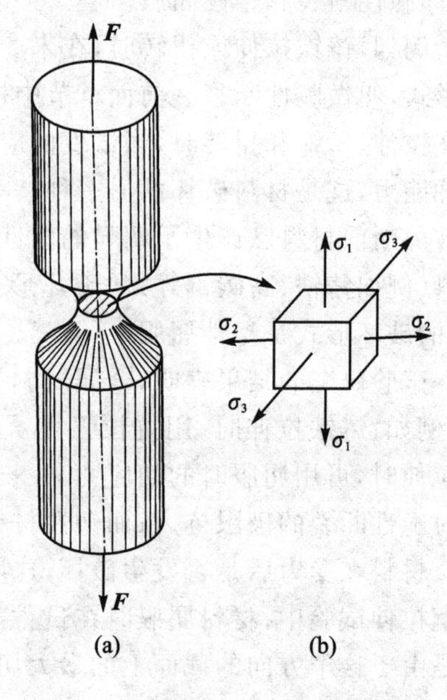

图 14－18

由上述各例可知,压应力本身不能造成材料的破坏,而是由它所引起的切应力等因素在对材料的破坏起作用;构件内的切应力将使材料产生塑性变形;在三向压缩应力状态下,脆性材料也会发生塑性变形;拉应力则易于使材料产生脆性断裂;而三向拉伸的应力状态则使材料发生脆性断裂的倾向最大。这说明材料所处的应力状态,对其破坏形式有很大影响。

此外,变形速度和温度等对材料的破坏形式也有较大影响。

14.5　强度理论

1. 强度理论的概念

前面几章中，曾介绍了构件在轴向拉伸(或压缩)、扭转和弯曲时的强度计算，并建立了相应的强度条件。例如，轴向拉伸(或压缩)时的强度条件为

$$\sigma=\frac{F_N}{A}\leqslant[\sigma]=\frac{\sigma_u}{n}$$

式中的 σ_u 表示材料的极限应力，如屈服极限 σ_s 或抗拉强度 σ_b。这些极限应力值可直接通过试验测得。所以说，上述的强度条件是直接与实验结果进行比较而建立的。

但在工程实际中，还经常遇到一些复杂变形的构件，其危险点并不是简单地处于单向应力状态或纯剪切应力状态，而是处于复杂应力状态。在此情况下，已不能采用将构件内的应力直接与极限应力比较的方法来确定构件的强度了。对于这类复杂应力状态下的构件，如何建立它的强度条件呢？本节就来讨论这个问题。

为解决这个问题，如果仍像对拉、压构件那样，直接通过试验的方法来确定材料的极限应力，那么就得按 σ_1、σ_2 和 σ_3 的不同组合，对各种应力状态一一进行试验，以此来测定材料在各种复杂应力状态下的极限应力值。但由于在复杂应力状态下 σ_1、σ_2、σ_3 的组合是无穷的，而且为实现各种应力状态所需的实验设备和实验方法也较复杂，显然，这样做是不切合实际的。在这样的情况下，人们根据材料破坏的现象，总结材料破坏的规律，逐渐形成了这样的认识：认为材料的破坏是由某一个因素所引起的，对于同一种材料，无论处于何种应力状态，当导致其破坏的这一共同因素达到某一个极限值，构件就会破坏。因此，可以通过简单拉伸的试验来确定这个因素的极限值，从而建立复杂应力状态下的强度条件。在长期的生产实践中，通过对材料破坏现象的观察和分析，人们对材料发生破坏的原因，提出了各种不同的假说。经过实践检验，证明在一定范围内成立的一些假说，通常称为**强度理论**，或称**破坏理论**。

2. 常用的强度理论

由上节讨论知道，材料破坏的基本形式可分为脆性断裂和塑性屈服两种。因此，强度理论也可分为两类：一类是关于脆性断裂的强度理论；另一类是关于塑性屈服的强度理论。从强度理论的发展史来看，最早提出的是关于脆性断裂的强度理论，通常采用的有最大拉应力理论和最大伸长线应变理论。这是因为远在 17 世纪时，大量使用的材料主要是建筑上用的砖、石和铸铁等脆性材料，观察到的破坏现象多半是脆性断裂。到 19 世纪，由于生产的发展，科学技术的进步，在工程技术中，像低碳钢、铜等这类塑性材料的应用越来越多，并对材料发生塑性屈服的物理实质有了较多认识后，这时才提出了关于塑性屈服的强度理论，通常采用的有最大切应力理论和形状改变比能理论或称为畸变能密度理论。

(1) 最大拉应力理论(第一强度理论)　这一理论认为最大拉应力是引起材料脆性断裂的主要因素。即认为无论是什么应力状态，只要最大拉应力达到与材料性质有关的某一极限值，则材料就发生断裂。既然最大拉应力的极限值与应力状态无关，于是就可用单向应力状态确定这一极限值。单向拉伸只有 $\sigma_1(\sigma_2=\sigma_3=0)$，而当 σ_1 达到强度极限 σ_b 时，发生断裂。这样，根据这一理论，无论是什么应力状态，只要最大拉应力 σ_1 达到 σ_b 就导致断裂。于是得断裂

准则

$$\sigma_1 = \sigma_b$$

将极限应力 σ_b 除以安全因数得许用应力$[\sigma]$,所以按第一强度理论建立的强度条件是

$$\sigma_1 \leqslant [\sigma] \tag{14-12}$$

铸铁等脆性材料在单向拉伸下,断裂发生于拉应力最大的横截面。脆性材料的扭转也是沿拉应力最大的斜面发生断裂。这些都与最大拉应力理论相符。这一理论没有考虑其他两个应力的影响,且对没有拉应力的状态(如单向压缩、三向压缩等)也无法应用。

(2) 最大伸长线应变理论(第二强度理论) 这一理论认为最大伸长线应变是引起材料脆性断裂的主要因素。即认为无论什么应力状态,只要最大伸长线应变 ε_1 达到与材料性质有关的某一极限值,材料即发生断裂。ε_1 的极限值既然与应力状态无关,就可由单向拉伸来确定。设单向拉伸直到断裂仍可用胡克定律计算应变,则拉断时伸长线应变的极限值应为 $\varepsilon_u=\dfrac{\sigma_b}{E}$。按照这一理论,任意应力状态下,只要 ε_1 达到极限值$\dfrac{\sigma_b}{E}$,材料就发生断裂。故得断裂准则为

$$\varepsilon_1 = \frac{\sigma_b}{E} \tag{a}$$

由广义胡克定律

$$\varepsilon_1=\frac{1}{E}[\sigma_1-\mu(\sigma_2+\sigma_3)]$$

代入式(a)得断裂准则

$$\sigma_1-\mu(\sigma_2+\sigma_3)=\sigma_b$$

将 σ_b 除以安全因数得许用应力$[\sigma]$,于是按第二强度理论建立的强度条件是

$$\sigma_1 - \mu(\sigma_2 + \sigma_3) \leqslant [\sigma] \tag{14-13}$$

石料或混凝土等脆性材料受轴向压缩时,如在试验机与试块的接触面上加添润滑剂,以减小摩擦力的影响,试块将沿垂直于压力的方向伸长,这就是 ε_1 的方向。而断裂面又垂直于伸长方向,故断裂面与压力方向平行。铸铁在拉—压二向应力状态,且压应力较大的情况下,试验结果也与这一理论接近。不过按照这一理论,如在受压试块的压力的垂直方向再加压力,使其成为二向受压,其强度应与单向受压不同。但混凝土、花岗石和砂岩的试验资料表明,两种情况的强度并无明显差别。与此相似,按照这一理论,铸铁在二向拉伸时应比单向拉伸安全,但试验结果并不能证实这一点。对这种情况,还是第一强度理论接近试验结果。

(3) 最大切应力理论(第三强度理论) 这一理论认为最大切应力是引起材料屈服的主要因素。即认为无论什么应力状态,只要最大切应力 τ_{max} 达到与材料性质有关的某一极限值,材料就发生屈服。单向拉伸时,当与轴线成 45°的斜截面上的 $\tau_{max}=\dfrac{\sigma_s}{2}$时(这时,横截面上的正应力为 σ_s),出现屈服。可见,$\dfrac{\sigma_s}{2}$就是导致屈服的最大切应力的极限值。因为这一极限值与应力状态无关,任意应力状态下,只要 τ_{max} 达到$\dfrac{\sigma_s}{2}$,就引起材料的屈服。由公式(14-9)可知,任意应力状态下

$$\tau_{max}=\frac{\sigma_1-\sigma_3}{2}$$

于是得屈服准则

$$\frac{\sigma_1-\sigma_3}{2}=\frac{\sigma_s}{2} \tag{b}$$

或

$$\sigma_1-\sigma_3=\sigma_s$$

将 σ_s 换为许用应力$[\sigma]$，得到按第三强度理论建立的强度条件

$$\sigma_1-\sigma_3\leqslant[\sigma] \tag{14-14}$$

最大切应力理论较为满意地解释了塑性材料的屈服现象。例如，低碳钢拉伸时，沿与轴线成 45°的方向出现滑移线，是材料内部沿这一方向滑移的痕迹。沿这一方向的斜面上切应力也恰为最大值。因此，对于塑性材料制成的构件进行强度计算时，经常采用这个理论。

(4) 畸变能密度理论(第四强度理论)　弹性体在外力作用下发生变形，载荷在相应位移上做功，弹性体因变形而储存能量即所谓应变能。外力作用下，弹性体的形状与体积一般均发生改变，与之对应，应变能又可分为畸变能与体积改变能。单位体积内的形状改变能称为畸变能密度。

畸变能密度理论认为，引起材料屈服的主要因素是畸变能密度。而且认为，不论材料处于何种应力状态，只要畸变能密度达到材料单向拉伸屈服时的畸变能密度值材料即发生屈服。而畸变能密度的极限值可通过拉伸试验来测定。

在这里略去详细的推导过程，直接给出按此理论而建立的在复杂应力状态下的屈服准则和强度条件，分别为

$$\sqrt{\frac{1}{2}[(\sigma_1-\sigma_2)^2+(\sigma_2-\sigma_3)^2+(\sigma_3-\sigma_1)^2]}=\sigma_s$$

$$\sqrt{\frac{1}{2}[(\sigma_1-\sigma_2)^2+(\sigma_2-\sigma_3)^2+(\sigma_3-\sigma_1)^2]}\leqslant[\sigma] \tag{14-15}$$

第四强度理论比第三强度理论更符合试验结果。

上面介绍的根据四个强度理论而建立的强度条件，可将其归纳为如下的统一形式

$$\sigma_r\leqslant[\sigma] \tag{14-16}$$

式中，σ_r 称为相当应力。它由三个主应力按一定形式组合而成。按照从第一强度理论到第四强度理论的顺序，相当应力分别为

$$\left.\begin{aligned}\sigma_{r1}&=\sigma_1\\ \sigma_{r2}&=\sigma_1-\mu(\sigma_2+\sigma_3)\\ \sigma_{r3}&=\sigma_1-\sigma_3\\ \sigma_{r4}&=\sqrt{\frac{1}{2}[(\sigma_1-\sigma_2)^2+(\sigma_2-\sigma_3)^2+(\sigma_3-\sigma_1)^2]}\end{aligned}\right\} \tag{14-17}$$

以上介绍了四种常用的强度理论。铸铁、石料、混凝土、玻璃等脆性材料，通常以断裂的形式失效，宜采用第一和第二强度理论。碳钢、铜、铝等塑性材料，通常以屈服的形式失效，宜采用第三和第四强度理论。

应该指出，不同材料固然可以发生不同形式的失效，但即使是同一材料，在不同应力状态下也可能有不同的失效形式。例如，碳钢在单向拉伸时以屈服的形式失效，但碳钢制成的螺钉受拉时，螺纹根部因应力集中引起三向拉伸，就会出现断裂。这是因为当三向拉伸的三个主应力数值接近时，屈服将很难出现。又如，铸铁单向受拉时以断裂的形式失效。但如以淬火钢球压在铸铁板上，接触点附近的材料处于三向受压状态，随着压力的增大，铸铁板会出现明显的凹坑，这表明已出现屈服现象。以上例子说明材料的失效形式与应力状态有关。无论是塑性材料或脆性材料，在三向拉应力相近的情况下，都将以断裂的形式失效，宜采用最大拉应力理论。在三向压应力相近的情况下，都可引起塑性变形，宜采用第三或第四强度理论。

这样,在进行复杂应力状态下的强度计算时,可按下述几个步骤进行:

(1) 从构件的危险点处截取单元体,计算出主应力 σ_1、σ_2、σ_3(见图 14-19(a));

(2) 选用适当的强度理论,算出相应的相当应力 σ_r,把复杂应力状态转换为具有等效的单向应力状态(见图 14-19(b));

(3) 确定材料的许用拉应力$[\sigma]$,将其与 σ_r 比较(见图 14-19(c)),从而对构件进行强度计算。

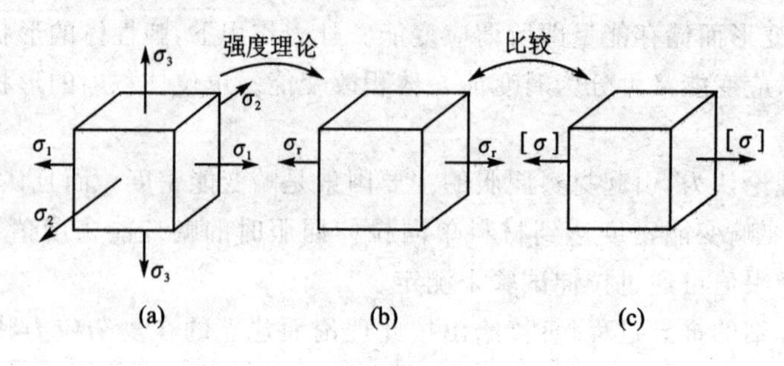

图 14-19

强度理论的一个重要应用,就是根据它来推知在某一种应力状态下的许用应力。例如,材料在纯剪切应力状态时的许用切应力$[\tau]$,就可根据强度理论导出。如图 14-7 所示的纯剪切应力状态,单元体的三个主应力为

$$\sigma_1=\tau_x,\quad \sigma_2=0,\quad \sigma_3=-\tau_x$$

若采用第一强度理论来进行强度计算,则应将各主应力代入式(14-12),得

$$\tau_x\leqslant[\sigma]$$

由此得材料的许用切应力为

$$[\tau]=[\sigma]$$

若采用第二强度理论,将各主应力代入式(14-13),得

$$\tau_x\leqslant\frac{1}{1+\mu}[\sigma]$$

由此得材料的许用切应力为

$$[\tau]=\frac{1}{1+\mu}[\sigma]$$

对于金属材料,泊松比 $\mu=0.23\sim0.42$,故

$$[\tau]=(0.7\sim0.8)[\sigma]$$

若采用第三强度理论,则由式(14-14),得

$$\tau_x-(-\tau_x)\leqslant[\sigma]$$

得
$$\tau_x\leqslant\frac{1}{2}[\sigma]$$

故许用切应力为
$$[\tau]=0.5[\sigma]$$

同样,若采用第四强度理论,则由式(14-15),得

$$\tau_x\leqslant\frac{1}{\sqrt{3}}[\sigma]$$

故
$$[\tau]\approx0.6[\sigma]$$

实际上，在第 10 章圆轴扭转问题中，通常规定的许用切应力为

脆性材料　　　　　　　　$[\tau]=(0.8\sim1.0)[\sigma]$

塑性材料　　　　　　　　$[\tau]=(0.5\sim0.6)[\sigma]$

这就是根据上述强度理论导出的，这个结果也得到了实验的验证。

下面以受内压力作用的薄壁圆筒为例，说明强度理论在强度计算中应用。

工程实际中经常遇到薄壁圆筒的容器，像蒸气锅炉、液压缸和储能器等。设一薄壁圆筒如图 14-20(a)所示，圆筒容器内部受到压强为 p 的压力作用，其壁厚 δ 远小于圆筒的内径 D。一般规定，$\delta\leqslant\frac{1}{10}D$ 的圆筒，叫做薄壁圆筒。

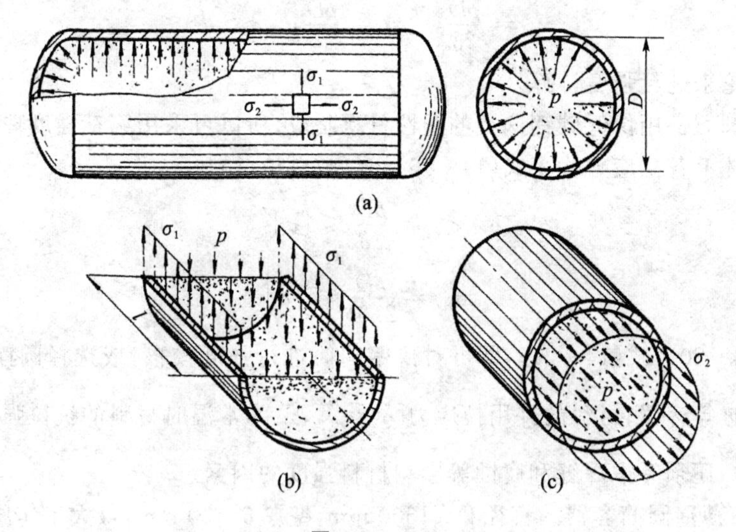

图 14-20

由于容器的器壁较薄，在内压力的作用下，可假设其好像薄膜般地进行工作，只能承受拉力的作用。因此，在圆筒筒壁的纵向和横向截面上，只有拉应力作用，而且认为拉应力沿壁厚方向是均匀分布的。

为计算圆筒筒壁在纵向截面上的应力，可用截面法以通过圆筒直径的纵向截面将圆筒截为两半，取下半部长为 l 的一段圆筒（连同其内所装的气体或液体）为研究对象，如图 14-20(b)所示。设圆筒纵向截面上的周向应力为 σ_1，并将筒内的压力视为作用于圆筒的直径平面上，则由平衡方程

$$\sum F_y=0,\quad 2(\sigma_1\cdot\delta\cdot l)-p\cdot D\cdot l=0$$

得

$$\sigma_1=\frac{pD}{2\delta}\tag{14-18}$$

式中：σ_1——纵向截面上的应力；

D——圆筒的内直径；

δ——筒壁的厚度。

若以横截面将圆筒截开，取左边部分为研究对象，如图 14-20(c)所示，并设圆筒横截面上的轴向应力为 σ_2，则由平衡方程

$$\sum F_x = 0,\quad \sigma_2 \cdot \delta \cdot \pi D - p\,\frac{\pi D^2}{4} = 0$$

得

$$\sigma_2 = \frac{pD}{4\delta} \tag{14-19}$$

由于$D \gg \delta$,则由式(14-18)、式(14-19)可知,圆筒容器内的内压强p远小于σ_1和σ_2,因而垂直于筒壁的径向应力很小,可以忽略不计。如果在筒壁上按通过直径的纵向截面和横向截面截取出一个单元体,则此单元体处于平面应力状态,如图14-20(a)所示。作用于其上的主应力为

$$\sigma_1 = \frac{pD}{2\delta},\quad \sigma_2 = \frac{pD}{4\delta},\quad \sigma_3 = 0$$

故须用强度理论来进行强度计算。

因为薄壁圆筒常用像低碳钢这类的塑性材料制成,所以可采用第三强度理论,或第四强度理论。将单元体上各主应力代入式(14-16)和(14-17),得

$$\sigma_{r3} = \frac{pD}{2\delta} \leqslant [\sigma] \tag{14-20}$$

$$\sigma_{r4} = \frac{pD}{2.3\delta} \leqslant [\sigma] \tag{14-21}$$

利用式(14-20)、式(14-21),即可对薄壁圆筒进行强度校核,或选择圆筒壁厚。对于一些锅炉和液压缸等容器,材料的许用拉应力$[\sigma]=\frac{\sigma_b}{n}$,$\sigma_b$为常温时材料的抗拉强度,安全系数取$n=3\sim5$。此外,还须考虑焊缝和腐蚀等影响材料强度的因素。

例14-3　薄壁圆筒容器的直径D=1500 mm,壁厚$\delta=30$ mm,最大工作压强$p=4$ MPa,采用材料是15 g锅炉钢板,许用应力$[\sigma]=120$ MPa。试校核筒壁的强度。

解　由于$\frac{\delta}{D}=\frac{30\ \text{mm}}{1\ 500\ \text{mm}}=\frac{1}{50}<\frac{1}{10}$,可知这是一个薄壁圆筒容器,又因为筒壁上的应力是二向应力状态,所以应该根据强度理论进行强度计算。因筒壁材料是塑性材料,故应该选择最大切应力理论,或畸变能密度理论进行强度校核。由式(14-20)或(14-21)可得

$$\sigma_{r3} = \frac{pD}{2\delta} = \frac{4\times1.5}{2\times0.03}\ \text{MPa} = 100\ \text{MPa} < [\sigma]$$

$$\sigma_{r4} = \frac{pD}{2.3\delta} = \frac{4\times1.5}{2.3\times0.03}\ \text{MPa} \approx 87\ \text{MPa} < [\sigma]$$

由计算结果可知,无论用最大切应力理论,还是用畸变能密度理论进行校核,筒壁的强度都是足够的。在设计计算中,若按最大切应力理论选择圆筒壁厚,是偏于安全的;若根据畸变能密度理论设计,则比较经济。

例14-4　从某构件的危险点处取出一单元体如图14-21(a)所示,已知钢材的屈服极限$\sigma_s=280$ MPa。试按最大切应力理论和畸变能密度理论计算构件的工作安全系数。

解　单元体处于空间应力状态,在垂直于z轴的平面上的应力σ_z是主应力,但位于Oxy平面内的应力,却不是主应力。所以应先计算Oxy平面内的主应力,然后才能计算工作安全系数。

(1) 求主应力　已知$\sigma_x=+100$ MPa,　$\sigma_y=0$,　$\tau_x=-40$ MPa,将其代入公式(14-4),得

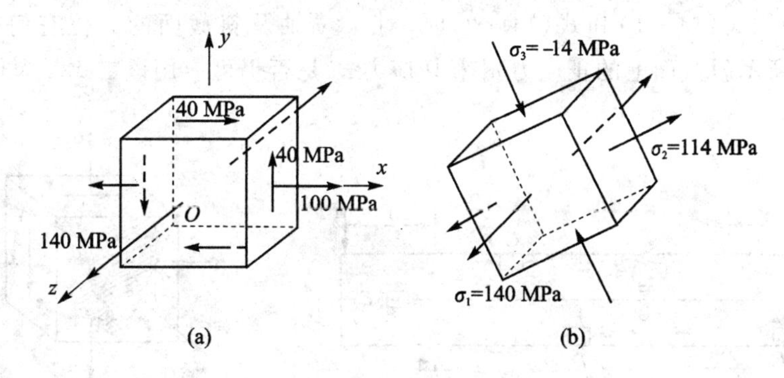

图 14 - 21

$$\left.\begin{matrix}\sigma_{max}\\ \sigma_{min}\end{matrix}\right\} = \frac{\sigma_x}{2} \pm \sqrt{\left(\frac{\sigma_x}{2}\right)^2 + \tau_x^2} =$$

$$\frac{100}{2}\ \text{MPa} \pm \sqrt{\left(\frac{100}{2}\right)^2 + (-40)^2}\ \text{MPa} = \begin{cases}+114\ \text{MPa}\\ -14\ \text{MPa}\end{cases}$$

以主应力表示的三向应力状态下的单元体如图 14 - 21(b)所示，各主应力之值为

$$\sigma_1 = +140\ \text{MPa},\quad \sigma_2 = +114\ \text{MPa},\quad \sigma_3 = -14\ \text{MPa}$$

(2) 计算工作安全系数 按最大切应力理论则单元体的相当应力为

$$\sigma_{r3} = \sigma_1 - \sigma_3 = [140 - (-14)]\text{MPa} = +154\ \text{MPa}$$

单元体的工作安全系数为

$$n_3 = \frac{\sigma_s}{\sigma_{r3}} = \frac{280\ \text{MPa}}{154\ \text{MPa}} = 1.82$$

若按畸变能密度理论，单元体的相当应力为

$$\sigma_{r4} = \sqrt{\frac{1}{2}[(\sigma_1 - \sigma_2)^2 + (\sigma_2 - \sigma_3)^2 + (\sigma_3 - \sigma_1)^2]} =$$

$$\sqrt{\frac{1}{2}[(140-114)^2 + (114+14)^2 + (-14-140)^2]}\ \text{MPa} = 143\ \text{MPa}$$

单元体的工作安全系数

$$n_4 = \frac{\sigma_s}{\sigma_{r4}} = \frac{280\ \text{MPa}}{143\ \text{MPa}} = 1.96$$

通过计算可知，按最大切应力理论比按畸变能密度理论所得的工作安全系数要小些。因此，所得的截面尺寸也要大一些。

思 考 题

14 - 1 什么叫主平面和主应力？主应力与正应力有什么区别？

14 - 2 一单元体中，在最大正应力所作用的平面上有无切应力？在最大切应力所作用的平面上有无正应力？

14 - 3 一梁如图 14 - 22 所示，图中给出了单元体 A、B、C、D、E 的应力情况。试指出并改正各单元体上所给应力的错误。

14－4　应用式(14－1)和式(14－2)时,对 x、y 轴及斜截面的方位有何限制?计算图 14－23单元体所示斜截面上的正应力 σ_α 和切应力 τ_α 是否仍可应用该二式?为什么?

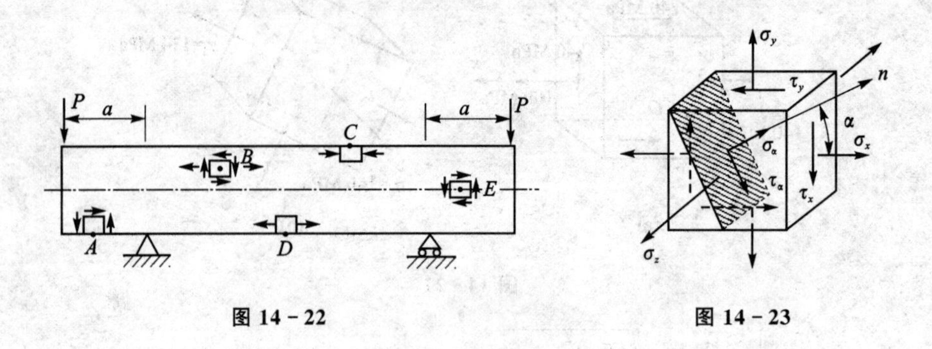

图 14－22　　　　图 14－23

14－5　试由式(14－1)和(14－2)消去 α,建立 σ_α 与 τ_α 的关系式。该关系式在直角坐标 $\sigma_\alpha—\tau_\alpha$ 面上表示的是什么形状曲线?有何意义?

14－6　试按四个强度理论写出圆轴扭转时的相当应力表达式。

14－7　薄壁圆筒容器如图 14－24 所示,在均匀内压作用下,筒壁出现了纵向裂纹。试分析这种破坏形式是由什么应力引起的?

14－8　试分别按第三、四强度理论写出图 14－25(a)、(b)两单元体的屈服条件,判断哪个单元体更易发生屈服破坏。

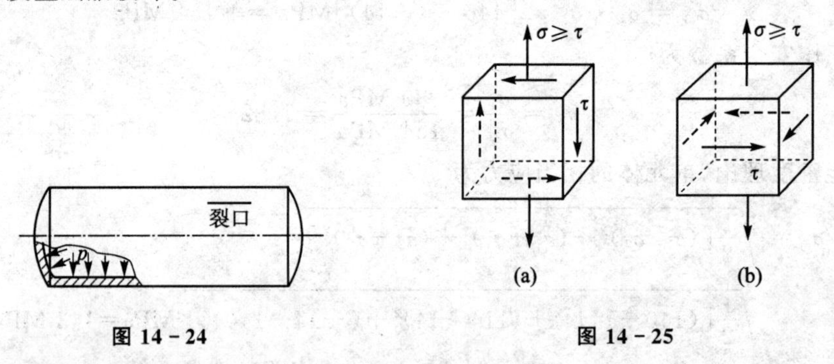

图 14－24　　　　图 14－25

14－9　冬天自来水管因其中的水结冰而被胀裂,但冰为什么不会因受水管的反作用压力而被压碎呢?

习　题

14－1　构件受力如图 14－26 所示。

(1) 确定危险点的位置。

(2) 用单元体表示危险点的应力状态。

14－2　已知应力状态如图 14－27(a)、(b)、(c)所示,求指定斜截面 ab 上的应力,并画在单元体上。

14－3　已知应力状态如图 14－28(a)、(b)、(c)所示,求指定斜截面 ab 上的应力,并画在单元体上。

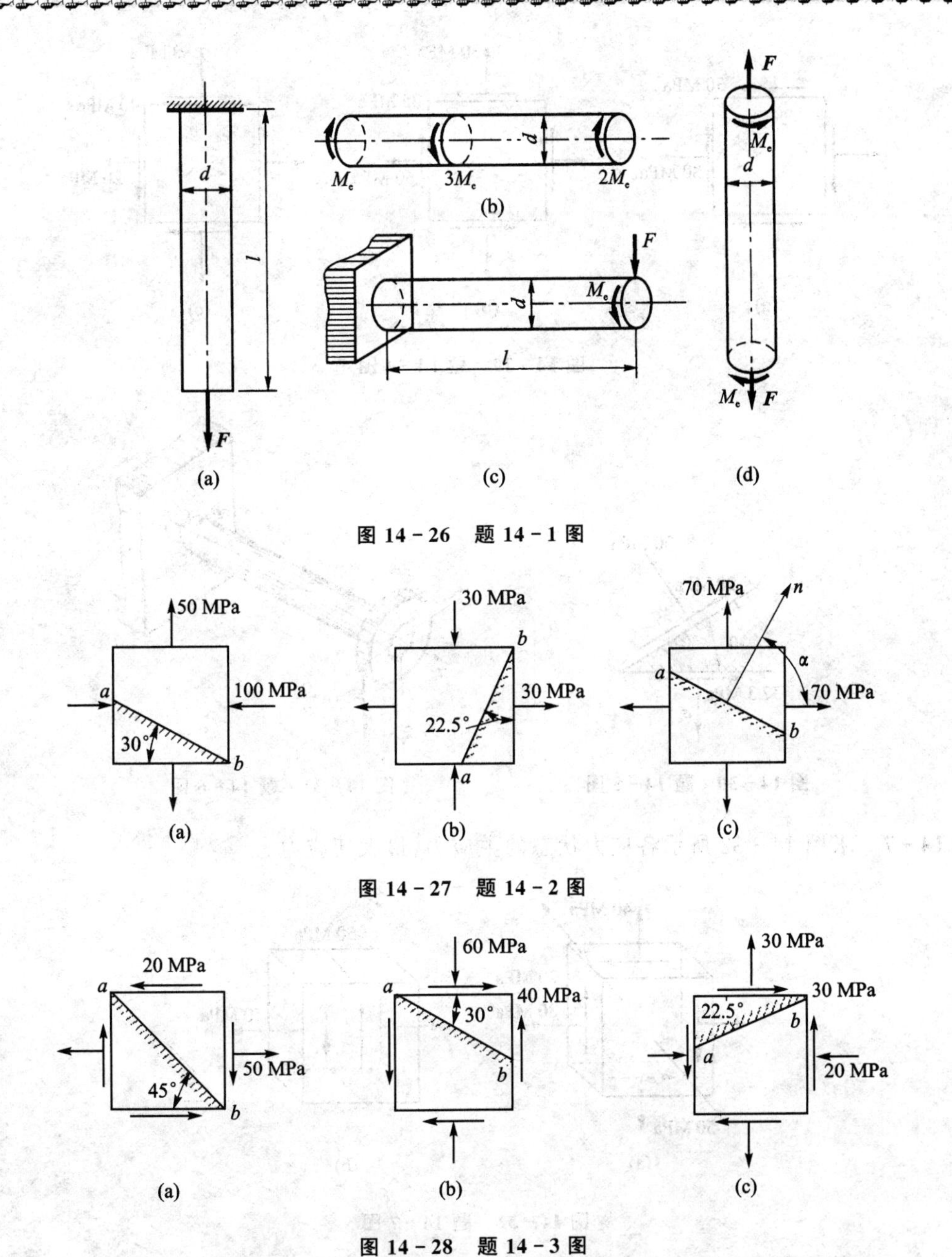

图 14-26　题 14-1 图

图 14-27　题 14-2 图

图 14-28　题 14-3 图

14-4　求图 14-29 所示各单元体的三个主应力、最大切应力和主应力的作用面方位，并画在单元体图上。

14-5　已知一点为平面应力状态，过该点两平面上的应力如图 14-30 所示，求 σ_α 及主应力、主方向和最大切应力。

14-6　一圆轴受力如图 13-31 所示，已知固定端横截面上的最大弯曲应力为 40 MPa，最大扭转切应力为 30 MPa，因剪切而引起的最大切应力为 6 kPa。

(1) 用单元体画出在 A、B、C、D 各点处的应力状态；

(2) 求 A 点的主应力和最大切应力及主平面的方位。

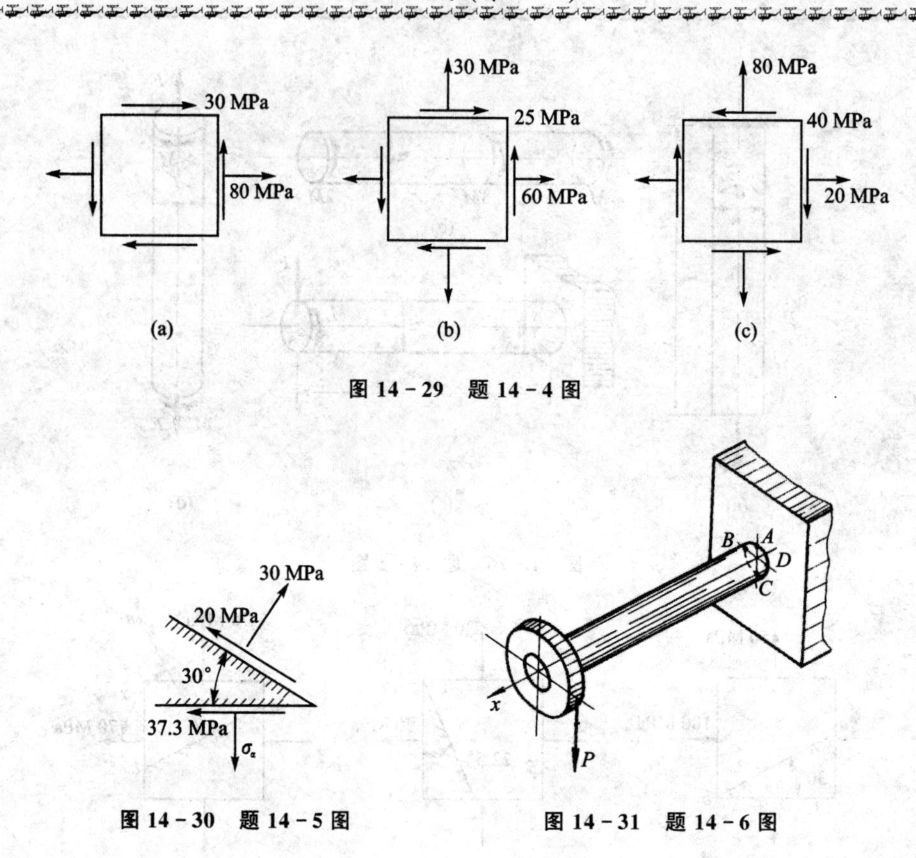

图 14-29 题 14-4 图

图 14-30 题 14-5 图

图 14-31 题 14-6 图

14-7 求图 14-32 所示各应力状态的主应力、最大切应力。

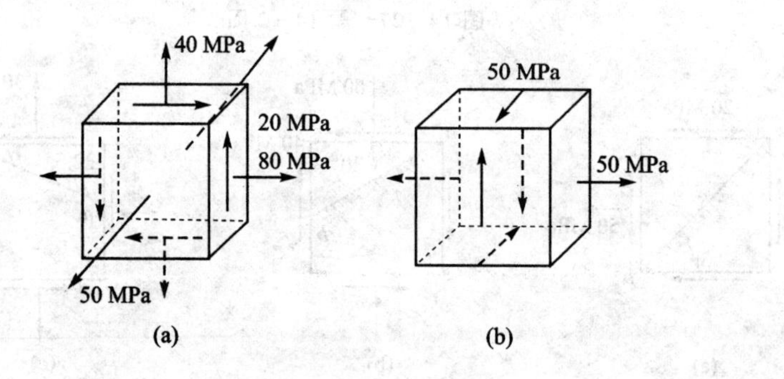

图 14-32 题 14-7 图

14-8 列车通过钢桥时,在钢桥横梁(见图 14-33)的 A 点用变形仪量得 $\varepsilon_x=0.000\ 4$,$\varepsilon_y=-0.000\ 12$。试求 A 点在 $x-x$ 及 $y-y$ 方向的正应力。设 $E=200$ GPa,$\mu=0.3$,问能否求出 A 点的主应力?

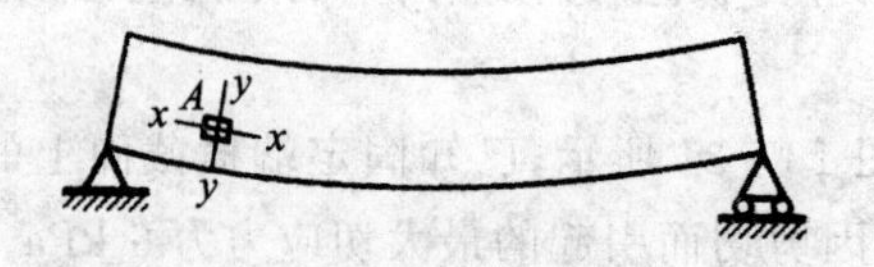

图 14-33 题 14-8 图

14-9　在一体积较大的钢块(见图 14-34)上开一个贯穿的槽，其宽度和深度都是 10 mm。在槽内紧密无隙地嵌入一铝质立方块，它的尺寸是 10 mm×10 mm×10mm。当铝块受到压力 F=6 kN 的作用时，假设钢块不变形。铝的弹性模量 E=70 GPa，μ=0.33。试求铝块的三个主应力及相应的变形。

14-10　从钢构件内某一点的周围取出一部分见图 14-35。根据理论计算已经求得 σ=30 MPa，τ=15 MPa。材料的 E=200 GPa，μ=0.30。试求对角线 AC 的长度改变 Δl。

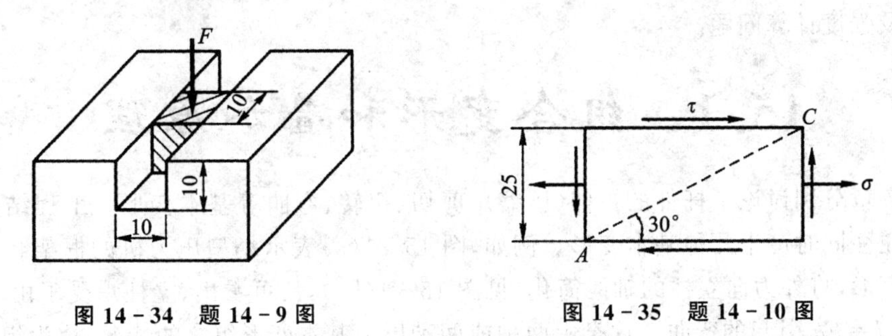

图 14-34　题 14-9 图　　**图 14-35　题 14-10 图**

14-11　铸铁薄管如图 14-36 所示。管的外径为 200 mm，壁厚 δ=15 mm，内压 p=4 MPa，F=200 kN。铸铁的抗拉及抗压许用应力分别为$[\sigma_t]$=30 MPa，$[\sigma_c]$=120 MPa，μ=0.25。试用第二强度理论校核薄管的强度。

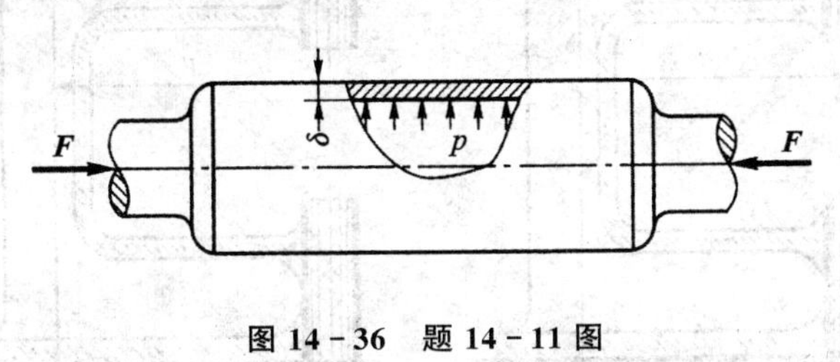

图 14-36　题 14-11 图

14-12　钢制圆柱形薄壁容器，直径为 800 mm，壁厚 δ=4 mm，$[\sigma]$=120 MPa。试用强度理论确定可能承受的内压力 p。

第15章　组合变形

本章将介绍组合变形的概念和叠加原理，分析拉伸或压缩与弯曲、弯曲与扭转两种组合变形的应力及强度计算问题。

15.1　组合变形和叠加原理

以前各章分别讨论了杆件的拉伸(压缩)、剪切、扭转、弯曲等基本变形。工程结构中的某些构件又往往同时产生几种基本变形。例如，图15-1(a)表示小型压力机的框架。为分析框架立柱的变形，将外力向立柱的轴线简化(见图15-1(b))，便可看出，立柱承受了由F引起的拉伸和由$M=Fa$引起的弯曲。这类由两种或两种以上基本变形组合的情况，称为组合变形。

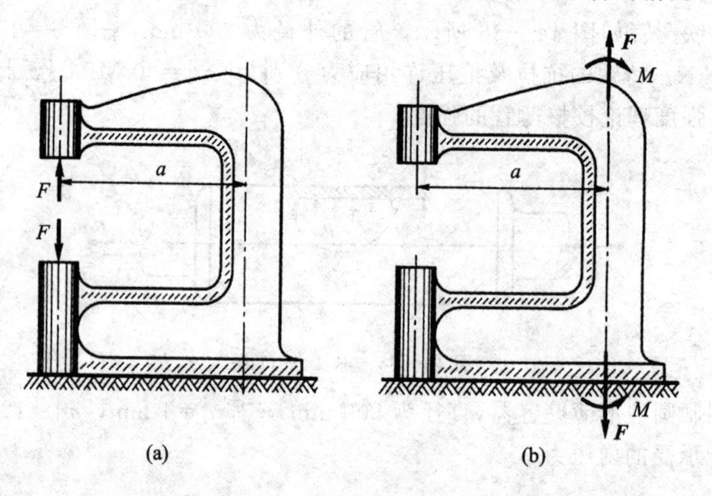

图15-1

分析组合变形时，可先将外力进行简化或分解，把构件上的外力转化成几组静力等效的载荷，其中每一组载荷对应着一种基本变形。例如，在上面的例子中，把外力转化为对应着轴向拉伸的F和对应着弯曲的M。这样，可分别计算每一基本变形各自引起的应力、内力、应变和位移，然后将所得结果叠加，便是构件在组合变形下的应力、内力、应变和位移，这就是叠加原理。这一原理前面曾多次使用，对弯曲变形的叠加还做过简单的证明，现在再做一些更广泛的阐述。

设构件某点的位移与载荷的关系是线性的，例如，在简支梁的跨度中点作用集中力F时，右端支座截面的转角(见表13-1)为

$$\theta=\frac{Fl^2}{16EI}$$

这里转角θ与载荷F的关系是线性的。$\frac{l^2}{16EI}$是一个系数，只要明确F垂直于轴线且作用于跨度中点，则这一系数与F的大小无关。类似的线性关系还可举出很多，可综合为，构件A点因

载荷 F_1 引起的位移 δ_1 与 F_1 的关系是线性的，即

$$\delta_1 = C_1 F_1 \tag{a}$$

式中，C_1 是一个系数，在 F_1 的作用点和方向给定后，C_1 与 F_1 的大小无关，亦即 C_1 不是 F_1 的函数。同理，A 点因另一载荷 F_2 引起的位移为

$$\delta_2 = C_2 F_2 \tag{b}$$

式中，系数 C_2 也不是 F_2 的函数。若在构件上先作用 F_1，然后再作用 F_2。因为在未受力时开始作用 F_1，这与式(a)所表示的情况相同，所以 A 点的位移为 C_1F_1。再作用 F_2 时，因构件上已存在 F_1，它与式(b)所代表的情况不同，所以，暂时用一个带撇的系数 C'_2 代替 C_2，得 A 点的位移为 C'_2F_2。这样，当先作用 F_1 后作用 F_2 时，A 点的位移为

$$\delta = C_1F_1 + C'_2F_2 \tag{c}$$

式中，系数 C'_2 也应该与 F_1 和 F_2 的大小无关，即 C'_2 不是 F_1 或 F_2 的函数。因为，如果 C'_2 与 F_1 和 F_2 有关，则 C'_2 与 F_2 相乘后的 C'_2F_2 就不再是线性的，这与力与位移是线性关系的前提相矛盾。现在从构件上先解除 F_1，这时设 A 点的位移为 $-C'_1F_1$。这里负号表示卸载，C'_1 上的一撇也是为了区别于 C_1，但 C'_1 也应与 F_1 和 F_2 无关。F_1 解除后，构件上只有 F_2，如再解除 F_2，就相当于式(b)代表的情况的卸载过程，所以 A 点的位移应为 $-C_2F_2$。F_1 和 F_2 都解除后，构件上无任何外力，是它的自然状态，位移应等于零。于是

$$C_1F_1 + C'_2F_2 - C'_1F_1 - C_2F_2 = 0$$

或者写成

$$(C_1 - C'_1)F_1 + (C'_2 - C_2)F_2 = 0$$

根据上面的论述，式中两个系数都不是载荷的函数，而且 F_1 和 F_2 为任意值时，上式都应该得到满足。这就只有两个系数都等于零，才有可能，即

$$C_1 - C'_1 = 0, \qquad C'_2 - C_2 = 0$$

$$C_1 = C'_1, \qquad C'_2 = C_2$$

于是式(c)化为

$$\delta = C_1F_1 + C_2F_2 \tag{d}$$

比较式(a)、(b)和(d)，可见 F_1 和 F_2 共同作用下的位移等于 F_1 和 F_2 分别单独作用时位移的叠加。如果颠倒上述加力次序，先加 F_2 后加 F_1，用完全相似的方法，必然仍可得到式(d)。这表明位移与加力的次序无关。以上结论自然可以推广到外力多于两个的情况，也可推广到应变、应力、内力与外力呈线性关系的情况。

可见，叠加原理的成立，要求位移、应力、应变和内力等与外力呈线性关系。当不能保证上述线性关系时，叠加原理不能使用。

某些情况下，必须借助应力—应变关系，才能得出应力、内力和变形等与外力之间的关系。如材料不服从胡克定律，这就无法保证上述线性关系，破坏了叠加原理的前提。还有，在另外一些情况下，由于不能使用原始尺寸原理，须用构件变形以后的位置进行计算，也会造成外力与内力、变形间的非线性关系。例如图 15-2 所示的纵横弯曲问题，由于需用变形后的位置计算，轴向力 F 除压缩外，还将产生弯矩 $F\omega$，挠度 ω 受 q 和 F 的共同影响，即使杆件仍然是线弹性的，弯矩、挠度与 F 的关系却都不是线性的，叠加原理便不能使用。

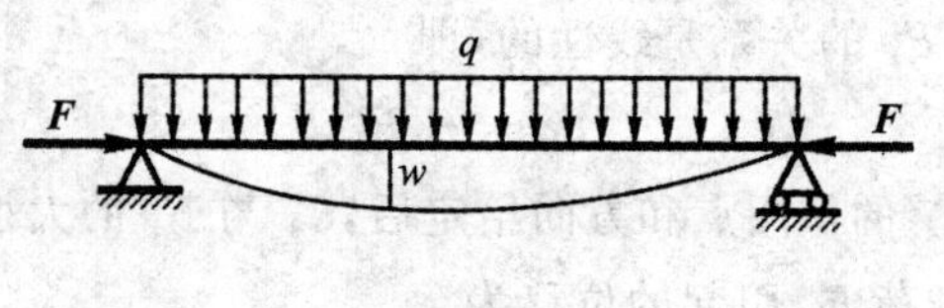

图 15-2

15.2 拉伸或压缩与弯曲的组合变形

拉伸或压缩与弯曲的组合变形是工程中常见的情况。以图 15-3(a)所示起重机横梁 AB 为例,其受力简图如图 15-3(b)所示。轴向力 $\boldsymbol{F}_x$ 和 $\boldsymbol{F}_{Ax}$ 引起压缩,横向力 $\boldsymbol{F}_{Ay}$、$\boldsymbol{P}$、$\boldsymbol{F}_y$ 引起弯曲,所以 AB 杆即产生压缩与弯曲的组合变形。

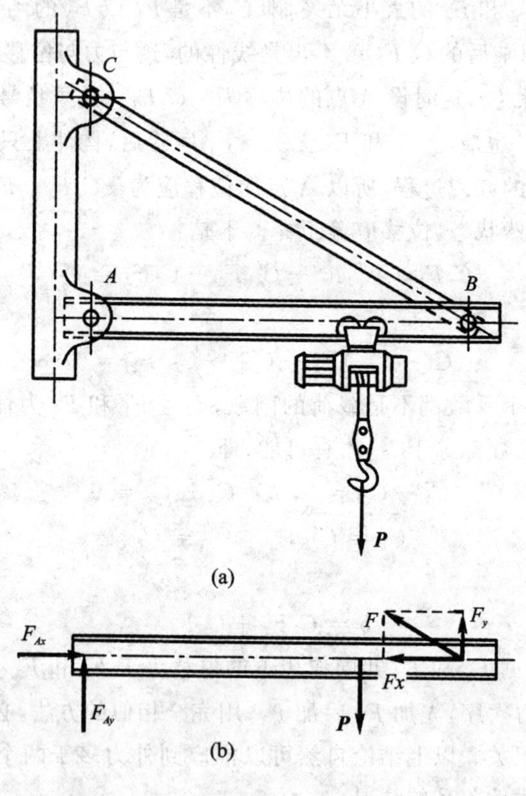

图 15-3

这是拉伸或压缩与弯曲组合变形构件的一种受力情况。在工程实际中,常常还遇到这样一种情况,即载荷与杆件的轴线平行,但不通过横截面的形心,此时,杆件的变形也是拉伸或压缩与弯曲的组合,这种情况通常称为偏心拉伸或压缩。载荷的作用线至横截面形心的垂直距离称为偏心距。图 15-1 所示小型压力机框架立柱的变形即为偏心拉伸。

现在讨论拉伸或压缩与弯曲组合变形构件的应力和强度计算。

设一矩形截面杆,一端固定,一端自由(见图 15-4(a)),作用于自由端的集中力 $\boldsymbol{F}$ 位于杆的纵向对称面 Oxy 内,并与杆的轴线 x 成一夹角 φ。将外力 $\boldsymbol{F}$ 沿 x 轴和 y 轴方向分解,得到两个分力(见图 15-4(b)),即

$$F_x = F\cos\varphi, \qquad F_y = F\sin\varphi$$

式中,分力 $\boldsymbol{F}_x$ 为轴向外力,在此力的单独作用下,杆将产生轴向位伸,此时,任一横截面上的轴力 $F_N = F_x$。因此,杆横截面上各点将产生数值相等的拉应力,其值为

$$\sigma' = \frac{F_N}{A}$$

正应力 σ' 在横截面上均匀分布,如图 15-4(c)所示。

分力 $\boldsymbol{F}_y$ 为垂直于杆轴线的横向外力,在此力的单独作用下,杆将在 Oxy 平面内发生平面弯曲,任一横截面的弯矩为

$$M = F_y(l - x)$$

此时在横截面上任一点 K 的弯曲应力为

$$\sigma'' = \frac{My}{I_z}$$

σ'' 沿截面高度方向的变化规律,如图 15-4(d)所示。

由此可见,这是一个弯曲与拉伸组合变形的杆件。设在外力作用下杆件的变形很小,这时可应用叠加原理,将拉伸正应力 σ' 与弯曲正应力 σ'' 按代数值叠加后,得到横截面上的总应力为

$$\sigma = \sigma' + \sigma'' = \frac{F_N}{A} + \frac{My}{I_z} \tag{15-1}$$

设横截面上、下边缘处的最大弯曲应力大于(或小于)拉伸正应力,则总应力 σ 沿截面高度方向的变化规律如图 15-4(e)(或图 15-4(f))所示。

由于在固定端处横截面上的弯矩最大,因此,该截面为危险截面。从图 15-4(e)可知,构件的危险点位于危险截面的上边缘或下边缘处。在下边缘处由于 σ' 和 σ'' 均为拉应力,故总应力为两者之和,由此得最大拉应力为

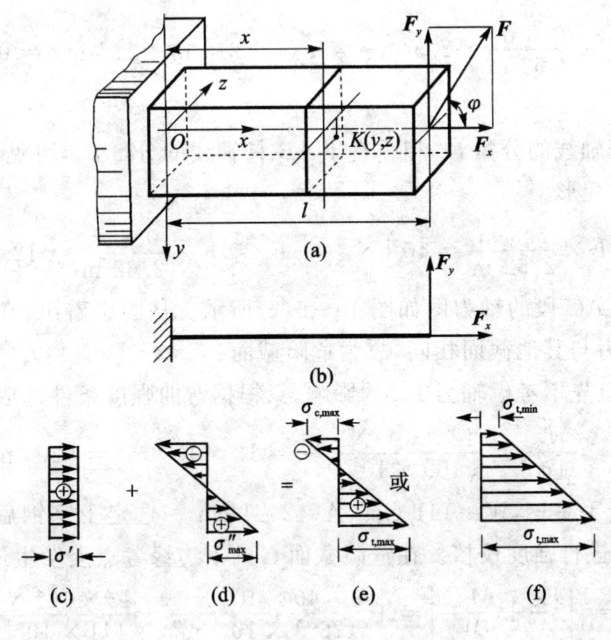

图 15-4

$$\sigma_{t,max}=\frac{F_N}{A}+\frac{M_{max}}{W_z} \tag{15-2}$$

在上边缘，由于σ'为拉应力，而σ''为压应力，故总应力为两者之差，由此得最大压应力为

$$\sigma_{c,max}=\frac{F_N}{A}-\frac{M_{max}}{W_z} \tag{15-3}$$

式(15-2)和式(15-3)中的M_{max}为危险截面处的弯矩；W_z为抗弯截面系数。

得到了危险点处的总应力之后，即可根据材料的许用应力建立强度条件，即

$$\sigma_{t,max}=\frac{F_N}{A}+\frac{M_{max}}{W_z}\leqslant[\sigma_t] \tag{15-4}$$

$$\sigma_{c,max}=\frac{F_N}{A}-\frac{M_{max}}{W_z}\leqslant[\sigma_c] \tag{15-5}$$

式中，$[\sigma_t]$和$[\sigma_c]$分别为材料拉伸和压缩时的许用应力。

一般情况下，对于抗拉与抗压能力不相等的材料，如铸铁和混凝土等，须用式(15-4)和式(15-5)分别校核构件的强度；对于抗拉与抗压能力相等的材料，如低碳钢，则只需校核构件应力绝对值最大处的强度即可。

对于偏心拉伸或压缩的杆件，上述公式仍然成立，只需将式中的最大弯矩改为因载荷偏心而产生的弯矩即可。

例 15-1 最大吊重 $P=8$ kN 的起重机如图 15-5(a)所示。若 AB 杆为工字钢，材料为 $Q235$ 钢，$[\sigma]=100$ MPa，试选择工字钢型号。

解 先求出 CD 杆的长度为

$$l=\sqrt{(2.5)^2+(0.8)^2}\,\text{m}=2.62\ \text{m}$$

AB 杆的受力简图如图 15-5(b)所示。设 CD 杆的拉力为 F，由平衡方程 $\sum M_A=0$，得

$$F\cdot\frac{0.8\ \text{m}}{2.62\ \text{m}}\times2.5\ \text{m}-8\ \text{kN}\times(2.5\ \text{m}+1.5\ \text{m})=0$$

$$F=42\ \text{kN}$$

把 $\boldsymbol{F}$ 分解为沿 AB 杆轴线的分量 $\boldsymbol{F}_x$ 和垂直于 AB 杆轴线的分量 $\boldsymbol{F}_y$，可见 AB 杆在 AC 段内产生压缩与弯曲的组合变形。

$$F_x=F\times\frac{2.5\ \text{m}}{2.62\ \text{m}}=40\ \text{kN},\qquad F_y=F\times\frac{0.8\ \text{m}}{2.62\ \text{m}}=12.8\ \text{kN}$$

作 AB 杆的弯矩图和 AC 段的轴力图如图 15-5(c)所示。从图中看出，在 C 点左侧的截面上弯矩为最大值，而轴力与其他截面相同，故为危险截面。

开始试算时，可以先不考虑轴力 F_N 的影响，只根据弯曲强度条件选取工字钢。这时

$$W\geqslant\frac{M_{max}}{[\sigma]}=\frac{12\times10^3\ \text{N}\cdot\text{m}}{100\times10^6\ \text{Pa}}=12\times10^{-5}\text{m}^3=120\ \text{cm}^3$$

查型钢表，选取 16 号工字钢，$W=141\ \text{cm}^3$，$A=26.1\ \text{cm}^2$。选定工字钢后，同时考虑轴力 F_N 及弯矩 M 的影响，再进行强度校核。在危险截面 C 的下边缘各点上发生最大压应力，且为

$$|\sigma_{c,max}|=\left|\frac{F_N}{A}+\frac{M_{max}}{W}\right|=\left|-\frac{40\times10^3\ \text{N}}{26.1\times10^{-4}\ \text{m}^2}-\frac{12\times10^3\ \text{N}\cdot\text{m}}{141\times10^{-6}\ \text{m}^3}\right|=$$

$$100.5\times10^6\ \text{Pa}=100.5\ \text{MPa}$$

结果表明，最大压应力与许用应力接近相等，故无须重新选择截面的型号。

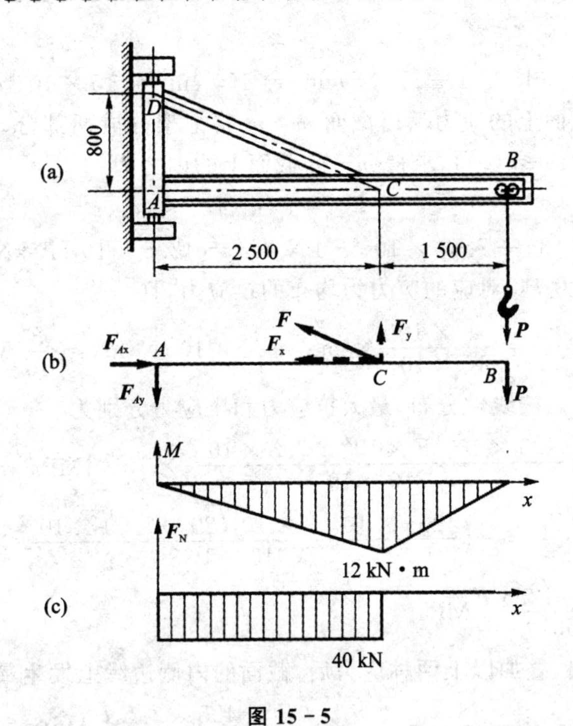

图 15-5

例 15-2　小型压力机的铸铁框架如图 15-6(a)所示。已知材料的许用拉应力$[\sigma_t]=30$ MPa,许用压应力$[\sigma_c]=160$ MPa。试按立柱的强度确定压力机的最大许可压力 F。立柱的截面尺寸如图 15-6(b)所示。

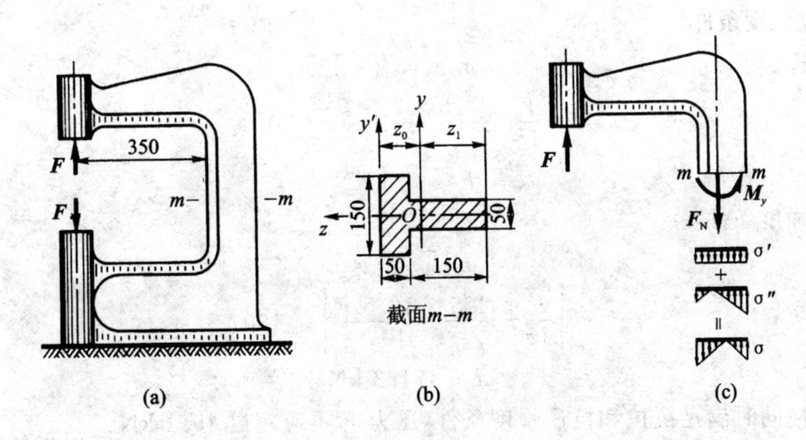

图 15-6

解　(1) 求截面形心的位置,并计算截面的几何性质。

以截面的对称轴为 z 轴,为确定形心的位置取参考坐标轴 y'。由形心计算公式可得

$$z_0=\frac{\sum A_i z_i}{\sum A_i}=\frac{15\times 5\times 2.5+15\times 5(5+7.5)}{15\times 5+15\times 5}\text{cm}=7.5\ \text{cm}$$

以平行于 y'轴的形心轴为 y 轴,截面对 y 轴的惯性矩为

$$I_y=\left(\frac{15\times 5^3}{12}+15\times 5\times 5^2+\frac{5\times 15^3}{12}+5\times 15\times 5^2\right)\text{cm}^4=5\ 310\ \text{cm}^4$$

立柱横截面面积为

$$A=(15\times5+15\times5)\text{cm}^2=150\ \text{cm}^2=15\times10^{-3}\text{m}^2$$

(2) 分析立柱横截面上的应力　以截面 $m-m$ 将框架分成两部分,根据 $m-m$ 截面以上部分的平衡条件(见图 15-6(c)),求得 $m-m$ 截面上的内力为

$$F_N=F(\text{kN})$$

$$M_y=(35+7.5)\times10^{-2}F\ \text{kN}\cdot\text{m}=42.5\times10^{-2}F\ \text{kN}\cdot\text{m}$$

在横截面 $m-m$ 上,轴力 F_N 对应的应力为均布的拉应力,且

$$\sigma'=\frac{F_N}{A}=\frac{F\times10^3}{15\times10^{-3}}\text{N/m}^2=\frac{F}{15}\times10^6\ \text{N/m}^2=\frac{F}{15}\ \text{MPa}$$

与弯矩 M_y 对应的正应力按线性分布,最大拉应力和压应力分别为

$$\sigma''_{t,\max}=\frac{M_yZ_0}{I_y}=\left(\frac{42.5\times10^{-2}F\times10^3\times7.5\times10^{-2}}{5\ 310\times10^{-8}}\times10^{-6}\right)\text{MPa}=\frac{425\times7.5\ F}{5\ 310}\text{MPa}$$

$$\sigma''_{c,\max}=-\frac{M_y\cdot Z_1}{I_y}=-\left(\frac{42.5\times10^{-2}F\times10^3(20-7.5)\times10^{-2}}{5\ 310\times10^{-8}}\times10^{-6}\right)\text{MPa}=$$

$$-\frac{425\times12.5\ F}{5310}\text{MPa}$$

从图 15-6(c)看出,叠加以上两种应力后,截面的内侧边缘上发生最大拉应力,且

$$\sigma_{t,\max}=\sigma'+\sigma''_{t,\max}=\left(\frac{F}{15}+\frac{425\times7.5\ F}{5\ 310}\right)\text{MPa}$$

在截面的外侧边缘上发生最大的压应力,且

$$|\sigma_{c,\max}|=|\sigma'+\sigma''_{c,\max}|=\left|\frac{F}{15}-\frac{425\times12.5\ F}{5\ 310}\right|\text{MPa}$$

最后,由抗拉强度条件

$$\sigma_{t,\max}\leqslant[\sigma_t]$$

$$\frac{F}{15}+\frac{425\times7.5\ F}{5\ 310}\leqslant30$$

解得

$$F\leqslant45.1\ \text{kN}$$

由抗压强度条件

$$\sigma_{c,\max}\leqslant[\sigma_c]$$

$$\left|\frac{F}{15}-\frac{425\times12.5\ F}{5\ 310}\right|\leqslant160$$

解得

$$F\leqslant171.3\ \text{kN}$$

为使立柱同时满足抗拉和抗压强度条件,压力 F 不应超过 45.1 kN。

15.3 弯曲与扭转的组合变形

机械传动中的一些构件,例如齿轮轴等,在产生扭转变形的同时,往往还有弯曲变形。当弯曲的影响不能忽略时,就应按弯曲与扭转的组合变形问题来计算。本节将讨论圆截面杆件在弯曲与扭转组合变形时的强度计算。

设有一圆截面杆 AB,一端固定,一端自由;在自由端 B 处安装有一圆轮,并于轮缘处作用一集中力 $\boldsymbol{F}$,如图 15-7(a)所示,现在研究杆 AB 的强度。为此,将力 $\boldsymbol{F}$ 向 B 端面的形心平

移，得到一横向力 $\boldsymbol{F}$ 和矩为 $M_B=FR$ 的力偶，此时杆 AB 的受力情况可简化为如图 15－7(b)所示，横向力和力偶分别使杆 AB 发生平面弯曲和扭转。

作出 AB 杆的扭矩图和弯矩图（见图 15－7(c)、(d)），由图 15－7(d)可见，杆左端的弯矩最大，所以此杆的危险截面位于固定端处。危险截面上弯曲正应力和扭转切应力的分布规律如图 15－7(e)所示。由图可见，在 a 和 b 两点处，弯曲正应力和扭转切应力同时达到最大值，均为危险点，其上的最大弯曲正应力 σ 和最大扭转切应力为 τ，分别为

$$\left.\begin{aligned}\sigma &= \frac{M}{W} \\ \tau &= \frac{T}{W_{\mathrm{t}}}\end{aligned}\right\} \tag{a}$$

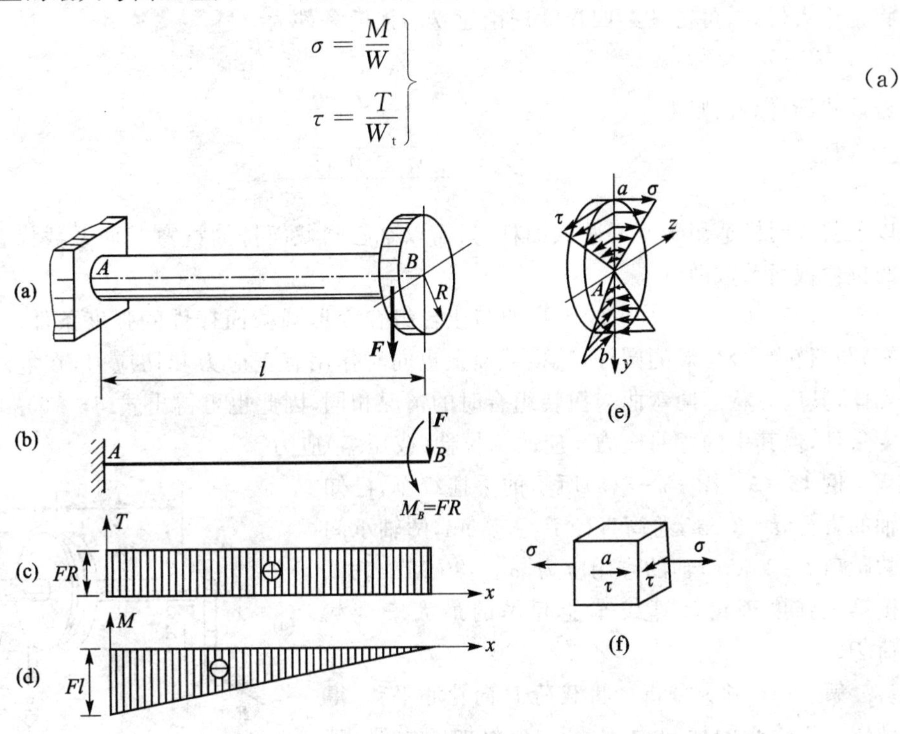

图 15－7

式中：M 和 T 分别为危险截面的弯矩和扭矩；W 和 W_{t} 分别为抗弯截面系数和抗扭截面系数。如在 a、b 两危险点中的任一点，例如 a 点处取出一单元体，如图 15－7(f)所示，则由于此单元体处于平面应力状态，故须用强度理论来进行强度计算。为此须先求单元体的主应力。将 $\sigma_y=0$、$\sigma_x=\sigma$ 和 $\tau_x=\tau$ 代入公式(14－4)，可得

$$\left.\begin{matrix}\sigma_1 \\ \sigma_3\end{matrix}\right\} = \frac{\sigma}{2} \pm \sqrt{\left(\frac{\sigma}{2}\right)^2 + \tau^2}$$

另一主应力

$$\sigma_2 = 0$$

求得主应力后，即可根据强度理论进行强度计算。

机械传动中的轴一般都用塑性材料制成，因此应采用第三或第四强度理论。由式(14－16)和式(14－17)，如用第三强度理论，其强度条件为

$$\sigma_{\mathrm{r3}} = \sigma_1 - \sigma_3 \leqslant [\sigma]$$

将主应力代入上式，可得用正应力和切应力表示的强度条件为

$$\sigma_{\mathrm{r3}} = \sqrt{\sigma^2 + 4\tau^2} \leqslant [\sigma] \tag{15-6}$$

若将式(a)代入式(15－6)，并注意到对于圆杆，$W_{\mathrm{t}}=2W$，可得以弯矩、扭矩和抗弯截面系数表

示的强度条件为

$$\sigma_{r3}=\frac{\sqrt{M^2+T^2}}{W}\leqslant[\sigma] \tag{15-7}$$

如用第四强度理论,其强度条件为

$$\sigma_{r4}=\sqrt{\frac{1}{2}[(\sigma_1-\sigma_2)^2+(\sigma_2-\sigma_3)^2+(\sigma_3-\sigma_1)^2]}\leqslant[\sigma]$$

将主应力代入,可得按第四强度理论建立的强度条件为

$$\sigma_{r4}=\sqrt{\sigma^2+3\tau^2}\leqslant[\sigma] \tag{15-8}$$

若以式(a)代入,则得

$$\sigma_{r4}=\frac{\sqrt{M^2+0.75T^2}}{W}\leqslant[\sigma] \tag{15-9}$$

以上公式同样适用于空心圆截面杆,只需以空心圆截面杆的抗弯截面系数代替实心圆截面杆的抗弯截面系数即可。

式(15-6)~式(15-9)为弯曲与扭转组合变形圆截面杆件的强度条件。对于拉伸(或压缩)与扭转组合变形的圆杆,其横截面上也同时作用有正应力和切应力,在危险点处取出的单元体,其应力状态同弯曲与扭转组合时的情况相同,因此也可得出式(15-6)和式(15-8)的强度条件,但其中的弯曲应力σ应改为拉伸(或压缩)应力。

例 15-3　图 15-8(a)所示的手摇绞车,已知轴的直径d=3 cm,卷筒直径D=36 cm,两轴承间的距离l=80 cm,轴的许用应力$[\sigma]$=80 MPa。试按第三强度理论计算绞车能起吊的最大安全载荷P。

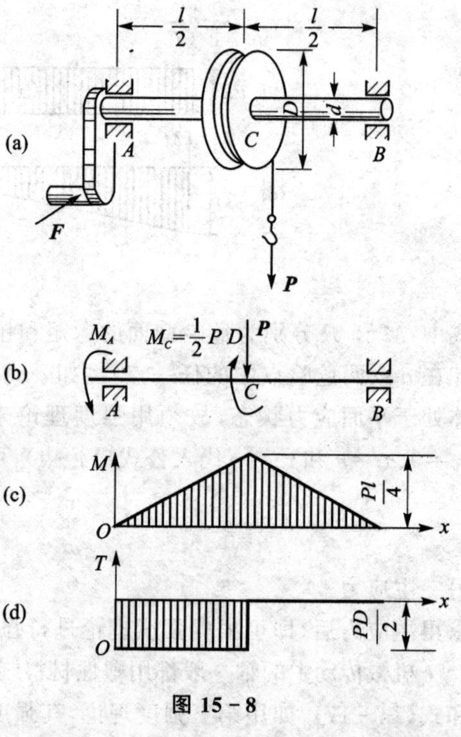

解　(1) 外力分析　将载荷P向轮心平移,得到作用于轮心的横向力P和一个附加的力偶,其力偶矩为$M_C=\frac{1}{2}PD$,它们代替了原来载荷的作用,且分别与轴承的约束力和转动绞车的力矩相平衡。由此得到轴的计算简图如图 15-8(b)所示。

图 15-8

(2) 作内力图　绞车轴的弯矩图和扭矩图如图 15-8(c)、(d)所示,由图可见,危险截面在轴的中点C处,此截面的弯矩和扭矩分别为

$$M=\frac{1}{4}Pl=\frac{1}{4}P\times0.8=0.2\,P\quad(\text{N}\cdot\text{m})$$

$$T=\frac{1}{2}PD=\frac{1}{2}P\times0.36=0.18\,P\quad(\text{N}\cdot\text{m})$$

(3) 求最大安全载荷　由于轴的危险点处于复杂应力状态,故应按强度理论进行强度计算。又因轴是塑性材料制成的,可采用第三强度理论,即由公式(15-7)得

$$\sigma_{r3}=\frac{\sqrt{M^2+T^2}}{W}\leqslant[\sigma]$$

即
$$\frac{\sqrt{(0.2P)^2+(0.18P)^2}}{\frac{\pi\times 0.03^3}{32}}\leqslant 80\times 10^6$$

由此解得
$$P\leqslant 788\ \text{N}$$

即最大安全载荷为 788 N。

例 15-4　一齿轮轴 AB 如图 15-9(a)所示。已知轴的转速 $n=265$ r/min，由电动机输入的功率 $P_K=10$ kW；两齿轮节圆直径为 $D_1=396$ mm，$D_2=168$ mm；齿轮啮合力与齿轮节圆切线的夹角 $\alpha=20°$；轴直径 $d=50$ mm，材料为 45 钢，其许用应力$[\sigma]=50$ MPa。试校核轴的强度。

解　此轴的受力情况比较复杂，各啮合力和轴承约束力都需要简化到两个互相垂直的平面上来处理。

(1) 计算外力　取一空间坐标系 $Oxyz$，将啮合力 $\boldsymbol{F}_1$、$\boldsymbol{F}_2$ 分解为切向力和径向力：$\boldsymbol{F}_{1y}$、$\boldsymbol{F}_{1z}$ 和 $\boldsymbol{F}_{2y}$、$\boldsymbol{F}_{2z}$，它们分别平行于 y 轴和 z 轴。再将两个切向力分别向齿轮中心平移，亦即将 $\boldsymbol{F}_{1z}$、$\boldsymbol{F}_{2y}$ 平行移至轴上，同时加一附加力偶，其矩分别为

$$M_C=F_{1z}\cdot\frac{D_1}{2},\quad M_D=F_{2y}\cdot\frac{D_2}{2}$$

轴的计算简图如图 15-9(b)所示。由图可见，M_C 和 M_D 使轴产生扭转，$\boldsymbol{F}_{1y}$、$\boldsymbol{F}_{2y}$ 和 $\boldsymbol{F}_{1z}$、$\boldsymbol{F}_{2z}$ 则分别使轴在平面 Oxy 和 Oxz 内发生弯曲。

下面进一步计算有关数据。由式(10-1)

$$M_e=M_C=M_D=9\,550\,\frac{P_K}{n}=9\,550\times\frac{10}{265}\text{N}\cdot\text{m}=360\ \text{N}\cdot\text{m}$$

$$M_e=F_{1z}\cdot\frac{D_1}{2}$$

则
$$F_{1z}=\frac{2M_e}{D_1}=\frac{2\times 360}{0.396}\text{N}=1\,818\ \text{N}$$

因
$$M_e=F_{2y}\cdot\frac{D_2}{2}$$

所以
$$F_{2y}=\frac{2Me}{D_2}=\frac{2\times 360}{0.168}\ \text{N}=4\,286\ \text{N}$$

又由图 15-9(a)所示切向力和径向力的三角关系，有

$$F_{1y}=F_{1z}\tan 20°=(1\,818\times 0.364)\text{N}=662\ \text{N}$$
$$F_{2z}=F_{2y}\tan 20°=(4\,286\times 0.364)\text{N}=1\,560\ \text{N}$$

(2) 作内力图、并确定危险截面　根据上面的简化结果，需分别画出轴在两互相垂直平面内的弯矩图和扭矩图，为此，须先计算轴的支座约束力。

在平面 Oxz 内，由平衡条件可求得轴承 A、B 处的支座约束力为

$$F_{Az}=1\,747\ \text{N},\quad F_{Bz}=1\,631\ \text{N}$$

然后可画出平面 Oxz 内的弯矩 M_y 图，如图 15-9(d)中的水平图形。

同样，可求得在平面 Oxy 内轴承 A、B 处的支座约束力为

$$F_{Ay}=1\,662\ \text{N},\quad F_{By}=3\,286\ \text{N}$$

在平面 Oxy 内的弯矩 M_z 图，如图 15-9(d)中的铅垂图形。

根据图 15-9(b)所示的外力偶，画出轴的扭矩图如图 15-9(c)所示。

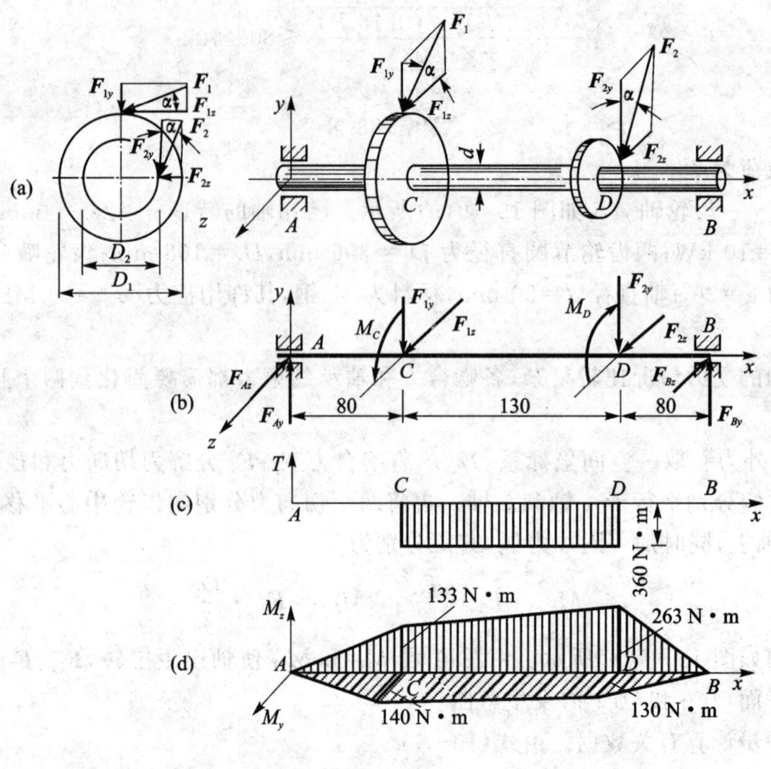

图 15-9

由弯矩图和扭矩图可见,在 CD 段内各截面的扭矩相同,而最大弯矩则可能出现在截面 C 或 D 上。截面 C、D 上的弯矩为该截面上两个方向弯矩的合成。对于圆截面轴而言,无论合成弯矩所在平面的方向如何,并不影响使用弯曲正应力公式来计算弯曲应力,因为合成弯矩的所在平面仍然是圆轴的纵向对称面。与力的合成原理相同,合成弯矩 M 的数值,等于两互相垂直平面内的弯矩平方和的开方,即

$$M = \sqrt{M_y^2 + M_z^2}$$

代入数值后,求得截面 C 和 D 的合成弯矩分别为

$$M_C = \sqrt{140^2 + 133^2}\ \text{N}\cdot\text{m} = 193\ \text{N}\cdot\text{m}$$

$$M_D = \sqrt{130^2 + 263^2}\ \text{N}\cdot\text{m} = 293\ \text{N}\cdot\text{m}$$

比较可知,在截面 D 上的合成弯矩最大。又从扭矩图知,此处同时存在的扭矩为

$$T = 360\ \text{N}\cdot\text{m}$$

(3)强度校核　对于塑性材料制成的轴,应采用第三或第四强度理论进行计算,用第三理论,则由式(15-7)

$$\sigma_{r3} = \frac{\sqrt{M_D^2 + T^2}}{W} = \frac{\sqrt{293^2 + 360^2}}{\frac{\pi}{32}\times 0.05^3}\ \text{Pa} = 37.1\times 10^6\ \text{Pa} = 37.1\ \text{MPa} < [\sigma] = 50\ \text{MPa}$$

如采用第四强度理论,则由式(15-9)

$$\sigma_{r4} = \frac{\sqrt{M_D^2 + 0.75T^2}}{W} = \frac{\sqrt{293^2 + 0.75\times 360^2}}{\frac{\pi}{32}\times 0.05^3}\text{Pa} =$$

$$34.2\times10^{6}\ \text{Pa}=34.2\ \text{MPa}<[\sigma]=50\ \text{MPa}$$

计算可知,不论是根据第三强度理论,还是第四强度理论,轴的强度都是足够的。

必须指出,上述轴的计算是按静载荷情况来考虑的。这样处理在轴的初步设计或估算时是经常采用的。实际上,由于轴的转动,轴是在周期性变化的交变应力作用下工作的,因此,有时还须进一步校核在交变应力作用下的强度。这在机械零件课程中将另有详述,本书不再讨论。至于有关交变应力的一些概念,将在第 17 章中介绍。

此外,在工程设计中,对于一些组合变形构件的强度问题,也常采用一种简化的计算方法。这就是当某一种基本变形起主导作用时,可将次要的基本变形忽略不计,而将构件简化为某种单一的基本变形;同时适当地增大安全系数或降低许用应力。例如,轧钢机中主动轧辊的辊身是弯曲与扭转组合变形的问题,但在实际计算中,可加大安全系数而只按弯曲强度来考虑。又如拧紧螺栓时,是拉伸与扭转的组合变形问题,有时则降低许用应力而只按拉伸强度来计算。如果构件所产生的几种基本变形都比较重要而不能忽略时,这就应作为组合变形构件的问题来处理了。

思　考　题

15-1　如何判断构件的变形类型?试分析图 15-10 所示杆件各段杆的变形类型。

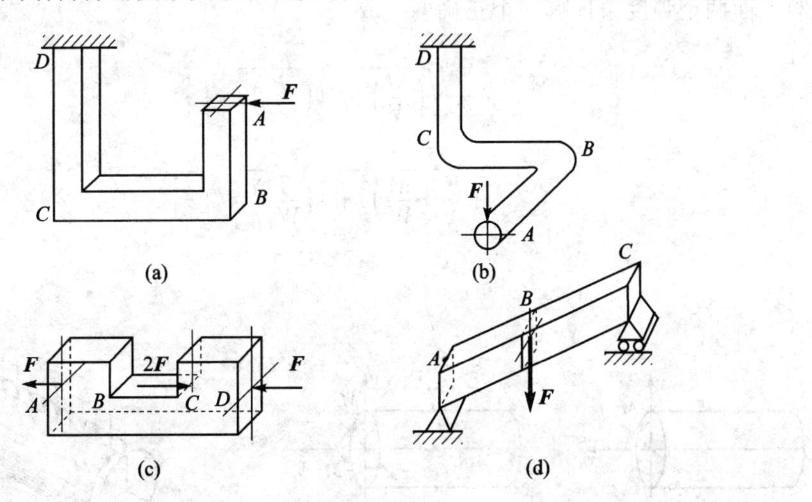

图 15-10

15-2　用叠加法计算组合变形杆件的内力和应力时,其限制的条件是什么?为什么必须满足这些条件?

15-3　矩形截面杆某截面上的内力如图 15-11 所示,试画出该截面可能出现的几种应力分布情况,并写出与这些情况相应的 M、F_N 和 h 值之间应满足的关系式。

15-4　图 15-12 所示烟囱的基础座为方形截面,试分析为使混凝土基础截面不产生拉应力,烟囱所受风力 $\boldsymbol{F}$ 与总重力 $\boldsymbol{P}$ 的合力作用线 $\boldsymbol{F}_R$ 通过基础截面时的限制范围。

15-5　一圆截面杆的两个横截面所受弯矩分别如图 15-13(a)、(b)所示,试确定各自的中性轴方位及弯曲正应力最大点的位置。

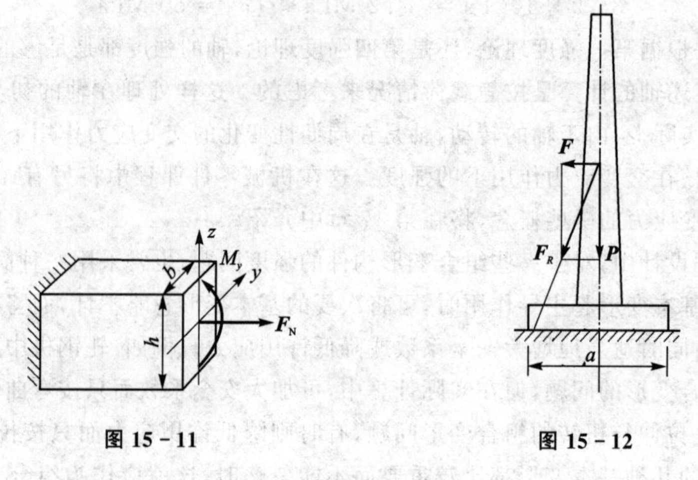

图 15-11 图 15-12

15-6 拉伸与扭转组合变形同弯曲与扭转组合变形的内力、应力和强度条件有什么不同(圆截面杆)?

15-7 一圆截面悬臂梁如图 15-14 所示,同时受到轴向力、横向力和扭转力偶作用。

(1) 试指出危险截面和危险点的位置;

(2) 画出危险点的应力状态;

(3)下面两个强度条件哪一个正确?

$$\frac{F}{A}+\sqrt{\left(\frac{M}{W}\right)^2+4\left(\frac{T}{W_t}\right)^2}\leqslant[\sigma]$$

$$\sqrt{\left(\frac{F}{A}+\frac{M}{W}\right)^2+4\left(\frac{T}{W_t}\right)^2}\leqslant[\sigma]$$

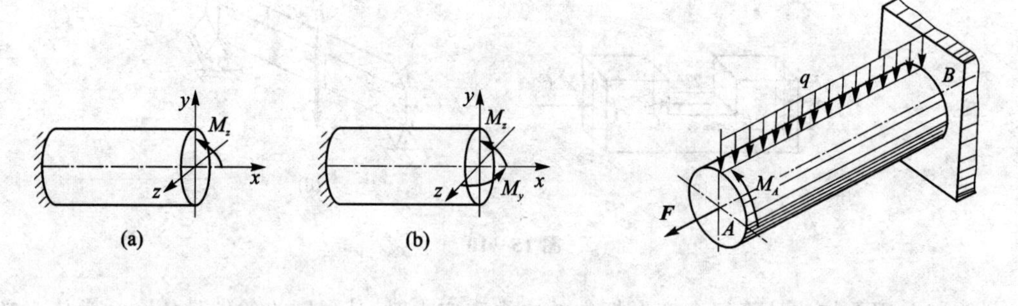

图 15-13 图 15-14

习 题

15-1 图 15-15 所示起重架的最大起吊重量(包括行走小车等)为 $P=40$ kN,横梁 AC 由两根 No.18 槽钢组成,材料为 Q235 钢,许用应力$[\sigma]=120$ MPa。试校核横梁的强度。

15-2 拆卸工具的爪(见图 15-16)由 45 钢制成,其许用应力$[\sigma]=180$ MPa。试按爪的强度,确定工具的最大顶压力 $F_{\max}$。

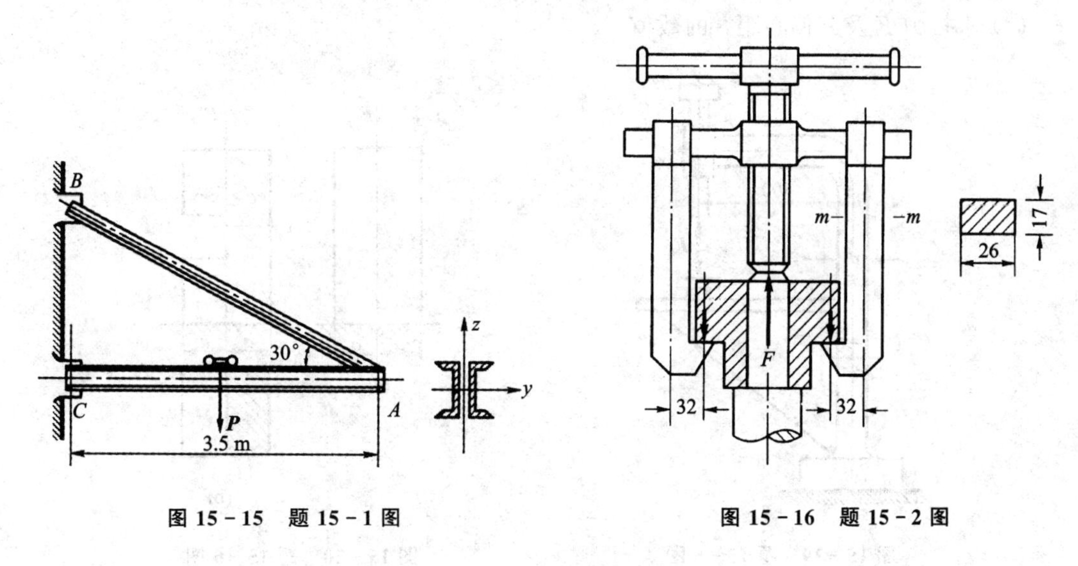

图15-15　题15-1图　　　　图15-16　题15-2图

15-3　材料为灰铸铁HT15—33的压力机框架如图15-17所示。许用拉应力为$[\sigma_t]=30$ MPa，许用压应力为$[\sigma_c]=80$ MPa。试校核框架立柱的强度。

15-4　图15-18所示短柱受载荷F_1和F_2的作用，试求固定端截面上角点A、B、C及D的正应力。

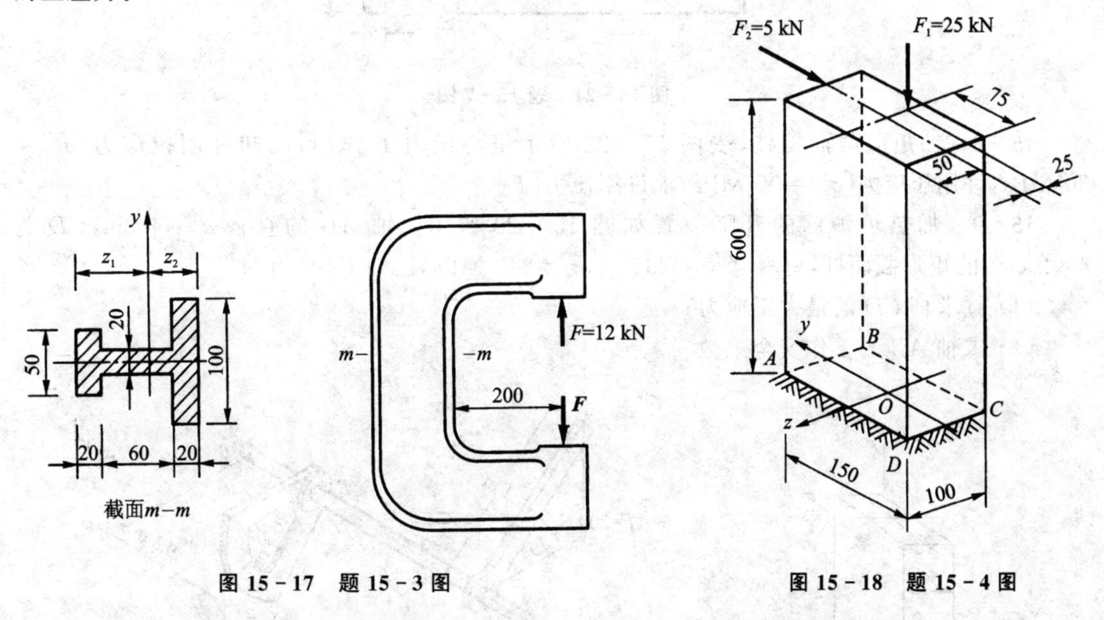

图15-17　题15-3图　　　　图15-18　题15-4图

15-5　图15-19所示钻床的立柱为铸铁制成，$F=15$ kN，许用拉应力$[\sigma_t]=35$ MPa。试确定立柱所需直径d。

15-6　若在正方形截面短柱的中间处开一个槽(见图15-20)，使横截面面积减小为原截面面积的一半，问最大压应力将比不开槽时增大几倍？

15-7　图15-21所示一矩形截面杆，用应变片测得杆件上、下表面的轴向应变分别为$\varepsilon_a=1\times10^{-3}$，$\varepsilon_b=0.4\times10^{-3}$，材料的弹性模量$E=210$ GPa。

(1) 试绘制横截面的正应力分布图？

(2) 求拉力 F 及其偏心距 e 的数值。

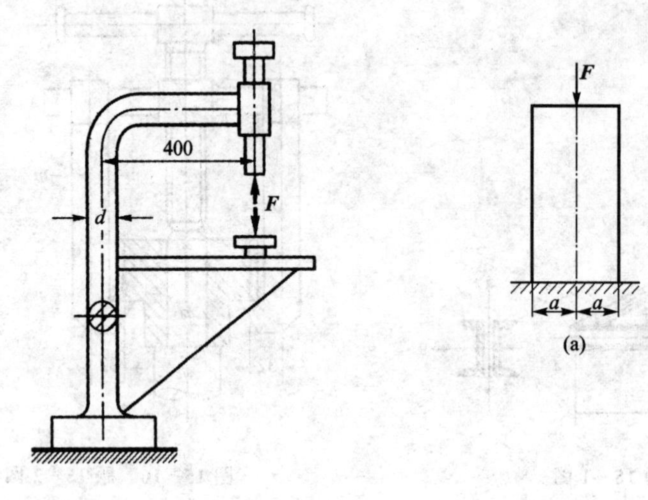

图 15-19 题 15-5 图

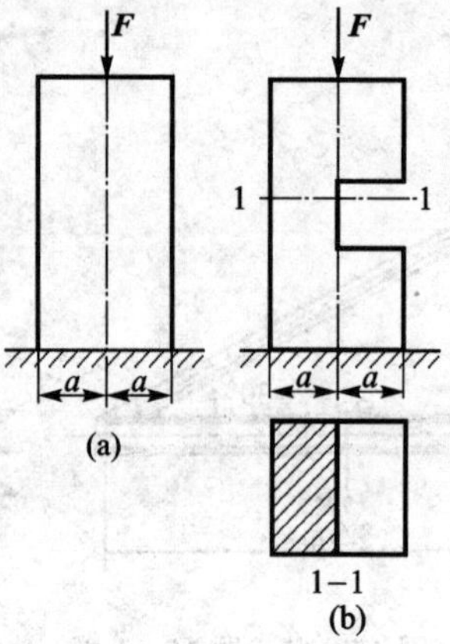

图 15-20 题 15-6 图

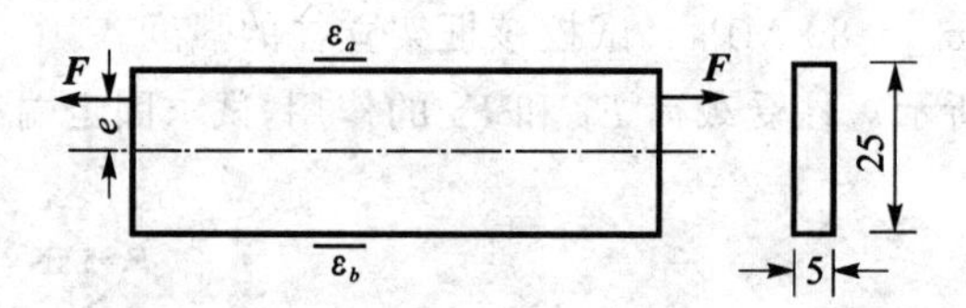

图 15-21 题 15-7 图

15-8 一矩形截面短柱，受图 15-22 所示偏心压力 $\boldsymbol{F}$ 作用，已知许用拉应力$[\sigma_t]=30\ \text{MPa}$，许用压应力$[\sigma_c]=90\ \text{MPa}$，求许用压力$[F]$。

15-9 加热炉炉门的升降装置如图 15-23 所示。轴 AB 的直径 $d=4\ \text{cm}$，CD 为 $4\times2\ \text{cm}^2$ 的矩形截面杆，材料都是 Q235 钢，$\sigma_s=240\ \text{MPa}$，已知 $F=200\ \text{N}$。

(1) 试求杆 CD 的最大正应力；

(2) 求轴 AB 的工作安全系数。

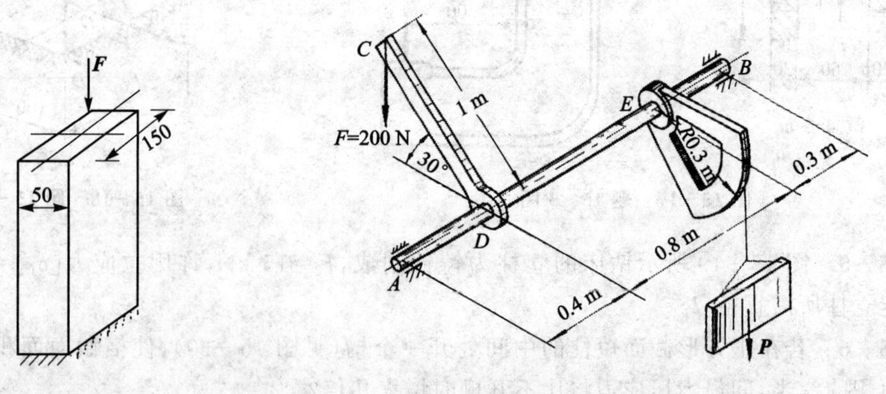

图 15-22 题 15-8 图

图 15-23 题 15-9 图

15-10 一轴上装有两个圆轮如图 15-24 所示，$\boldsymbol{F}$、$\boldsymbol{P}$ 两力分别作用于两轮上并处于平衡状态。圆轴直径 $d=110\ \text{mm}$，$[\sigma]=60\ \text{MPa}$，试按第四强度理论确定许用载荷$[F]$。

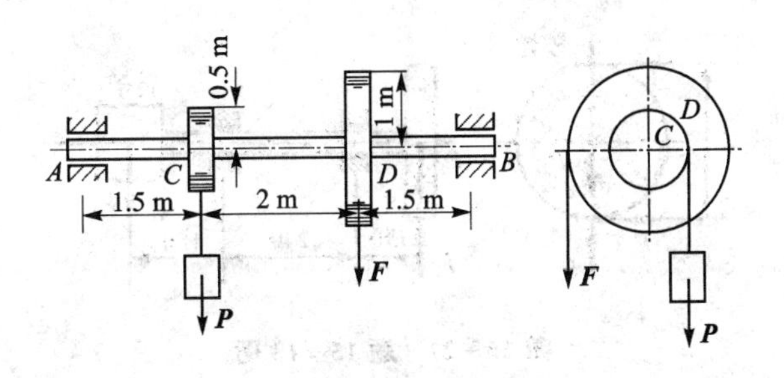

图 15-24　题 15-10 图

15-11　如图 15-25 所示，电动机的功率为 9 kW，转速 $n=715$ r/min，带轮直径 $D=250$ mm，主轴外伸部分长度为 $l=120$ mm，主轴直径 $d=40$ mm。若$[\sigma]=60$ MPa，试用第三强度理论校核轴的强度。

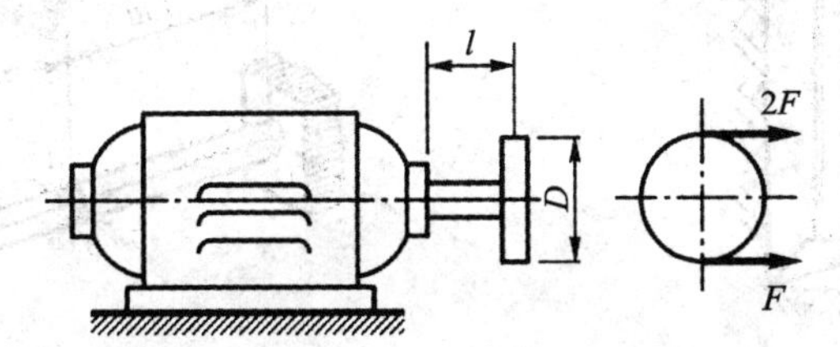

图 15-25　题 15-11 图

15-12　某型水轮机主轴的示意图如图 15-26 所示。水轮机组的输出功率为 $P_K=37\ 500$ kW，转速 $n=150$ r/min。已知轴向推力 $F_z=4\ 800$ kN，转轮重 $P_1=390$ kN；主轴的内径 $d=340$ mm，外径$D=750$ mm，自重 $P=285$ kN。主轴材料为 45 钢，其许用应力为$[\sigma]=80$ MPa。试按第四强度理论校核主轴的强度。

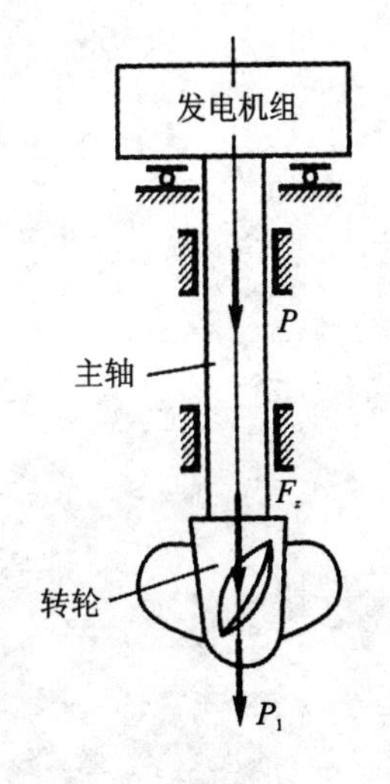

图 15-26　题 15-12 图

15-13　图 15-27 为某精密磨床砂轮轴的示意图。已知电动机功率 $P_K=3$ kW，转子转速 $n=1\ 400$ r/min，转子重量 $P_1=101$ N。砂轮直径 $D=250$ mm，砂轮重量 $P_2=275$ N。磨削力 $F_y:F_z=3:1$，砂轮轴直径 $d=50$ mm，材料为轴承钢，$[\sigma]=60$ MPa。

(1) 试用单元体表示出危险点的应力状态，并求出主应力和最大切应力。

(2) 试用第三强度理论校核轴的强度。

15-14　已知一牙轮钻机的钻杆为无缝钢管如图 15-28 所示，外直径 $D=152$ mm，内直径 $d=120$ mm，许用应力$[\sigma]=100$ MPa。钻杆的最大推进压力 $F=180$ kN，扭矩 $T=17.3$ kN·m，试按第三强度理论校核钻杆的强度。

15-15　端截面密封的曲管如图 15-29 所示，外径为 100 mm，壁厚 $\delta=5$ mm，内压 $p=8$ MPa。集中力$F=3$ kN。A、B 两点在管的外表面上，　为截面垂直直径的端点，一为水平直径的端点。试确定两点的应力状态。

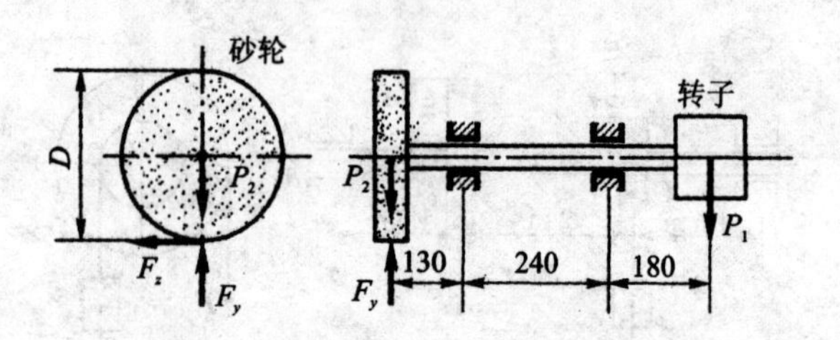

图 15－27　题 15－13 图

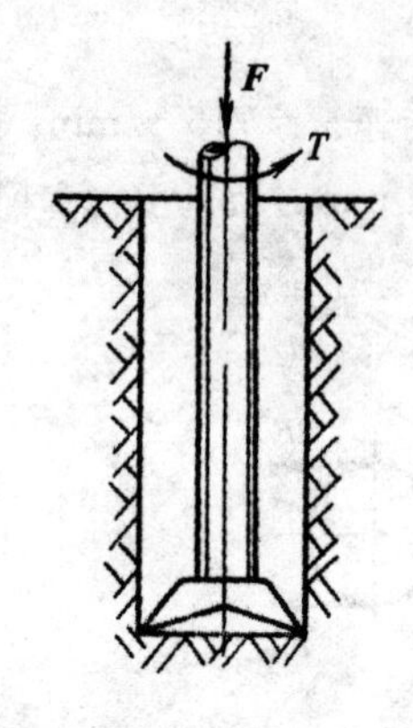

图 15－28　题 15－14 图

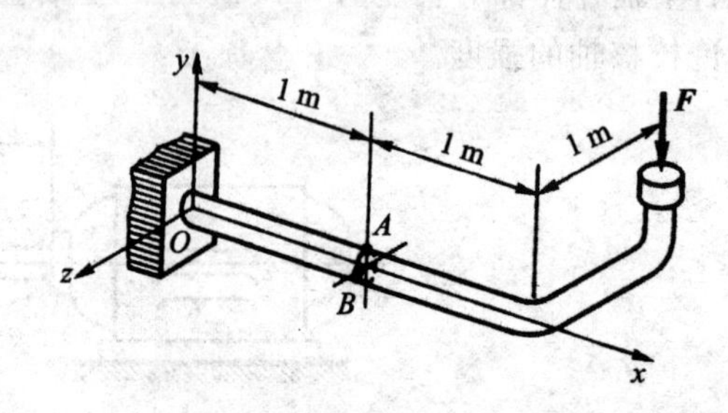

图 15－29　题 15－15 图

第16章 压杆稳定

本章将介绍压杆稳定的概念，临界压力和临界应力的计算，压杆的稳定性校核及提高压杆稳定性的措施。

16.1 压杆稳定的概念

当受拉杆件的应力达到屈服极限或强度极限时，将引起塑性变形或断裂。长度较小的受压短柱也有类似的现象，例如低碳钢短柱被压扁，铸铁短柱被压碎。这些都是由于强度不足引起的失效。

细长杆件受压时，却表现出与强度失效全然不同的性质。例如一根细长的竹片受压时，开始轴线为直线，接着必然是被压弯，发生颇大的弯曲变形，最后折断。与此类似，工程结构中也有很多受压的细长杆。例如内燃机配气机构中的挺杆(见图16-1)，在它推动摇臂打开气阀时，就受压力作用。又如磨床液压装置的活塞杆(见图16-2)，当驱动工作台向右移动时，油缸活塞上的压力和工作台的阻力使活塞杆受到压缩。同样，内燃机(见图16-3)、空气压缩机、蒸汽机的连杆也是受压杆件。还有，桁架结构中的受压杆、建筑物中的柱也都是压杆。当承受的压力较大时，这些杆件将会产生显著的弯曲变形而失去工作能力。这样，压杆在受轴向压力作用时，由于不能保持其原来的直线平衡状态，变弯而丧失承载能力的现象，称为**压杆失稳**。

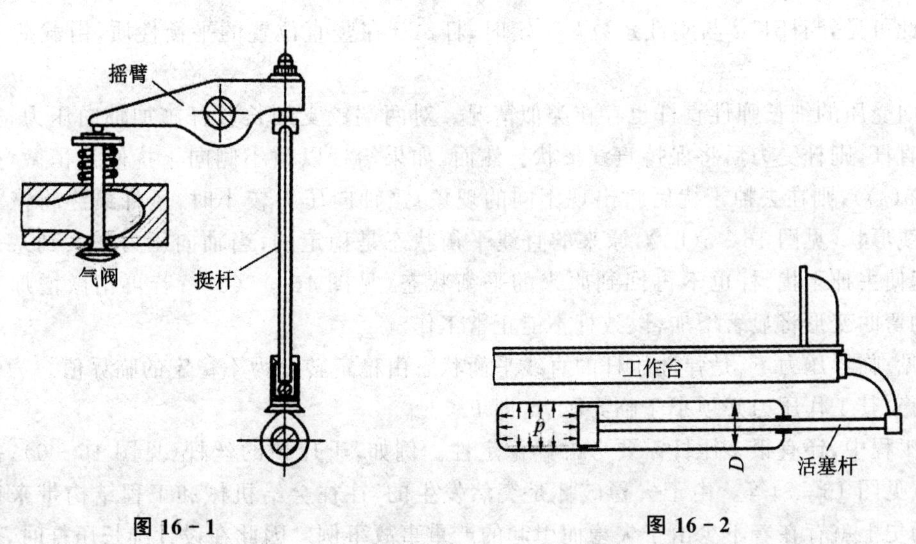

图16-1　　图16-2

为了说明压杆失稳的概念，先分析刚性压杆的平衡稳定性问题。

如图16-4(a)所示刚性直杆 AB，A 端为铰支，B 端用刚性系数为 k 的弹簧所支持。在铅垂载荷 $\boldsymbol{F}$ 作用下，该杆在竖直位置保持平衡。现在，给杆以微小侧向干扰，使杆端产生微小侧

向位移 δ(见图 16-4(b)),这时,外力 $\boldsymbol{F}$ 对 A 点的力矩 $F\delta$ 使杆更加偏离竖直位置,而弹簧反力 $k\delta$ 对 A 点的力矩 $k\delta l$,则力图使杆恢复其初始平衡位置。如果 $F\delta<k\delta l$,即 $F<kl$,则在上述干扰解除后,杆将自动恢复至初始平衡位置,说明在该载荷作用下,杆在竖直位置的平衡是稳定的。如果 $F\delta>k\delta l$,即 $F>kl$,则在干扰解除后,杆不仅不能自动返回到初始位置,而且将继续偏转,说明在该载荷作用下,杆在竖直位置的平衡是不稳定的。如果 $F\delta=k\delta l$,即 $F=kl$,则杆既可在竖直位置保持平衡,也可在微小偏斜状态保持平衡,此时压杆处于一种临界状态。也就是说,载荷达到该值时,原来的平衡状态将由稳定转变为不稳定。此时的载荷称为**临界载荷**或**临界压力**,临界压力记为 F_{cr}。

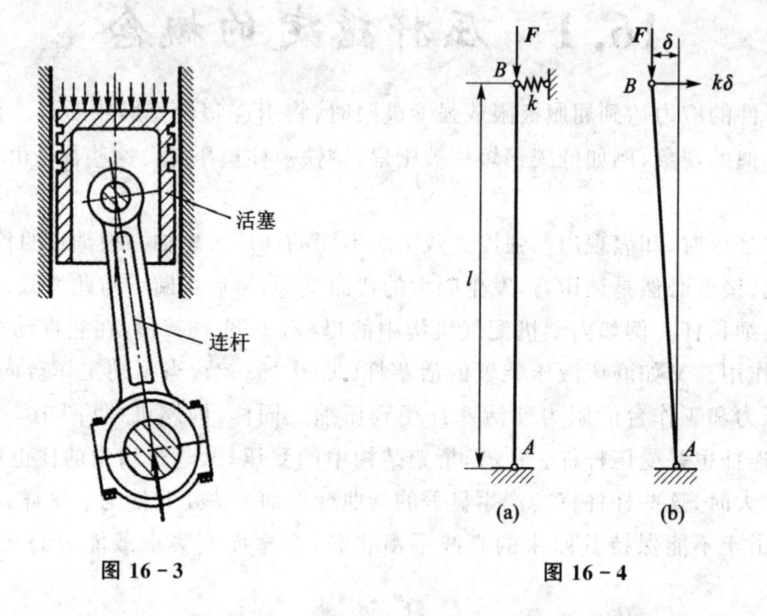

图 16-3　　图 16-4

由此可见,当杆长 l 与刚性系数 k 一定时,杆 AB 在竖直位置的平衡性质,由载荷 F 的大小而定。

轴向受压的细长弹性直杆也存在类似情况。对两端铰支细长直杆施加轴向压力,若杆件是理想直杆,则杆受力后将保持直线形状。然而,如果给杆以微小侧向干扰使其稍微弯曲(见图 16-5(a)),则在去掉干扰后将出现不同的现象:当轴向压力较小时,压杆最终将恢复其原有的直线形状(见图 16-5(b)),原来的直线平衡状态是稳定的;当轴向压力增大到某一临界值时,即使去掉干扰,杆也不再回到原来的平衡状态(见图 16-5(c));若再稍微增加一点外载,杆的弯曲变形将显著增加,以致杆不能正常工作。

可见,临界压力 F_{cr} 是弹性压杆的直线平衡状态由稳定转变为不稳定的临界值。为保证压杆不失稳,其工作压力必须小于临界压力,即 $F<F_{cr}$。

在工程中,还有很多压杆需要考虑其稳定性。例如,千斤顶的丝杆(见图 16-6),托架中的压杆(见图 16-7)等。由于失稳破坏是突然发生的,往往会给机械和工程结构带来很大的危害,历史上就存在着不少由于失稳而引起的严重事故事例。因此在设计细长压杆时,进行稳定性计算是非常必要的。

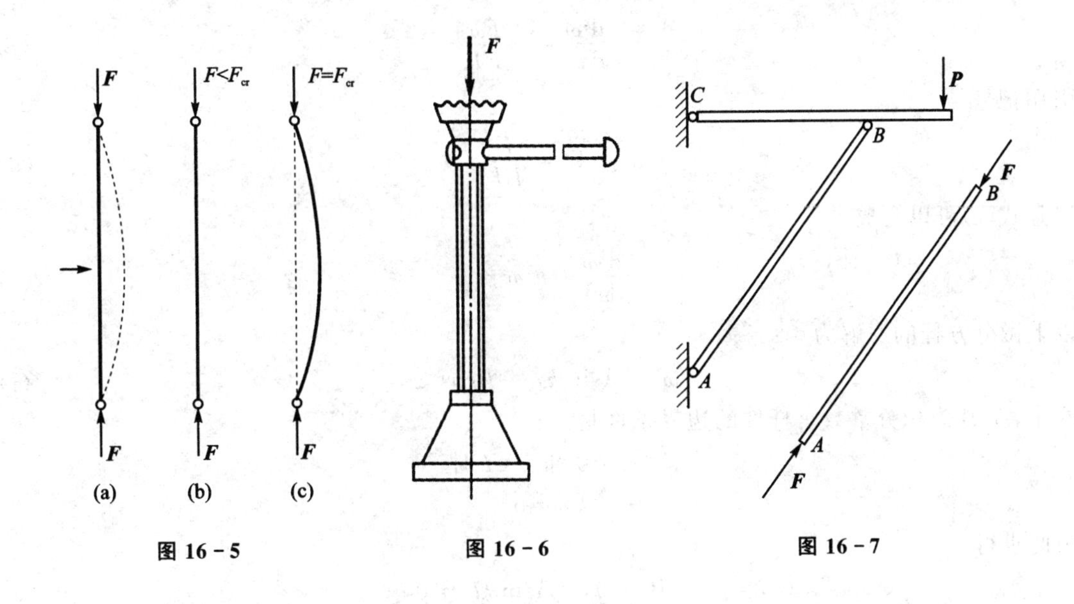

图 16-5　　图 16-6　　图 16-7

16.2　细长压杆的临界压力

1. 两端铰支压杆的临界压力

设细长压杆的两端为球铰支座(见图 16-8),轴线为直线,压力 $\boldsymbol{F}$ 与轴线重合。正如前节所指出的,当压力达到临界值时,压杆将由直线平衡形态转变为曲线平衡形态。可以认为,使压杆保持微小弯曲平衡的最小压力即为临界压力。

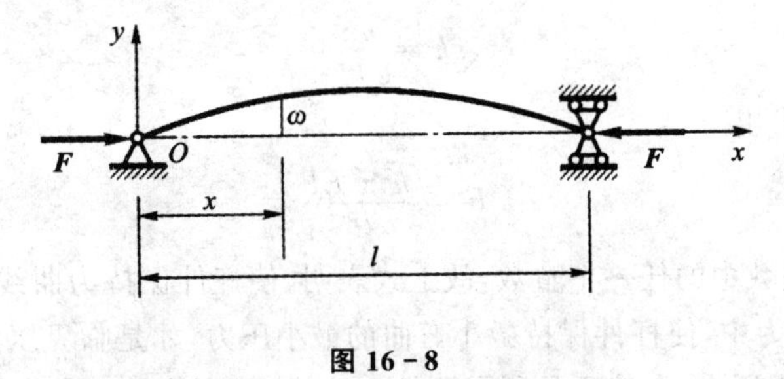

图 16-8

选取坐标系如图 16-8 所示,距原点为 x 的任意截面的挠度为ω,弯矩 M 的绝对值为$F\omega$。若只取压力 F 的绝对值,则 ω 为正时,M 为负;ω 为负时,M 为正。即 M 与 ω 的符号相反,所以

$$M(x) = -F\omega \tag{a}$$

对微小的弯曲变形,挠曲线的近似微分方程为

$$\frac{\mathrm{d}^2\omega}{\mathrm{d}x^2} = \frac{M(x)}{EI} \tag{b}$$

由于两端是球铰,允许杆件在任意纵向平面内发生弯曲变形,因而杆件的微小弯曲变形一定发生于抗弯能力最小的纵向平面内。所以,上式中的 I 应是横截面最小的惯性矩。将式(a)代入式(b),得

$$\frac{\mathrm{d}^2\omega}{\mathrm{d}x^2}=-\frac{F\omega}{EI} \tag{c}$$

引用记号

$$k^2=\frac{F}{EI} \tag{d}$$

于是式(c)可以写成

$$\frac{\mathrm{d}^2\omega}{\mathrm{d}x^2}+k^2\omega=0 \tag{e}$$

以上微分方程的通解为

$$\omega=A\sin kx+B\cos kx \tag{f}$$

式中,A、B 为积分常数。杆件的边界条件是

$$x=0 \text{ 和 } x=l \text{ 时}$$

$$\omega=0$$

由此求得

$$B=0,\quad A\sin kl=0 \tag{g}$$

后面的式子表明,A 或者 $\sin kl$ 等于零。但因 B 已经等于零,如 A 再等于零,则由式(f)知 $\omega\equiv 0$,这表示杆件轴线任意点的挠度皆为零,它仍为直线。这就与杆件失稳发生了微小弯曲的前提相矛盾。因此必须是

$$\sin kl=0$$

于是 kl 是数列 0、π、2π、3π、…中的任一个数。或者写成

$$kl=n\pi\quad(n=0、1、2、\cdots)$$

由此求得

$$k=\frac{n\pi}{l} \tag{h}$$

把式(h)代回式(d),求出

$$F=\frac{n^2\pi^2EI}{l^2}$$

因为 n 是 0、1、2、…整数中的任一个整数,故上式表明,使杆件保持为曲线平衡的压力,理论上是多值的。在这些压力中,使杆件保持微小弯曲的最小压力,才是临界压力 F_{cr}。如取$n=0$,则 $F=0$,表示杆件上并无压力,自然不是所需要的。这样,只有取 $n=1$,才使压力为最小值。于是得临界压力为

$$F_{cr}=\frac{\pi^2EI}{l^2} \tag{16-1}$$

这是两端铰支细长压杆临界压力的计算公式,也称为两端铰支压杆的欧拉公式。两端铰支压杆是工程实际中最常见的情况。例如,在 16.1 节中提到的挺杆、活塞杆和桁架结构中的受压杆等,一般都可简化成两端铰支杆。

从公式可以看出,临界压力 F_{cr} 与杆的抗弯刚度 EI 成正比,而与杆长 l 的平方成反比。这就是说,杆愈细长,其临界压力愈小,即愈容易丧失稳定。

应该注意,对于两端以球铰支承的压杆,公式(16-1)中横截面的惯性矩 I 应取最小值 I_{min}。这是因为压杆失稳时,总是在抗弯能力最小的纵向平面内弯曲。

导出欧拉公式时，用变形以后的位置计算弯矩，如式(a)所示。这里不再使用原始尺寸原理，是稳定问题在处理方法上与以往不同之处。

2. 其他约束情况下压杆的临界压力

上面导出的是两端铰支压杆的临界压力公式。当压杆的约束情况改变时，压杆的挠曲线近似微分方程和挠曲线的边界条件也随之改变，因而临界压力的数值也不相同。仿照前面的方法，也可求得各种约束情况下压杆的临界压力公式。如果以两端铰支压杆的挠曲线(半波正弦曲线)为基本情况，将其与其他约束情况下的挠曲线对比，则可以得到欧拉公式的一般形式为

$$F_{cr}=\frac{\pi^2 EI}{(\mu l)^2} \tag{16-2}$$

式中：μ 为不同约束条件下压杆的**长度系数**；μl 则相当于两端铰支压杆的半波正弦曲线的长度，称为**相当长度**。

几种理想的杆端约束情况下的长度系数列于表 16-1 中。

表 16-1　压杆的长度系数表

杆端约束情况	两端铰支	一端固定、一端自由	一端固定、一端铰支	两端固定
挠曲线形状	F_{cr}, l	F_{cr}, l, $2l$	F_{cr}, $0.7l$, l	F_{cr}, $\frac{l}{4}$, $\frac{l}{2}$, $\frac{l}{4}$, l
长度系数	1.0	2.0	0.7	0.5

由表可以看出，欲使长为 l 的一端固定一端自由的压杆失稳，相当于使长度为 $2l$ 的两端铰支的压杆失稳；同样，对于一端固定一端铰支的压杆，因挠曲线的拐点在 $0.7l$ 处，故其相当于长度为 $0.7l$；对两端固定的压杆，则与长度为 $0.5l$ 的两端铰支的压杆相当。

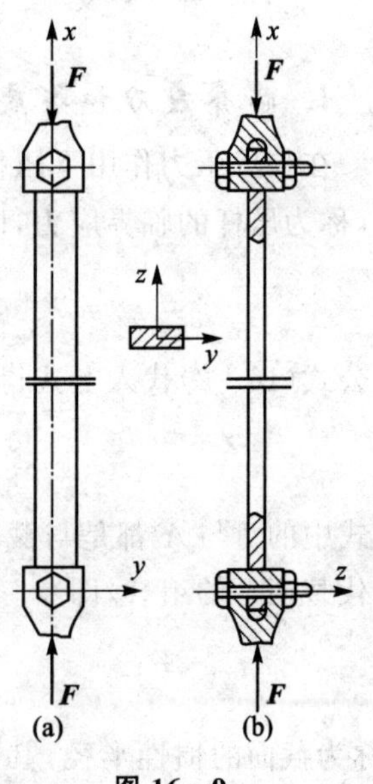

图 16-9

应该指出，上边所列的杆端约束情况，是典型的理想约束。实际上，在工程实际中杆端的约束情况是复杂的，有时很难简单地将其归结为那一种理想约束。应该根据实际情况作具体分析，看其与哪种理想情况接近，从而定出近似实际的长度系数。下面通过几个实例说明杆端约束情况的简化。

(1) 柱形铰约束　如图 16-9 所示的连杆，两端为柱形铰连接。考虑连杆在大刚度平面内弯曲时，杆的两端可简化为铰支(见图16-9(a))；考虑在小刚度平面内弯曲时(见图 16-9(b))，则应根据两端的实际固结程度而定，如接头的刚性较好，使其不能转动，就可简化为固定端；如仍可能有一定程度的转动，则应将

其简化为两端铰支。这样处理比较安全。

(2) 焊接或铆接　对于杆端与支承处焊接或铆接的压杆,例如图16-10所示桁架腹杆AC、EC等及上弦杆CD的两端,可简化为铰支端。因为杆受力后连接处仍可能产生微小的转动,故不能将其简化为固定端。

(3) 螺母和丝杠连接　这种连接的简化将随着支承套(螺母)长度l_0与支承套直径(螺母的螺纹平均直径)d_0的比值l_0/d_0(见图16-11)而定。当$l_0/d_0<1.5$时,可简化为铰支端;当$l_0/d_0>3$时,则简化成固定端;当$1.5<l_0/d_0<3$时,则简化为非完全铰支,若两端均为非完全铰,取$\mu=0.75$。

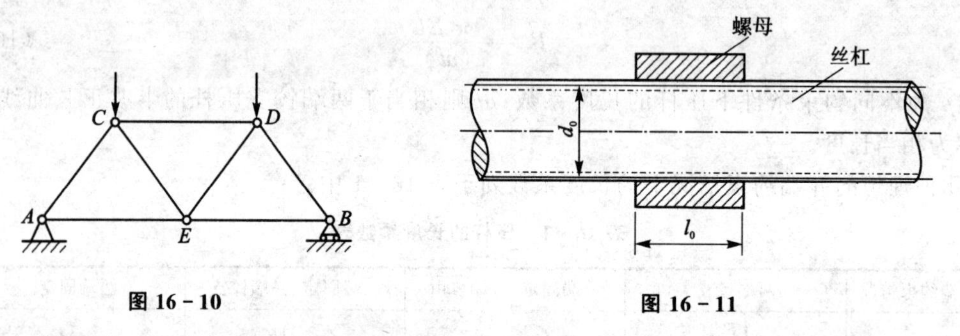

图16-10　　图16-11

(4) 固定端　对于与坚实的基础固结成一体的柱脚,可简化为固定端,如浇铸于混凝土基础中的钢柱柱脚。

总之,理想的固定端和铰支端约束是不多见的。实际杆端的连接情况,往往是介于固定端与铰支端之间。对应于各种实际的杆端约束情况,压杆的长度系数μ值,在有关的设计手册或规范中另有规定。在实际计算中,为了简单起见,有时将有一定固结程度的杆端简化为铰支端,这样简化是偏于安全的。

16.3　临界应力及临界应力总图

1. 临界应力和柔度

在临界压力作用下压杆横截面上的应力,可用临界压力F_{cr}除以压杆的横截面面积而得到,称为压杆的临界应力,以σ_{cr}表示,即

$$\sigma_{cr}=\frac{F_{cr}}{A} \tag{a}$$

将公式(16-2)代入上式得

$$\sigma_{cr}=\frac{\pi^2 EI}{(\mu l)^2 A} \tag{b}$$

上式中的I与A都是与截面有关的几何量。若将惯性矩表示为$I=i^2A$,则可用另一个几何量来代替两者的组合,即令

$$i=\sqrt{\frac{I}{A}} \tag{16-3}$$

i称为截面的惯性半径,其量纲为长度的一次方,各种几何图形的惯性半径可以从手册中查出。于是式(b)可写成

$$\sigma_{cr}=\frac{\pi^2 E i^2}{(\mu l)^2}=\frac{\pi^2 E}{\left(\frac{\mu l}{i}\right)^2}$$

令
$$\lambda=\frac{\mu l}{i} \tag{16-4}$$

可得压杆的临界应力公式为

$$\sigma_{cr}=\frac{\pi^2 E}{\lambda^2} \tag{16-5}$$

式中，λ 表示压杆的相当长度 μl 与其惯性半径 i 的比值，是一个量纲为一的量，称为压杆的柔度或长细比。它反映了杆端约束情况，压杆长度、截面形状和尺寸对临界应力的综合影响。例如，对于直径为 d 的圆形截面，其惯性半径为

$$i=\sqrt{\frac{I}{A}}=\sqrt{\frac{\pi d^4/64}{\pi d^2/4}}=\frac{d}{4}$$

则柔度

$$\lambda=\frac{\mu l}{i}=\frac{4\mu l}{d} \tag{16-6}$$

由公式(16-5)及式(16-6)可以看出，如压杆愈细长，则其柔度 λ 愈大，压杆的临界应力愈小，这说明压杆愈容易失去稳定。反之，若为短粗压杆，则其柔度 λ 较小，而临界应力较大，压杆就不容易失稳。所以，柔度 λ 是压杆稳定计算中的一个重要参数。

2. 欧拉公式的适用范围

欧拉公式是根据压杆的挠曲线近似微分方程推导出来的，而这个微分方程只有在材料服从胡克定律的条件下才成立。因此，只有当压杆的临界应力 σ_{cr} 不超过材料的比例极限 σ_p 时，欧拉公式才能适用。具体来说，欧拉公式的适用条件是

$$\sigma_{cr}=\frac{\pi^2 E}{\lambda^2}\leqslant\sigma_p \tag{16-7}$$

由式(16-7)可求得对应于比例极限 σ_p 的柔度值

$$\lambda_p=\sqrt{\frac{\pi^2 E}{\sigma_p}} \tag{16-8}$$

于是，欧拉公式的适用范围可用压杆的柔度 λ_p 来表示，即要求压杆的实际柔度 λ 不能小于对应于比例极限时的柔度值 λ_p，即

$$\lambda\geqslant\lambda_p$$

只有这样，才能满足式(16-7)中的 $\sigma_{cr}\leqslant\sigma_p$ 的要求。

能满足上述条件的压杆，称为大柔度杆或细长杆。对于常用的 Q235 钢制成的压杆，弹性模量 $E=200$ GPa，比例极限 $\sigma_p=200$ MPa，代入式(16-8)可得

$$\lambda_p=\sqrt{\frac{\pi^2 E}{\sigma_p}}=3.14\sqrt{\frac{200\times10^9\ \text{Pa}}{200\times10^6\ \text{Pa}}}\approx100$$

也就是说，以 Q235 钢制成的压杆，其柔度 $\lambda\geqslant\lambda_p=100$ 时，才能用欧拉公式来计算临界应力。对于其他材料也可求得相应的 λ_p 值。

由临界应力公式(16-5)可知，压杆的临界应力随其柔度而变化，二者的关系可用一曲线来表示。如取临界应力 σ_{cr} 为纵坐标，柔度 λ 为横坐标，按公式(16-5)可画出如图 16-12 所示

的曲线 AB,该曲线称为欧拉双曲线。在图上也可以表明欧拉公式的适用范围,即曲线上的实线部分 BC 才是适用的;而虚线部分 AC 是不适用的,因为对应于该部分的应力已超过了比例极限 σ_p。图上 σ_p 对应于 C 点的柔度值为 λ_p。

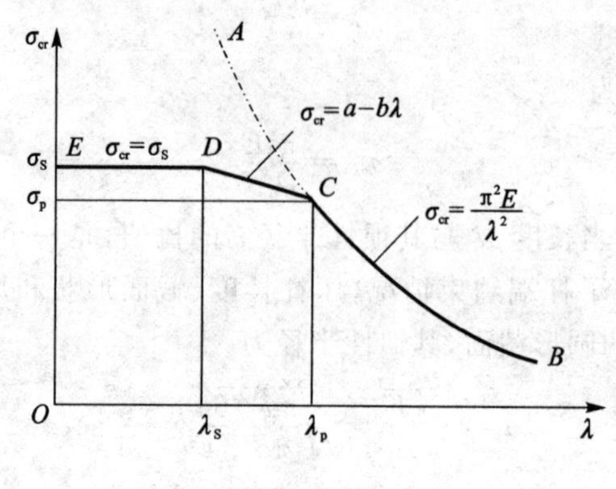

图 16-12

3. 中、小柔度杆的临界应力

在工程实际中,也经常遇到柔度小于 λ_p 的压杆,这类压杆的临界应力已不能再用公式(16-5)来计算。目前多采用建立在实验基础上的经验公式,如直线公式和抛物线公式等。下面先介绍简便、常用的直线公式,即

$$\sigma_{cr}=a-b\lambda \tag{16-9}$$

此式在图 16-12 中以倾斜直线 CD 表示。式中,a 及 b 是与材料性质有关的常数,其单位都是 MPa。某些材料的 a、b 值,可以从表 16-2 中查得。

表 16-2 直线公式的系数 a、b 及柔度值 λ_p、λ_s

材 料	a/MPa	b/MPa	λ_p	λ_s
Q235 钢	304	1.12	100	62
35 钢	461	2.568	100	60
45、55 钢	578	3.744	100	60
铸 铁	332.2	1.454	80	—
松 木	28.7	0.19	59	40

上述经验公式也有一个适用范围。对于塑性材料的压杆,还要求其临界应力不超过材料的屈服极限 σ_s,则要求

$$\sigma_{cr}=a-b\lambda\leqslant\sigma_s$$

或

$$\lambda\geqslant\frac{a-\sigma_s}{b}$$

由上式即可求得对应于屈服极限 σ_s 的柔度值 λ_s 为

$$\lambda_s=\frac{a-\sigma_s}{b} \tag{16-10}$$

当压杆的实际柔度 $\lambda\geqslant\lambda_s$ 时,直线公式才适用。对于 Q235 钢,$\sigma_s=235$ MPa,$a=304$ MPa,$b=1.12$ MPa,可求得

$$\lambda_s=\frac{304\ \text{MPa}-235\ \text{MPa}}{1.12\ \text{MPa}}\approx 62$$

柔度在 λ_s 和 λ_p 之间（即 $\lambda_s \leqslant \lambda \leqslant \lambda_p$）的压杆，称为中柔度杆或中长杆。中柔度钢杆的 λ 在 60～100 之间。实验表明，这种压杆的破坏性质接近于大柔度杆，也有较明显的失稳现象。

柔度较小（$\lambda \leqslant \lambda_s$）的杆，称为小柔度杆或粗短杆。对绝大多数碳素结构钢和优质碳素结构钢来说，小柔度杆的 λ 在 0～60 之间。实验证明，这种压杆当应力达到屈服极限 σ_s 时才被破坏，破坏时很难观察到失稳现象。这说明小柔度杆是由强度不足而被破坏的，应该以屈服极限 σ_s 作为极限应力；若在形式上作为稳定问题考虑，则可认为临界应力是 $\sigma_{cr}=\sigma_s$，在图 16-12 上以水平直线段 DE 表示。对于脆性材料如铸铁制成的压杆，则应取强度极限 σ_c 作为临界应力。

对应于大、中、小柔度的三类压杆，其临界应力与柔度关系的三部分曲线或直线，组成了临界应力图（见图 16-12）。从图上可以明显地看出，小柔度杆的临界应力与 λ 无关，而大、中柔度杆的临界应力则随 λ 的增加而减小。

工程实际中，对于中、小柔度压杆的临界应力，也有建议采用抛物线经验公式计算的，此公式为

$$\sigma_{cr} = a - b\lambda^2 \tag{16-11}$$

式中，a、b 为材料性质有关的常数。例如，在我国钢结构设计规范（TJ17-74）中，就采用了上述的抛物线公式。但是，应该注意式（16-11）中的 a、b 值与式（16-9）中的 a、b 值是不同的。

如图 16-13 所示，临界应力图有两部分组成，即对应于大柔度杆的欧拉双曲线 BC 与对应于中、小柔度杆的抛物线 CD。

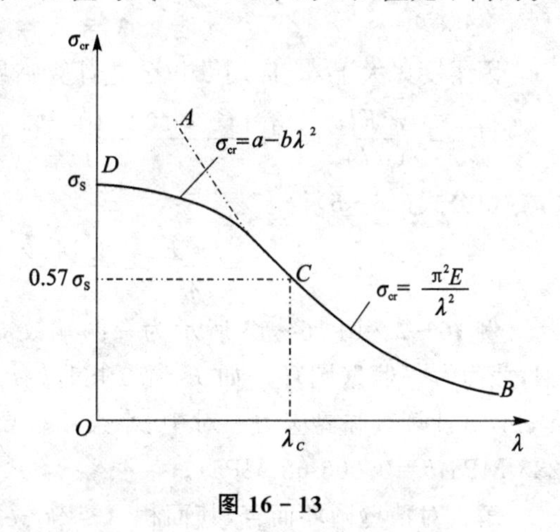

图 16-13

对于塑性材料如 Q235 钢，$a=235$ MPa，$b=0.006\ 68$ MPa。在图 16-13 中，两部分曲线交于 C 点处，对应的柔度值 λ_C 为 123，对应的应力值 $\sigma_C=0.57\sigma_S=134$ MPa。因此，对于 Q235 钢，如采用抛物线公式，则不以 $\lambda_p=100$ 作为欧拉公式和抛物线公式的分界点，而以 $\lambda_C=123$ 作为分界点，即当压杆的 $\lambda \geqslant \lambda_C$ 时用公式（16-5）计算临界应力，而 $\lambda \leqslant \lambda_C$ 时用公式（16-11）计算临界应力。对于不同的材料，系数 a、b 及相应的 λ_C 值是不同的，可从有关规范中查得。

上面，介绍了计算压杆临界应力的直线经验公式和抛物线经验公式，在本书中主要采用直线公式。

例 16-1　一个 12 cm×20 cm 的矩形截面木柱，长度 $l=7$ m，支承情况是：在最大刚度平面内弯曲时为两端铰支（见图 16-14（a）），在最小刚度平面内弯曲时为两端固定（见图 16-14（b））。木材的弹性模量 $E=10$ GPa，试求木柱的临界压力和临界应力。

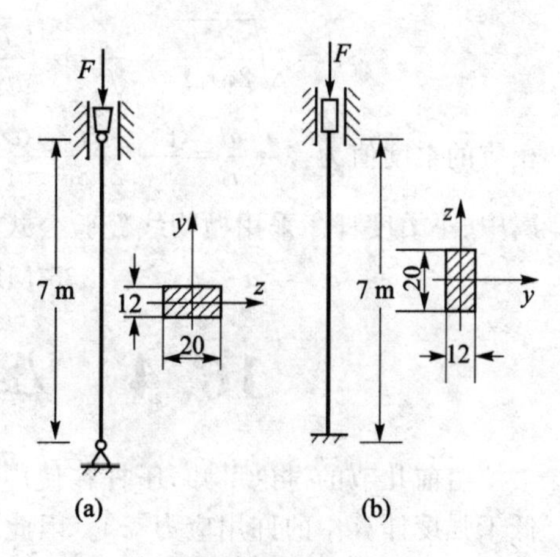

图 16-14

解　由于木柱在最大和最小刚度平面内的支承情况不同，因此，应判断出压杆若失稳，首先发生在哪个平面内。

大刚度平面内（见图 16-14（a）），长度系数 $\mu=1$，

截面对 y 轴的惯性矩、惯性半径和柔度分别为

$$I_y=\frac{12\times 20^3}{12}\ \text{cm}^4=8\ 000\ \text{cm}^4$$

$$i_y=\sqrt{\frac{I_y}{A}}=\sqrt{\frac{8\ 000\ \text{cm}^4}{12\ \text{cm}\times 20\ \text{cm}}}=5.77\ \text{cm}$$

$$\lambda_y=\frac{\mu l}{i_y}=\frac{1\times 700\ \text{cm}}{5.77\ \text{cm}}=121$$

小刚度平面内(见图 16-14(b)),长度系数 $\mu=0.5$,截面对 z 轴的惯性矩、惯性半径和柔度分别为

$$I_z=\frac{20\times 12^3}{12}\text{cm}^4=2\ 880\ \text{cm}^4$$

$$i_z=\sqrt{\frac{I_z}{A}}=\sqrt{\frac{2\ 880\ \text{cm}^4}{12\ \text{cm}\times 20\ \text{cm}}}=3.46\ \text{cm}$$

$$\lambda_z=\frac{\mu l}{i_z}=\frac{0.5\times 700\ \text{cm}}{3.46\ \text{cm}}=101$$

由于 $\lambda_y>\lambda_z$,因此木柱的失稳,首先发生在大刚度平面内。

$$\lambda=\lambda_y=121>\lambda_p=59$$

因柔度 λ 大于 λ_p,应用欧拉公式计算临界压力和临界应力。由公式(16-2)得

$$F_{cr}=\frac{\pi^2 EI_y}{(\mu l)^2}=\frac{3.14^2\times 10\times 10^9\ \text{Pa}\times 8\ 000\times 10^{-8}\ \text{m}^4}{(1\times 7)^2\ \text{m}^2}=161\times 10^3\ \text{N}=161\ \text{kN}$$

由公式(16-5)得

$$\sigma_{cr}=\frac{\pi^2 E}{\lambda^2}=\frac{3.14^2\times 10\times 10^3\ \text{MPa}}{121^2}=6.73\ \text{MPa}$$

例 16-2 图 16-15 所示为一两端铰支的压杆,材料为 Q235 钢,截面为一薄壁圆环。如 $F=70$ kN,$l=2.5$ m,平均半径 $r_0=4$ cm,试计算其临界应力。对中、小柔度杆要求用抛物线公式($a=235$ MPa,$b=0.006\ 68$ MPa)。

解 对薄壁圆环而言,其面积 $A\approx 2\pi r_0 t$,惯性矩 $I=\pi r_0^3 t$,所以,其惯性半径为

$$i=\sqrt{\frac{\pi r_0^3 t}{2\pi r_0 t}}=\frac{r_0}{\sqrt{2}}=\frac{4\ \text{cm}}{\sqrt{2}}=2.83\ \text{cm}$$

相应的柔度值为 $\lambda=\dfrac{\mu l}{i}=\dfrac{1\times 2.5\times 10^2\ \text{cm}}{2.83\ \text{cm}}=88.4$

图 16-15

属中、小柔度杆。采用抛物线经验公式,临界应力为

$$\sigma_{cr}=a-b\lambda^2=235\ \text{MPa}-0.006\ 68\ \text{MPa}\times 88.4^2=183\ \text{MPa}$$

16.4 压杆的稳定性计算

由前几节的讨论可知,压杆在使用过程中存在着失稳破坏,而失稳破坏时的临界应力往往低于强度计算中的许用应力[σ]。因此为保证压杆能安全可靠地工作,必须对压杆建立相应的稳定条件,进行稳定性计算。下面对此问题进行讨论和研究。

1. 安全系数法

显然，要使压杆不丧失稳定，就必须使压杆的轴向压力或工作应力小于其极限值，再考虑到压杆应具有适当的安全储备，因此，压杆的稳定条件为

$$F \leqslant \frac{F_{cr}}{[n_{st}]} \text{ 或 } \sigma \leqslant \frac{\sigma_{cr}}{[n_{st}]} \tag{16-12}$$

式中：$[n_{st}]$为规定的稳定安全系数。若令 $n_{st}=\frac{F_{cr}}{F}=\frac{\sigma_{cr}}{\sigma}$为压杆实际工作的稳定安全系数，于是可用安全系数表示的压杆稳定条件

$$n_{st}=\frac{F_{cr}}{F} \geqslant [n_{st}] \text{ 或 } n_{st}=\frac{\sigma_{cr}}{\sigma} \geqslant [n_{st}] \tag{16-13}$$

规定的稳定安全系数$[n_{st}]$一般要高于强度安全系数。这是因为一些难以避免的因素，如杆件的初弯曲、压力偏心、材料的不均匀和支座缺陷等，都严重地影响压杆的稳定，降低了临界应力。关于规定的稳定安全系数$[n_{st}]$，一般可从有关专业手册中或设计规范中查得。

2. 折减系数法

为了方便计算起见，通常将稳定许用应力表示为压杆材料的强度许用应力$[\sigma]$乘以一个系数 φ，即

$$\frac{\sigma_{cr}}{[n_{st}]}=\varphi[\sigma]$$

由此可得到

$$\sigma=\frac{F_N}{A} \leqslant \varphi[\sigma] \tag{16-14}$$

式中 φ 是一个小于 1 的系数，称为折减系数。利用公式(16－14)可以为压杆选择截面，这种方法称为折减系数法。由于使用式(16－14)时要涉及与规范有关的较多内容，这里不再举例。

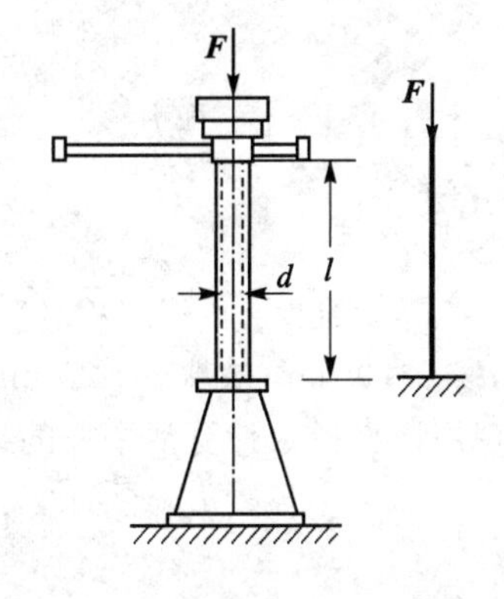

图 16－16

例 16－3　千斤顶如图 16－16 所示，丝杠长度 $l=37.5$ cm，内径 $d=4$ cm，材料为 45 钢，最大起重量 $F=80$ kN，规定稳定安全系$[n_{st}]=4$。试校核该丝杆的稳定性。

解　(1) 计算柔度　丝杠可简化为下端固定、上端自由的压杆，故长度系数 $\mu=2$。

由公式(16－4)计算丝杠的柔度，因为 $i=d/4$，所以

$$\lambda=\frac{\mu l}{i}=\frac{\mu l}{d/4}=\frac{2\times 37.5\ \text{cm}}{4/4\ \text{cm}}=75$$

(2) 计算临界压力并校核稳定性　由表 16－2 中查得 45 钢相应于屈服极限和比例极限时的柔度值为 $\lambda_s=60$，$\lambda_p=100$。而 $\lambda_s<\lambda<\lambda_p$，可知丝杠是中柔度压杆，现在采用直线经验公式计算其临界压力。在表 16－2 上查得 $a=578$ MPa，$b=3.744$ MPa，故丝杠的临界压力为

$$F_{cr}=\sigma_{cr}A=(a-b\lambda)\frac{\pi d^2}{4}=$$

$$(578\times 10^6\ \text{Pa}-3.744\times 10^6\ \text{Pa}\times 75)\times\frac{\pi\times 0.04^2\ \text{m}^2}{4}=373\times 10^3\ \text{N}$$

由公式(16－13)校核丝杠的稳定性

$$n_{st}=\frac{F_{cr}}{F}=\frac{373\ 000\ \text{N}}{80\ 000\ \text{N}}=4.66>[n_{st}]=4$$

从计算结果可知,此千斤顶丝杠是稳定的。

例 16-4 某型平面磨床的工作台液压驱动装置如图 16-17 所示。活塞杆承受的轴向压力为 3 980 N。活塞杆长度 l=1 250 mm,材料为 16 Mn 钢,弹性模量 E=200 GPa,$\lambda_p=100$,规定稳定安全系数$[n_{st}]=6$,试确定活塞杆的直径。

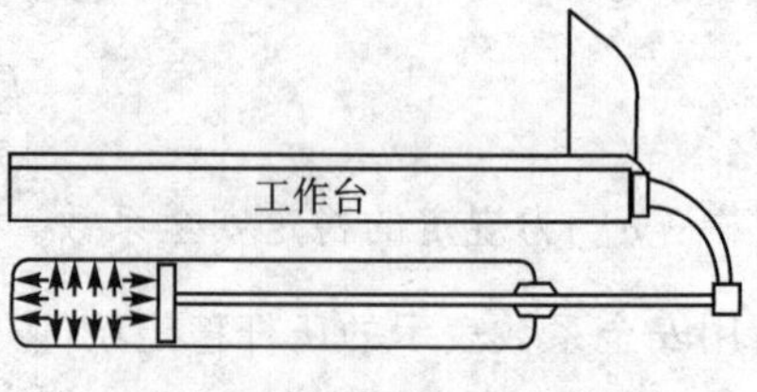

图 16-17

解 (1) 求临界压力 由稳定条件 $n_{st}=\frac{F_{cr}}{F}\geqslant[n_{st}]$ 得活塞杆的临界压力为

$$F_{cr}\geqslant F[n_{st}]=3\ 980\ \text{N}\times 6=23\ 880\ \text{N}$$

(2) 确定活塞杆的直径 由于活塞杆的直径末定,故无法求出活塞杆的柔度,所以也就不能正确判定究竟该用欧拉公式,还是用经验公式计算。因此,在试算时可先由欧拉公式确定活塞杆的直径,然后再检查是否满足使用欧拉公式的条件。把活塞杆的两端简化为铰链支座,由欧拉公式求得临界压力为

$$F_{cr}=\frac{\pi^2EI}{(\mu l)^2}\geqslant 23\ 880\ \text{N}$$

因 $$I=\frac{\pi}{64}d^4,\quad l=1\ 250\ \text{mm},\quad E=200\ \text{GPa}=200\times10^3\ \text{MPa}$$

所以 $$\frac{\pi^2EI}{(\mu l)^2}=\frac{\pi^2\times200\times10^3\ \text{MPa}\times\frac{\pi}{64}d^4}{(1\times1\ 250)^2\text{mm}^2}\geqslant 23\ 880\ \text{N}$$

解得 $d\geqslant24.9$ mm,故取 $d=25$ mm。

现用该直径 d 计算活塞杆的柔度

$$i=\sqrt{\frac{I}{A}}=\sqrt{\frac{\pi d^4/64}{\pi d^2/4}}=\frac{d}{4}$$

故 $$\lambda=\frac{\mu l}{i}=\frac{1\times1\ 250\ \text{mm}}{25\ \text{mm}/4}=200>\lambda_p$$

所以,前面用欧拉公式进行的试算是正确的。

16.5 提高压杆稳定性的措施

由以上各节的讨论可知,影响压杆稳定的因素有:压杆的截面形状、长度和约束条件、材料的性质等。因而,也从这几个方面入手,讨论如何提高压杆的稳定性。

1. 选择合理的截面形状

从欧拉公式看出,截面的惯性矩 I 越大,临界压力 F_{cr} 越大。从经验公式又可看到,柔度 λ 越小,临界应力越高。由于 $\lambda=\frac{\mu l}{i}$,所以提高惯性半径 i 的数值就能减小 λ 的数值。可见,如不增加截面面积,尽可能地把材料放在离截面形心较远处,以取得较大的 I 和 i 值,就等于提高了临界压力。例如,空心环形截面就比实心圆截面合理(见图16-18),因为若两者截面面积相

同，环形截面的 I 和 i 值都比实心圆截面的大得多。同理，由四根角钢组成的起重臂（见图16－19），其四根角钢分散放置在截面的四角（见图16－19(b)），而不是集中地放置在截面形心的附近（见图16－19(c)）。由型钢组成的桥梁桁架中的压杆或建筑物中的柱，也都是把型钢分开安放，如图16－20所示。当然，也不能为了取得较大的 I 和 i 值，就无限制地增加环形截面的直径并减小其壁厚，这将使其因变成薄壁圆管而又引起局部失稳，发生局部折皱的危险。对于由型钢组成的组合压杆，也要用足够强的缀条或缀板把分开放置的型钢联成一个整体（见图16－19和图16－20）。否则，各条型钢将变成分散单独的受压杆件，达不到预期的稳定性。

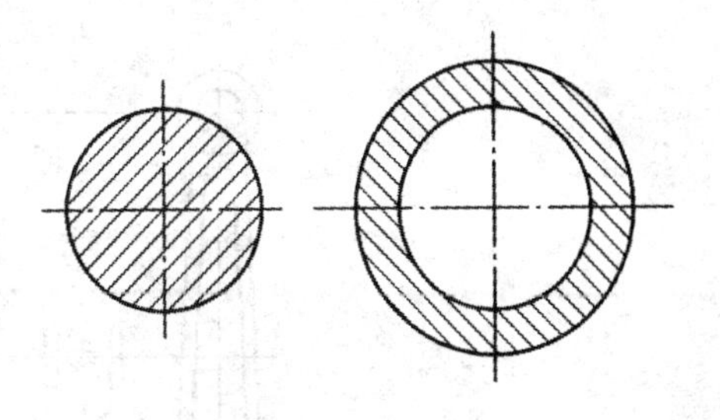

图16－18

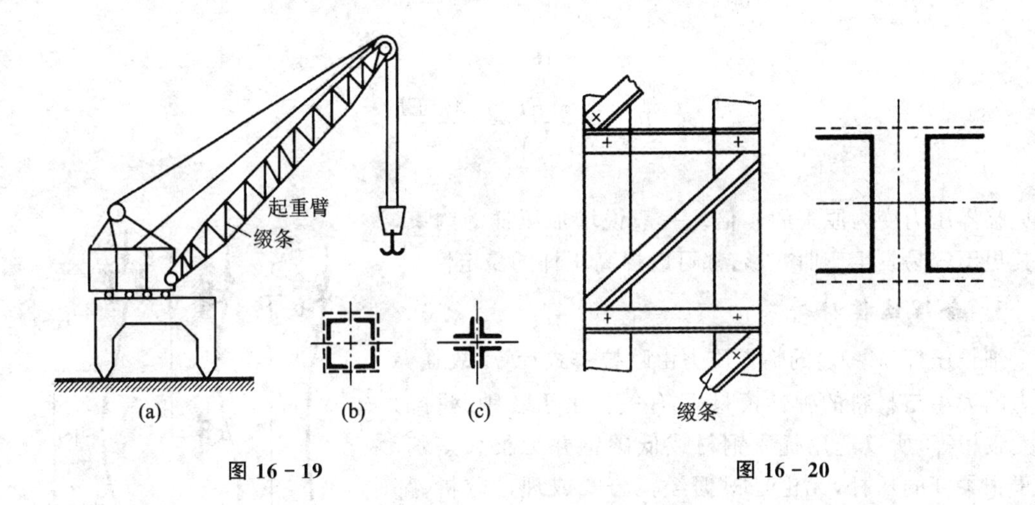

图16－19　　图16－20

如压杆在各个纵向平面内的相当长度 μl 相同，应使截面对任一形心轴的 i 相等，或接近相等，这样，压杆在任一纵向平面内的柔度 λ 都相等或接近相等，于是在任一纵向平面内有相等或接近相等的稳定性。例如，圆形、环形或图16－19(b)所表示的截面，都能满足这一要求。相反，某些压杆在不同的纵向平面内，μl 并不相同。例如，发动机的连杆，在摆动平面内，两端可简化为铰支座（见图16－21(a)），$\mu_1=1$；而在垂直于摆动平面的平面内，两端可简化为固定端（见图16－21(b)），$\mu_2=1/2$。这就要求连杆截面对两个形心主惯性轴 x 和 y 有不同的 i_x 和 i_y 值，使得在两个主惯性平面内的柔度 $\lambda_1=\frac{\mu_1 l_1}{i_x}$ 和 $\lambda_2=\frac{\mu_2 l_2}{i_y}$ 接近相等。这样，连杆在两个主惯性平面内仍然可以有接近相等的稳定性。

2. 改变压杆的约束条件

从前面的讨论可以看出，改变压杆的支座条件直接影响临界压力的大小。例如长为 l，两端铰支的压杆，其 $\mu=1$，$F_{cr}=\frac{\pi^2 EI}{l^2}$。若在这一压杆的中点增加一个中间支座，或者把两端改为固定端（见图16－22），则相当长度变为 $\mu l=\frac{l}{2}$，临界压力变为

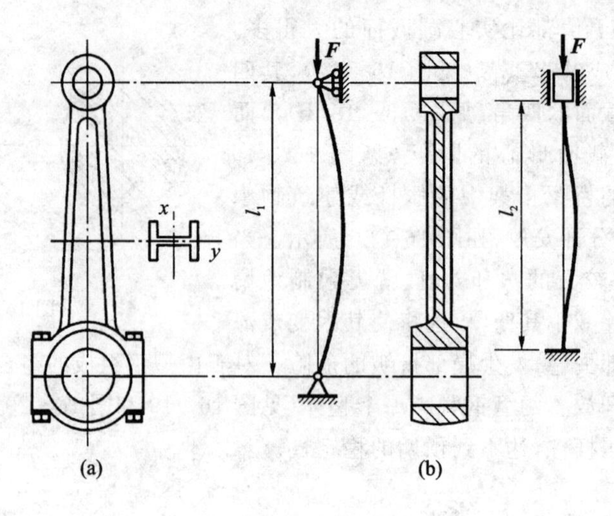

图 16-21

$$F_{cr}=\frac{\pi^2 EI}{\left(\frac{l}{2}\right)^2}=\frac{4\pi^2 EI}{l^2}$$

可见临界压力变为原来的 4 倍。一般说增加压杆的约束，使其更不容易发生弯曲变形，都可以提高压杆的稳定性。

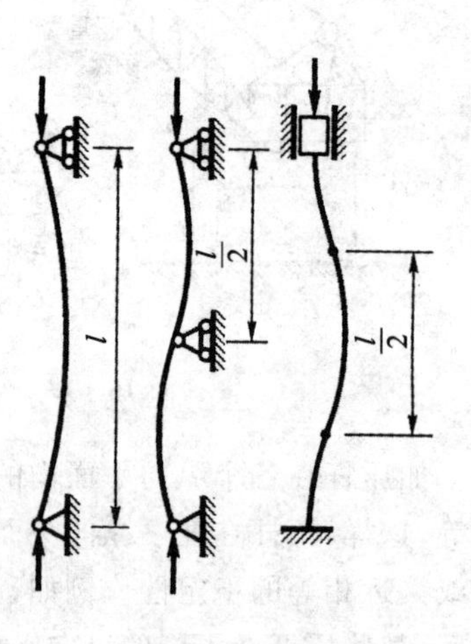

图 16-22

3. 合理选择材料

细长压杆($\lambda>\lambda_p$)的临界压力由欧拉公式计算，故临界压力的大小与材料的弹性模量 E 有关。由于各种钢材的 E 大致相等，所以选用优质钢材或低碳钢并无很大差别。对于中柔度的压杆，无论是根据经验公式或理论分析，都说明临界应力与材料的强度有关。优质钢材在一定程度上可以提高临界应力的数值。至于柔度很小的短杆，本来就是强度问题，优质钢材的强度高，其优越性自然是明显的。

思 考 题

16-1 试述失稳破坏与强度破坏的区别。

16-2 图 16-23 为两组截面，两截面面积相同，试问作为压杆时(两端为球铰)，各组中哪一种截面形状合理?

16-3 当压杆两端为柱铰支座时，宜采用________截面形状，且柱销轴线应与截面的长边________(填平行或垂直)。

16-4 细长压杆的材料宜用高强度钢还是普通钢？为什么？

16-5 何谓压杆的柔度？它与哪些因素有关？它对临界应力有什么影响？

16-6 两根材料相同的压杆，________值大的容易失稳。

16-7 欧拉公式适用的范围是什么？如超过范围继续使用，则计算结果偏于危险还是偏

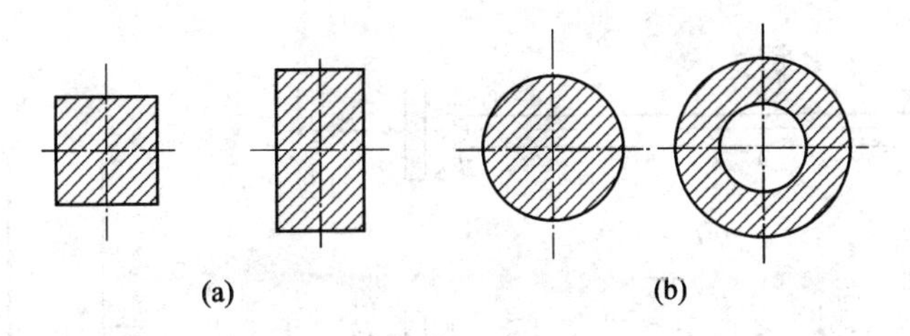

图 16 - 23

于安全？

16 - 8　如何判别压杆在哪个平面内失稳？图 16 - 24 所示截面形状的压杆，设两端为球铰。试问，失稳时其截面分别绕哪根轴转动？

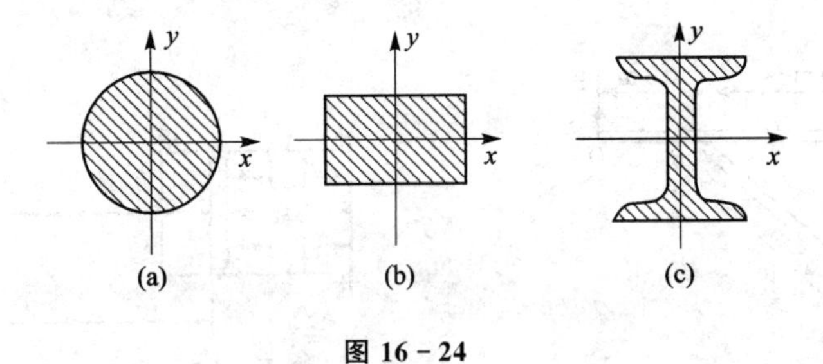

图 16 - 24

习　题

16 - 1　图 16 - 25 所示的细长压杆均为圆杆，其直径 d 均相同，材料是 Q235 钢，$E=210$ GPa。其中：图(a)为两端铰支；图(b)为一端固定，一端铰支；图(c)为两端固定。试判别哪一种情形的临界压力最大，哪种其次，哪种最小？若圆杆直径 $d=16$ cm，试求最大的临界压力 F_{cr}。

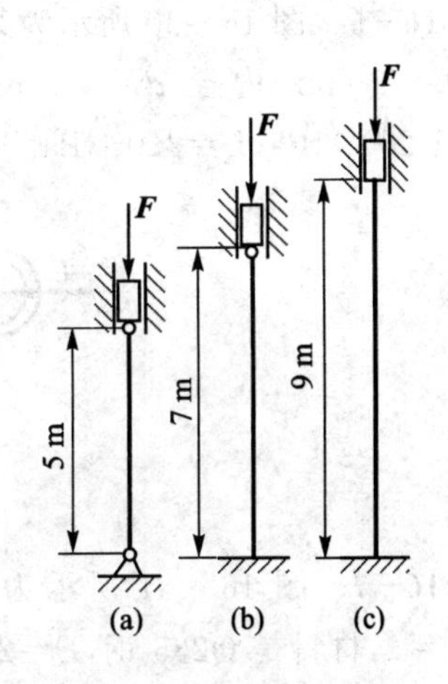

图 16 - 25　题 16 - 1 图

16 - 2　图 16 - 26 所示压杆的材料为 Q235 钢，$E=210$ GPa，在正视图(a)的平面内，两端为铰支；在俯视图(b)的平面内，两端为固定。试求此杆的临界压力。

16 - 3　图 16 - 27 所示立柱由两根 10 号槽钢组成，立柱上端为球铰，下端固定，柱长 $L=6$ m，试求两槽钢距离 a 值取多少时立柱的临界压力最大？其值是多少？已知材料的弹性模量 $E=200$ GPa，比例极限 $\sigma_p=200$ MPa。

16 - 4　图 16 - 28 所示托架中杆 AB 的直径 $d=4$ cm，长度 $l=80$ cm，两端可视为铰支，材料是 Q235 钢，$E=200$ GPa。

(1) 试按杆 AB 的稳定条件求托架的临界载荷 P_{cr}；

(2) 若已知实际载荷 $P=70$ kN，稳定安全系数$[n_{st}]=2$，问此托架是否安全？

16 - 5　图 16 - 29 所示蒸汽机的活塞杆 AB，所受的压力 $F=120$ kN，$l=180$ cm，横截面为圆形，直径 $d=7.5$ cm。材料为 Q255 钢，$E=210$ GPa，$\sigma_p=240$ MPa，规定$[n_{st}]=8$，试校核活塞杆的稳定性。

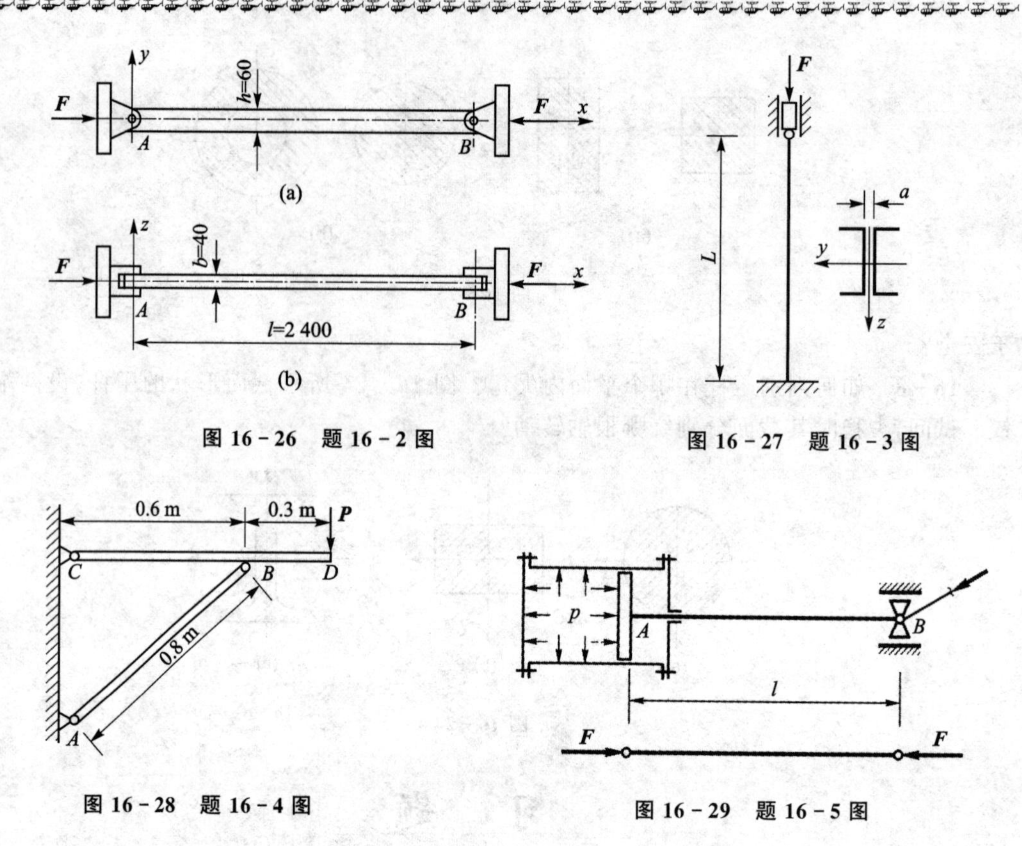

图 16-26 题 16-2 图

图 16-27 题 16-3 图

图 16-28 题 16-4 图

图 16-29 题 16-5 图

16-6 图 16-30 所示为某型飞机起落架中承受轴向压力的斜撑杆。杆为空心圆管,外径 $D=52$ mm,内径 $d=44$ mm,$l=950$ mm。材料为 30CrMnSiNi2A,$\sigma_b=1\,600$ MPa,$\sigma_p=1\,200$ MPa,$E=210$ GPa。试求斜撑杆的临界压力 F_{cr} 和临界应力 σ_{cr}。

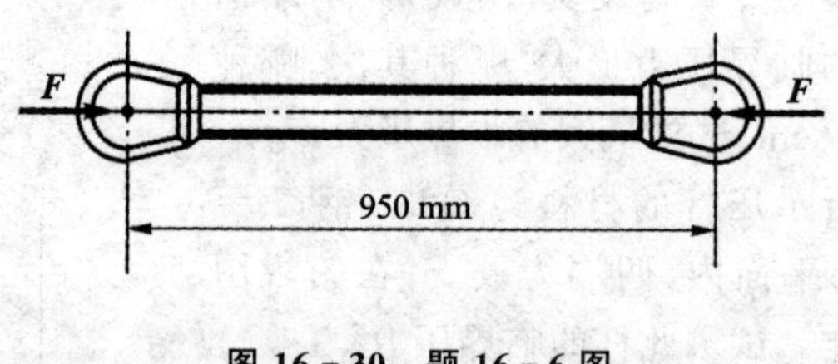

图 16-30 题 16-6 图

16-7 图 16-31 所示为 25*a* 工字钢柱,柱长 $l=7$ m,两端固定,规定稳定安全系数 $[n_{st}]=2$,材料是 Q235 钢,$E=210$ GPa。试求钢柱的许可载荷。

16-8 五根钢杆(见图 16-32)用铰链连接成正方形结构,杆的材料为 Q235 钢,$E=206$ GPa,许用应力 $[\sigma]=140$ MPa,各杆直径 $d=40$ mm,杆长 $l=1$ m。规定稳定安全系数 $[n_{st}]=2$,试求最大许可载荷 F。

16-9 悬臂回转吊车如图 16-33 所示,斜杆 AB 由钢管制成,在 B 点铰支;钢管的外径 $D=100$ mm,内径 $d=86$ mm,杆长 $l=3$ m;材料为 Q235 钢,$E=200$ GPa,起重量 $P=20$ kN,规定稳定安全系数 $[n_{st}]=2.5$。试校核斜杆的稳定性。

16-10 矿井采空区在充填前为防止顶板陷落,常用木柱支撑(见图 16-34),若木柱为红松,弹性模量 $E=10$ GPa,直径 $d=14$ cm,规定稳定安全系数 $[n_{st}]=4$。求木柱所允许承受的顶板最大压力。

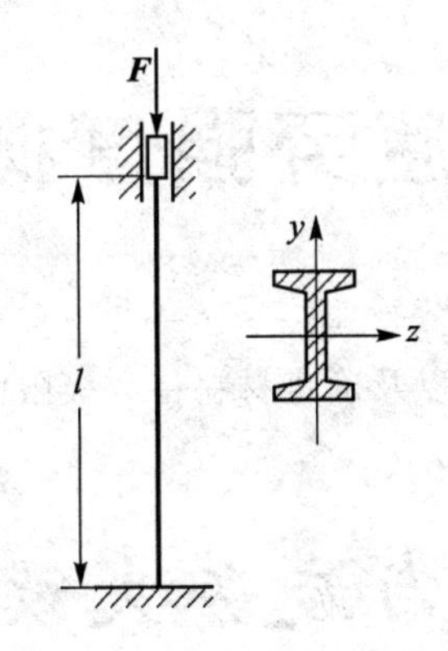

图 16-31　题 16-7 图

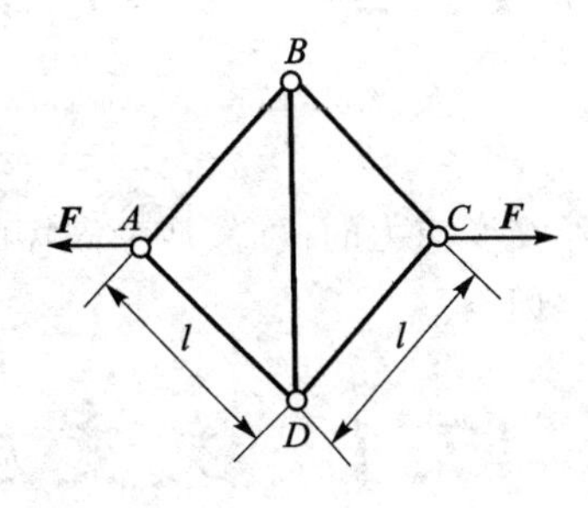

图 16-32　题 16-8 图

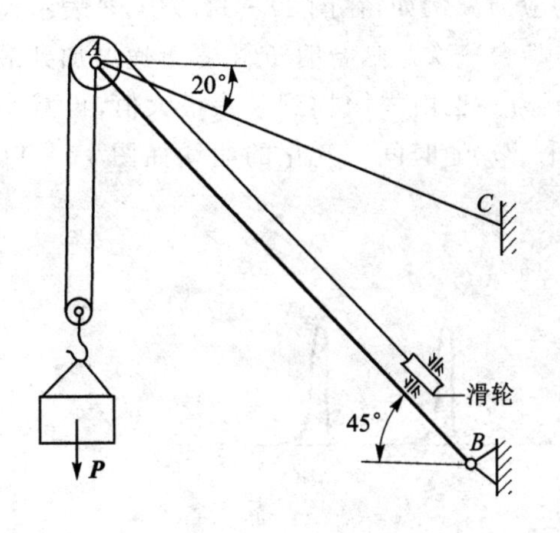

图 16-33　题 16-9 图

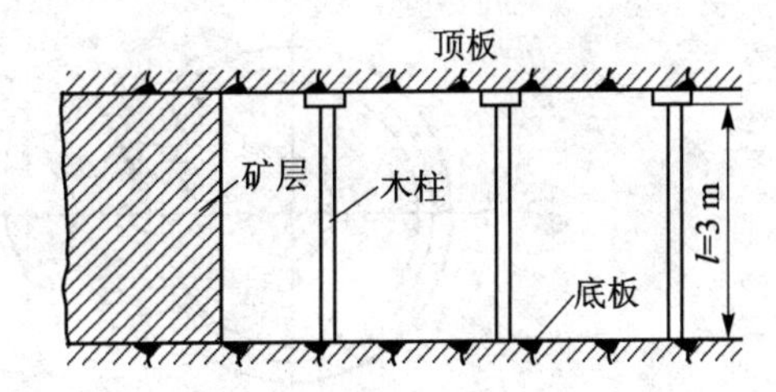

图 16-34　题 16-10 图

第 17 章　构件的疲劳强度概述

本章将介绍交变应力的概念、疲劳破坏的特征，以及确定材料持久极限的方法和影响构件持久极限的主要因素。

17.1　交变应力与疲劳失效

某些零件工作时，承受随时间作周期性变化的应力。例如，在图 17-1(a)中，$\boldsymbol{F}$ 表示齿轮啮合时作用于轮齿上的力。齿轮每旋转一周，轮齿啮合一次。啮合时 F 由零迅速增加到最大值，然后又减小到零。因而，齿根 A 点的弯曲正应力 σ 也由零增加到某一最大值，再减小到零。齿轮不停地旋转，σ 也就不停地重复上述过程。σ 随时间 t 变化的曲线如图 17-1(b)所示。

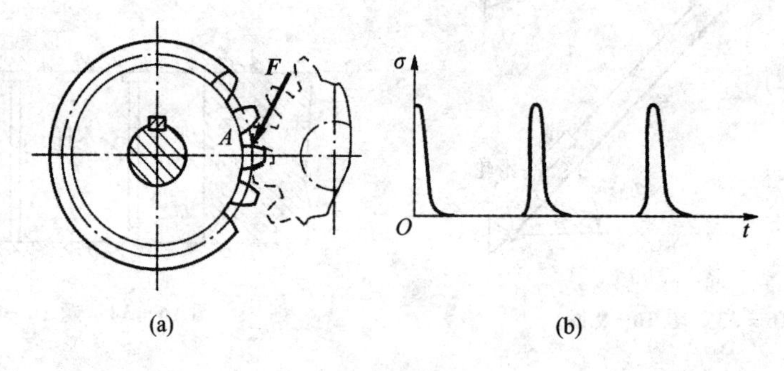

图 17-1

又如，火车轮轴上的 $\boldsymbol{F}$(见图 17-2(a))表示来自车厢的力，大小和方向基本不变，即轴各横截面上的弯矩基本不变。但轴以角速度 ω 转动时，横截面上 A 点到中性轴的距离 $y=r\sin\omega t$，却是随时间 t 变化的。A 点的弯曲正应力为

$$\sigma=\frac{My}{I}=\frac{Mr}{I}\sin\omega t$$

可见，σ 是随时间 t 按正弦曲线变化的(见图 17-2(b))。再如，因电动机转子偏心惯性力引起受迫振动的梁(见图 17-3(a))，其危险点的应力随时间变化的曲线如图 17-3(b)所示。σ_{st} 表示电动机重量 P 按静载方式作用于梁上引起的静应力，最大应力 σ_{max} 和最小应力 σ_{min} 分别表示

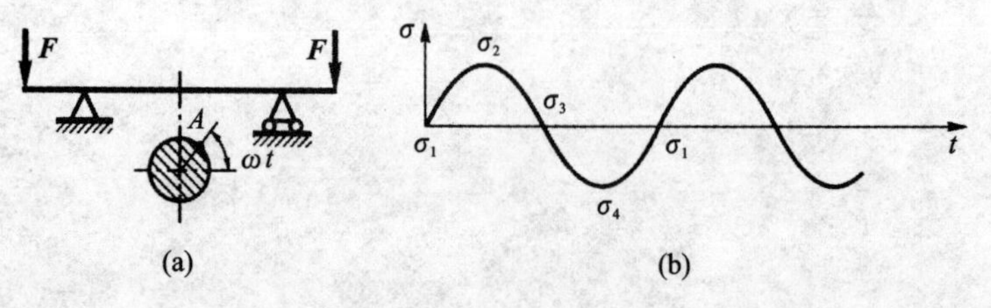

图 17-2

梁在最大和最小位移时的应力。

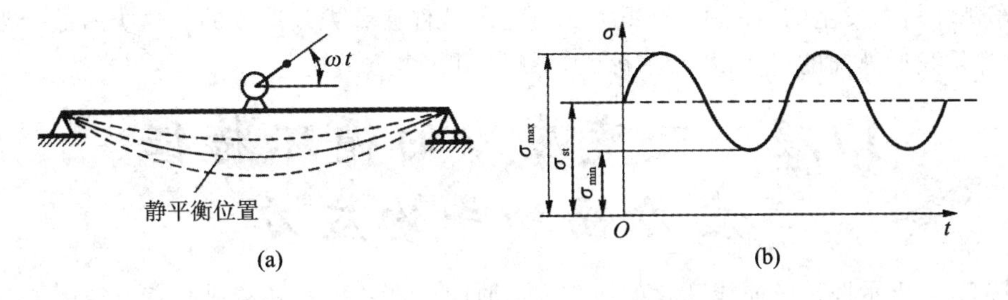

图 17－3

在上述一些实例中，随时间作周期性变化的应力称为交变应力。实践表明，交变应力引起的失效与静应力全然不同。在交变应力作用下，虽应力低于屈服极限，但长期反复之后，构件也会突然断裂。即使是塑性较好的材料，断裂前却无明显的塑性变形。这种现象称为疲劳失效。最初，人们认为上述失效现象的出现，是因为在交变应力长期作用下，"纤维状结构"的塑性材料变成"颗粒状结构"的脆性材料，因而导致脆性断裂，并称之为"金属疲劳"。近代金相显微镜观察的结果表明，金属结构并不因交变应力而发生变化，上述解释并不正确。但"疲劳"这个词却一直沿用至今，用以表述交变应力下金属的失效现象。

对金属疲劳的解释一般认为，在足够大的交变应力下，金属中位置最不利或较弱的晶体，沿最大切应力作用面形成滑移带，滑移带开裂成为微观裂纹。在构件外形突变（如圆角、切口、沟槽等）或表面刻痕或材料内部缺陷等部位，都可能因较大的应力集中引起微观裂纹。分散的微观裂纹经过集结沟通，将形成宏观裂纹。以上是裂纹的萌生过程。已形成的宏观裂纹在交变应力下逐渐扩展。扩展是缓慢的而且并不连续，因而应力水平的高低时而持续时而停滞。这就是裂纹的扩展过程。随着裂纹的扩展，构件截面逐步削弱，削弱到一定极限时，构件便突然断裂。

图 17－4(a)是构件疲劳断口的照片。观察断口，可以发现断口分成两个区域，一个光滑，一个粗糙，粗糙区呈颗粒状（见图 17－4(b)）。因为在裂纹扩展过程中，裂纹的两个侧面在交变载荷下，时而压紧，时而分开，多次反复，这就形成断口的光滑区。断口的颗粒状粗糙区则是最后突然断裂形成的。

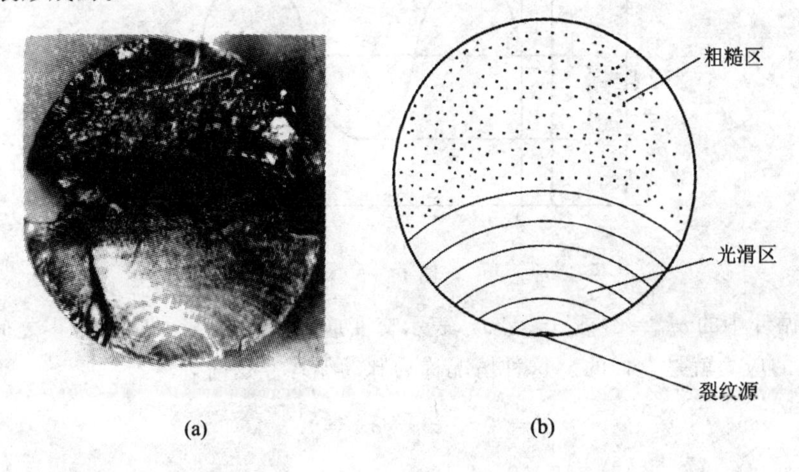

图 17－4

疲劳失效是构件在名义应力低于强度极限,甚至低于屈服极限的情况下,突然发生断裂。飞机、车辆和机器发生的事故中,有很大比例是零部件疲劳失效造成的。这类事故带来的损失和伤亡都是我们熟知的。所以,金属疲劳问题已引起多方关注。

17.2 交变应力的循环特征、应力幅和平均应力

图 17-5 表示按正弦曲线变化的应力 σ 与时间 t 的关系。由 a 到 b 应力经历了变化的全过程又回到原来的数值,称为一次应力循环。完成一次应力循环所需要的时间(如图中的 T),称为一个周期。以 σ_{max} 和 σ_{min} 分别表示循环中的最大和最小应力,比值

$$r = \frac{\sigma_{min}}{\sigma_{max}} \tag{17-1}$$

称为交变应力的循环特征或应力比。σ_{max} 与 σ_{min} 的代数和的二分之一称为平均应力,即

$$\sigma_m = \frac{1}{2}(\sigma_{max} + \sigma_{min}) \tag{17-2}$$

σ_{max} 与 σ_{min} 代数差的二分之一称为应力幅,即

$$\sigma_a = \frac{1}{2}(\sigma_{max} - \sigma_{min}) \tag{17-3}$$

若交变应力的 σ_{max} 和 σ_{min} 大小相等,符号相反,例如图 17-2 中的火车轴就是这样,这种情况称为对称循环。这时由公式(17-1)、(17-2)和(17-3)得

$$r = -1, \quad \sigma_m = 0, \quad \sigma_a = \sigma_{max} \tag{a}$$

各种应力循环中,除对称循环外,其余情况统称为不对称循环。由公式(17-2)和(17-3)知

$$\sigma_{max} = \sigma_m + \sigma_a, \quad \sigma_{min} = \sigma_m - \sigma_a \tag{17-4}$$

可见,任一不对称循环都可看成是,在平均应力 σ_m 上叠加一个幅度为 σ_a 的对称循环。这一点已由图 17-5 表明。

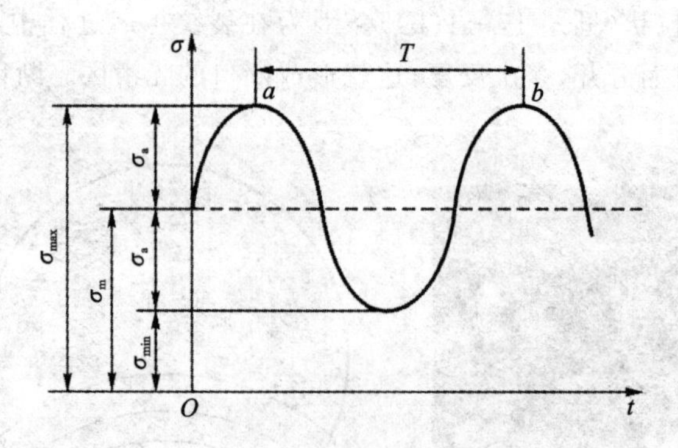

图 17-5

若应力循环中的 $\sigma_{min}=0$(或 $\sigma_{max}=0$),表示交变应力变动于某一应力与零之间。图 17-1 中齿根 A 点的应力就是这样的。这种情况称为脉动循环。这时,

$$r = 0, \quad \sigma_a = \sigma_m = \frac{1}{2}\sigma_{max} \tag{b}$$

或

$$r=-\infty,\quad -\sigma_a=\sigma_m=\frac{1}{2}\sigma_{min} \tag{c}$$

静应力也可看作是交变应力的特例，这时应力并无变化，故

$$r=1,\quad \sigma_a=0,\quad \sigma_{max}=\sigma_{min}=\sigma_m \tag{d}$$

17.3　材料的持久极限

交变应力下，应力低于屈服极限时材料就可能发生疲劳，因此，静载下测定的屈服极限或强度极限已不能作为强度指标。材料疲劳的强度指标应重新测定。

在对称循环下测定疲劳强度指标，技术上比较简单，最为常见。测定时将金属材料加工成 $d=7\sim10$ mm，表面光滑的试样（光滑小试样），每组试样约为 10 根左右。把试样装于疲劳试验机上（见图 17-6），使它承受纯弯曲。在最小直径截面上，最大弯曲应力为

$$\sigma=\frac{M}{W}=\frac{Fa}{W}$$

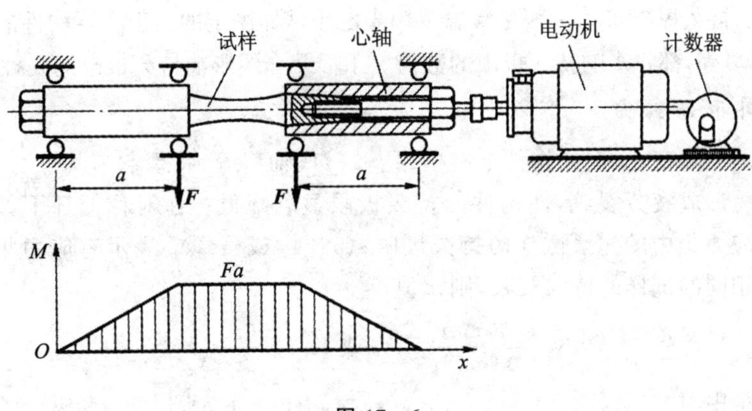

图 17-6

保持载荷 $\boldsymbol{F}$ 的大小和方向不变，以电动机带动试样旋转。每旋转一周，截面上的点便经历一次对称应力循环。这与图 17-2 中火车轴的受力情况是相似的。

试验时，使第一根试样的最大应力 $\sigma_{1,max}$ 较高，约为强度极限 σ_b 的 70%。经历 N_1 次循环后，试样疲劳。N_1 称为应力为 $\sigma_{1,max}$ 时的疲劳寿命（简称寿命）。然后，使第二根试样的应力 $\sigma_{2,max}$ 略低于第一根试样，疲劳时的循环数为 N_2。一般来说，随着应力水平的降低，循环次数（寿命）迅速增加。逐步降低应力水平，得出各试样疲劳时的相应寿命。以应力为纵坐标，寿命 N 为横坐标，由试验结果描成的曲线，称为应力-寿命曲线或 S—N 曲线，如图 17-7 所示。钢试样的疲劳试验表明，当应力降到某一极限值时，S—N 曲线趋近于水平线。这表明只要应力不超过这一极限值，N 可无限增长，即试样可以经历无限次循环而不发生疲劳。交变应力的这一极限值称为**疲劳极限**或**持久极限**。对称循环的持久极限记为 σ_{-1}，下标“-1”表示对称循环的循环特征为 $r=-1$。

常温下的试验结果表明，如钢制试样经历 10^7 次循环仍未疲劳，则再增加循环次数，也不会疲劳。所以，就把在 10^7 次循环下仍未疲劳的最大应力，规定为钢材的持久极限，而把 $N_0=10^7$ 称为**循环基数**。有色金属的 S—N 曲线无明显趋于水平的直线部分。通常规定一个循环基数，例如 $N_0=10^8$，把它对应的最大应力作为这类材料的“条件”持久极限。

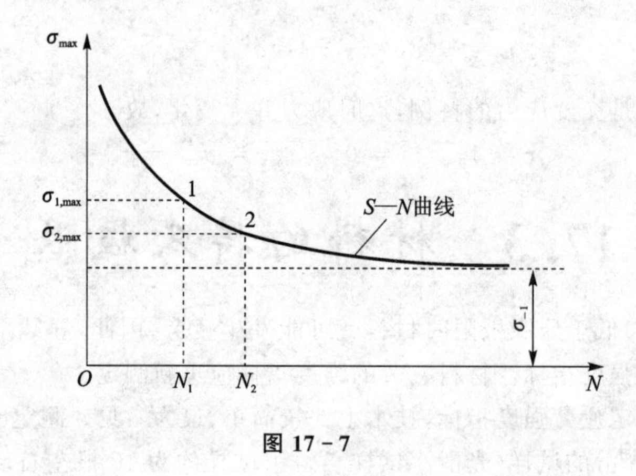

图 17-7

17.4 影响持久极限的因素

对称循环的持久极限 σ_{-1}，一般是常温下用光滑小试样测定的。但实际构件的外形、尺寸、表面质量、工作环境等，都将影响持久极限的数值。下面就介绍影响持久极限的几种主要因素。

1. 构件外形的影响

构件外形的突然变化，例如构件上有槽、孔、缺口、轴肩等，将引起应力集中。在应力集中的局部区域更易形成疲劳裂纹，使构件的持久极限显著降低。在对称循环下，若以 $(\sigma_{-1})_d$ 或 $(\tau_{-1})_d$ 表示无应力集中的光滑试样的持久极限；$(\sigma_{-1})_k$ 或 $(\tau_{-1})_k$ 表示有应力集中因素，且尺寸与光滑试样相同的试样的持久极限，则比值

$$K_\sigma = \frac{(\sigma_{-1})_d}{(\sigma_{-1})_k} \quad 或\ K_\tau = \frac{(\tau_{-1})_d}{(\tau_{-1})_k} \tag{17-5}$$

称为有效应力集中因数。因 $(\sigma_{-1})_d > (\sigma_{-1})_k$，$(\tau_{-1})_d > (\tau_{-1})_k$，所以 K_σ 和 K_τ 都大于 1。工程中为了使用方便，把关于有效应力集中因数的数据整理成曲线或表格。图 17-8 和图 17-9 就是这类曲线。

在 8.7 节中曾经提到，应力集中处的最大应力与按公式计算的“名义”应力之比，称为理论应力集中因数。它可用弹性力学或光弹性实测的方法来确定。理论应力集中因数只与构件外形有关，没有考虑材料性质。用不同材料加工成形状、尺寸相同的构件，则这些构件的理论应力集中因数也相同。但是由图 17-8 和图 17-9 可以看出，有效应力集中因数非但与构件的形状、尺寸有关，而且与强度极限 σ_b，亦即与材料的性质有关。有一些由理论应力集中因数估算出有效应力集中因数的经验公式，这里不再详细介绍。一般说静载抗拉强度越高，有效应力集中因数越大，即对应力集中越敏感。

2. 构件尺寸的影响

持久极限一般是用直径为 7~10 mm 的小试样测定的。试验表明，随着试样横截面尺寸的增大，持久极限却相应地降低。现以图 17-10 中两个受扭试样来说明。沿圆截面的半径，切应力是线性分布的，若两者最大切应力相等，显然有 $\alpha_1 < \alpha_2$，即沿圆截面半径，大试样应力的衰减比小试样缓慢，因而大试样横截面上的高应力区比小试样的大。即大试样中处于高应力状态的晶粒比小试样的多，所以形成疲劳裂纹的机会也就更多。

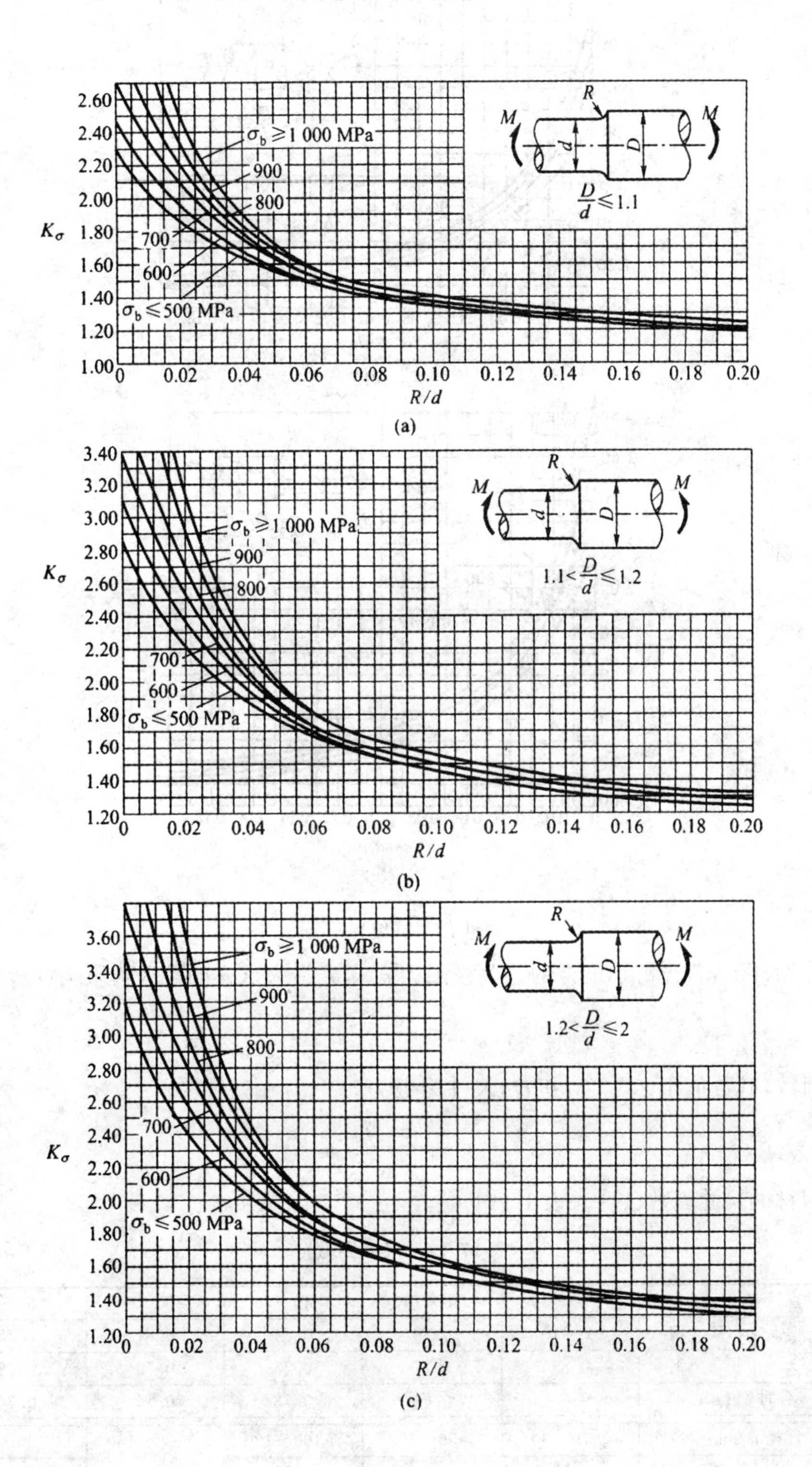

2.60
2.40
2.20
2.00
1.80
1.60
1.40
1.20
1.00
K_σ
$\sigma_b \geqslant 1\,000$ MPa
900
800
700
600
$\sigma_b \leqslant 500$ MPa
0 0.02 0.04 0.06 0.08 0.10 0.12 0.14 0.16 0.18 0.20
R/d
M
R
d
D
$\frac{D}{d} \leqslant 1.1$
(a)
3.40
3.20
3.00
2.80
2.60
2.40
2.20
2.00
1.80
1.60
1.40
1.20
K_σ
$\sigma_b \geqslant 1\,000$ MPa
900
800
700
600
$\sigma_b \leqslant 500$ MPa
0 0.02 0.04 0.06 0.08 0.10 0.12 0.14 0.16 0.18 0.20
R/d
$1.1 < \frac{D}{d} \leqslant 1.2$
(b)
3.60
3.40
3.20
3.00
2.80
2.60
2.40
2.20
2.00
1.80
1.60
1.40
1.20
K_σ
$\sigma_b \geqslant 1\,000$ MPa
900
800
700
600
$\sigma_b \leqslant 500$ MPa
0 0.02 0.04 0.06 0.08 0.10 0.12 0.14 0.16 0.18 0.20
R/d
$1.2 < \frac{D}{d} \leqslant 2$
(c)

图 17－8

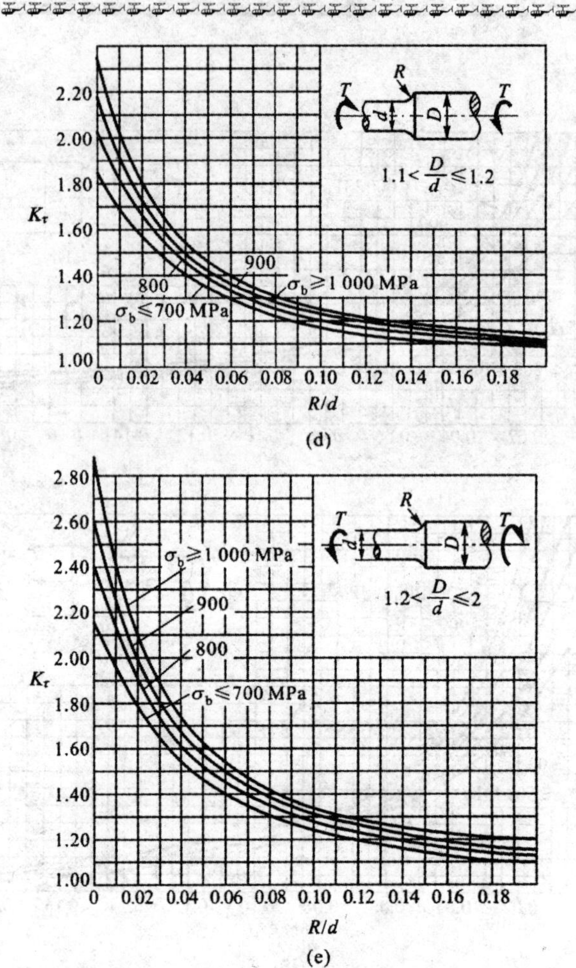

图 17-8(续)

在对称循环下，若光滑小试样的持久极限为 σ_{-1}，光滑大试样的持久极限为 $(\sigma_{-1})_d$，则比值

$$\varepsilon_\sigma = \frac{(\sigma_{-1})_d}{\sigma_{-1}} \tag{17-6}$$

称为尺寸因数，其数值小于 1。对扭转，尺寸因数为

$$\varepsilon_\tau = \frac{(\tau_{-1})_d}{\tau_{-1}} \tag{17-7}$$

常用钢材的尺寸因数已列入表 17-1 中。

表 17-1 尺寸因数

直径 d/mm		>20～30	>30～40	>40～50	>50～60	>60～70
ε_σ	碳 钢	0.91	0.88	0.84	0.81	0.78
	合金钢	0.83	0.77	0.73	0.70	0.68
各种钢 ε_τ		0.89	0.81	0.78	0.76	0.74
直径 d/mm		>70～80	>80～100	>100～120	>120～150	>150～500
ε_σ	碳 钢	0.75	0.73	0.70	0.68	0.60
	合金钢	0.66	0.64	0.62	0.60	0.54
各种钢 ε_τ		0.73	0.72	0.70	0.68	0.60

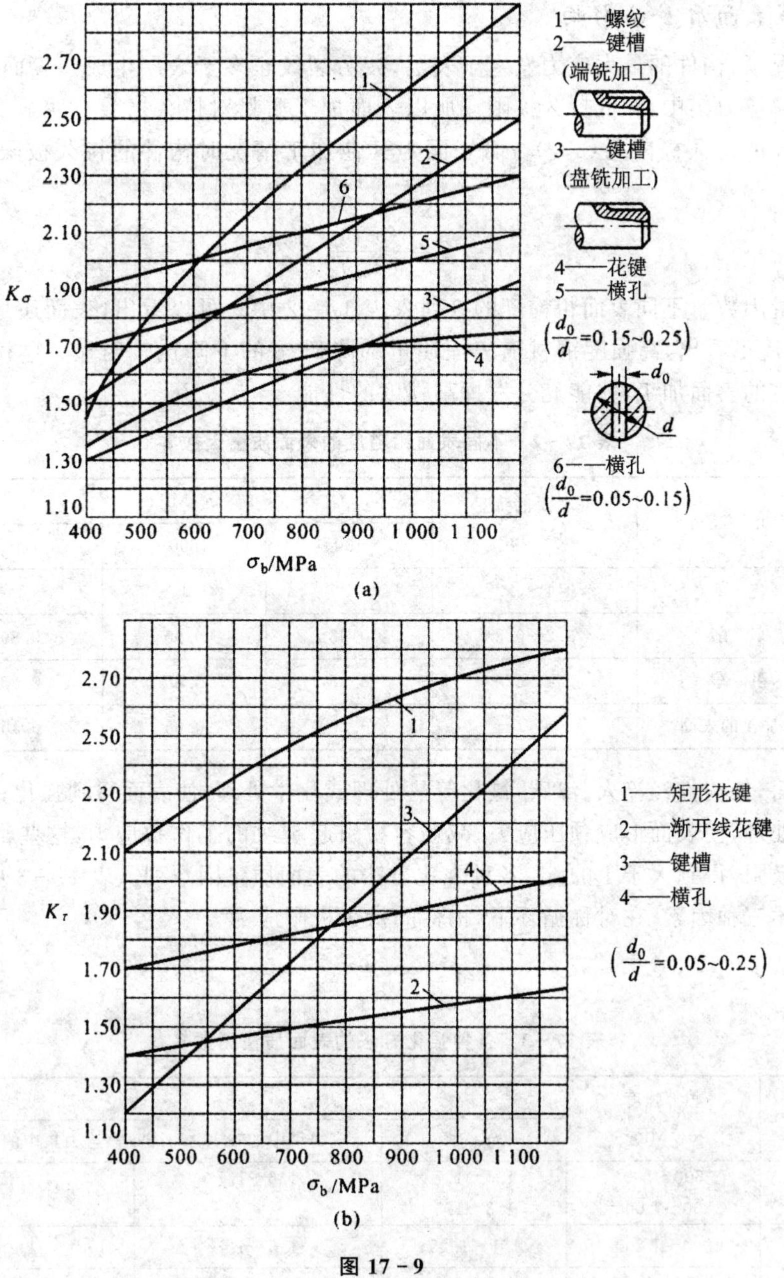
1——螺纹
2——键槽
(端铣加工)
3——键槽
(盘铣加工)
4——花键
5——横孔
$\left(\frac{d_0}{d}=0.15\sim0.25\right)$
d_0
d
6——横孔
$\left(\frac{d_0}{d}=0.05\sim0.15\right)$
K_σ
σ_b/MPa
(a)
1——矩形花键
2——渐开线花键
3——键槽
4——横孔
$\left(\frac{d_0}{d}=0.05\sim0.25\right)$
K_τ
σ_b/MPa
(b)

图 17-9

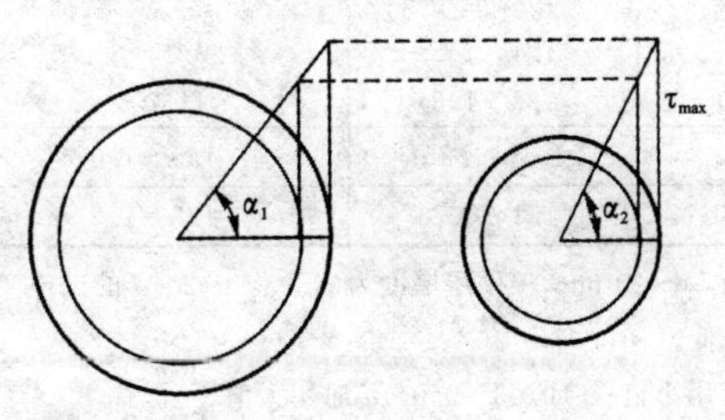
τ_{max}
α_1
α_2

图 17-10

3. 构件表面质量的影响

一般情况下，构件的最大应力发生于表层，疲劳裂纹也多于表层生成。表面加工的刀痕、擦伤等将引起应力集中，降低持久极限。所以表面加工质量对持久极限有明显的影响。若表面磨光的试样的持久极限为$(\sigma_{-1})_d$，而表面为其他加工情况时构件的持久极限为$(\sigma_{-1})_\beta$，则比值

$$\beta=\frac{(\sigma_{-1})_\beta}{(\sigma_{-1})_d} \tag{17-8}$$

称为表面质量因数。不同表面粗糙度的β列入表17-2中。可以看出，表面质量低于磨光试样时，$\beta<1$。还可看出，高强度钢材随表面质量的降低，β的下降比较明显。这说明优质钢材更需要高质量的表面加工，才能充分发挥高强度的性能。

表17-2 不同表面粗糙度的表面质量因数β

加工方法	轴表面粗糙度 $Ra/\mu m$	σ_b/MPa		
		400	800	1200
磨 削	0.4～0.2	1	1	1
车 削	3.2～0.8	0.95	0.90	0.80
粗 车	25～6.3	0.85	0.80	0.65
未加工的表面	∽	0.75	0.65	0.45

另一方面，如构件经淬火、渗碳、氮化等热处理或化学处理，使表面得到强化；或者经滚压、喷丸等机械处理，使表面形成预压应力，减弱容易引起裂纹的工作拉应力，这些都会明显提高构件的持久极限，得到大于1的β。各种强化方法的表面质量因数列入表17-3中。

综合上述三种因素，在对称循环下，构件的持久极限应为

$$\sigma_{-1}^{0}=\frac{\varepsilon_\sigma\beta}{K_\sigma}\sigma_{-1} \tag{17-9}$$

表17-3 各种强化方法的表面质量因数β

强化方法	心部强度 σ_b/MPa	β		
		光 轴	低应力集中的轴 $K_\sigma\leqslant 1.5$	高应力集中的轴 $K_\sigma\geqslant 1.8\sim 2$
高频淬火	600～800 800～1 000	1.5～1.7 1.3～1.5	1.6～1.7	2.4～2.8
氮 化	900～1 200	1.1～1.25	1.5～1.7	1.7～2.1
渗 碳	400～600 700～800 1 000～1 200	1.8～2.0 1.4～1.5 1.2～1.3	3 2	
喷丸硬化	600～1 500	1.1～1.25	1.5～1.6	1.7～2.1
滚子滚压	600～1 500	1.1～1.3	1.3～1.5	1.6～2.0

注：(1) 高频淬火系根据直径为10～20 mm，淬硬层厚度为(0.05～0.20)d的试样实验求得的数据，对大尺寸的试样强化系数的值会有某些降低。

(2) 氮化层厚度为0.01d时用小值；在(0.03～0.04)d时用大值。

(3) 喷丸硬化系根据直径为8～40 mm的试样求得的数据。喷丸速度低时用小值，速度高时用大值。

(4) 滚子滚压系根据直径为17～130 mm的试样求得的数据。

式中 σ_{-1} 是光滑小试样的持久极限。公式是对正应力写出的，如为扭转可写成

$$\tau_{-1}^{0} = \frac{\varepsilon_{\tau}\beta}{K_{\tau}}\tau_{-1} \tag{17-10}$$

除上述三种因素外，构件的工作环境，如温度、介质等也会影响持久极限的数值。依照前面的方法，这类因素的影响也可用修正系数来表示，这里不再叙述。

17.5　对称循环下构件的疲劳强度计算

对称循环下，构件的持久极限 σ_{-1}^{0} 由公式(17-9)来计算。将 σ_{-1}^{0} 除以安全因数 n 得许用应力为

$$[\sigma_{-1}] = \frac{\sigma_{-1}^{0}}{n} \tag{a}$$

构件的强度条件应为

$$\sigma_{\max} \leqslant [\sigma_{-1}] \qquad 或 \qquad \sigma_{\max} \leqslant \frac{\sigma_{-1}^{0}}{n} \tag{b}$$

式中 $\sigma_{\max}$ 是构件危险点的最大工作应力。

也可把强度条件写成由安全因数表达的形式。由式(b)知

$$\frac{\sigma_{-1}^{0}}{\sigma_{\max}} \geqslant n \tag{c}$$

上式左侧是构件的持久极限 σ_{-1}^{0} 与最大工作应力 $\sigma_{\max}$ 之比，代表构件工作时的安全储备，称为构件的工作安全因数，用 n_{σ} 来表示，即

$$n_{\sigma} = \frac{\sigma_{-1}^{0}}{\sigma_{\max}} \tag{d}$$

于是强度条件式(c)可以写成

$$n_{\sigma} \geqslant n \tag{17-11}$$

即构件的工作安全因数 n_{σ} 应大于或等于规定的安全因数 n。

将公式(17-9)代入式(d)，便可把工作安全因数 n_{σ} 和强度条件表示为

$$n_{\sigma} = \frac{\sigma_{-1}}{\dfrac{K_{\sigma}}{\varepsilon_{\sigma}\beta}\sigma_{\max}} \geqslant n \tag{17-12}$$

如为扭转交变应力，公式(17-12)应写成

$$n_{\tau} = \frac{\tau_{-1}}{\dfrac{K_{\tau}}{\varepsilon_{\tau}\beta}\tau_{\max}} \geqslant n \tag{17-13}$$

例 17-1　某减速器第一轴如图 17-11 所示。键槽为端铣加工，$m-m$ 截面上的弯矩 $M=860\ \text{N}\cdot\text{m}$，轴的材料为 Q255 钢，$\sigma_{b}=520\ \text{MPa}$，$\sigma_{-1}=220\ \text{MPa}$。若规定安全因数 $n=1.4$，试校核 $m-m$ 截面的强度。

解　计算轴在 $m-m$ 截面上的最大工作应力。若不计键槽对抗弯截面系数的影响，则 $m-m$截面的抗弯截面系数为

$$W = \frac{\pi}{32}d^{3} = \frac{\pi}{32}\times(0.05\ \text{m})^{3} = 12.3\times10^{-6}\,\text{m}^{3}$$

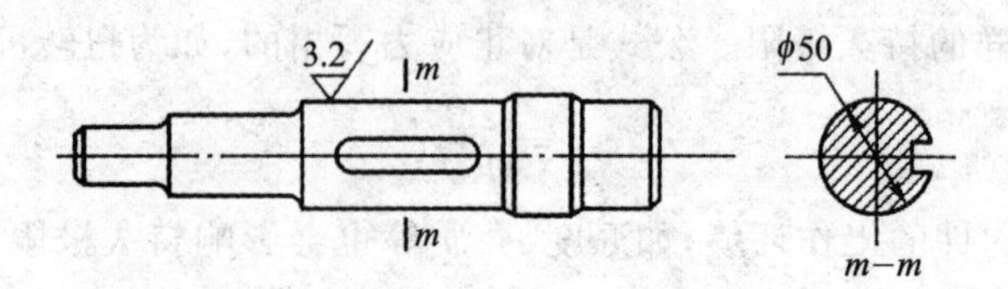

图 17-11

轴在不变弯矩 M 作用下旋转,故为弯曲变形下的对称循环。

$$\sigma_{\max}=\frac{M}{W}=\frac{860\ \mathrm{N\cdot m}}{12.3\times10^{-6}\ \mathrm{m}^3}=70\times10^6\ \mathrm{Pa}=70\ \mathrm{MPa}$$

$$\sigma_{\min}=-70\ \mathrm{MPa},\quad r=-1$$

现在确定轴在 $m-m$ 截面上的系数 K_σ、ε_σ、β。由图 17-9(a)中的曲线 2 查得端铣加工的键槽,当 $\sigma_b=520$ MPa 时,$K_\sigma=1.65$。由表 17-1 查得 $\varepsilon_\sigma=0.84$。由表 17-2,使用插入法,求得 $\beta=0.936$。

把以上求得的 $\sigma_{\max}$、K_σ、ε_σ、β 等代入公式(17-12),求出截面 $m-m$ 处的工作安全因数为

$$n_\sigma=\frac{\sigma_{-1}}{\dfrac{K_\sigma}{\varepsilon_\sigma\beta}\sigma_{\max}}=\frac{220\ \mathrm{MPa}}{\dfrac{1.65}{0.84\times0.936}\times70\ \mathrm{MPa}}=1.5$$

规定的安全因数为 $n=1.4$。所以,轴在截面 $m-m$ 处满足强度条件。

17.6 提高构件疲劳强度的措施

疲劳裂纹的形成主要在应力集中的部位和构件表面。提高疲劳强度应从减缓应力集中、提高表面质量等方面入手。

1. 减缓应力集中

为了消除或减缓应力集中,在设计构件的外形时,要避免出现方形或带有尖角的孔和槽。在截面尺寸突然改变处(如阶梯轴的轴肩),要采用半径足够大的过渡圆角。例如以图 17-12 中的两种情况相比,过渡圆角半径 R 较大的阶梯轴的应力集中程度就缓和得多。从图 17-8 中的曲线也可看出,随着 R 的增大,有效应力集中因数迅速减小。有时因结构上的原因,难以加大过渡圆角的半径,这时在直径较大的部分轴上开减荷槽(见图 17-13)或退刀槽(见图 17-14),都可使应力集中有明显的减弱。

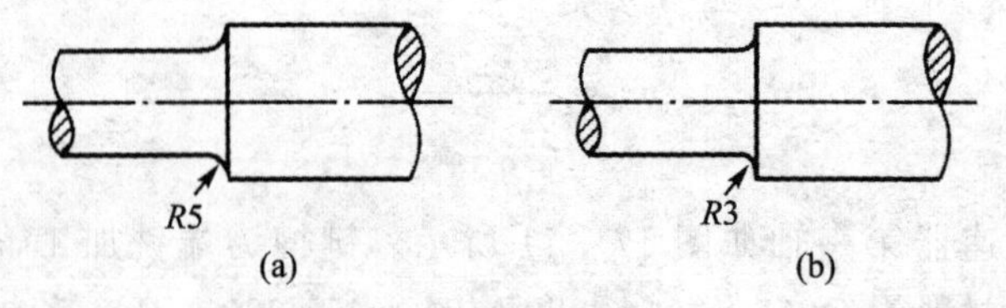

图 17-12

在紧配合的轮毂与轴的配合面边缘处,有明显的应力集中。若在轮毂上开减荷槽,并加粗轴的配合部分(见图 17-15),以缩小轮毂与轴之间的刚度差距,便可改善配合面边缘处应力集中的情况。在角焊缝处,如采用图 17-16(a)所示坡口焊接,应力集中程度要比无坡口焊接(见图 17-16(b))改善很多。

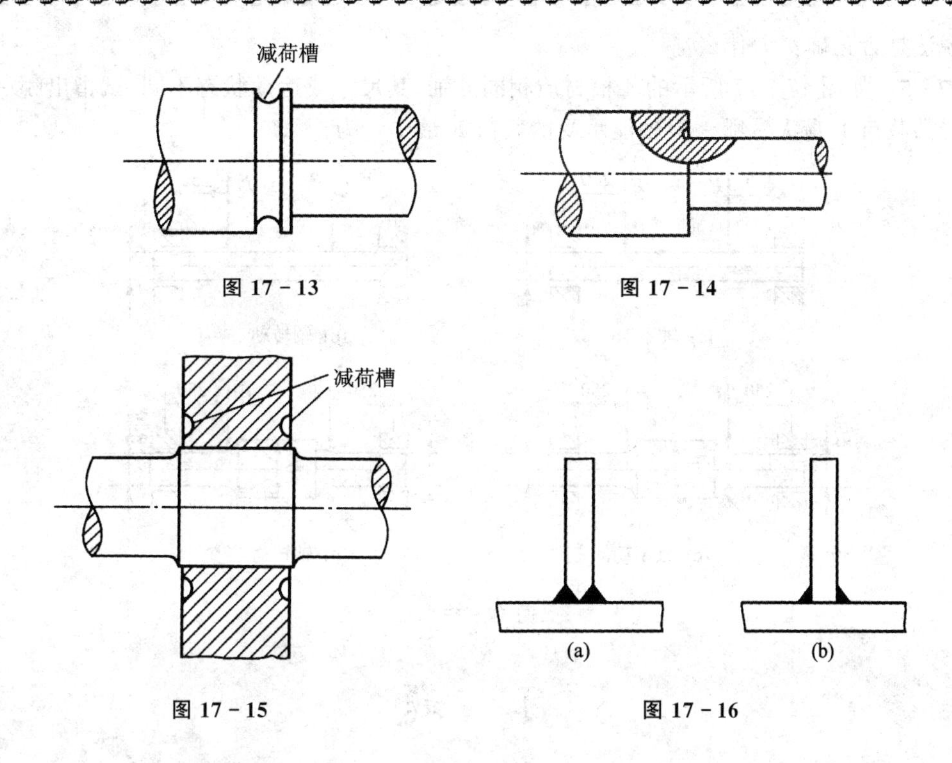

图 17－13

图 17－14

图 17－15

图 17－16

2. 降低表面粗糙度

构件表面加工质量对疲劳强度影响很大(见 17.4 节)，疲劳强度要求较高的构件，应有较低的表面粗糙度。高强度钢对表面粗糙度更为敏感，只有经过精加工，才能有利于发挥它的高强度性能。否则将会使持久极限大幅度下降，失去采用高强度钢的意义。在使用中也应尽量避免使构件表面受到机械损伤(如划伤、打印等)或化学损伤(如腐蚀、生锈等)。

3. 增加表层强度

为了强化构件的表层，可采用热处理和化学处理，如表面高频淬火、渗碳、氮化等，皆可使构件疲劳强度有显著提高。但采用这些方法时，要严格控制工艺过程，否则将造成表面微细裂纹，反而降低持久极限。也可以用机械的方法强化表层，如滚压、喷丸等，以提高疲劳强度(见 17.4 节)。

思 考 题

17－1 何谓交变应力？试列举交变应力的工程实例，并指出其循环特性。

17－2 判别构件的破坏是否为疲劳破坏的依据是什么？

17－3 试区分下列概念：

(1) 材料的强度极限与持久极限；

(2) 材料的持久极限与构件的持久极限；

(3) 静应力下的许用应力与交变应力下的许用应力；

(4) 脉动循环与对称循环。

17－4 “每一种材料仅有一个持久极限”，“在交变应力下，构件各截面的许用应力相同”，以上说法是否正确？为什么？

17－5 如图17－17所示的4根材质相同的轴，其尺寸或运动状态不同，试指出哪一根轴能承受的载荷 $\boldsymbol{F}$ 最大？哪一根轴能承受的载荷 $\boldsymbol{F}$ 最小？为什么？

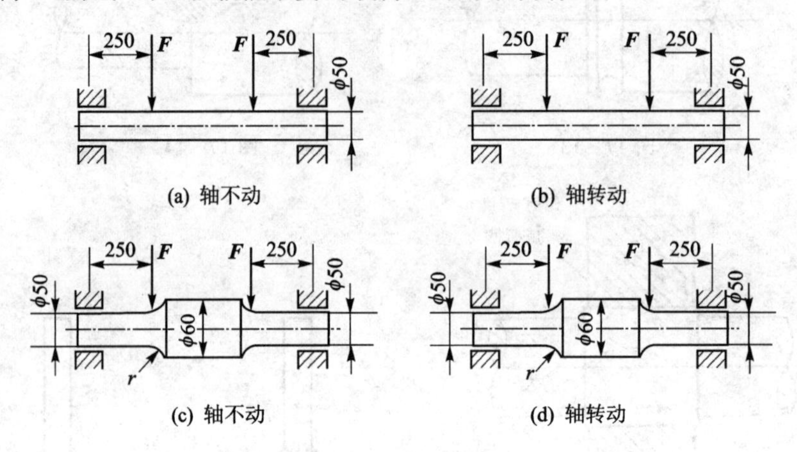

图 17－17

习　题

17－1 火车轮轴受力情况如图17－18所示。$a=500$ mm，$l=1\ 435$ mm，轮轴中段直径 $d=15$ cm。若 $F=50$ kN，试求轮轴中段截面边缘上任一点的最大应力 σ_{max}，最小应力 σ_{min}，循环特征 r，并作出 $\sigma-t$ 曲线。

17－2 柴油发动机连杆大头螺钉在工作时受到的最大拉力 $F_{max}=58.3$ kN，最小拉力 $F_{min}=55.8$ kN。螺纹处内径 $d=11.5$ mm。试求其平均应力 σ_m、应力幅 σ_a、循环特征 r，并作出 $\sigma-t$ 曲线。

17－3 某阀门弹簧如图17－19所示。当阀门关闭时，最小工作载荷 $F_{min}=200$ N；当阀门顶开时，最大工作载荷 $F_{max}=500$ N。设簧丝的直径 $d=5$ mm，弹簧外径 $D_1=36$ mm，试求平均应力 τ_m、应力幅 τ_a、循环特征 r，并作出 $\tau-t$ 曲线。

17－4 阶梯轴如图17－20所示。材料为铬镍合金钢，$\sigma_b=920$ MPa，$\sigma_{-1}=420$ MPa，$\tau_{-1}=250$ MPa。轴的尺寸是：$d=40$ mm，$D=50$ mm，$R=5$ mm。求弯曲和扭转时的有效应力集中因数和尺寸因数。

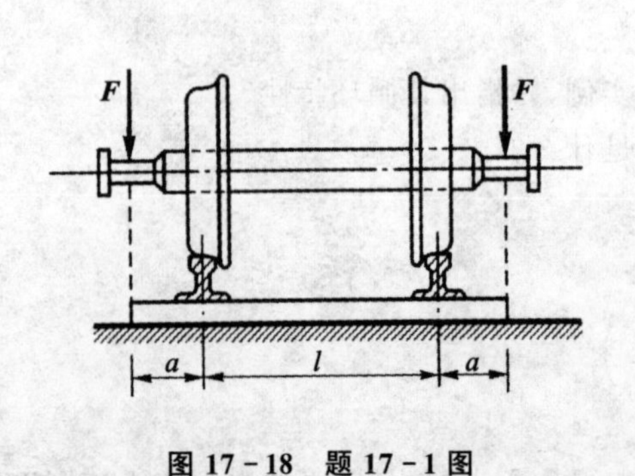

图 17－18　题 17－1 图

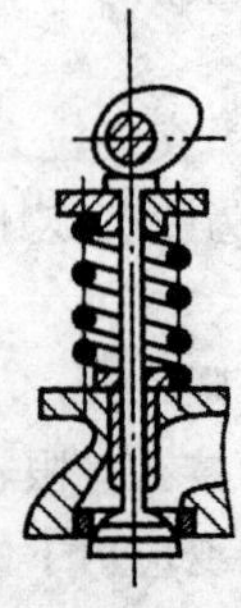

图 17－19　题 17－3 图

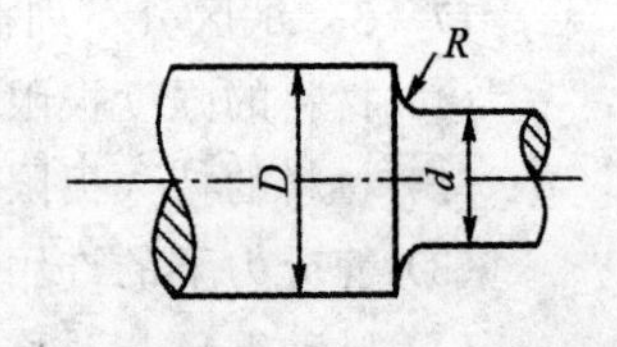

图 17－20　题 17－4 图

17-5　货车轮轴(见图 17-21)两端载荷 $F=110$ kN,材料为车轴钢,$\sigma_b=500$ MPa,$\sigma_{-1}=240$ MPa。规定安全因数 $n=1.5$。试校核 1—1 和 2—2 截面的强度。

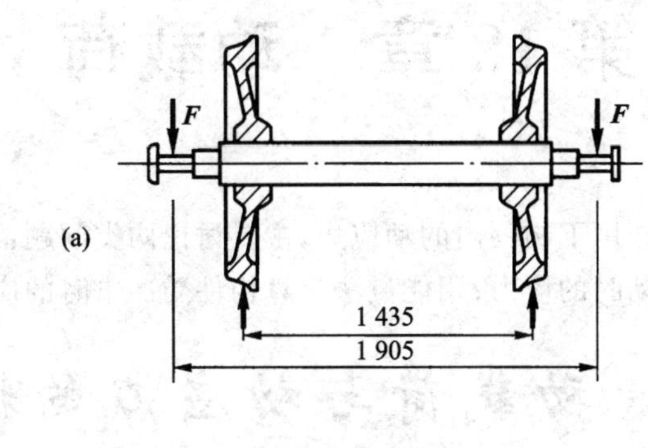

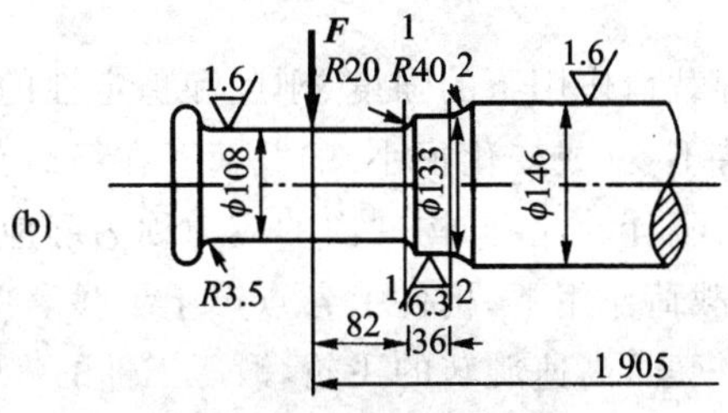

图 17-21　题 17-5 图

17-6　在 $\sigma_m-\sigma_a$ 坐标系中,标出与图 17-22 所示应力循环对应的点,并求出自原点出发并通过这些点的射线与 σ_m 轴的夹角 α。

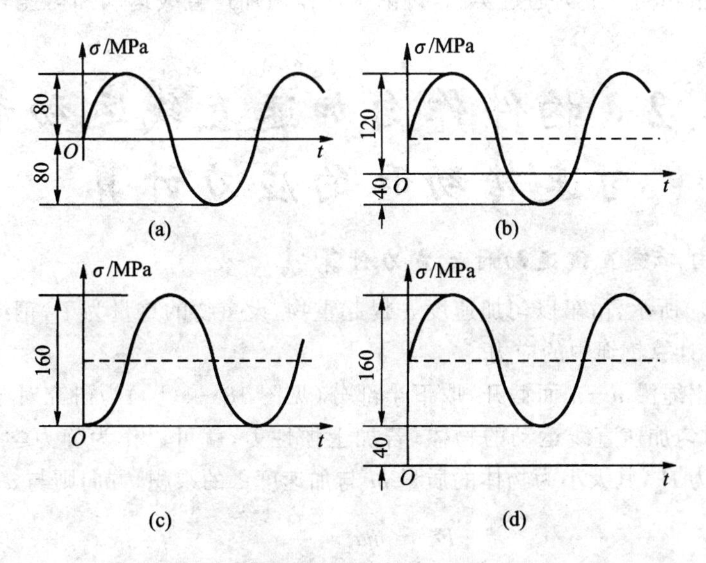

图 17-22　题 17-6 图

第18章　动载荷

本章将分析在动载荷作用下构件内的动应力，主要讨论两类问题：用动静法计算构件作匀加速直线运动或等角速转动时的应力；用能量法计算构件受冲击时的应力和变形。

18.1　动载荷与动应力的概念

以前各章讨论了构件在静载荷作用下的强度、刚度和稳定性的问题。所谓静载荷是指由零缓慢地增加到某一值后保持不变(或变化很小)的载荷。在静载荷作用下，构件内各点没有加速度，或加速度很小，可略去不计。此时，构件内的应力称为静应力。若作用在构件上的载荷随时间有显著的变化，或在载荷作用下，构件上各点产生了显著的加速度，这种载荷称为动载荷。例如，加速起吊重物的钢索，高速旋转的飞轮，锻压工件的汽锤杆等，都受到不同形式的动载荷作用。

构件中动载荷产生的应力，称为动应力。实验表明，在静载荷作用下服从胡克定律的材料，在动载荷作用下，只要动应力在材料的比例极限之内，胡克定律仍然成立，而且弹性模量也与静载荷下的数值相同。下面通过实例，讨论构件作匀加速直线运动和匀速转动时动应力的计算问题。

18.2　构件作匀加速直线运动和匀速转动时的应力计算

1. 构件作匀加速直线运动时的应力计算

如图18-1(a)所示，吊车以匀加速度 a 提起重物，设重物的重量为 P，钢绳的横截面面积为 A，重量不计。计算钢绳中的应力。

用截面法将钢绳沿 $n-n$ 面截开，取下半部分(见图18-1(b))为研究对象。按照动静法(达朗伯原理)，对匀加速直线运动的物体，若加上惯性力，就可以作为静力学平衡问题处理。设重物的惯性力为 $\boldsymbol{F}_g$，其大小为物体的质量 m 与加速度 a 的乘积，方向则与 a 的方向相反，即

$$F_g = ma = \frac{P}{g}a$$

$\boldsymbol{F}_{Nd}$ 为钢绳在动载荷作用下的轴力，则重力 $\boldsymbol{P}$、轴力 $\boldsymbol{F}_{Nd}$ 和惯性力 $\boldsymbol{F}_g$ 在形式上构成平衡力系，由平衡方程 $\sum F_y=0$ 有

$$F_{Nd}-P-\frac{P}{g}\cdot a=0$$

得

$$F_{Nd}=P+\frac{P}{g}a=P\left(1+\frac{a}{g}\right)$$

则钢绳横截面上的动应力为

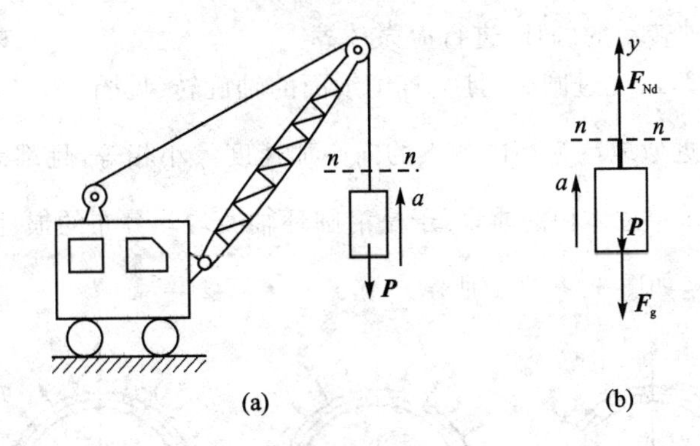

图 18－1

$$\sigma_{\mathrm{d}} = \frac{F_{\mathrm{Nd}}}{A} = \frac{P}{A}\left(1 + \frac{a}{g}\right) \tag{a}$$

当加速度 a 等于零时，由式(a)求得物体在静载荷作用下的静应力为

$$\sigma_{\mathrm{st}} = \frac{P}{A}$$

故动应力可以表示为

$$\sigma_{\mathrm{d}} = \sigma_{\mathrm{st}}\left(1 + \frac{a}{g}\right) \tag{b}$$

令

$$K_{\mathrm{d}} = 1 + \frac{a}{g}$$

于是式(b)可写成

$$\sigma_{\mathrm{d}} = k_{\mathrm{d}}\sigma_{\mathrm{st}} \tag{18-1}$$

式中：K_{d} 称为动荷因数，其值随加速度 a 而变。这表明动应力等于静应力乘以动荷因数。强度条件可以写成

$$\sigma_{\mathrm{d}} = K_{\mathrm{d}}\sigma_{\mathrm{st}} \leqslant [\sigma] \tag{18-2}$$

由于在动荷因数 K_{d} 中已经包含了动载荷的影响，所以$[\sigma]$即为静载下的许用应力。

例 18－1　矿井提升机构如图 18－2 所示，提升矿物的重量(包括吊笼重量)$P=40$ kN。启动时，吊笼上升，加速度 $a=1.5\ \mathrm{m/s^2}$，吊索横截面面积 $A=8\ \mathrm{cm^2}$，自重不计。试求启动过程中绳索横截面上的动应力。

解　吊索横截面上的静应力为

$$\sigma_{\mathrm{st}} = \frac{P}{A} = \frac{40 \times 10^3\ \mathrm{N}}{8 \times 10^2\ \mathrm{mm^2}} = 50\ \mathrm{MPa}$$

动荷因数为

$$K_{\mathrm{d}} = 1 + \frac{a}{g} = 1 + \frac{1.5\ \mathrm{m/s^2}}{9.81\ \mathrm{m/s^2}} = 1.153$$

将 σ_{st} 和 K_{d} 的值代入式(18－1)，得吊索横截面上的动应力为

$$\sigma_{\mathrm{d}} = K_{\mathrm{d}}\sigma_{\mathrm{st}} = 1.153 \times 50\ \mathrm{MPa} = 57.7\ \mathrm{MPa}$$

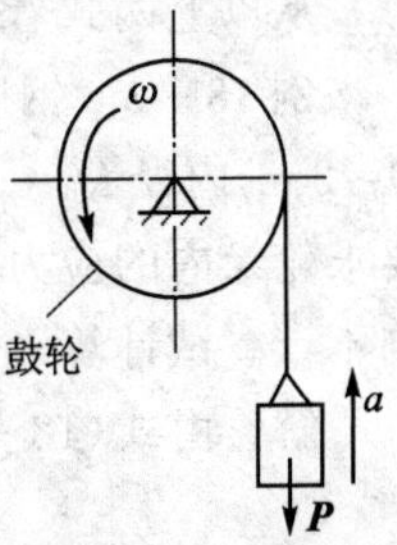

图 18－2

请读者分析，当装载矿石的吊笼以同样的加速度下降时，钢绳的动应力如何。

2. 构件作匀速转动时的应力计算

在工程中有很多旋转运动的构件。例如，飞轮、传送轮和齿轮等。若不计其轮辐的影响，

可近似地把轮看作定轴转动的圆环,进行应力计算。

设圆环以匀角速度 ω,绕过圆心,且垂直于纸面的轴旋转(见图 18-3(a))。若圆环的厚度 δ 远小于直径 D,便可近似地认为环内各点的向心加速度大小相等,且都等于$\frac{D\omega^2}{2}$。以 A 表示圆环横截面面积,ρ 表示单位体积的质量,于是沿圆环轴线均匀分布的惯性力集度 $q_d=A\rho a_n=\frac{A\rho D}{2}\omega^2$,方向背离圆心,如图 18-3(b)所示。

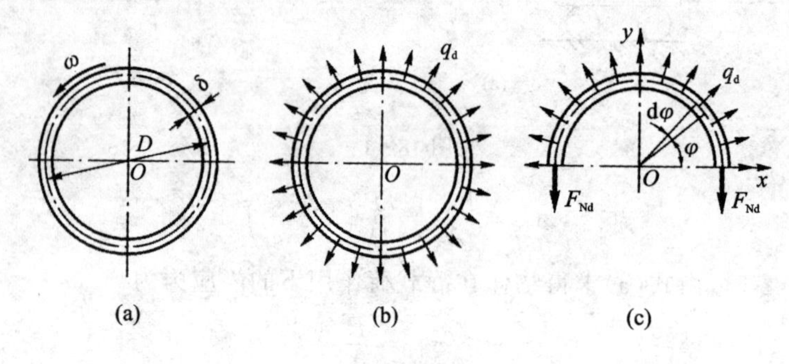

图 18-3

根据动静法原理,列半圆环(见图 18-3(c))的平衡方程

由 $\sum F_y=0$ 得

$$2F_{Nd}=\int_0^{\pi} q_d \sin\varphi \cdot \frac{D}{2}\,d\varphi = q_d D$$

则有

$$F_{Nd}=\frac{q_d D}{2}=\frac{A\rho D^2}{4}\omega^2$$

由此求得圆环横截面上的应力为

$$\sigma_d=\frac{F_{Nd}}{A}=\frac{\rho D^2\omega^2}{4}=\rho v^2 \tag{18-3}$$

式中:$v=\frac{D\omega}{2}$是圆环上点的线速度。强度条件是

$$\sigma_d=\rho v^2\leqslant[\sigma] \tag{18-4}$$

从以上两式看出,环内应力与横截面面积 A 无关。要保证强度,应限制圆环的转速。

例 18-2　钢质飞轮匀角速转动(见图 18-4),轮缘外径 $D=2$ m,内径 $D_0=1.5$ m,材料单位体积的重量 $\gamma=78$ kN/m³,要求轮缘内的应力不得超过许用应力$[\sigma]=80$ MPa,轮辐影响不计。试计算飞轮的极限转速 n。

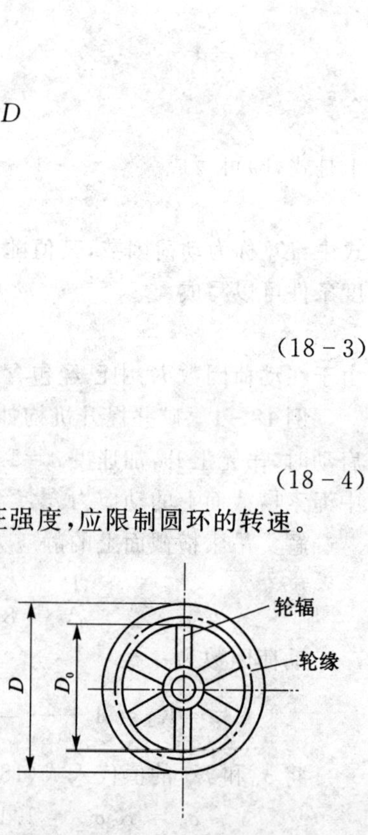

轮辐
轮缘
D
D_0

图 18-4

解　由式(18-4)得

$$v^2\leqslant\frac{[\sigma]}{\rho}$$

$$v\leqslant\sqrt{\frac{[\sigma]}{\gamma}g}=\sqrt{\frac{80\times10^6\times9.81}{78\times10^3}}\ \text{m/s}=100.3\ \text{m/s}$$

根据线速度与转速的关系式

$$v = \frac{\pi(D + D_0)n}{2 \times 60}$$

则有

$$\frac{\pi(D + D_0)n}{2 \times 60} \leqslant 100.3, \quad n \leqslant \frac{2 \times 60 \times 100.3}{\pi(2 + 1.5)} \text{ r/min} = 1\ 094 \text{ r/min}$$

飞轮的极限转速

$$n = 1\ 094 \text{ r/min}$$

18.3 杆件受冲击时的应力和变形

锻造时，锻锤在与锻件接触非常短暂的时间内，速度发生很大变化，这种现象称为冲击或撞击。重锤打桩，用铆钉枪进行铆接，高速转动的飞轮或砂轮突然刹车等，都是冲击问题。在上述的一些例子中，重锤、飞轮等为冲击物，而被打的桩和固接飞轮的轴等则是承受冲击的构件。在冲击物与受冲构件的接触区域内，应力状态异常复杂，且冲击持续时间非常短促，接触力随时间的变化难以准确分析。这些都使冲击问题的精确计算十分困难。下面介绍的用能量方法求解，因概念简单，且大致上可以估算冲击时的位移和应力，不失为一种有效的近似方法。

承受各种变形的弹性杆件都可看作是一个弹簧。例如图 18－5 中受拉伸、弯曲和扭转的杆件的变形分别是

$$\Delta l = \frac{Fl}{EA} = \frac{F}{EA/l}$$

$$\omega = \frac{Fl^3}{48EI} = \frac{F}{48EI/l^3}$$

$$\varphi = \frac{M_e l}{GI_p} = \frac{M_e}{GI_p/l}$$

可见，当把这些杆件看作是弹簧时，其弹簧常数分别是：$\frac{EA}{l}$，$\frac{48EI}{l^3}$和$\frac{GI_p}{l}$。因而任一弹性杆件或结构都可简化成图 18－6 中的弹簧。现在回到冲击问题，设重量为 P 的冲击物一经与受冲弹簧接触（见图 18－6(a)），就相互附着共同运动。如省略弹簧的质量，只考虑其弹性，便简化成一个自由度的运动体系。设冲击物体在与弹簧开始接触的瞬时动能为 T；由于弹簧的阻抗，

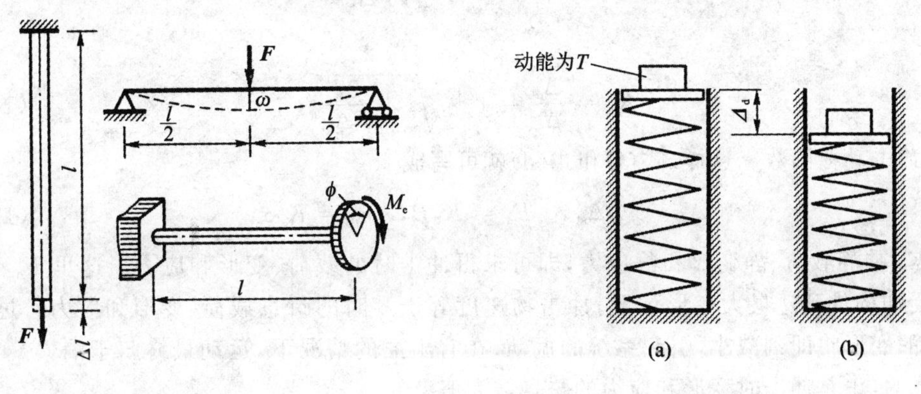

图 18－5　　　图 18－6

当弹簧变形到达最低位置时(见图 18-6(b)),体系的速度变为零,弹簧的变形为 Δ_d。从冲击物与弹簧开始接触到变形再发展到最低位置,动能由 T 变为零,其变化为 T;重物 P 向下移动的距离为 Δ_d,势能的变化为

$$V = P\Delta_d \tag{a}$$

若以 U_d 表示弹簧的应变能,并省略冲击中变化不大的其他能量(如热能),根据机械能守恒定律,冲击系统的动能和势能的变化应等于弹簧的应变能,即

$$T + V = U_d \tag{18-5}$$

设体系的速度为零时弹簧的动载荷为 F_d,在材料服从胡克定律的情况下,它与弹簧的变形成正比,且都是从零开始增加到最终值。所以,冲击过程中动载荷完成的功为 $\frac{1}{2}F_d\Delta_d$,它等于弹簧的应变能,即

$$U_d = \frac{1}{2}F_d\Delta_d \tag{b}$$

若重物 P 以静载的方式作用于构件上,例如像图 18-5 中的载荷,构件的静变形和静应力为 Δ_{st} 和 σ_{st}。在动载荷 F_d 作用下,相应的变形和应力为 Δ_d 和 σ_d。在线弹性范围内,载荷、变形和应力成正比,故有

$$\frac{F_d}{P} = \frac{\Delta_d}{\Delta_{st}} = \frac{\sigma_d}{\sigma_{st}} \tag{c}$$

或者写成

$$F_d = \frac{\Delta_d}{\Delta_{st}}P, \quad \sigma_d = \frac{\Delta_d}{\Delta_{st}}\sigma_{st} \tag{d}$$

把上式的 F_d 代入式(b),得

$$U_d = \frac{1}{2}\frac{\Delta_d^2}{\Delta_{st}}P \tag{e}$$

将式(a)和式(e)代入式(18-5),经过整理,得

$$\Delta_d^2 - 2\Delta_{st}\Delta_d - \frac{2T\Delta_{st}}{P} = 0$$

从以上方程中解出

$$\Delta_d = \Delta_{st}\left(1 + \sqrt{1 + \frac{2T}{P\Delta_{st}}}\right) \tag{f}$$

引用记号

$$K_d = \frac{\Delta_d}{\Delta_{st}} = 1 + \sqrt{1 + \frac{2T}{P\Delta_{st}}} \tag{18-6}$$

K_d 称为冲击动荷因数。这样,式(f)和式(d)就可写成

$$\Delta_d = K_d\Delta_{st}, \quad F_d = K_dP, \quad \sigma_d = K_d\sigma_{st} \tag{18-7}$$

可见以 K_d 乘静载荷、静变形和静应力,即可求得冲击时的载荷、变形和应力。这里 F_d、Δ_d 和 σ_d 是指受冲构件到达最大变形位置,冲击物速度等于零时的瞬息载荷、变形和应力。过此以后,构件的变形将即刻减小,引起系统的振动,在有阻尼的情况下,运动最终归于消失。当然,需要计算的,正是冲击时变形和应力的瞬息最大值。

若冲击是因重力为 P 的物体从高为 h 处自由下落造成的(见图 18-7),则物体与弹簧接

触时，$v^2=2gh$，于是 $T=\frac{1}{2}\frac{P}{g}v^2=Ph$，代入公式(18-6)得

$$K_d = 1+\sqrt{1+\frac{2h}{\Delta_{st}}} \tag{18-8}$$

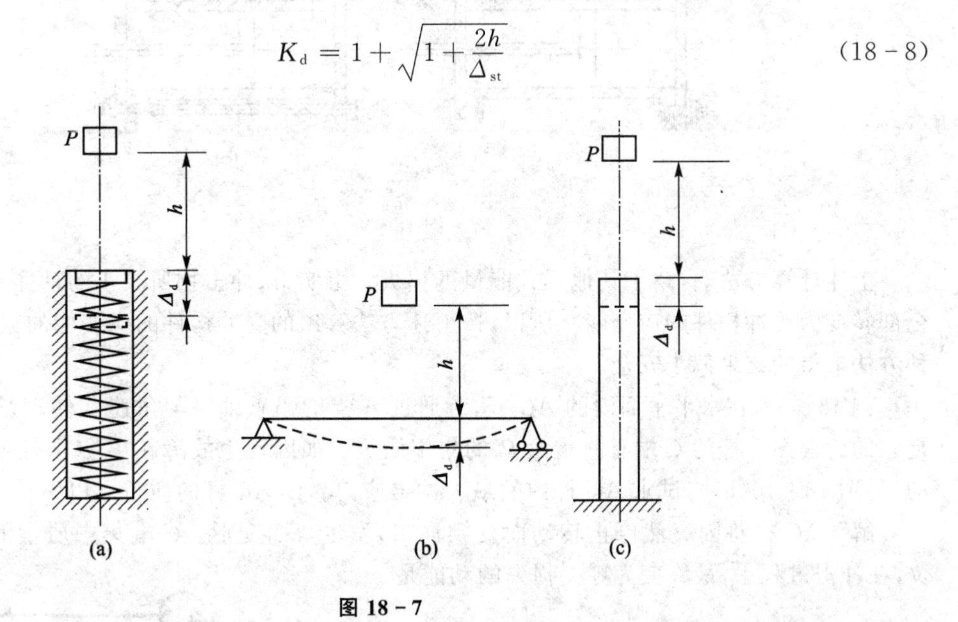

图 18-7

这是物体自由下落时的动荷因数。突然加于构件上的载荷，相当于物体自由下落时 $h=0$ 的情况。由公式(18-8)可知，$K_d=2$。所以，在突加载荷下，构件的应力和变形皆为静载时的 2 倍。

对水平置放的系统，例如图 18-8 所示情况，冲击过程中系统的势能不变，$V=0$。若冲击物与杆件接触时的速度为 v，则动能 T 为 $\frac{1}{2}\frac{P}{g}v^2$。以 V、T 和式(e)中的 U_d 代入公式(18-5)，得

$$\frac{1}{2}\frac{P}{g}v^2 = \frac{1}{2}\frac{\Delta_d^2}{\Delta_{st}}P$$

$$\Delta_d = \sqrt{\frac{v^2}{g\Delta_{st}}}\Delta_{st} \tag{g}$$

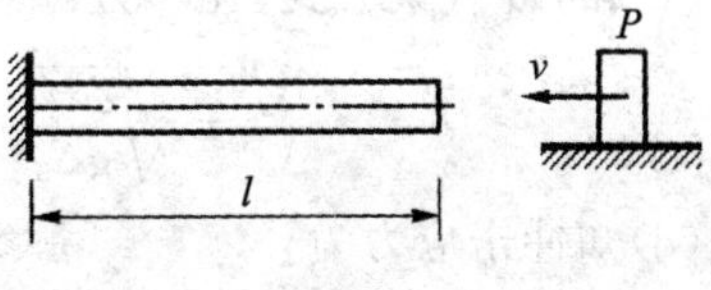

图 18-8

由式(d)又可求出

$$F_d = \sqrt{\frac{v^2}{g\Delta_{st}}}P,\quad \sigma_d = \sqrt{\frac{v^2}{g\Delta_{st}}}\sigma_{st} \tag{h}$$

以上各式中带根号的系数也就是动荷因数 K_d。

从公式(18-6)，(18-8)和式(h)都可看到，在冲击问题中，如能增大静位移 Δ_{st}，就可以降低冲击载荷和冲击应力。这是因为静位移的增大表示构件较为柔软，因而能更多地吸收冲击物的能量。但是，增加静变形 Δ_{st} 应尽可能地避免增加静应力 σ_{st}；否则，降低了动荷因数 K_d，却又增加了 σ_{st}，结果动应力未必就会降低。汽车底盘与轮轴之间安装叠板弹簧，火车车厢架与轮轴之间安装压缩弹簧，某些机器或零件上加橡皮坐垫和垫圈，都是为了既提高静变形 Δ_{st}，又不改变构件的静应力。这样可以明显地降低冲击应力，起到很好的缓冲作用。又如把承受冲击的汽缸盖螺栓，由短螺栓(见图 18-9(a))改为长螺栓(见图 18-9(b))，增加了螺栓的静变形 Δ_{st} 就可以提高其承受冲击的能力。

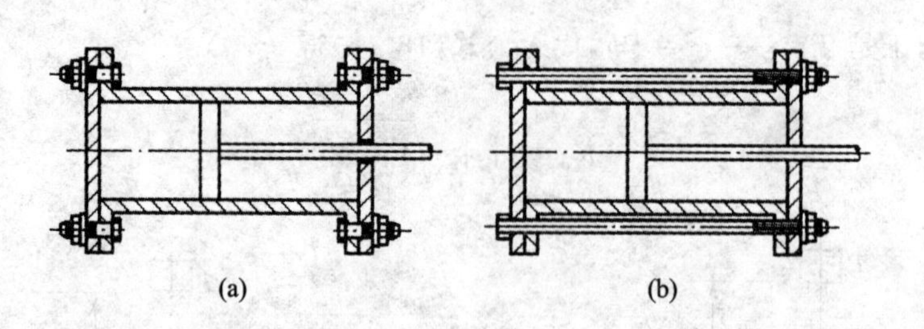

图 18-9

上述计算方法,省略了其他形式能量的损失。事实上,冲击物所减小的动能和势能不可能全部转变为受冲构件的应变能。所以,按上述方法算出的受冲构件的应变能的数值偏高,由这种方法求得的结果偏于安全。

例 18-3 在水平平面内的 AC 杆,绕通过 A 点的铅垂轴以匀角速 ω 转动,图 18-10(a)是它的俯视图。杆的 C 端有一重为 P 的集中质量。如因发生故障在 B 点卡住而突然停止转动(见图 18-10(b)),试求 AC 杆内的最大冲击应力。设 AC 杆的质量可以不计。

解 AC 杆将因突然停止转动而受到冲击,发生弯曲变形。C 端集中质量的初速度原为 ωl,在冲击过程中,最终变为零。损失的动能是

$$T=\frac{1}{2}\frac{P}{g}(\omega l)^2$$

因为是在水平平面内运动,集中质量的势能没有变化,即

$$V=0$$

至于杆件的应变能 U_d 仍由式(e)来表达,即

$$U_d=\frac{1}{2}\frac{\Delta_d^2}{\Delta_{st}}P$$

将 T、V 和 U_d 代入公式(18-5),略作整理即可得到

$$\frac{\Delta_d}{\Delta_{st}}=\sqrt{\frac{\omega^2 l^2}{g\Delta_{st}}}$$

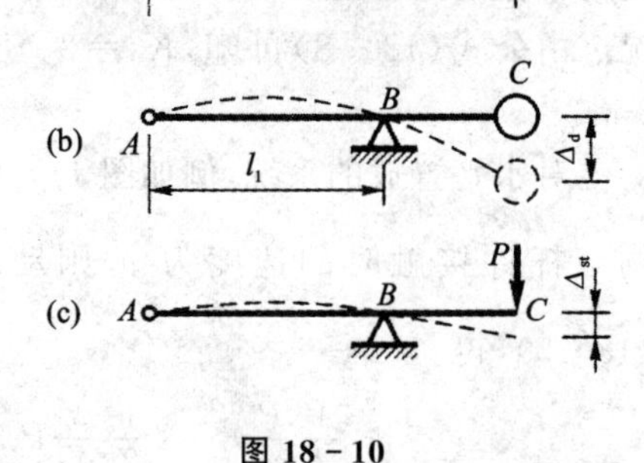

图 18-10

由式(d)知冲击应力为

$$\sigma_d=\frac{\Delta_d}{\Delta_{st}}\sigma_{st}=\sqrt{\frac{\omega^2 l^2}{g\Delta_{st}}}\cdot\sigma_{st} \tag{i}$$

若 P 以静载的方式作用于 C 端(见图 18-10(c)),利用求弯曲变形的任一种方法,都可求得 C 点的静位移 Δ_{st} 为

$$\Delta_{st}=\frac{Pl(l-l_1)^2}{3EI}$$

同时,在截面 B 上的最大静应力 σ_{st} 为

$$\sigma_{st}=\frac{M}{W}=\frac{P(l-l_1)}{W}$$

把 Δ_{st} 和 σ_{st} 代入式(i)便可求出最大冲击应力为

$$\sigma_d=\frac{\omega}{W}\sqrt{\frac{3EIlP}{g}}$$

18.4　冲击韧性

工程上衡量材料抗冲击能力的标准，是冲断试样所需能量的多少。试验时，将带有切槽的弯曲试样置放于试验机的支架上，并使切槽位于受拉的一侧（见图 18－11）。当重摆从一定高度自由落下将试样冲断时，试样所吸收的能量等于重摆所做的功 W。以试样在切槽处的最小横截面面积 A 除 W，得

$$\alpha_K = \frac{W}{A} \tag{18-9}$$

α_K 称为冲击韧性，其单位为 J/mm^2。α_K 越大，表示材料抗冲击的能力越强。一般说，塑性材料的抗冲击能力远高于脆性材料。例如低碳钢的冲击韧性就远高于铸铁。冲击韧性也是材料的性能指标之一。某些工程问题中，对冲击韧性的要求一般有具体规定。

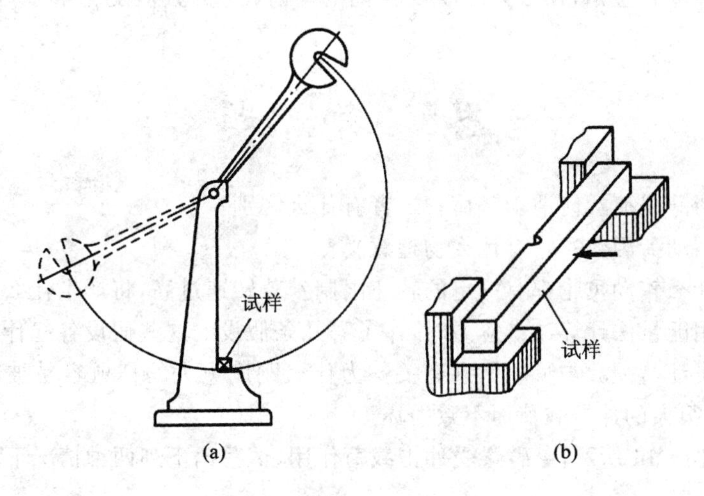

图 18－11

α_K 的数值与试样的尺寸、形状、支承条件等因素有关，所以它是衡量材料抗冲击能力的一个相对指标。为便于比较，测定 α_K 时应采用标准试样。我国通用的标准试样是两端简支的弯曲试样（见图 18－12(a)），试样中央开有半圆形切槽，称为 U 形切槽试样。为避免材料不均匀和切槽不准确的影响，试验时每组不应少于 4 根试样。试样上开切槽是为了使切槽区域高度应力集中，这样，切槽附近区域内便集中吸收了较多的能量。切槽底部越尖锐就越能体现上述要求。所以有时采用 V 形切槽试样，如图 18－12(b)所示。

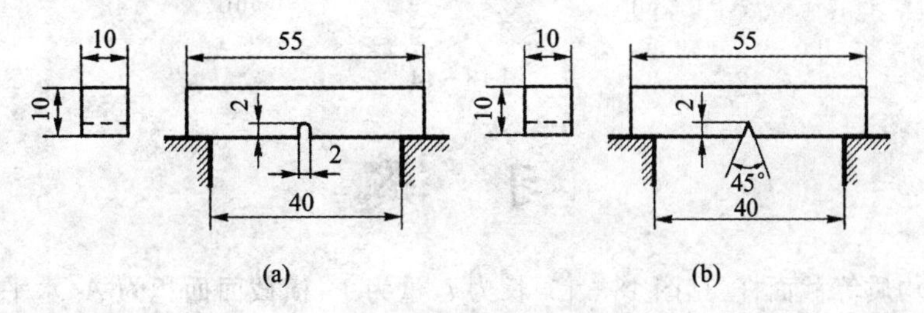

图 18－12

试验结果表明，α_K 的数值随温度降低而减小。在图 18－13 中，若纵轴代表试样冲断时吸

收的能量,低碳钢的 α_K 随温度的变化情况如图中实线所示。图线表明,随着温度的降低,在某一狭窄的温度区间内,α_K 的数值骤然下降,材料变脆,这就是冷脆现象。使 α_K 骤然下降的温度称为转变温度。试样冲断后,断面的部分面积呈晶粒状是脆性断口,另一部分面积呈纤维状是塑性断口。V 形切槽试样应力集中程度较高,因而断口分区比较明显。用一组 V 形切槽试样在不同温度下进行试验,晶粒状断口面积占整个面面积的百分比随温度降低而升高,如图 18-13 中的虚线所示。一般把晶粒状断口面积占整个断面面积 50%时的温度,规定为转变温度,并称为 FATT,也不是所有金属都有冷脆现象。例如铝、铜和某些高强度合金钢,在很大的温度变化范围内,α_K 的数值变化很小,没有明显的冷脆现象。

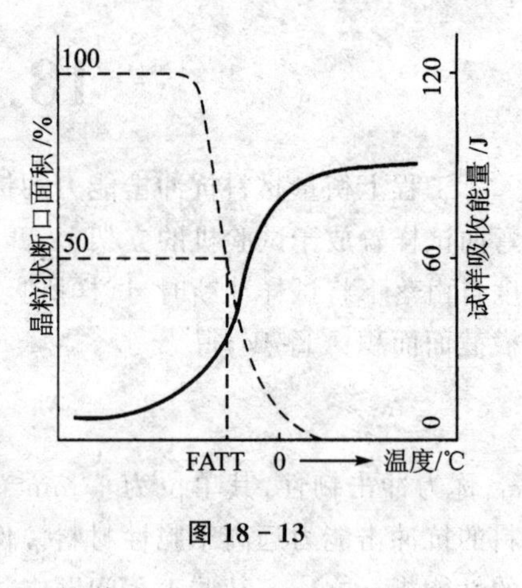

图 18-13

思 考 题

18-1 何谓静载荷?何谓动载荷?二者有什么区别?

18-2 何谓动荷因数?它有什么物理意义?

18-3 为什么转动飞轮都有一定的转速限制?若转速过高,将产生什么后果?

18-4 在用能量法计算冲击应力时,作了哪几条假设?这些假设各起什么作用?

18-5 冲击动荷因数与哪些因素有关?为什么刚度愈大的杆愈容易被冲坏?为什么缓冲弹簧可以承受很大的冲击载荷而不致损坏。

18-6 图 18-14 所示,悬臂梁受冲击载荷作用,试写出下列两种情况下梁内最大弯曲正应力比值的表达式。

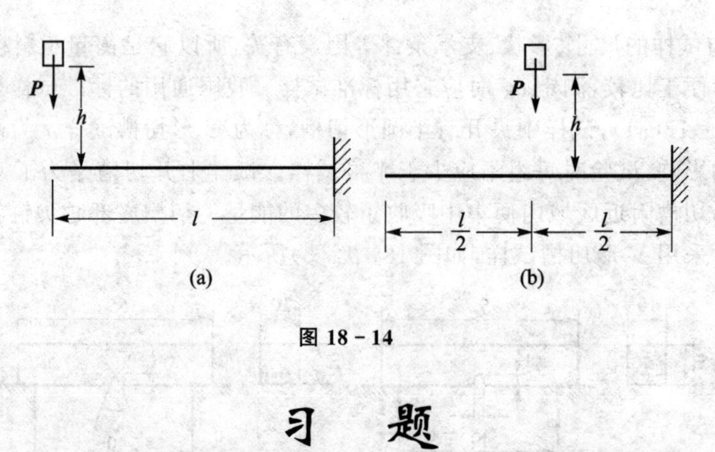

图 18-14

习 题

18-1 均质等截面杆(见图 18-15)长为 l,重为 P,横截面面积为 A,水平放置在一排光滑的滚子上。杆的两端受轴向力 $\boldsymbol{F}_1$ 和 $\boldsymbol{F}_2$ 作用,且 $F_2>F_1$。试求杆内正应力沿杆件长度分布的情况(设滚动摩擦可以忽略不计)。

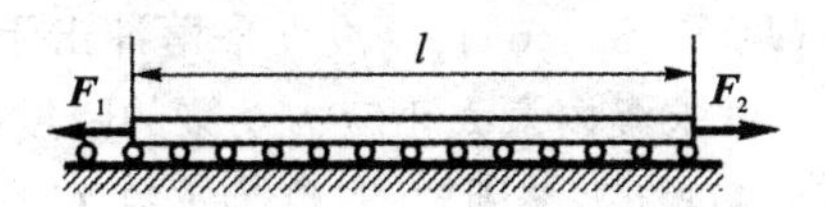

图 18-15　题 18-1 图

18-2　如图 18-16 所示，长为 l、横截面面积为 A 的杆以加速度 a 向上提升。若材料单位体积的质量为 ρ，试求杆内的最大应力。

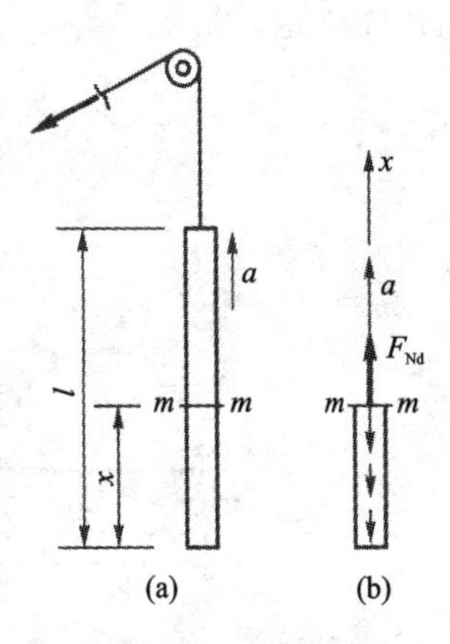

图 18-16　题 18-2 图

18-3　桥式起重机上悬挂一重量 $P=50$ kN 的重物，以匀速度 $v=1$ m/s 向前移(在图 18-17 中，移动的方向垂直于纸面)。当起重机突然停止时，重物像单摆一样向前摆动。若梁为 No. 14 工字钢，吊索横截面面积 $A=5\times10^{-4}\ \text{m}^2$，问此时吊索内及梁内的最大应力增加多少？设吊索的自重以及由重物摆动引起的斜弯曲影响都忽略不计。

18-4　飞轮(见图 18-18)的最大圆周速率 $v=25$ m/s，材料单位体积的质量为 $7.41\times10^3\ \text{kg/m}^3$。若不计轮辐的影响，试求轮缘内的最大正应力。

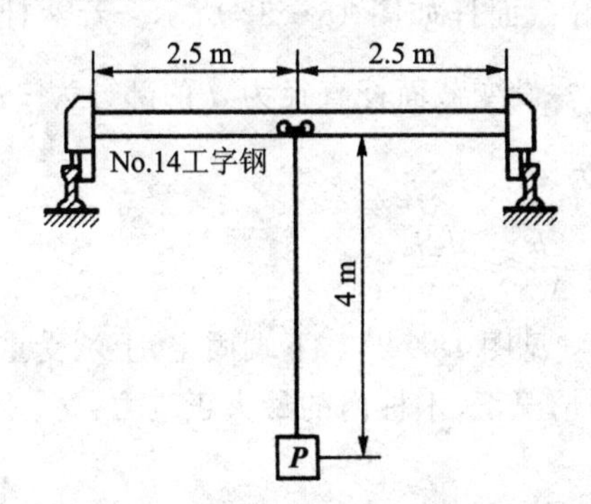

图 18-17　题 18-3 图

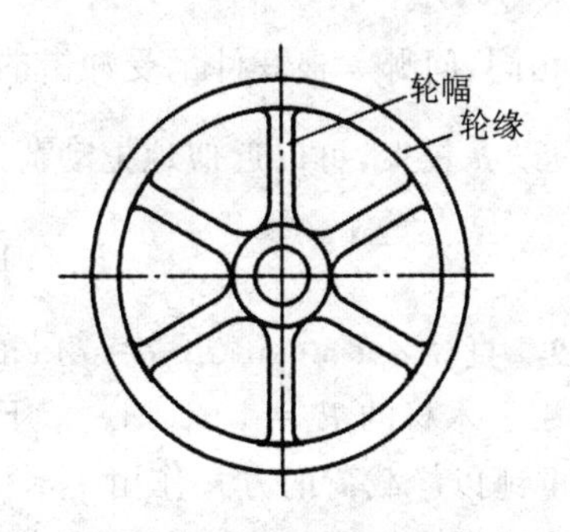

图 18-18　题 18-4 图

18-5　轴上装一钢质圆盘，盘上有一圆孔(见图 18-19)。若轴与盘以 $\omega=40$ rad/s 的匀角速度旋转，试求轴内由这一圆孔引起的最大正应力。

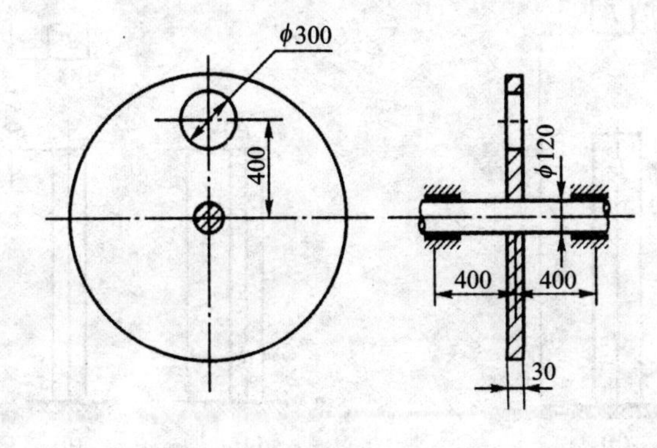

图 18-19　题 18-5 图

18-6 重量为 P 的重物(见图 18-20)自高度 h 下落冲击于梁上的 C 点。设梁的 E、I 及抗弯截面系数 W 皆为已知量。试求梁内最大正应力及梁的跨度中点的挠度。

18-7 如图 18-21 所示,AB 杆下端固定,长度为 l,在 C 点受到沿水平运动的物体的冲击。物体的重量为 P,当其与杆件接触时的速度为 v。设杆件的 E、I 及 W 皆为已知量。试求 AB 杆的最大应力。

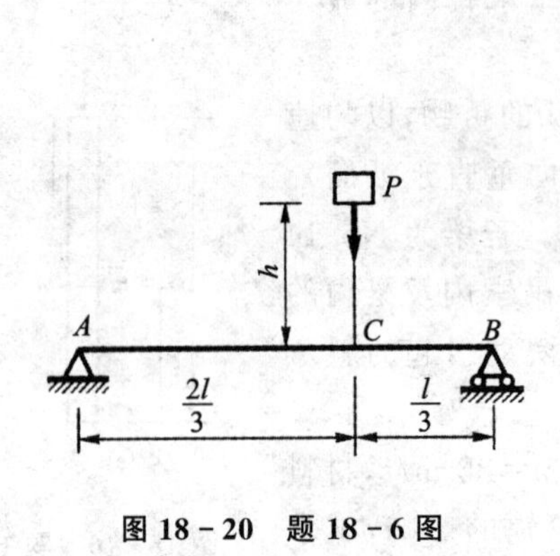

图 18-20 题 18-6 图

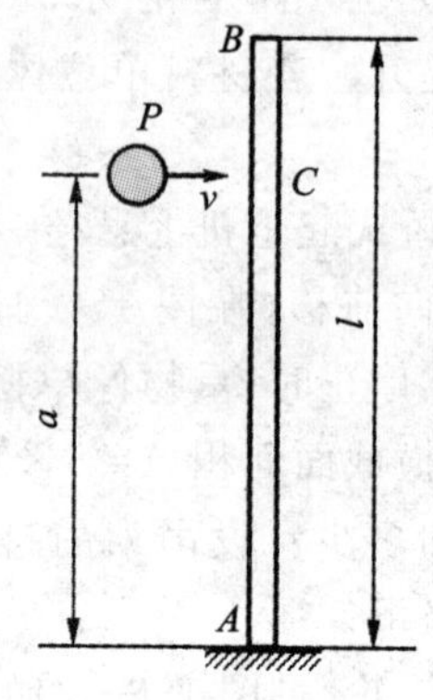

图 18-21 题 18-7 图

18-8 材料相同、长度相等的变截面杆和等截面杆如图 18-22 所示。若两杆的最大横截面面积相同,问哪一根杆件承受冲击的能力强?设变截面杆直径为 d 的部分为 $\frac{2}{5}l$。为了便于比较,假设 h 较大,可以近似地把动荷因数取为

$$K_{\mathrm{d}}=1+\sqrt{1+\frac{2h}{\Delta_{\mathrm{st}}}}\approx\sqrt{\frac{2h}{\Delta_{\mathrm{st}}}}$$

18-9 直径 $d=30$ cm、长 $l=6$ m 的圆木桩(见图 18-23),下端固定,上端受重 $P=2$ kN 的重锤作用。木材的 $E_1=10$ GPa。求下列三种情况下,木桩内的最大正应力:

(1) 重锤以静载荷的方式作用于木桩上;

(2) 重锤以离桩顶 0.5 m 的高度自由落下;

(3) 在桩顶放置直径为 15 cm、厚为 40 mm 的橡皮垫,橡皮的弹性模量 $E_2=8$ MPa。重锤也是从离橡皮垫顶面 0.5 m 的高度自由落下。

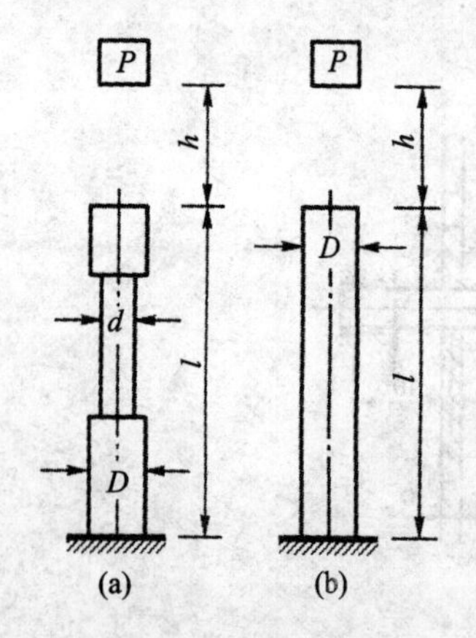

图 18-22 题 18-8 图

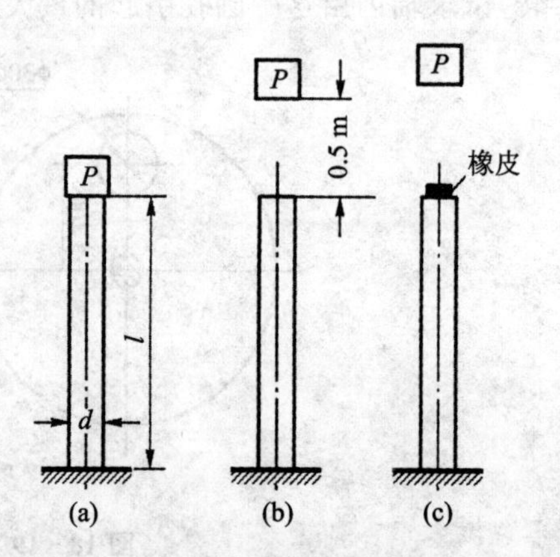

图 18-23 题 18-9 图

附　录

型钢规格如附表 1～附表 4 所列。

附录 1　型　钢　表

附表 1　热轧等边角钢(GB 9787－88)

符号意义：b——边宽度　　　I——惯性矩；

d——边厚度；　　　i——惯性半径；

r——内圆弧半径；　　W——截面系数；

r_1——边端内圆弧半径；　z_0——重心距离。

角钢号数	尺寸 mm			截面面积 cm^2	理论重量 kg/m	外表面积 m^2/m	参考数值										z_0 cm
							$x-x$			x_0-x_0			y_0-y_0			x_1-x_1	
	b	d	r				I_x cm^4	i_x cm	W_x cm^3	I_{x_0} cm^4	i_{x_0} cm	W_{x_0} cm^3	I_{y_0} cm^4	i_{y_0} cm	W_{y_0} cm^3	I_{x_1} cm^4	
2	20	3	3.5	1.132	0.889	0.078	0.40	0.59	0.29	0.63	0.75	0.45	0.17	0.39	0.20	0.81	0.60
		4		1.459	1.145	0.077	0.50	0.58	0.36	0.78	0.73	0.55	0.22	0.38	0.24	1.09	0.64
2.5	25	3		1.432	1.124	0.098	0.82	0.76	0.46	1.29	0.95	0.73	0.34	0.49	0.33	1.57	0.73
		4		1.859	1.459	0.097	1.03	0.74	0.59	1.62	0.93	0.92	0.43	0.48	0.40	2.11	0.76

续附表 1

角钢号数	尺寸 mm			截面面积 cm^2	理论重量 kg/m	外表面积 m^2/m	参考数值										
							$x-x$			x_0-x_0			y_0-y_0			x_1-x_1	z_0 cm
	b	d	r				I_x cm^4	i_x cm	W_x cm^3	I_{x_0} cm^4	i_{x_0} cm	W_{x_0} cm^3	I_{y_0} cm^4	i_{y_0} cm	W_{y_0} cm^3	I_{x_1} cm^4	
3.0	30	3	4.5	1.749	1.373	0.117	1.46	0.91	0.68	2.31	1.15	1.09	0.61	0.59	0.51	2.71	0.85
		4		2.276	1.786	0.117	1.84	0.90	0.87	2.92	1.13	1.37	0.77	0.58	0.62	3.63	0.89
3.6	36	3		2.109	1.656	0.141	2.58	1.11	0.99	4.09	1.39	1.61	1.07	0.71	0.76	4.68	1.00
		4		2.756	2.163	0.141	3.29	1.09	1.28	5.22	1.38	2.05	1.37	0.70	0.93	6.25	1.04
		5		3.382	2.654	0.141	3.95	1.08	1.56	6.24	1.36	2.45	1.65	0.70	1.09	7.84	1.07
4.0	40	3	5	2.359	1.852	0.157	3.59	1.23	1.23	5.69	1.55	2.01	1.49	0.79	0.96	6.41	1.09
		4		3.086	2.422	0.157	4.60	1.22	1.60	7.29	1.54	2.58	1.91	0.79	1.19	8.56	1.13
		5		3.791	2.976	0.156	5.53	1.21	1.96	8.76	1.52	3.10	2.30	0.78	1.39	10.74	1.17
4.5	45	3		2.659	2.088	0.177	5.17	1.40	1.58	8.20	1.76	2.58	2.14	0.89	1.24	9.12	1.22
		4		3.486	2.736	0.177	6.65	1.38	2.05	10.56	1.74	3.32	2.75	0.89	1.54	12.18	1.26
		5		4.292	3.369	0.176	8.04	1.37	2.51	12.74	1.72	4.00	3.33	0.88	1.81	15.25	1.30
		6		5.076	3.985	0.176	9.33	1.36	2.95	14.76	1.70	4.64	3.89	0.88	2.06	18.36	1.33
5	50	3	5.5	2.971	2.332	0.197	7.18	1.55	1.96	11.37	1.96	3.22	2.98	1.00	1.57	12.50	1.34
		4		3.897	3.059	0.197	9.26	1.54	2.56	14.70	1.94	4.16	3.82	0.99	1.96	16.69	1.38
		5		4.803	3.770	0.196	11.21	1.53	3.13	17.79	1.92	5.03	4.46	0.98	2.31	20.90	1.42
		6		5.688	4.465	0.196	13.05	1.52	3.68	20.68	1.91	5.85	5.42	0.98	2.63	25.14	1.46
5.6	56	3	6	3.343	2.624	0.221	10.19	1.75	2.48	16.14	2.20	4.08	4.24	1.13	2.02	17.56	1.48
		4		4.390	3.446	0.220	13.18	1.73	3.24	20.92	2.18	5.28	5.46	1.11	2.52	23.43	1.53
		5		5.415	4.251	0.220	16.02	1.72	3.97	25.42	2.17	6.42	6.61	1.10	2.98	29.33	1.57
		8		8.367	6.568	0.219	23.63	1.68	6.03	37.37	2.11	9.44	9.89	1.09	4.16	47.24	1.68

续附表 1

角钢号数	尺寸 mm			截面面积	理论重量	外表面积	参考数值										z_0
							$x-x$			x_0-x_0			y_0-y_0			x_1-x_1	
	b	d	r	cm^2	kg/m	m^2/m	I_x cm^4	i_x cm	W_x cm^3	I_{x_0} cm^4	i_{x_0} cm	W_{x_0} cm^3	I_{y_0} cm^4	i_{y_0} cm	W_{y_0} cm^3	I_{x_1} cm^4	cm
6.3	63	4	7	4.978	3.907	0.248	19.03	1.96	4.13	30.17	2.46	6.78	7.89	1.26	3.29	33.35	1.70
		5		6.143	4.822	0.248	23.17	1.94	5.08	36.77	2.45	8.25	9.57	1.25	3.90	41.73	1.74
		6		7.288	5.721	0.247	27.12	1.93	6.00	43.03	2.43	9.66	11.20	1.24	4.46	50.14	1.78
		8		9.515	7.469	0.247	34.46	1.90	7.75	54.56	2.40	12.25	14.33	1.23	5.47	67.11	1.85
		10		11.657	9.151	0.246	41.09	1.88	9.39	64.85	2.36	14.56	17.33	1.22	6.36	84.31	1.93
7	70	4	8	5.570	4.372	0.275	26.39	2.18	5.14	41.80	2.74	8.44	10.99	1.40	4.17	45.74	1.86
		5		6.875	5.397	0.275	32.21	2.16	6.32	51.08	2.73	10.32	13.34	1.39	4.95	57.21	1.91
		6		8.160	6.406	0.275	37.77	2.15	7.48	59.93	2.71	12.11	15.61	1.38	5.67	68.73	1.95
		7		9.424	7.398	0.275	43.09	2.14	8.59	68.35	2.69	13.81	17.82	1.38	6.34	80.29	1.99
		8		10.667	8.373	0.274	48.17	2.12	9.68	76.37	2.68	15.43	19.98	1.37	6.98	91.92	2.03
7.5	75	5	9	7.412	5.818	0.295	39.97	2.33	7.32	63.30	2.92	11.94	16.63	1.50	5.77	70.56	2.04
		6		8.797	6.905	0.294	16.95	2.31	8.64	74.38	2.90	14.02	19.51	1.49	6.67	84.55	2.07
		7		10.160	7.796	0.294	53.57	2.30	9.93	84.96	2.89	16.02	22.18	1.48	7.44	98.71	2.11
		8		11.503	9.030	0.294	59.96	2.28	11.20	95.07	2.88	17.93	24.86	1.47	8.19	112.97	2.15
		10		14.126	11.089	0.293	71.98	2.26	13.64	113.92	2.84	21.48	30.05	1.46	9.56	141.71	2.22
8	89	5	9	7.912	6.211	0.315	48.79	2.48	8.34	77.33	3.13	13.67	20.25	1.60	6.66	85.36	2.15
		6		9.397	7.376	0.314	57.35	2.47	9.87	90.98	3.11	16.08	23.72	1.59	7.65	102.50	2.19
		7		10.860	8.525	0.314	65.58	2.46	11.37	104.07	3.10	18.40	27.09	1.58	8.58	119.70	2.23
		8		12.303	9.658	0.314	73.49	2.44	12.83	116.60	3.08	20.61	30.39	1.57	9.46	136.97	2.27
		10		15.126	11.874	0.313	88.43	2.42	15.64	140.09	3.04	24.76	36.77	1.56	11.08	171.74	2.35

续附表 1

角钢号数	尺寸 mm			截面面积 cm^2	理论重量 kg/m	外表面积 m^2/m	参考数值										z₀
							$x-x$			x_0-x_0			y_0-y_0			x_1-x_1	
	b	d	r				I_x cm^4	i_x cm	W_x cm^3	I_{x_0} cm^4	i_{x_0} cm	W_{x_0} cm^3	I_{y_0} cm^4	i_{y_0} cm	W_{y_0} cm^3	I_{x_1} cm^4	z_0 cm
9	90	6	10	10.637	8.350	0.354	82.77	2.79	12.61	131.26	3.51	20.63	34.28	1.80	9.95	145.87	2.44
		7		12.301	9.656	0.354	94.83	2.78	14.54	150.47	3.50	23.64	39.18	1.78	11.19	170.30	2.48
		8		13.944	10.946	0.353	106.47	2.76	16.42	168.97	3.48	26.55	43.97	1.78	12.35	194.80	2.52
		10		17.167	13.476	0.353	128.58	2.74	20.07	203.90	3.45	32.04	53.26	1.76	14.52	244.07	2.59
		12		20.306	15.940	0.352	149.22	2.71	23.57	236.21	3.41	37.12	62.22	1.75	16.49	293.76	2.67
10	100	6	12	11.932	9.366	0.393	114.95	3.10	15.68	181.98	3.90	25.74	47.92	2.00	12.69	200.07	2.67
		7		13.796	10.830	0.393	131.86	3.09	18.10	208.97	3.89	29.55	54.74	1.99	14.26	233.54	2.71
		8		15.638	12.276	0.393	148.24	3.08	20.47	235.07	3.88	33.24	61.41	1.98	15.75	267.09	2.76
		10		19.261	15.120	0.392	179.51	3.05	25.06	284.68	3.84	40.26	74.35	1.96	18.54	334.48	2.84
		12		22.800	17.898	0.391	208.90	3.03	29.48	330.95	3.81	46.80	86.84	1.95	21.08	402.34	2.91
		14		26.256	20.611	0.391	236.53	3.00	33.73	374.06	3.77	52.90	99.00	1.94	23.44	470.75	2.99
		16		29.627	23.257	0.390	262.53	2.98	37.82	414.16	3.74	58.57	110.89	1.94	25.63	539.80	3.06
11	110	7	12	15.196	11.928	0.433	177.16	3.41	22.05	280.94	4.30	36.12	73.38	2.20	17.51	310.64	2.96
		8		17.238	13.532	0.433	199.46	3.40	24.95	316.49	4.28	40.69	82.42	2.19	19.39	355.20	3.01
		10		21.261	16.690	0.432	242.19	3.38	30.60	384.39	4.25	49.42	99.98	2.17	22.91	444.65	3.09
		12		25.200	19.782	0.431	282.55	3.35	36.05	448.17	4.22	57.62	116.93	2.15	26.15	534.60	3.16
		14		29.056	22.809	0.431	320.71	3.32	41.31	508.01	4.18	65.31	133.40	2.14	29.14	625.16	3.24

续附表 1

角钢号数	尺寸 mm			截面面积	理论重量	外表面积	参考数值										z_0
							$x-x$			x_0-x_0			y_0-y_0			x_1-x_1	
	b	d	r	cm^2	kg/m	m^2/m	I_x cm^4	i_x cm	W_x cm^3	I_{x_0} cm^4	i_{x_0} cm	W_{x_0} cm^3	I_{y_0} cm^4	i_{y_0} cm	W_{y_0} cm^3	I_{x_1} cm^4	cm
12.5	125	8	14	19.750	15.504	0.492	297.03	3.88	32.52	470.89	4.88	53.28	123.16	2.50	25.86	521.01	3.37
		10		24.373	19.133	0.491	361.67	3.85	39.97	573.89	4.85	64.93	149.46	2.48	30.62	651.93	3.45
		12		28.912	22.696	0.491	423.16	3.83	41.17	671.44	4.82	75.96	174.88	2.46	35.03	783.42	3.53
		14		33.367	26.193	0.490	481.65	3.80	54.16	763.73	4.78	86.61	199.57	2.45	39.13	915.61	3.61
14	140	10		27.373	21.488	0.551	514.65	4.34	50.58	817.27	5.46	82.56	212.04	2.78	39.20	915.11	3.82
		12		32.512	25.522	0.551	603.68	4.31	59.80	958.79	5.43	96.85	248.57	2.76	45.02	1099.28	3.90
		14		37.567	29.490	0.550	688.81	4.28	68.75	1093.56	5.40	110.47	284.06	2.75	50.45	1284.22	3.98
		16		42.539	33.393	0.549	770.24	4.26	77.46	1221.81	5.36	123.42	318.67	2.74	55.55	1470.07	4.06
16	160	10	16	31.502	24.729	0.630	779.53	4.98	66.70	1237.30	6.27	109.36	321.76	3.20	52.76	1365.33	4.31
		12		37.441	29.391	0.630	916.58	4.95	78.98	1455.68	6.24	128.67	377.49	3.18	60.74	1639.57	4.39
		14		43.296	33.987	0.629	1048.36	4.92	90.05	1665.02	6.20	147.17	431.70	3.16	68.24	1914.68	4.47
		16		49.067	38.518	0.629	1175.08	4.89	102.63	1865.57	6.17	164.89	484.59	3.14	75.31	2190.82	4.55
18	180	12		42.241	33.159	0.710	1321.35	5.59	100.82	2100.10	7.05	165.00	524.61	3.58	78.41	2332.80	4.89
		14		48.896	38.383	0.709	1514.48	5.56	116.25	2407.42	7.02	189.14	621.53	3.56	88.38	2723.48	4.97
		16		55.467	43.542	0.709	1700.99	5.54	131.13	2703.37	6.98	212.40	698.60	3.55	97.83	3115.29	5.05
		18		610.955	48.634	0.708	1875.12	5.50	145.64	2988.24	6.94	234.78	762.01	3.51	105.14	3502.43	5.13
20	200	14	18	54.642	42.894	0.788	2103.55	6.20	144.70	3343.26	7.82	236.40	863.83	3.98	111.82	3734.10	5.46
		16		62.013	48.680	0.788	2366.15	6.18	163.65	3760.89	7.79	265.93	971.41	3.96	123.96	4270.39	5.54
		18		69.301	54.401	0.787	2620.64	6.15	182.22	4164.54	7.75	294.48	1076.74	3.94	135.52	4808.13	5.62
		20		76.505	60.056	0.787	2867.30	6.12	200.42	4554.55	7.72	322.06	1180.04	3.93	146.55	5347.51	5.69
		24		90.661	71.168	0.785	3338.25	6.07	236.17	5294.97	7.64	374.41	1381.53	3.90	166.65	6457.16	5.87

注:截面图中的 $r_1=\frac{1}{3}d$ 及表中 r 值的数据用于孔型设计,不做交货条件。

附表 2 热轧不等

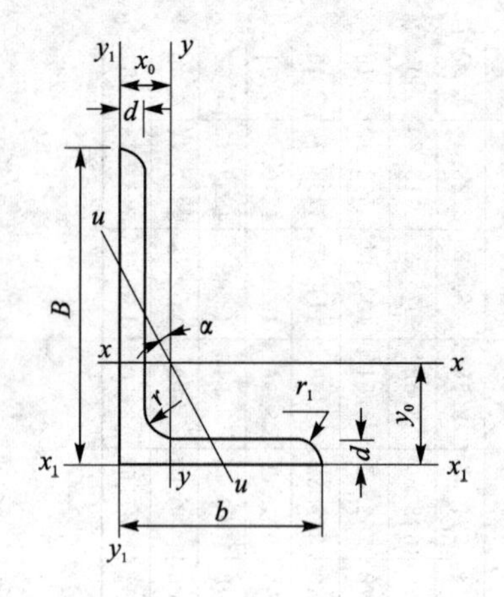

符号意义：

B——长边宽度；

d——边厚度；

r_1——边端内圆弧半径；

i——惯性半径；

x_0——重心距离；

角钢号数	尺寸/mm				截面面积 cm^2	理论重量 kg/m	外表面积 m^2/m	参		
								$x-x$		
	B	b	d	r				I_x cm^4	i_x cm	W_x cm^3
2.5/1.6	25	16	3	3.5	1.162	0.912	0.080	0.70	0.78	0.43
			4		1.499	1.176	0.079	0.88	0.77	0.55
3.2/2	32	20	3		1.492	1.171	0.102	1.53	1.01	0.72
			4		1.939	1.522	0.101	1.93	1.00	0.93
4/2.5	40	25	3	4	1.890	1.484	0.127	3.08	1.28	1.15
			4		2.467	1.936	0.127	3.39	1.26	1.49
4.5/2.8	45	28	3	5	2.149	1.687	0.143	4.45	1.44	1.47
			4		2.806	2.203	0.143	5.69	1.42	1.91
5/3.2	50	32	3	5.5	2.431	1.908	0.161	6.24	1.60	1.84
			4		3.177	2.494	0.160	8.02	1.59	2.39
5.6/3.6	56	36	3	6	2.743	2.153	0.181	8.88	1.80	2.32
			4		3.590	2.818	0.180	11.45	1.79	3.03
			5		4.415	3.466	0.180	13.86	1.77	3.71

边角钢(GB 9788－88)

b——短边宽度；
r——内圆弧半径；
I——惯性矩；
W——截面系数；
y_0——重心距离。

考 数 值

$y-y$			x_1-x_1		y_1-y_1		$u-u$			
I_y cm^4	i_y cm	W_y cm^3	I_{x_1} cm^4	y_0 cm	I_{y_1} cm^4	x_0 cm	I_u cm^4	i_u cm	W_u cm^3	tan α
0.22	0.44	0.19	1.56	0.86	0.43	0.42	0.14	0.34	0.16	0.392
0.27	0.43	0.24	2.09	0.90	0.59	0.46	0.17	0.34	0.20	0.381
0.46	0.55	0.30	3.27	1.08	0.82	0.49	0.28	0.43	0.25	0.382
0.57	0.54	0.39	4.37	1.12	1.12	0.53	0.35	0.42	0.32	0.374
0.93	0.70	0.49	5.39	1.32	1.59	0.59	0.56	0.54	0.40	0.385
1.18	0.69	0.63	8.53	1.37	2.14	0.63	0.71	0.54	0.52	0.381
1.34	0.79	0.62	9.10	1.47	2.23	0.64	0.80	0.61	0.51	0.383
1.70	0.78	0.80	12.13	1.51	3.00	0.68	1.02	0.60	0.66	0.380
2.02	0.91	0.82	12.49	1.60	3.31	0.73	1.20	0.70	0.68	0.404
2.58	0.90	1.06	16.65	1.65	4.45	0.77	1.53	0.69	0.87	0.402
2.92	1.03	1.05	17.54	1.78	4.70	0.80	1.73	0.79	0.87	0.408
3.76	1.02	1.37	23.39	1.82	6.33	0.85	2.23	0.79	1.13	0.408
4.49	1.01	1.65	29.25	1.87	7.94	0.88	2.67	0.78	1.36	0.404

角钢号数	尺寸/mm				截面面积 cm^2	理论重量 kg/m	外表面积 m^2/m	参		
								$x-x$		
	B	b	d	r				I_x cm^4	i_x cm	W_x cm^3
6.3/4	63	40	4	7	4.058	3.185	0.202	16.49	2.02	3.87
			5		4.993	3.920	0.202	20.02	2.00	4.74
			6		5.908	4.638	0.201	23.36	1.96	5.59
			7		6.802	5.339	0.201	26.53	1.98	6.40
7/4.5	70	45	4	7.5	4.547	3.570	0.226	23.17	2.26	4.86
			5		5.609	4.403	0.225	27.95	2.23	5.92
			6		6.647	5.218	0.225	32.54	2.21	6.95
			7		7.657	6.011	0.225	37.22	2.20	8.03
(7.5/5)	75	50	5	8	6.125	4.808	0.245	34.86	2.39	6.83
			6		7.260	5.699	0.245	41.12	2.38	8.12
			8		9.467	7.431	0.244	52.39	2.35	10.52
			10		11.590	9.098	0.244	62.71	2.33	12.79
8/5	80	50	5	8	6.375	5.005	0.255	41.96	2.56	7.78
			6		7.560	5.935	0.255	49.49	2.56	9.25
			7		8.724	6.848	0.255	56.16	2.54	10.58
			8		9.867	7.745	0.254	62.83	2.52	11.92
9/5.6	90	56	5	9	7.212	5.661	0.287	60.45	2.90	9.92
			6		8.557	6.717	0.286	71.03	2.88	11.74
			7		9.880	7.756	0.286	81.01	2.86	13.49
			8		11.183	8.779	0.286	91.03	2.85	15.27

续附表 2

考 数 值

$y-y$			x_1-x_1		y_1-y_1		$u-u$			
I_y cm^4	i_y cm	W_y cm^3	I_{x_1} cm^4	y_0 cm	I_{y_1} cm^4	x_0 cm	I_u cm^4	i_u cm	W_u cm^3	tan α
5.23	1.14	1.70	33.30	2.04	8.63	0.92	3.12	0.88	1.40	0.398
6.31	1.12	2.71	41.63	2.08	10.86	0.95	3.76	0.87	1.71	0.396
7.29	1.11	2.43	49.98	2.12	13.12	0.99	4.34	0.86	1.99	0.393
8.24	1.10	2.78	58.07	2.15	15.47	1.03	4.97	0.86	2.29	0.389
7.55	1.29	2.17	45.92	2.24	12.26	1.02	4.40	0.98	1.77	0.410
9.13	1.28	2.65	57.10	2.28	15.39	1.06	5.40	0.98	2.19	0.407
10.62	1.26	3.12	68.35	2.32	18.58	1.09	6.35	0.98	2.59	0.404
12.01	1.25	3.57	79.99	2.36	21.84	1.13	7.16	0.97	2.94	0.402
12.61	1.44	3.30	70.00	2.40	21.04	1.17	7.41	1.10	2.74	0.435
14.70	1.42	3.88	84.30	2.44	25.37	1.21	8.54	1.08	3.19	0.435
18.53	1.40	4.99	112.50	2.52	34.23	1.29	10.87	1.07	4.10	0.429
21.96	1.38	6.04	140.80	2.60	43.43	1.36	13.10	1.06	4.99	0.423
12.82	1.42	3.32	85.21	2.60	21.06	1.14	7.66	1.10	2.74	0.388
14.95	1.41	3.91	102.53	2.65	25.41	1.18	8.85	1.08	3.20	0.387
16.96	1.39	4.48	119.33	2.69	29.82	1.21	10.18	1.08	3.70	0.384
18.85	1.38	5.03	136.41	2.73	34.32	1.25	11.38	1.07	4.16	0.381
18.32	1.59	4.21	121.32	2.91	29.53	1.25	10.98	1.23	3.49	0.385
21.42	1.58	4.96	145.59	2.95	35.58	1.29	12.90	1.23	4.13	0.384
24.36	1.57	5.70	169.60	3.00	41.71	1.33	14.67	1.22	4.72	0.382
27.15	1.56	6.41	194.17	3.04	47.93	1.36	16.34	1.21	5.29	0.380

角钢号数	尺寸/mm				截面面积 cm^2	理论重量 kg/m	外表面积 m^2/m	参		
								$x-x$		
	B	b	d	r				I_x cm^4	i_x cm	W_x cm^3
10/6.3	100	63	6	10	9.617	7.550	0.320	99.06	3.21	14.64
			7		11.111	8.722	0.320	113.45	3.20	16.88
			8		12.584	9.878	0.319	127.37	3.18	19.08
			10		15.467	12.142	0.319	153.81	3.15	23.32
10/8	100	80	6	10	10.637	8.350	0.354	107.04	3.17	15.19
			7		12.301	9.656	0.354	122.73	3.16	17.52
			8		13.944	10.946	0.353	137.92	3.14	19.81
			10		17.167	13.476	0.535	166.87	3.12	24.24
11/7	110	70	6		10.637	8.350	0.354	133.37	3.54	17.85
			7		12.301	9.656	0.354	153.00	3.53	20.60
			8		13.944	10.946	0.353	172.04	3.51	23.30
			10		17.167	13.467	0.353	208.39	3.48	28.54
12.5/8	125	80	7	11	14.096	11.066	0.403	227.98	4.02	26.86
			8		15.989	12.551	0.403	256.77	4.01	30.41
			10		19.712	15.474	0.402	312.04	3.98	37.33
			12		23.351	18.330	0.402	364.41	3.95	44.01
14/9	140	90	8	12	18.038	14.160	0.453	365.64	4.50	38.48
			10		22.261	17.475	0.452	445.50	4.47	47.31
			12		26.400	20.724	0.451	521.59	4.44	55.87
			14		30.456	23.908	0.451	594.10	4.42	64.18

续附表 2

考　数　值										
$y-y$			x_1-x_1		y_1-y_1		$u-u$			
I_y cm^4	i_y cm	W_y cm^3	I_{x_1} cm^4	y_0 cm	I_{y_1} cm^4	x_0 cm	I_u cm^4	i_u cm	W_u cm^3	$\tan\alpha$
30.94	1.79	6.35	199.71	3.24	50.50	1.43	18.42	1.38	5.25	0.394
35.26	1.78	7.29	233.00	3.28	59.14	1.47	21.00	1.38	6.20	0.394
39.39	1.77	8.21	266.32	3.32	67.88	1.50	23.50	1.37	6.78	0.391
47.12	1.74	9.98	333.06	3.40	85.73	1.58	28.33	1.35	8.24	0.387
61.24	2.40	10.16	199.83	2.95	102.68	1.97	31.65	1.72	8.37	0.627
70.08	2.39	11.71	233.20	3.00	119.98	2.01	36.17	1.72	9.60	0.626
78.58	2.37	13.21	266.61	3.04	137.37	2.05	40.58	1.71	10.80	0.625
94.65	2.35	16.12	333.63	3.12	172.48	2.13	49.10	1.69	13.12	0.622
42.92	2.01	7.90	265.78	3.53	69.08	1.57	25.36	1.54	6.53	0.403
49.01	2.00	9.09	310.07	3.57	80.82	1.61	28.95	1.53	7.50	0.402
54.87	1.98	10.25	354.39	3.62	92.70	1.65	32.45	1.53	8.45	0.401
65.88	1.96	12.48	443.13	3.07	116.83	1.72	39.20	1.51	10.29	0.397
74.42	2.30	12.01	454.99	4.01	120.32	1.80	43.81	1.76	9.92	0.408
83.49	2.28	13.56	519.99	4.06	137.85	1.84	49.15	1.75	11.18	0.407
100.67	2.26	16.56	650.09	4.14	173.40	1.92	59.45	1.74	13.64	0.404
116.67	2.24	19.43	780.39	4.22	209.67	2.00	69.35	1.72	16.01	0.400
120.69	2.59	17.34	730.53	4.50	195.79	2.04	70.83	1.98	14.31	0.411
140.3	2.56	21.22	931.20	4.58	245.92	2.12	85.82	1.96	17.48	0.409
169.79	2.54	24.95	1096.09	4.66	296.89	2.19	100.21	1.95	20.54	0.406
192.10	2.51	28.54	1279.26	4.74	348.82	2.27	114.13	1.94	23.52	0.403

角钢号数	尺寸/mm				截面面积 cm^2	理论重量 kg/m	外表面积 m^2/m	参		
								$x-x$		
	B	b	d	r				I_x cm^4	i_x cm	W_x cm^3
16/10	160	100	10	13	25.315	19.872	0.512	668.69	5.14	62.13
			12		30.054	23.592	0.511	784.91	5.11	73.49
			14		34.709	27.247	0.510	896.30	5.08	84.56
			16		39.281	30.835	0.510	1 003.04	5.05	95.33
18/11	180	110	10	14	28.373	22.273	0.571	956.25	5.80	78.96
			12		33.712	26.464	0.571	1 124.72	5.78	93.53
			14		38.967	30.589	0.570	1 286.91	5.75	107.76
			16		44.139	34.649	0.569	1 443.06	5.72	121.64
20/12.5	200	125	12		37.912	29.761	0.641	1 570.90	6.44	116.73
			14		43.867	34.436	0.640	1 800.97	6.41	134.65
			16		49.739	39.045	0.639	2 023.35	6.38	152.18
			18		55.526	43.588	0.639	2 238.30	6.35	169.33

注:1. 括号内型号不推荐使用。

2. 截面图中的 $r_1=\frac{1}{3}d$ 及表中 r 的数据用于孔型设计,不做交货条件。

续附表 2

考　数　值

$y-y$			x_1-x_1		y_1-y_1		$u-u$			
I_y cm^4	i_y cm	W_y cm^3	I_{x_1} cm^4	y_0 cm	I_{y_1} cm^4	x_0 cm	I_u cm^4	i_u cm	W_u cm^3	tan α
205.03	2.85	26.56	1 362.89	5.24	336.59	2.28	121.74	2.19	21.92	0.390
239.06	2.82	31.28	1 635.56	5.32	405.94	2.36	142.33	2.17	25.79	0.388
271.20	2.80	35.83	1 908.50	5.40	476.42	2.43	162.23	2.16	29.56	0.385
301.60	2.77	40.24	2 181.79	5.48	548.22	2.51	182.57	2.16	33.44	0.382
278.11	3.13	32.49	1 940.40	5.89	447.22	2.44	166.50	2.42	26.88	0.376
325.03	3.10	38.32	2 328.38	5.98	538.94	2.52	194.87	2.40	31.66	0.374
369.55	3.08	43.97	2 716.60	6.06	631.95	2.59	222.30	2.39	36.32	0.372
411.85	3.06	49.44	3 105.15	6.14	726.46	2.67	248.94	2.38	40.87	0.369
483.16	3.57	49.99	3 193.85	6.45	787.74	2.83	285.79	2.74	41.23	0.392
550.83	3.54	57.44	3 726.17	6.62	922.47	2.91	326.58	2.72	47.34	0.390
615.44	3.52	64.69	4 258.86	6.70	1 058.86	2.99	366.21	2.71	53.32	0.388
677.19	3.49	71.74	4 792.00	6.78	1 197.13	3.06	404.83	2.70	59.18	0.385

附表 3 热轧槽钢(GB 707－88)

符号意义：

h——高度； r_1——腿端圆弧半径；

b——腿宽度； I——惯性矩；

d——腰厚度； W——截面系数；

t——平均腿厚度； i——惯性半径；

r——内圆弧半径； z_0——$y-y$ 轴与 y_1-y_1 轴间距。

型号	尺寸/mm						截面面积	理论重量	参考数值							
									$x-x$			$y-y$			y_1-y_1	z_0
	h	b	d	t	r	r_1	cm^2	kg/m	W_x cm^3	I_x cm^4	i_x cm	W_y cm^3	I_y cm^4	i_y cm	I_{y_1} cm^4	cm
5	50	37	4.5	7	7.0	3.5	6.928	5.438	10.4	26.0	1.94	3.55	8.30	1.10	20.9	1.35
6.3	63	40	4.8	7.5	7.5	3.8	8.451	6.634	16.1	50.8	2.45	4.50	11.9	1.19	28.4	1.36
8	80	43	5.0	8	8.0	4.0	10.248	8.045	25.3	101	3.15	5.79	16.6	1.27	37.4	1.43
10	100	48	5.3	8.5	8.5	4.2	12.748	10.007	39.7	198	3.95	7.8	25.6	1.41	54.9	1.52
12.6	126	53	5.5	9	9.0	4.5	15.692	12.318	62.1	391	4.95	10.2	38.0	1.57	77.1	1.59
14*a*	140	58	6.0	9.5	9.5	4.8	18.516	14.535	80.5	564	5.52	13.0	53.2	1.70	107	1.71
14*b*	140	60	8.0	9.5	9.5	4.8	21.316	16.733	87.1	609	5.35	14.1	61.1	1.69	121	1.67
16*a*	160	63	6.5	10	10.0	5.0	21.962	17.240	108	866	6.28	16.3	73.3	1.83	144	1.80
16	160	65	8.5	10	10.0	5.0	25.162	19.752	117	935	6.10	17.6	83.4	1.82	161	1.75
18*a*	180	68	7.0	10.5	10.5	5.2	25.699	20.174	141	1 270	7.04	20.0	98.6	1.96	190	1.88
18	180	70	9.0	10.5	10.5	5.2	29.299	23.000	152	1 370	6.84	21.5	111	1.95	210	1.84

续附表 3

型号	尺寸/mm						截面面积	理论重量	参考数值							
									$x-x$			$y-y$			y_1-y_1	z_0
	h	b	d	t	r	r_1	cm^2	kg/m	W_x cm^3	I_x cm^4	i_x cm	W_y cm^3	I_y cm^4	i_y cm	I_{y_1} cm^4	cm
20*a*	200	73	7.0	11	11.0	5.5	28.837	22.637	178	1 780	7.86	24.2	128	2.11	244	2.01
20	200	75	9.0	11	11.0	5.5	32.837	25.777	191	1 910	7.64	25.9	144	2.09	268	1.95
22*a*	220	77	7.0	11.5	11.5	5.8	31.846	24.999	218	2 390	8.67	28.2	158	2.23	298	2.10
22	220	79	9.0	11.5	11.5	5.8	36.246	28.453	234	2 570	8.42	30.1	176	2.21	326	2.03
25 *a*	250	78	7.0	12	12.0	6.0	34.917	27.410	270	3 370	9.82	30.6	176	2.24	322	2.07
25 *b*	250	80	9.0	12	12.0	6.0	39.917	31.335	282	3 530	9.41	32.7	196	2.22	353	1.98
25 *c*	250	82	11.0	12	12.0	6.0	44.917	35.260	295	3 690	9.07	35.9	218	2.21	384	1.92
28 *a*	280	82	7.5	12.5	12.5	6.2	40.034	31.427	340	4 760	10.9	35.7	218	2.33	388	2.10
28 *b*	280	84	9.5	12.5	12.5	6.2	45.634	35.823	366	5 130	10.6	37.9	242	2.30	428	2.02
28 *c*	280	86	11.5	12.5	12.5	6.2	51.234	40.219	393	5 500	10.4	40.3	268	2.29	463	1.95
32 *a*	320	88	8.0	14	14.0	7.0	48.513	38.083	475	7 600	12.5	46.5	305	2.50	552	2.24
32 *b*	320	90	10.0	14	14.0	7.0	54.913	43.107	509	8 140	12.2	49.2	336	2.47	593	2.16
32 *c*	320	92	12.0	14	14.0	7.0	61.313	48.131	543	8 690	11.9	52.6	374	2.47	643	2.09
36 *a*	360	96	9.0	16	16.0	8.0	60.910	47.814	660	11 900	14.0	63.5	455	2.73	818	2.44
36 *b*	360	98	11.0	16	16.0	8.0	68.110	53.466	703	12 700	13.6	66.9	497	2.70	880	2.37
36 *c*	360	100	13.0	16	16.0	8.0	75.310	59.118	746	13 400	13.4	70.0	536	2.67	948	2.34
40 *a*	400	100	10.5	18	18.0	9.0	75.068	58.928	879	17 600	15.3	78.8	592	2.81	1 070	2.49
40 *b*	400	102	12.5	18	18.0	9.0	83.068	65.208	932	18 600	15.0	82.5	640	2.78	1 140	2.44
40 *c*	400	104	14.5	18	18.0	9.0	91.068	71.488	986	19 700	14.7	86.2	688	2.75	1 220	2.42

注：截面图和表中标注的圆弧半径 r、r_1 的数据用于孔型设计，不做交货条件。

附表 4　热轧工字钢(GB 706－88)

符号意义：

h——高度；　r_1——腿端圆弧半径；

b——腿宽度；　I——惯性矩；

d——腰厚度；　W——截面系数；

t——平均腿厚度；　i——惯性半径；

r——内圆弧半径；　S——半截面的静力矩。

型号	尺寸 mm						截面面积 cm^2	理论重量 kg/m	参考数值						
									$x-x$				$y-y$		
	h	b	d	t	r	r_1			I_x cm^4	W_x cm^3	i_x cm	$I_x:S_x$ cm	I_y cm^4	W_y cm^3	i_y cm
10	100	38	4.5	7.6	6.5	3.3	14.345	11.261	245	49.0	4.14	8.59	33.0	9.72	1.52
12.6	126	74	5.0	8.4	7.0	3.5	18.118	14.223	488	77.5	5.20	10.8	46.9	12.7	1.61
14	140	80	5.5	9.1	7.5	3.8	21.516	16.890	712	102	5.76	12.0	64.4	16.1	1.73
16	160	88	6.0	9.9	8.0	4.0	26.131	20.513	1 130	141	6.58	13.8	93.1	21.2	1.89
18	180	94	6.5	10.7	8.5	4.3	30.756	24.143	1 660	185	7.36	15.4	122	26.0	2.00
20*a*	200	100	7.0	11.4	9.0	4.5	35.578	27.929	2 370	237	8.15	17.2	158	31.5	2.12
20*b*	200	102	9.0	11.4	9.0	4.5	39.578	31.069	2 500	250	7.96	16.9	169	33.1	2.06
22*a*	220	110	7.5	12.3	9.5	4.8	42.128	33.070	3 400	309	8.99	18.9	225	40.9	2.31
22*b*	220	112	9.5	12.3	9.5	4.8	46.528	36.524	3 570	325	8.78	18.7	239	42.7	2.27
25*a*	250	116	8.0	13.0	10.0	5.0	48.541	38.105	5 020	402	10.2	21.6	280	48.3	2.40
25*b*	250	118	10.0	13.0	10.0	5.0	53.541	42.030	5 280	423	9.94	21.3	309	52.4	2.40
28*a*	280	122	8.5	13.7	10.5	5.3	55.404	43.492	7 110	508	11.3	24.6	345	56.6	2.50
28*b*	280	124	10.5	13.7	10.5	5.3	61.004	47.888	7 480	534	11.1	24.2	379	61.2	2.49

续附表 4

型号	尺寸 mm						截面面积 cm^2	理论重量 kg/m	参考数值						
									$x-x$				$y-y$		
	h	b	d	t	r	r_1			I_x cm^4	W_x cm^3	i_x cm	$I_x:S_x$	I_y cm^4	W_y cm^3	i_y cm
32*a*	320	130	9.5	15.0	11.5	5.8	67.156	52.717	11 100	692	12.8	27.5	460	70.8	2.62
32*b*	320	132	11.5	15.0	11.5	5.8	73.556	57.741	11 600	726	12.6	27.1	502	76.0	2.61
32*c*	320	134	13.5	15.0	11.5	5.8	79.956	62.765	12 200	760	12.3	26.8	544	81.2	2.61
36*a*	360	136	10.0	15.8	12.0	6.0	76.480	60.037	15 800	875	14.4	30.7	552	81.2	2.69
36*b*	360	138	12.0	15.8	12.0	6.0	83.680	65.689	16 500	919	14.1	30.3	582	84.3	2.64
36*c*	360	140	14.0	15.8	12.0	6.0	90.880	71.341	17 300	962	13.8	29.9	612	87.4	2.60
40*a*	400	142	10.5	16.5	12.5	6.3	86.112	67.598	21 700	1 090	15.9	34.1	600	93.2	2.77
40*b*	400	144	12.5	16.5	12.5	6.3	94.112	73.878	22 800	1 140	15.6	33.6	692	96.2	2.71
40*c*	400	146	14.5	16.5	12.5	6.3	102.112	80.158	23 900	1 190	15.2	33.2	727	99.6	2.65
45*a*	450	150	11.5	18.0	13.5	6.8	102.446	80.420	32 200	1 430	17.7	38.6	855	114	2.89
45*b*	450	152	13.5	18.0	13.5	6.8	111.446	87.485	33 800	1 500	17.4	38.0	894	118	2.84
45*c*	450	154	15.5	18.0	13.5	6.8	120.446	94.550	35 300	1 570	17.1	37.6	938	122	2.79
50*a*	500	158	12.0	20.0	14.0	7.0	119.304	93.654	46 500	1 860	19.7	42.8	1 120	142	3.07
50*b*	500	160	14.0	20.0	14.0	7.0	129.304	101.504	48 600	1 940	19.4	42.4	1 170	146	3.01
50*c*	500	162	16.0	20.0	14.0	7.0	139.304	109.354	50 600	2 080	19.0	41.8	1 220	151	2.96
56*a*	560	166	12.5	21.0	14.5	7.3	135.435	106.316	65 600	2 340	22.0	47.7	1 370	165	3.18
56*b*	560	168	14.5	21.0	14.5	7.3	146.635	115.108	68 500	2 450	21.6	47.2	1 490	174	3.16
56*c*	560	170	16.5	21.0	14.5	7.3	157.835	123.900	71 400	2 550	21.3	46.7	1 560	183	3.16
63*a*	630	176	13.0	22.0	15.0	7.5	154.658	121.407	93 900	2 980	24.5	54.2	1 700	193	3.31
63*b*	630	178	15.0	22.0	15.0	7.5	167.258	131.298	98 100	3 160	24.2	53.5	1 810	204	3.29
63*c*	630	180	17.0	22.0	15.0	7.5	179.858	141.189	102 000	3 300	23.8	52.9	1 920	214	3.27

注：截面图和表中标注的圆弧半径 r、r_1 的数据用于孔型设计，不做交货条件。

附录2 第2章到第18章习题答案

第2章 平面汇交力系

2-1 $F_R=161.2\ \text{N}$， $\angle(\boldsymbol{F}_R,\boldsymbol{F}_1)=29°44'$

2-2 $F_R=3\ \text{kN}$， 方向沿 OB

2-3 (a)$F_{AB}=0.577P$(拉力)， $F_{AC}=1.155P$(压力)

(b)$F_{AB}=0.5P$(拉力)， $F_{AC}=0.866P$(压力)

2-4 (a)$F_A=15.8\ \text{kN}$， $F_B=7.07\ \text{kN}$

(b)$F_A=22.4\ \text{kN}$， $F_B=10\ \text{kN}$

2-5 $F_{BC}=5\ \text{kN}$(压力)， $F_A=5\ \text{kN}$(方向与 x 轴正向夹角 150°)

2-6 $\cos\alpha=\dfrac{P_1}{P_2}$， $F_N=P-\sqrt{P_2^2-P_1^2}$

2-7 $F_A=0.707\ F$， $F_B=0.707\ F$

2-8 $F_{AB}=0$， $F_{AC}=34.6\ \text{kN}$(压力)

2-9 $F=30\ \text{kN}$

2-10 $F_H=\dfrac{F}{2\sin^2\alpha}$

2-11 $F_1:F_2=0.612$

第3章 力矩 平面力偶系

3-1 (a) $M_0(\boldsymbol{F})=Fl$ (b) $M_0(\boldsymbol{F})=0$ (c) $M_0(\boldsymbol{F})=Fl\sin\theta$ (d) $M_0(\boldsymbol{F})=-Fa$

(e) $M_0(\boldsymbol{F})=F(l+r)$ (f) $M_0(\boldsymbol{F})=F\sqrt{a^2+b^2}\sin\alpha$

3-2 $F_A=F_C=\dfrac{M}{2\sqrt{2}a}$

3-3 $F_A=F_B=750\ \text{N}$

3-4 $F_A=F_B=100\ \text{kN}$

3-5 $F=P$， $F_E=0$， $F_A=\dfrac{a}{b}P$， $F_B=\dfrac{a}{b}P$

3-6 $F_A=F_B=1\ \text{kN}$

3-7 $\dfrac{M_1}{M_2}=\dfrac{3}{8}$

3-8 $M_2=4\ \text{kN}\cdot\text{m}$,逆时针， $F_A=F_B=1.155\ \text{kN}$

3-9 $F_A=\sqrt{2}\dfrac{M}{l}$

第4章 平面任意力系

4-1 $F'_R=52.1\ \text{N}$， $\alpha=196°42'$； $M_0=280\ \text{N}\cdot\text{m}$,转向为顺时针；

$F_R=52.1\ \text{N}$， $d=5.37\ \text{m}$， 合力 $\boldsymbol{F}_R$ 的作用线在作用于 O 点的 $\boldsymbol{F}'_R$的右下侧

4-2 (a) $X_B=-1$ m；　$F'_R=10$ kN,方向与 y 轴正向一致

(b) $X_E=1$ m，　$Y_E=1$ m；　$F'_R=10$ kN,方向与 y 轴正向一致

4-3 (a) $F_{Ax}=\frac{\sqrt{3}}{2}F_2$，　$F_{Ay}=\frac{1}{6}(4F_1+F_2)$；　$F_B=\frac{1}{3}(F_1+F_2)$

(b) $F_{Ax}=\frac{1}{3\sqrt{3}}(F_1+2F_2)$，　$F_{Ay}=\frac{1}{3}(2F_1+F_2)$；　$F_B=\frac{2}{3\sqrt{3}}(F_1+2F_2)$

(c) $F_{Ax}=0$，　$F_{Ay}=\frac{1}{3}\left(2F+\frac{M}{a}\right)$；　$F_B=\frac{1}{3}\left(F-\frac{M}{a}\right)$

(d) $F_{Ax}=0$，　$F_{Ay}=\frac{1}{2}\left(-F+\frac{M}{a}\right)$；　$F_B=\frac{1}{2}\left(3F-\frac{M}{a}\right)$

(e) $F_{Ax}=F_1$，　$F_{Ay}=\frac{F_2}{2}-\frac{5F_1}{3}$；　$F_B=\frac{F_2}{2}+\frac{5F_1}{3}$

(f) $F_{Ax}=F$，　$F_{Ay}=-F+\frac{M}{2}$；　$F_B=F-\frac{M}{2}$

4-4 $F_{Ax}=F\sin\alpha$，　$F_{Ay}=F\left(\cos\alpha-\frac{b}{a}\right)+P\left(1-\frac{l}{2a}\cos\alpha\right)$；　$F_B=\frac{1}{2a}(2Fb+Pl\cos\alpha)$

4-5 $F_A=2.7$ kN，　$F_B=3.2$ kN

4-6 (a) $F_{Ax}=0$，　$F_{Ay}=0$；　$M_A=M$,转向为逆时针

(b) $F_{Ax}=0$，　$F_{Ay}=F+qa$；　$M_A=Fa+\frac{1}{2}qa^2$,转向为逆时针

(c) $F_{Ax}=F$，　$F_{Ay}=\frac{1}{2}ql$；　$M_A=Fa+\frac{1}{8}ql^2+M$,转向为逆时针

(d) $F_{Ax}=0$，　$F_{Ay}=2.1qa+\frac{M_1-M_2}{5a}$；　$F_B=0.9qa+\frac{M_2-M_1}{5a}$

4-7 (a) $F_{Ax}=F$，　$F_{Ay}=3qa-\frac{5}{6}F$；　$F_B=3qa+\frac{5}{6}F$

(b) $F_{Ax}=6qa$，　$F_{Ay}=F$；　$M_A=2Fa+18qa^2$,转向为逆时针

4-8 $F_{0x}=60$ kN，　$F_{0y}=4\ 000$ kN；　$M_0=1\ 467$ kN·m,转向为逆时针

4-9 $F_A=\frac{1}{c}(P_1a+P_2b)$；　$F_{Bx}=\frac{1}{c}(P_1a+P_2b)$，　$F_{By}=P_1+P_2$

4-10 $F_{Bx}=3.33$ kN，　$F_{By}=0.25$ kN；　$F_{AC}=6.65$ kN

4-11 $P_{min}=60$ kN

4-12 (a) $F_{Ax}=0$，　$F_{Ay}=2qa$；　$M_A=2qa^2$,转向逆时针

$F_{Bx}=0$，　$F_{By}=0$；　$F_C=0$

(b) $F_{Ax}=0$，　$F_{Ay}=2qa$；　$M_A=3.5qa^2$,转向为逆时针

$F_{Bx}=0$，　$F_{By}=qa$；　$F_C=qa$

(c) $F_{Ax}=0$，　$F_{Ay}=0$；　$M_A=M$,转向为逆时针

$F_{Bx}=0$，　$F_{By}=0$；　$F_C=0$

(d) $F_{Ax}=0$，　$F_{Ay}-\frac{M}{2a}$；　$M_A=M$,转向为顺时针

$F_{Bx}=0$，　$F_{By}=\frac{M}{2a}$；　$F_C=\frac{M}{2a}$

4-13 (a) $F_{Ax}=2.16q$, $F_{Ay}=4.86q$; $F_{Bx}=2.7q$, $F_{By}=0$; $F_C=6.87q$

(b) $F_{Ax}=F$, $F_{Ay}=3q_1-\frac{F}{2}$; $F_B=3q_1+2q_2+\frac{F}{2}$; $F_D=2q_2$

4-14 $F_A=-48.33\ \text{kN}$, $F_B=100\ \text{kN}$, $F_D=8.333\ \text{kN}$

4-15 $F_A=-15\ \text{kN}$, $F_B=40\ \text{kN}$, $F_C=5\ \text{kN}$, $F_D=15\ \text{kN}$

4-16 $F_{Ax}=-F_{Bx}=120\ \text{kN}$, $F_{Ay}=F_{By}=300\ \text{kN}$

4-17 $F_T=\frac{Fa\cos\alpha}{2h}$

4-18 $F_{Ax}=0$, $F_{Ay}=-\frac{M}{2a}$; $F_{Dx}=0$, $F_{Dy}=\frac{M}{a}$; $F_{Bx}=0$, $F_{By}=-\frac{M}{2a}$

4-19 $F_{Ax}=-F$, $F_{Ay}=-F$; $F_{Dx}=2F$, $F_{Dy}=F$; $F_{Bx}=-F$, $F_{By}=0$

4-20 $F_D=\frac{\sqrt{5}}{2}qa$

4-21 $F_{Ax}=-qa$, $F_{Ay}=F+qa$, $M_A=(F+qa)a$; $F_{BCx}=\frac{1}{2}qa$, $F_{BCy}=qa$;

$F_{BAx}=-\frac{1}{2}qa$, $F_{BAy}=-(F+qa)$

4-22 $F_{EF}=8.167\ \text{kN}$(拉力),$F_{AD}=158\ \text{kN}$(压力)

4-23 $F_1=-5.33F$(压力), $F_2=2F$(拉力), $F_3=-1.667F$(压力)

4-24 $F_4=21.83\ \text{kN}$(拉力), $F_5=16.73\ \text{kN}$(拉力), $F_7=-20\ \text{kN}$(压力)

$F_{10}=-43.64\ \text{kN}$(压力)

4-25 $F_1=-\frac{4}{9}F$(压力), $F_2=-\frac{2}{3}F$(压力), $F_3=0$

第5章 摩 擦

5-1 $F=\frac{\sin(\alpha+\varphi_f)}{\cos(\theta-\varphi_f)}P$,当 $\theta=\varphi_f$ 时,$F_{\min}=P\sin(\alpha+\varphi_f)$

5-2 $S=0.456\ l$

5-3 $F_{\min}=3\ 200\ \text{N}$

5-4 $f_s=0.223$

5-5 $P=500\ \text{N}$

5-6 $f_s=\frac{1}{2\sqrt{3}}$

5-7 $l_{\min}=100\ \text{mm}$

5-8 $b_{\min}=\frac{1}{3}f_s h$

5-9 $b<7.5\ \text{mm}$

5-10 $b\leqslant 110\ \text{mm}$

5-11 $e\leqslant\frac{1}{2}f_s D$

5-12 $M=1.867\ \text{kN}\cdot\text{m}$, $f_s\geqslant 0.752$

5-13 $b=f_s a=0.4a$

5-14 $\varphi_A=16°6'$， $\varphi_B=\varphi_C=30°$

5-15 $\frac{\sin\alpha-f_s\cos\alpha}{\cos\alpha+f_s\sin\alpha}P\leqslant F\leqslant\frac{\sin\alpha+f_s\cos\alpha}{\cos\alpha-f_s\sin\alpha}P$

5-16 $f_s\geqslant\frac{\delta}{2R}$

5-17 $\alpha=1°9'$

第6章 空间力系 重心

6-1 (a) $M_z(\boldsymbol{F})=\frac{1}{2}FR$ (b) $M_z(\boldsymbol{F})=-\frac{\sqrt{3}}{2}FR$

6-2 $F_x=212$ N， $F_y=212$ N， $F_z=520$ N

$M_x(\boldsymbol{F})=42.4$ N·m， $M_y(\boldsymbol{F})=-68.4$ N·m， $M_z(\boldsymbol{F})=10.6$ N·m

6-3 $F_A=F_B=31.6$ kN(压力)， $F_C=1.5$ kN(压力)

6-4 $F_{AD}=7.45$ kN(压力)， $F_{BD}=F_{CD}=2.89$ kN(拉力)

6-5 $F_3=F_3'=\frac{F_1r_1-F_2r_2}{r_3}$

6-6 $F_R=200$ N,沿 z 轴正向,作用线的位置由 $x_C=6$ cm 和 $y_c=3.25$ cm 来确定

6-7 $F_{t2}=3\,900$ N； $F_{Ax}=-2\,180$ N,$F_{Ay}=0$,$F_{Az}=1\,860$ N； $F_{Bx}=-2\,430$ N,$F_{Bz}=1\,510$ N

6-8 $F_N=2\,130$ N； $F_{Ax}=-500$ N,$F_{Ay}=0$,$F_{Az}=-919$ N； $F_{Bx}=4\,130$ N；
$F_{Bz}=-1\,340$ N

6-9 (a) $y_c=105$ mm (b) $x_c=17.5$ mm

6-10 $x_c=220$ mm

6-11 $x_c=1180$ mm， $y_c=510$ mm

6-12 $x_c=9.6$ cm

6-13 $b=1.33$ m

第7章 材料力学的基本概念

7-1 $T_{m-m}=M_e$

7-2 AB 杆属于弯曲,$F_Q=1$ kN， $M=1$ kN·m

BC 杆属于轴向拉伸,$F_N=2$ kN

7-3 $F_{N1}=\frac{x}{l\sin\alpha}F$， $F_{N1,max}=\frac{F}{\sin\alpha}$

$F_{N2}=\frac{x\cot\alpha}{l}F$， $F_{N2,max}=F\cot\alpha$

$F_{Q2}=\left(1-\frac{x}{l}\right)F$， $F_{Q,max}=F$

$M_2=\frac{x(l-x)}{l}F$， $M_{2,max}=\frac{1}{4}Fl$

7-4 $F_N=200$ kN， $M_z=3.33$ kN·m

第8章 轴向拉伸和压缩

8-1 (a) $F_{N1-1}=50$ kN， $F_{N2-2}=10$ kN， $F_{N3-3}=-20$ kN

(b) $F_{N1-1}=F$， $F_{N2-2}=0$， $F_{N3-3}=F$

(c) $F_{N1-1}=0$， $F_{N2-2}=4F$， $F_{N3-3}=3F$

8-2 $d_2=49$ mm

8-3 $\Delta l=0.075$ mm

8-4 (1) $\sigma_{AC}=-20$ MPa， $\sigma_{CD}=0$， $\sigma_{DB}=-20$ MPa

$\Delta l_{AC}=-0.01$ mm， $\Delta l_{CD}=0$， $\Delta l_{DB}=-0.01$ mm

(2) $\Delta l_{AB}=-0.02$ mm

8-5 $F\approx 2.54\times 10^6$ N

8-6 $E=208$ GPa， $\mu=0.317$

8-7 $\sigma=200$ MPa$<[\sigma]=213$ MPa,安全

8-8 $\sigma=37.1$ MPa$<[\sigma]=50$ MPa,安全

8-9 $d_{AB}=d_{BC}=d_{BD}=17.2$ mm

8-10 $p=6.5$ MPa

8-11 $F=40.4$ kN

8-12 (1) $d_{max}=17.8$ mm (2) $A_{CD}\geqslant 833$ mm^2 (3) $F\leqslant 15.7$ kN

8-13 $P_{max}=33.3$ kN

8-14 $F=698$ kN

8-15 $\sigma_{max}=-10$ MPa

8-16 (a) $\sigma_{max}=131$ MPa (b) $\sigma_{max}=78.8$ MPa

第9章 剪 切

9-1 $d=4$ cm

9-2 $d=0.6$ cm

9-3 $d=3.4$ cm， $\delta=1.04$ cm

9-4 $\tau=106$ MPa$<[\tau]$， $\sigma_{bs}=141$ MPa$<[\sigma_{bs}]$

9-5 $\tau_u=320$ MPa

9-6 $\tau=7.14$ MPa$<[\tau]$， $\sigma_{bs}=25$ MPa$<[\sigma_{bs}]$

9-7 $d=2$ cm

9-8 铜丝:$\tau=35.4$ MPa， 销子:$\tau=42.5$ MPa

9-9 $d=0.38$ cm

第10章 扭 转

10-1 (a) $T_1=3$ kN·m， $T_2=-2$ kN·m， $T_3=-2$ kN·m

(b) $T_1=-3$ kN·m， $T_2=3$ kN·m， $T_3=0$

10-2 (a) $|T|_{max}=2$ M (b) $|T|_{max}=4$ M

10-4 $\tau_{1,max}=53$ kPa,$\tau_{2,max}=20.5$ kPa,$\tau_{3,max}=28.5$ kPa

10-5　(1) $\tau_{max}=15.9$ MPa，　$\tau_{min}=12.35$ MPa　(2) $\varphi=0.284(°)/_m$

10-6　$\tau_{max}=48.8$ MPa，　$\phi_{max}=1.22(°)$

10-7　$\tau_{AC,\ max}=49.4$ MPa$<[\tau]$，　$\tau_{DB,max}=21.3$ MPa$<[\tau]$，
$\varphi_{max}=1.77(°)/_m<[\varphi]$，安全。

10-8　$d=21.7$ mm，　$P=1\ 120$ N

10-9　(1) $d_1=84.6$ mm，　$d_2=74.5$ mm
(2) $d=84.6$ mm
(3) 主动轮1放在从动轮2,3之间比较合理

10-10　实心 $d=2.2$ cm；　空心 $D=2.62$ cm，　$d=2.1$ cm；重量比　实：空≈1.98

10-11　(1) $m=9.75$ N·m/m　(2) $\tau_{max}=17.7$ MPa$<[\tau]$

10-12　$n=6.73$

第11章　弯曲内力

11-1　(a) $F_{Q1}=0, M_1=Fa$；　$F_{Q2}=-F, M_2=Fa$；　$F_{Q3}=0, M_3=0$

(b) $F_{Q1}=-qa, M_1=-\frac{1}{2}qa^2$；　$F_{Q2}=-qa, M_2=-\frac{1}{2}qa^2$；　$F_{Q3}=0, M_3=0$

(c) $F_{Q1}=2qa, M_1=-\frac{3}{2}qa^2$；　$F_{Q2}=2qa, M_2=-\frac{1}{2}qa^2$

(d) $F_{Q1}=-100$ N, $M_1=-20$ N·m；　$F_{Q2}=-100$ N, $M_2=-40$ N·m；
$F_{Q3}=200$ N，　$M_3=-40$ N·m

(e) $F_{Q1}=1.33$ kN, $M_1=267$ N·m；　$F_{Q2}=-0.667$ kN, $M_2=333$ N·m

(f) $F_{Q1}=-qa, M_1=-\frac{1}{2}qa^2$；　$F_{Q2}=-\frac{3}{2}qa, M_2=-2qa^2$

11-2　(a) $|F_Q|_{max}=2F$，　$|M|_{max}=Fa$　　(b) $|F_Q|_{max}=qa$，　$|M|_{max}=\frac{3}{2}qa^2$

(c) $|F_Q|_{max}=2qa$，　$|M|_{max}=qa^2$　　(d) $|F_Q|_{max}=F$，　$|M|_{max}=Fa$

(e) $|F_Q|_{max}=\frac{5}{3}F$，　$|M|_{max}=\frac{5}{3}Fa$　　(f) $|F_Q|_{max}=\frac{3M}{2a}$，　$|M|_{max}=\frac{3}{2}M$

(g) $|F_Q|_{max}=\frac{3}{8}qa$，$|M|_{max}=\frac{9}{128}qa^2$　　(h) $|F_Q|_{max}=\frac{7}{2}F$，　$|M|_{max}=\frac{5}{2}Fa$

(i) $|F_Q|_{max}=\frac{5}{8}qa$，　$|M|_{max}=\frac{1}{8}qa^2$　　(j) $|F_Q|_{max}=30$ kN，　$|M|_{max}=15$ kN·m

(k) $|F_Q|_{max}=qa$，　$|M|_{max}=qa^2$　　(l) $|F_Q|_{max}=qa$，　$|M|_{max}=\frac{1}{2}qa^2$

11-3　(a) $|F_Q|_{max}=4$ kN　　$|M|_{max}=4$ kN·m
(b) $|F_Q|_{max}=75$ kN　　$|M|_{max}=200$ kN·m

11-4　(a) $|M|_{max}=4.5\ qa^2$　　(b) $|M|_{max}=\frac{1}{2}qa^2$

(c) $|M|_{max}=7$ kN·m　　(d) $|M|_{max}=2\ Fa$

第12章　弯曲应力

12-1　$\sigma_{max}=100$ MPa

12-2 实心轴 $\sigma_{max}=159$ MPa,空心轴 $\sigma_{max}=93.6$ MPa;空心截面比实心截面的最大正应力减小了41%

12-3 $\sigma_{max}=63.4$ MPa

12-4 $b=277$ mm,$h=416$ mm

12-5 $F=56.8$ kN

12-6 $x_{max}=5.33$ m

12-7 最大允许轧制力 $F=910$ kN

12-8 $\sigma_{max}=197$ MPa$<[\sigma]$,安全

12-9 $b=510$ mm

12-10 $F=44.3$ kN

12-11 $\sigma_{t,max}=26.4$ MPa$<[\sigma_t]$, $\sigma_{c,max}=52.8$ MPa$<[\sigma_c]$安全

12-12 $\sigma_a=6.04$ MPa, $\tau_a=0.379$ MPa; $\sigma_b=12.9$ MPa, $\tau_b=0$

12-13 $\sigma_{max}=102$ MPa, $\tau_{max}=3.39$ MPa

12-14 $\sigma_{max}=142$ MPa, $\tau_{max}=18.1$ MPa

12-15 $a=1.385$ m

第13章 弯曲变形

13-1 (a) $\omega=\dfrac{M_e l^2}{2EI}$, $\theta=\dfrac{M_e l}{EI}$, (b) $\omega=-\dfrac{7Fa^3}{2EI}$, $\theta=\dfrac{5Fa^2}{2EI}$

(c) $\omega=-\dfrac{41ql^4}{384EI}$, $\theta=-\dfrac{7ql^3}{48EI}$, (d) $\omega=-\dfrac{71ql^4}{384EI}$, $\theta=-\dfrac{13ql^3}{48EI}$

13-2 (a) $\theta_A=-\dfrac{M_e l}{6EI}$, $\theta_B=\dfrac{M_e l}{3EI}$, $\omega_{\frac{l}{2}}=-\dfrac{M_e l^2}{16EI}$, $\omega_{max}=-\dfrac{M_e l^2}{9\sqrt{3}EI}$

(b) $\theta_A=-\dfrac{3ql^3}{128EI}$, $\theta_B=\dfrac{7ql^3}{384EI}$ $\omega_{\frac{l}{2}}=-\dfrac{5ql^4}{768EI}$, $\omega_{max}=-\dfrac{5.04ql^4}{768EI}$

13-3 (a) $\theta_B=-\dfrac{Fa^2}{2EI}$, $\omega_B=-\dfrac{Fa^2}{6EI}(3l-a)$

(b) $\theta_B=-\dfrac{M_e a}{EI}$, $\omega_B=-\dfrac{M_e a}{EI}\left(l-\dfrac{a}{2}\right)$

13-4 (a) $\omega_A=-\dfrac{Fl^3}{6EI}$, $\theta_B=-\dfrac{9Fl^2}{8EI}$

(b) $\omega_A=-\dfrac{Fa}{6EI}(3b^2+6ab+2a^2)$, $\theta_B=\dfrac{Fa(2b+a)}{2EI}$

(c) $\omega_A=-\dfrac{5ql^4}{768EI}$, $\theta_B=\dfrac{ql^3}{384EI}$,

(d) $\omega_A=\dfrac{ql^4}{16EI}$, $\theta_B=\dfrac{ql^3}{12EI}$

13-5 $\omega=12.1$ mm$<[\omega]$,安全

13-6 (a) $\omega=\dfrac{Fa}{48EI}(3l^2-16al-16a^2)$, $\theta=\dfrac{F}{48EI}(24a^2+16al-3l^2)$

(b) $\omega=\dfrac{qal^2}{24EI}(5l+6a)$, $\theta=-\dfrac{ql^2}{24EI}(5l+12a)$

(c) $\omega=-\dfrac{5qa^4}{24EI}$，$\theta=-\dfrac{qa^3}{4EI}$

(d) $\omega=-\dfrac{qa}{24EI}(3a^3+4a^2l-l^3)$，$\theta=-\dfrac{q}{24EI}(4a^3+4a^2l-l^3)$

13-7 $|F_Q|_{max}=0.625ql$，$|M|_{max}=0.125ql^2$

13-8 $F_K=82.6$ N

13-9 $F_1=\dfrac{I_1l_2^3}{I_2l_1^3+I_1l_2^3}F$，$F_2=\dfrac{I_2l_1^3}{I_2l_1^3+I_1l_2^3}F$

第 14 章 应力状态和强度理论

14-2 (a) $\sigma_{60°}=12.5$ MPa，$\tau_{60°}=-65$ MPa

(b) $\sigma_{157.5°}=21.2$ MPa，$\tau_{157.5°}=-21.2$ MPa

(c) $\sigma_\alpha=70$ MPa，$\tau_\alpha=0$

14-3 (a) $\sigma_{45°}=5$ MPa，$\tau_{45°}=25$ MPa

(b) $\sigma_{60°}=-10.4$ MPa，$\tau_{60°}=46$ MPa

(c) $\sigma_{-67.5°}=1.47$ MPa，$\tau_{-67.5°}=38.9$ MPa

14-4 (a) $\sigma_1=90$ MPa，$\sigma_2=0$，$\sigma_3=-10$ MPa，$\tau_{max}=50$ MPa，由 x 轴正向逆时针转18°26′至 σ_1

(b) $\sigma_1=74.2$ MPa，$\sigma_2=15.8$ MPa，$\sigma_3=0$，$\tau_{max}=37.1$ MPa，由 x 轴正向逆时针转 29°31′至 σ_1

(c) $\sigma_1=100$ MPa，$\sigma_2=\sigma_3=0$，$\tau_{max}=50$ MPa，由 x 轴正向逆时针转 116°34′至 σ_1

14-5 $\sigma_\alpha=20$ MPa，$\sigma_1=33.5$ MPa，$\sigma_2=0$，$\sigma_3=-82.7$ MPa，$\tau_{max}=58.1$ MPa，由 $\sigma=30$ MPa 作用线逆时针转 10°4′至 σ_1

14-6 $\sigma_1=56.1$ MPa，$\sigma_2=0$，$\sigma_3=-16.1$ MPa，$\tau_{max}=36.1$ MPa

14-7 (a) $\sigma_1=88.3$ MPa，$\sigma_2=50$ MPa，$\sigma_3=31.7$ MPa，$\tau_{max}=28.3$ MPa

(b) $\sigma_1=\sigma_2=50$ MPa，$\sigma_3=-50$ MPa，$\tau_{max}=50$ MPa

14-8 $\sigma_x=80$ MPa，$\sigma_y=0$

14-9 $\sigma_1=0$，$\sigma_2=-19.8$ MPa，$\sigma_3=-60$ MPa

$\Delta l_1=3.76\times10^{-3}$ mm，$\Delta l_2=0$，$\Delta l_3=-7.65\times10^{-3}$ mm

14-10 $\Delta l=9.29\times10^{-3}$ mm

14-11 $\sigma_{r2}=27.4$ MPa$<[\sigma_t]$

14-12 按第三强度理论：$p=1.2$ MPa；按第四强度理论：$p=1.38$ MPa

第 15 章 组合变形

15-1 $\sigma_{max}=121$ MPa，超过许用应力 0.8%，故仍可使用

15-2 $F_{max}=19$ kN

15-3 $\sigma_{t,max}=26.9$ MPa$<[\sigma_t]$，$\sigma_{c,max}=32.3$ MPa$<[\sigma_c]$，安全

15-4 $\sigma_A=8.83$ MPa，$\sigma_B=3.83$ MPa，$\sigma_C=-12.2$ MPa，$\sigma_D=-7.17$ MPa

15-5 $d=122$ mm

15-6 增大7倍

15-7 $F=18.4$ kN， $e=1.79$ mm

15-8 $[F]=45$ kN

15-9 (1) $\sigma_{max}=32.6$ MPa(压)， (2) 按第三强度理论：$n=6.5$

按第四强度理论：$n=7.0$

15-10 $[F]=2.91$ kN

15-11 $\sigma_{r3}=58.3$ MPa$<[\sigma]$,安全

15-12 $\sigma_{r4}=54.4$ MPa$<[\sigma]$,安全

15-13 (1) $\sigma_1=3.11$ MPa， $\sigma_2=0$， $\sigma_3=-0.22$ MPa， $\tau_{max}=1.67$ MPa

(2) $\sigma_{r3}=3.33$ MPa$<[\sigma]$,安全

15-14 $\sigma_{r3}=86.1$ MPa$<[\sigma]$,安全

15-15 A点：$\sigma_x=125$ MPa， $\sigma_z=72$ MPa， $\tau_x=-44.4$ MPa

B点：$\sigma_x=36$ MPa， $\sigma_y=72$ MPa， $\tau_x=-40.4$ MPa

第16章 压杆稳定

16-1 $F_{cr}=3\,288$ kN

16-2 $F_{cr}=259$ kN

16-3 $a=4.31$ cm， $F_{cr}=445$ kN

16-4 $P_{cr}=119$ kN， $n_{st}=1.73<[n_{st}]$,不安全

16-5 $n_{st}=8.27>[n_{st}]$,安全

16-6 $F_{cr}=401$ kN， $\sigma_{cr}=665$ MPa

16-7 $[F]=237$ kN

16-8 $[F]=64$ kN

16-9 $F_{AB}=54.5$ kN， $F_{cr}=413$ kN； $n_{st}=7.6>[n_{st}]$,安全

16-10 $F_{cr}=207$ kN， $[F]=51.7$ kN

第17章 构件的疲劳强度概述

17-1 $\sigma_{max}=-\sigma_{min}=75.5$ MPa， $r=-1$

17-2 $\sigma_m=549$ MPa， $\sigma_a=12$ MPa， $r=0.957$

17-3 $\tau_m=274$ MPa， $\tau_a=118$ MPa， $r=0.4$

17-4 $K_\sigma=1.55$， $K_\tau=1.26$， $\varepsilon_\sigma=0.77$， $\varepsilon_\tau=0.81$

17-5 1-1截面：$n_\sigma=1.63>n$,安全

2-2截面：$n_\sigma=2.03>n$,安全

17-6 (a) $\alpha=90°$ (b) $\alpha=63°26'$ (c) $\alpha=45°$ (d) $\alpha=33°41'$

第18章 动载荷

18-1 $\sigma_d=\frac{1}{A}\left[F_1+\frac{x}{l}(F_2-F_1)\right]$

18－2 $\sigma_{d,max}=\rho g l\left(1+\frac{a}{g}\right)$

18－3 梁中央截面上的最大应力的增量 $\Delta\sigma_{max}=15.6$ MPa

吊索应力的增量 $\Delta\sigma_{max}=2.55$ MPa

18－4 $\sigma_{d,max}=4.63$ MPa

18－5 $\sigma_{d,max}=12.5$ MPa

18－6 $\sigma_{d,max}=\frac{2Pl}{9W}\left(1+\sqrt{1+\frac{243EIh}{2Pl^3}}\right)$， $\omega_{\frac{l}{2}}=\frac{23Pl^3}{1296EI}\left(1+\sqrt{1+\frac{243EIh}{2Pl^3}}\right)$

18－7 $\sigma_{d,max}=\sqrt{\frac{3EIv^2P}{ga\ W^2}}$

18－8 $\sigma_d^{(a)}=\sqrt{\frac{8hPE}{\pi l d^2\left[\frac{3}{5}\left(\frac{d}{D}\right)^2+\frac{2}{5}\right]}}$， $\sigma_d^{(b)}=\sqrt{\frac{8hPE}{\pi l D^2}}$

18－9 （1）$\sigma_{st}=0.0283$ MPa （2）$\sigma_d=6.9$ MPa （3）$\sigma_d=1.2$ MPa

参 考 文 献

[1] 刘鸿文. 材料力学[M]. 4 版. 北京:高等教育出版社,2004.
[2] 北京科技大学,东北大学. 工程力学[M]. 修订版. 北京:高等教育出版社,1997.
[3] 单辉祖. 材料力学[M]. 北京:高等教育出版社,1999.
[4] 戴葆青. 材料力学教程[M]. 北京:北京航空航天大学出版社,2004.
[5] 李龙堂. 材料力学[M]. 北京:高等教育出版社,1989.
[6] 哈尔滨工业大学理论力学教研室. 理论力学[M]. 6 版. 北京:高等教育出版社.
[7] 吴绍莲. 工程力学[M]. 北京:机械工业出版社,2002.